U0142221

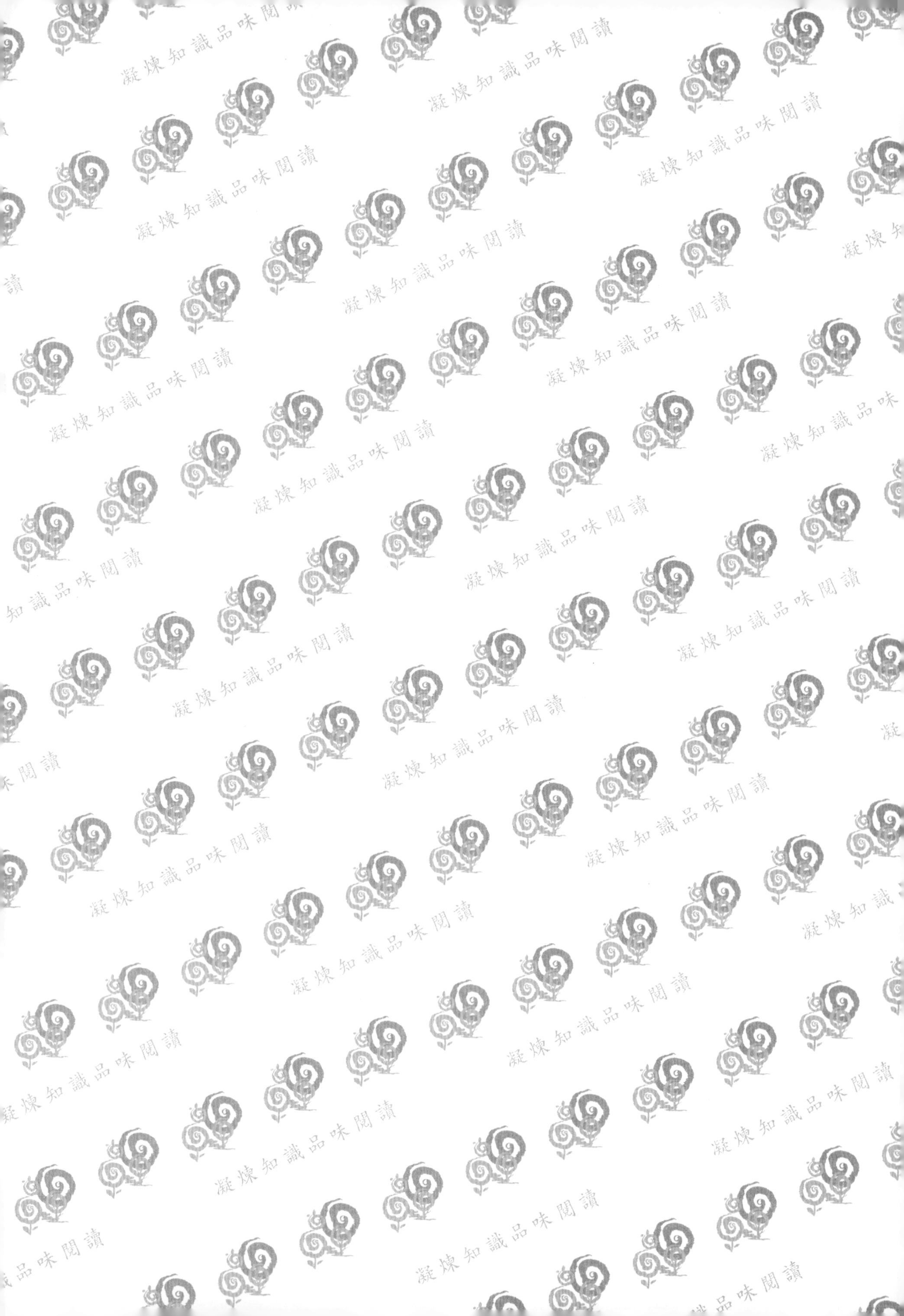

# 物理化學
# Physical Chemistry

五南圖書出版公司 印行

高憲明 著

# 序

「物理化學」算是化學相關學系學生在學習上最基礎的學科，但也常常是令學生備感頭痛、無所適從的科目。物理化學基本上是以物理的方法來研究化學的現象，因此在解釋一些化學現象時免不了要涉及許多相關的數學推導，尤其是第二部分的量子化學，學生常常因為微積分沒有打好基礎，自然而然就會對物理化學望而卻步。然而許多化學現象的理解都必須仰賴此科目所打下的基礎，因此稱物理化學為化學相關科系中最基礎且至為重要的科目實不為過。

筆者透過多年的教授物理化學之豐富經驗，並結合日常生活之相關知識，完成了本書的撰寫。本書共有十七章，內容深入淺出，每個環節都有詳細的說明，微積分基礎較弱的學生更為適用。每個章節並搭配一些重要的例題以提供學生演練的機會，並加深對此課程的了解。每章最後尚有各校研究所考題的精選綜合練習題目，並於書末附有詳解，希望藉由本書的循序漸進的研讀，可以增進讀者對物理化學的信心，打好化學的紮實基礎。

本書以淺顯方式進行解說，希望讓初次接觸物理化學的讀者容易上手，雖然盡力整理編寫，期望能盡善盡美，但恐有遺誤不逮之處，懇請先進賢達不吝指正，不勝感激。

# 目　錄

## 第3章 熱力學第二定律、第三定律與自由能



## 第4章 化學平衡

## 第5章 相平衡與溶液



## 第6章 相 圖



## 第7章 溶液的離子理論

## 第8章 電化學



## 第9章 古典量子力學



## 第10章 量子力學原理

## 第11章 盒中質點



## 第12章 簡諧振盪子與角動量

## 第13章 氫原子與原子結構



## 第14章 多電子原子、分子軌域及光譜

## 第15章 化學動力學



## 第16章 氣體的分子動力學

## 第17章 統計熱力學



## 綜合練習解答

## 索引

# 第 1 章

# 氣體與狀態方程式

氣體和我們的日常生活息息相關，例如：空氣主要的成分是氮氣（約79%）和氧氣（約20%），夾雜一些其他的少量氣體如水蒸氣、氬氣、二氧化碳等等。氣體的主要特徵是它很容易被壓縮，因此可利用此特性將氣體壓縮於鋼瓶而方便運送。氣體的壓縮性質可以與液體和固體作區分。

描述氣體的性質需要知道氣體的體積（$V$）、溫度（$T$）、壓力（$P$）及其氣體量（$n$），對於氣體而言，可利用所謂的「理想氣體定律」（ideal gas law）將氣體的壓力、體積、溫度和莫耳數這四個參數以一簡單的公式聯結起來，只要知道其中三個參數，便可利用理想氣體的公式計算出第四個參數的值。例如：假設想要測定鋼瓶中有多少氮氣的話，可以量測其壓力、溫度和體積（鋼瓶體積），然後利用理想氣體定律，便可計算出氮氣在鋼瓶中的量。相反地，在固體和液體則無此簡單的公式。

## 1.1 氣體壓力

壓力（pressure, P）的定義是單位面積所施加的外力，壓力的國際系統（SI）單位是$kg/(m \cdot s^2)$，稱為帕斯卡（pascal, Pa），此壓力的單位是爲了紀念研究流體壓力的法國物理學家帕斯卡。值得注意的是，帕斯卡比大氣壓力是相當小的單位。但是傳統上化學家已經習慣使用水銀氣壓計（manometer）測量大氣的壓力，水銀氣壓計（圖1.1）是利用置於封閉瓶的水銀（即汞）柱量測瓶內氣體的壓力。在海平面上，水銀柱的高度約760 mm，此高度是直接測量到的大氣壓力。毫米汞柱（millimeters of mercury，簡寫爲mmHg）的單位亦稱托耳（torr），大氣壓（atomsphere，簡寫爲atm）是剛好等於760 mmHg的壓力。

壓力$P$與氣壓計液柱高度$h$之間的關係式爲：

$$P = \rho g h$$

其中$\rho$爲氣壓計內液體的密度，$g$是重力加速度常數（9.81 m/s$^2$），高度$h$正比於氣壓，因此壓力經常以mmHg作爲單位。如果$\rho$、$g$和$h$是以SI爲單位的話，則壓力的單位爲帕斯卡。表1.1整理不同壓力單位之間的關係式。

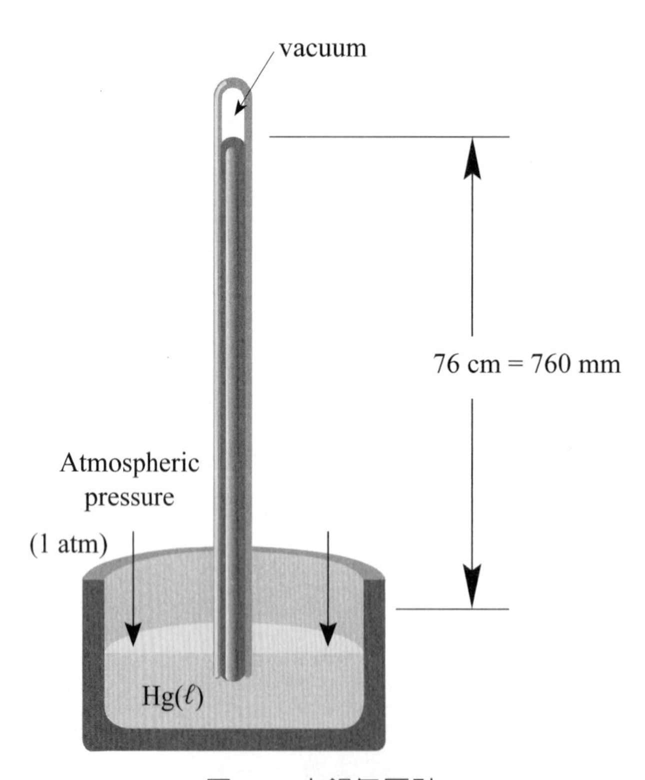


圖1.1 水銀氣壓計

使用汞測量壓力是因爲汞的密度高，汞的密度是13.6 g/cm$^3$，而水的密度則是1.0 g/cm$^3$，相較之下在已知的相同壓力下，所需水柱的高度必須是汞柱的13.6倍，因爲大氣壓力與所使用的液體密度成正比，一大氣壓下如果是水柱的話，

$$P = 13.6 \times g \times 760 = 1.0 \times g \times h$$

（汞柱）　　　（水柱）

$$h = 13.6 \times 760 \text{ mm} = 10.3 \text{ m}$$

一大氣壓力可以將水柱撐起約十公尺，也就是大約三層樓高，所以使用壓力計量測大氣壓力時當然就不會用水當液體，而是用密度比較高的汞當液體。因此當你浮潛在水面下10公尺的話，你所感受的壓力會比水面上的一大氣壓多一個大氣壓，也就是2 atm。

表1.1　壓力單位之間的關係

| 單　位 | 定義或關係式 |
|---|---|
| 帕斯卡（Pa） | kg/(m・s$^2$) |
| 大氣壓（atm） | 1 atm（一大氣壓）= 101,325 Pa = 14.7 Psi |
| mmHg (torr) | 1 atm = 760 mmHg = 760 torr |
| 帕（Bar） | 1.01325 bar = 1 atm 或 1 bar = 0.986923 atm |

# 1.2　氣體經驗式

壓力、溫度、體積和莫耳數是所有氣體的四個參數，將氣體其中兩個的物理性質固定時，可導出其他兩個參數的簡單關係式，在17世紀和19世紀中期發現此定量的關係式稱爲氣體經驗式（empirical gas laws）。茲分述如下：

## 波以耳定律：體積和壓力的關係

當施加壓力於氣體時，可將氣體壓縮至更小的體積。波以耳（Robert Boyle）於1661年最先對氣體的壓縮加以定量研究，並推導出所謂的波以耳定律（Boyle's law）。依波以耳定律，在一定溫度下，氣體樣品的體積是與其施加壓力成反比，換言之：

$$PV = \text{常數（在定溫下，定量的氣體）}$$

亦即，在定溫定量下的氣體，其壓力乘以體積為一定值。將氣體的壓力對體積作圖，可得P和V反比的關係圖，如圖1.2所示。

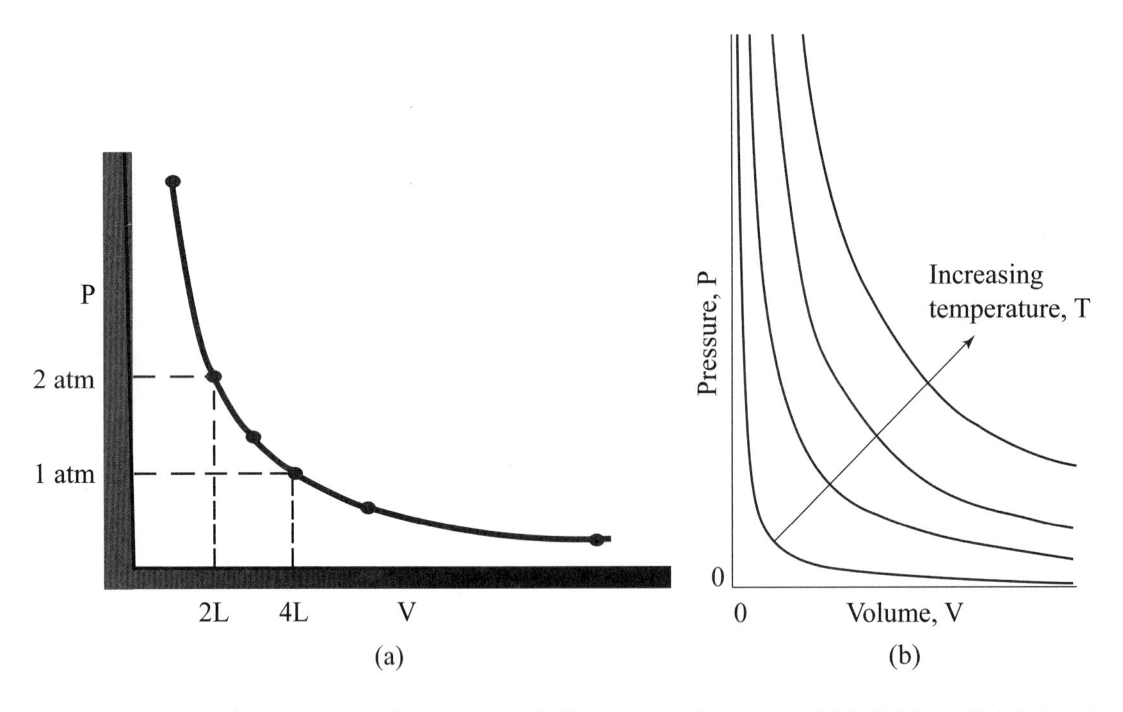


圖1.2　(a)在固定溫度及氣體量一定的條件下，氣體壓力－體積關係圖（波以耳定律）；(b)$P$-$V$圖等溫線隨溫度變化的情形，愈上方的曲線其氣體的溫度愈高。

如果溫度和氣體的量沒有改變的話，只要知道起始壓力和體積分別是$P_1$及$V_1$，最後的壓力和體積分別是$P_2$及$V_2$，則可依波以耳定律可得：

$$P_1V_1 = P_2V_2$$

波以耳定律的一些生活實例：

(1) 人體呼吸運作時胸腔的變化情形，當你吸氣時，橫隔膜往下移，胸腔體積增加，壓力變小，所以氣體可以吸進來。反之，吐氣時橫隔膜往上移，胸腔體積減小，壓力變大，所以氣體可以排出去。

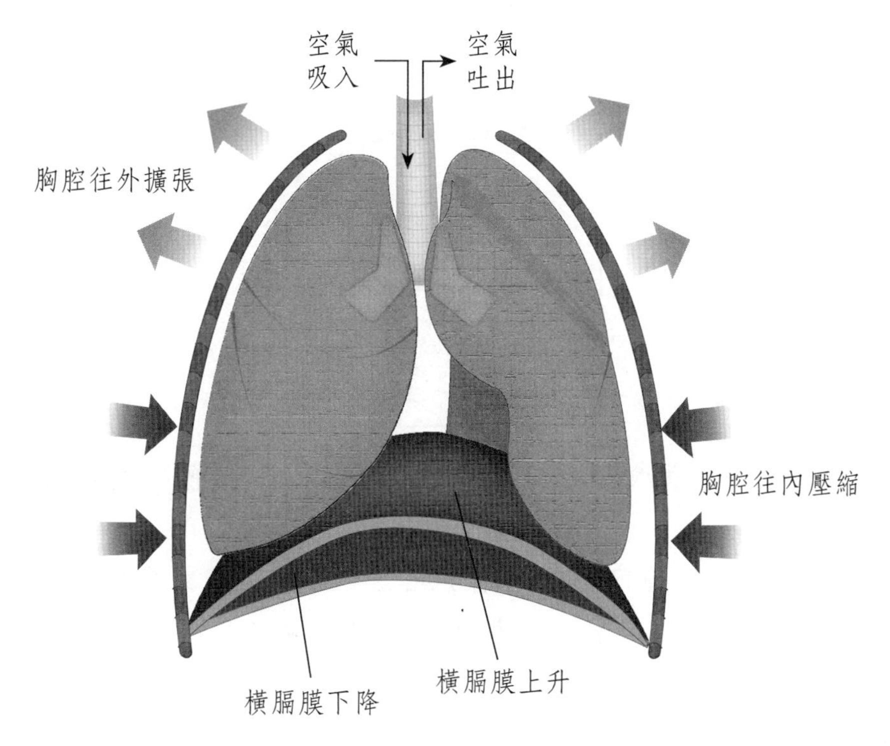


圖1-2-1　吸呼氣時橫膈膜變化的情形

(2) 坐飛機飛到高空導致氣壓改變而引起耳朵不舒服，也是因爲高空氣壓的減少，造成耳膜附近體積的膨脹而造成擠壓不舒服；同樣地，去爬高山也會有相同的經驗，這些都是因爲氣壓的改變而造成體積的變化所使然的。

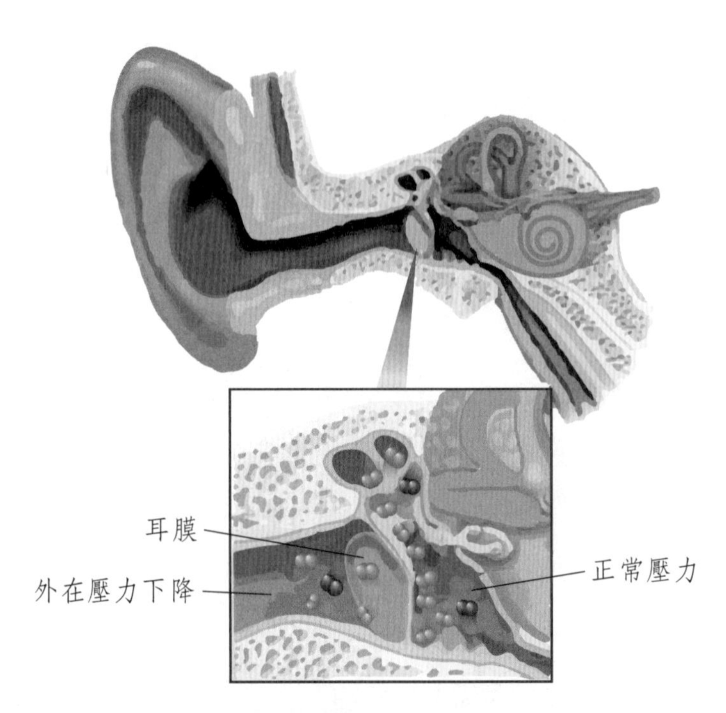


圖1-2-2 坐飛機時耳膜因氣壓的改變而造成耳膜隆起疼痛

(3) 腳踏車輪胎打氣，當向打氣筒施壓之後，打氣筒的氣體體積變小，打氣筒內氣體的壓力增加，因此可以將氣體打入輪胎內。

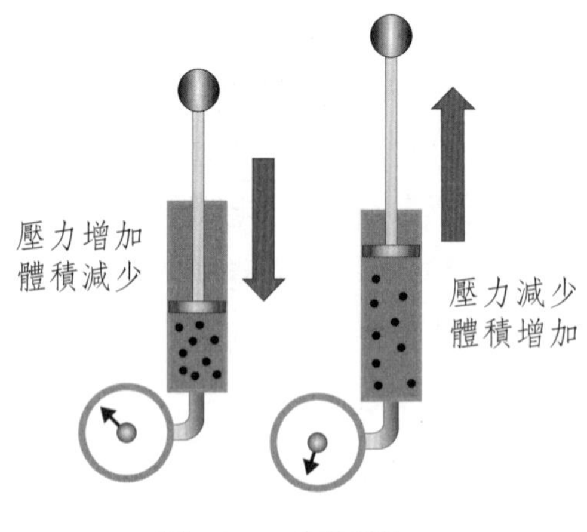


圖1-2-3 打氣筒

(4) 一氣泡從深水區漂浮上升至水面時，因爲水壓的減少而導致氣泡的體積變大，甚至脹破。

## 查理定律：體積和溫度的關係

氣體體積亦會受溫度影響，1787年法國物理學家查理（Jacques Alexander Charles）觀察到在不同溫度下氣體體積的定量變化，他同時也是熱氣球和氫氣球的先驅者。他證實在固定壓力下，氣體的體積會隨溫度而呈線性增加，在不同的溫度下對氣體體積作圖將可得一直線（圖1.3）。將直線外插至體積爲零的溫度，可得到一共同的截點於–273.15℃，此溫度稱爲絕對零度（absolute zero）。

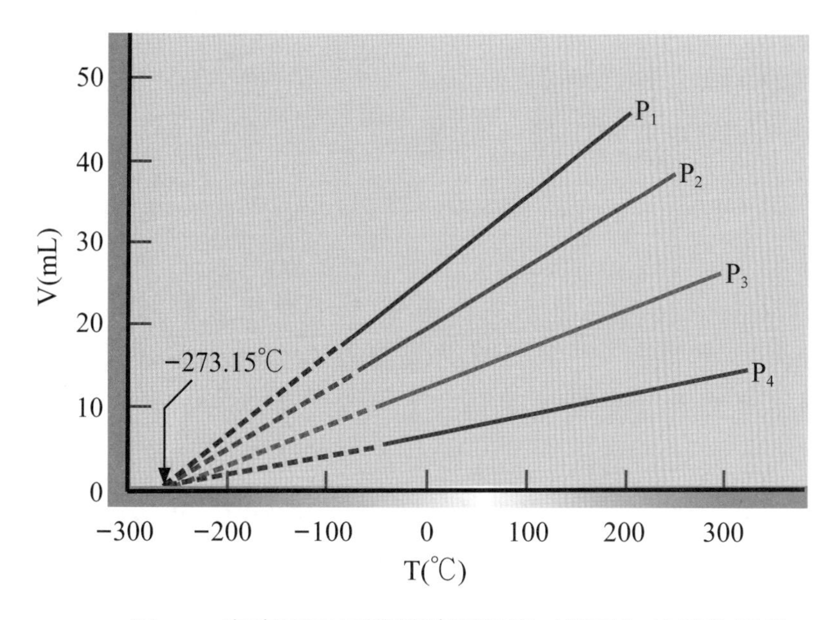


圖1.3　在定壓下氣體體積和溫度（攝氏）的線性關係

查理定律（Charles's law）可描述如下：在定壓下，任何氣體所占據的體積是直接正比於絕對溫度。亦即

$$\frac{V}{T} = \text{常數（在定壓下，定量的氣體）}$$

其中的溫度必須使用凱式溫標（絕對溫標，Kevins，記爲K），如果溫度是攝氏的話，則須加上273.15將之轉換成K；亦即$T(\text{K}) = 273.15 + T(℃)$。雖然大多數氣體會遵守查理定律，但在高壓或低溫時會產生偏差。

生活中的一些例子是和氣體的查理定律有關的，例如：現在大家喜歡到台東的鹿台看熱氣球，熱氣球是利用丙烷的氣體燃燒器在氣球內加熱，當熱氣球加熱時，熱氣球中的空氣會因爲溫度上升而體積變大，因爲熱氣球不是密閉系統，所以會有一些氣體逃離熱氣球，因此造成它的密度比周遭的空氣密度低，使得熱氣球能夠升起。另外，日常生活中當我們煮水餃時，水餃熟了便會浮起來，因爲水餃受熱後，裡面的氣體體積因此膨脹，造成其密度會小於水，所以水餃熟了就浮起來了。

## 例題1.0.1

請問最先搭上熱氣球的是哪些動物？
(A) 人類 (B) 羊 (C) 鴨子 (D) 雞 (E) 狗

**解**：

BCD。

於西元1783年9月19日，一熱氣球搭載著羊、鴨子、雞這三種動物上天空，因為當時大家還不甚了解熱氣球的安全性如何，所以不敢直接搭上熱氣球，只好找這些動物當替死鬼測試一下熱氣球的安全性，後來法國國王決定派兩個犯人坐熱氣球試試，反正犯人的命不值錢，後來羅維埃（Jean-François Pilâtre de Rozier）自告奮勇，最後與Marquis d Arlandes一起搭上熱氣球，成為最先搭上熱氣球的人類，不過後來羅維埃因為使用氫氣球而導致喪命。

## 例題1.0.2

平溪天燈升空是台灣人許願的一種方式，今有一天燈其本身材料的重量是300公克，當它要升空時其體積可展開至最大，此時的體積爲1000公升（天燈材料的體積不計），假設當天氣溫是300 K，空氣的密度爲1.2 g/L，爲方便計算起見，假設重力加速度$g = 10\ m/s^2$，則天燈內部空氣必須加熱到多少K，天燈才有機會升空？

**解**：

天燈內部氣體的重量 $= 1000 \times 1.2 \times 10^{-3} \times 10 = 12$

天燈內氣體浮力 $= 1000 \times 1.2 \times 10^{-3} \times 10 = 12$

依據牛頓第二運動定律，天燈內氣體浮力須大於（天燈材料重 ＋ 熱空氣重量），天燈才有機會升空，亦即

$12 > 0.3 \times 10 + \rho' \times 1000 \times 10^{-3} \times 10$

$\rho' = 0.9$

$\rho = \frac{PM}{RT}$

$\rho$與$T$成反比

$\frac{\rho}{\rho'} = \frac{T}{T'}$；$\frac{1.2}{0.9} = \frac{T'}{300}$

$T' = 400K$

## 結合氣體定律：體積、溫度和壓力的關係

可將波以耳定律和查理定律結合而以下式表之：

$$\frac{PV}{T} = \text{常數（定量的氣體）}$$

## 亞佛加厥定律：體積和氣體量的關係

在1808年法國化學家亞佛加厥由氣體反應實驗得到的結論是，在同壓同溫下，反應氣體的體積是以小整數的比例反應（結合體積定律）。亞佛加厥以所謂的亞佛加厥定律（Avogadro's law）解釋此結合體積定律：在同溫同壓下，任何等體積的兩氣體含有相同數目的分子。

一莫耳氣體的體積稱爲氣體的莫耳體積（molar gas volume, $V_m$），依慣例，氣體的標準溫度和壓力（standard temperature and pressure, STP）分別是0℃和1.00 atm，在STP時氣體的莫耳體積是22.4 L/mol。

亞佛加厥定律（**A**vogadro）、波以耳定律（**B**oyle）及查理定律（**C**harles）可以稱作氣體的ABC方程式，如果再加上後面章節介紹的道耳吞分壓定律（Dalton），則可變成氣體的ABCD方程式。

給呂薩克（Gay-Lussac）定律則是描述定量氣體下，氣體的壓力與絕對溫度成正比。

## 1.3 理想氣體定律

先前討論的數種氣體經驗式可以合併成所謂的理想氣體狀態方程式（ideal gas law）如下：

$$PV = nRT \quad 或 \quad PV_m = RT$$

其中$V_m$是莫耳體積，$n$是氣體的莫耳數，$R$稱爲氣體常數，$R$值列於表1.2。記住當使用理想氣體定律作計算時，溫度必須是使用絕對溫度（K）。

表1.2 不同單位的$R$值

| |
|---|
| R = 0.08205 L・atm/mol・K |
| 0.08314 L・bar/mol・K |
| 1.987 cal/mol・K |
| 8.314 J/mol・K |
| 62.36 L・torr/mol・K |

一般氣體只有在高溫或低壓下，其表現出來的行爲才會接近理想氣體行爲。理想氣體其實是一種「模型」（model），此就如同我們常設定你的「理想情人」，一定要符合你所設定的條件（即假設），如：臉蛋姣好及身材婀娜多姿等若干條件，但事實上是沒有理想情人的存在。同樣地，也沒有理想氣體的存在，只有在高溫低壓的條件下氣體才會表現出理想氣體的行爲，平常的氣體其實都是眞實氣體（real gases）。符合理想氣體模型的假設如下：

1.氣體分子本身體積所占的空間比起整體氣體的體積是可以忽略不計的。

2. 氣體分子之間沒有作用力。

理想氣體定律是好的近似理論，氣體在低壓時，其個別分子本身體積所占的空間比起整體氣體的體積是可以忽略不計的；但在較高壓力時，氣體分子本身體積就不可忽略，此時氣體分子可移動的空間明顯與整體氣體的體積不同。在低壓時，氣體分子之間的作用力因距離增加而不是很重要，但在高壓時分子彼此靠近而使得分子間的作用力變得明顯。

因爲沒有分子間的作用力，所以若以理想氣體所構成的系統，沒有位能而僅有動能，也因爲這樣，理想氣體是無法被液化的；但事實並不是如此，我們都知道氮氣可以被液化成液態氮，所以眞實氣體會因爲氣體分子之間有作用力而可以被液化。

由理想氣體所構成的系統，其內能（internal energy，標記爲$U$）僅和其溫度（$T$）有關，與其系統的體積無關，茲將其重要結論整理如下，在往後的章節會陸續介紹：

1. $U=\frac{3}{2}RT$（內能與理想氣體的絕對溫度成正比）

2. $(\frac{\partial U}{\partial V})_T=0$（當溫度固定時，理想氣體的內能不隨其體積而變）

$(\frac{\partial U}{\partial V})_T$又稱爲內壓（internal pressure）

## 氣體密度

氣體的體積會隨溫度和壓力而變，因此氣體密度亦隨溫度和壓力而變，因爲密度的定義是質量（$m$）除以體積。由理想氣體定律可得到氣體分子密度（$\rho$）與分子量（$M_m$）的關係式，將$n = m/M_m$代入理想氣體定律$PV = nRT$可得：

$$PM_m = \rho RT$$

注意氣體密度是與其質量成正比，因此可利用氣體密度的測量，然後代入上式而得到其分子量。在計算時需注意$M_m$的單位是g/mol，$R$的單位是L · atm/(K · mol)，如此可得密度的單位是g/L。

## 例題1.1.1

Cars are often equipped with air bag to protect the occupants from injury. These air bags are inflated with nitrogen based on the rapid reaction between sodium azide ($NaN_3$) and $Fe_2O_3$, which is initiated by a spark. The overall reaction is

$$6NaN_3(s) + Fe_2O_3(s) \rightarrow 3Na_2O(s) + 2Fe(s) + 9N_2(g)$$

How many grams of $NaN_3$ would be required to provide 75.0 L of $N_2$ at 25℃ and 748 mmHg ?

**解**：

汽車的安全氣囊在車禍碰撞時會彈出膨脹，以往主要是利用疊氮化鈉（$NaN_3$）和氧化鐵（III）（$Fe_2O_3$）經火花的觸發所產生的快速反應而讓氣囊內充滿氮氣，這是化學計量及理想氣體定律的問題，以化學方程式將$NaN_3$和$N_2$的莫耳數互相連結。

$$n(N_2) = \frac{PV}{RT} = \frac{(748/760)\times 75.0}{0.082\times(25+273)} = 3.02(\text{moles})$$

$$n(NaN_3) = 3.02\times\frac{6}{9} = 2.01$$

$2.01\times 65.01 = 131(g)$（$NaN_3$的分子量為65.01g/mol）

## 例題1.1.2

Calculate the density of $CO_2$ at STP and compare it with air density (whose density is 1.29 g/L at STP).

**解**：

STP的條件是壓力$P = 1$ atm，溫度$T = 273$ K，$CO_2$的分子量$M = 44.0$ g/mol，

$$\rho = \frac{PM}{RT} = \frac{1\times 44}{0.082\times 273} = 1.96 \text{ g/mol}$$

因此$CO_2$的密度大於空氣，也因為這樣的性質使得滅火器裝填二氧化碳可以用來滅火，因為噴出來的二氧化碳膨脹而覆蓋在火焰上，因為$CO_2$的密度大於空氣，所以可以阻絕火焰與空氣中氧氣的接觸而達到滅火的目的。

### 例題1.1.3

Zinc and magnesium metal each react with hydrochloric acid according to the following equations:

$$Zn(s) + 2HCl(aq) \rightarrow ZnCl_2(aq) + H_2(g)$$
$$Mg(s) + 2HCl(aq) \rightarrow MgCl_2(aq) + H_2(g)$$

A 10.0 g mixture of Zn and Mg produce 0.5171 g of $H_2(g)$ upon being mixed with an excess of HCl(aq). Determine the percent Mg by mass in the original mixture.

**解**：

令Mg質量 $= x$，則Zn質量 $= 10 - x$

由反應方程式可看出氫氣的莫耳數 = Mg莫耳數 + Zn莫耳數

$$\text{mol } H_2 = 0.5171 \text{ g } H_2 \times \frac{1 \text{ mol } H_2}{2.0158 \text{ g } H_2} = 0.2565 \text{ mol } H_2$$

$$0.2565 = \frac{x}{24.31} + \frac{10.00 - x}{65.38}$$

$$x = 4.008 \text{ g Mg}$$

$$\frac{4.008\text{g}}{10.00\text{g}} \times 100 = 40.08\% \text{ Mg}$$

## 1.4　氣體混合物的分壓定律

在氣體混合物中的某一特定氣體的壓力稱為該氣體的分壓（partial pressure），在1801年當道耳吞（Dalton）發現在氣體混合物（氣體彼此之間不發生反應）中不同氣體的所有分壓的總和等於此混合氣體的總壓，此稱為道耳吞的分壓定律（Dalton's law of partial pressure）。如果$P_t$是總壓，氣體僅由$A$和$B$氣體所組成的$P_A$和$P_B$是各成分氣體在混合氣體中的分壓，則分壓定律可寫成：

$$P_t = P_A + P_B$$

而個別的分壓遵守理想氣體定律：

$$P_A V = n_A RT \quad 及 \quad P_B V = n_B RT$$

其中$n_A$和$n_B$分別是氣體$A$和$B$的莫耳數。將此兩分壓公式代入總壓可得：

$$P_t = \frac{n_A RT}{V} + \frac{n_B RT}{V} = (n_A + n_B)\frac{RT}{V} = \frac{nRT}{V}$$

其中$n = n_A + n_B$為氣體的總莫耳數。一氣體混合物的組成經常以成分氣體的莫耳分率（mole fraction）表示，一成分氣體的莫耳分率是該成分莫耳數對氣體混合物總莫耳數的比例，因為在一定體積和溫度下，氣體的壓力正比於其莫耳數，因此莫耳分率等於分壓除以總壓，氣體$A$和$B$的莫耳分率可分別表為：

$$x_A = \frac{n_A}{n} = \frac{P_A}{P_t} \quad 及 \quad x_B = \frac{n_B}{n} = \frac{P_B}{P_t}$$

換言之，$P_A = x_A P_t$；$P_B = x_B P_t$，且$x_A + x_B = 1$，如圖1.4所示。

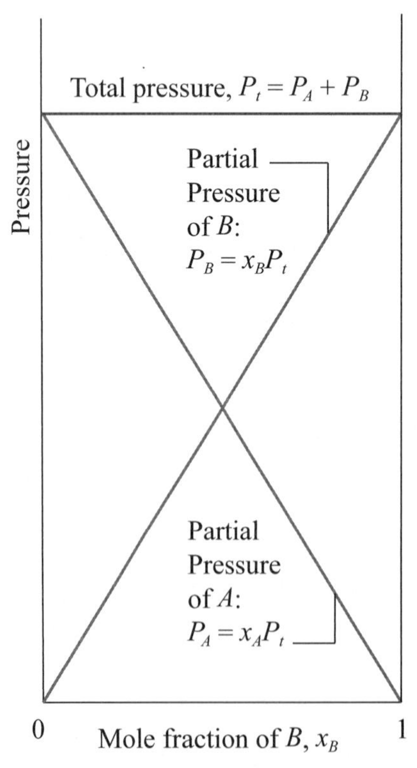


圖1.4　氣體混合物的分壓定律

# 1.5　氣壓分布公式

大氣壓力會隨著海拔高度而改變，因為高山（如合歡山）上的空氣比較稀薄，所以大氣所支撐的汞柱高度可能就會低於760 mmHg（1 atm）。

如圖1.5所示，在定溫下，假設在高度$h$的重力為$F_h$，在高度$h + dh$的重力為$F_{h+dh}$，則在此單位面積（$A$）下的重力為$Adh = dF$，因此可寫成：

$$F_h = dF + F_{h+dh}$$

將上式改寫成壓力的形式，因為$F_h = PA$，$F_{h+dh} = (P + dP)A$代入可得：

$$AdP = -dF$$

依牛頓的運動定律可知，重力$dF$等於體積單元（$Adh$）的質量（$\rho Adh$）乘以重力加速度（$g$），

$$AdP = -\rho gAdh$$

其中$\rho$為氣體密度，亦即

$$dP = -\rho gdh$$

假設高度$h = 0$（如在平地上）的氣壓為$P_0$，則可將上式改寫為積分式如下：

$$\int_{P_0}^{P} dP = -\rho g\int_0^h dh$$

利用理想氣體方程式可知：$\rho = \dfrac{PM}{RT}$代入上式可得：

$$\int_{P_0}^{P} dP = -\frac{PMg}{RT}\int_0^h dh$$

將$P$移至式子的左邊，可得：

$$\int_{P_0}^{P} \frac{dP}{P} = -\frac{Mg}{RT}\int_0^h dh$$

利用$\frac{dP}{P}=d(\ln P)$，

$$\ln\frac{P}{P_0}=-\frac{Mgh}{RT}$$

亦即，

$$P=P_0\exp(-\frac{Mgh}{RT})$$

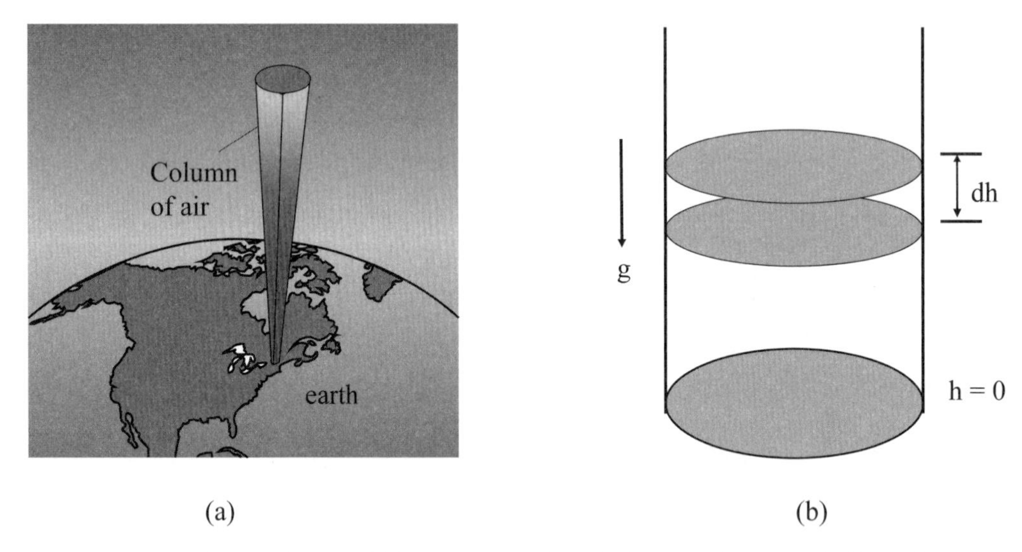


圖1.5 (a)海平面上任一點的氣壓；(b)在重力場下的空氣分布柱狀示意圖

## 例題1.2

Assume that air is composed of 20% $O_2$ and 80% $N_2$ (mol%) at sea level and that the pressure is 1 atm. If the atmosphere has a temperature of 0℃ independent of altitude, what is the air pressure at a height of 4000 m?

**解**：

$$P_{O_2}=(0.2\times1)\exp(-\frac{32\times10^{-3}\times9.8\times4000}{8.314\times273})=0.115\ \text{atm}$$

$$P_{N_2}=(0.8\times1)\exp(-\frac{28\times10^{-3}\times9.8\times4000}{8.314\times273})=0.493\ \text{atm}$$

$P_t = P_{O_2} + P_{N_2} = 0.115 + 0.493 = 0.608$ atm

或許你有過這樣的經驗：當你攜帶包裝好的零食（封閉的塑膠袋）到高山如合歡山（海拔高度約為3000公尺），你會發現零食包裝體積變得膨脹起來，這是為什麼呢？大家直覺的反應是在高山時氣壓改變了，才會造成零食包裝體積膨脹，沒錯！大氣壓力隨著海拔高度而變，大氣壓力隨著海拔高度而變的公式如下：

$$P = P_0 \times e^{-Mgh/RT}$$

其中$h$是海拔高度（以公尺計），$e$是數學的指數函數，$g$是重力加速度，$M$是空氣的莫耳質量為0.02896kg $\text{mol}^{-1}$，$R = 8.3145$ J $\text{mol}^{-1}$ $\text{K}^{-1}$；可簡化成

$$P = P_0 \times e^{-h/7000} \quad \text{(atm)}$$

假設平地的大氣壓力為$P_0 = 1$ atm，其海拔高度為0 公尺，則在海拔高度在3000公尺左右的合歡山，則大氣壓力將變成$e^{-3000/7000} = 0.65$atm而已，根據波以耳定律（Boyle's law）：$P_1V_1 = k = P_2V_2$，所以$1 \times V_1 = 0.65 \times V_2$，$\frac{V_2}{V_1} = \frac{1}{0.65} = 1.54$，帶包裝好的零食到高山時，因為高山氣壓較平地低，所以壓力變小了，零食包裝裡面的氣體體積自然會膨脹。但是以上的估算並沒將平地與高山的溫度效應考慮進去。

在高山上的溫度與平地是不一樣的，精確計算時尚需要考慮高山的溫度效應：假設平地氣溫是攝氏30度（即273 + 30 = 303K），每爬升1000公尺約下降6.5度，爬升3000公尺約下降19.5度，換言之，此時合歡山溫度約為攝氏10.5度（即273 + 10.5 = 283.5 K）。考慮在合歡山溫度和壓力的條件下，利用零食包裝內氣體在合歡山與平地都遵守理想氣體方程式則可得：

$$\frac{P_1V_1}{T_1} = \frac{P_2V_2}{T_2}$$

$$\frac{1 \times V_1}{(273+30)} = \frac{0.65 \times V_2}{(273+10.5)}$$

$$\frac{V_2}{V_1} = 1.44$$

所以，在合歡山時零食包裝內氣體體積會是平地時的1.44倍。

# 1.6 膨脹係數與壓縮係數

狀態方程式中涉及許多參數，如果一函數是多個參數的函數時，例如 $F(x, y, z, \cdots)$，則其全微分（exact differential）可寫成：

$$dF = (\frac{\partial F}{\partial x})_{y,z,\ldots} dx + (\frac{\partial F}{\partial y})_{x,z,\ldots} dy + (\frac{\partial F}{\partial z})_{x,y,\ldots} dz + \ldots.$$

右邊的第一項偏微分$(\frac{\partial F}{\partial x})_{y,z,\ldots}$可視爲是當其他變數$(y, z, \cdots)$固定不變時，函數$F$僅對$x$的變化情形。這類的偏微分在熱力學經常出現，以下先以理想氣體的狀態方程式說明其運算。

假設氣體的量一定的話，則理想氣體的壓力可以視爲體積和溫度的函數，因此可將之表示如下：

$$P = f(V, T) = \frac{nRT}{V}$$

則壓力隨體積或溫度的變化情形可依微積分的偏微分加以處理：

$$(\frac{\partial P}{\partial V})_T = [\frac{\partial(\frac{nRT}{V})}{\partial V}]_T = nRT[\frac{\partial(\frac{1}{V})}{\partial V}]_T = -\frac{nRT}{V^2} \quad (n\text{和}R\text{是常數})$$

$$(\frac{\partial P}{\partial T})_V = [\frac{\partial(\frac{nRT}{V})}{\partial T}]_V = \frac{nR}{V}$$

在上式中的下標$T$和$V$代表在變化中保持不變的變數，如果是$T$和$V$同時變化時，則壓力的總變化可寫成：

$$dP = (\frac{\partial P}{\partial V})_T dV + (\frac{\partial P}{\partial T})_V dT$$

如果是二次微分的話，

$$(\frac{\partial}{\partial T}(\frac{\partial P}{\partial V})_T)_V = \frac{\partial^2 P}{\partial T \partial V} = (\partial[-\frac{nRT}{V^2}]/\partial T)_V = -\frac{nR}{V^2}$$

$$(\frac{\partial}{\partial V}(\frac{\partial P}{\partial T})_V)_T = \frac{\partial^2 P}{\partial V \partial T} = (\partial[\frac{nR}{V}]/\partial V)_T = -\frac{nR}{V^2}$$

因此，$(\frac{\partial}{\partial T}(\frac{\partial P}{\partial V})_T)_V = (\frac{\partial}{\partial V}(\frac{\partial P}{\partial T})_V)_T$

對於所有的狀態函數而言，微分的順序並不會影響結果，可將之表成：

$$(\frac{\partial}{\partial T}(\frac{\partial f(V,T)}{\partial V})_T)_V = (\frac{\partial}{\partial V}(\frac{\partial f(V,T)}{\partial T})_V)_T$$

上式僅適用於狀態函數，因此可用它來判斷一函數是否為狀態函數。

膨脹係數（thermal expansion coefficient，標記為$\alpha$）可定義為 $\alpha = \frac{1}{V}(\frac{\partial V}{\partial T})_P$，亦即在定壓下，體積隨溫度的變化情形；而壓縮係數（isothermal compressibility coefficient，標記為$\kappa$）可定義為$\kappa = -\frac{1}{V}(\frac{\partial V}{\partial P})_T$，亦即在定溫下，體積隨壓力的變化情形。在壓縮係數的表示式中的負號是為了讓其值是正數；如果$T$和$P$的變化都很小的話，則可將$\alpha = \frac{1}{V}(\frac{\partial V}{\partial T})_P$和 $\kappa = -\frac{1}{V}(\frac{\partial V}{\partial P})_T$直接改寫成：

$$V(T_2) = V(T_1)(1 + \alpha[T_2 - T_1])$$
$$V(P_2) = V(P_1)(1 - k[P_2 - P_1])$$

以上兩個式子尤其適用於一些固體和液體。

利用膨脹係數及壓縮係數的定義，可將$dP$改寫成：

$$dP = \frac{\alpha}{\kappa}dT - \frac{1}{\kappa V}dV$$

積分之後可得：

$$\Delta P = \int_{T_1}^{T_2} \frac{\alpha}{\kappa}dT - \int_{V_1}^{V_2} \frac{1}{\kappa V}dV = \frac{\alpha}{\kappa}(T_2 - T_1) - \frac{1}{\kappa}\ln\frac{V_2}{V_1}$$

## 例題1.3

Derive the thermal expansion coefficient and isothermal compressibility for the following gases.

(a) an ideal gas: $PV = RT$ (assume one mole of gas)

(b) $P(V - b) = RT$, where $b$ is a constant.

**解**：

(a) 因為 $PV = RT$，所以

$$\alpha = \frac{1}{V}\left(\frac{\partial V}{\partial T}\right)_P = \frac{1}{V}\left(\frac{R}{P}\right) = \frac{1}{T}$$

$$\kappa = -\frac{1}{V}\left(\frac{\partial V}{\partial P}\right)_T = \frac{-1}{V}\left(\frac{-RT}{P^2}\right) = \frac{1}{P}$$

(b) 先將 $P(V - b) = RT$ 改寫成 $V = \frac{RT}{P} + b$，則

$$\alpha = \frac{1}{V}\left(\frac{\partial V}{\partial T}\right)_P = \frac{R}{PV} = \frac{R}{RT + bP} = \frac{\frac{1}{T}}{1 + \frac{bP}{RT}} = \left(\frac{1}{1 + \frac{bP}{RT}}\right)\left(\frac{1}{T}\right)$$

上式中利用分子分母各除以 $RT$，並與理想氣體的結果 $\alpha = \frac{1}{T}$ 比較。

$$\kappa = -\frac{1}{V}\left(\frac{\partial V}{\partial P}\right)_T = \frac{1}{V}\left(\frac{RT}{P^2}\right) = \frac{\frac{1}{P}}{1 + \frac{bP}{RT}} = \left(\frac{1}{1 + \frac{bP}{RT}}\right)\left(\frac{1}{P}\right)$$

與理想氣體之 $\kappa = \frac{1}{P}$ 作比較

## 1.7 循環規則

熱力學常需要知道一狀態函數隨著其參數變化的情形，假設函數 $z$ 是 $x$ 和 $y$ 兩變數的函數，即 $z = f(x, y)$，則其全微分可表成：

$$dz = \left(\frac{\partial z}{\partial x}\right)_y dx + \left(\frac{\partial z}{\partial y}\right)_x dy$$

如果 $dz = 0$，亦即 $z$ 保持固定不變，則可得：

$$0 = \left(\frac{\partial z}{\partial x}\right)_y dx + \left(\frac{\partial z}{\partial y}\right)_x dy$$

左右兩邊各除以 $(\partial y)_z$，則

$$0=(\frac{\partial z}{\partial x})_y(\frac{\partial x}{\partial y})_z+(\frac{\partial z}{\partial y})_x$$

移項之後變成：

$$(\frac{\partial z}{\partial x})_y(\frac{\partial x}{\partial y})_z=-(\frac{\partial z}{\partial y})_x$$

因爲$(\frac{\partial z}{\partial y})_x=\frac{1}{(\frac{\partial y}{\partial z})_x}$，所以

$$(\frac{\partial z}{\partial x})_y(\frac{\partial x}{\partial y})_z(\frac{\partial y}{\partial z})_x=-1$$

注意其值等於$-1$。上式中的下標參數是一直在改變的。常用的記憶方式是如果要計算$(\frac{\partial x}{\partial y})_z$的話，將固定的參數$z$變成主角，然後原本的分子$\partial x$變成分母，原本的分母$\partial y$變成分子，因此可寫成$(\frac{\partial x}{\partial y})_z=-\frac{(\frac{\partial z}{\partial y})_x}{(\frac{\partial z}{\partial x})_y}$。

如果是chain rule的話，則寫成：

chain rule：$(\frac{\partial x}{\partial y})_A(\frac{\partial y}{\partial z})_A(\frac{\partial z}{\partial x})_A=1$（注意其值等於 1，而非$-1$）

chain rule的每一下標參數都是同樣一個參數，此與循環規則（cycle rule）明顯不同。

## 例題1.4

Show that $(\frac{\partial P}{\partial T})_V=\frac{\alpha}{\kappa}$, where $\alpha$ and k are the thermal expansion coefficient and the compressibility coefficient, respectively.

**解**：

$$(\frac{\partial P}{\partial T})_V=-\frac{(\frac{\partial V}{\partial T})_P}{(\frac{\partial V}{\partial P})_T}=\frac{V\alpha}{V\kappa}=\frac{\alpha}{\kappa}$$

（因為$(\frac{\partial V}{\partial T})_P=V\alpha$　且　$(\frac{\partial V}{\partial P})_T=-V\kappa$）

# 1.8 眞實氣體：凡得瓦氣體方程式

如前所述，只有在高溫低壓的條件下氣體才會表現出理想氣體的行爲，實驗證實眞實氣體在高壓和低溫的條件下與理想氣體定律所預測的行爲會有所偏差。

第一位修正眞實氣體所造成的偏差是荷蘭的物理學家凡得瓦（van der Waals），他的凡得瓦方程式（van der Waals equation）雖然類似於理想氣體定律，但是其中包含兩個常數$a$和$b$以修正理想行爲的偏差：

$$(P+\frac{n^2a}{V^2})(V-nb)=nRT$$

$$\text{或}P=\frac{nRT}{V-nb}-\frac{n^2a}{V^2}=\frac{RT}{V_m-b}-\frac{a}{V_m^2}$$

其中常數$a$和$b$是分別爲了修正因氣體分子間作用力與分子本身體積的效應，不同的氣體會有不同的$a$和$b$值。利用以下的替換可將理想氣體定律$PV = nRT$變成凡得瓦方程式，

| 理想氣體方程式 | ⇒ | 凡得瓦方程式 |
|---|---|---|
| $P$ | | $P+\frac{n^2a}{V^2}$ |
| $V$ | | $V-nb$ |

凡得瓦方程式可理解如下：氣體體積減去分子本身所占的體積，等於分子移動可用的實際體積，所以將理想氣體的$V$取代成$V-nb$，其中$nb$代表$n$莫耳分子所占的體積；另一方面，分子之間的總吸引力是正比於鄰近分子的濃度$n/V$，但是分子在每單位牆壁碰撞牆壁的分子數亦正比於濃度$n/V$，因此單位牆壁面積下的力（即壓力）會正比於$n^2/V^2$，而且比理想氣體定律所假設的要減少，令$a$爲比例常數，則可寫成：$P$（眞實）$= P$（理想）$-\frac{n^2a}{V^2}$

換言之，$P$（理想）$= P$（眞實）$+\frac{n^2a}{V^2}$

亦即，將理想氣體定律的$P$（理想）取代變成$P+\frac{n^2a}{V^2}$。

### 例題1.5

Use the van der Waals equation to estimate the pressure of 1 mol $SO_2$ occupying 22.41 L at 0.0℃. The van der Waals parameters for $SO_2$ are $a$ = 6.865 atm · $L^2/mol^2$ and $b$ = 0.05679 L/mol。

**解**：

將$R$ = 0.08206 L·atm/(K·mol)、$T$ = 273.2 K、$V$ = 22.41 L、$a$ = 6.865 $L^2$·atm/$mol^2$和$b$ = 0.05679 L/mol代入

$$P=\frac{nRT}{V-nb}-\frac{n^2a}{V^2}=\frac{1\times0.082\times273}{22.41-(1\times0.05679)}-\frac{1^2\times6.865}{22.41}=1.003-0.014=0.989 \text{ atm}$$

如果以理想氣體方程式計算的話，$P=\dfrac{nRT}{V}=\dfrac{1\times0.082\times273}{22.41}=1.0$ atm

## 1.9　壓縮因子

氣體的壓縮因子（the compression factor）$Z$可定義成：

$$Z=\frac{V_m}{V_m^{ideal}}=\frac{PV_m}{RT}$$

其中$V_m^{ideal}$是理想氣體的莫耳體積，也就是說壓縮因子是該真實氣體與其在理想氣體狀態的莫耳體積的比值。如果是理想氣體的話，則其$Z$ = 1，不會隨著壓力而變，氣體不會液化。然而，對於一般的真實氣體而言，如果$Z$ > 1，表示此氣體不易被壓縮成液體，如氫氣（$H_2$）；反之，若是$Z$ < 1，表示此氣體易被壓縮成液體，如二氧化碳（$CO_2$）。圖1.6顯示一些常見氣體的壓縮因子$Z$對壓力的關係圖：

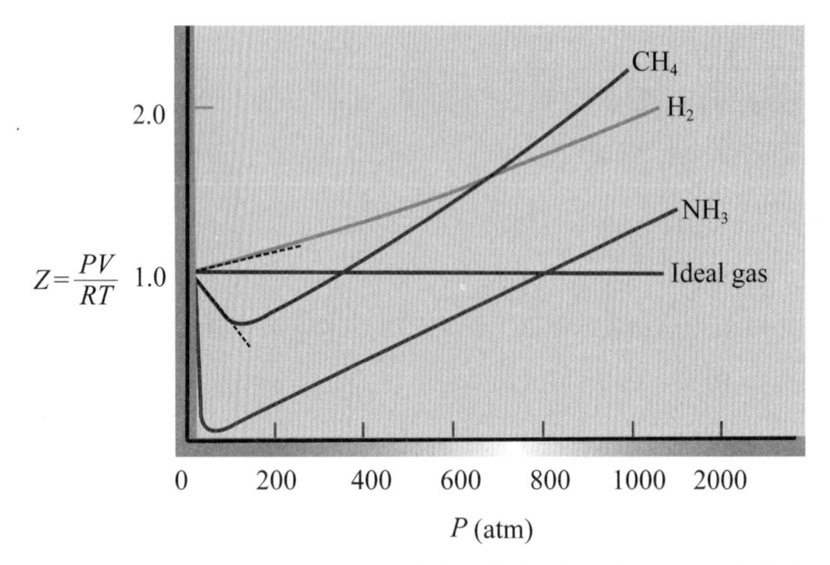


圖1.6　壓縮因子（$Z$）對壓力的關係圖，注意理想氣體的壓縮因子（$Z$）等於1，虛線代表起始的斜率。

## 1.10　維里級數

一般對於眞實氣體可將壓縮因子表示成：

$$Z = 1 + B(\frac{n}{V}) + C(\frac{n^2}{V^2}) + \cdots\cdots$$

$B$和$C$稱爲維里係數（Virial coefficients），它們僅是溫度的函數。

凡得瓦方程式可以改寫成維里級數的形式。記得凡得瓦方程式爲：

$$P = \frac{RT}{V_m - b} - \frac{a}{V_m^2}$$

左右兩邊各乘以$V_m$，之後右邊第一項的分子分母各除以$V_m$即得：

$$PV_m = \frac{RT}{(1-\frac{b}{V_m})} - \frac{a}{V_m} = RT[1 + (\frac{b}{V_m}) + (\frac{b}{V_m})^2 + \cdots\cdots] - \frac{a}{V_m}$$

因爲$\frac{1}{1-x} = 1 + x + x^2 + \cdots$，

令$x = \frac{b}{V}$

將$\frac{1}{1-\frac{b}{V}} = 1 + \frac{b}{V} + (\frac{b}{V})^2 + \cdots$代入上式可得：

$$\frac{PV_m}{RT} = [1 + (\frac{b}{V_m}) + (\frac{b}{V_m})^2 + \cdots\cdots] - \frac{a}{RT}(\frac{1}{V_m}) = 1 + (b - \frac{a}{RT})(\frac{1}{V_m}) + \frac{b^2}{V_m^2} + ....$$

與維里級數相比較：$Z = \frac{PV_m}{RT} = [1 + (\frac{B}{V_m}) + C(\frac{1}{V_m})^2 + \cdots\cdots]$

對應$\frac{1}{V_m}$和$\frac{1}{V_m^2}$的係數可得：

$$B = b - \frac{a}{RT}$$

$$C = b^2$$

也可以將$Z$表示成以壓力次方的維里級數，亦即

$$Z = 1 + B'P + C'P^2 + \cdots\cdots$$

然後再與$Z$表示成以體積次方的維里級數互相比較，

$$Z = 1 + B(\frac{1}{V_m}) + C(\frac{1}{V_m^2}) + \cdots\cdots$$

而找出這些維里級數中係數的關係。由兩式相等可得：

$$B'P + C'P^2 + \cdots\cdots = B(\frac{1}{V_m}) + C(\frac{1}{V_m^2}) + \cdots\cdots$$

兩邊各乘以$V_m$而得：

$$B'PV_m + C'P^2V_m + \cdots\cdots = B + C(\frac{1}{V_m}) + \cdots\cdots \qquad \text{(I)}$$

已知$Z = \frac{PV_m}{RT} = 1 + B(\frac{1}{V_m}) + C(\frac{1}{V_m^2}) + \cdots\cdots$

故$PV_m = RT(1 + B(\frac{1}{V_m}) + C(\frac{1}{V_m^2}) + \cdots\cdots)$代入(I)，然後將$\frac{1}{V_m}$的係數相等即得：

$$B'RT + \frac{BB'RT + C'R^2T^2}{V_m} + .... = B + \frac{C}{V_m} + \cdots\cdots$$

因此，$B = B'RT$ 或 $B' = \frac{B}{RT}$

另外，$BB'RT + C'R^2T^2 = C = B^2 + C'R^2T^2$

或$C' = \frac{C - B^2}{R^2T^2}$

先前已將維里級數中的係數$B$和$C$與凡得瓦方程式中的$a$和$b$作連結：

$B = b - \frac{a}{RT}$；$C = b^2$

因此$B' = \frac{B}{RT} = \frac{1}{RT}(b - \frac{a}{RT})$

$$C' = \frac{C - B^2}{R^2T^2} = \frac{b^2 - (b - \frac{a}{RT})^2}{R^2T^2} = \frac{a}{(RT)^3}(2b - \frac{a}{RT})$$

## 例題1.6

Verify that the slope of $Z$ as a function of $P$ as $P \to 0$ can be related to the van der Waals parameters by the following:

$$\lim_{P \to 0}(\frac{\partial Z}{\partial P})_T = \frac{1}{RT}(b - \frac{a}{RT})$$

**解**：

$$Z = \frac{PV_m}{RT} = \frac{(\frac{RT}{V_m - b} - \frac{a}{V_m^2})V_m}{RT} = \frac{V_m}{V_m - b} - \frac{a}{RTV_m}$$

當$P \to 0$時，此時的氣體行為會接近於理想氣體，因此

$$(\frac{\partial Z}{\partial P})_T = (\frac{\partial Z}{\partial[\frac{RT}{V_m}]})_T = \frac{1}{RT}(\frac{\partial[\frac{V_m}{V_m - b} - \frac{a}{RTV_m}]}{\partial(\frac{1}{V_m})})_T = \frac{1}{RT}(\frac{\partial[\frac{V_m}{V_m - b} - \frac{a}{RTV_m}]}{\partial V_m})_T(-V_m^2)$$

$$(\frac{\partial Z}{\partial P})_T = \frac{-V_m^2}{RT}(\frac{1}{V_m - b} - \frac{V_m}{(V_m - b)^2} + \frac{a}{RTV_m^2})$$

$$= \frac{1}{RT}(\frac{bV_m^2}{(V_m - b)^2} - \frac{a}{RT})$$

當$P \to 0$時，$V_m \to \infty$且$\frac{bV_m^2}{(V_m - b)^2} \to b$（因為$V_m - b \cong V_m$）

$\lim_{P \to 0}(\frac{\partial Z}{\partial P})_T$代表在$Z$對$P$圖中的起始斜率，其值取決於$b$和$\frac{a}{RT}$的相對大小，分述如下：

1. 如果$b - \frac{a}{RT} > 0$，亦即$b > \frac{a}{RT}$，則$(\frac{\partial Z}{\partial P})_T = \frac{1}{RT}(b - \frac{a}{RT})$會大於0，$(\frac{\partial Z}{\partial P})_T$代表$Z$對$P$圖中（如圖1.6中的虛線所示）的起始斜率為正，表示氣體分子本身的體積$b$比較重要，如圖中的$H_2$，因此$H_2$不易被壓縮。
2. 反之，如果$b - \frac{a}{RT} < 0$，亦即$b < \frac{a}{RT}$，則$(\frac{\partial Z}{\partial P})_T = \frac{1}{RT}(b - \frac{a}{RT})$會小於0，$(\frac{\partial Z}{\partial P})_T$代表$Z$對$P$的圖中（如圖1.6中的虛線所示）的起始斜率為負，表示氣體分子間的吸引力$a$比較重要，如圖中的$CH_4$和$NH_3$，所以這些氣體是比較容易可以被壓縮的。
3. 當$(\frac{\partial Z}{\partial P})_T = \frac{1}{RT}(b - \frac{a}{RT}) = 0$時，可得$b - \frac{a}{RT_B} = 0$，亦即$T_B = \frac{a}{bR}$，$T_B$稱為波以耳溫度（Boyle temperature）。

## 例題1.7

For a real gas, we introduce the compression factor $Z$ by $Z = \frac{V_m}{V_m^{ideal}} = \frac{PV_m}{RT}$ to reflect the extent of deviation from an ideal gas. There are many empirical equations being used to describe the behavior of a real gas, for example, the van der Waals equation is given by $P = \frac{RT}{V_m - b} - \frac{a}{V_m^2}$, the virial equation can be expressed as

$$Z = \frac{PV_m}{RT} = 1 + B(\frac{1}{V_m}) + C(\frac{1}{V_m^2}) + \ldots\ldots \text{ or } Z = \frac{PV_m}{RT} = 1 + B'P + C'P^2 + \ldots\ldots$$

(a) The relationship between B and B' and between C and C' is the following.
$B = B'RT, C = B'RT + C'R^2T^2$

(b) The expressions of virial coefficients B and C in terms of van der Waals parameters a and b are $B = b - \frac{2a}{RT}, C = b^2$.

(c) The Boyle temperature $T_B$ in terms of the van der Waals parameters can be expressed as $T_B = \frac{2a}{Rb}$.

(d) The slope of $Z$ as a function of $P$ as $P \to 0$ in terms of the van der Waals parameters can be determined as $\lim_{P \to 0}(\frac{\partial Z}{\partial P})_T = B' = \frac{B}{RT} = \frac{1}{RT}(b - \frac{2a}{RT})$.

(e) For a van der Waals gas, the slope of $Z$ versus P curves as $P \to 0$ has a maximum values at the temperature $T_{max} = \frac{2a}{Rb}$.

**解**：(a)

## 例題1.8

If the compressibility factor of a van der Waals gas is 1.02 at 0℃ and 2 atm and the Boyle temperature is 170 K, estimate the van der Waals constants a and b.

**解**：

利用壓縮因子的定義及波以耳溫度與$a$和$b$常數的關係解題。

(1) $Z = \frac{PV_m}{RT}$

因$Z$ = 1.02，代入上式可得：

$$1.02 = \frac{2V_m}{0.082 \times 273}$$

$V_m$ = 11.41($\ell$)

(2) 波以耳溫度與$a$和$b$常數的關係：

$$T_B = \frac{a}{bR} = 170$$

$$a = 170 \times 0.082 \times b = 13.94b \quad \text{(II)}$$

此導出$a$和$b$常數的關係；另外，

$$P = \frac{RT}{V_m - b} - \frac{a}{V_m^2}$$

$$2 = \frac{0.082 \times 273}{11.41 - b} - \frac{13.94b}{11.41^2}$$

簡化之後變成 b 的二次方程式如下：

$0.107b^2 + 0.78b - 45.21 = 0$

$b = 17.25$（取正值）；代入(II)式可得：

$a = 13.94 \times 17.25 = 240.5$

除了凡得瓦方程式以外，另外還有一些用來描述眞實氣體的狀態方程式，它們可能用不同的參數表成不同的型式，但萬變不離其宗，這些狀態方程式的特性是高溫低壓的條件下，會展現理想氣體的行爲，換言之，$\frac{PV_m}{RT}$的比例會趨近於1，以下列舉一些用來描述眞實氣體的其他狀態方程式。

1.Berthelot equation：$P = \frac{nRT}{V-nb} - \frac{n^2a}{TV^2}$

2.Dieterici equation：$P = \frac{nRT}{V-nb} \times \exp(\frac{-a}{RTV_m})$

3.Redlich-Kwong equation：$P = \frac{nRT}{V-nb} - \frac{n^2a}{T^{1/2}V(V+nb)}$

## 1.11　臨界狀態

不管壓力如何，一物質不再以液態的狀態存在的以上溫度稱爲臨界溫度（critical temperature, $T_c$），氣體溫度低於臨界溫度（$T_c$）就會液化，但若於$T_c$時，氣相與液相的界限模糊分不清，溫度高於$T_c$，則爲氣體狀態。如圖1.7所示，於圖$P$-$V$圖中，每一條曲線代表某一溫度，這些曲線稱爲等溫線，在上方的$T_h$所代表的是較高溫，當蒸氣由$T_h$溫度下降至臨界溫度（$T_c$）時，此時曲線在此會有一轉折，此臨界點($P_c$, $V_c$, $T_c$)其實在數學上的一個反曲點，依微積分之反曲點的定義可知在臨界點時，$(\frac{\partial P}{\partial V})_T = 0$且$(\frac{\partial^2 P}{\partial V^2})_T = 0$；當溫度低於臨界溫度之後，就會看到液體和氣體兩相共存的區域，在圖中以虛線表示的部分。

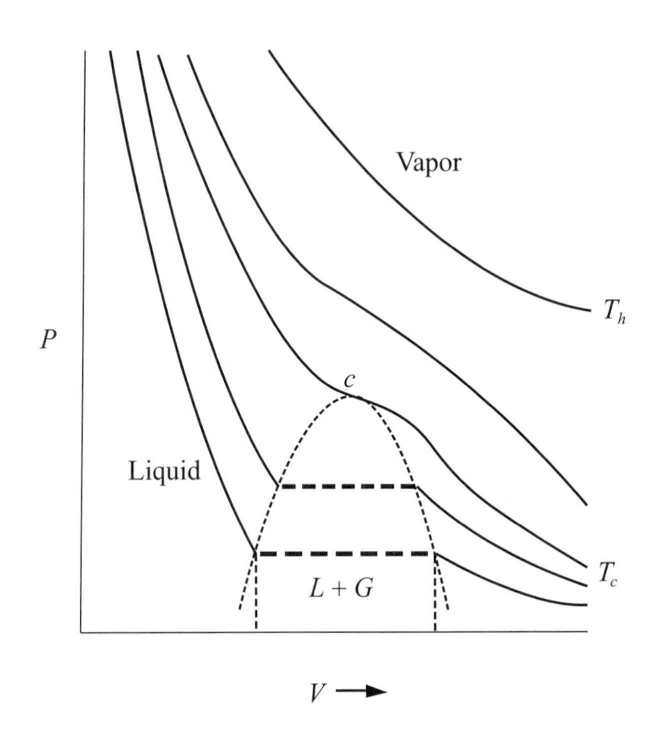


圖1.7 P-V圖中的c點即為臨界狀態，虛線區域是液體和氣體兩相共存的區域

茲以凡得瓦氣體爲例，以凡得瓦氣體的參數$a$和$b$表示其臨界溫度和壓力。因爲凡得瓦氣體狀態方程式（一莫耳）：$P=\frac{RT}{V-b}-\frac{a}{V^2}$

1. $(\frac{\partial P}{\partial V})_{T=T_c}=0$

$$\Rightarrow[\frac{\partial[\frac{RT}{V-b}-\frac{a}{V^2}]}{\partial V}]_{T=T_c}=\frac{-RT_c}{(V_c-b)^2}+\frac{2a}{V_c^3}=0 \qquad \text{(III)}$$

2. $(\frac{\partial^2 P}{\partial V^2})_{T=T_c}=0$

$$\Rightarrow\frac{\partial}{\partial V}[\frac{\partial P}{\partial V}]_{T=T_c}=[\frac{\partial[-\frac{RT}{(V-b)^2}+\frac{2a}{V^3}]}{\partial V}]_{T=T_c}=\frac{2RT_c}{(V_c-b)^3}-\frac{6a}{V_c^4}=0 \qquad \text{(IV)}$$

將(III)和(IV)兩式移項後變成：

$$\frac{RT_c}{(V_c-b)^2}=\frac{2a}{V_c^3}$$

$$\frac{2RT_c}{(V_c-b)^3}=\frac{6a}{V_c^{\ 4}}$$

相除以約掉$RT_c$即可得：

$$\frac{V_c-b}{2}=\frac{V_c}{3}$$

因此$V_c = 3b$；換言之，$b=\frac{V_c}{3}$

將此結果代入(III)即可得：

$$\frac{-RT_c}{(V_c-b)^2}\quad\frac{2a}{V_c^{\ 3}}=\frac{-RT_c}{(2b)^2}+\frac{2a}{(3b)^3}=0$$

因此$T_c=\frac{8a}{27bR}$；

將$V_c$和$T_c$代入凡得瓦氣體狀態方程式：$P=\frac{RT}{V-b}-\frac{a}{V^2}$

即可得：$P_c=\frac{a}{27b^2}$

換言之，$b=\frac{V_c}{3}$；$a=3P_cV_c^2$；$R=\frac{8P_cV_c}{3T_c}$

因此僅需要$(T_c,\ P_c,\ V_c)$的其中兩個，便可以決定$a$和$b$，因爲$T_c$和$P_c$的測量比$V_c$要來得準，因此通常使用$(T_c,\ P_c)$決定$a$和$b$。

## 例題1.9

A modified form of the van der Waals equation is $(P+\frac{n^2a}{TV^2})(V-nb)=nRT$, where all the terms have their usual significance, and a and b are constants. Derive the expressions for $a$, $b$ and $R$ in terms of the critical constants, i.e., $T_c$, $V_c$ and $P_c$.

**解**：

狀態方程式為：$P=\frac{nRT}{V-nb}-\frac{n^2a}{TV^2}$，因此在臨界點時：

$$(\frac{\partial P}{\partial V})_T=0 \ \Rightarrow\ \frac{-nRT}{(V-nb)^2}+\frac{2n^2a}{TV^3}=0 \qquad \text{(V)}$$

$$\left(\frac{\partial^2 P}{\partial V^2}\right)_T = 0 \Rightarrow \frac{2nRT}{(V-nb)^3} - \frac{6n^2a}{TV^4} = 0 \qquad \text{(VI)}$$

移項後，

$$\frac{nRT}{(V-nb)^2} = \frac{2n^2a}{TV^3}$$

$$\frac{nRT}{(V-nb)^3} = \frac{3n^2a}{TV^4}$$

兩式相除可得：

$$V - nb = \frac{2V}{3}$$

因此，$b = \frac{V_c}{3n}$（將$V = V_c$代入）

因為$(P + \frac{n^2a}{TV^2})(V-nb) = nRT$，所以將(V)式第一項的分子以

$nRT = (P + \frac{n^2a}{TV^2})(V-nb)$代入即可得：

$$-\frac{(P + \frac{n^2a}{TV^2})(V-nb)}{(V-nb)^2} + \frac{2n^2a}{TV^3} = 0$$

將$b = \frac{V_c}{3n}$代入上式再簡化可得：

$$a = \frac{P_cT_cV_c^2}{n^2}$$

利用所得的$a$和$b$代入(V)式即可得：

$$R = \frac{4P_c}{3nT_c}$$

值得一提的是臨界狀態的二氧化碳，二氧化碳的臨界溫度是31℃，而其臨界壓力（critical pressure）是73 atm，這是要液化氣體在臨界溫度所需的最低壓力。想像液體和氣體的二氧化碳於20℃是密封在厚管壁的玻璃管中，在此溫度下液體和氣體的平衡壓力是57 atm，可看到液體和氣體被

一明顯的邊界所分隔開來；假設現在溫度增加，蒸氣壓增加，在30℃時是71 atm，然後當溫度接近31℃時，原本的邊界變得不清楚了，在31℃時邊界完全消失，在此溫度及在臨界壓力之上，只有一種流體狀態，稱爲超流體（supercritical fluid，見圖1.8）。在鋼瓶內的二氧化碳（如滅火器中的$CO_2$）在正常壓力下是以液體的狀態與其氣相平衡，但是在31℃以上，氣相和液相這兩個相會變成單一的流體相，因此在夏天時鋼瓶內的二氧化碳會超過其臨界溫度和臨界壓力，因此以超流體的狀態存在。

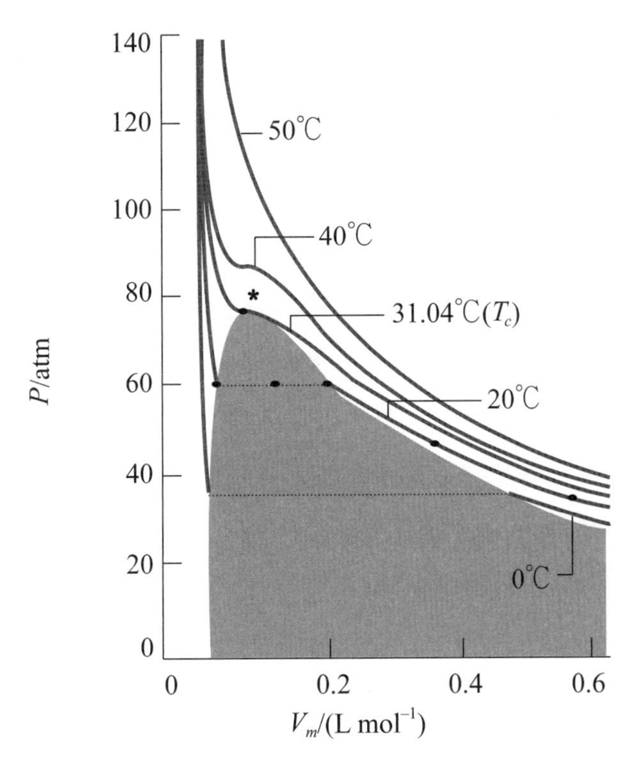


圖1.8　二氧化碳臨界狀態（打星號處）

## 例題1.10

The critical temperature ($T_c$), pressure ($P_c$) and volume ($V_c$) for $CO_2$ are 304.3 K, 7.41 MPa and 95.7 cm$^3$/mol respectively. Draw schematic isothermal curves of $P$ v.s $V$ for $CO_2$ at $T_1 > T_c$, $T_2 = T_c$ and $T_3 < T_c$ based on the van der Waals equation. Indicate the phase regions for gas and liquid states in the diagram.

**解**：

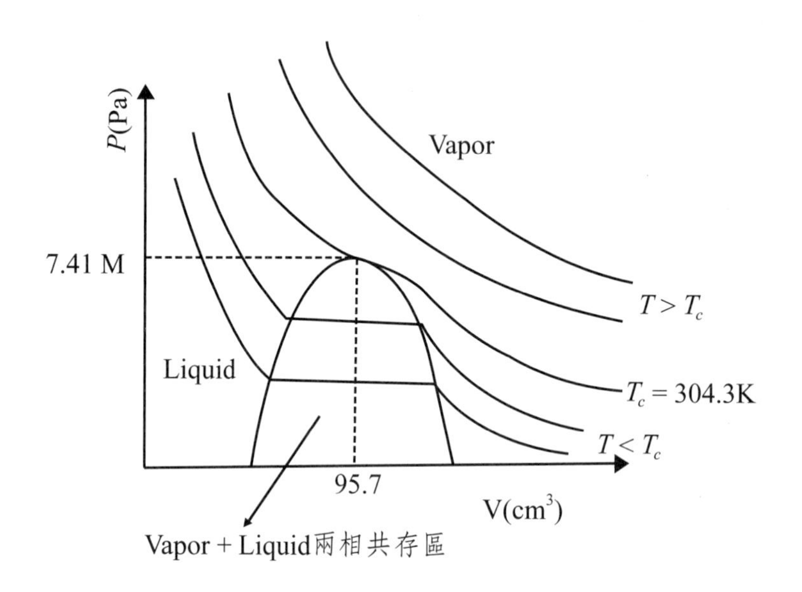


二氧化碳的臨界狀態在日常生活中有一些實際的應用，主要是它可以取代一些有毒且對環境有害的溶劑，例如：目前乾洗衣服常使用的溶劑是四氯乙烯（$Cl_2C{=}CCl_2$），雖然它比先前所使用的四氯化碳毒性較低，但是它在空氣潔淨法令中被認定為空氣污染物。科學家已經證實可以用超臨界流體的二氧化碳當作乾洗衣服的溶劑。

超臨界流體的二氧化碳的另一用途是可以去除咖啡中的咖啡因，以前最剛開始是以氯仿（$CHCl_3$）當作溶劑從咖啡豆中萃取咖啡因，而製成不含咖啡因的咖啡，之後商業製程使用比較安全的有機溶劑二氯甲烷（$CH_2Cl_2$），現今則以超流體的二氧化碳當作萃取咖啡因的溶劑。在正常的條件下，二氧化碳對有機物質不是非常好的溶劑，但是超臨界流體的二氧化碳可以溶解包括咖啡因在內的許多有機物質。

超臨界狀態的二氧化碳也被應用於超臨界流體層析術當作動相，主要是因為二氧化碳的臨界溫度和臨界壓力都適中，因此超臨界流體層析術適合分離易受熱分解的分析物。超臨界流體的二氧化碳是無毒且不燃的，它對上流層的臭氧也不會有影響；但是其他溶劑如二氯甲烷就會對臭氧有影響，二氧化碳確實會造成溫室效應，但是它可以再重新循環使用作為溶劑，因此不會排放到大氣中。

# 1.12　對應狀態定律

以凡得瓦氣體爲例，因爲$R=\frac{8P_cV_c}{3T_c}$，所以$\frac{P_cV_c}{RT_c}=\frac{3}{8}$；此隱喻著對於所有眞實氣體而言，其$\frac{P_cV_c}{RT_c}$的比例幾乎會一樣，此性質稱對應狀態定律（the law of corresponding states）。

今舉He和$CO_2$爲例：

1.He的$T_c$ = 5.3 K，$P_c$ = 2.26 atm，$V_c$ = 57.7 cm$^3$/mol

$$\frac{P_cV_c}{RT_c}=\frac{2.26\times57.7}{1000\times0.082\times5.3}=0.300$$

2.$CO_2$的$T_c$ = 304.2 K，$P_c$ = 73.0 atm，$V_c$ = 95.6 cm$^3$/mol，因此

$$\frac{P_cV_c}{RT_c}=\frac{73.0\times95.6}{1000\times0.082\times304.2}=0.280$$

與He氣體的值很接近。

對凡得瓦氣體而言，$a = 3P_cV_c^2$，$b=\frac{V_c}{3}$，$R=\frac{8P_cV_c}{3T_c}$，將這些參數代入其原本的狀態方程式（一莫耳）：$P=\frac{RT}{V-b}-\frac{a}{V^2}$可得：

$$P=\frac{RT}{V-b}-\frac{a}{V^2}=\frac{8P_cV_cT}{3T_c(V-\frac{V_c}{3})}-\frac{3P_cV_c^2}{V^2}$$

$$\frac{P}{P_c}=\frac{8(T_c/T)}{3(V/V_c)-1}-\frac{3}{(V/V_c)^2}$$

引入所謂的對比參數（reduced variables）：$\pi=\frac{P}{P_c}$，$\tau=\frac{T}{T_c}$，$\phi=\frac{V}{V_c}$代入即得對比狀態方程式（reduced equation of state）如下：

$$\pi=\frac{8\tau}{3\phi-1}-\frac{3}{\phi^2}$$

雖然不同的眞實氣體會有不同的凡得瓦參數$a$和$b$的值，但在上式中並不包含這些$a$和$b$，換言之，上式可適用於任何的眞實氣體。圖1.9顯示不同的氣體使用對比參數所得到的壓縮因子的值，可看出所有氣體皆在同一曲線上。

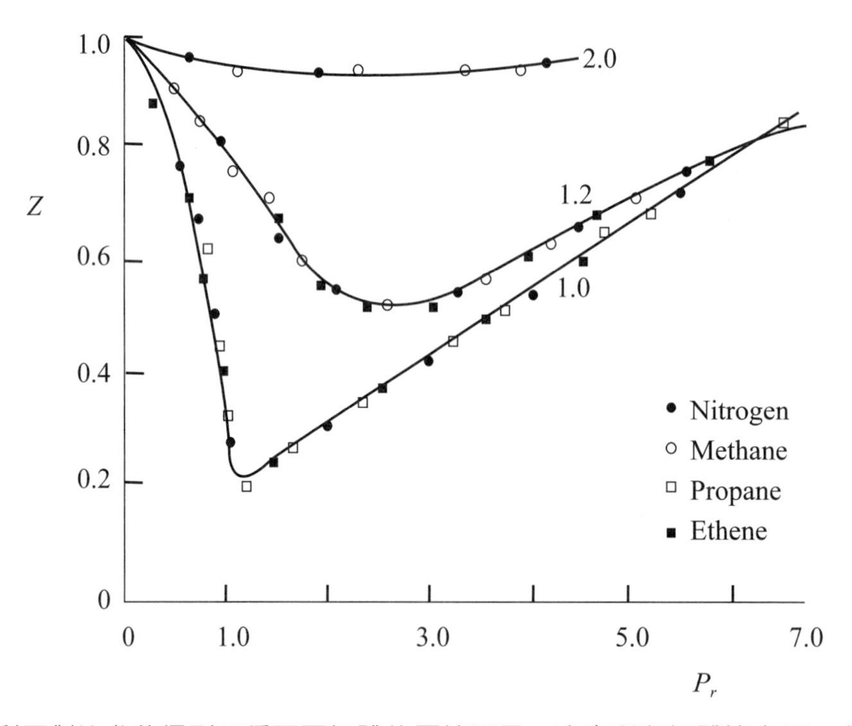


圖1.9 利用對比參數得到四種不同氣體的壓縮因子，注意所有氣體皆在同一曲線上。

## 綜合練習

1. The van der Waals equation for a real gas is $(P+\frac{a}{V_m^{\ 2}})(V_m-b)=RT$. Which of the following statements is true?

(A) The term $\frac{a}{V_m^{\ 2}}$ is meant to correct for the effect of intermolecular repulsive forces on the gas pressure.

(B) The term $b$ is meant to correct for the volume available for the molecules to move.

(C) $b$ is the volume of the molecules.

(D) The value of a is the same for different gases.

(E) None of the above.

2. What effects do van der Waals equation for real gases describe?
   (A) kinds of gases and temperature
   (B) temperature and pressure of the gas
   (C) sizes of gas molecules and force between gas molecules
   (D) sizes of the gas molecules and pressure of the gas

3. The second Virial coefficient B for a van der Waals gas is given by
   (A) $b$ (B) $b-\frac{a}{RT}$ (C) $\frac{b^2RT}{a}$ (D) $\frac{a}{RT}$ (E) None of the above.

   , where a and b are the constants in the van der Waals equation of states.

4. What is the expansion coefficient for an ideal gas?
   (A) $\frac{1}{P}$ (B) $\frac{1}{V}$ (C) $\frac{1}{T}$ (D) 0 (E) none of the above.

5. Calculate the temperature for 1 mol $CO_2$ gas at 100 atm and 0.366 liter by treating it as a van der Waals gas (van der Waals coefficients: $a$ = 3.610 atm liter$^2$ mol$^{-2}$, $b$ = 0.043 lite rmol$^{-2}$).
   (A) 300 (B) 350 (C) 400 (D) 450 (E) 500 K

6. The equation of state of a certain gas is given by $p = RT/V_m + (a + bT)/V_m^2$, where $a$ and $b$ are constants. What is $(\partial V_m/\partial T)_P$?
   (A) $3RV_m/(pV_m - RT)$ (B) $2RV_m/(pV_m - RT)$ (C) $RV_m/(pV_m - RT)$
   (D) $(RV_m + b)/(2pV_m - RT)$ (E) $(RV_m + 2b)/(2pV_m - RT)$

7. (1)The van der Waal equation is usually used to describe the real gas behavior. And the formula can be expressed as:

$$P=\frac{RT}{V-b}-\frac{a}{V^2}$$

   The terms "$a$" and "$b$" are used to express in this equation. Can you show the relationship of $a$ and b with $P_{cr}$ and $T_{cr}$, where $P_{cr}$, and $T_{cr}$ are critical pressure and temperature, respectively?

(2) A mass of 500g of gaseous ammonia is contained in a 30000 $cm^3$ vessel immersed in a constant-temperature bath at 65℃. Calculate the pressure of the gas by each of following:

(a) The ideal gas equation.

(b) The van der Waal equation, where values of $P_{cr}$ and $T_{cr}$ for ammonia are 112.8 bar and 405.6K, respectively.

8. Consider a gas that obey the equation of state.

$$P = \frac{RTe^{-a/RTV_m}}{V_m - b},$$

where $a$ and $b$ are constant and $V_m$ is the molar volume. Determine the second and third virial coefficients for this gas as a function of $a$, $b$, $R$ and $T$.

9. Decide whether the following equations of state lead to critical behavior, and decide whether gases following each of the equation would undergo liquefication.

(1) $PV_m = RT(1+\frac{b}{V_m})$

(2) $P(V_m - b) = RT$

10. (1) Show that if the virial equation of state is truncated as:

$$P = \frac{RT}{V_m} - \frac{B}{V_m^2} + \frac{C}{V_m^3}$$

A critical behavior can occur.

(2) Find the expression of the critical pressure, critical molar volume, and the critical temperature in terms of the virial coefficients.

(3) Find the value of the compression factor $Z = \frac{PV_m}{RT}$ at the critical point.

# 第 2 章

# 熱力學第一定律與熱化學

## 2.1 熱力學系統及其內能

熱力學主要研究在化學或物理過程中，系統（system）和外界（surrounding）之間所涉及的熱能與其他形式能量之間的關係，系統是我們研究的主體，如燒杯中的反應，而系統之外的所有事物則歸屬於外界。熱力學第一定律（the first law of thermodynamics）基本上是熱力學系統的能量守恆定律，亦即總能量（系統加上外界）必須維持一定。

如果系統與外界完全隔絕而沒有互相作用的話，則稱此系統為隔絕系統（isolated system）；若系統與外界可以有物質和能量的交換，則稱此系統為開放系統（open system）；反之，若系統僅與外界有能量傳遞而沒有物質的交換，則稱此系統為孤立系統（closed system）。此三種系統見於圖2.1。想像台灣先前以鎖國政策不與大陸或全世界交往，則台灣便是一隔絕系統；反之，如果台灣開放與世界各國交往，形成地球村的概念，則此時台灣便是一開放系統。

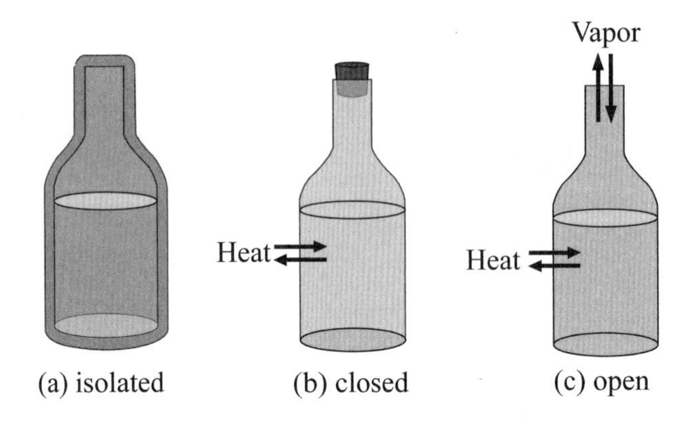


圖2.1 (a)隔絕系統（isolated system），(b)孤立系統（closed system）和(c)開放系統（open system）

在熱力學的孤立系統中，因爲能量可以流入或流出系統，因此內能（internal energy）可以改變，系統的內能變化與外界的熱量傳遞和所作的功有關，熱力學第一定律陳述這些能量的轉移相當於是內能的變化。在能量守恆的原則之下，系統內能變化量（$\Delta U$）、熱（heat, $q$）和功（work, $W$）的三角關係爲：

$$\Delta U = q + W$$

此稱爲熱力學第一定律，其中熱量和功的正負如圖2.2所示。值得注意的是，上式中的$W$前面是正號的，這是以系統觀點加以定義功，當功作於系統時，增加能量（+）於系統，所以功是正的；反之，當系統作功時，系統會失去能量，所以功是負的。

內能是系統中所有粒子的動能和位能的總和，內能是外在性質（extensive properties），亦即它取決於系統內物質的量，在一定條件下系統內物質的量增倍時，系統的內能也會增倍。外在性質的其他例子如質量和體積。

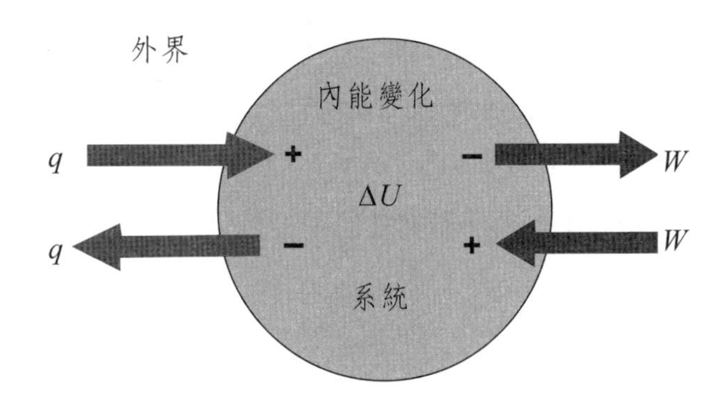


圖2.2　系統內能變化與熱量及功的關係圖

內能$U$是狀態函數（state function），其變化量僅與起始和最終的狀態有關，與過程路徑無關；狀態函數如同修課成績一樣，教授只會計較你期中考和期末考的成績，他並不知道你在學習過程下過多少功夫。假設現在系統由狀態$a$變成狀態$b$，其內能的變化量可表示爲：

$$\int_a^b dU = U_b - U_a = \Delta U$$

如果是考慮微小的變化時，熱力學第一定律可寫成$dU = dq + dW$；舉例而言，今天你要從高雄上台北，你可以選擇不同的交通工具，搭高鐵、坐火車、開車，甚至搭飛機，所走的路徑當然會不一樣，但是你的原點（高雄）和終點（台北）卻是一樣的，不管你是搭哪一種交通工具，最後還是都可以達到目的地。

相反地，功和熱是路徑函數（path functions），其變化量與過程路徑有關，路徑函數如同俗語說的：凡走過必留下痕跡。雖然功和熱皆是路徑函數，但是它們的差卻是狀態函數：內能$U$。若是系統進行一個循環過程，則系統的淨內能變化爲零，亦即$\oint dU = 0$。其他的狀態函數皆具備此性質。

## 例題2.1

A system had 150 kJ of work done on it and its internal energy increased by 60 kJ. How much energy did the system gain or loss as heat?

(a) The system gained 60 kJ of energy as heat.

(b) The system gained 90 kJ of energy as heat.

(c) The system gained 210 kJ of energy as heat.

(d) The system lost 90 kJ of energy as heat.

(e) The system lost 210 kJ of energy as heat.

**解**：(d)

$\Delta U = q + W$

$60 = q + 150$

$q = -90$

亦即系統失去90 kJ當作熱量。

## 2.2 功和熱

能量的轉移有兩大類：熱和功，如在系統中發生反應的話，反應的熱能可以被釋放或者被吸收，能量以熱能的方式進出系統，系統亦可對外界作功或者是外界對系統作功。

功（work, $W$）的定義爲外力（$F$）乘以位移（$l$），亦即$W = F \times l$。氣體常作的功稱爲壓力體積功（pressure-volume work），即$PV$功。因爲$F = P \times A$，$A$爲單位面積，$dW = P \times A \times dl = PdV$，因爲$A \times dl = dV$，因此系統所作的$PV$功可表示成：

$$dW = -P_{ex}dV \quad 或 \quad W = -\int P_{ex}dV$$

值得注意的是$P_{ex}$爲外界施加在系統的外壓，$P_{ex}$不見得等於系統內的氣體壓力，氣體在進行膨脹或壓縮的過程中，依其過程可概分成可逆（reversible）和不可逆（irreversible）兩種過程。只有在可逆過程中，系統壓力和外界壓力才會始終維持一樣；但是在不可逆過程中，系統剛開始的壓力和外界壓力並不相同，但是到最後平衡時，系統最後的壓力會和外界壓力一樣，否則不會達到平衡。因爲功與路徑或過程有關，所以可逆與不可逆過程中，系統所作的功會不一樣。以理想氣體進行恆溫膨脹（isothermal expansion）爲例，藉以闡述可逆與不可逆過程中所作的功的差別。

## 1. 恆溫可逆膨脹

理想氣體進行可逆過程可用圖2.3表示：

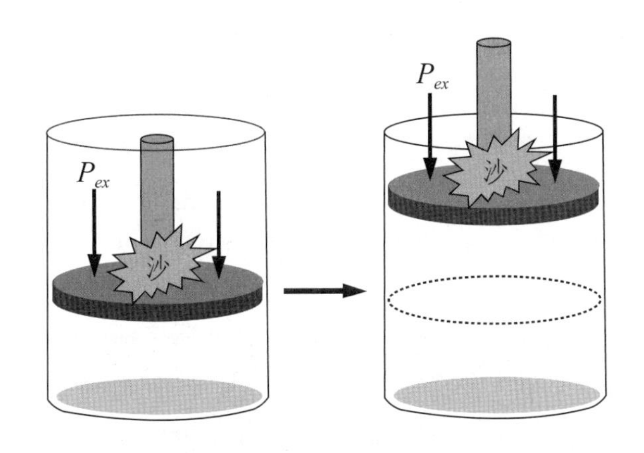


圖2.3 理想氣體進行恆溫可逆膨脹過程

所謂可逆過程可以想像成是非常慢動作的。將外界壓力（$P_{ex}$）想像成是由一盤散沙所組成的，當要使氣體膨脹時，每一次都只拿掉一粒的沙，則此時系統內部的壓力（$P_{in}$）就會僅大於外界壓力一點點，因此可寫成$P_{in} = P_{ex} + dP$，其中$dP$是非常小的壓力。如果將沙一粒一粒地放回的話，則系統可以回復到原本的狀態，此即所謂的可逆過程。系統每進行一步恆溫可逆膨脹時皆保持平衡狀態；假設系統狀態由原來的$(P_1, V_1, T)$變成$(P_2, V_2, T)$，注意是恆溫過程，所以前後的溫度都是$T$。如果系統中理想氣體的莫耳數爲$n$，則此時的$PV$功可計算如下：

$$W = -\int P_{ex}dV = -\int_{V_1}^{V_2}(P_{in} - dP)dV$$

$$= -\int_{V_1}^{V_2} P_{in}dV + \int_{V_1}^{V_2} dPdV$$

因爲$dP$非常小，所以$\int_{V_1}^{V_2} dPdV$這一項可視爲零，因此理想氣體進行恆溫可逆膨脹的功爲：

$$W = -\int_{V_1}^{V_2} P_{in}dV = -\int_{V_1}^{V_2} \frac{nRT}{V}dV = -nRT\int_{V_1}^{V_2} \frac{dV}{V} = -nRT\ln\frac{V_2}{V_1} = nRT\ln\frac{V_1}{V_2}$$

（注意$\frac{dV}{V} = d(\ln V)$）

理想氣體進行恆溫可逆膨脹的功，可由其$PV$狀態圖理解，如圖2.4所示，可逆過程可以視爲是在$P$-$V$圖中將$V$切成無窮多等分，在每一等分中氣體壓力都稍爲比外壓大一點點，這樣區分出來的每一小長方形的面積即是每一小步的可逆功，將這些無窮多的小長方形面積加總起來，即是理想氣體進行恆溫膨脹所作的$PV$功，即爲$P$-$V$圖中曲線下所圍的面積。

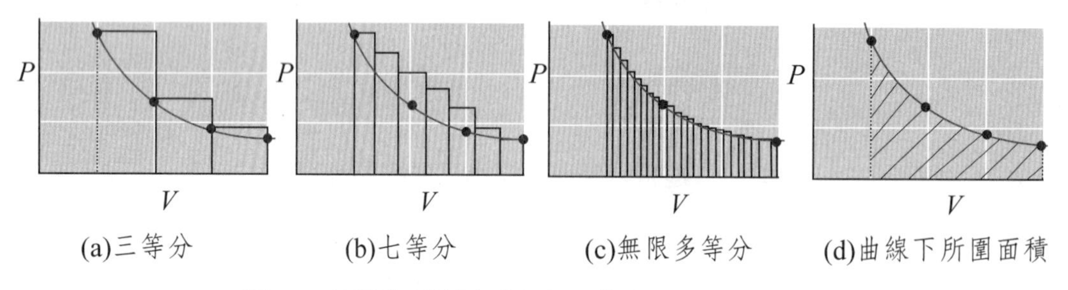


圖2.4　理想氣體進行恆溫可逆膨脹的功之示意圖

## 例題2.2

The van der Waals equation is $(P + \frac{n^2a}{V^2})(V - nb) = nRT$, where a and b are constants.

(a) Calculate the work done by a van der Waals gas in an isothermal expansion from $V_1$ to $V_2$.

(b) The van der Waals constants of methane are a = 2.28 $L^2 \cdot bar \cdot mol^{-2}$ and b = 0.0428 $L \cdot mol^{-1}$. Calculate the work by methane when 0.171 mol of methane expands isothermally and reversibly from 1.55 L to 3.55 L at 25 ℃.

**解**：

(a) van der Waals equation：$(P+\frac{n^2a}{V^2})(V-nb)=nRT$ 可改寫成：

$$P=\frac{nRT}{V-nb}-\frac{n^2a}{V^2}=\frac{RT}{V_m-b}-\frac{a}{V_m^2}$$

$$W=-\int P_{ex}dV=-\int_{V_1}^{V_2}(\frac{nRT}{V-nb}-\frac{n^2a}{V^2})dV$$

$$=nRT\ln\frac{V_1-nb}{V_2-nb}+an^2(\frac{1}{V_1}-\frac{1}{V_2})$$

(b) 代入上式即得：

$$W=nRT\ln\frac{V_1-nb}{V_2-nb}+an^2(\frac{1}{V_1}-\frac{1}{V_2})$$

$$=0.171\times8.314\times298.15\times\ln\frac{1.55-0.171\times0.0428}{3.55-0.171\times0.0428}+2.28\times(0.171)^2\times(\frac{1}{1.55}-\frac{1}{3.55})$$

$$=-352\ \text{J}$$

## 2. 不可逆功

一般的過程大多是不可逆的，可想像成活栓上面的磚塊突然放掉，如圖2.5(a)所示，一旦開始即無法回復到原來狀態，就如同荊軻刺秦王一樣，壯士兮一去不復返。值得注意的是，在此過程中外壓一直是維持一定的，注意外壓其實會等於理想氣體本身最後平衡的壓力，而功是定義爲外壓對系統所作的功，外壓一直是$P_{ex}$，因此所作的不可逆功$W = P_{ex}(V_2 - V_1)$，如圖2.5(b)所示的陰影長方形面積。

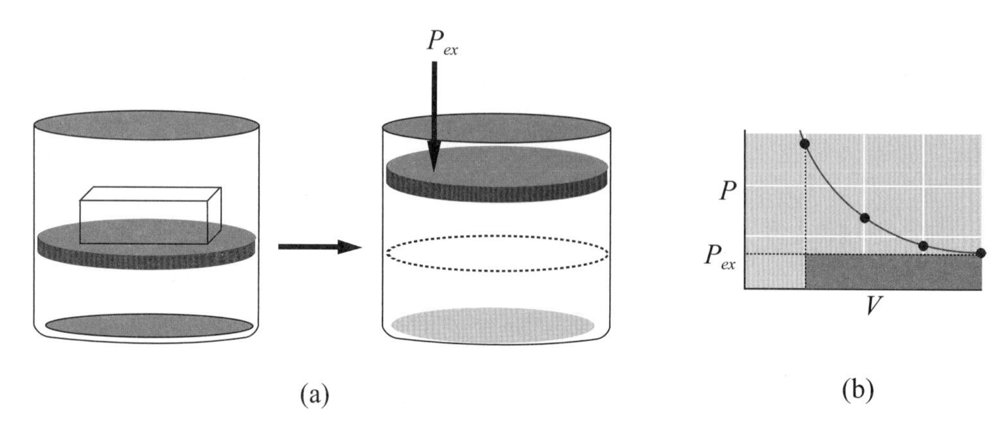


圖2.5 (a)理想氣體進行恆溫不可逆膨脹的過程示意圖，磚塊突然放掉；(b)恆溫不可逆膨脹所作的功，即陰影長方形面積。

## 3. 真空自由膨脹

有一特殊的情況是氣體進行所謂的眞空自由膨脹（free expansion），其過程如圖2.6所示，這也是一種不可逆的過程，只是此時因爲氣體膨脹時外壓（眞空）爲零，因此氣體所作的功等於零。

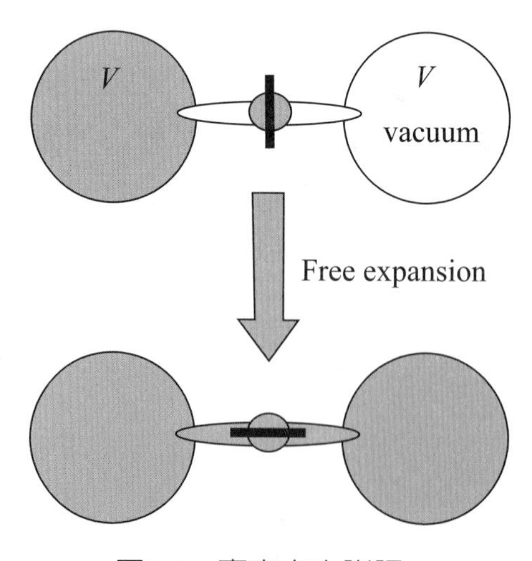


圖2.6 真空自由膨脹

## 例題2.3

Consider that one mole of an ideal gas expands from 5 atm to 1 atm at 25℃, calculate the work done by

(a) a reversible expansion and

(b) an expansion against a constant external pressure of 1 atm.

**解**：

(a) $W = nRT\ln\frac{V_1}{V_2} = nRT\ln\frac{P_2}{P_1} = 1\times 8.314\times 298.15\times \ln\frac{1}{5} = -3989.5J$

(b) $W = -P_{ex}(V_2 - V_1) = -P_2\times(\frac{nRT}{P_2} - \frac{nRT}{P_1}) = -nRT(1-\frac{P_2}{P_1})$

$= -1\times 8.314\times 298.15\times(1-\frac{1}{5}) = -1983.0\ \text{J}$

熱（heat）起因於系統和它的外界之溫度差異，只要系統和外界彼此熱接觸的話，則熱會在兩者之間流動，最後會達到相同的溫度，即熱平衡。熱的符號記爲$q$，當系統吸熱，系統的內能增加，所以$q$爲正；反之，當系統放熱則$q$爲負。

功和熱都是屬於能量的一種型式，注意能量的單SI單位爲kg/s$^2$，此單位稱爲焦耳（joule, J），這是爲了紀念研究能量概念的美國物理學家焦耳。焦耳是非常小的單位。化學家常用的能量單位是卡，但是它並非SI單位，卡和焦耳之間的關係爲：

1卡 = 4.184焦耳

如果壓力的單位是atm，體積的單位是L，則此時PV功的單位是atm · L，這並不是常用的功單位，可利用第1章表1.1所提的$R$值證明：

$$R = 0.08205\ \text{L}\cdot\text{atm/mol}\cdot\text{K} = 8.314\ \text{J/mol}\cdot\text{K}$$

因此，

$$1\ \text{atm}\cdot\text{L} = 1(\text{atm}\cdot\text{L})\times\frac{8.314\ \text{J}}{0.08205\ (\text{atm}\cdot\text{L})} = 101.32\ \text{J}$$ 。

現代人很注意食物所含的熱量（卡路里），它經常是以大卡表示，一大卡相當於一千卡。以葡萄糖（分子式爲$C_6H_{12}O_6$）爲例，1克的葡萄糖燃燒產生15.6 kJ（3.73 kcal）的熱；另外，三酸甘油脂（分子式爲$C_{45}H_{86}O_6$）是一代表性的脂肪，其燃燒1克產生38.5 kJ（9.20 kcal）的熱。換言之，碳水化合物如葡萄糖和脂肪如三酸甘油脂的平均熱量分別爲4.0 kcal/g和9.0 kcal/g，亦即，每克的脂肪含有的燃料值超過碳水化合物的兩倍。

## 例題2.4

A system undergoes two-step process. In step 1, it absorbs 50 J of heat at constant volume. In step 2, it gives off 5 J of heat at 1.00 atm as it is returned to the same internal energy it had originally. Find the change in volume of the system during the second step and identify it as an expansion or compression.

**解**：

因為回到原本狀態，所以

$\oint dU = \Delta U_1 + \Delta U_2 = 0$

In step 1, $q_1 = 50$ J, $W_1 = 0$（因為定容，$dV = 0$）

$\Delta U_1 = q_1 + W_1 = 50\text{J}$

In step 2, $q_2 = -5$ J, $W_2 = -P\Delta V$

$\oint dU = \Delta U_1 + \Delta U_2 = 0$

$\Delta U_2 = -50\text{J}$

$\Delta U_2 = q_2 + W_2$

$-50 = -5 - 1 \times \Delta V \times \dfrac{8.314}{0.082}$

$\Delta V = 0.44$ L，體積增加，所以是膨脹（expansion）。

# 2.3　焓

由熱力學第一定律可知，當系統的體積變化等於零時（$\Delta V = 0$），則所作的功等於零，因此內能的變化$\Delta U = q$；換言之，在定體積（或稱定容）的條件下，熱量等於系統的內能變化。但是大多數的情況下，體積保持一定的實驗條件可能會有困難，通常反應容器或系統進行化學反應時，是在大氣壓下進行的，亦即是在壓力保持一定的條件下進行的。

由以下的推導可了解：定壓過程中系統所吸收的熱量（$q_P$）即為焓變化（$\Delta H$）。由第一定律知：

$$dU = dq_P + dW = dq_P - PdV$$
$$dU = dq_P - PdV$$

積分之後可得：

$$U_2 - U_1 = q_P - P(V_2 - V_1) \text{（因為定壓）}$$

移項重組：

$$(U_2 + PV_2) - (U_1 + PV_1) = q_P$$
$$(U_2 + P_2V_2) - (U_1 + P_1V_1) = q_P \qquad \text{(I)}$$

因為定壓，所以$P_1 = P_2 = P$；此時定義：

焓（enthalpy）即$H = U + PV$

代入(I)式可得$H_2 - H_1 = q_P$

亦即，$\Delta H = q_P$

此證明在一定的壓力下，一物理或化學變化所涉及的熱能等於系統焓的變化，亦即$q_P = \Delta H$。如同內能（$U$）一樣，焓也是狀態函數。

## 2.4 熱容量

內能$U$可以視為$P$、$T$、$V$這三個變數中的其中兩個的函數，一般可將$U$視為$T$和$V$的函數，當溫度和體積進行微小變化時，內能的變化為$U(T, V) \rightarrow U(T + dT, V + dV)$，因為$U$是狀態函數，所以其全微分可寫成：

$$dU = (\frac{\partial U}{\partial T})_V dT + (\frac{\partial U}{\partial V})_T dV$$

如何決定$(\frac{\partial U}{\partial T})_V$和$(\frac{\partial U}{\partial V})_T$呢？如果僅考慮系統的功是$P$-$V$功的話，則與熱力學第一定律的微分式互相比較可得：

$$dU = (\frac{\partial U}{\partial T})_V dT + (\frac{\partial U}{\partial V})_T dV = dq_V - P_{ex} dV$$

在一定體積之下，亦即$dV = 0$，則可得：

$$dq_V = (\frac{\partial U}{\partial T})_V dT$$

換言之，

$$\frac{dq_V}{dT} = (\frac{\partial U}{\partial T})_V$$

雖然乍看之下$(\frac{\partial U}{\partial T})_V$的量有點抽象，但是由上式可知它是很容易可以測得，即是在固定體積下，物質溫度變化時所造成熱能的變化，此即為所謂的定容熱容量（heat capacity at constant volume, $C_V$），

$$C_V = (\frac{\partial U}{\partial T})_V$$

$C_V$是外在性質（extensive property），取決於系統的大小，但是如果是一莫耳的話，則其定容莫耳熱容量$C_{V,m}$為內在性質（intensive property）。在固定體積下（功等於零）的內能變化可寫成：

$$\Delta U = \int_{T_1}^{T_2} C_V dT$$

如果$C_V$不隨溫度變化的話，則可直接寫成$\Delta U = C_V(T_2 - T_1) = nC_{V,m}\Delta T$。

一般將焓（$H$）視為溫度$T$和壓力$P$的函數，即$H = f(T, P)$，其全微分式可表為：

$$dH = (\frac{\partial H}{\partial T})_P dT + (\frac{\partial H}{\partial P})_T dP$$

定壓時，即$dP = 0$，因此$dH = (\frac{\partial H}{\partial T})_P dT$。在定壓下，溫度上升所需的熱量稱爲定壓熱容量$C_P$，因爲定壓下$q = \Delta H$，可將定壓熱容量$C_P$表爲：

$$C_P = \frac{dq_P}{dT} = (\frac{\partial H}{\partial T})_P$$

在固定壓力下，焓的變化可寫成：$\Delta H = \int_{T_1}^{T_2} C_P dT$

在積分式中的$C_P$不見得是常數，有可能是溫度的函數如$C_P = a + bT + cT^2$或$C_P = a + bT + \frac{c}{T^2}$。因此在作積分時，需有耐心地將每一項依溫度的關係逐步積分。

## 熱容量和比熱

一物質的熱容量是物質升溫1℃（或1K）所需的熱量。熱容量直接正比於物質的莫耳數。但是如果是一克的物質則稱爲比熱（specific heat capacity），比熱是在定壓下一克物質升高1℃所需的熱。一物質升高溫度所需的熱量$q$，可利用物質的比熱（$s$）乘以質量（$m$，以克表示）及溫度變化$\Delta t$而得：

$$q = m \times s \times \Delta t$$

水的比熱是4.18 J/(g · ℃)，如果以卡作單位的話，則水的比熱是1.00 cal/g · ℃。

## 例題2.5

One mole of an ideal gas (monatomic gas) initially at 2 atm and 11.2 L is taken to a final pressure of 4 atm along the reversible path defined by $PT$ = constant, Calculate

(a) the final volume and the temperature

(b) $\Delta H$ and $\Delta U$

(c) The work, $W$.

**解**：

(a) $P_1V_1 = nRT_1$

$2\times 11.2 = 1\times 0.082\times T_1$

$T_1 = 273.17$ K

因為the reversible path defined by $PT$ = constant, i.e., $P_1T_1 = P_2T_2$

$2\times 273.14 = 4\times T_2$

$T_2 = 136.57$ K

$V_2 = nRT_2/P_2 = 1\times 0.082\times 136.57/4 = 2.79$ L

(b) 要計算$\Delta U$和$\Delta H$的訣竅在於先算出溫度。

$$\Delta U = nC_V(T_2 - T_1) = 1\times(\frac{3}{2})\times 8.314\times(136.57 - 273.17)$$
$$= -1703.5 \text{ J}$$

$$\Delta H = nC_P(T_2 - T_1) = 1\times(\frac{5}{2})\times 8.314\times(136.57 - 273.17)$$
$$= -2839.2\text{J}$$

(c) 在此過程中$PT$ = constant, $PV = nRT$，左右乘以$T$，

$$(PT)V = nRT^2$$
$$(PT)dV = 2nRTdT$$
$$dV = (\frac{2nRT}{PT})dT = (\frac{2nR}{P})dT$$
$$W = \int P_{ex}dV = \int P\times\frac{2nR}{P}dT = 2nR(T_2 - T_1)$$
$$= 2\times 8.314\times(136.57 - 273.17) = -2271.4 \text{ J}$$

## 2.5 $C_P$與$C_V$之間的關係

$C_P$與$C_V$之間的關係可利用內能和焓的全微分式加以比較而求得：

$$dU = (\frac{\partial U}{\partial T})_V dT + (\frac{\partial U}{\partial V})_T dV = dq - PdV$$

將$dq$移至式子左邊，而將全微分式移至右邊，

$$dq = (\frac{\partial U}{\partial T})_V dT + (\frac{\partial U}{\partial V})_T dV + PdV$$

將$dV$項結合後可得：

$$dq = (\frac{\partial U}{\partial T})_V dT + [(\frac{\partial U}{\partial V})_T + P]dV$$

利用$(\frac{\partial U}{\partial T})_V = C_V$，

$$dq = C_V dT + [(\frac{\partial U}{\partial V})_T + P]dV$$

定壓時，

$$dq_P = C_V dT + [(\frac{\partial U}{\partial V})_T + P]dV$$

兩邊各除以$(\partial T)_P$而得：

$$(\frac{\partial q_P}{\partial T})_P = C_V + [(\frac{\partial U}{\partial V})_T + P](\frac{\partial V}{\partial T})_P$$

因爲$q_P = H$，所以

$$(\frac{\partial H}{\partial T})_P = C_V + [(\frac{\partial U}{\partial V})_T + P](\frac{\partial V}{\partial T})_P$$

亦即，

$$C_P = C_V + [(\frac{\partial U}{\partial V})_T + P](\frac{\partial V}{\partial T})_P$$

因此，$C_P - C_V = [P + (\frac{\partial U}{\partial V})_T](\frac{\partial V}{\partial T})_P$　(II)

在3.8節，我們會知道

$(\frac{\partial U}{\partial V})_T = -P + T(\frac{\partial P}{\partial T})_V$（請牢牢記住此式，因爲常常需要使用它）

代入(II)式可得：

$$C_P - C_V = T(\frac{\partial P}{\partial T})_V(\frac{\partial V}{\partial T})_P \qquad \text{(III)}$$

利用第1章所學的膨脹係數$\alpha = \frac{1}{V}(\frac{\partial V}{\partial T})_P$及壓縮係數$\kappa = -\frac{1}{V}(\frac{\partial V}{\partial P})_T$，加上由

cyclic rule：$(\frac{\partial P}{\partial T})_V = -\frac{(\frac{\partial V}{\partial T})_P}{(\frac{\partial V}{\partial P})_T} = \frac{\alpha}{\kappa}$，代入(III)式可得：

$$C_P - C_V = \frac{TV\alpha^2}{\kappa} \tag{IV}$$

亦即，在一定溫度下，你只要知道體積、膨脹係數及壓縮係數便可利用上式計算出$C_P$和$C_V$之間的差異。

## 例題2.6

What are the $C_P - C_V$ values when the gases obeying:

(a) $PV = nRT$

(b) $P(V - nb) = nRT$

**解**：

(a) $C_P - C_V = T(\frac{\partial P}{\partial T})_V(\frac{\partial V}{\partial T})_P$

若$PV = nRT$，則

$(\frac{\partial P}{\partial T})_V = \frac{nR}{V}$；$(\frac{\partial V}{\partial T})_P = \frac{nR}{P}$

代入上式可得：

$C_P - C_V = T(\frac{\partial P}{\partial T})_V(\frac{\partial V}{\partial T})_P = T \times \frac{nR}{V} \times \frac{nR}{P} = nR$（因為$PV = nRT$）

由此可知，對理想氣體而言，$C_P = C_V + nR$

(b) $P(V - nb) = nRT$

$(\frac{\partial P}{\partial T})_V = \frac{nR}{V - nb}$；$(\frac{\partial V}{\partial T})_P = \frac{nR}{P}$

$C_P - C_V = T(\frac{\partial P}{\partial T})_V(\frac{\partial V}{\partial T})_P = T \times \frac{nR}{V - nb} \times \frac{nR}{P} = nR$（因為$P(V - nb) = nRT$）

對於理想氣體及眞實氣體而言，$C_P - C_V > 0$。對於一般的液體或固體而言，因爲$(\frac{\partial V}{\partial T})_P = V\alpha$，這個值非常小，所以

$$C_P = C_V + [P + (\frac{\partial U}{\partial V})_T](\frac{\partial V}{\partial T})_P$$

因爲$C_V >> [P + (\frac{\partial U}{\partial V})_T](\frac{\partial V}{\partial T})_P$

因此，$C_P \approx C_V$

## 2.6　熱容量與分子的自由度

熱容量取決於分子的自由度（freedom），一個原子可以同時往$(x, y, z)$三個方向移動，所以一個原子總共有3個自由度；所以一個由$N$個原子所構成的分子，總共有$3N$個自由度。分子的運動型式可分成移動（translation）、轉動（rotation）和振動（vibration）三種，這些運動型式的自由度可列成下表：

| 運動型式 | 自由度 |
|---|---|
| 1.移動（translation） | 3 |
| 2.轉動（rotation） | 2（線形分子）；3（非線形分子） |
| 3.振動（vibration） | $3N-5$（線形分子）；$3N-6$（非線形分子） |

其中值得注意的是：分子是否為線形或非線形，如果是線形分子的話，則其轉動原本可依三個軸的方向會變成只有兩個軸方向，因為分子本身會有一對稱軸，對此對稱軸所作的轉動不算，因此線形分子的轉動只有2個自由度。由第17章統計熱力學的能量等分原則（the principle of equipartition），一個自由度對內能的貢獻是$\frac{1}{2}RT$，對$C_V$的貢獻是$\frac{1}{2}R$；因此每個分子移動的3個自由度對$C_V$的貢獻是$\frac{3}{2}R$；線形分子只有2個轉動自由度，故對$C_V$的貢獻是$R$；非線形分子有3個轉動自由度，故對$C_V$的貢獻是$\frac{3}{2}R$。如果不是在高溫下，一般而言，只需考慮移動和轉動兩種運動型式對$C_V$的貢獻即可；除非在高溫下（例如，1000 K）才需要考慮振動自由度對$C_V$的貢獻，但是需要注意的是，因為一振動自由度同時含有動能和位能兩項能量，故一振動自由度對$C_V$的貢獻為$\frac{1}{2}R+\frac{1}{2}R = R$。我們可以舉男女朋友的例子說明自由度的概念：當兩個人未成為男女朋友時，各自有自己的空間，每個人的自由度都是3，因此總自由度是6；但是變成男女朋友之後，則大家會有共同的事要做，譬如一起吃飯（如同一起移動的運動型式）等等，自己單獨的自由度減

少了，但是總和的自由度還是6。

單原子氣體（monoatomic gas，如Ar）只有移動這三個自由度，每個自由度貢獻$\frac{1}{2}R$於$C_V$，因此其$C_V=\frac{3}{2}R$，$C_P=\frac{3}{2}R+R=\frac{5}{2}R$；而雙原子分子（diatomic gas，如$N_2$）一定是線形分子，所以多了2個轉動自由度，其貢獻R於$C_V$，因此其$C_V=\frac{5}{2}R$，$C_P=\frac{5}{2}R+R=\frac{7}{2}R$。如果將$C_P$與$C_V$的比值定義為$\gamma=\frac{C_P}{C_V}$，則對理想氣體而言：

1. 單原子氣體（如Ar）：$C_V=\frac{3}{2}R$，$C_P=\frac{5}{2}R$；因此，$\gamma=\frac{5}{3}$
2. 雙原子氣體（diatomic gas，如$N_2$）：$C_V=\frac{5}{2}R$，$C_P=\frac{7}{2}R$；因此，$\gamma=\frac{7}{5}=1.4$

在計算練習題目時，要特別注意分辨清楚這兩種情況。

## 例題2.7

Estimate the $C_V$ values for the following gases at room temperature: (a) $O_3$ and (b) $CO_2$.

**解**：

(a) $O_3$為非線形分子，所以移動有3個自由度，轉動也有3個自由度，因為室溫，所以不考慮振動對$C_V$的貢獻。

因此$C_V=\frac{3R}{2}+\frac{3R}{2}=3R$

(b) $CO_2$為線形分子，所以移動有3個自由度，轉動只有2個自由度，因為室溫，所以不考慮振動對$C_V$的貢獻。

因此$C_V=\frac{3R}{2}+R=\frac{5R}{2}$

## 2.7　焦耳實驗

焦耳的實驗主要是設計用來驗證理想氣體的$(\frac{\partial U}{\partial V})_T = 0$，也就是說在定溫下理想氣體的內能不會隨體積而有所改變。其實驗設計如圖2.7所示：

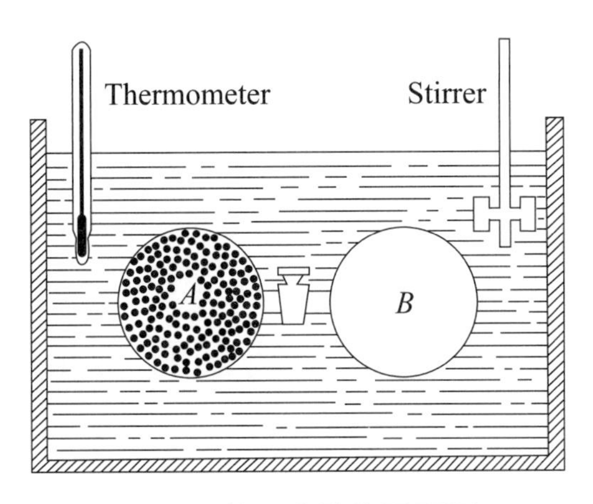


圖2.7　焦耳實驗的示意圖

其實驗設計如同之前所述的眞空自由膨脹，容器$A$內的氣體眞空膨脹至容器$B$，注意容器$B$的起始狀態是眞空狀態，所以外壓為零，故此過程所作的功應為零：

$$W = -\int P_{ex} dV = 0$$

焦耳發現在整個過程中，觀測到的外界水溫並沒有顯著的變化，表示整個過程的熱量變化$dq = 0$。由熱力學第一定律知：$dU = dq + dW = 0$

利用內能的全微分式：$dU = (\frac{\partial U}{\partial V})_T dV + (\frac{\partial U}{\partial T})_V dT$

右邊第二項等於零，因為$dT = 0$，系統溫度沒有改變，上式變成：

$0 = (\frac{\partial U}{\partial V})_T dV + 0$，亦即

$$(\frac{\partial U}{\partial V})_T = 0$$

換言之，理想氣體的內能不會隨體積而有所改變。

## 例題2.8

For a van der Waals gas obeying the equation: $P=\frac{RT}{V-b}-\frac{a}{V^2}$, derive its $(\frac{\partial U}{\partial V})_T$.

**解**：

利用$(\frac{\partial U}{\partial V})_T=-P+T(\frac{\partial P}{\partial T})_V$（此式在第3章會加以推導）

所以$(\frac{\partial P}{\partial T})_V=\frac{R}{V-b}$

$$(\frac{\partial U}{\partial V})_T=-P+T(\frac{\partial P}{\partial T})_V=-[\frac{RT}{V-b}-\frac{a}{V^2}]+T[\frac{R}{V-b}]=\frac{a}{V^2}$$

# 2.8 焦耳－湯姆森膨脹

焦耳－湯姆森膨脹（Joule-Thomson expansion）的實驗裝置圖如圖2.8所示，其過程是絕熱不可逆過程，此過程可應用於氣體的液化。以下將證明此絕熱不可逆過程其實是一種等焓的過程，即$\Delta H=0$。

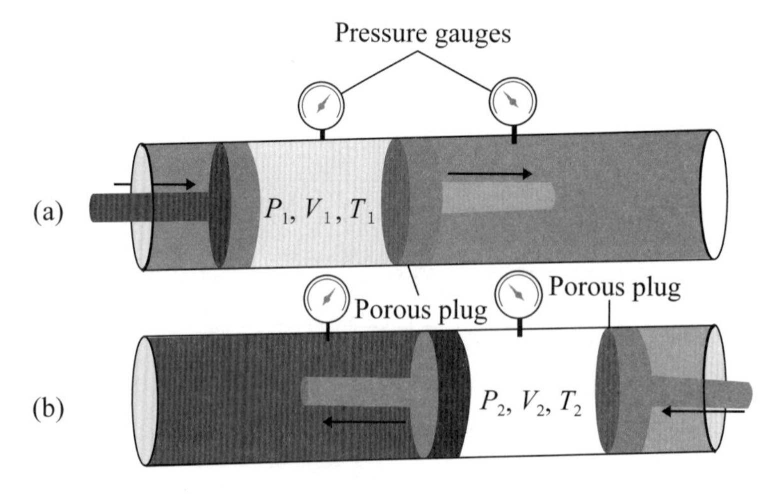


圖2.8　焦耳－湯姆森膨脹的實驗裝置圖。(a)起始狀態，(b)最終狀態

其實驗過程是將氣體加以絕熱而透過針閥（throttle valve）擴張，考慮在此整個過程系統所做的功，

左邊：$W = -P_1(0 - V_1) = +P_1V_1$（左邊氣體體積由$V_1$變成0）

右邊：$W = -P_2(V_2 - 0) = -P_2V_2$（左邊氣體體積由0變成$V_2$）

由熱力學第一定律知：$\Delta U = q + W$

因爲整個過程絕熱，所以$q = 0$，

$$U_2 - U_1 = 0 + (+P_1V_1 - P_2V_2)$$
$$U_2 + P_2V_2 = U_1 + P_1V_1$$

記得$H = U + PV$，所以

$$H_2 = H_1$$

亦即，$\Delta H = 0$，焦耳－湯姆森膨脹的過程是一種等焓的過程。

定義焦耳－湯姆森係數（Joule-Thomson coefficient）如下：

$$\mu_{J-T} = (\frac{\partial T}{\partial P})_H$$

可以近似爲：$\mu_{J-T} \approx (\frac{\Delta T}{\Delta P})_H$

利用第1章所提之循環規則：$(\frac{\partial x}{\partial y})_z = -\frac{(\frac{\partial z}{\partial y})_x}{(\frac{\partial z}{\partial x})_y}$

可將之改寫爲：

$$\mu_{J-T} = (\frac{\partial T}{\partial P})_H = -\frac{(\frac{\partial H}{\partial P})_T}{(\frac{\partial H}{\partial T})_P} = -\frac{1}{C_P}(\frac{\partial H}{\partial P})_T \qquad \text{(V)}$$

又由3.7節知：$(\frac{\partial H}{\partial P})_T = V - T(\frac{\partial V}{\partial T})_P$

代入(V)式可得：

$$\mu_{J-T} = \frac{[T(\frac{\partial V}{\partial T})_P - V]}{C_P}$$

如果是理想氣體的話，則$(\frac{\partial V}{\partial T})_P = \frac{nR}{P} = \frac{V}{T}$，因此理想氣體的$\mu_{J-T} = 0$，也就是說無法將理想氣體加以液化。

圖2.9顯示在定焓情況下，氣體的溫度T對壓力P的曲線圖，曲線的斜率代表著某溫度和壓力下的焦耳－湯姆森係數（$\mu_{J-T}$），如果斜率是正的（即$\mu_{J-T} > 0$），表示此氣體進行擴散時，溫度會下降而冷凝；反之，如斜率是負的（即$\mu_{J-T} < 0$），表示此氣體進行擴散時，溫度會上升，當$\mu_{J-T} = 0$的溫度稱爲焦耳－湯姆森的反轉溫度（inversion temperature）。一般的氣體除了氫氣和氦氣（He和$H_2$的焦耳－湯姆森係數分別爲−0.0616和−0.013）以外，在室溫下其焦耳－湯姆森係數是正的，亦即室溫下這些氣體擴張時，溫度會下降而冷凝。

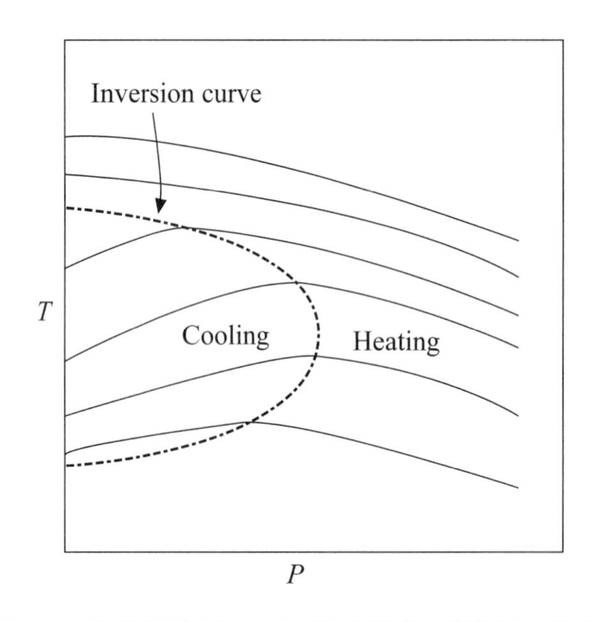


圖2.9　在定焓情況下，氣體的溫度$T$對壓力$P$的曲線圖

## 例題2.9

The measured Joule-Thomson coefficient for $CO_2$ at 300 K and 1 atm is 1.0145.

(a) the gas is warning on expansion.

(b) the gas is cooling on compression.

(c) One can liquefy the gas by reducing the pressure.

(d) The gas is an ideal gas.

(e) None of above is correct.

**解**：(c)

$$\mu_{J-T} = (\frac{\partial T}{\partial P})_H \approx \frac{\Delta T}{\Delta P} > 0$$

當$\Delta P < 0$, $\Delta T > 0$才能使$\mu$是正的

## 2.9　理想氣體的絕熱過程

絕熱過程（adiabatic processes）顧名思義就是在整個熱力學過程中沒有熱能的傳遞，亦即$q = 0$，今考慮理想氣體的例子，由熱力學第一定律可知：

$$dU = dq + dW$$

因爲$dq = 0$，

所以$dU = dW$。

如果是一可逆的絕熱過程的話，則氣體的壓力$P = P_{ex}$，

$dU = C_V dT$；$dW = -PdV$，對於理想氣體而言，$P = \frac{nRT}{V}$，所以可寫成：

$$C_V dT = -nRT(\frac{dV}{V})$$

將上式的左右兩邊同時積分可得：

$$\int_{T_1}^{T_2} C_V(\frac{dT}{T}) = -nR\int_{V_1}^{V_2} \frac{dV}{V}$$

如果$C_V$在$T_1$至$T_2$的溫度範圍都維持一定的話，則可將$C_V$視爲常數而提出積分之外，亦即可寫成：

$$C_V \ln(\frac{T_2}{T_1}) = -nR\ln(\frac{V_2}{V_1})$$

$$\ln(\frac{T_2}{T_1}) = \ln(\frac{V_2}{V_1})^{-nR/C_V}$$（將$C_V$和$-nR$變成ln的次方）

因爲是理想氣體，由前面2.5節知：$C_P - C_V = nR$

則$\frac{nR}{C_V} = \frac{C_P - C_V}{C_V} = \frac{C_P}{C_V} - 1 = \gamma - 1$（定義：$\gamma = \frac{C_P}{C_V}$）

因此，$\frac{T_2}{T_1} = (\frac{V_1}{V_2})^{\gamma-1}$；或者直接寫成：$T_1V_1^{\gamma-1} = T_2V_2^{\gamma-1}$

由理想氣體狀態方程式：$PV = nRT$可得$\frac{T_2}{T_1} = \frac{P_2V_2}{P_1V_1}$，將之代入上式可得：

$$P_1V_1^{\gamma} = P_2V_2^{\gamma} \quad 及 \quad \frac{T_2}{T_1} = (\frac{P_2}{P_1})^{\frac{\gamma-1}{\gamma}}$$

值得注意的是，上式僅適用於理想氣體進行可逆的絕熱過程。因爲我們在整個推導過程中已經假設$P = P_{ex}$。將理想氣體進行恆溫可逆過程（$PV$ = 常數）與絕熱可逆過程（$PV^{\gamma}$ = 常數，其中$\gamma = \frac{5}{3} > 1$）的$P$-$V$圖比較如圖2.10所示。

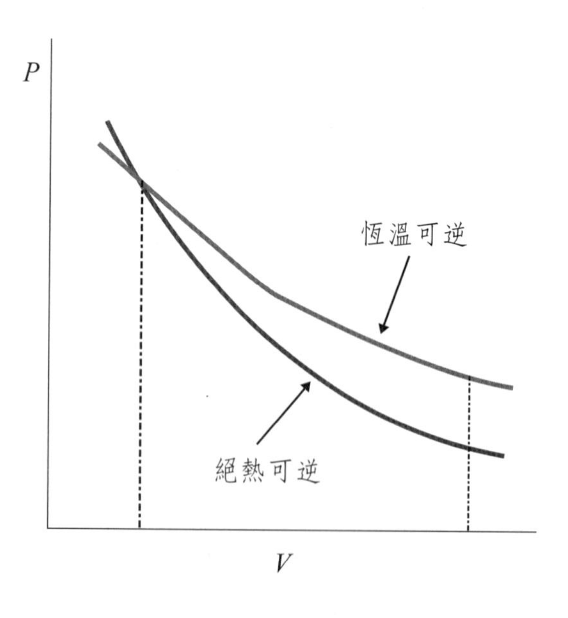


圖2.10 理想氣體進行恆溫可逆過程（$PV$ = 常數）與絕熱可逆過程（$PV^{\gamma}$ = 常數，其中$\gamma = \frac{5}{3} > 1$）的$P$-$V$圖比較

## 例題2.10

One mole of an ideal gas at 300 K is expanded adiabatically and reversibly from 20 to 1 atm.

(a) What is the final temperature of the gas, assuming $C_V = \frac{3R}{2}$.

(b) How much work is done on this system?

**解**：

(1) $\frac{T_2}{T_1} = (\frac{P_2}{P_1})^{\frac{\gamma-1}{\gamma}}$

$$\frac{\gamma-1}{\gamma} = \frac{\frac{5}{3}-1}{\frac{5}{3}} = \frac{2}{5}$$

$$\frac{T_2}{300} = (\frac{1}{20})^{\frac{2}{5}}$$

兩邊取log

$$\log\frac{T_2}{300} = \log(\frac{1}{20})^{\frac{2}{5}}$$

$$\log T_2 - \log 300 = (\frac{2}{5})\log(\frac{1}{20})$$

$$T = 90.6\text{K}$$

(2) adiabatic, $q = 0$

$$\Delta U = q + W$$

$$W = \Delta U = nC_V\Delta T = 1\times\frac{3}{2}\times 8.314\times(90.6-300) = -2611.4 \text{ J}$$

## 例題2.11

One mole of an ideal gas ( $C_{P,m} = \frac{5}{2}R$ ) is expanded adiabatically from 600 K at 7.00 atm to a final pressure of 1.00 atm. Find $\Delta U$ and $\Delta H$ for this change if the expansion is

(a) Reversible

(b) Irreversible against a constant pressure of 1 atm.

**解**：

(a) reversible過程，利用溫度和壓力的關係式：

$$\frac{T_2}{T_1}=\left(\frac{P_2}{P_1}\right)^{\frac{r-1}{r}}$$

因為是理想氣體，所以$\gamma=\frac{C_P}{C_V}=\frac{\frac{5}{2}R}{\frac{3}{2}R}=\frac{5}{3}$，代入上式可得：

$$\frac{T_2}{600}=\left(\frac{1}{7}\right)^{\frac{(2/3)}{(5/3)}}$$

兩邊直接取log，可得$T_2$ = 275.5 K

$$\Delta U=nC_V\Delta T=1\times\frac{3}{2}\times 8.314\times(600-275.5)=4046.8\text{ J}$$

$$\Delta H=nC_P\Delta T=1\times\frac{5}{2}\times 8.314\times(600-275.5)=6744.7\text{ J}$$

(b) irreversible，因為不可逆過程，所以不存在如(a)部分的關係式可用。
但因為是絕熱，所以$q$ = 0，想辦法先計算出來的溫度，依熱力學第一定律可知：

$$dU=-dW$$

$$C_V dT=-P_{ex}dV$$

$$C_V(T_2-T_1)=-P_{ex}(V_2-V_1)$$

$$C_V(T_2-T_1)=-P_2\left(\frac{RT_2}{P_2}-\frac{RT_1}{P_1}\right)$$

注意$P_{ex}=P_2$,

$$\Rightarrow T_2=\frac{T_1\left[\left(C_V+\frac{RP_2}{P_1}\right)\right]}{C_P}$$

$$=\frac{600\left[\left(\frac{3}{2}\times 8.314+8.314\times\frac{1}{7}\right)\right]}{\frac{5}{2}\times 8.314}=394.3\text{ K}$$

$$\Delta U = nC_V\Delta T = 1\times\frac{3}{2}\times 8.314\times(600-394.3) = 2565.3\ \text{J}$$

$$\Delta H = nC_P\Delta T = 1\times\frac{5}{2}\times 8.314\times(600-394.3) = 4275.5\ \text{J}$$

## 2.10　反應熱

在特定的反應條件下，系統為了維持一固定溫度所吸收或放出的熱，稱為反應熱（heat of reaction）或反應焓。化學反應或物理變化依放熱或吸熱加以分類，吸熱或放熱取決於$q$的正負號，一放熱反應（exothermic process）是放熱（$q$是負的）的化學反應或物理變化，而一吸熱反應（endothermic process）則是吸熱（$q$是正的）的化學反應或物理變化。在標準狀態下反應的標準焓以符號$\Delta H°$表之，標準狀態指的是1 atm的壓力和特定的溫度（經常是25℃）。為了準確指定化合物的生成反應，必須指定每一元素的正確形式，有些元素可能以不同的形式存在於相同的物理狀態，例如：氧在任何物理狀態都會以$O_2$分子的氧氣和以$O_3$分子的臭氧同時存在；另一例子是碳固體主要有兩種結晶方式：石墨和鑽石。一元素在相同物理狀態下存在著不同型式的物質，稱為同素異形體（allotrope）。在標準熱力學狀態下，選擇元素的最穩定的型式，稱之為參考型式（reference form），氧在25℃的參考型式是$O_2(g)$，而碳在25℃的參考型式是石墨。

生活常用的暖暖包與冷敷包，即是利用反應熱的放熱和吸熱的概念。當離子固體溶於水時可能吸熱或放熱，有些時候溶液的放熱或吸熱會是顯著的，例如：當硝酸銨（$NH_4NO_3$）溶於水時溶液變得相當冷，此硝酸銨冷卻的效應可以用於醫院或其他地方所使用的冷敷包，冷敷包是將裝有$NH_4NO_3$晶體的袋子裝在一個水袋裡面，當內層的袋子破掉時，$NH_4NO_3$會溶於水，因此會吸熱，所以袋子是冷的；相反地，暖暖包含有$CaCl_2$或$MgSO_4$，當這些鹽類溶於水時會放熱。

我們發燒或受傷時所使用的冷敷包，裡面含有硝酸銨（$NH_4NO_3$），它碰到水之後會產生吸收熱，反應如下：

$$NH_4NO_3(s) \rightarrow NH_4^+(aq) + NH_4^-(aq) \quad \Delta H = +26kJ/mol$$

硝酸銨也可以當作肥料，但是它在溫度太高時會有爆炸的危險，不同的高溫會進行不同的反應，如下所列：

當溫度$T > 250°C$時，$NH_4NO_3(s) \rightarrow N_2O(g) + 2H_2O(g)$

當溫度$T > 300°C$時，$2NH_4NO_3(s) \rightarrow 2N_2(g) + 4H_2O(g) + O_2(g)$

將過量的固體$NH_4NO_3(s)$與固體$Ba(OH)_2 \cdot 8H_2O(s)$直接混合可以產生吸熱的化學反應如下：

$$2NH_4NO_3(s) + Ba(OH)_2 \cdot 8H_2O(s) \rightarrow Ba(NO_3)_2(s) + 10H_2O(l) + NH_3(g)$$

多餘的$NH_4NO_3(s)$會溶於所生成的水，也是吸熱反應，該反應所吸的熱可以將一片木板周遭的水氣凝結，而使得在此木板上進行該反應的錐形瓶可以將木板吸黏上而不掉落，所以該反應有「化學大力士」之稱。

一般具有爆炸性的化合物通常能在極短的時間釋放出巨大的能量和氣體，例如硝化甘油含有三個$NO_2$的基團，其結構如下：

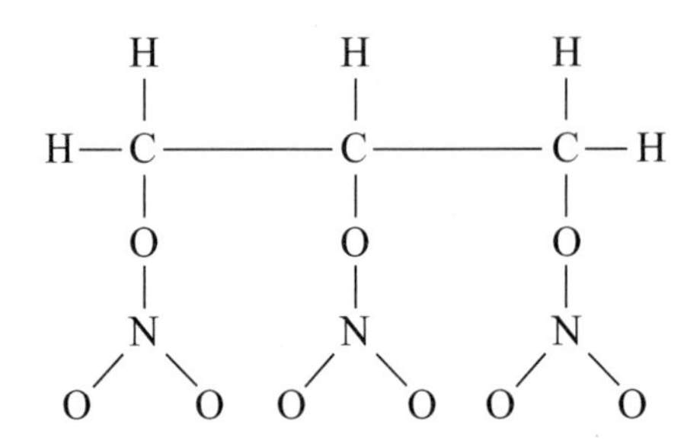


其反應式如下：

$$4C_3H_5N_3O_9(l) \rightarrow 6N_2(g) + 12CO_2(g) + 10H_2O + O_2(g) + 能量$$

它是很容易產生爆炸，因爲4莫耳的硝化甘油可以瞬間產生29(6 + 12 + 10 + 1)莫耳的氣體產物，並釋放出大量的能量，因此產生爆炸的現象。

另外一個有名的爆炸分子是黃色炸藥TNT，也是含有三個$NO_2$的基團，其結構如下：

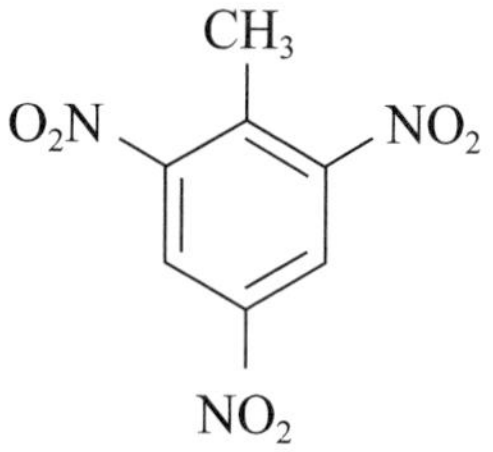

$$\text{TNT: benzene ring with } CH_3,\ O_2N,\ NO_2,\ NO_2$$

其反應式如下：

$$2C_7H_5N_3O_6(s) \rightarrow 12CO(g) + 5H_2(g) + 3N_2(g) + 2C(s) + \text{能量}$$

因爲2莫耳的固體TNT可以瞬間產生20莫耳的氣體產物，並釋放出大量的能量，因此可以當作炸藥。

## 反應熱的測量

可用卡計（calorimeter）測量反應熱，卡計是用來測量物理或化學變化過程中所吸收或放出的熱量的裝置。簡單的裝置可用聚苯乙烯的咖啡杯蓋加上溫度計組成如圖2.11(a)所示。此爲一定壓的卡計，反應熱可由溫度的變化計算，因爲它是一定壓過程，所以熱量可以直接等於焓變化，雖然有許多種卡計可以使用，但是它們的使用是限於沒有涉及氣體。

如果反應涉及氣體的話，則一般使用炸彈卡計，如圖2.11(b)所示，將石墨樣品放在卡計的小杯中，然後將周圍的氧氣與此樣品密封於此炸彈中，通以電流使石墨的燃燒開始，此炸彈在一隔絕容器中以水包圍，反應熱可由反應所導致的溫度差計算求得。因爲在炸彈卡計的反應是發生在一隔絕容器中，體積是一定的，反應熱等於內能的變化（$\Delta U$）；但是壓力通常沒有維持一定，如果要得到$\Delta H$，則需要作一點小修正，如果反應沒有涉及氣體的話，或者是當反應物與產物的氣體莫耳數相同時，通常這些修正都很小，以致於可以忽略不計。

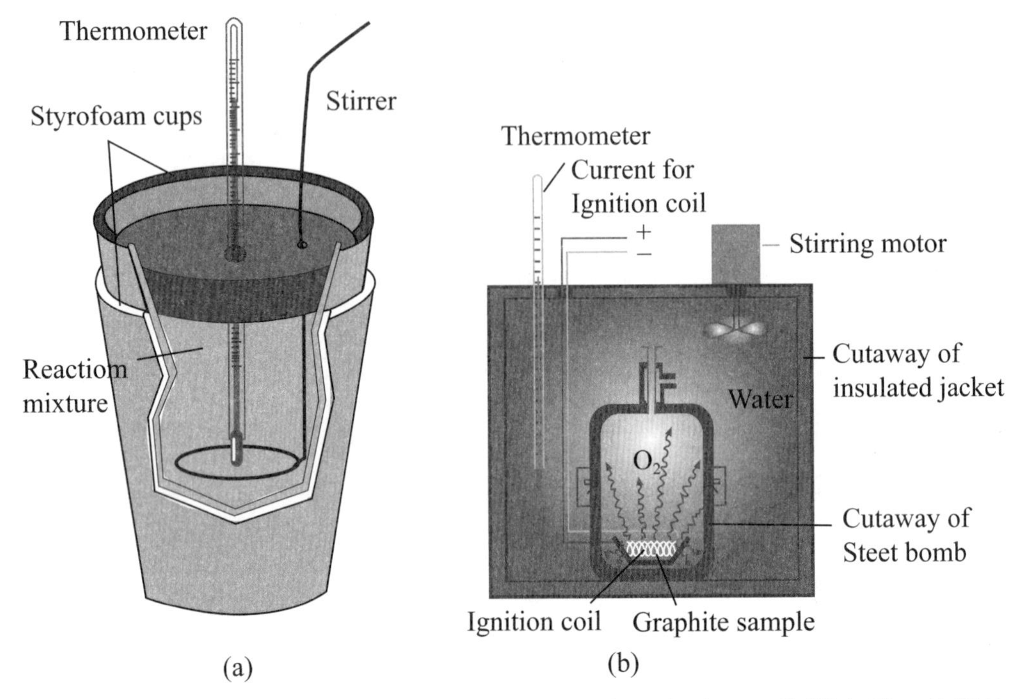


圖2.11 (a)聚苯乙烯的咖啡杯蓋加上溫度計組成的定壓卡計；(b)炸彈卡計，此類的卡計可用於決定物質燃燒所產生的熱

## 例題2.12

In a constant-volume adiabatic calorimeter, the combustion of 0.5173 g of ethane causes the temperature to rise from 25.000 ℃ to 29.289 ℃, The heat capacity of the system, including the bomb, the reactants, and the other contents of the calorimeter is 3576 J/K.

(1) Calculate the molar internal energy ($\Delta U$) of combustion of ethanol at 25.000 ℃

(2) What is the $\Delta H$ for this combustion reaction?

**解**：

乙醇的燃燒如下：$C_2H_5OH(l) + 3O_2(g) \rightleftarrows 2CO_2(g) + 3H_2O(l)$

(1) $C_2H_5OH$分子量= 46 g/mol，樣品莫耳數$n = \frac{0.5173}{46} = 0.0112$

$\Delta U = C_V \Delta T = 3576 \times (29.289 - 25.000) = 15337.5$ J

$\frac{15337.5}{0.0112} \times 10^{-3} = 1363.86$ kJ/mol

(2) $\Delta n = 2 - 3 = -1$

$$\Delta H = \Delta U + (\Delta n)RT = 1363.86 - 1\times 8.314\times 298\times 10^{-3}$$
$$= 1361.4\text{kJ/mol}$$

# 2.11　赫斯定律

因爲焓是狀態函數，此意謂著一化學反應的焓變化是與其產物生成的路徑無關。在1840年俄國化學家赫斯（Henri Hess）發現此以實驗結果。假設一化學反應可寫成兩個或更多反應步驟的和，則其總反應方程式的焓變化等於個別步驟之焓變化的總和，此稱爲熱總和的赫斯定律（Hess's law of heat summation）。赫斯定律的最大用處在於不管來源是什麼，可以讓你由其他反應的焓變化而得到你想要的反應的焓變化，尤其是一些非常困難直接測量實驗的焓變化。

## 玻恩－哈柏循環的晶格能

赫斯定律的一個有名的應用在於求得鹽類物質的晶格能（lattice energy），我們都知道鹽類如NaCℓ是離子固體，在固體中陽離子和陰離子以相反電荷的吸引力互相結合在一起，所以在高溫下才會熔化，例如：氯化鈉在801℃熔化。一熔融的鹽類可以導電，鹽類溶在水中所得溶液也會導電，熔融鹽的導電來自於在液體中離子的運動。

直接測定一離子固體的晶格能是困難的，但是晶格能可間接地以熱力學循環求得，此熱力學循環最先是於1919年由玻恩（Born）和哈柏（Haber）所提出的，現在稱爲玻恩－哈柏循環（Born-Haber cycle）。以NaCℓ爲例，從元素生成氯化鈉固體可以用兩種不同路徑完成，直接的路徑是NaCℓ(s)是直接由元素Na(s)及$\frac{1}{2}$C$\ell_2$(g)，其焓的變化爲$\Delta H_f$，查熱力學的數據可知其值爲每莫耳NaCℓ是−411kJ；間接的路徑包含以下的五個步驟，每一步驟都有其焓的變化，如圖2.12所示。

1.鈉的昇華：鈉金屬汽化成鈉原子的氣體，實驗上決定出此步驟的焓變化爲108 kJ/mol。

2.氯的解離：氯分子解離成原子，焓變化爲打斷Cℓ-Cℓ的解離能240 kJ/mol。

3.鈉的游離：鈉原子游離成$Na^+$離子，焓變化爲鈉的游離能496 kJ/mol。

4.氯離子的生成：電子自鈉原子的游離而轉移給氯原子，焓變化爲氯的電子親和力的負值–349 kJ/mol。

5.自離子生成NaCℓ(s)：在步驟3和4所形成的$Na^+$和$C\ell^-$離子結合而變成氯化鈉固體，因爲此過程恰好是晶格能的反過程，因此焓變化爲晶格能的負值，如果晶格能是U，則步驟5的焓變化是$-U$。

將此五步驟加在一起，並依赫斯定律將焓變化加在一起：

$$
\begin{array}{ll}
Na(s) \rightarrow Na(g) & \Delta H_1 = 108 \text{ kJ} \\
1/2\ C\ell_2(g) \rightarrow C\ell(g) & \Delta H_2 = 120 \text{ kJ} \\
Na(g) \rightarrow Na^+(g) + e^- & \Delta H_3 = 496 \text{ kJ} \\
C\ell\ (g) + e^- \rightarrow C\ell^-(g) & \Delta H_4 = -349 \text{ kJ} \\
Na^+(g) + C\ell^-(g) \rightarrow NaC\ell(s) & \Delta H_5 = -\text{U kJ} \\
\hline
Na(s) + 1/2\ C\ell_2(g) \rightarrow NaC\ell(s) & \Delta H_f = 375 \text{ kJ} - \text{U}
\end{array}
$$

總和這些方程式，則可得最後方程式只是NaCℓ(s)的生成反應，其焓變化爲375kJ-U。但是生成焓已經用卡計測定出–411kJ，因此這兩個值要相等，即：

$$375 - U = -411$$

如此而得NaCℓ的晶格能爲$U = 786$ kJ

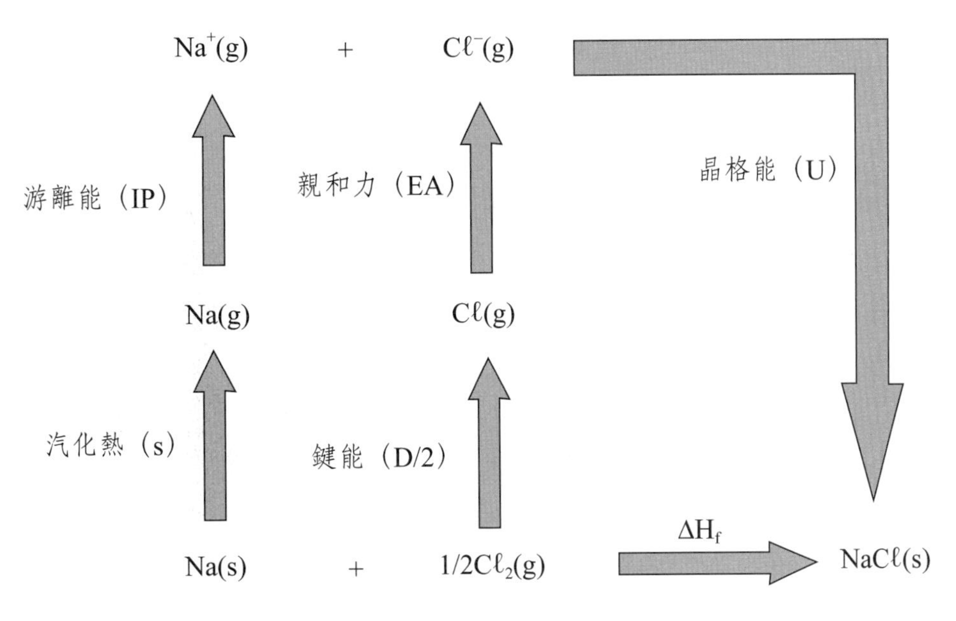


圖2.12　NaCℓ的玻恩－哈柏循環

## 例題2.13

Calculate the heat of formation of propane gas from its elements：

(a) at constant pressure

(b) at constant volume

Given that at 298 K and one bar pressure：

Heat of combustion of propane = –2220 kJ/mol；

Heat of formation of liquid water = –286 kJ/mol；

Heat of formation of $CO_2$ = –393.5 kJ/mol.

**解**：

(a) 利用赫斯定律，

(1) $CH_3CH_2CH_3 + 5O_2 \rightarrow 3CO_2 + 4H_2O$ 　　$\Delta H_1^0$

(2) $H_2 + 1/2O_2 \rightarrow H_2O$ 　　$\Delta H_2^0$

(3) $C + O_2 \rightarrow CO_2$ 　　$\Delta H_3^0$

3×(3) + 4×(2) – (1)可得：

$$3C + 4H_2 \rightarrow CH_3CH_2CH_3$$

$$\Delta H_f^0 = 3 \times \Delta H_3^0 + 4 \times \Delta H_2^0 - \Delta H_1^0$$

$$= -104.5 \text{ kJ/mol}$$

(b) $\Delta H_f^0 = \Delta U^0 + \Delta(PV) = \Delta U^0 + (\Delta n)RT$

$$\Delta U^0 = -104.5 - [(1-4) \times 8.314 \times 298 \times 10^{-3}]$$

$$= -102.02 \text{ kJ/mol}$$

赫斯定律的另外一個應用在於已知一溫度的反應熱，可以求出另一溫度的反應熱，在不同溫度下的反應過程，其反應熱的變化可用圖2.13加以闡述：

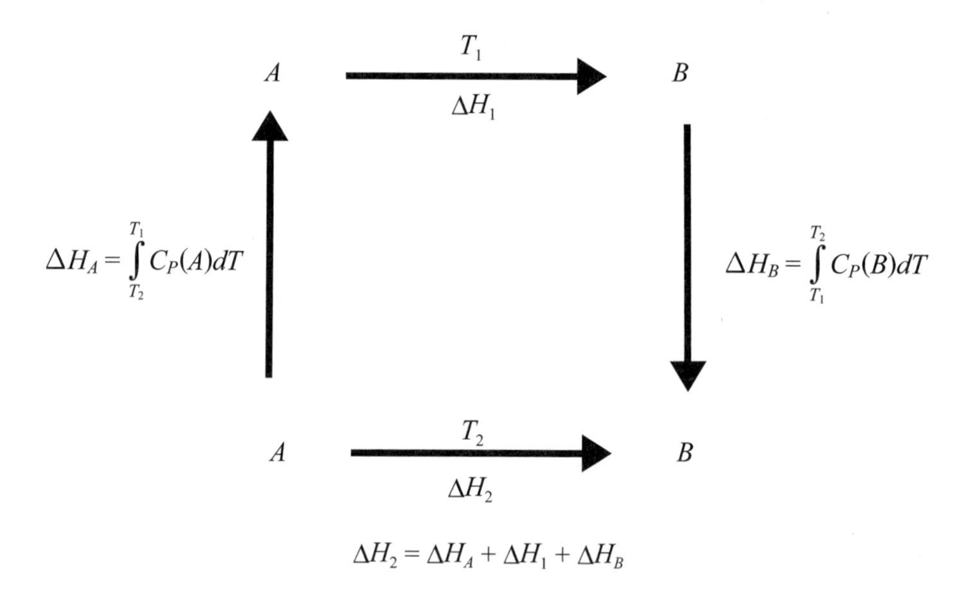


圖2.13　不同溫度下的反應過程

因為焓是狀態函數，計算新溫度下（$T_2$）的反應熱（$H_2$）可理解如下的過程：想像成先將計算$A$由溫度$T_2$變成$T_1$所需的熱量，因為反應在定壓條件下進行，所以此熱量為$\int_{T_2}^{T_1} C_P(A)dT$；接著加上溫度$T_1$時在溫度$T_1$時的反應熱$\Delta H(T_1)$，最後再加上$B$由$T_1$變成$T_2$所需的熱量（即$\int_{T_1}^{T_2} C_P(B)dT$）；這三個步驟的總和是在溫度$T_2$下$A$直接變為$B$的反應熱$\Delta H(T_2)$。因此，

$$\Delta H(T_2) = \int_{T_2}^{T_1} C_P(A)dT + \Delta H(T_1) + \int_{T_1}^{T_2} C_P(B)dT$$

$$= \Delta H(T_1) + \int_{T_1}^{T_2} [C_P(B) - C_P(A)]dT$$

$$= \Delta H(T_1) + \int_{T_1}^{T_2} [\Delta C_P]dT$$

其中$\Delta C_P = C_p(B) - C_p(A)$，因此只要知道反應物與產物的定壓熱容量$C_P$，便可算出不同溫度下的反應熱。

## 例題2.14

The hydrogenation of ethylene:

$$C_2H_4(g) + H_2(g) \rightleftharpoons C_2H_6(g) \quad \Delta H^0_{355} = -32.824 \text{ kcal}$$

The molar heat capacities at constant pressure for the product and reactants are given in the range of 300 K to 500 K by the following relations:

$$C_P(H_2) = 6.62 + 0.8\times 10^{-3}\, T \qquad \text{cal mole}^{-1}\text{ deg}^{-1}$$

$$C_P(C_2H_4) = 4.10 + 21.9\times 10^{-3}\, T \qquad \text{cal mole}^{-1}\text{ deg}^{-1}$$

$$C_P(C_2H_6) = 3.82 + 29.5\times 10^{-3}\, T \qquad \text{cal mole}^{-1}\text{ deg}^{-1}$$

Calculate the heat of reactant at 455 K.

**解**：

$$\Delta H^0_{455} = \Delta H^0_{355} + \int_{355}^{455} [\Delta C_P]dT$$

$$= -32.824 + \int_{355}^{455} [3.82 + 29.5\times 10^{-3}T - (4.10 + 21.9\times 10^{-3}T)$$

$$-(6.62 + 0.8\times 10^{-3}T)]\times 10^{-3}dT$$

$$= -33.24 \text{ kcal/mol}$$

如果有人問你說：「什麼生物是藉由噴灑敵人，來保護自身的安全」，你的答案應該會是「臭鼬鼠」。當然，你的答案是對的；不過還有另外一個正確的答案「放屁甲蟲」。當受到威脅時放屁甲蟲會以一含有毒性化學品的沸騰液柱射向牠的敵人。究竟放屁甲蟲是如何辦到的？很顯然的，沸騰的混合物不可能一直儲存在甲蟲的身體內，原來是當牠面臨危急的時候，放屁甲蟲才混合化學物質產生此噴灑熱液。平常這些化學物質是分開儲存在兩個不同部分，每個部分分別儲存過氧化氫（$H_2O_2$）和氫醌（$C_6H_4(OH)_2$），過氧化氫與氫醌反應，產生有毒的噴液，反應如下：

$$C_6H_4(OH)_2(aq) + H_2O_2(aq) \longrightarrow C_6H_4O_2(aq) + 2H_2O(l) \quad \Delta H^0 = ?$$

其反應熱可利用赫斯定律加以估算如下：

$$C_6H_4(OH)_2(aq) \longrightarrow C_6H_4O_2(aq) + H_2(g) \quad \Delta H^0 = 177 \text{ kJ/mol}$$
$$H_2O_2(aq) \longrightarrow H_2O(l) + 1/2O_2(g) \quad \Delta H^0 = -94.6 \text{ kJ/mol}$$
$$H_2(g) + 1/2O_2(g) \longrightarrow H_2O(l) \quad \Delta H^0 = -286 \text{ kJ/mol}$$

將三個反應式加總起來可得：

$$\Delta H^0 = 177 - 94.6 - 286 = -204\text{kJ/mol}$$

因此該反應是高度放熱的，若非有酵素存在，這些反應是不可能快速地發生。

## 綜合練習

1. Living systems are:
   (A) closed systems exchanging only energy with the surroundings
   (B) isolated systems that are totally contained
   (C) open systems exchanging only energy with the surroundings
   (D) open systems exchanging both energy and matter with their surroundings
   (E) none of the above

2. About the first law of thermodynamics, choose the correct statement.
   (A) The total energy of an isolated system is constant
   (B) The internal energy of an isolated system is constant

(C) The total energy of a closed system is constant

(D) Work and heat can be completely interconverted by a cyclic process

(E) All above is correct

3. Which of the following property is not a state function?

   (A) Entropy　(B) Enthalpy　(C) Heat　(D) Chemical potential

   (E) Gibbs Free Energy

4. Thermodynamics does NOT:

   (A) describe the flow and interchange of heat, energy, and matter

   (B) allow the determination of whether a reaction is spontaneous

   (C) provide information on the rate of a reaction

   (D) consider heat flow and entropy production

   (E) consider the effect of concentration on net free energy change of a reaction

5. Enthalpy change, $\Delta H$, is:

   (A) the sum of heat absorbed and work

   (B) not a thermodynamic state function

   (C) a measure of disorder in a system

   (D) determined by pressure change at a constant temperature

   (E) equal to the heat transferred at constant pressure and volume

6. If 2 mol of an ideal gas at 300 K and 3 atm expands from 6 L to 18 L and a final pressure of 1.2 atm in two steps.

   (i) the gas is cooled at constant volume until its pressure has fallen to 1.2 atm, and

   (ii) it is heated and allowed to expand against a constant pressure of 1.2 atm until its volume reaches 18 L, which of the following is correct?

   (A) $W = 0$ for (i) and $W = -1.46$ kJ for (ii).

   (B) $W = -4.57$ kJ for the overall process.

   (C) $W = -6.03$ kJ for the overall process.

   (D) $W = -4.57$ kJ for (i) and $W = -1.46$ kJ for (iii).

   (E) $W = 0$ for the overall process.

7. One mole of an ideal gas, initially at 200.0 K and 10.000 bar, is allowed to expand at constant temperature against a constant pressure of 4.000 bar until the gas pressure is 4.000 bar. Which ones are not correct?

   (A) $\Delta H = 0$ (B) $\Delta U = 997.7$ J (C) $q = 997.7$ J (D) $W = 0$

8. Which of the following values is closest to the constant pressure heat capacity (in units of J/mol · K) of a monatomic gas such as argon?

   (A) 5 (B) 10 (C) 15 (D) 20 (E) 25

9. If a container contains 2 moles of ideal gas $A$, and measured heat capacity $C_v$ of the system is 13.1142 cal · $K^{-1}$, then what could be $C_p$ value (in cal · $K^{-1}$)?

   (A) 15.102 (B) 11.1272 (C) 17.0882 (D) 9.1402 (E) None of above is correct

10. If an ideal gas is compressed reversibly from 2.25 L at 1.33 bar to 0.8L, what is the work needed?

    (A) 410 J (B) 353 J (C) 309 J (D) 275 J (E) None of above is correct.

11. For a real gas $P(V-b) = RT$. $C_P - C_V =$

    (A) $bR$ (B) $R$ (C) $R/b^2$ (D) $R/b$ (E) none is correct

12. The Joule-Thomson coefficient of $N_2$ is assumed to be 0.15 K $bar^{-1}$. If the $N_2(g)$ undergo a drop of pressure of 200 bar, then the temperature is:

    (A) raise 30 K (B) drop 30 K (C) keep as constant (D) drop to its melting point (E) none of the above is correct.

13. Which of the following statements is incorrect?

    (A) In the Joule-Thomson experiment, there is no heat exchange between the system and the surroundings.

    (B) The Joule-Thomson experiment is under an isoenthalpy condition.

    (C) For any ideal gas, the Joule-Thomson coefficient $\mu_{J-T}$ is always zero.

    (D) The Joule-Thomson coefficient $\mu_{J-T} = (\frac{\partial P}{\partial T})_H$.

    (E) None of the above.

14. Given that $\mu_{J-T} = 0.25$ K/atm and $C_P = \dfrac{7R}{2}$ for nitrogen, calculate the energy (in kJ) that must be supplied as heat to maintain constant temperature when 15.0 mol $N_2$ flows through a throttle in a Joule-Thomson experiment and the pressure drop is 75 atm.

(A) 4.2 (B) 2.8 (C) 6.5 (D) 8.1 (E) 9.6

15. Analysis of the Joule-Thomson experiment shows that the Joule-Thomson coefficient $\mu_{J-T}$ of an unknown substance is larger than zero. Which of the following statement is true?

(A) The substance is cooled under expansion at constant enthalpy.
(B) The substance is heated under expansion at constant enthalpy.
(C) The substance is heated at first and then cooled down under expansion at constant enthalpy.
(D) The substance is cooled at first and then heated under expansion at constant enthalpy.

16. The following are measured Joule-Thompson coefficients of four substances within temperature range from $T_1$ to $T_2$ ($T_2 > T_1$).

$A$：−0.06 $B$：0.15 $C$：4.3 $D$：0.20

Which of the following statement in this given temperature range is correct?

(A) $C$ is more close to ideal gas
(B) Temperature increases as volume of $B$ decreases
(C) Volume of $A$ decreases as pressure increases
(D) Temperature decreases as volume of $A$ increases
(E) None is correct

17. The heat capacity of a gas can be estimated from the degree of freedom of molecules. At normal temperature, which type of the molecular motion has the largest deviation from this rule?

(A) translation (B) vibration (C) rotation (D) translation and rotation
(E) vibration and rotation

18. Thermodynamics: Consider an adiabatic reversible process of a monoatomic ideal gas

of 1 mole. The initial state is ($V_1$, $T$), where V and T are volume and temperature, respectively. The volume of the final state is $V_2$. The enthalpy change, $\Delta H$, of this process is:

(A) $RT\ell n\frac{V_2}{V_1}$ (B) $RT\left[\left(\frac{V_1}{V_2}\right)^{2/3}-1\right]$ (C) $2RT\left[\left(\frac{V_1}{V_2}\right)^{2/3}-1\right]$ (D) $3RT\left[\left(\frac{V_1}{V_2}\right)^{3/2}-1\right]$

(E) $5RT\frac{\left(\frac{V_1}{V_2}\right)^{2/3}-1}{2}$

19. Which of the following is true to expand ideal gas adiabatically from state 1 to state 2?
(A) $5\ln(P_2/P_1)=2\ln(T_2/T_1)$ (B) $2\ln(P_2/P_1)=5\ln(V_2/V_1)$
(C) $3\ln(T_1/T_2)=2\ln(V_2/V_1)$ (D) $3\ln(P_2/P_1)=2\ln(V_2/V_1)$
(E) None is correct

20. Two moles of an ideal gas at 300 K are expanded reversibly and isothermally from 4.0 l to 8.0 l. Calculate the work done by the system.

21. A one-mole sample of $CO_2(g)$ occupies 2.00dm$^3$ at a temperature of 300K. If the gas is compressed isothermally at a constant external pressure, $P_{ext}$ so that the final volume is 0.750dm$^3$, calculate the smallest value $P_{ext}$ can have, assuming that $CO_{2(g)}$ satisfies the van der Waals equation of state under these conditions. Calculate the work involved using this value of $P_{ext}$
For $CO_2$, $a=3.665$ ldm$^6$ · bar · mol$^{-2}$; $b=0.042816$ dm$^3$ · mole$^{-1}$

22. For the following processes, state whether each for the thermodynamic quantities $q$ (heat), $W$(work), $\Delta U$(internal energy) and $\Delta H$(enthalpy) is greater than, equal to, or less than zero for the system described. Explain your answers briefly.
(A) An ideal gas expands adiabatically against external pressure of 1 atm.
(B) An ideal gas expands isothermally against external pressure of 1 atm.
(C) An ideal gas expands adiabatically into a vacuum.
(D) A liquid at its boiling point is converted reversibly into its vapor, at constant temperature and 1 atm pressure.

(E) $H_2$ gas and $O_2$ gas are caused to react in a closed bomb at 25℃ and the product water is brought back to 25℃

23. Predict the molar heat capacity at constant volume ($C_{vm}$) for the following molecules based on the equipartition principle: (1) He, (2) $Br_2$.

24. About heat capacity:

(A) What is the ratio of $C_P/C_V$ for an ideal ozone gas if it is a nonlinear molecule?

(B) Calculate the composition of a Pb-Ag alloy given that $C_V$ = 0.0383 cal/deg-g (Atomic weights: 207 for Pb and 107 for Ag)

25. Calculate the maximum work obtained by the adiabatic expansion of 2 moles of ideal $N_2$ gas, initially at 25℃, from 10 L to 20 L. Assume $C_V = 2.5R$.

26. A system which undergoes an adiabatic change and does work on the surroundings has the following conditions.

(A) $W < 0, \Delta U = 0$ (B) $W > 0, \Delta U > 0$ (C) $W > 0, \Delta U < 0$ (D) $W < 0 \quad \Delta U > 0$

(E) $W < 0, \Delta U < 0$

27. At 298 K and one bar pressure, heat of combustion of butane is $\Delta H_1$; heat of formation of liquid water is $\Delta H_2$ and heat of formation of carbon dioxide is $\Delta H_3$, then, the heat of formation of butane is

(A) $4\Delta H_3 + \Delta H_2 + \Delta H_1$ (B) $2\Delta H_3 + \frac{5}{2}\Delta H_2 - \Delta H_1$ (C) $4\Delta H_1 + 5\Delta H_2 - \Delta H_3$

(D) $4\Delta H_3 + 5\Delta H_2 - \Delta H_1$ (E) none is correct

第 3 章

# 熱力學第二定律、第三定律與自由能

熱力學第一定律無法告知我們反應會往哪一方向進行，但是它利用能量守恆原則，可以幫助我們追蹤在過程中各種能量的變化。會自行發生的物理或化學變化稱爲自發過程（spontaneous process），我們常會誤以爲自發的反應一定是放熱的（$\Delta H < 0$），但是許多自發的反應卻是吸熱的（$\Delta H > 0$）。熱能由熱的物體流向冷的物體，或者是鐵在濕氣中漸漸生鏽，這些都是自發過程，並不需要外力或媒介的幫忙。如果這些過程以反方向進行的話，則是非自發的過程，譬如：將岩石搬到山坡上面是非自發的，需要提供功才能使岩石移到山坡上，同樣地，需要一個熱幫浦或冰箱，才能將熱由冷物質流入熱物質。熱力學第二定律提供對反應之自發性的問題一個答案，由熱力學第二定律所衍生出來的新狀態函數稱爲熵（entropy）。

## 3.1　卡諾熱機

1824年法國工程師卡諾設計了一蒸汽引擎的概念，所有熱機都是以一個循環的方式加以運作，爲了簡單說明起見，以一莫耳的理想氣體當作運作的系統。卡諾熱機（the Carnot engines）主要是自高溫的恆溫槽（溫度爲$T_h$）吸收熱量$q_1$，而對外作功W，且放熱至低溫恆溫槽（溫度爲$T_l$），且放出熱量$q_3$，其概念圖如圖3.1所示。

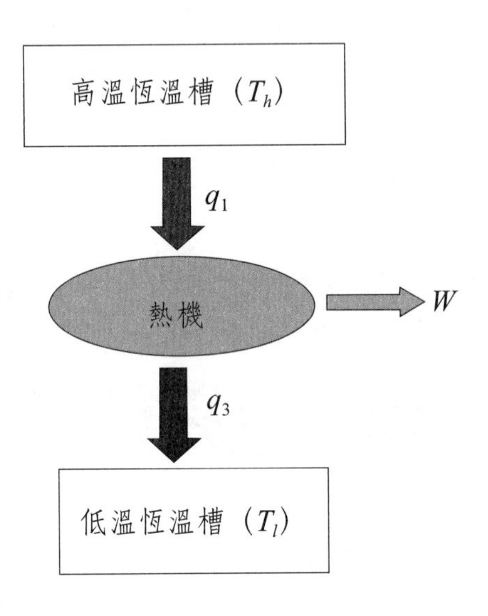


圖3.1 卡諾熱機運作的示意圖

其運作包含以下四個步驟，如圖3.2所示：

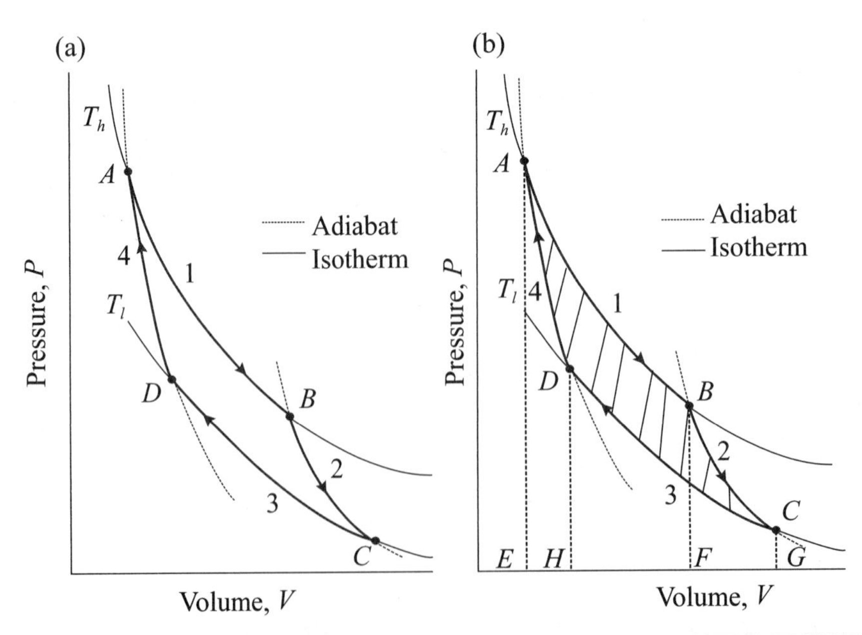


圖3.2 (a)理想氣體系統進行卡諾熱機運作的P-V圖；(b)$ABCD$所圍的面積積即為卡諾熱機運作的淨功

step 1：恆溫可逆膨脹，由$A \rightarrow B$，為了能使此過程發生，必須從高溫的恆溫槽吸收熱量$q_1$。

step 2：絕熱可逆膨脹，由$B \rightarrow C$，因為絕熱，所以此過程的熱量$q = 0$。

step 3：恆溫可逆壓縮，由$C \rightarrow D$，此過程與step 1剛好相反，因為此過程是在低溫的恆溫槽，所以必須釋放熱量$q_3$。

step 4：絕熱可逆壓縮，由$D \rightarrow A$，因為絕熱，所以此過程的熱量$q = 0$。

茲將各步驟作的功、熱量和系統內能的變化分述於後：

（圖3.2(b)，$PV$圖曲線下所圍的面積即是整個循環所作的淨功）

step 1：恆溫可逆膨脹

$A(P_A, V_A, T_h) \rightarrow B(P_B, V_B, T_h)$，注意$A$和$B$兩點的狀態，它們的溫度都是$T_h$

$$\text{heat} = q_1$$

因為理想氣體的內能僅與溫度有關，但因為恆溫，所以$\Delta U = 0$

由熱力學第一定律可知$\Delta U = W_1 + q_1$

$$W_1 = -q_1$$

因為是理想氣體進行恆溫可逆，體積由$V_A$變到$V_B$，所以

$$W_1 = -RT_h \ln(\frac{V_B}{V_A}) = -q_1$$

即$ABFE$曲線底下所圍的面積（見圖3.2(b)）。

step 2：絕熱可逆膨脹

$B(P_B, V_B, T_h) \rightarrow C(P_C, V_C, T_l)$，注意$B$和$C$兩點的狀態

因為是絕熱過程，所以$q_2 = 0$；

由熱力學第一定律可知$\Delta U = W = \int_{T_h}^{T_l} C_V dT = C_V(T_l - T_h)$

即$BCGF$曲線底下所圍的面積（見圖3.2(b)）。

step 3：恆溫可逆壓縮

$C(P_C, V_C, T_l) \rightarrow D(P_D, V_D, T_l)$，注意$C$和$D$兩點的狀態，它們的溫度都是$T_l$

$$\text{heat} = -q_3 \text{（因爲恆溫可逆）}$$

因爲理想氣體的內能僅與溫度有關，但因爲恆溫，所以$\Delta U = 0$

由熱力學第一定律可知$\Delta U = W_3 - q_3$

$$W_3 = q_3$$

因爲是理想氣體進行恆溫可逆，體積由$V_C$變到$V_D$，所以

$$W_3 = -RT_l \ln(\frac{V_C}{V_D}) = q_3$$

即$CDHG$曲線底下所圍的面積（見圖3.2(b)）。

step 4：絕熱可逆壓縮（$D \rightarrow A$）

$D(P_D, V_D, T_l) \rightarrow A(P_A, V_A, T_h)$，注意$D$和$A$兩點的狀態

因爲是絕熱過程，所以$q = 0$；

$$\Delta U = W_4 = \int_{T_l}^{T_h} C_V dT = C_V(T_h - T_l)$$

即$DAEH$曲線底下所圍的面積（見圖3.2(b)）。

因爲整個過程是一循環過程，系統由$A$狀態繞了一圈又回到原來的$A$狀態，因此狀態函數$\Delta U(\text{cycle}) = 0$

$$q(\text{cycle}) = q_1 + q_3$$

$$W(\text{cycle}) = -RT_h \ln(\frac{V_B}{V_A}) - RT_l \ln(\frac{V_D}{V_C}) \text{（即}ABCD\text{所圍的面積，見圖3.2(b)）}$$

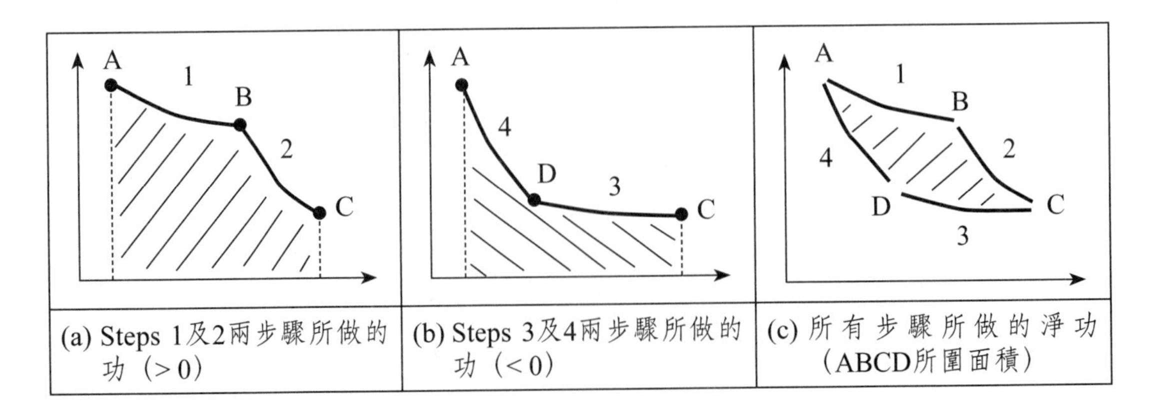


| (a) Steps 1及2兩步驟所做的功（>0） | (b) Steps 3及4兩步驟所做的功（<0） | (c) 所有步驟所做的淨功（ABCD所圍面積） |
|---|---|---|

可以定義熱機的熱效率$\eta = \frac{q_{cycle}}{q_1} = \frac{q_1 + q_3}{q_1} = 1 + \frac{q_3}{q_1}$（注意$q_3$是負的）

以下是有關於卡諾熱機所推衍的一些重要的關係式：

1. $B \rightarrow C$絕熱可逆膨脹，所以$T_h V_B^{\gamma-1} = T_l V_C^{\gamma-1}$

$D \rightarrow A$絕熱可逆壓縮，所以$T_h V_A^{\gamma-1} = T_l V_D^{\gamma-1}$

兩式相除可得：$\frac{V_A}{V_B} = \frac{V_D}{V_C}$

2. $W(\text{cycle}) = RT_h \ln(\frac{V_A}{V_B}) + RT_l \ln(\frac{V_C}{V_D}) = R(T_h - T_l)\ln(\frac{V_A}{V_B})$

3. $q_1 = RT_h \ln(\frac{V_B}{V_A})$；$q_3 = -RT_l \ln(\frac{V_B}{V_A})$

$q(\text{cycle}) = q_1 + q_3 = R(T_h - T_l)\ln(\frac{V_B}{V_A})$

注意$q_1$是在高溫槽所吸收的熱量，而$q_3$是在低溫槽所放出的熱量。

因為$\Delta U = 0$，所以$q(\text{cycle}) = W(\text{cycle})$

4. $\frac{q_1}{T_h} + \frac{q_3}{T_l} = R\ln(\frac{V_B}{V_A}) - R\ln(\frac{V_B}{V_A}) = 0$

可發現在恆溫槽所吸收或放出的熱量除以其溫度加總起來會等於零，表示這是一狀態函數，此狀態函數即為熵（entropy）的定義。

## 例題3.1

Suppose 0.1 mole of a perfect gas having $C_V = 1.5R$ independent of temperature undergoes the reversible cyclic process 1→ 2→ 3→ 4→ 1 shown in Fig.1, where either P or V is held constant in each step. Calculate q, W and ΔU for each step and for complete cycle; here $R = 10$ J/K.mol, 1 $J = 10$ cm$^3$-atm, $C_V = 1.5R$, $C_P = 2.5R$.

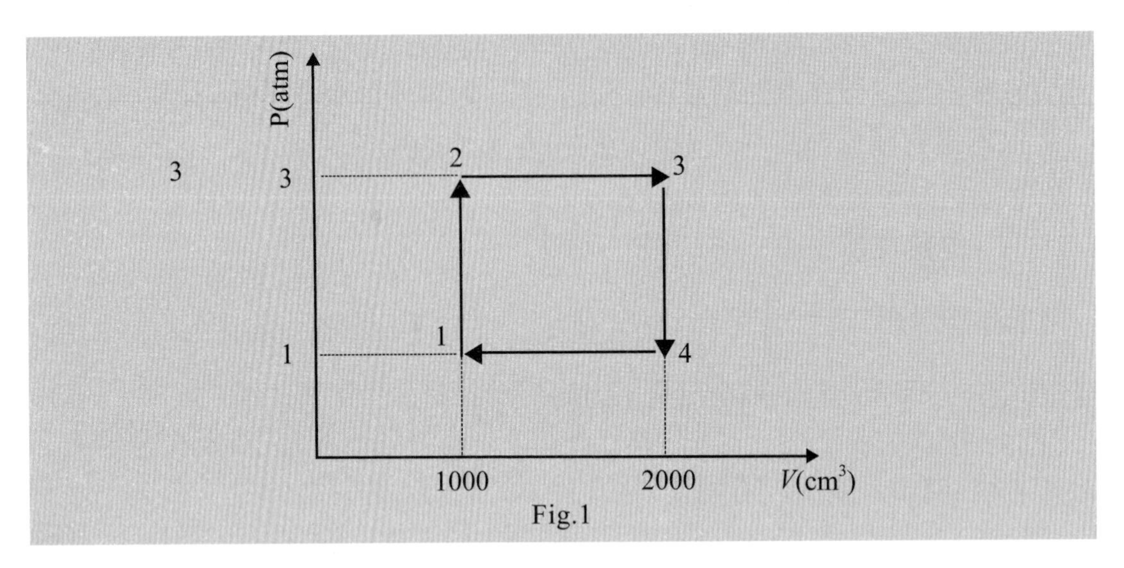

Fig.1

**解**：

Step 1 → 2：定容過程，體積保持一定，所以$dV = 0$，$W = 0$

$$\Delta U = nC_V \Delta T = 0.1 \times \frac{3}{2} R \times (T_2 - T_1)$$

$$= \frac{3}{2} \times (P_2V_1 - P_1V_1) = \frac{3}{2} \times (3 \times 1000 - 1 \times 1000)$$

$$= 3000 \text{ atm} \cdot \text{cm}^3 = 3 \text{ atm} \cdot \text{L} = 3 \times 101.32 = 303.96 \text{ J}$$

$$q = \Delta U - W = 303.96 \text{ J}$$

Step 2 → 3：定壓過程，所以$dP = 0$

$$W = -P_2(V_2 - V_1)$$

$$= -3 \times (2000 - 1000) = 3000 \text{ atm} \cdot \text{cm}^3 = 3 \text{ atm} \cdot \text{L} = 303.96 \text{ J}$$

$$\Delta U = nC_V \Delta T$$

$$= 0.1 \times \frac{3}{2} R \times (T_2 - T_1)$$

$$= \frac{3}{2} \times (3 \times 2000 - 3 \times 1000)$$

$$= 4500 \text{ atm} \cdot \text{cm}^3 = 4.5 \text{ atm} \cdot \text{L} = 4.5 \times 101.32 = 455.94 \text{ J}$$

$$q = \Delta U - W = 303.96 + 455.94 = 759.9 \text{ J}$$

Step 3 → 4：定容過程，體積保持一定，所以$dV = 0$，$W = 0$

$$\begin{aligned}\Delta U &= nC_V\Delta T \\ &= 0.1\times\frac{3}{2}R\times(T_2 - T_1) \\ &= \frac{3}{2}\times(P_2V_2 - P_1V_2) \\ &= \frac{3}{2}\times(1\times2000 - 3\times2000) \\ &= -6000\ \text{atm}\cdot\text{cm}^3 = -6\ \text{atm}\cdot\text{L} = -6\times101.32 = -607.92\ \text{J}\end{aligned}$$

$$q = \Delta U - W = -607.92\ \text{J}$$

Step 4 → 1：定壓過程，所以$dP = 0$

$$\begin{aligned}W &= -P_{ex}(V_2 - V_1) \\ &= -1\times(1000-2000) = +1000\ \text{atm}\cdot\text{cm}^3 = 1\ \text{atm}\cdot\text{L} = 101.32\ \text{J}\end{aligned}$$

$$\Delta U = \frac{3}{2}\times(1\times1000 - 1\times2000) = -1500\ \text{atm}\cdot\text{L} = -1.5\times101.32 = -151.98\ \text{J}$$

$$q = \Delta U - W = 101.32.96 - 151.98 = 253.3\ \text{J}$$

## 3.2　熵與熱力學第二定律

在卡諾熱機的循環過程中，我們可以得到$\frac{q_1}{T_h}+\frac{q_3}{T_l}=0$的結論；在一個通用的循環中，可將之切割成無限多個小小卡諾熱機循環的組合（見於圖3.3），因爲每一個卡諾熱機循環均遵守$\frac{q_1}{T_h}+\frac{q_3}{T_l}=0$；所以此通用熱機循環的總結果即$\sum_i \frac{q_i}{T_i}=0$；若是微小變化，則可將加總符號改成積分的符號，換言之，$\int\frac{dq_{rev}}{T}=0$，記住每一步驟都是可逆過程，所以其熱量寫成$q_{rev}$。由此可知，$\frac{dq_{rev}}{T}$是一個新的狀態方程式，因此可定義此新的狀態函數爲：$dS=\frac{dq_{rev}}{T}$，亦即$\Delta S = S_2 - S_1 = \int\frac{dq_{rev}}{T}$。

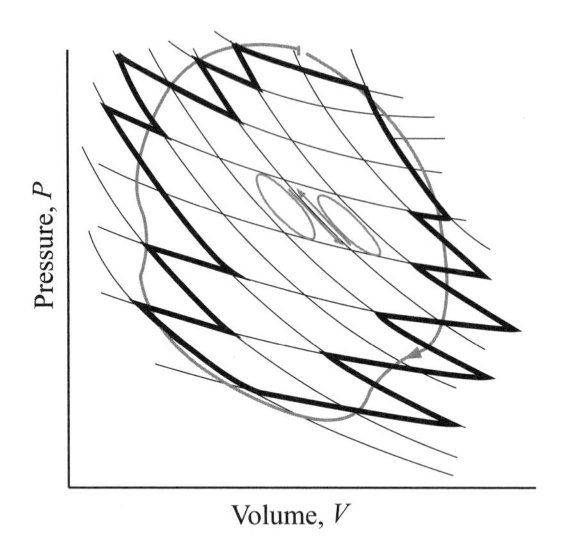


圖3.3 任一循環過程可切割成無限多個小小卡諾熱機循環的組合

## Clausius不等式的推導

實驗上發現沒有任何一種熱機的效率高於卡諾熱機，因爲卡諾熱機的每一步都是以可逆過程進行的，換言之，不可逆過程能將熱轉爲功的效率較差。

$$\eta_{arb} \leq \eta_{\text{Carnot}}$$

其中$\eta_{arb}$是任一熱機的效率，

$$1+\frac{q_{3,arb}}{q_{1,arb}} \leq 1+\frac{q_{3,Carnot}}{q_{1,Carnot}}$$

$$\frac{q_{3,arb}}{q_{1,arb}} \leq -\frac{T_l}{T_h}$$

$$\frac{q_{3,arb}}{q_{1,arb}}+\frac{T_l}{T_h} \leq 0$$

$$\sum_i \frac{q_i}{T_i} \leq 0$$

$$\int \frac{dq}{T} \leq 0$$

考慮如圖3.4之兩步驟過程，其中step 1是不可逆過程，然後再經由step 2的可逆過程回到原點，因為整個過程為不可逆，所以

$$\int_1^2 \frac{dq_{irrev}}{T} + \int_2^1 \frac{dq_{rev}}{T} < 0$$

$$\int_1^2 \frac{dq_{irrev}}{T} + \int_1^2 (-dS) < 0$$

$$\int_1^2 \frac{dq_{irrev}}{T} - \Delta S < 0$$

$$\int_1^2 \frac{dq_{irrev}}{T} < \Delta S$$

$$\Delta S > \int \frac{dq_{irrev}}{T}$$

$$\Delta S \geq \int \frac{dq}{T}$$

1.不可逆的自發過程，$dS > \frac{dq}{T}$。

2.可逆過程， $dS = \frac{dq}{T}$。

3.$dS < \frac{dq}{T}$，這是不允許的情況。

如果是隔絕系統（isolated system）的話，表示過程是絕熱過程，所以$dq = 0$，因此可改成

1.$dS > 0$表不可逆的自發過程。

2.$dS = 0$表可逆過程。

3.$dS < 0$，這是不允許的情況。

因此，熱力學第二定律可以描述為隔絕系統所進行的自發過程，系統的熵總是增加的。熵是測量系統能量如何在各種可能的方式分散的一個熱力學的量。基本上，熵和能量的分散有關連，剛開始分子系統的能量可能集中於少數的能階，然後在不久之後分散於更多的能階，在這樣的情況，系統的熵會增加，亦可說是分子系統更失序；其意思是能量分布於許多能階，而非僅集中於少數的能階。波茲曼（Boltzmann）定義熵（entropy）：$S = k \ln W$，其中$k$為波茲曼常數，$W$為系統中粒子所有可能的排列組合方式，對於若有$n$個粒子要放入$N$個盒子中，則其可能的排列組合方式共有$W = \frac{N^n}{n!}$。

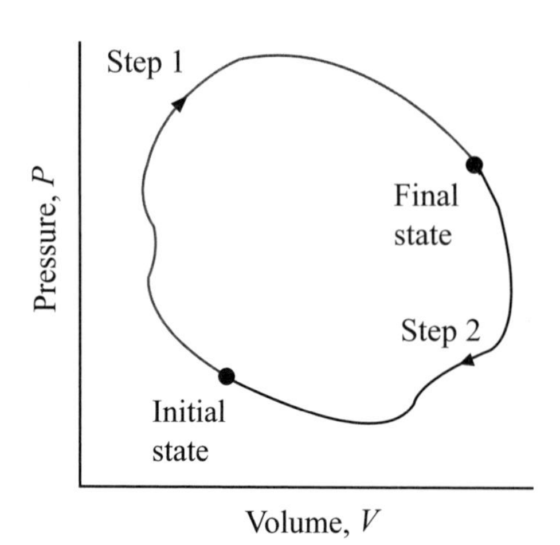


圖3.4　兩步驟過程，其中step 1是不可逆過程，然後再經由step 2的可逆過程回到原點

## 3.3　計算可逆過程的熵變化

如果系統是理想氣體的話，則可結合理想氣體的狀態方程式及熱力學第一定律計算其熵變化（$\Delta S$）。由熱力學第一定律知：

$$dU = dq + dW$$

假設是可逆過程，所以$dq = TdS$，又$dU = nC_V dT$；$dW = -PdV$代入上式可得：

$$nC_V dT = TdS - PdV$$

將$dS$移到式子的左邊可得：

$$dS = (\frac{nC_V}{T})dT + (\frac{P}{T})dV = (\frac{nC_V}{T})dT + (\frac{nR}{V})dV \quad （理想氣體：\frac{P}{T} = \frac{nR}{V}）$$

左右兩邊分別作積分可得：

$$\Delta S = \int_{T_1}^{T_2}(\frac{nC_V}{T})dT + \int_{V_1}^{V_2}(\frac{nR}{V})dV$$

$$\Rightarrow \quad \Delta S = nC_V \ln(\frac{T_2}{T_1}) + nR\ln(\frac{V_2}{V_1}) \quad （記住：\frac{1}{x}dx = d(\ln x)）$$

將$S$視為$T$和$V$的函數，即$S = f(T, V)$，如果寫成全微分的方式可得：

$$dS = (\frac{\partial S}{\partial T})_V dT + (\frac{\partial S}{\partial V})_T dV$$
$$= (\frac{nC_V}{T})dT + (\frac{nR}{V})dV$$

所以$(\frac{\partial S}{\partial V})_T = \frac{nR}{V}$

理想氣體常見的四種主要的可逆過程之熵變化（$\Delta S$）整理如下：

1.恆溫（isothermal）：$T_1 = T_2$；$dT = 0$；$\Delta S = nR\ln(\frac{V_2}{V_1})$

2.定壓（isobaric）：$P_1 = P_2$，$\frac{T_2}{T_1} = \frac{V_2}{V_1}$

$$\Delta S = n(C_V + R)\int_{T_1}^{T_2} \frac{1}{T}dT = nC_P\ln(\frac{T_2}{T_1})$$

3.定容（isometric）：$V_1 = V_2$；$dV = 0$；

$$\Delta S = nC_V\ln(\frac{T_2}{T_1})$$

4.絕熱（adiabatic）：只要是絕熱過程，二話不說就是$q = 0$，$\Delta S = 0$。

## 相轉移的熵變化

對於一般物質在進行所謂的相變化（phase changes）時，因為相變化的過程是在定壓下的可逆過程，此過程的熱量即為相變化的反應熱，即為$\Delta H$（因為定壓），因此$\Delta S = \frac{\Delta H}{T}$，其中$T$是相變化時的溫度，可能是熔點或沸點。譬如考慮冰的熔化，熔化所吸收的熱$\Delta H_{fus}$，由實驗已知一莫耳的冰是6.0 kJ，熵的變化等於$\Delta H_{fus}$除以相轉移時的絕對溫度$T$(273 K)：

$$\Delta S = \frac{\Delta H}{T} = \frac{6000}{273} = 21.98 \text{ J/K}$$

## 例題3.2

A reversible cycle can be completed in three steps. Such as: isothermal expansion (at $T_2$) from $V_1$ to $V_2$, cooling (at constant $V_2$) from $T_2$ to $T_1$, and adiabatic compression back to the initial state.

(a) Draw a diagram of this cycle using T and V as cooridnates.

(b) A non-ideal gas that obeying $PV = RT + BP$ ($B$：constant) is through this cycle, complete ΔS for each steps and

(c) Show that ΔS = 0 for this cycle. Assume $C_V$ is constant.

**解**：

(a)

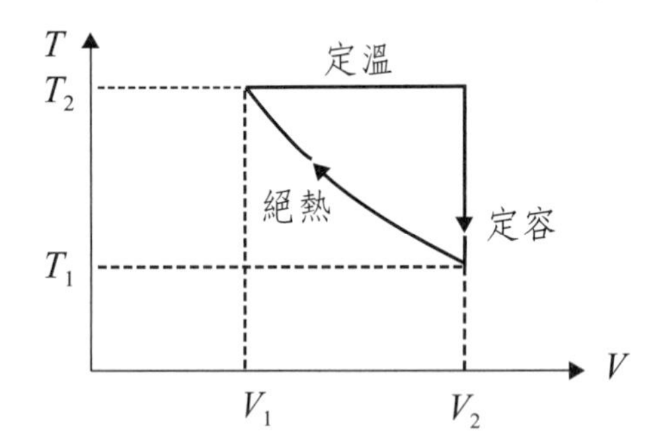


(b) 因為氣體的狀態方程式為$PV = RT + BP$

$$P = \frac{RT}{V-B}$$

體積一定時對溫度微分可得：

$$(\frac{\partial P}{\partial T})_V = \frac{R}{V-B}$$

又 $(\frac{\partial U}{\partial V})_T = T(\frac{\partial P}{\partial T})_V - P = \frac{RT}{V-B} - \frac{RT}{V-B} = 0$

$$dU = (\frac{\partial U}{\partial V})_T dV + (\frac{\partial U}{\partial T})_V dT = C_V dT \text{（第一項偏微分等於零）}$$

因為不是理想氣體，所以$\Delta S$的關係式要推導如下：

$$dU = TdS - PdV$$

$$C_V dT = TdS - \frac{R}{V-B}dV$$

移項之後可得：

$$dS = C_V \frac{dT}{T} + \frac{R}{V-B}dV$$

兩邊加以積分可得：

$$\Delta S = C_V \ln\frac{T_2}{T_1} + R\ln\frac{V_2-B}{V_1-B}$$

以下三個步驟的$\Delta S$可利用此關係式加以計算如下：

step 1：因為isothermal, $T_1 = T_2$

$$\Delta S_1 = R\ln\frac{V_2-B}{V_1-B} \quad (C_V \ln\frac{T_2}{T_1} = 0)$$

step 2：因為定容，$V_1 = V_2$

$$\Delta S_2 = C_V \ln\frac{T_2}{T_1} \quad (R\ln\frac{V_2-B}{V_1-B} = 0)$$

step 3：因為是絕熱過程，所以

$$\Delta S_3 = 0$$

(c) 因為step 3是絕熱過程，所以

$$\Delta S_3 = 0 = C_V \ln\frac{T_2}{T_1} + R\ln\frac{V_2-B}{V_1-B}$$

$$C_V \ln\frac{T_2}{T_1} = -R\ln\frac{V_2-B}{V_1-B}$$

$$\begin{aligned}\Delta S_{total} &= \Delta S_1 + \Delta S_2 + \Delta S_3 \\ &= C_V \ln\frac{T_2}{T_1} + R\ln\frac{V_2-B}{V_1-B} + 0 \\ &= R\ln\frac{V_2-B}{V_1-B} - R\ln\frac{V_2-B}{V_1-B} = 0\end{aligned}$$

## 例題3.3

When 1 mole of water supercooled to –10℃ freezes isothermally, what are the entropy changes of the system and surroundings? Given the molar enthalpy of melting of ice at 0℃ is 6025 J/mol, the molar heat capacities of ice and water are 37.7 and 75.3 J/mol.K respectively.

**解**：

雖然這是一不可逆的過程，但因為$\Delta S$是狀態函數，所以只要起始和最後的狀態相同，則其$\Delta S$就會一樣；故可設想此不可逆的過程是由一系列可逆過程所組成的，如下圖所示。然後將每一步驟的ΔS加總起來即為此不可逆的過程的$\Delta S$：

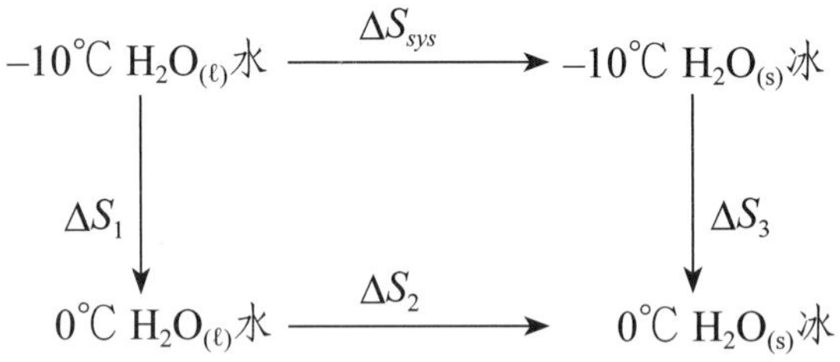

$$\begin{array}{ccc} -10^{\circ}\text{C}\ H_2O_{(\ell)}\text{水} & \xrightarrow{\Delta S_{sys}} & -10^{\circ}\text{C}\ H_2O_{(s)}\text{冰} \\ \downarrow \Delta S_1 & & \downarrow \Delta S_3 \\ 0^{\circ}\text{C}\ H_2O_{(\ell)}\text{水} & \xrightarrow{\Delta S_2} & 0^{\circ}\text{C}\ H_2O_{(s)}\text{冰} \end{array}$$

$$\Delta S_1 = \int_{263.15}^{273.15} \frac{75.3}{T} dT = 75.3 \times \ln\frac{273.15}{263.15} = 2.81 \text{ J/K} \cdot \text{mol}$$

（只是水的溫度變化而已，所以$\Delta S = \int \frac{C_P}{T} dT$）

$$\Delta S_2 = \frac{-\Delta H_{fus}}{T} = \frac{-6020}{273.15} = -22.04 \text{ J/K mol}$$（水熔化變成冰，此為相變化）

$$\Delta S_3 = \int_{273.15}^{263.15} \frac{37.7}{T} dT = -1.41 \text{ J/K mol}$$

（只是冰的溫度變化而已，所以$\Delta S = \int \frac{C_P}{T} dT$）

上述結冰過程應為自發反應，為什麼熵變化是負的？

除了系統的ΔS變化以外，再考慮如何計算$\Delta S_{surrounding}$？

先求出在這三個可逆過程中，外界所吸收的熱量分別為；

$\Delta H_1 = -753 \text{J/mol}$　$(-\Delta H_1 = -C_p \Delta T)$，外界放熱

$\Delta H_2 = 6020\text{J/mol} \quad (-\Delta H_{fus})$，外界吸熱

$\Delta H_3 = 377\text{J/mol}$，外界吸熱

故外界總共吸收$\Delta H = \Delta H_1 + \Delta H_2 + \Delta H_3 = -753 + 6020 + 377 = 5644\text{J/mol}$

$$\Delta S_{surrounding} = \frac{5644}{263.15} = 21.45 \text{ J/K} \cdot \text{mol}$$

值得注意的是在此過程中，外界溫度始終維持在$-10$℃，可將外界視為一大恆溫槽。宇宙的$\Delta S$總變化為：

$$\begin{aligned}\Delta S_{universe} &= S_{sys} + S_{surrounding}\\ &= -20.66 + 21.45\\ &= 0.81 \text{ J/K} \cdot \text{mol}\end{aligned}$$

因為$\Delta S_{universe} > 0$，故此過程是自發（spontaneous）反應。

## 3.4 熵的狀態函數性質

將$S$視爲$T$和$V$的函數，即$S = f(T, V)$，如果寫成全微分的方式可得：

$$dS = (\frac{\partial S}{\partial T})_V dT + (\frac{\partial S}{\partial V})_T dV \tag{I}$$

結合$dU = TdS - PdV$且利用$dU = C_V dT + (\frac{\partial U}{\partial V})_T dV$

$$dS = \frac{dU}{T} + (\frac{P}{T})dV = C_V dT + \frac{[P + (\frac{\partial U}{\partial V})_T]}{T} dV \tag{II}$$

將(I)和(II)兩式相對應比較可直接得到：

$$(\frac{\partial S}{\partial T})_V = \frac{C_V}{T}$$

$$(\frac{\partial S}{\partial V})_T = \frac{[P + (\frac{\partial U}{\partial V})_T]}{T} dV$$

因爲$S$是狀態函數，可以將$(\frac{\partial S}{\partial T})_V$與$(\frac{\partial S}{\partial V})_T$兩式再分別對$V$和$T$再次微分而得：

$$\frac{\partial^2 S}{\partial V \partial T} = \frac{1}{T}(\frac{\partial C_V}{\partial T})_V = \frac{1}{T}\frac{\partial^2 U}{\partial V \partial T}$$

$$\frac{\partial^2 S}{\partial T \partial V} = \frac{1}{T}[(\frac{\partial P}{\partial T})_V + \frac{\partial^2 U}{\partial T \partial V}] - \frac{1}{T^2}[P + (\frac{\partial U}{\partial V})_T]$$

利用尤拉理論（Euler theory）可知狀態函數對其參數的微分順序沒有影響，即：$\frac{\partial^2 S}{\partial V \partial T} = \frac{\partial^2 S}{\partial T \partial V}$

換言之，

$$\frac{1}{T}\frac{\partial^2 U}{\partial V \partial T} = \frac{1}{T}[(\frac{\partial P}{\partial T})_V + \frac{\partial^2 U}{\partial T \partial V}] - \frac{1}{T^2}[P + (\frac{\partial U}{\partial V})_T]$$

將相同的項約掉可得：

$$P + (\frac{\partial U}{\partial V})_T = T(\frac{\partial P}{\partial T})_V$$

因此，$(\frac{\partial U}{\partial V})_T = T(\frac{\partial P}{\partial T})_V - P$（此爲重要關係式）

換句話說，$(\frac{\partial S}{\partial V})_T = \frac{[P + (\frac{\partial U}{\partial V})_T]}{T} dV = \frac{[P + T(\frac{\partial P}{\partial T})_V - P]}{T} = (\frac{\partial P}{\partial T})_V$

在第1章已知$(\frac{\partial P}{\partial T})_V = \frac{\alpha}{\kappa}$，因此

$$(\frac{\partial S}{\partial V})_T = \frac{\alpha}{\kappa}$$（$\alpha$和$\kappa$分別是壓縮係數及膨脹係數）

所以，$dS = (\frac{\partial S}{\partial T})_V dT + (\frac{\partial S}{\partial V})_T dV = \frac{C_V}{T} dT + \frac{\alpha}{\kappa} dV$

此外，亦可將$S$視爲$T$和$P$的函數，即$S = S(T, P)$，如果寫成全微分的方式可得：

$$dS = (\frac{\partial S}{\partial T})_P dT + (\frac{\partial S}{\partial P})_T dP \qquad \text{(III)}$$

利用$U = H - PV$，兩邊微分可得：$dU = dH - PdV - VdP$

$$dS=\frac{(dU+PdV)}{T}=\frac{(dH-PdV-VdP+PdV)}{T}=\frac{C_P}{T}dT+\frac{[(\frac{\partial H}{\partial P})_T-V]}{T}dP \quad \text{(IV)}$$

同樣地，將(III)和(IV)比較可得：

$$(\frac{\partial S}{\partial T})_P=\frac{C_P}{T}$$

$$(\frac{\partial S}{\partial P})_T=\frac{[(\frac{\partial H}{\partial P})_T-V]}{T}$$

因爲$S$是狀態函數，可以將$(\frac{\partial S}{\partial T})_P$與$(\frac{\partial S}{\partial P})_T$兩式再分別對$P$和$T$再次微分而得：

$$\frac{\partial^2 S}{\partial P\partial T}=\frac{1}{T}(\frac{\partial C_P}{\partial T})_T=\frac{1}{T}\frac{\partial^2 H}{\partial P\partial T} \quad （因爲C_P=(\frac{\partial H}{\partial T})_P）$$

$$\frac{\partial^2 S}{\partial T\partial P}=\frac{1}{T}[-(\frac{\partial V}{\partial T})_P+\frac{\partial^2 H}{\partial T\partial P}]-\frac{1}{T^2}[-V+(\frac{\partial H}{\partial P})_T]$$

利用尤拉理論（Euler theory）可知狀態函數對其參數的微分順序沒有影響，因此可知：

$$\frac{\partial^2 S}{\partial P\partial T}=\frac{\partial^2 S}{\partial T\partial P}$$

亦即，$\frac{1}{T}\frac{\partial^2 H}{\partial P\partial T}=\frac{1}{T}[-(\frac{\partial V}{\partial T})_P+\frac{\partial^2 H}{\partial T\partial P}]-\frac{1}{T^2}[-V+(\frac{\partial H}{\partial P})_T]$

所以，$(\frac{\partial H}{\partial P})_T=-T(\frac{\partial V}{\partial T})_P+V$（此爲重要關係式）

$$(\frac{\partial S}{\partial P})_T=\frac{[(\frac{\partial H}{\partial P})_T-V]}{T}=-(\frac{\partial V}{\partial T})_P=-V\alpha \quad （因爲\alpha=\frac{1}{V}(\frac{\partial V}{\partial T})_P）$$

因此，$dS=(\frac{C_P}{T})dT-V\alpha dP$

## 例題3.4

Derive the following equations：

(a) $C_P=-T(\frac{\partial^2 G}{\partial T^2})_P$

(b) $(\frac{\partial C_p}{\partial P})_T = -T(\frac{\partial^2 V}{\partial T^2})_P$

(c) $(\frac{\partial H}{\partial P})_T$ and $(\frac{\partial S}{\partial P})_T$ for a gas obeying $P(V-nb)=nRT$.

**解**：

(a) 利用$(\frac{\partial G}{\partial T})_P = -S$

因此，$(\frac{\partial^2 G}{\partial T^2})_P = -(\frac{\partial S}{\partial T})_P$

但 $(\frac{\partial S}{\partial T})_P = \frac{C_P}{T}$

所以$C_P = -T(\frac{\partial^2 G}{\partial T^2})_P$

(b) $(\frac{\partial C_P}{\partial P})_T = [\frac{\partial}{\partial P}(\frac{\partial H}{\partial T})_P]_T = [\frac{\partial}{\partial T}(\frac{\partial H}{\partial P})_T]_P$

$H$對$T$和$P$的微分順序沒關係

又$(\frac{\partial H}{\partial P})_T = -T(\frac{\partial V}{\partial T})_P + V$代入

$$(\frac{\partial C_P}{\partial P})_T = [\frac{\partial}{\partial T}(\frac{\partial H}{\partial P})_T]_P = [\frac{\partial}{\partial T}(-T(\frac{\partial V}{\partial T})_P + V)] = -T(\frac{\partial^2 V}{\partial T^2})_P - (\frac{\partial V}{\partial T})_P + (\frac{\partial V}{\partial T})_P$$

$$(\frac{\partial C_P}{\partial P})_T = -T(\frac{\partial^2 V}{\partial T^2})_P$$

(c) 利用$P(V - nb) = nRT$

$$V = \frac{nRT}{P} + nb$$

$$(\frac{\partial V}{\partial T})_P = \frac{nR}{P}$$

$$(\frac{\partial H}{\partial P})_T = -T(\frac{\partial V}{\partial T})_P + V$$

$$(\frac{\partial H}{\partial P})_T = (\frac{nRT}{P} + nb) - T \times \frac{nR}{P} = nb$$

$$(\frac{\partial S}{\partial P})_T = -(\frac{\partial V}{\partial T})_P = -\frac{nR}{P} = -\frac{nR}{\frac{nRT}{V-nb}} = \frac{-V+nb}{T}$$

# 3.5　理想氣體混合時熵的變化

考慮兩理想氣體$A$和$B$的混合（兩氣體不會發生反應），混合之前氣體$A$的體積是$V_1$，莫耳數是$n_A$；氣體$B$的體積是$V_2$，莫耳數是$n_B$；混合之後兩氣體的體積都變成$V_1 + V_2$，兩氣體的總莫耳數爲$n_A + n_B$，過程溫度沒有變化，如圖3.5所示：

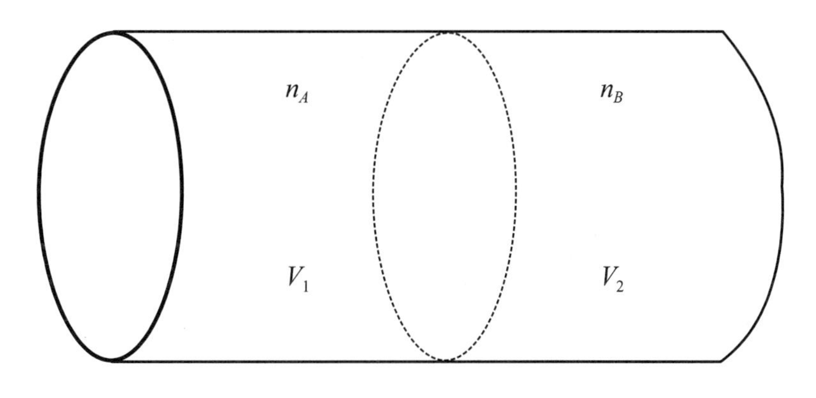


圖3.5　兩理想氣體$A$和$B$的混合

分別計算兩理想氣體$A$和$B$進行混合之後的熵變化量。

$$\Delta S_A = n_A R \ln(\frac{V_1 + V_2}{V_1})$$

$$\Delta S_B = n_B R \ln(\frac{V_1 + V_2}{V_2})$$

因爲$\frac{n_A}{V_1} = \frac{n_B}{V_2}$，可利用莫耳分率：

$$x_A = (\frac{n_A}{n_A + n_B}) = (\frac{V_1}{V_1 + V_2})$$

$$x_B = (\frac{n_B}{n_A + n_B}) = (\frac{V_2}{V_1 + V_2})$$

因此整個混合過程的熵總變化量爲：

$$\begin{aligned}\Delta S_{total} &= \Delta S_A + \Delta S_B \\ &= n_A R\ln(\frac{1}{x_A}) + n_B R\ln(\frac{1}{x_B}) \\ &= -(n_A + n_B)R[x_A \ln x_A + x_B \ln x_B] \\ &= -nR[x_A \ln x_A + x_B \ln x_B] \ > 0\end{aligned}$$

其中$n = n_A + n_B$，因為莫耳分率$x_A$和$x_B$皆小於1，所以$\ln x_A$和$\ln x_B$皆小於0，但因式子最前面有一負號，所以熵總變化量是增加的。當等莫耳混合時（即$n_A = n_B$或$x_A = x_B = 0.5$）熵總變化量會達到最大。

$\Delta S$在 $x_A=\frac{1}{2}$ 有最大值推導如下：

$$\Delta S = -nR[x_A \ln x_A + x_B \ln x_B] = -nR[x_A \ln x_A + (1 - x_A)\ln(1 - x_A)]$$

$\Delta S$要有最大值，即 $\frac{d(\Delta S)}{dx_A}=0$，因為$n$和$R$是常數，僅需考慮中括號內的微分，

$$\begin{aligned}\frac{d(\Delta S)}{dx_A} = 0 &= \ln x_A + x_A \times \frac{1}{x_A} + \frac{(-1)}{(1-x_A)} - \ln(1-x_A) - \frac{x_A \times (-1)}{(1-x_A)} \\ &= \ln x_A + 1 + \frac{(-1)}{(1-x_A)} - \ln(1-x_A) - \frac{x_A \times (-1)}{(1-x_A)} \\ &= \ln x_A + 1 - \ln(1-x_A) + \frac{(x_A - 1)}{(1-x_A)} = \ln x_A - \ln(1-x_A)\end{aligned}$$

$$\ln x_A - \ln(1 - x_A) = 0$$

$$\ln\frac{x_A}{(1-x_A)} = 0$$

$$\frac{x_A}{(1-x_A)} = 1$$

$$x_A = \frac{1}{2}$$

## 例題3.5

Calculate $\Delta S$ for mixing

(a) 1 mole of $H_2$ with 2 moles of $O_2$

(b) 1.5 mole of $H_2$ and 1.5 mole of $O_2$

at 300 K under conditions where no chemical reaction occurs.

**解**：

(a) $\Delta S=-(n_A+n_B)R[x_A\ln x_A+x_B\ln x_B]=-3\times 8.314\times[\frac{1}{3}\ln\frac{1}{3}+\frac{2}{3}\ln\frac{2}{3}]=15.87\ \text{J/K}$

(b) $\Delta S=-3\times 8.314\times[\frac{1}{2}\ln\frac{1}{2}+\frac{1}{2}\ln\frac{1}{2}]=17.29\ \text{J/K}$

## 3.6 熱力學第三定律與標準熵

一完美結晶的物質在0 K時的熵為零，稱為熱力學第三定律（the third law of thermodynamics）。一完美結晶的物質在0 K時應該有完美排列，但是當溫度上升時，因為吸熱及能量分散，所以物質的熵增加。

一物質的標準熵（standard entropy）亦稱為絕對熵$S°$（absolute entropy），物種在標準狀態的熵值（由上標度數的符號表標準狀態）。純物質的標準狀態是一大氣壓，溶液的標準狀態是1M溶液，與$\Delta H°$標準生成焓依慣例為零不同，注意元素的熵值不為零，標準熵使用符號$S°$而非$\Delta S°$。

如同在$\Delta H°$的情況，反應的標準熵變化（$\Delta S°$）等於產物的標準熵總和減去反應物的標準熵總和：

如何定義物質在某溫度下的標準熵？考慮以下幾種過程：

1. 固體純粹溫度上升，如Solid(0 K, $P$) → Solid($T$, $P$)

$$\Delta S=S(T)-S(0\,\text{K})=\int_0^T(\frac{C_P}{T})dT$$

$$S(T)=S(0\,\text{K})+\int_0^T(\frac{C_P}{T})dT=\int_0^T(\frac{C_P}{T})dT\ （因為S(0\ \text{K})=0）$$

2. 因涉及固體變成液體的相變化，如Solid → Liquid($T$, $P$)，必須考慮熔化熱（$\Delta H_{fus}$），此時液體的標準熵為：

$$S_T^0=\int_0^{T_m}(\frac{C_P^0(s)}{T})dT+\frac{\Delta H_{fus}}{T_m}+\int_{T_m}^{T}(\frac{C_P^0(l)}{T})dT$$

其中，$T_m$代表熔點（melting point）。因為$\Delta S=\int(\frac{C_P}{T})dT=\int C_P d(\ln T)$，因

此以$C_P$對$\ln T$作圖，或以$\frac{C_P}{T}$對$T$作圖，則其曲線所包圍的面積即為$\Delta S$。

### 例題3.6

Based on the Debye extrapolation, the heat capacity is proportional to T ($C_p = aT^3$) when T is low. The molar heat capacity of gold at 10 K is 0.43 J/K.mol, what is its molar entropy ($S$) at 10 K?

**解**：

$$\Delta S = \int_0^T (\frac{C_P}{T})dT = \int_0^{10} (\frac{aT^3}{T})dT = \int_0^{10} aT^2 dT = \frac{0.43}{3} = 0.143$$

### 例題3.7

An ice cube weighing 50 grams is heated from an initial temperature of –20℃ up to the state of boiling water. Calculate the total entropy change. Note that specific heats of ice and water are separately 0.5 cal/g.K and 1.0 cal/g.K. The heat of melting and the heat of vaporization are separately 80 cal/g and 539 cal/g.

**解**：將每一過程中的熵變化標記整理如下：

–20℃冰 $\xrightarrow{\Delta S_1}$ 0℃冰 $\xrightarrow{\Delta S_2}$ 0℃水 $\xrightarrow{\Delta S_3}$ 100℃水 $\xrightarrow{\Delta S_4}$ 100℃水蒸汽

$$\Delta S_{total} = \Delta S_1 + \Delta S_2 + \Delta S_3 + \Delta S_4 = 50 \times 0.5 \times \ln(\frac{273}{253}) + 50 \times \frac{80}{273} + 50 \times 1 \times \ln(\frac{373}{273}) + 50 \times \frac{539}{373}$$
$$= 104.4 \text{ J/K}$$

## 3.7 自由能G和A

熱力學第二定律的一個重要的功用在於可以判斷一個反應是否達成平衡或者是自發反應。由熱力學第二定律知，達到平衡時即是可逆過程，因此$TdS = dq_{rev}$，依先前所得Clausius不等式知：如果是不可逆過程時（即自發反應），$TdS > dq$，可將此兩條件以一方程式$TdS \geq dq$加以結合，但不要忘記熱力學第一定律，$dq_{rev} = dU - dW$，故可得$TdS \geq dU - dW$，移項之後變成：

$$-dU + dW + TdS \geq dW \tag{V}$$

如果系統的轉換是在定溫的條件下的話，則可利用$TdS = d(TS)$，則(V)式變成：

$$-dU + d(TS) \geq dW$$
$$-d(U - TS) \geq dW$$

可定義Helmholtz自由能$A = U - TS$，則可得

$$-dA \geq dW\text{，亦即}-\Delta A \geq W$$

也就是說，系統在定溫過程所能作的作大功等於Helmholtz自由能的減少量。

如果系統的轉換是在定溫和定壓的條件下進行的話，此時可利用$PdV = d(PV)$及$TdS = d(TS)$，可將(V)式變成：

$$-d(U + PV - TS) \geq 0$$
$$-d(H - TS) \geq 0$$

定義Gibbs自由能$G = H - TS$，此量可以直接作為判斷反應自發性的準則，則可得：$dG \leq 0$，亦即$\Delta G \leq 0$
也就是說，系統在定溫定壓過程中是否可以自發反應，只要計算其$\Delta G$是否小於零（$\Delta G \leq 0$），也就是說如果此反應或過程在一定溫度和壓力下的$\Delta G$是負的，則此反應將會是自發的；當達到平衡時，Gibbs自由能不再變化，亦即$\Delta G = 0$。由$G = H - TS$，可知$dG = dH - TdS - SdT$，在恆溫過程$dT = 0$，因此$dG = dH - TdS$，積分之後可得：$\Delta G = \Delta H - T\Delta S$。

截至目前為止，我們都只考慮$PV$功而已，事實上可將功細分成$PV$功（$W_{PV}$）及非$PV$功（$W_{non-PV}$）兩種，如電池中有所謂的電功即是非$PV$功，則熱力學第一定律可寫成：

$$dU = dq + dW_{PV} + W_{non-PV}$$

Clausius 不等式：$dS \geq \frac{dq}{T}$，兩式結合可得：

$$dU + PdV - TdS \leq dW_{non-PV}$$

如果溫度和壓力固定不變的話，則

$$d(U + PV - TS) \leq dW_{non-PV}$$

$$d(H - TS) \leq dW_{non-PV}$$

$$dG \leq dW_{non-PV}\text{，亦即}\Delta G \leq W_{non-PV}$$

換言之，如果系統在定溫定壓過程中有進行非$PV$功的話，則在平衡時其非$PV$功（$W_{non-PV}$）會等於$\Delta G$。

### 標準自由能的變化

如同標準熵和焓一樣，可選擇特定的標準狀態定義標準自由能，選擇標準狀態如下：純固體和純液體是一大氣壓，若是氣體則其分壓是一大氣壓，對溶液而言是1 M的溶液，溫度通常是25℃，標準自由能的變化是在標準狀態下，當反應物變成產物時的自由能變化，可利用$\Delta G° = \Delta H° - T\Delta S°$的關係式求得。如同在標準生成焓的情況一樣。元素在最穩定狀態下的標準生成自由能訂爲零，任何反應的$\Delta G°$可由產物的標準自由能的總和減去反應物的標準自由能總和。

## 3.8 熱力學方程式

1. $U$、$H$、$A$和$G$的微分基本式：

$$dU = TdS - PdV\text{；}$$

依定義：$H = U + PV$

$$dH = dU + d(PV) = (TdS - PdV) + (PdV + VdP)$$

因此，$dH = TdS + VdP$；

依定義：$A = U - TS$

$$dA = dU - d(TS) = (TdS - PdV) + (TdS + SdT)$$

所以，$dA = -SdT - PdV$；

依定義：$G = H - TS$

$$dG = dH - d(TS) = (TdS + VdP) - (TdS + SdT)$$

所以，$dG = -SdT + VdP$；

將以上推導整理如下表：

| | |
|---|---|
| $U$ | $dU = TdS - PdV$ |
| $H = U + PV$ | $dH = TdS + VdP$ |
| $A = U - TS$ | $dA = -SdT - PdV$ |
| $G = H - TS$ | $dG = -SdT + VdP$ |

2.馬克斯威爾關係式（Maxewell relations）：

如果有一狀態函數F的全微分可寫成：

$$dF = Mdx + Ndy$$

則$M$和$N$對$y$和$x$分別交叉微分會相等，亦即

$$(\frac{\partial M}{\partial y})_x = (\frac{\partial N}{\partial x})_y$$

則$U$, $H$, $A$和$G$的基本微分式可直接得到馬克斯威爾關係式：

| | |
|---|---|
| $dU = TdS - PdV$ | $(\frac{\partial T}{\partial V})_S = -(\frac{\partial P}{\partial S})_V$ |
| $dH = TdS + VdP$ | $(\frac{\partial T}{\partial P})_S = (\frac{\partial V}{\partial S})_P$ |
| $dA = -SdT - PdV$ | $(\frac{\partial S}{\partial V})_T = (\frac{\partial P}{\partial T})_V$ |
| $dG = -SdT + VdP$ | $-(\frac{\partial S}{\partial P})_T = (\frac{\partial V}{\partial T})_P$ |

另一種推導方式則利用尤拉公式，較爲繁瑣，今僅推導其中一式，其餘導法類似（需以$U$，$H$，和$A$狀態函數推導）

因爲$dG = -SdT + VdP \Rightarrow (\frac{\partial G}{\partial P})_T = V$；$(\frac{\partial G}{\partial T})_P = -S$

$$\frac{\partial^2 G}{\partial P \partial T} = -(\frac{\partial S}{\partial P})_T \text{；} \frac{\partial^2 G}{\partial T \partial P} = (\frac{\partial V}{\partial T})_P$$

因爲$\frac{\partial^2 G}{\partial P \partial T} = \frac{\partial^2 G}{\partial T \partial P}$

因此可得：$(\frac{\partial T}{\partial V})_S = -(\frac{\partial P}{\partial S})_V$

這些關係式可利用下圖加以背記，$U$視爲$(S, V)$函數，$H$視爲$(S, P)$函數，$A$視爲$(T, V)$函數，$G$視爲$(T, P)$函數，若與箭頭方向相反的話，則需加以負號。

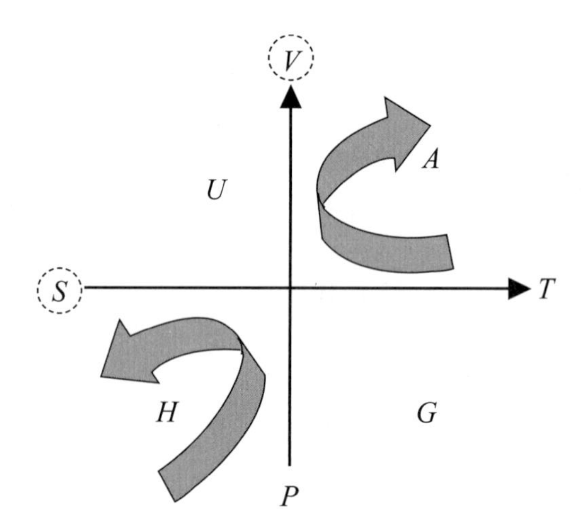


3.狀態的熱力學方程式（equations of thermodynamics）：

因爲$dU = TdS - PdV$，兩邊各除以$(\partial V)_T$可得：

$$(\frac{\partial U}{\partial V})_T = T(\frac{\partial S}{\partial V})_T - P$$

利用馬克斯威爾關係式：$(\frac{\partial S}{\partial V})_T = (\frac{\partial P}{\partial T})_V$，因此可得：

$$(\frac{\partial U}{\partial V})_T = T(\frac{\partial P}{\partial T})_V - P$$

$(\frac{\partial U}{\partial V})_T$稱爲內壓（internal pressure），上式經常會使用到。

另外，$dH = TdS + VdP$

$$(\frac{\partial H}{\partial P})_T = T(\frac{\partial S}{\partial P})_T + V$$

利用馬克斯威爾關係式：$(\frac{\partial S}{\partial P})_T = -(\frac{\partial V}{\partial T})_P$，因此可得：

$$(\frac{\partial H}{\partial P})_T = -T(\frac{\partial V}{\partial T})_P + V$$

## 例題3.8

Deduce the expression of $(\frac{\partial U}{\partial V})_T$ for a van der Waals gas, and then calculate $\Delta U$ and $\Delta C_V$ accompanying the expansion of n moles from volume $V_1$ to $V_2$ at temperature $T$.

**解**：

$$(\frac{\partial U}{\partial V})_T = T(\frac{\partial P}{\partial T})_V - P$$

For a van der Waals gas：$P = \frac{nRT}{V-nb} - \frac{n^2a}{V}$

$$(\frac{\partial P}{\partial T})_V = \frac{nR}{V-nb}$$

$$(\frac{\partial U}{\partial V})_T = T[\frac{nR}{V-nb}] - \{\frac{nRT}{V-nb} - \frac{n^2a}{V}\} = \frac{n^2a}{V}$$

$$\Rightarrow \quad \Delta U = \int_{V_1}^{V_2} \frac{n^2a}{V} dV = n^2a(\frac{1}{V_1} - \frac{1}{V_2})$$

$$\frac{\partial C_V}{\partial V} = \frac{\partial^2 U}{\partial V \partial T} = [\frac{\partial}{\partial T}(\frac{\partial U}{\partial V})_T]_V = [\frac{\partial}{\partial T}\frac{n^2a}{V}] = 0$$

$$\Rightarrow \quad \Delta C_V = 0$$

# 3.9　自由能G和A的性質

將$G$視爲$(T, P)$的函數，則$G$的全微分可寫成：

$$dG = (\frac{\partial G}{\partial T})_P dT + (\frac{\partial G}{\partial P})_T dP$$

又$dG = -SdT + VdP$

將此二式互相比較可輕易得到以下兩關係式：

$$(\frac{\partial G}{\partial T})_P = -S \quad 及 \quad (\frac{\partial G}{\partial P})_T = V$$

因爲體積$V$一定是正的，因此定溫下，自由能$G$會隨著壓力的增加而增加；將$(\frac{\partial G}{\partial P})_T = V$改寫成$dG = VdP$，再積分而成：

$$\int_{P^0}^{P} dG = \int_{P^0}^{P} VdP$$

$$G = G^0 + \int_{P^0}^{P} VdP$$

其中$G^0$爲標準的Gibbs自由能（一大氣壓下）。對理想氣體而言，

$$G(T,P) = G^0(T) + \int_{P^0}^{P} \frac{nRT}{P} dP$$

兩邊各除以$n$，

$$\frac{G}{n} = \frac{G^0(T)}{n} + RT\ln P$$

$$\mu = \mu^0(T) + RT\ln P$$

其中$P$以atm爲單位，$\mu = \frac{G}{n}$爲莫耳自由能。對固體或液體而言，體積V受壓力$P$的影響不大，故可視$V$爲常數，故

$$G(T, P) = G^0(T) + V(P - P^0)$$

同樣地，自由能$A$的性質可推導如下：

$$dA = (\frac{\partial A}{\partial T})_V dT + (\frac{\partial A}{\partial V})_T dV$$

$$dA = -SdT - PdV$$

比較可得：$(\frac{\partial A}{\partial T})_V = -S$

$(\frac{\partial A}{\partial V})_T = -P$

# 3.10　氣體混合的Gibbs自由能

假設有$A$和$B$兩種理想氣體互相混合，則其混合前後的Gibbs自由能可計算如下：

對任一理想氣體而言，$\mu_i = \mu_i^0(T) + RT\ln P_i$

因爲拉午耳定律（Raoult's law）得知氣體分壓與其莫耳分率成正比：

$$P_i = x_i\, P_t \text{（見於第5章）}$$

其中$P_i$爲氣體i的分壓，$x_i$是莫耳分率，$P_t$代表總壓。所以，

$$\mu_i = \mu_i^0(T) + RT\ln P + RT\ln x_i$$
$$= \mu_i^0(\text{pure})(T,P) + RT\ln P + RT\ln x_i$$
$$\mu_i = \mu_i^0(T,P) + RT\ln x_i$$（$\mu_i^0(T,\ P)$表純物質的化學勢）

$A$和$B$兩種理想氣體互相混合之前：$G_A = n_A\mu_A^0$；$G_B = n_B\mu_B^0$

起始狀態（混合之前）：$G(\text{initial}) = G_A + G_B = n_A\mu_A^0 + n_B\mu_B^0 = \sum_i n_i\mu_i^0$

最終狀態（混合之後）：$G(\text{final}) = n_A\mu_A + n_B\mu_B = \sum_i n_i\mu_i$

混合前後的自由能變化爲：

$$\Delta G(\text{mixing}) = G(\text{final}) - G(\text{initial})$$
$$= n_A(\mu_A - \mu_A^0) + n_B(\mu_B - \mu_B^0)$$
$$= \sum_i n_i(\mu_i - \mu_i^0)$$

$$\Delta G(\text{mixing}) = RT(n_A\ln x_A + n_B\ln x_B) = nRT(x_A\ln x_A + x_B\ln x_B)$$

其中$n = n_A + n_B$爲總莫耳數。$\Delta G(\text{mixing})$要達到最小値，可直接將上式改寫成：

$$\Delta G(\text{mixing}) = RT(n_A\ln x_A + n_B\ln x_B) = nRT[x_A\ln x_A + x_B\ln x_B]$$
$$= nRT[x_A\ln x_A + (1 - x_A)\ln(1 - x_A)]$$

然後將$\dfrac{\partial(\frac{\Delta G_{mix}}{nRT})}{\partial x_A} = 0$，則可發現等莫耳混合時，即$x_A = 0.5$，則可使

$\Delta G(\text{mixing})$達到最小值。因爲$\Delta S(\text{mixing}) = -(\frac{\partial \Delta G_{mix}}{\partial T})_{P,n_i}$，

$$\Delta S(\text{mixing}) = -nR\sum_i x_i \ln x_i$$

另外，$A$和$B$兩種理想氣體互相混合時並不會有熱量產生，因爲

$$\Delta H(\text{mixing}) = \Delta G(\text{mixing}) + T\Delta S(\text{mixing}) = 0$$

## 例題3.9

Which of the following quantity is equal to zero, if two ideal gases are mixed?

(a) $\Delta G$ (b) $\Delta A$ (c) $\Delta V$ (d) $\Delta S$

**解**：(c)

# 3.11 Gibbs自由能與溫度的關係

如果將$\frac{G}{T}$對$T$作偏微分可得：$(\frac{\partial(\frac{G}{T})}{\partial T})_P = \frac{1}{T}(\frac{\partial G}{\partial T})_P - \frac{1}{T^2}G = -\frac{TS+G}{T^2}$利用先前所導出自由能與溫度變化之間的關係：$(\frac{\partial G}{\partial T})_P = -S$代入上式，再配合自由能本身的定義：$G = H - TS$可得：

$$(\frac{\partial(\frac{G}{T})}{T})_P = \frac{-H}{T^2}$$

記住$\frac{-1}{T^2}dT = d(\frac{1}{T})$，則上式可改寫如下：

$$(\frac{\partial(\frac{G}{T})}{\partial(\frac{1}{T})})_P = H$$

此即爲Gibbs-Helmholtz方程式，同理可得：

$$(\frac{\partial(\frac{\Delta G}{T})}{\partial(\frac{1}{T})})_P = \Delta H$$

Gibbs-Helmholtz方程式非常有用，尤其是在下一章有關平衡常數與溫度之間的關係，便需要利用此方程式加以推導；另一方面，在第8章電化學中電池的電位與溫度的關係亦有賴於此方程式。

## 3.12　眞實氣體的Gibbs自由能

對於理想氣體而言，其莫耳自由能可表為：$\mu^{ideal} = \mu^{0,\ ideal}(T) + RT\ln P$，對於眞實氣體，我們亦希望表為類似的式子，因此表成：$\mu^{real} = \mu^{0,\ ideal}(T) + RT\ln f$，其中$f$稱為眞實氣體的逸壓（fugacity）。

考慮恆溫時，因為$dT = 0$，$dG = (\frac{\partial G}{\partial T})_P dT + (\frac{\partial G}{\partial P})_T dP$可寫成：

$$dG = (\frac{\partial G}{\partial P})_T dP = VdP$$

對一莫耳理想氣體的自由能可寫為：

$$d\mu^{ideal} = V^{ideal}\ dP$$

其中$V^{ideal}$代表理想氣體的莫耳體積，$\mu^{ideal}$為理想氣體的莫耳自由能；
同樣地，對一莫耳眞實氣體的自由能可寫為：

$$d\mu^{real} = V^{real}\ dP$$

其中$V^{real}$代表眞實氣體的莫耳體積，$\mu^{real}$為眞實氣體的莫耳自由能；將兩式相減可得：

$$d(\mu^{real} - \mu^{ideal}) = (V^{real} - V^{ideal})dP$$

積分可得：$\int_{\mu^*}^{\mu} d(\mu^{real} - \mu^{ideal}) = \int_{P^*}^{P} (V^{real} - V^{ideal})dP$

$$(\mu^{real} - \mu^{ideal}) - (\mu^{*,real} - \mu^{*,ideal}) = \int_{P^*}^{P} (V^{real} - V^{ideal})dP$$

因為在低壓條件下，真實氣體的行為如同理想氣體，故當$P^*$趨近0時，$\mu^{*,real}$趨近於$\mu^{*,ideal}$，因此上式可簡化成：

$$\mu^{real} - \mu^{ideal} = \int_{0}^{P} (V^{real} - V^{ideal})dP$$

故$RT(\ln f - \ln P) = \int_{0}^{P} (V^{real} - V^{ideal})dP$

$$\ln f = \ln P + \frac{1}{RT}\int_{0}^{P} (V^{real} - V^{ideal})dP$$

其中$V^{ideal} = \dfrac{RT}{P}$；$V^{real} = ZV^{ideal}$，$Z$為第1章所提的壓縮因子。

換言之，$\ln f = \ln P + \int_{0}^{P} \dfrac{(Z-1)}{P}dP$

可將$\dfrac{Z-1}{P}$對$P$作圖，面積即是上式中的積分$\int_{0}^{P} \dfrac{(Z-1)}{P}dP$。

一般而言，逸壓$f$是溫度和壓力的函數，亦即$f(T, P)$；若氣體溫度低於波以耳溫度（Boyle temperature）時，在平常壓力下，$Z - 1$是負的，因此逸壓$f$會小於壓力$P$。反之，若溫度高於波以耳溫度，則$f > P$。

## 例題3.10

Oxygen at pressures that are not too high obeys the equation $P(V - b) = RT$, where $b$ = 0.0211 dm$^3$/mol.

(a) Calculate the fugacity of oxygen gas at 25℃ and 1 atm pressure

(b) At what pressure is the fugacity equal to 1 atm.

**解**：

(a) 由$P(V - b) = RT$可知：$V - \dfrac{RT}{P} = b$

$$\int_{P_1}^{P_2} (V - \frac{RT}{P})dP = \int_{P_1}^{P_2} bdP = b(P_2 - P_1) = 0.0211 \times (1-0) = 0.0211$$

$RT\ln f = 8.314 \times 298.15 \times \ln f = 0.0211 \times 101325 \times 10^{-3}$ Pa · m$^{-3}$/mol

可得$f = 1.0009$ atm

(b) 因為$\ln f = \ln P + \dfrac{bP}{RT}$

$f = 1$ atm，則可得：

$\ln P = -\dfrac{bP}{RT}$

亦即，

$P = e^{-bP/RT}$

因為$\dfrac{bP}{RT}$很小，因此可將指數展開成：

$P = 1 - \dfrac{bP}{RT} + \ldots\ldots$

後面的項可以忽略，只取到$P$的一次方項即可，因此

$$P = \frac{RT}{(RT + b)} = \frac{0.082 \times 298}{0.082 \times 298 + 0.0211} = 0.9991 \text{ atm}$$

## 綜合練習

1. All are true for the Second Law of Thermodynamics EXCEPT:
   (A) Systems tend to proceed from ordered states to disordered states
   (B) The entropy of the system plus surroundings is unchanged by reversible processes
   (C) The entropy of the system plus surroundings increases for irreversible processes
   (D) All naturally occurring processes proceed toward equilibrium
   (E) None, all are true

2. Entropy change, $\Delta S$, is
   (A) the sum of heat absorbed and work
   (B) not a thermodynamic state function
   (C) a measure of disorder in a system
   (D) determined by pressure change at a constant temperature
   (E) equal to the heat transferred at constant pressure and volume

3. Which example has the greatest increase in entropy, $\Delta S$?

   (A) freezing water

   (B) sublimation of $CO_2$

   (C) melting ice

   (D) shattering glass

   (E) boiling gasoline

4. A usual Carnot cycle is composed of 4 processes: isothermal expansion from $A$ to $B$, adiabatic expansion from B to $C$, isothermal compression from $C$ to $D$ and adiabatic compression from $D$ to $A$. For an ideal gas, the following diagram represents the change of which of two coordinates $X$ and $Y$?

   (A) temperature vs. pressure

   (B) pressure vs. temperature

   (C) temperature vs. Internal energy

   (D) internal energy vs. entropy

   (E) none is correct

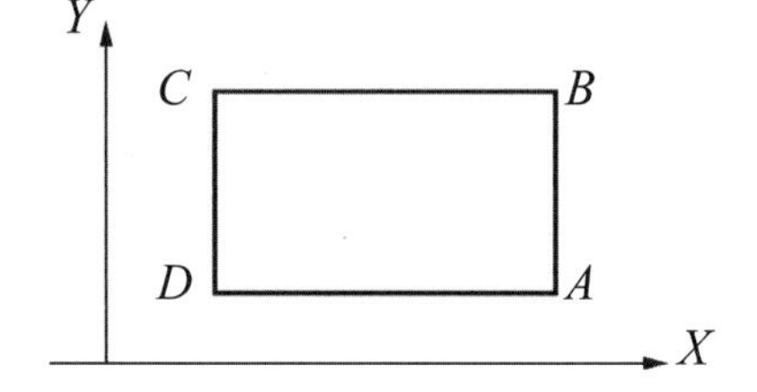


5. According to the second law of thermodynamics, which of the following statement is correct?

   (A) The entropy of an isolated system increases for any spontaneous process

   (B) The change of Gibbs energy is always negative for any process

   (C) The change of energy alone is sufficient to determine the direction of a spontaneous process

   (D) At equilibrium the quantity $(dq/T)$ is always larger than zero

   (E) None is correct

6. For the mixing of ideal gas at fixed T and P, which of the following are correct?

   (A) $\Delta G_{mix} = 0$ (B) $\Delta H_{mix} = 0$ (C) $\Delta S_{mix} = 0$ (D) $\Delta U_{mix} = 0$ (E) $\Delta V_{mix} = 0$

   (F) $\Delta A_{mix} = 0$

7. Assume ideal behavior, what is the entropy of mixing two moles of $N_2$(g) with one mole $O_2$(g)?

(A) 5.29 $JK^{-1}$　(B) 8.43 $JK^{-1}$　(C) 15.87　$JK^{-1}$　(D) 12.38 $JK^{-1}$

(E) None of above is correct.

8. Assuming that heat capacity $C_v$ is independent of temperature for ideal gas $A$, the entropy change of one mole of A is expanded from 22.4 L at 273K to 44.8 L at 546K is $\Delta S_I$; the entropy change of two moles of $A$ are compressed from 44.8 L at 273K to 89.6L at 546K is $\Delta S_{II}$

   (A) $\Delta S_I$ is negative and $\Delta S_{II}$ is positive

   (B) $2\Delta S_I = \Delta S_{II}$

   (C) $\Delta S_I = \Delta S_{II}$

   (D) Molar entropy change $\overline{\Delta S_I} = 1/2\overline{\Delta S_{II}}$

   (E) None of above is correct.

9. The figure plots standard molar entropy of Cycloproane from 0K to 1000K. Base on the figure determines heat of vaporization of the compound.

   (A) 237.8 J · $mol^{-1}$

   (B) 5.44 kJ · $mol^{-1}$

   (C) 45 J · $mol^{-1}$

   (D) 20.05 kJ · $mol^{-1}$

   (E) None of above is correct.

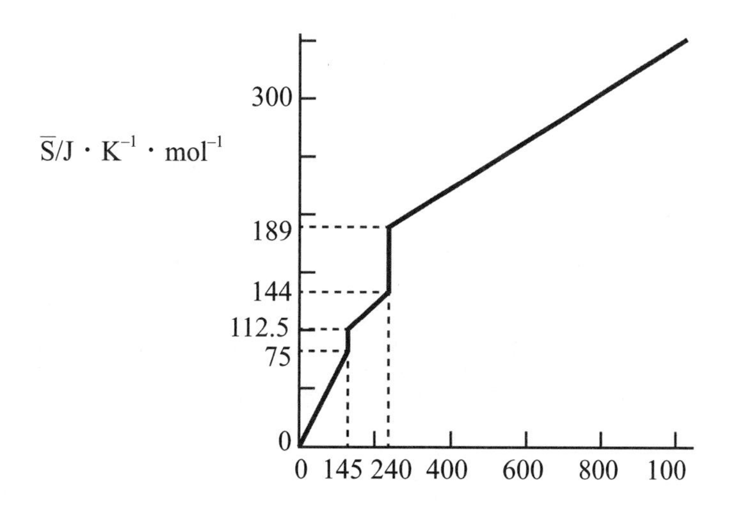

10. The molar entropy $\Delta\overline{S}$ of isothermal expansion of a van der Waals gas. $P = \dfrac{RT}{\overline{V} - b} - \dfrac{a}{\overline{V}^2}$

(A) $R\ln(\overline{V}_1 / \overline{V}_2) - b$ (B) $R\ln\dfrac{\overline{V}_1 - b}{\overline{V}_2 - b}$ (C) $R\ln(\overline{V}_2 / \overline{V}_1)$ (D) $R\ln\dfrac{\overline{V}_2 - b}{\overline{V}_1 - b}$

(E) None of above is correct.

11. The entropy change from state 1 to state 2 is $\Delta S = \int_1^2 dQ/T$, where the integral must be evaluated following a

(A) reaction path (B) reversible path (C) constant pressure (D) constant volume

12. Which of the following equations is NOT true in a closed system with reversible process?

(A) $dG = -SdT + VdP$ (B) $A = U - TS$ (C) $dH = -TdS + VdP$ (D) $G = H - S$

13. One may use temperature, $C_V$, and pressure data to estimate which of the following quantity?

(A) variation of entropy (B) variation of enthalpy (C) variation of internal energy (D) variation of Gibbs energy (E) none of above

14. According to the second law of thermodynamics, which of the following statement is correct?

(A) The entropy of an isolated system increases for any spontaneous process
(B) The change of Gibbs energy is always negative for any process
(C) The change of energy alone is sufficient to determine the direction of a spontaneous process
(D) At equilibrium the quantity $(dq/T)$ is always larger than zero
(E) None is correct

15. A gas obeys the equation of state, $P(V_m - b) = RT$, where $P$, $T$ and $V_m$ are the pressure, temperature and molar volume of the gas. $R$ is the universal gas constant, and $b$ is a constant characteristic of the gas. Show that the heat capacity at constant volume, $C_V$, for this gas is the same as for an ideal gas.

16. Helium is compressed isothermally and reversibly at 100℃ from a pressure of 2 to 10

bar. Calculate (a) heat $q$, (b) work w, (c) $\Delta\overline{G}$, (d) $\Delta\overline{A}$, (e) $\Delta\overline{H}$, (f) $\Delta\overline{U}$, and (g) $\Delta\overline{S}$ per mole, assuming that helium is an ideal gas. (Gas constant $R$ = 8.31451 JK$^{-1}$mol$^{-1}$ , ln 5 = 1.609)

17. A Carnot cycle uses 1.00 mol of monoatomic perfect gas as the working substances from an initial state of 2 liters and 600 K. It expands isothermally to a pressure of 10 liters (step 1), and then adiabatically to a temperature of 300K (step 2). This expansion is followed by an isothermal compression (step 3), and then an adiabatic compression (step 4) back to the initial state. Determine the values of $\Delta H$, $\Delta S$, $\Delta G$ for each stage of the cycle and for the whole cycle. Fill your answer into the table ($C_{V,\ m}$ = (3/2)$R$ = 12.47JK$^{-1}$mol$^{-1}$, $C_{P,\ m}$ = (5/2)$R$)

| Step | $\Delta H$ | $\Delta S$ | $\Delta G$ |
|---|---|---|---|
| Step 1 (isotherm at $T_h$) | | | |
| Step 2 (adiabatic) | | | |

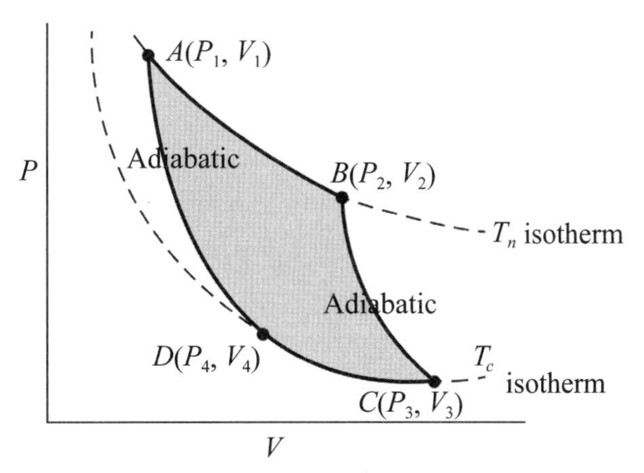


Pressure-volume diagram for the Carnot cycle; $AB$ and $CD$ are isotherms and $BC$ and $DA$ are adiabatics (no heat transter).

18. Estimate the entropy change when He at 3000 K and 1 atm in a container of 0.5 liter is allowed to expand to 1.0 liter and is simultaneously heated to 375K.

(A) 0.235 (B) 0.160 (C) 0 (D) 0.125 (E) 0.175 $JK^{-1}$

19. For the crystallization of liquid water at 0°C under the pressure 1 atm, the enthalpy change per mole is $\Delta H = -6004\ Jmol^{-1}$. The heat capacity $C_P$ of water may be taken to be 75.3 $JK^{-1}mol^{-1}$, and that of ice to be 36.8 $JK^{-1}mol^{-1}$ over the temperature range of 0 ~ –10°C. Consider the process that a mole of supercooled water freezes at –10°C.
    (1) Calculate the entropy and enthalpy changes associated with the process.
    (2) Show that the process is irreversible.

20. An ideal gas initially at 298 K and pressure of 5 atm is expanded to a final pressure of 1atm (1) isothermally and reversibly; (2) isothermally against a constant pressure of 1atm. Calculate for each of these expansions (i) $\Delta S$, the increase in the entropy of the gas; (ii) $\Delta A$, the increase in the Helmholtz free energy of the gas; (iii) $\Delta G$, the increase in the Gibbs free energy of the gas.

21. A sample of 1.00 mol of a monoatomic perfect gas, initially at 298 K and 10 liters, is expanded isothermally and reversibly, to a final volume of 20 liters with surroundings maintained at 298 K. Calculate $\Delta S$, $\Delta U$, $\Delta H$, $\Delta A$ and $\Delta G$ for this case.

22. The normal melting point of tin is 505 K, with a heat of fusion 7070 J/mol. Calculate the entropy of fusion at 505 K.

23. One mole of steam is compressed reversibly to liquid water at the boiling point 100°C. The heat of vaporization of water at 100°C and 1.01325 bar is 2258 $Jg^{-1}$. Calculate $w$, $q$, $\Delta H$, $\Delta U$, $\Delta G$, $\Delta A$, and $\Delta S$.

24. The freezing of a mole of supercooled water at –10°C is an irreversible process, why?
    (1) The entropy of water of –10°C is smaller than that of ice.
    (2) The Gibbs energy of water at –10°C is greater than that of ice.
    (3) The freezing of water at –10°C is an exothermic process.
    (4) The freezing of water at –10°C is an isotropic process.
    Which one is the most proper reason?

(A) 1　(B) 2　(C) 3　(D) 4　(E) 1, 2　(F) 2, 3

25. About the second law of thermodynamics, choose the correct statement.
(A) The entropy of an isolated system is constant
(B) Work can be completely converted into heat by any processes
(C) The entropy of a system undergoing a reversible adiabatic process is increased
(D) The entropy change for any cyclic process is equal to zero
(E) None is correct

26. The free energy difference for the process C(graphite) $\rightarrow$ C(diamond) is $\Delta G^\circ = 2.90$ kJ/mol (at 298 K & 1 bar). The densities of these materials are: $\rho$(diamond) = 3.51 g/cm$^3$, $\rho$(graphite) = 2.26 g/cm$^3$. Estimate the pressure required to convert graphite to diamond at 298 K.

27. A fluid obeys the virial equation of state truncated at the second virial coefficient term:

$$z = 1 + BP$$

where $z$ is the compressibility factor, $B$ is the second virial coefficient, and $P$ is the pressure.
(1) This fluid is put into a cylinder and it is immersed in a constant temperature bath at 300K. The initial pressure of the fluid is 5 bar. The fluid is compressed in the bath by pushing the piston of the cylinder to a final state at 10 bar. Calculate the change in Gibbs free energy (kJ/mol) of this fluid in the compression process. At 300K, the second virial coefficient is $B = -0.05$ bar$^{-1}$.
(2) If the fugacity coefficient for this fluid at the initial condition ($P = 5$ bar) is $\phi_1 = 0.8$, what is its fugacity coefficient $\phi_2$ at the final state ($P = 10$ bar)?

# 第 4 章

# 化學平衡

## 4.1 化學平衡的概念

在進行化學反應時，原先的反應物生成產物，但之後產物會自己反應而形成原先的反應物，事實上兩反應是同時進行的，最後的結果是形成反應物和產物的混合物，並處於所謂的動力平衡。動力平衡包括正向反應和逆向反應，在正向反應中，反應物發生反應生成產物，而在逆向反應中是由產物生成原先的反應物，正向和逆向反應的速率相等則稱爲動力平衡。化學平衡（chemical equilibrium）是反應達到正向速率與逆向速率相等時的狀態，正向反應與逆向反應是一直持續在進行的，所以平衡是一動力平衡。就如同一座橋，來往橋樑兩邊的車輛剛開始可能不是一樣多，但如果當來往橋梁兩邊的車輛一樣多的時候，此時便已經達到平衡，但此時並不代表沒有車輛經過此橋梁，化學平衡就是類似這樣的情形。

假設有一反應達到化學平衡如下：

$$A \rightleftarrows B$$

則$dn_A = -d\xi$；$dn_B = +d\xi$

其中$\xi$代表反應程度（extent of reaction），此時反應的自由能$\Delta_r G$可表

成：

$$\Delta_r G = (\frac{\partial G}{\partial \xi})_{P,T}$$

自由能的變化量$dG = \mu_A dn_A + \mu_B dn_B = -\mu_A d\xi + \mu_B d\xi = (\mu_B - \mu_A)d\xi$
其中$\mu_A$和$\mu_B$分別是$A$和$B$的莫耳自由能。兩邊移項可得：

$$(\frac{\partial G}{\partial \xi})_{P,T} = \mu_B - \mu_A$$

換言之，$\Delta_r G = \mu_B - \mu_A$
當$\mu_A > \mu_B$，$A \rightarrow B$的正向反應是自發的（spontaneous）；反之，當$\mu_B > \mu_A$，則$B \rightarrow A$的逆向反應才是自發的；第三種情況是當$\mu_A = \mu_B$，則$\Delta_r G = 0$，反應達到平衡。自由能的變化可用作判斷反應是否自發的準則，當$\Delta_r G$是負時則反應是自發的，如圖4.1所示。

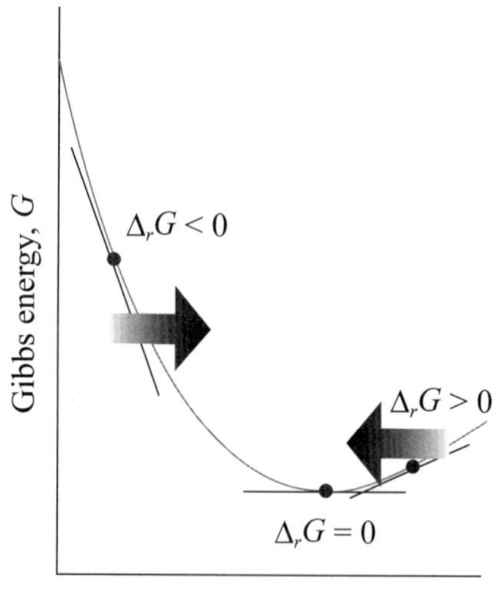


圖4.1　自由能的變化量與反應程度的關係圖

# 4.2　平衡常數

已知當溫度一定時，$n$莫耳的理想氣體體積由$V_1$變成$V_2$時，其Gibbs自由能的變化可寫成：

$$\Delta G = -nRT\ln\frac{V_2}{V_1} = nRT\ln\frac{P_2}{P_1}\text{（定溫時，}\frac{V_2}{V_1}=\frac{P_1}{P_2}\text{）}$$

如果是在標準狀態下$P_1 = 1$ bar，Gibbs自由能爲$G^0$，則

$$\Delta G = G - G^0 = nRT\ln P_2$$

若是$n = 1$時，而$P_2 = P$，則可表爲：

$$G_m = G_m^0 + \mathrm{RT}\ln P$$

我們可定義理想氣體的化學勢$\mu$（chemical potential）可表成：

$$\mu = \mu^0 + RT\ln P$$

如果是在混合氣體中，因有其他的氣體存在，所以$n_A$莫耳的化學勢可定義爲：

$$\mu_A = (\frac{\partial G}{\partial n_A})_{T,P,n_B\ldots}$$

考慮一氣體反應：

$$aA + bB \rightleftarrows cC + dD$$

其中$A$、$B$、$C$和$D$分別表示反應物種，而$a$、$b$、$c$和$d$則是平衡化學方程式的係數。

因此，自由能的變化可寫成：

$$\begin{aligned}\Delta G &= (c\mu_C + d\mu_D) - (a\mu_A + b\mu_A)\\ &= (c\mu_C^0 + cRT\ln P_C) + (d\mu_D^0 + dRT\ln P_D) -\\ &\quad (a\mu_A^0 + aRT\ln P_A) + (b\mu_B^0 + dRT\ln P_B)\end{aligned}$$

在標準狀態下，亦即$P = 1$ bar，$T = 25$℃

$$\Delta G^0 = (c\mu_C^0 + d\mu_D^0) - (a\mu_A^0 + b\mu_B^0)$$

因此，$\Delta G = \Delta G^0 + RT\ln(\frac{P_C^c P_D^d}{P_A^a P_B^b})$

如上所述，如果處於平衡狀態時，則$\Delta G = 0$

因此，$0 = \Delta G^0 + RT\ln(\frac{P_C^c P_D^d}{P_A^a P_B^b})$

移項可得：

$$\Delta G^0 = -RT\ln K_P$$

其中$K_P = \frac{P_C^c P_D^d}{P_A^a P_B^b}$，$K_p$是氣體反應的熱力學平衡常數（thermodynamic equilibrium constant），氣體濃度以其分壓（單位爲大氣壓）表示，而液體溶液中的溶質濃度以其莫耳濃度表示的平衡常數。所以可以藉由標準狀態下各物種的自由能的變化，進而計算一反應的平衡常數。

因爲$\Delta G < 0$，表示反應會自發反應，但是定壓下反應的$\Delta G = \Delta H - TdS$，因此，決定一反應的自發性，必須經由反應熱（$\Delta H$）和熵的變化（$\Delta S$）兩項因素共同決定$\Delta G$是否會小於零。

## 例題4.1

For diamond the standard enthaply and entropy are 1.90 kJ/mol and 2.44 J/K.mol, respectively. The standard entropy for graphite is 5.69 J/K.mol.

(a) Find the $\Delta G^0$ for the reaction：

$$C\ (\text{diamond}) \rightleftharpoons C\ (\text{graphite})$$

(b) At what pressure are the two forms of each carbon in equilibrium at room temperature if the densities are 3.50 g/cm$^3$ of diamond and 2.25 g/cm$^3$ for graphite?

**解**：

(a) $\Delta G^0(\text{diamond}) = \Delta H^0 - T\Delta S^0 = 1900 - 298\times 2.44 = 1172.9$ J

$\Delta G^0(\text{graphite}) = \Delta H^0 - T\Delta S^0 = 0 - 298\times 5.69 = -1695.6$ J

注意石墨是碳的參考型式，所以其標準生成熱（$\Delta H^0$）＝0。

$$\Delta G^0 = \Delta G^0(\text{graphite}) - \Delta G^0(\text{diamond})$$
$$= -1695.6 - 1172.9 = -2868.5 \text{ J}$$

(b) $\Delta G$隨壓力之變化可利用$(\frac{\partial \Delta G}{\partial P})_T = \Delta V$

其中，$\Delta V = V(\text{graphite}) - V(\text{diamond})$

題目有給密度，因此

$$\Delta V = \frac{12}{2.25} - \frac{12}{3.51} = 1.915 \text{ cm}^3/\text{mol}$$
$$(\frac{\partial \Delta G}{\partial P})_T = \Delta V$$
$$d(\Delta G) = (\Delta V)dP$$

積分可得：

$$\int_1^2 \Delta G = \int_{P_1}^{P_2} \Delta V dP$$
$$\Delta G_2 - \Delta G_1 = \Delta V(P_2 - P_1)$$

最後平衡時$\Delta G_2 = 0$，代入可得：

$$0 - (-2868.5) = 1.915 \times (P_2 - P_1) \times 10^{-3} \times 101.32$$
$$P_2 = 14784 \text{ atm}$$

注意標準狀態的壓力是1 atm，1 atm・$L$ = 101.32 J

依據熱力學原理，判斷反應是否會自發反應，必須考量自由能的變化量（ΔG），又$\Delta G = \Delta H - T\Delta S$，根據熱力學第二定律，自由能的變化量（IG）是負値，表示該反應可以自然發生，也就是說鑽石會自動轉換變成石墨，換言之，石墨比鑽石穩定。

鑽石恆久遠嗎？根據以上熱力學的簡單計算，可以知道在正常情況下鑽石會自動變成石墨，既然如此，爲什麼我們結婚時都會喜歡買鑽戒，難道不怕它有一天變成石墨呢？雖然熱力學告訴我們石墨比鑽石穩定，但是我們其實也不用擔心鑽石有一天會變成石墨，主要的原因是鑽石要變成石墨所需的活化能非常之高，所以鑽石要變成石墨反應速率太慢了，可能要經過好幾個世代都看不出有任何的變化呢！

人工鑽石可能嗎？根據以上的計算即以下碳的相圖，可以知道在高壓高溫的情況下，我們可以將石墨變成鑽石，只是用人工合成的鑽石的光澤並沒有天然鑽石來得好，另外也可利用所謂的化學氣相沉澱法（Chemical Vapor Deposition，即CVD製程）合成人工鑽石。

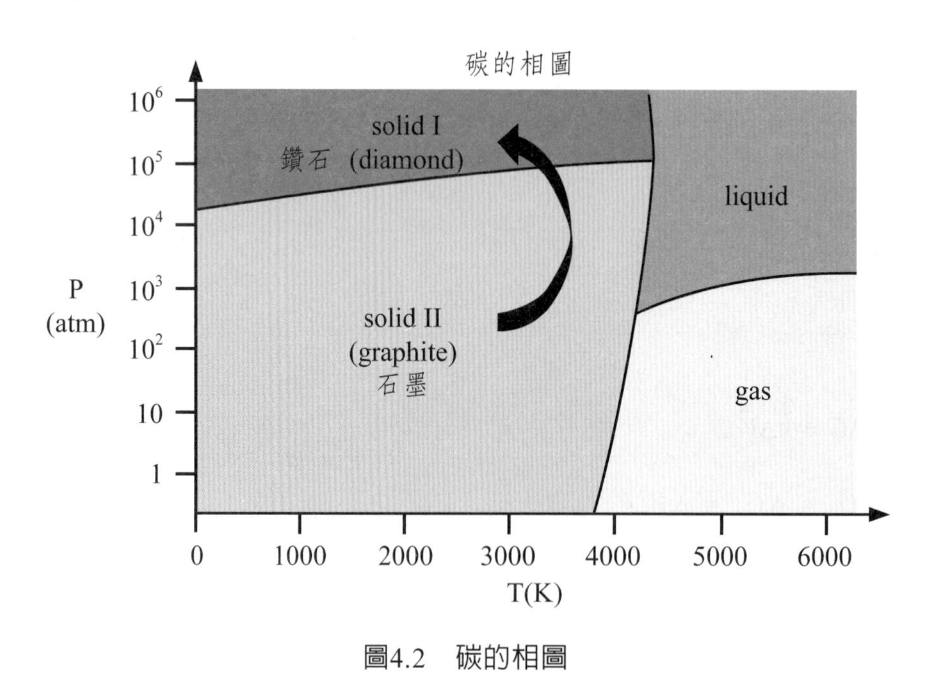


圖4.2 碳的相圖

## 4.3 自由能和平衡常數

化學熱力學其中最重要的結果之一是將反應的標準自由能變化與平衡常數關連起來。由$\Delta G° = -RT\ln K$的關係式可了解為何$\Delta G°$可作為判斷反應自發性的準則，當平衡常數大於1時，$\ln K$是正的且$\Delta G°$是負的；同樣地當平衡常數小於1時，$\ln K$是負的且$\Delta G°$是正的。可使用熱力學表格中的數據求得一反應的標準自由能變化（$\Delta G$），但當反應不是在標準狀態進行時，則$\Delta G = -RT\ln Q$，其中$Q$是反應商。$Q$的型式與平衡常數一樣，但是混合物的濃度或分壓是可能剛開始反應時的濃度或某一時刻的值。對於一般反應 $aA + bB \rightleftharpoons cC + dD$，如果 $Q_C > K_C$，反應向左，$Q_C < K_C$，反應向右，$Q_C = K_C$，反應處於平衡。

## 平衡常數 $K_p$

在氣相反應中以氣體分壓所表示的平衡常數稱爲 $K_p$（equilibrium constant $K_P$），一般而言，$K_P$ 不同於 $K_C$，利用 $P = \frac{nRT}{V} = CRT$，可得 $K_P$ 與 $K_C$ 的關係如下：

$$K_P = \frac{P_C^c P_D^d}{P_A^a P_B^b}$$

$$= \frac{C_C^c C_D^d}{C_A^a C_B^b}(RT)^{c+d-a-b} = K_C(RT)^{\Delta n}$$

其中 $\Delta n$ 是平衡化學方程式中氣體產物係數總和減去氣體反應物係數總和。

## 例題4.2

When the reaction glucose-1-phosphate = glucose-6-phosphate is at equilibrium at 25℃, the amount of glucose-6-phosphate present is 95% of the total.

(a) Calculate $\Delta_r G^0$ at 25℃

(b) Calculate $\Delta_r G$ for reaction in the presence of $10^{-2}$ M glucose-1-phosphate and $10^{-4}$ M glucose-6-phosphate. In which direction does reaction occur under these conditions?

**解**：

先計算各物種的平衡濃度比例，即

[glucose-6-phosphate]/[glucose-1-phosphate] = 95/5，

(a) $\Delta_r G^0 = -RT\ln K_{eq} = -8.314 \times 298 \times \ln(\frac{95}{5}) = -7295.1 \text{ J}$

(b) $\Delta_r G = \Delta_r G^0 - RT\ln K$

$$= -7295.1 - 8.314 \times 298 \times \ln(\frac{10^{-4}}{10^{-2}}) = 4114.5 \text{ J}$$

## 4.4 反應的偶合

在第2章我們已經利用$\Delta H$是狀態函數的性質，然後運用赫斯定律可以結合一些已知反應的$\Delta H$而計算一未知反應的$\Delta H$；同樣地，如同反應熱一樣，如果一特定化學方程式等於其他方程式的總和的話，利用自由能是狀態函數的性質，則此化學方程式的平衡常數是其他這些加成方程式平衡常數的乘積。在許多重要的反應過程可能都是在熱力學上不利的反應，或者是非自發的反應，例如：將許多小的胺基酸分子組裝成大的蛋白質分子，這反應是非自發的。但是生物體確實由胺基酸組裝成蛋白質，生物體卻可以輕鬆地完成許多類似的非自發的反應，它們是怎麼辦到的呢？原因是利用反應偶合的概念，將一非自發的反應與另一自發的反應的兩個化學反應加以偶合而得到一自發的總反應，此概念在生物化學特別有用。以腺嘌呤核苷三磷酸（ATP）爲例，它是含三個磷酸根基團的分子，在酵素的催化下可以與水反應而變成腺嘌呤核苷二磷酸（ADP）及一磷酸根離子，此反應的$\Delta G°$是負的，因此是一自發反應：

$$\mathrm{ATP} + \mathrm{H_2O} \rightarrow \mathrm{ADP} + \mathrm{PO_4^{3-}}$$

在生物體中利用來自於食物所產生的能量先將ATP合成出來，然後ATP進行上述的自發反應而變成ADP，再與生物體中的各種不同的非自發反應偶合，而能完成生命所需的過程。

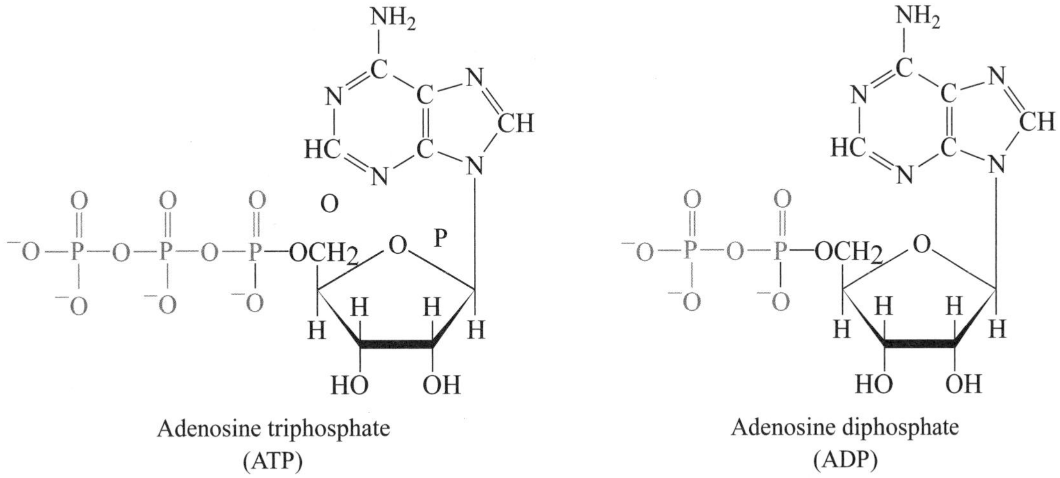

Adenosine triphosphate
(ATP)

Adenosine diphosphate
(ADP)

圖4.3　ATP和ADP的化學結構圖

## 例題4.3

The lactic acid ($C_3H_6O_3(aq)$, $\Delta G_f^0 = -599kJ$) produced in muscle cells by vigorous exercise eventually is absorbed into the bloodstream, where it is metabolized back to glucose ($\Delta G_f^0 = -919kJ$) in the liver. The reaction is shown below.

$$2C_3H_6O_3(aq) \rightarrow C_6H_{12}O_6(aq)$$

(a) Calculate $\Delta G^0$ this reaction at 25℃. Note: use free energies of formation.

(b) If this reaction is coupled with the hydrolysis of ATP to ADP, how many moles of ATP must react to make the whole process spontaneous?

**解**：

(a) $\Delta G^0 = \Delta G_f^0 C_6H_{12}O_6(aq) - 2\Delta G_f^0 C_3H_6O_3(aq)$

$= -919kJ + 2(559kJ) = +199kJ$

(b) $199kJ \times \dfrac{1\ mol\ ATP}{31\ kJ} = 6.4\ mol\ ATP$

ADP如同一個未充飽電的電池，當給它一個磷酸根基團之後，它變成ATP，ATP如同一個充飽電的電池，充滿著能量，如下圖所示：

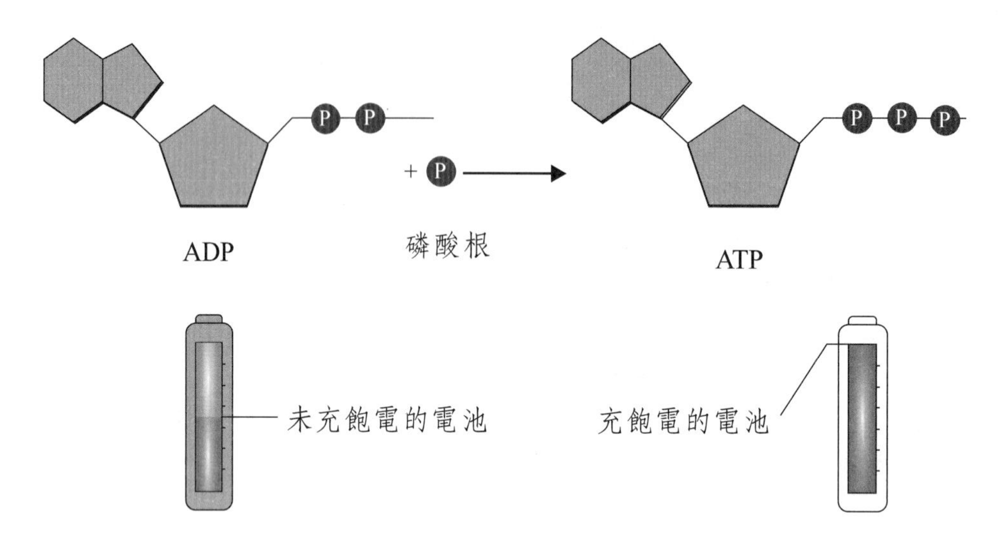


圖4.4 ADP如同未充飽電的電池，而ATP則是充飽電的電池

爲何ATP是一個高能量的分子呢？這需從它們的結構加以判別，ATP具有三個相鄰的磷酸根基團，每一個磷酸根基團基本上帶一個負電，因爲電荷相斥的緣故，ATP的其中一個磷酸根基團很容易脫去而轉變成ADP，再者磷酸根基團有著穩定的共振結構，所以使得ATP能夠輕易變成ADP，如下圖所示：

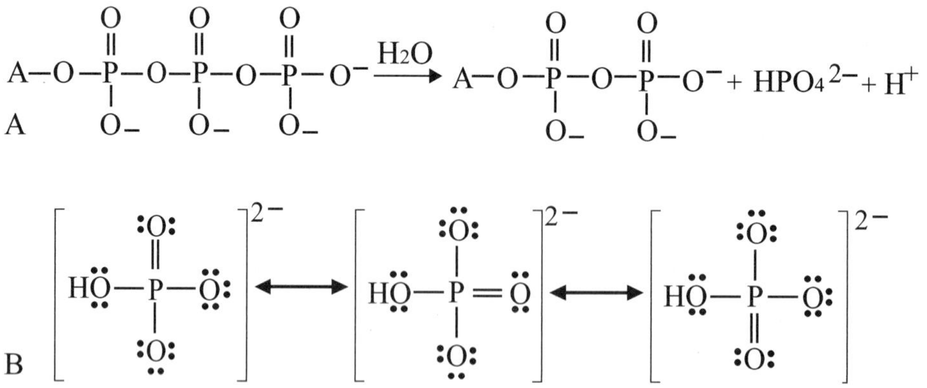

A

$$\text{A—O—}\underset{\text{O}^-}{\overset{\text{O}}{\overset{\|}{\text{P}}}}\text{—O—}\underset{\text{O}^-}{\overset{\text{O}}{\overset{\|}{\text{P}}}}\text{—O—}\underset{\text{O}^-}{\overset{\text{O}}{\overset{\|}{\text{P}}}}\text{—O}^- \xrightarrow{H_2O} \text{A—O—}\underset{\text{O}^-}{\overset{\text{O}}{\overset{\|}{\text{P}}}}\text{—O—}\underset{\text{O}^-}{\overset{\text{O}}{\overset{\|}{\text{P}}}}\text{—O}^- + HPO_4^{2-} + H^+$$

B

$$\left[\text{HO—}\underset{\text{O}}{\overset{\text{O}}{\overset{\|}{\text{P}}}}\text{—O}\right]^{2-} \longleftrightarrow \left[\text{HO—}\underset{\text{O}}{\overset{\text{O}}{\text{P}}}\text{=O}\right]^{2-} \longleftrightarrow \left[\text{HO—}\underset{\underset{\text{O}}{\|}}{\overset{\text{O}}{\text{P}}}\text{—O}\right]^{2-}$$

圖4.5 (A)ATP具有三個相鄰的磷酸根基團，每一個磷酸根基團帶一個負電，(B)磷酸根基團具有穩定的共振結構

另一個反應偶合的例子則是礦物中金屬的提煉

(1) 鐵礦中鐵金屬的提煉常需加入焦炭，主要是利用焦炭會產生一氧化碳，再利用一氧化碳變成二氧化碳的反應與鐵礦的反應偶合，鐵礦中鐵金屬的提煉反應如下：

$$2Fe_2O_3 \rightarrow 4Fe + 3O_2 \quad \Delta G = 1487kJ$$

鐵礦中鐵金屬的提煉不是自發的反應，但一氧化碳變成二氧化碳的反應偶合

$$6CO + 3O_2 \rightarrow 6CO_2 \quad \Delta G = -1543kJ$$

兩式相加可得：

$$2Fe_2O_3 + 6CO \rightarrow 4Fe + 6CO_2 \quad \Delta G = 1487 + (-1543) = -56kJ$$

可使整個反應的$\Delta G < 0$，使得鐵礦中鐵金屬的提煉變成自發反應。

(2) 硫化鋅與硫化銅的冶煉

鋅金屬：

$$ZnS(s) \rightarrow Zn(s) + S(s) \quad \Delta G = 198.3kJ$$

$$S(s) + O_2(g) \rightarrow SO_2(g) \quad \Delta G = -300.1kJ$$

兩式相加可得：

$$ZnS(s) + O_2(g) \rightarrow Zn(s) + SO_2(g) \quad \Delta G = 198.3 + (-300.1) = -101.8kJ$$

95%鋅金屬是利用以上的方法生產的。

銅金屬：

$$Cu_2S(s) \rightarrow 2Cu(s) + S(s) \quad \Delta G = 86.2kJ$$

$$S(s) + O_2(g) \rightarrow SO_2(g) \quad \Delta G = -300.1kJ$$

兩式相加可得：

$$Cu_2S(s) + O_2(g) \rightarrow 2Cu(s) + SO_2(g) \quad \Delta G = 86.2 + (-300.1) = -213.9kJ$$

## 4.5 平衡常數與溫度變化的關係

熱力學的數據如自由能變化和平衡常數都是在25℃，如何求得其他溫度的$\Delta G^0$或$K$呢？由第3章我們已經得到Gibbs-Helmholtz方程式如下：

$$\left(\frac{\partial(\frac{\Delta G^0}{T})}{\partial T}\right)_P = \frac{-\Delta H^0}{T^2}$$

因為$\Delta G^0 = -RT\ln K_P$，將之代入上式可得：

$$\frac{(-R\ln K_P)}{\partial T} = \frac{-\Delta H^0}{T^2}$$

$R$是常數，故可提出微分之外，

$$\frac{R\partial(-\ln K_P)}{\partial T} = \frac{-\Delta H^0}{T^2}$$

$$\frac{d\ln K_P}{dT} = \frac{\Delta H^0}{RT^2} \qquad \text{(I)}$$

或 $$\frac{d\ln K_P}{d(\frac{1}{T})} = -\frac{\Delta H^0}{R}$$ （記住：$d(\frac{1}{T}) = -\frac{1}{T^2}dT$）

如果$\Delta H^0 > 0$，亦即吸熱反應，則溫度上升時，

$$d\ln(K) = -\frac{\Delta H^0}{R}(d(\frac{1}{T})) > 0$$

則平衡往吸熱方向進行。反之，如果$\Delta H^0 < 0$亦即放熱反應，則溫度上升時，平衡反而往反方向進行！

將(I)式的兩邊同時積分可得：

$$\int_{\ln K_P^0}^{\ln K_P} d\ln K_P = \int_{T_0}^{T} \frac{\Delta H^0}{RT^2}dT$$

假設$\Delta H^0$在此溫度範圍是一定值的話，整理之後可寫成：

$$\ln K_P - \ln K_P^0 = -\frac{\Delta H^0}{R}\left(\frac{1}{T} - \frac{1}{T_0}\right)$$

$$\ln K_P = \ln K_P^0 - \frac{\Delta H^0}{R}(\frac{1}{T} - \frac{1}{T_0})$$

若已知$\Delta H^0$的話，則由以上方程式便可計算出在溫度T時的平衡常數$K_p$。

另一方面，$\Delta G^0 = \Delta H^0 - T\Delta S^0$，而且$\Delta G^0 = -RT\ln K_P$，將兩式結合之後變成：

$$\ln K_P = \frac{-\Delta H^0}{RT} + \frac{\Delta S^0}{R}$$

由上式可知，將$\ln K_P$對$\frac{1}{T}$作圖，可得一直線，且其斜率爲$\frac{-\Delta H^0}{R}$，而其截距爲$\frac{\Delta S^0}{R}$。利用$\ln K_P$對$\frac{1}{T}$作圖的方式，可由其斜率得到該反應的反應熱$\Delta H^0$。

$K_C$與溫度的變化可由下式：

$$K_P = K_C(RT)^{\Delta n}$$

兩邊取對數可得：

$$\ln K_P = \ln K_C + \Delta n\ln R + \Delta n\ln T$$

兩邊對溫度微分可得：

$$(\frac{\partial \ln K_P}{\partial T})_P = (\frac{\partial \ln K_C}{\partial T})_P + \frac{\Delta n}{T}$$

已知$(\frac{\partial \ln K_P}{\partial T})_P = \frac{\Delta H^0}{RT^2}$代入上式可得：

$$(\frac{\partial \ln K_C}{\partial T})_P = \frac{\Delta H^0}{RT^2} - \frac{\Delta n}{T} = \frac{\Delta H^0 - \Delta nRT}{RT^2}$$

又$\Delta U^0 = \Delta H^0 - (\Delta n)RT$代入上式可得：

$$(\frac{\partial \ln K_C}{\partial T})_P = \frac{\Delta U^0}{RT^2}$$

## 例題4.4

If the ionization constant of a molecule could be described by the equation

$$\ln K = 7 - \frac{1850}{T} - 0.002T$$

Between 5℃ and 55℃. Calculate values of $\Delta G^0$ and $\Delta H^0$ for the ionization at 50℃.

**解**：

(a) 利用 $\ln K$ 與 $\Delta G^0$ 的關係式，即：

$$\ln K = -\frac{\Delta G^0}{RT}$$

因此，

$$\Delta G^0 = -RT\ln K$$

$$= -8.314 \times (273+50) \times [(7 - \frac{1850}{(273+50)} - 0.002 \times (273+50)]$$

$$= -1682 \text{ J/mol}$$

(b) 利用 $\ln K$ 與 $T$ 的關係式中涉及 $\Delta H^0$，即：

$$\frac{d\ln K}{dT} = \frac{\Delta H^0}{RT^2}$$

$$\Delta H^0 = RT^2 \frac{d\ln K}{dT}$$

$$= RT^2[1850 \cdot \frac{1}{T^2} - 0.002]$$

$$= 8.314 \times (273+50)^2 \times [(1850 \times \frac{1}{(273+50)^2} - 0.002]$$

$$= 13646 \text{ J/mol}$$

## 例題4.5

In general ,native proteins are in equilibrium with denatured forms:

$$\text{Protein (native)} \rightleftharpoons \text{Protein (denatured)}$$

For ribonuclease (a protein), the following concentration data for the two forms were experimentally determined for a total protein concentration of $1 \times 10^{-3}$ mol $L^{-1}$

| Temperature(°C) | Native | Denatured |
|---|---|---|
| 27 | $9.97\times10^{-4}$ mol L$^{-1}$ | $2.5\times10^{-4}$ mol L$^{-1}$ |
| 127 | $8\times10^{-4}$ mol L$^{-1}$ | $2\times10^{-4}$ mol L$^{-1}$ |

Determine $\Delta H$ for the reaction, assuming it to be independent for the temperature.

**解**：

題目已給不同溫度下的平衡濃度，藉此先計算出不同溫度下的平衡常數如下：

$$K_1=\frac{2.5\times10^{-6}}{9.97\times10^{-4}}=2.51\times10^{-3}\ (\text{at } T=27^\circ\text{C}=300\text{K})$$

$$K_2=\frac{2\times10^{-4}}{8\times10^{-4}}=0.25\ (\text{at T}=127^\circ\text{C}=400\text{K})$$

$$\ln\left(\frac{K_2}{K_1}\right)=-\frac{\Delta H}{R}\left(\frac{1}{T_2}-\frac{1}{T_1}\right)$$

$$\ln\left(\frac{0.25}{2.51\times10^{-3}}\right)=-\frac{\Delta H}{8.314}\left(\frac{1}{400}-\frac{1}{300}\right)$$

計算之後可得：

$\Delta H$ = 45905 J

## 例題4.6

The following diagram shows the variation with temperature of the equilibrium constant $K_c$ for a reaction, Calculate $\Delta G^0$, $\Delta H^0$ and $\Delta S^0$ at 300K.

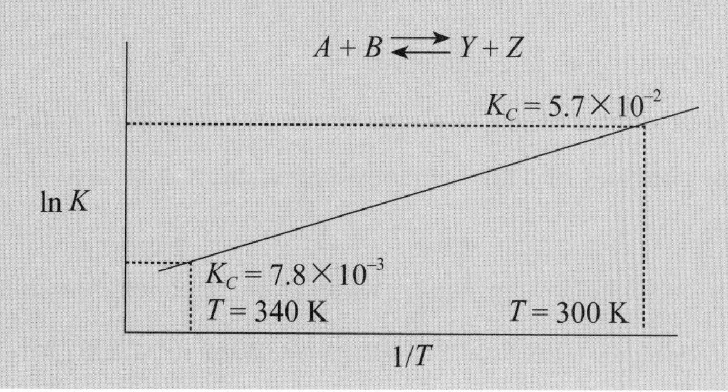

**解**：

因為平衡常數是$K_C$，因此先找出$\Delta U$和$\Delta H$之間的關係：

$$\Delta U^\circ = \Delta H^\circ - \sum_i nRT = \Delta H^\circ$$

因為$A + B \rightleftharpoons Y + Z$，所以$\Delta n = 0$。

$$\left(\frac{\partial \ln K_C}{\partial T}\right)_P = \frac{\Delta U^\circ}{RT^2} = \frac{\Delta H^\circ}{RT^2}$$

$$d\ln K_C = \frac{\Delta H^\circ}{RT^2} dT$$

積分可得：

$$\ln K_{C_2} - \ln K_{C_1} = -\frac{\Delta H^0}{R}\left(\frac{1}{T_2} - \frac{1}{T_1}\right)$$

$$\ln(5.7\times10^{-2}) - \ln(7.8\times10^{-2}) = -\frac{\Delta H^0}{8.314}\left(\frac{1}{300} - \frac{1}{340}\right)$$

$$\Delta H^0 = +6649.8 \text{ J}$$

$$\begin{aligned}\Delta G^0 &= -RT\ln K_C \\ &= -8.314\times300\times\ln(5.7\times10^{-2}) \\ &= +7145.1 \text{ J}\end{aligned}$$

$$\Delta G^0 = \Delta H^0 - T\Delta S^0$$

$$7145.1 = 6649.8 - 300\times\Delta S^0$$

$$\Delta S^0 = -1.65 \text{ J/mol}$$

## 綜合練習

1. From the following statements,
   (1) A gas reaction never goes to completion.
   (2) The chemical potentials of reactants and products at reaction equilibrium are equal.
   (3) The chemical potential of a spontaneous gas reaction is always from the higher to the lower side.
   (4) According to Le Chatelier's principle, when an independent variable of a system at equilibrium is changed, the equilibrium shifts in the direction that tends to reduce

the effect of the change.

Choose the correct one.

(A) 1, 2, 4 (B) 2, 3, 4 (C) 2, 3 (D) 2, 4 (E) 1, 2, 3, 4

2. Thermodynamics: The Gibbs-Helmholtz equation is $\left(\dfrac{\partial(G/T)}{\partial T}\right)_p =$

(A) $-U/T^2$ (B) $-(U-TS)/T^2$ (C) $-H/T^2$ (D) $-(H-TS)/T^2$ (E) $-(G-TS)/T^2$

3. Iodine crystals sublime at 25℃. Find the temperature at which solid iodine and gaseous iodine will exist in equilibrium. The enthalpy change for the reaction, $I_2(s) \Leftrightarrow I_2(g)$ is 9.41 kcal/mole and the change in entropy is 20.6 cal/mol-K.

4. A reaction has an equilibrium constant of 0.44 at 300 K and 0.11 at 373 K. Estimate $\Delta H^0$ of the reaction.

5. The pressures of nitrogen required to cause the adsorption of 1 mg of gas on a 1 g sample of graphitized carbon black are 0.35 mmHg at 77 K and 4.1 mmHg at 90 K. Calculate an isosteric enthalpy of adsorption for this surface coverage.

6. The ionization constant of an ion could be described by the equation

$$\ln K = 50.0 - \frac{1800}{T} - 10\ \ln T$$

between 5℃ and 55℃. Calculate values of $\Delta H^0$ and $\Delta S^0$ for the ionization at 27℃. (Note: ln 300 = 5.70, ln 100 = 4.61, ln 2 = 0.693)

7. For the reaction $CO_{(g)} + 3H_{2(g)} \rightleftarrows CH_{4(g)} + H_2O$ at approximately 25℃ (g) when 1 bar of inert gas Ar added to this reaction, the equilibrium extent of reaction $\xi$ should increase or decrease.

8. A reaction has an equilibrium constant of 0.44 at 300 K and 0.11 at 373 K. Estimate $\Delta H^0$ of the reaction.

9. Please predict that both entropy and Gibbs will increase, decrease or be constant ($\Delta S$, $\Delta G > 0, = 0, < 0$) for the following process. Give the reason.

(1) Dissolving the sugar in water.

(2) Phase separation.

(3) A reaction at equilibrium.

(4) Mixing two pure gases in a tank with a fixed volume.

10. In the temperature range from 300 to 500 K, the standard equilibrium constant, $K_p^0$, for the equation $A + B = C$ can be expressed as $\ln K_p^0 = a/T - b$ where a and b are constants. What is the $\Delta S^0$ at 400 K?

(A) $\Delta H^0 = aR$ (B) $\Delta H^0 = aR/1600$ (C) $\Delta G^0 = aR/T^2 - b/T$ (D) $\Delta S^0 = -bR$

(E) None is correct

11. The reaction $A \rightarrow 2B$ is spontaneous when

(A) $\mu_A = \mu_B$ (B) $\mu_A = 2\mu_B$ (C) $\mu_A > \mu_B$ (D) $\mu_A < \mu_B$ (E) $\mu_A > 2\mu_B$

($\mu$: chemical potential)

# 第 5 章

# 相平衡與溶液

## 5.1 純物質的相平衡條件

當一純物質的三個相（例如：固相、液相和氣相）同時平衡時，每一相的莫耳Gibbs自由能（$\mu = \frac{G}{n}$），或稱化學勢（chemical potential）須個別相等。由第3章已知，$d\mu = -S_m dT + V_m dP$，因此可得：$(\frac{\partial \mu}{\partial T})_P = -S_m$，$(\frac{\partial \mu}{\partial P})_T = V_m$。因為$S_m$和$V_m$都是正值，所以當壓力一定時，因為$(\frac{\partial \mu}{\partial T})_P = -S_m$，所以$\mu$會隨溫度的上升而下降；但是$(\frac{\partial \mu}{\partial P})_T = V_m$，所以$\mu$會隨壓力的上升而增加。對於純物質的三相平衡而言：$(\frac{\partial \mu_{solid}}{\partial T})_P = -S_m^{solid}$，$(\frac{\partial \mu_{liq}}{\partial T})_P = -S_m^{liq}$，$(\frac{\partial \mu_{vapor}}{\partial T})_P = -S_m^{vapor}$。如果將莫耳Gibbs自由能對溫度作圖，則所得的斜率即為各相的熵（entropy, $S$）的負值。

在一般情況下，$S^{vapor} >> S^{liq} > S^{solid}$，所以各相的莫耳Gibbs自由能對溫度作圖如下圖5.1所示，可看出氣相的斜率負的比較大。當固體與液體的自由能相等的溫度即是熔點$T_m$，而當液體與氣體的自由能相等的溫度即是沸點$T_b$。

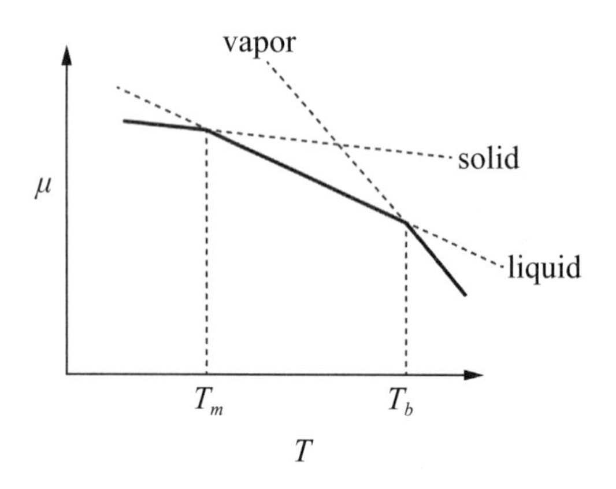


圖5.1 純物質不同狀態之莫耳自由能對溫度的關係圖

莫耳自由能與壓力的關係爲：$(\frac{\partial \mu}{\partial P})_T = V_m$，因此可以考慮各相的體積變化情形以了解壓力對莫耳自由能的影響。

1. 當固相的體積小於液相的體積時，亦即：$V_m(solid) < V_m(liquid)$，則當壓力增加時，$\mu_{solid}$的增加會少於$\mu_{liquid}$，因此熔點會上升，如圖5.2(a)所示。
2. 當固相的體積大於液相的體積時，亦即：$V_m(solid) > V_m(liquid)$，所以當壓力增加時，$\mu_{solid}$的增加會大於$\mu_{liquid}$，因此熔點會下降，如圖5.2(b)所示。

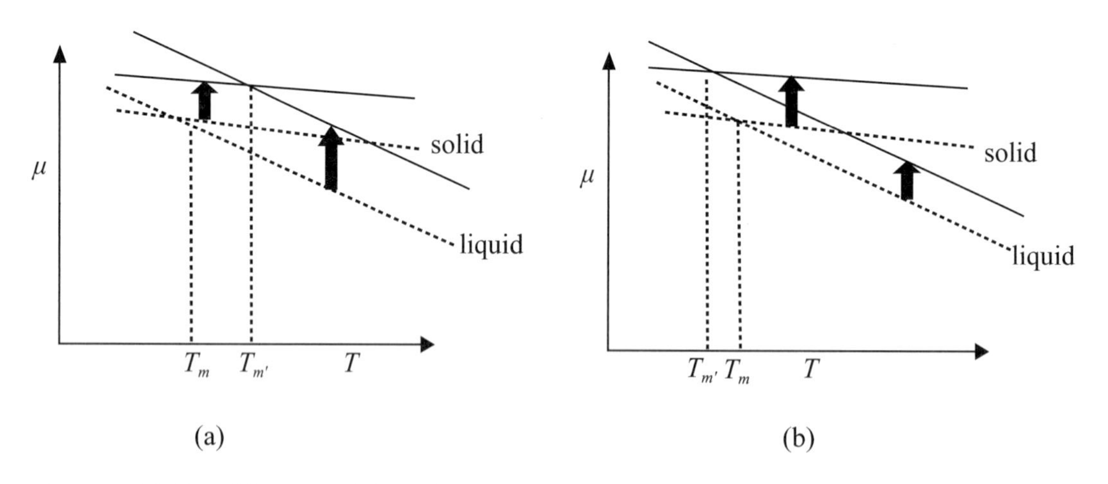


圖5.2 壓力增加對固相和液相自由能的影響：(a)當固相的體積小於液相的體積時；(b)當固相的體積大於液相的體積時

我們常常看到電視轉播中溜冰場上選手美妙的舞姿，你是否曾經注意到他們的腳下經常有一攤水，爲何溜冰腳下會有水呢？這要先從水的相圖說起，相圖是以圖形的方式整理在不同狀態一物質穩定的條件。水的相圖包含三條曲線，這些曲線將區域分成固態、液態和氣態，在每一區域中的個別狀態是穩定的，在每一曲線的每一點指出實驗上所決定兩狀態平衡的溫度和壓力，因此曲線AB將固態和液態加以區分，代表在這些條件下固態和液態是處於平衡，由此曲線可得不同壓力下時固體的熔點。

熔點經常只會稍微受到壓力的影響，因此熔點曲線AB基本上是垂直的，如果是液體的密度大於固體，如同水一樣，則熔點會隨壓力而下降，在這種情況熔點曲線會稍微往左傾斜；在冰的例子中，此減少確實很小，增加壓力133 atm，熔點變化僅1℃，大多數的物質其液體的密度是小於固體的，因此熔點曲線會稍微偏右。

溜冰時，因爲在冰上溜冰，冰刀施加壓力於冰固體，造成冰的熔化，於是在冰的上層有一層水，壓力上升，所以凝固點（熔點）下降，在更低的溫度就會有水的產生，更滑一點，容易溜冰。每125atm的壓力會使得凝固點下降約爲1.0℃，所以如果是一位80kg的溜冰者，溜冰鞋所占面積估爲2.5cm$^2$，這樣會造成壓力爲P = 31 atm，因此會使得凝固點下降−0.25℃。

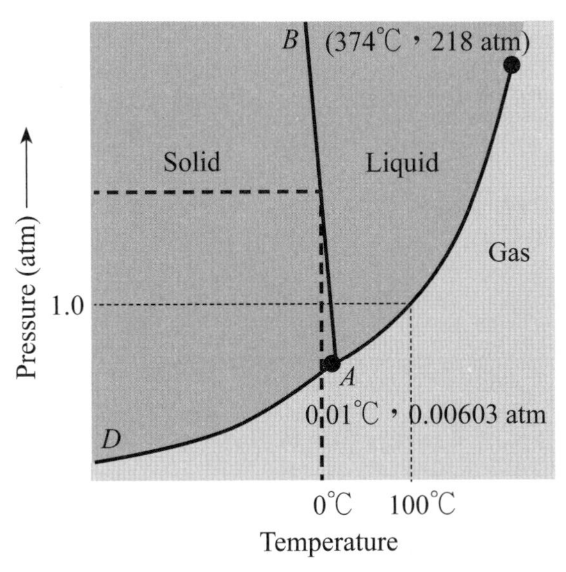


圖5.3　水的相圖（隨意刻度）

在高山有時候雖然氣溫沒有低於零度，但是我們還是會看到白雪飄飄，這是因爲高山的氣壓較低，所以水的凝固點上升，因此只要濕度水氣夠高，還是會有機會在高於零度結成冰的。

曲線AB、AC和AD將圖分割成三個同時有溫度和壓力的區域，每一區域僅有一個穩定狀態，沿著任一曲線，相鄰區域的兩個狀態是達到平衡的。粗虛線表示當壓力增加時，水的凝固點會下降。

## 5.2 克萊匹隆方程式與克勞休－克萊匹隆方程式

考慮一純物質的兩相平衡，譬如：$\alpha$相和$\beta$相，因爲達成平衡時兩相的莫耳自由能應相等，亦即：

$$\mu_\alpha(T, P) = \mu_\beta(T, P)$$

當壓力改變由$P \rightarrow P + dP$，平衡溫度亦會由$T \rightarrow T + dT$，最後達到新的平衡時，兩相在此時壓力（$P + dP$）和溫度（$T + dT$）的莫耳自由能也應相等，亦即：

$$\mu_\alpha(T + dT, P + dP) = \mu_\beta(T + dT, P + dP)$$
$$\mu_\alpha(T + P) + d\mu_\alpha = \mu_\beta(T + P) + d\mu_\beta$$

因爲$\mu_\alpha(T, P) = \mu_\beta(T, P)$，所以$d\mu_\alpha = d\mu_\beta$，換言之，兩相的莫耳自由能變化量相等。亦即：$-S_\alpha dT + V_\alpha dP = -S_\beta dT + V_\beta dP$
將溫度和壓力各分兩邊移項可得：

$$(S_\beta - S_\alpha)dT = (V_\beta - V_\alpha)dP$$

因此，$\dfrac{dP}{dT} = \dfrac{(S_\beta - S_\alpha)}{(V_\beta - V_\alpha)} = \dfrac{\Delta S}{\Delta V} = \dfrac{\Delta H}{T\Delta V}$
此即爲克萊匹隆方程式（Clapeyron equation），因爲是單純的相變化，所以$\Delta H = T\Delta S$。

以液相和氣相的平衡爲例，因爲$\Delta S = S(\text{gas}) - S(\text{liquid}) = \dfrac{\Delta H_{vap}}{T}$，因爲汽化

熱$\Delta H_{vap}$是吸熱（正的），所以$\Delta S > 0$，且$\Delta V = V(\text{gas}) - V(\text{liquid}) > 0$，因此

$$\frac{dP}{dT} = \frac{\Delta S}{\Delta V} = \frac{\Delta H}{T\Delta V} > 0$$

因此，在一純物質的壓力對溫度（即$P$ vs. $T$）相圖中，液相和氣相的曲線其斜率（$\frac{dP}{dT}$）是正的。另一方面，如果是考慮固相和液相的平衡時，雖然$\Delta H > 0$，但是$\Delta V = V(\text{liquid}) - V(\text{solid})$則不一定大於零，一般的物質如二氧化碳，其$\Delta V > 0$，因此在一般純物質的$P-T$相圖中，固相和液相的曲線其斜率（$\frac{dP}{dT}$）是正的。但是如果是水的話，因爲冰的莫耳體積大於水的莫耳體積，所以對水而言，$\Delta V < 0$，因此，在水的$P-T$相圖中，液相和固相的曲線其斜率（$\frac{dP}{dT}$）是負的。

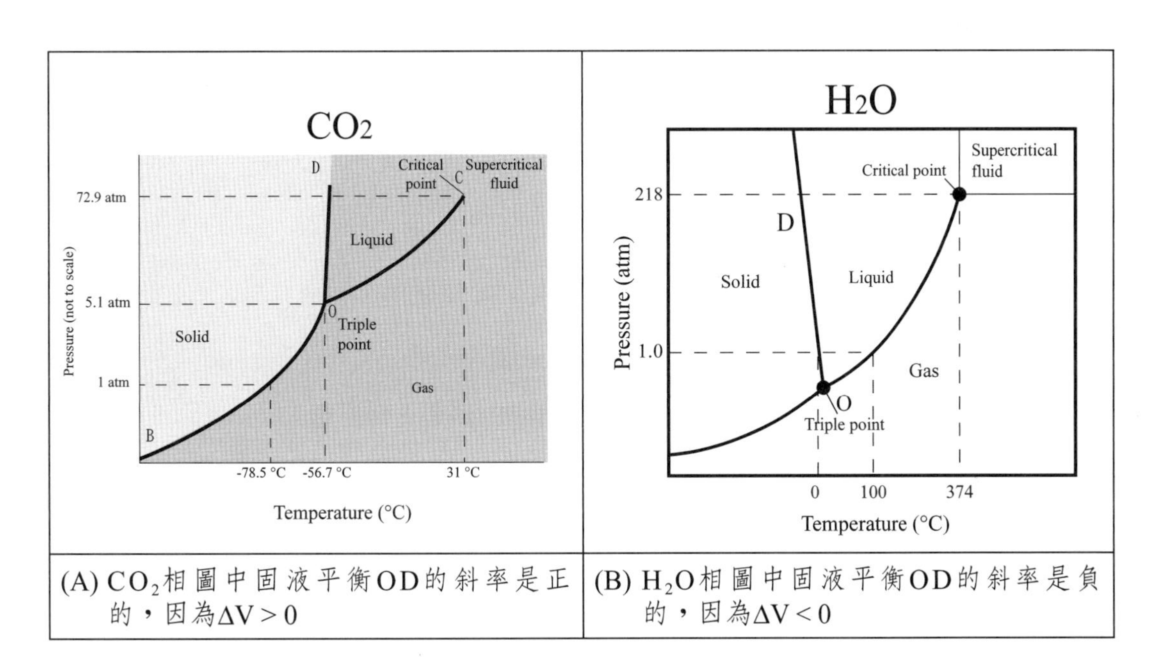


(A) $CO_2$相圖中固液平衡OD的斜率是正的，因為$\Delta V > 0$

(B) $H_2O$相圖中固液平衡OD的斜率是負的，因為$\Delta V < 0$

今考慮固相與液相之間的平衡，由克萊匹隆方程式已知：

$$\frac{dP}{dT} = \frac{\Delta_{fus} H}{T\Delta_{fus} V}$$

將$dT$移至右邊後，兩邊同時積分可得：

$$\int_{P^*}^{P} dP = \frac{\Delta_{fus}H}{\Delta_{fus}V}\ln\frac{T}{T^*}$$（假設$\frac{\Delta_{fus}H}{\Delta_{fus}V}$與溫度無關）

$$P \approx P^* + \frac{\Delta_{fus}H}{\Delta_{fus}V}\ln\frac{T}{T^*}$$

$$\ln\frac{T}{T^*} = \ln(1+\frac{T-T^*}{T^*}) \approx \frac{T-T^*}{T^*}$$

已知$\ln(1+x) = x - \frac{1}{2}x^2 + \frac{1}{3}x^3 - .....$，如果$x << 1$，則$\ln(1+x) = x$，因此，

$$P \approx P^* + \frac{\Delta_{fus}H}{T^*\Delta_{fus}V}(T-T^*)$$

因此，$P$對$T$的圖是一條直線，如圖5.4所示：

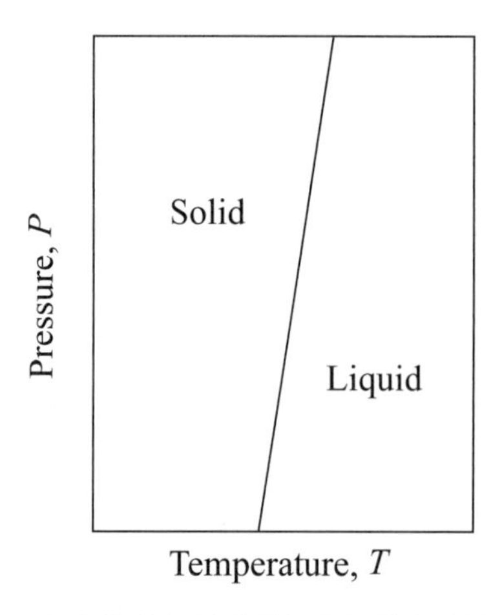


圖5.4　固相與液相之間$P$對$T$的圖是一條直線

考慮固相（或液相）與氣相的平衡，將以上所得的克萊匹隆方程式改寫成：$\frac{dP}{dT} = \frac{\Delta S}{\Delta V} = \frac{\Delta H}{T(V_g - V_s)}$

因爲是固相與氣相之間的平衡，所以基於以下三個假設可將上式加以簡化：

1.假設$\Delta H$保持一定，不會隨著溫度而改變；
2.因爲氣相的體積遠大於固相的體積，亦即$V_g >> V_s$，所以體積變化量可近似爲$\Delta V = V_g - V_s = V_g$；

3.假設蒸氣可視為理想氣體，因此$V_g = \frac{RT}{P}$（假設一莫耳）；代入克萊匹隆方程式可得：

$$\frac{dP}{dT} = \frac{\Delta H}{T(V_g - V_s)} = \frac{\Delta H}{TV_g} = \frac{\Delta H}{T \cdot \frac{RT}{P}} = \frac{P \cdot \Delta H}{RT^2}$$

將與$P$有關的移到左邊，與T有關的移到右邊可得：

$$\frac{dP}{P} = \frac{\Delta H}{RT^2} dT$$

亦即，$d\ln P = \frac{\Delta H}{RT^2} dT$

兩邊同時積分可得：

$$\int_{P_0}^{P} d\ln P = \int_{T_0}^{T} \frac{\Delta H}{RT^2} dT \quad （注意 \frac{1}{T^2} dT = -d(\frac{1}{T})）$$

因此可得：

$$\ln \frac{P}{P_0} = -\frac{\Delta H}{R}(\frac{1}{T} - \frac{1}{T_0})$$

此稱為克勞休－克萊匹隆方程式（Clausius-Clapeyron equation）。換言之，可利用此式求得固相（或液相）在不同溫度的蒸氣壓，但是要先知道汽化熱（$\Delta H_{vap}$）。

為何在高山上煮雞蛋要煮久一點呢？這主要跟水的沸點有關！液體的正常沸點是在一大氣壓下的沸點，但是因為液體的沸點取決於施加在液體上方的壓力，所以液體的沸點會隨著壓力而改變。例如，在一大氣壓下（海平面上的平均壓力），水的沸點是100℃，但是在高山上因為大氣壓力會小於平地的一大氣壓，因此在高山上水的沸點會低於100℃。液體汽化所需要的熱稱為汽化熱（heat of vaporization），標記為$\Delta H_{vap}$，在100℃，水的汽化熱是40.7 kJ/mol。液體的蒸氣壓是與溫度有關的，蒸氣壓與溫度的關係如Clausius-Claperon方程式：

$$\ln \frac{P_2}{P_1} = -\frac{\Delta H_{vap}}{R}(\frac{1}{T_2} - \frac{1}{T_1})$$

其中$P_1$是絕對溫度$T_1$的蒸氣壓，$P_2$是絕對溫度 $T_2$ 的蒸氣壓。在合歡山海拔高度約 3000 公尺，大氣壓力爲$P_2 = e^{-3000/7000} = 0.65\text{atm}$，平地時大氣壓力爲 $P_1 = 1$ atm，正常沸點$T_1 = 100$ ℃ + 273 = 373 K，代入上式可得：

$$\ln\frac{0.65}{1} = -\frac{40700}{8.314}\left(\frac{1}{T_2} - \frac{1}{373}\right)$$

$T_2 = 361\ K = 361 - 273 = 88$℃。因此，在合歡山海拔高度約3000公尺，大氣壓力只剩0.65 atm，水的沸點爲88℃，足足比平地下降12℃之多！在較高的海拔高度時，水的沸點會降低，這是因爲在水上方的大氣壓力變小的緣故。食物烹飪的溫度取決於食物中的水分被加熱成水蒸氣的溫度，因此在高地煮食物溫度較低，因爲水的沸點下降的關係。所以在高山上水被煮沸了，此時水的溫度會小於100℃，因此需要煮久一點才能將雞蛋煮熟喔！

在聖母峰時想要盡快煮熟馬鈴薯，當然你不會帶微波爐上山吧，用水煮呢？還是用營火呢？因爲氣壓很低造成水的沸點很低（只有76.5℃），使用營火不會受到海拔高度的影響，所以使用營火。

壓力鍋利用同樣的原理可以縮短煮熟食物的時間，當壓力鍋內的壓力增爲2atm時，水沸點將近120.7℃，因此可以將食物以較短的時間煮熟。

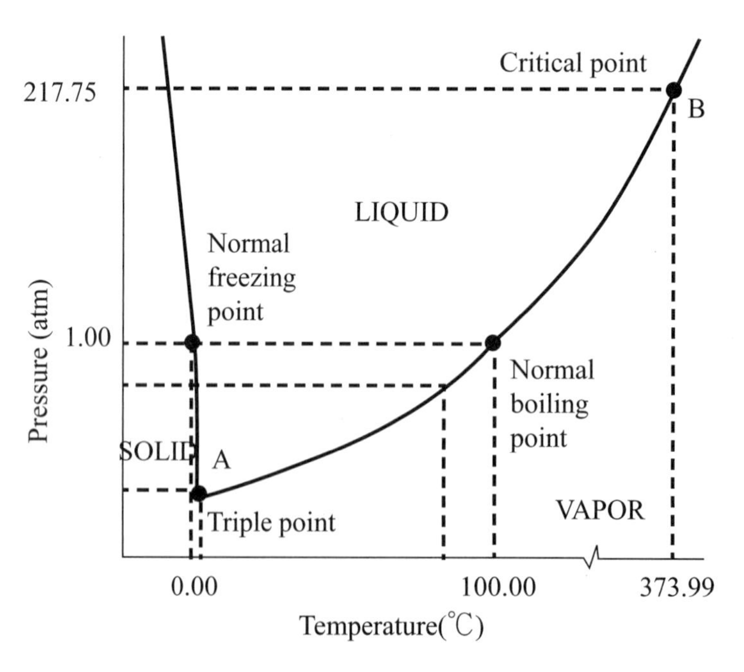


圖5.5　水的相圖，當壓力下降小於一大氣壓時，此時水的沸點會低於100℃，如圖中粗虛線所示。

## 例題5.1

The vapor pressure of solid $Br_2$ is represented by the expression

$$\ln P = 38.7 - \frac{5817}{T} - 2.33 \ln T$$

Calculate the molar enthalpy of sublimation for solid $Br_2$ at –90℃.

**解**：

利用 $\ln P = 38.7 - \frac{5817}{T} - 2.33 \ln T$

兩邊對溫度微分可得：

$$\frac{d\ln P}{dT} = \frac{5817}{T^2} - \frac{2.33}{T} = \frac{\Delta_{sub}H}{T^2}$$

而 $T = -90 + 273 = 183\text{K}$

代入上式可得

$$\frac{5817}{183^2} - \frac{2.33}{183} = \frac{\Delta_{sub}H}{183^2}$$

$\Delta_{sub}H = 44.8\text{ kJ}$

## 例題5.2

The vapor pressure of diethyl ether is $0.247 \times 10^5$ Pa at 0℃ and $1.228 \times 10^5$ Pa at 40℃.

(a) Calculate the enthalpy of vaporization

(b) At what temperature would diethyl ether boil at $1.03 \times 10^5$ Pa?

**解**：

(a) $\ln\frac{P}{P_0} = -\frac{\Delta H}{R}(\frac{1}{T} - \frac{1}{T_0})$

代入題目所給的數值可得：

$$\ln\frac{1.228\times10^5}{0.247\times10^5} = -\frac{\Delta_{vap}H}{8.314}(\frac{1}{313} - \frac{1}{273})$$

因此，$\Delta_{vap}H = 28.48\text{ kJ/mol}$

(b) $\ln\frac{1.013\times10^5}{0.247\times10^5}=-\frac{28.48\times10^3}{8.314}(\frac{1}{T}-\frac{1}{273})$

因此，$T$ = 307.7 K

## 5.3 相變化的分類

相變化的分類可依Ehrenfest分類：

$$(\frac{\partial\mu_\beta}{\partial P})_T-(\frac{\partial\mu_\alpha}{\partial P})_T=V_{\beta,m}-V_{\alpha,m}=\Delta_{trs}V$$

$$(\frac{\partial\mu_\beta}{\partial T})_T-(\frac{\partial\mu_\alpha}{\partial T})_T=-S_{\beta,m}+S_{\alpha,m}=-\Delta_{trs}S=-\frac{\Delta_{trs}H}{T_{trs}}$$

如果是一級相變化（first-order phase transition），則需符合以下條件：化學勢對溫度作圖是不連續的，且$C_p=(\frac{\partial H}{\partial T})_p=\infty$，如圖5.6(a)所示。如果是二級相變化（second-order phase transition），則化學勢的一次微分對溫度是連續的，但化學勢的二次微分對溫度是不連續的，如圖5.6(b)所示。例如：超導金屬在低溫的相變化即屬於二級的相變化。

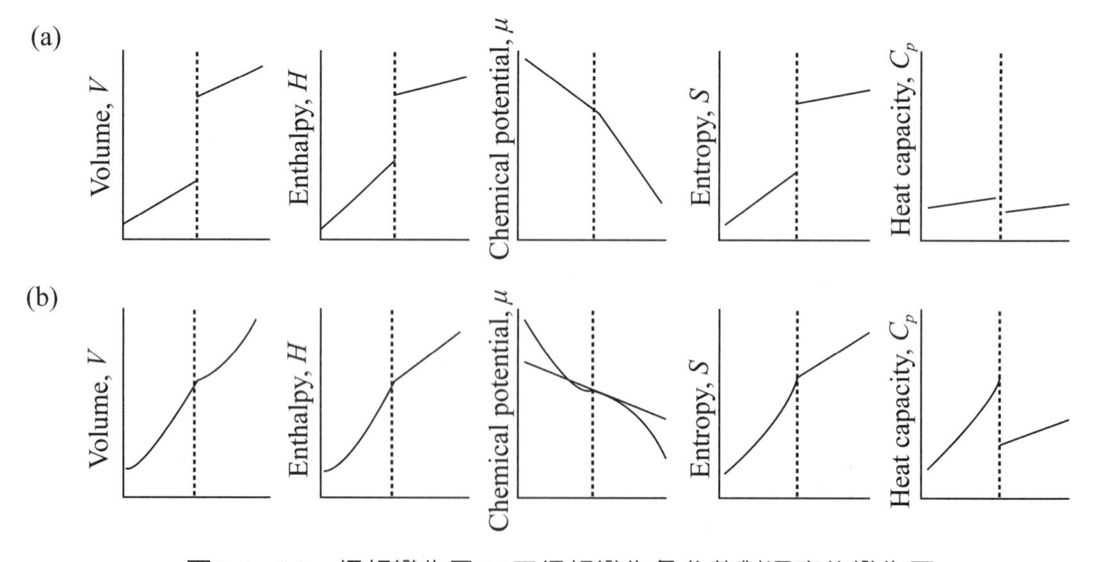


圖5.6 (a)一級相變化及(b)二級相變化各參數對溫度的變化圖

# 5.4　拉午耳定律

在約1886年法國化學家拉午耳（Raoult）觀測到含非揮發性溶質的溶液其溶劑的分壓取決於在溶液中溶劑的莫耳分率，考慮溶液含有一揮發性的溶劑$A$和一非電解質的溶質$B$，根據拉午耳定律（Raoult's law），溶劑在溶液上的分壓$P_1$等於純溶劑的蒸汽壓乘以溶劑在溶液中的莫耳分率，亦即

$$P_A = x_A\, P_A^*$$

因爲溶劑的莫耳分率在溶液中總是小於1，所以其在溶液中的蒸汽壓小於純溶劑的蒸汽壓。一般而言，對於稀薄溶液而言（$x_A$接近於1），如果溶質和溶劑的化學性質相似，拉午耳定律對所有莫耳比例都成立，對溶質$B$的蒸汽壓有類似的關係式：

$$P_B = x_B\, P_B^*$$

但是溶液成分的莫耳分率總和爲1，亦即，$x_A + x_B = 1$，因此

$$P_{total} = x_A\, P_A^* + x_B\, P_B^* = x_A\, P_A^* + (1 - x_A)P_B^*$$

當成分$A$和成分$B$在任何莫耳比例皆遵守拉午耳定律，則稱此溶液爲理想溶液（ideal solutions）。如果$A$和$B$分子的化學相似，則$A$和$B$分子之間的作用力類似於兩個$A$或兩個$B$分子之間的作用力，在此情況下不需限定溶質是非揮發性的，因爲溶質和溶劑都有相當量的蒸汽壓，此時便容易形成理想溶液。換言之，理想溶液的總蒸汽壓等於各成分分壓的和，且每一成分的分壓皆遵守拉午耳定律。

以苯和甲苯爲例，它們的結構很相似，所以它們的溶液就是理想溶液。假設一溶液含苯和甲苯的莫耳比例分別爲0.7和0.3，又查表可知純苯和純甲苯的蒸汽壓分別爲75 mmHg和22 mmHg，因此，總蒸汽壓爲

$$P = 75 \times 0.7 + 22 \times 0.3 = 59 \text{ mmHg}$$

可以算出在溶液上的蒸氣含有較多的揮發性成分（苯），苯在溶液上的分壓爲75 mmHg，因爲總蒸汽壓是59 mmHg，所以苯在蒸氣中的莫耳比例是53 mmHg/59 mmHg = 0.90。所以蒸氣中含苯莫耳分率是0.90，而在溶液中含

苯的莫耳分率是0.70，也就是說在溶液上方之蒸氣富含較為揮發的成分，此為通則。蒸餾就是利用此原則，而能從液體混合物中分離較揮發的成分，如果將此蒸餾物持續不斷地蒸餾，蒸氣和最終的液體甚至會更富含苯，經過許多這樣的蒸餾過程（即分餾），最後可以得到幾乎純苯。分餾是實驗室和工業製程中常用的步驟，例如它可以用來將石油分餾成汽油、柴油等等。

因為理想溶液的蒸氣壓與莫耳分率的關係如下：

$$P_{total} = x_A P_A^* + x_B P_B^* = x_A P_A^* + (1 - x_A)P_B^*$$

可作圖如圖5.7所示：

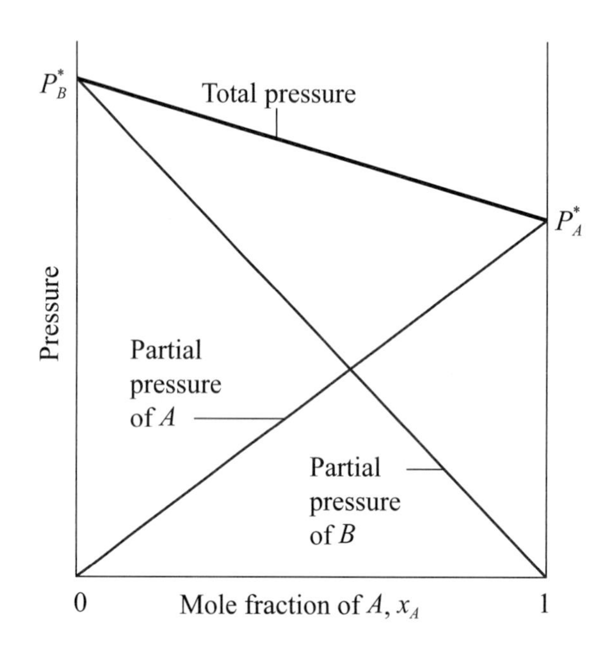


圖5.7　拉午耳定律中各成分的分壓及溶液總蒸汽壓與莫耳分率的關係圖。

在氣相中，依Dalton定律：$P_i = y_i P_{total}$，其中$y_i$表示成分$i$在氣相中的莫耳分率。因為$P_{total} = P_B^* + (P_A^* - P_B^*)x_A$且$y_A = \dfrac{P_A}{P_{total}}$，兩式聯立可分別解得：

$$x_A = \frac{y_A P_B^*}{P_A^* + (P_B^* - P_A^*)y_A} \;;\; P_{total} = \frac{P_A^* P_B^*}{P_A^* + (P_B^* - P_A^*)y_A}$$

## 例題5.3

Experimental data show that the vapor-liquid equilibrium for acetone (1) – acetonitrile (2) is well represented by Raoult's law, vapor pressure are represented by

$$\ln P_1^{sat} = 14.37 - 2787/(t + 229.6)$$
$$\ln P_2^{sat} = 14.88 - 3413/(t + 250.5)$$

For $P_i^{sat}$ in kPa and $t$ in ℃. Find the equilibrium temperature and total pressure if $x_1 = 0.40$ and $y_1 = 0.62$.

**解**：

(a) 先求平衡溫度。假設氣相中acetone (1)的莫耳分率為$y_1$，則依道耳吞分壓定律：$P_1 = y_1 P_{tot}$；

假設溶液中acetone (1)的莫耳分率為$x_1$，依Raoult's law，$P_i = x_i P_i^*$

$$P_{total} = x_1 P_1^* + (1 - x_1) P_2^* = \frac{P_1}{y_1} = \frac{x_1 P_1^*}{y_1}$$

將數值代入可得：

$$0.40 P_1^* + 0.60 P_2^* = \frac{0.40 P_1^*}{0.62}$$

亦即，$0.245 P_1^* = 0.60 P_2^*$

兩邊各取ln

$$\ln 0.245 + \ln P_1^* = \ln 0.60 + \ln P_2^* - 1.41 + [14.37 - \frac{2787}{t + 229.6}]$$
$$= -0.51 + [14.88 - \frac{3413}{t + 250.5}]$$

因此，$t = 204$℃

(b) 將$t = 204$℃代入$\ln P_1^{sat}$及$\ln P_2^{sat}$

則可得$\ln P_1^{sat} = P_1^* = 8.7 \times 10^7$kPa

同理$\ln P_2^{sat} = P_1^2 = 2.34 \times 10^7$kPa

$$P_{total} = x_1 P_1^* + x_2 P_2^*$$
$$= 0.40 \times 8.7 \times 10^7 + 0.60 \times 2.34 \times 10^7$$
$$= 4.88 \times 10^7 \text{ kPa}$$

## 例題5.4

Assume that benzene and toluene form ideal solutions, pure benzene boils at 80℃; at that temperature toluene has a vapor pressure of 350 torr.

(a) Calculate the partial and total pressure of a solution at 80℃ with mole fraction of benzene is 0.2?

(b) What composition of solution would boil at 80℃ under reduced pressure of 500 torr?

**解**：

將benzene視為成分1，toluene為成分2

(a) At 80℃, $P_1^* = 760$ mmHg，$P_2^* = 350$ torr.

依Raoult's law：$P_i = x_i P_i^*$

benzene分壓經計算可得$P_1 = 0.2 \times 760 = 152$ torr

toluene分壓經計算可得$P_2 = 0.8 \times 350 = 280$ torr

因此總壓$P_{total} = P_1 + P_2 = 152 + 280 = 432$ torr

(b) 假設benzene的莫耳分率$= x_1$

沸騰時表示溶液的蒸汽壓（$P_{total}$）=外壓（即500 torr）

因此，

$$P_{total} = x_1 P_1^* + x_2 P_2^* = x_1 \times 760 + (1 - x_1) \times 350 = 500$$

可得$x_1 = 0.366$（benzene的莫耳分率）；

$x_2 = 1 - x_1 = 0.634$（toluene的莫耳分率）。

## 5.5 化學勢與活性

當溫度固定時，由自由能與壓力的變化關係可知：$(\frac{\partial G}{\partial P})_T = V$，若是一莫耳的話，則$\mu(=\frac{G}{n})(T,P) = \mu^0(T) + \int_{P^0}^{P} V_m dP$，其中$\mu^0(T)$爲在標準狀態壓力爲

$P^0$時物質的化學勢（chemical potential）。如果是理想氣體的話，因為$V_m = \frac{RT}{P}$，所以$\mu(T,P) = \mu^0(T) + RT\ln\frac{P}{P^0}$

但是如果是不可壓縮的物質，則可表為$\mu(T, P) = \mu^0(T) + V_m(P - P^0)$，我們可將活性$a$（activity）定義如下：

$$a = \exp[\frac{\mu - \mu^0}{RT}]$$

則$\mu = \mu^0 + RT \ln a$。如果是理想氣體的話，則活性可視為莫耳分率（$x$）。此外定義活性係數$\gamma_i$（activity coefficient）：$\gamma_i = \frac{a_i}{x_i}$，亦即為活性與莫耳分率的比值，或表為$a_i = \gamma_i x_i$，當溶液是稀薄溶液的話，則$\lim_{x_i \to 0}\gamma_i = 1$，換言之，$\lim_{x_i \to 0} a_i = x_i$。

另外可利用重量莫耳濃度與莫耳分率之間的關係：$m_i = \frac{1000x_i}{(1-x_i)\cdot M_i}$，其中$M_i$為溶質的分子量，分子上的1000是公克與公斤之間的轉換，當是稀薄溶液時，溶質的莫耳分率遠小於1，因此分母中的莫耳分率$x_i$可忽略，因此，

$x_i = m_i \cdot \frac{M_i}{1000}$，又$a_i = \gamma_i x_i$，所以

$$a_i = \gamma_i \cdot m_i \cdot \frac{M_i}{1000}$$

代入原本活性與化學勢的關係式，

$$\mu_i = \mu_i^0 + RT\ln a_i$$

$$\mu_i = \mu_i^0 + RT\ln(\gamma_i \cdot m_i \cdot \frac{M_i}{1000})$$

$$\mu_i = \mu_i^0 + RT\ln(\frac{M_i}{1000}) + RT\ln(\gamma_i \cdot m_i)$$

右邊的前兩項可以結合成一新的化學勢$\mu_i^*$，則

$$\mu_i = \mu_i^* + RT\ln(\gamma_i \cdot m_i)$$

$$a_i = \gamma_i \cdot m_i$$

爲了使$a_i$沒有單位，引進標準重量莫耳濃度$m^0$，則

$$a_i = \frac{\gamma_i \cdot m_i}{m^0}$$

## 5.6 理想溶液的性質

兩成分（$A$和$B$）混合之後所形成的溶液需具備以下一些性質，才能稱爲理想溶液：

1.混合前後的體積並無改變，亦即$\Delta V = 0$。

2.混合時並沒有熱量的變化，亦即$\Delta H = 0$。

3.混合後的自由能變化爲$\Delta G_{mix} = nRT(x_A \ln x_A + x_B \ln x_B)$；其中$n = n_A + n_B$。

4.混合後的熵變化爲$\Delta S_{mix} = -nR(x_A \ln x_A + x_B \ln x_B)$。

可利用熱力學關係式說明爲何理想溶液具備這些性質：

1.考慮成分$A$的莫耳自由能，$\mu_A = G_A$，則其在混合前後對壓力的變化分別爲：

$$(\frac{\partial \mu_A}{\partial P})_T = V_A \text{；} (\frac{\partial \mu_A^*}{\partial P})_T = V_A^*$$

兩式相減可得：$(\frac{\partial(\mu_A - \mu_A^*)}{\partial P})_T = V_A - V_A^*$

因此$RT(\frac{\partial \ln a_A}{\partial P})_T = V_A - V_A^*$

其中$a_A$爲活性，依理想溶液的定義，$a_A = x_A$

$$RT(\frac{\partial \ln x_A}{\partial P})_T = V_A - V_A^*$$

因$x_A$與壓力無關，故上式 = 0；亦即$V_A = V_A^*$，換句話說，理想溶液中每一成分的部分莫耳體積等於每一成分的莫耳體積。亦即$\Delta V = 0$。

2.由Gibbs-Helmholtz方程式：$\left(\frac{\partial(\frac{\Delta\mu}{T})}{\partial(\frac{1}{T})}\right)_P = \Delta H$和$\mu_A - \mu_A^* = RT\ln a_A$

兩式可以合併而成$R\left(\frac{\partial(\ln a_A)}{\partial(\frac{1}{T})}\right)_P = H_A - H_A^*$

因為是理想溶液，所以$a_A = x_A$且與溫度無關，因此$H_A = H_A^*$；亦即$\Delta H_{mix} = 0$。

3.混合後的自由能變化為

$$\begin{aligned}\Delta G_{mix} &= G - G^* \\ &= \sum_i n_i\mu_i - \sum_i n_i\mu_i^* \\ &= RT(n_A\ln a_A + n_B\ln a_B) \\ &= RT(n_A\ln x_A + n_B\ln x_B) \\ &= nRT(n_A\ln x_A + n_B\ln x_B)\end{aligned}$$

4.因為混合時並沒有熱量的變化，亦即$\Delta H_{mix}^{ideal} = 0$，而$\Delta G_{mix} = \Delta H_{mix} - T\Delta S_{mix}$

因此$\Delta S_{mix}^{ideal} = \frac{-\Delta G_{mix}}{T} = -nR(x_A \ln x_A + x_B \ln x_B)$

一理想溶液的某一成分的化學勢可表為$\mu_i = \mu^0{}_i + RT\ln a_i$，因為$a_i = \gamma_i x_i$，所以$\mu_i = \mu_i^0 + RT\ \ln\gamma_i x_i$；當$x_i$趨近於0時，則$\gamma_i$趨近於1；又$a_i = \gamma_i x_i = \frac{P_i}{P_i^*}$，因此$\gamma_i = \frac{P_i}{(x_i P_i^*)} = \frac{y_i P_{total}}{x_i P_i^*}$；其中$y_i$為氣相中的莫耳分率。如果溶液不遵守拉午耳定律，且是呈現正偏差（positive deviation）的話，則$\gamma_i > 1$；反之，如果溶液不遵守拉午耳定律，且是呈現負偏差（negative deviation）的話，則$\gamma_i < 1$。如圖5.8所示。

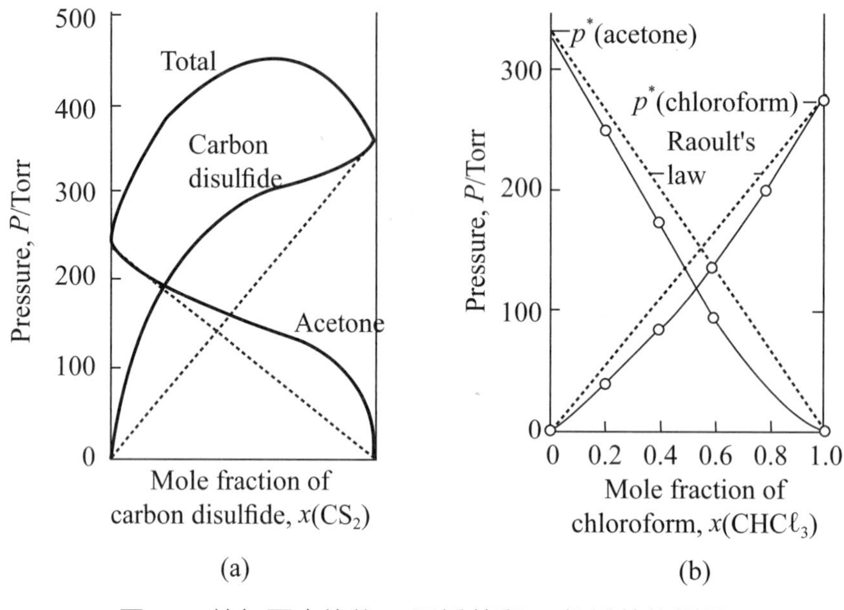


圖5.8 拉午耳定律的(a)正偏差和(b)負偏差的例子

因為乙醇和水可以形成氫鍵，因此水醇和水所形成的溶液不會是理想溶液，溶液的蒸氣壓則是呈現負偏差的行為，如果將50 mL的乙醇和50 mL的水混在一起的話，其溶液總體積一定小於100 mL，事實上只有95 mL左右而已。

## 例題5.5

An ideal solution with solute *A* and solvent *B* means
(a) the intramolecular force between *A* and *B* is zero.
(b) The partial molar volume of *A* is equal to the partial molecular volume of *B*.
(c) Every *A* molecule is completely solvated by *B* molecules.
(d) Increase the temperature of the system does not change the chemical potential of either *A* or *B*.

**解**：

(c) 是正確的

(a) 作用力的關係應該是$F(A{-}{-}{-}A) = F(B{-}{-}{-}B) = F(A{-}{-}{-}B)$

(b) 因為$V_{m,A} \neq V_{m,B}$，$(\partial V/\partial n_A)_{T,P,nB} \neq (\partial V/\partial n_B)_{T,P,nA}$

(d) 因為$\mu_i = \mu_i^* + RT\ln x_i$，如果溫度上升，則$\mu_i$增加！

## 例題5.6

Derive Raoult's law from the chemical potential for an ideal solution：

$\mu_i = \mu_i^0 + RT\ln x_i$ where $\mu_i^0$ = the chemical potential for pure $i$ at P and $T$. $x_i$ = the mole fraction of molecules of the i th kind.

**解**：

對於理想溶液而言，$\mu_i(\text{solution}) = \mu_i^0 + RT\ln x_i$

考慮溶液與蒸汽成分$i$達成平衡時，

$$\mu_i(\text{solution}) = \mu_{i,vap}$$

$$\mu_{i,vap} = \mu_{i,vap}^0 + RT\ln P_i$$

$$\mu_{i,liquid}^0 = \mu_{i,vap}^0 + RT\ln P_i^*$$

因此平衡時，

$$\mu_{i,liquid}^0 + RT\ln x_i = \mu_{i,vap}^0 + RT\ln P_i$$

$$(\mu_{i,liquid}^0 - \mu_{i,vap}^0) + RT\ln x_i = RT\ln P_i$$

$$\ln P_i^* + RT\ln x_i = RT\ln P_i$$

因此可得$P_i = x_i P_i^*$

此即為拉午耳定律。

## 5.7 過量性質

我們可以定義莫耳過量性質（molar excess properties）：$M^E = M - M^{id}$，其中$M^{id}$為理想溶液的值，混合後的變化為$\Delta M = M - \sum_i x_i M_i$，但若理想溶液的話，則$\Delta M^{id} = M^{id} - \sum_i x_i M_i^0$，因此可得$M^E = \Delta M - \Delta M^{id}$。如前所述$M$如果是$V$、$U$、$H$，或$C_p$，則$\Delta M^{id} = 0$。因此$V^E$、$U^E$、$H^E$，或$C_p{}^E$相當於是混合

後的變化值。

但對於熵和自由能的話，則情況略有不同，因為

$$S^E = \Delta S + R\sum_i x_i \ln x_i = S - \sum_i x_i S_i^0 + R\sum_i x_i \ln x_i$$

$$G^E = \Delta G - RT\sum_i x_i \ln x_i = G - \sum_i x_i G_i^0 - RT\sum_i x_i \ln x_i$$

其中$\Delta S$和$\Delta G$分別是混合後的熵和自由能的變化；一溶液的莫耳自由能可寫成$G = \sum_i x_i G_i^0$；其中$G_i$為成分$i$的莫耳自由能。因此

$$G^E = \sum_i x_i (G_i - G_i^0) - RT\sum_i x_i \ln x_i = \sum_i x_i RT \ln a_i - RT\sum_i x_i \ln x_i$$

$$G^E = \sum_i x_i RT \ln \gamma_i$$

與理想溶液類似，我們可定義正規二元溶液（a regular binary solution）如下：

$$\mu_1 = \mu_1^* + RT\ln x_1 + \omega x_2^2$$

$$\mu_2 = \mu_2^* + RT\ln x_2 + \omega x_1^2$$

$G^0$（混合前）$= x_1\mu_1^* + x_2\mu_2^*$；但$G$（混合後）$= x_1\mu_1 + x_2\mu_2 = x_1\mu_1^* + x_1RT\ln x_1 + x_1\omega x_2^2 + x_2\mu_2^* + x_2RT\ln x_2 + x_2\omega x_1^2$，
因此可得：

$$\Delta G_{mix} = G - G^0 = RT(x_1\ln x_1 + x_2\ln x_2) + \omega x_1 x_2$$

$$G^E = \Delta G_{mix} - \Delta G_{mix}^{ideal} = \omega x_1 x_2$$

$$\Delta S_{mix} = -(\Delta G_{mix}/\partial T)_P = -R(x_1\ln x_1 + x_2\ln x_2)$$

$$S^E = \Delta S_{mix} - \Delta S_{mix}^{ideal} = 0$$

$$\Delta H_{mix} = \Delta G_{mix} + T\Delta S_{mix} = \omega x_1 x_2$$

$$H^E = \Delta H_{mix} - \Delta H_{mix}^{ideal} = x_1 x_2$$

$$\Delta V_{mix} = (\partial\Delta G_{mix}/\partial P)_T = 0$$

$$V^E = \Delta V_{mix} - \Delta V_{mix}^{ideal} = 0$$

可以利用$\omega$表示正規二元溶液中的活性係數$\gamma_1$及$\gamma_2$，因為

$$\mu_1 = \mu_1^* + RT\ln\gamma_1 x_1 = \mu_1^* + RT\ln x_1 + RT\ln\gamma_1$$

$$= \mu_1^* + RT\ln x_1 + \omega x_2^2$$

亦即$RT\ln\gamma_1 = \omega x_2^2$

因此，$\gamma_1 = \exp(\omega x_2^2/RT)$

同理$\gamma_2 = \exp(\omega x_1^2/RT)$

我們可將理想溶液與正規二元溶液的性質，比較可得到下表：

| | 理想溶液 | 正規二元溶液 |
|---|---|---|
| 各成分的化學勢 | $\mu_1 = \mu_1^* + RT\ln x_1$<br>$\mu_2 = \mu_2^* + RT\ln x_2$ | $\mu_1 = \mu_1^* + RT\ln x_1 + \omega x_2^2$<br>$\mu_2 = \mu_2^* + RT\ln x_2 + \omega x_1^2$ |
| $\Delta G_{mix}$ | $RT(x_1\ln x_1 + x_2\ln x_2)$ | $RT(x_1\ln x_1 + x_2\ln x_2) + \omega x_1x_2$ |
| $\Delta S_{mix}$ | $-R(x_1\ln x_1 + x_2\ln x_2)$ | $-R(x_1\ln x_1 + x_2\ln x_2) + \omega x_1x_2$ |
| $\Delta H_{mix}$ | 0 | $\omega x_1x_2$ |
| $\Delta V_{mix}$ | 0 | 0 |
| 活性係數 | $\gamma_1 = 1$<br>$\gamma_2 = 1$ | $\gamma_1 = \exp(\omega x_2^2/RT)$<br>$\gamma_2 = \exp(\omega x_1^2/RT)$ |

## 5.8　亨利定律

一般而言，壓力的改變對液體或固體的溶解度影響很小，但是壓力對氣體的溶解度的影響很大。常見的例子是碳酸飲料的製造，施壓將二氧化碳溶在飲料中，在較大壓力下會有更多的二氧化碳溶解，當此壓力突然釋出時，二氧化碳溶解度減少變成較不溶，而過多的氣泡則會跑出溶液。當裝有碳酸飲料瓶子的蓋子打開之後會吱吱響，因爲二氧化碳的分壓減少了，所以氣體會從溶液冒出。

壓力對氣體在液體中溶解度的效應可以定量預測，依亨利定律（Henry's Law），一氣體的溶解度是直接正比於在溶液上之氣體的分壓，其數學表示式如下：

$$P_B = K_B x_B$$

其中$K$爲亨利常數。亨利定律適用的條件爲：(1)氣體的溶解度很小；(2)氣相行爲很接近理想氣體；和(3)氣體不會與溶劑反應或離子化。

由此可想像當莫耳分率很小時，溶液行爲可用亨利定律加以描述。

$$K_B = \lim_{x_B \to 0}\left(\frac{P_B}{x_B}\right)$$

亨利定律如圖5.9所示，圖中的實線部分是溶液的眞實行爲，可看出當溶液濃度很低時，溶液的行爲會遵守亨利定律。

## 例題5.7

Estimate the molar solubility (the solubility in moles per liter) of oxygen in water at 25℃ and a partial pressure of 160 torr, its partial pressure in the atmosphere at sea level. (Henry constant $K = 3.30 \times 10^7$ torr)

**解**：

$O_2$的莫耳分率為$x(O_2) = \dfrac{n(O_2)}{n(O_2) + n(H_2O)} \approx \dfrac{n(O_2)}{n(H_2O)}$

因此$O_2$的莫耳數為$n(O_2) \approx x(O_2)n(H_2O) = \dfrac{P(O_2) \times n(H_2O)}{K}$

$$\approx \frac{160 \times 55.5}{3.30 \times 10^7} = 2.69 \times 10^{-4}\,\text{mol}$$

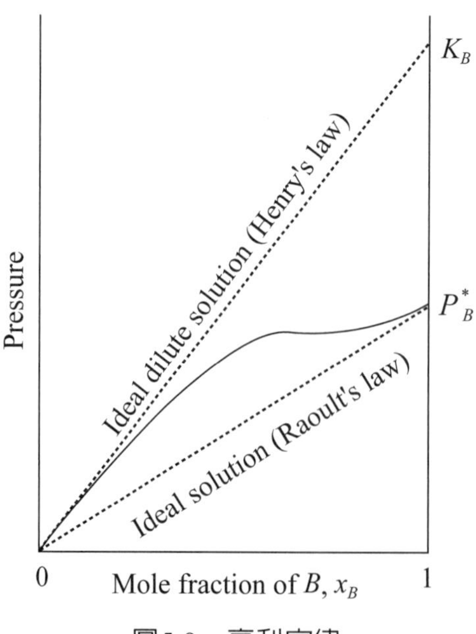


圖5.9　亨利定律

當我們將碳酸飲料的瓶蓋打開時，經常會冒出許多氣泡，這些氣泡到底是什麼呢？這些氣泡其實就是二氧化碳，爲什麼打開瓶蓋會將原本在碳酸飲料中的二氧化碳趕出來呢？這涉及到氣體溶在水裡的溶解度問題，一般而言，氣體在液體的溶解度其實很小，因此需要藉助外力才能將適量的二氧化碳溶在水裡，壓力的改變對氣體的溶解度有很大的影響。利用亨利定律了解到壓力對氣體在液體中溶解度的正比關係，依亨利定律，一氣體的溶解度是直接正比於在溶液上之氣體的分壓。碳酸飲料的製造是施壓將二氧化碳溶在飲料中，在較大壓力下會有更多的二氧化碳溶解，當此壓力突然釋出時，二氧化碳溶解度減少變成較不溶，而過多的氣泡則會跑出溶液。依亨利定律（Henry's law）：氣體在水中的溶解度與其壓力成正比，換句話說，施加大一點的壓力可使二氧化碳溶在飲料更多一點。當我們打開瓶蓋，此時飲料上方的壓力是一大氣壓（1atm），所以二氧化碳在飲料的溶解度只能是原本的四分之一，所以過多的二氧化碳就以冒氣泡的方式跑掉。這是原本溶在飲料中的二氧化碳，因爲氣壓的改變而導致溶解度下降而跑出飲料。

大部分的人對於冰涼的碳酸飲料都有一種很清涼的感覺。那種尖銳刺痛的感受不是來自於溶於飲料中的二氧化碳，而是它的起因是因爲$CO_2$和水反應產生的質子（$H^+$）對嘴裡的組織的影響：

$$CO_2 + H_2O \rightleftarrows H^+ + HCO_3^-$$

這個反應可以經由一個生物催化劑即一種稱爲碳酸酐酶的加速。在嘴巴裡的神經末端的流體酸化會造成碳酸飲料所產生的尖銳感覺。二氧化碳同時也刺激嘴裡偵測「冰冷」的神經。但是如果將二氧化碳改成氧氣，感覺將如何呢？一來氧氣的在水中的溶解度低於二氧化碳的溶解度（如表所示），二來這種冰涼痛徹心扉的感覺是用氧氣無法達到的口感，所以碳酸飲料使用二氧化碳可以說是一兼二顧，摸啦兼洗褲。因爲瓶蓋打開二氧化碳會跑掉的緣故，所以打開的碳酸飲料過一陣子再喝，就會覺得會喝愈沒趣（氣）。

表　各氣體在水中的亨利常數，亨利常數愈大表示在水中溶解度愈大

| Gas | $k_H$(M/atm) |
|---|---|
| $O_2$ | $1.3\times10^{-3}$ |
| $N_2$ | $6.1\times10^{-4}$ |
| $CO_2$ | $3.4\times10^{-2}$ |
| $NH_3$ | $5.8\times10^{1}$ |
| $He$ | $3.7\times10^{4}$ |

另外一個與亨利定律相關的實例是潛水夫病，如果要在水下呼吸的話，必須使用高壓空氣瓶，因此潛水夫必須攜帶空氣瓶潛水，在海平面時氧的分壓是0.21atm，但在水深約十公尺時水壓是2atm，此意謂著氧的分壓是海平面的兩倍，也就是0.4atm；同樣地，海平面時氮的分壓是0.78atm，此意謂著氮的分壓是海平面的兩倍，也就是1.56atm，根據亨利定律：氣體在水中或血液中的溶解度與其壓力成正比，所以高壓的空氣會比平常正常壓力下的空氣更容易溶在血液及身體其他的流體，因此在這種情況下會有更多的氧和氮會溶解在血液中而造成嚴重的問題，因爲在水下數百公尺之下潛水夫會感受到高壓，其結果是使得氮氣會大量地溶解於血液中，若潛水夫回到水面太快的話，因爲壓力減少，所以氮氣在血液中的溶解度下降，氮氣會如同打開汽水時一樣的從血液中冒出泡泡，而造成肋骨及關節的疼痛，甚至有可能干擾神經系統，此危險的狀態稱爲潛水夫病（the bends），也就是有氮麻醉（nitrogen narcosis）的風險，這是非常痛苦的且有可能致命的狀況，如果緩慢上升，則可避免這種情況的發生。

當深海潛水夫潛至水深超過50公尺深的地方時，需要使用另一重要的氦和氧混合氣體，而不能使用正常的空氣，因爲氦氣僅微溶於血液中，因此它不會造成這樣的問題。

## 5.9　部分莫耳分量

當一系統是由多個成分所組成時，此時各成分的熱力學性質必須用所

謂的部分莫耳分量（partial molar quantities）來加以描述質；各熱力學性質的部分莫耳分量定義如下：

$$U_i = (\frac{\partial U}{\partial n_i})_{T,P,n_j} \ ; \ H_i = (\frac{\partial H}{\partial n_i})_{T,P,n_j} \ ; \ S_i = (\frac{\partial S}{\partial n_i})_{T,P,n_j}$$

$$V_i = (\frac{\partial V}{\partial n_i})_{T,P,n_j} \ ; \ A_i = (\frac{\partial A}{\partial n_i})_{T,P,n_j} \ ; \ G_i = \mu_i = (\frac{\partial G}{\partial n_i})_{T,P,n_j}$$

以體積爲例，當兩成分$A$和$B$的溶液，其體積變化量爲：

$$dV = (\frac{\partial V}{\partial n_A})_{T,P,n_B} dn_A + (\frac{\partial V}{\partial n_B})_{T,P,n_A} dn_B = V_A dn_A + V_B dn_B$$

化學勢則定義爲部分Gibbs自由能：

$$G_i = \mu_i = (\frac{\partial G}{\partial n_i})_{T,P,n_j}$$

因爲$dG = -SdT + VdP + \sum_i \mu_i dn_i$ (III)

定溫定壓時，$dG = \sum_i \mu_i dn_i$

運用$U = G - PV + TS$；$H = G + TS$；$A = G - PV$

所以$dU = dG - PdV - VdP + TdS + SdT$

$$dH = dG + TdS + SdT$$

$$dA = dG - PdV - VdP \qquad \text{(IV)}$$

將(III)代入(IV)可得：

$$dU = TdS - PdV + \sum_i \mu_i dn_i$$

$$dH = TdS + VdP + \sum_i \mu_i dn_i$$

$$dA = -SdT - PdV + \sum_i \mu_i dn_i$$

因此，$\mu_i = (\frac{\partial U}{\partial n_i})_{S,V,n_j} = (\frac{\partial H}{\partial n_i})_{S,V,n_j} = (\frac{\partial A}{\partial n_i})_{T,V,n_j} = (\frac{\partial G}{\partial n_i})_{T,V,n_j}$

如果系統只有兩成分$A$和$B$的溶液，

$$dG = \mu_A dn_A + \mu_B dn_B + n_A d\mu_A + n_B d\mu_B$$

但定溫定壓時，$dG = \sum_i \mu_i dn_i$

兩式必須相等，因此

$$n_A d\mu_A + n_B d\mu_B = 0 \text{或} x_A d\mu_A + x_B d\mu_B = 0$$

以上的方程式稱為Gibbs-Duhem方程式。

## 例題5.8

The experimental value of the partial molar volume of $K_2SO_4$(aq) at 298 K is given by the expression:

$$V_{K_2SO_4/(cm^3mol^{-1})} = 32.280 + 18.216b^{1/2}$$

where b is the numerical value of the molality of $K_2SO_4$. Use the Gibbs-Duhem equation to derive an equation for the molar volume of water in the solution. The molar volume of water at 298K is 18.079 $cm^3mol^{-1}$.

**解**：

根據Gibbs-Duhem equation: $n_A dV_A + n_B dV_B = 0$

因此，$dV_B = -\dfrac{n_A}{n_B} dV_A$

兩邊積分可得：$V_B = V_B^* - \int \dfrac{n_A}{n_B} dV_A$

其中$A$表$K_2SO_4$

$$\frac{dV_A}{db} = 9.108b^{-1/2}$$

因此，$V_B = V_B^* - 9.108 \int_o^b \dfrac{n_A}{n_B} b^{-1/2} db$

又$b = \dfrac{n_A}{n_B M_B}$

故$V_B = V_B^* - 9.108 M_B \int_o^b b^{\frac{1}{2}} db$

$$= V_B^* - \frac{2}{3}(9.108 M_B b^{3/2})$$

因此，$V_B = 18.079 - 0.1094b^{3/2}(cm^3mol^{-1})$

# 5.10　依數性質

在寒冷的國度裡，汽車的水箱需要加入抗凍劑，以防止水箱因氣溫太低而爆破，汽車抗凍劑的主要成分是乙二醇，它的蒸氣壓低，所以不容易揮發，乙二醇雖然有甜味，但卻是有毒的。加入乙二醇於水中可降低水的凝固點至0 ℃以下，而凝固點的下降程度與加入的乙二醇的數量有關，因此稱凝固點下降為依數性質，加入其他非電解質的物質，也會看到相同的現象。一性質取決於溶質在溶液中的濃度，而非取決於溶質的化學特性，稱為依數性質（colligative properties）。溶液的熔點下降、沸點上升、與其滲透壓均屬於依數性質。以下就這三性質分別加以探討：

## 凝固點下降

純液體的凝固點減去溶液的凝固點等於溶液凝固點下降（the freezing-point depression）$\Delta T_m$，它是一依數性質。對稀薄溶液而言，其凝固點下降正比於重量莫耳濃度$m_2$，

$$\Delta T_m = K_f m_2$$

其中凝固點下降常數$K_f$，取決於溶劑。溶液的凝固點下降有一些實際的應用，如前所述，乙二醇可以用作汽車散熱器的抗凍劑，因為它可以降低溶液的凝固點。在冬天時結冰的路面可以灑上一些氯化鈉和氯化鈣，因為它們可以降低冰和雪的凝固點，因為此時凝固點比周圍的空氣的溫度要來得低。依數性質亦可用於分子量的測定，雖然現在質譜儀經常用作正規測定純物質分子量的方法，依數性質仍常用於得到溶液中物種的資訊。凝固點經常使用，因為比較容易量測其熔點或凝固點。由凝固點下降，可以計算重量莫耳濃度，進而得到分子量。

首先考慮各相的化學勢對溫度的關係圖，如圖5.10所示。當加入一些溶質而形成溶液時，各相的化學勢與溫度的關係如圖5.10之虛線所示，此時各相化學勢的交叉點亦即熔點或沸點會有所改變。

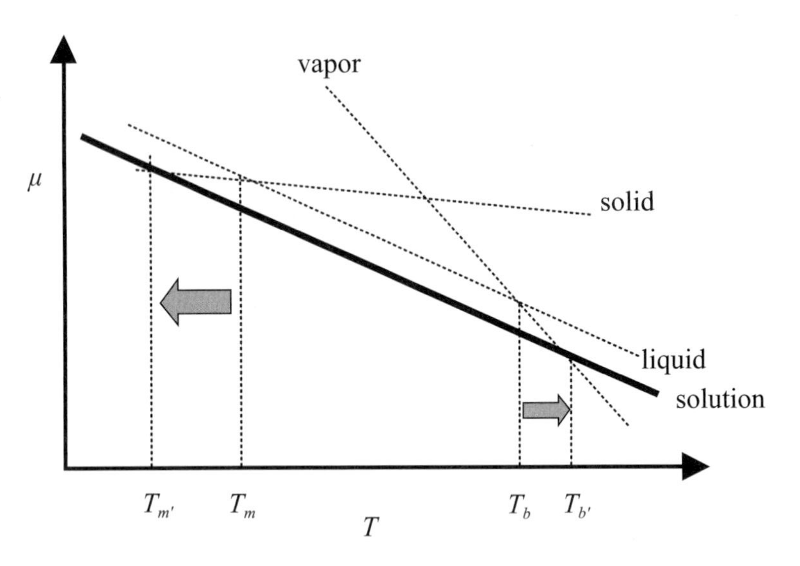


圖5.10 各相的化學勢與溫度的關係，如虛線所示

茲考慮純固體與溶液的平衡，該固體在兩相中的化學勢必須相等，亦即

$$\mu_{solid}(T,\ P) = \mu(T,\ P,\ x_1)$$
$$\mu_{solid}(T,\ P) = \mu^0(T,\ P) + RT\ln x_1$$

移項之後可得$\ln x_1 = -\dfrac{\mu^0(T,P) - \mu_{solid}(T,P)}{RT}$，因爲$\mu^0$是純液體的化學勢，所以$\mu^0(T,\ P) - \mu_{solid}(T,\ P) = \Delta G_{fus}$

所以，$\ln x_1 = -\dfrac{\Delta G_{fus}}{RT}$

將上式對$x_1$微分可得：$\dfrac{1}{x_1} = -\dfrac{1}{R}[\dfrac{\partial(\frac{\Delta G_{fus}}{T})}{\partial x_1}]_P = -\dfrac{1}{R}[\dfrac{\partial(\frac{\Delta G_{fus}}{T})}{\partial T}]_P(\dfrac{\partial T}{\partial x_1})_P$

已知Gibbs-Helmholtz方程式：$[\dfrac{\partial(\frac{\Delta G}{T})}{\partial T}]_P = -\dfrac{\Delta H}{T^2}$

代入可得：

$$\frac{1}{x_1} = \frac{\Delta H_{fus}}{RT^2}(\frac{\partial T}{\partial x_1})_P$$

兩邊同時積分，

$$\int_{1}^{x_1} \frac{1}{x_1} dx_1 = \int_{T_m}^{T_m'} \frac{\Delta H_{fus}}{RT^2} dT$$

$$\ln x_1 = -\frac{\Delta H_{fus}}{R}(\frac{1}{T_m'} - \frac{1}{T_m})$$

$$\frac{1}{T_m'} = \frac{1}{T_m} - \frac{R \ln x_1}{\Delta H_{fus}}$$

將莫耳分率轉換成重量莫耳濃度$m$，且$\ln x_1 = \ln(1 - x_2) = -x_2$，

因為是稀薄溶液，所以$n_1 >> n_2$，

因此，$x_2 = \frac{\Delta H_{fus}}{R}(\frac{1}{T_m} - \frac{1}{T_m'}) \approx \frac{\Delta H_{fus}}{R}(\frac{\Delta T_f}{T_m^2})$

$$\Delta T_m = \frac{M_1 RT_m^2}{\Delta H_{fus}} m_2 \text{（}\Delta T_m = T_m - T_m'\text{；}T_m' T_m \approx T_m\text{）}$$

$$\Delta T_m = K_f m_2$$

其中$K_f = \frac{M_1 RT_m^2}{\Delta H_{fus}}$。

## 例題5.9

What is the freezing point of a solution containing 478 g of ethylene glycol (antifreeze) in 3202 g of water? The molar mass of ethylene glycol is 62.01 g.

**解**：

$\Delta T_m = K_f m_2$

$K_f$ (water) = 1.86℃/m

$$m_2 = \frac{\frac{478}{62.01}}{3202 \times 10^{-3}} = 2.41$$

$\Delta T_m = K_f m_2 = 1.86 \times 2.41 = 4.48$℃

$\Delta T_m = T_m - T_m' = 4.48 = 0 - T_m'$

$T_m' = -4.48$℃

在北美洲冬天時異常寒冷，氣溫可能都是零下好幾度，生活在北美洲如

阿拉斯加的木蛙冬眠時為何不會被凍死呢？木蛙的身體在冬天時是部分冷凍的（70%），在冬眠狀態時牠沒有心跳，沒有血液循環，沒有呼吸，也沒有大腦的活動，在解凍之後的一小時至兩小時之內，這些重要的功能便可回復，而木蛙又可以跳出去覓食了，這是怎麼辦到的呢？當木蛙冬眠時，牠會分泌大量的葡萄糖到牠的血液及細胞內，細胞內的流體因為有高濃度的葡萄糖，所以凝固點下降，所以仍能保持液體的狀態，此時細胞內的高葡萄糖溶液可以當作抗凍劑，如同車子水箱加抗凍劑一樣，避免細胞內的水結冰，使北美洲的木蛙在冬天下仍可存活。有些昆蟲或深海魚類則利用甘油使得凝固點下降，有些有占身體重量19%的甘油，可以忍受低溫至−38℃。

## 沸點上升

一液體的正常沸點是當其蒸汽壓等於1 atm時的溫度，因爲添加一非揮發性溶質於液體會降低其蒸汽壓，溫度必須提高超過正常沸點才能達到1 atm的蒸汽壓，溶液的沸點減去純液體的沸點等於溶液沸點上升（elevation of the boiling point）$\Delta T_b$，它是一依數性質

$$\Delta T_b = K_b m_2$$

沸點上升常數$K_b$取決於溶劑。

如同熔點下降的推導方式，考慮溶液與蒸汽之間的平衡，在兩相中該成分的化學勢必須相等，亦即

$$\mu_1(\text{solution})(T, P, x_1) = \mu_1(\text{vapor})$$

$$\mu_{1,soln}(T,P) = \mu_1^{\ 0}(T,P) + RT\ln x_1$$

$$\ln x_1 = -\frac{\mu_1^{\ 0}(T,P) - \mu_{vapor}(T,P)}{RT} = \frac{\Delta G_{vap}}{RT}$$

再次利用Gibbs-Helmholtz方程式：$[\frac{\partial(\frac{\Delta G_{vap}}{T})}{\partial T}]_P = -\frac{\Delta H_{vap}}{T^2}$可得，

$$\ln x_1 = -\frac{\Delta H_{vap}}{RT}(\frac{1}{T_b'} - \frac{1}{T_b})$$

按先前之方式簡化可得，$\Delta T = T_b' - T_b = K_b m_2$

其中$K_b = \dfrac{M_1 R T_b^2}{\Delta H_{vap}}$。

## 滲透壓

特定的薄膜只允許較小的溶劑分子如水分子通過，但是較大的溶質分子如蔗糖分子卻不能通過，具有這種特性的膜稱為半透膜（semipermeable membrane）。溶劑可以通過半透膜而使得膜兩邊的溶質濃度相等的現象稱爲滲透（osmosis）。當具有相同溶劑的兩溶液以半透膜加以隔開時，溶劑分子會透過膜而向兩邊移動，但是溶劑從低溶質的溶液到高溶質的溶液的移動比較快。

一般而言，加在溶液恰可停止其滲透的壓力稱爲滲透壓（osmotic pressure），滲透壓是一依數性質，溶液的滲透壓（$\pi$）與溶質的莫耳關係如下：

$$\pi = [C]RT$$

其中$R$是氣體常數，$T$是絕對溫度，$C$爲溶質的莫耳濃度（$\frac{n_2}{V}$）。此方程式稱爲van't Hoff方程式。滲透壓的方程式與理想氣體狀態方程式有點相似：

$$PV = nRT$$

氣體的體積莫耳濃度$M$等於$n/V$，因此，

$$P = (n/V)\ RT = MRT$$

滲透在許多生化應用上是重要的，如細胞對血漿中的滲透壓關係。

滲透壓的來由可以理解如下：假設一純溶劑與其溶液這兩個相中間有半透膜，溶劑分子可以透過半透膜，而使溶液這邊需有一額外的壓力，此額外的壓力即爲滲透壓，如圖5.11表示：

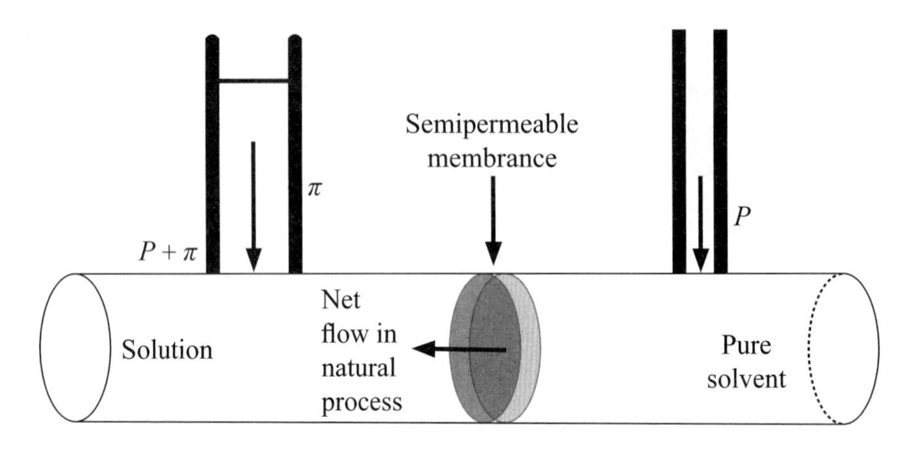


圖5.11 滲透壓的過程

平衡時，$\mu(T, P+\pi, x_1) = \mu^0(T, P)$

其中$x_1$是溶劑的莫耳分率，則

$$\mu^0(T, P+\pi) + RT\ln x_1 = \mu^0(T, P)$$
$$\mu^0(T, P+\pi) - \mu^0(T, P) = RT\ln x_1$$

記住化學勢$\mu$與壓力和溫度的關係爲$d\mu = dG_m = V_m dP - S_m dT$

當定溫時，$dT = 0$，所以$d\mu = V_m dP$

$$\mu^0(T,P+\pi) - \mu^0(T,P) = \int_P^{P+\pi} V^0 dP$$
$$\int_P^{P+\pi} V^0 dP + RT\ln x_1 = 0$$
$$V^0\pi + RT\ln x_1 = 0$$

假設是稀薄溶液，$x_2 << 1$且$x_1 + x_2 = 1$；

$$\ln x_1 = \ln(1-x_2) = -x_2 = -\frac{n_2}{n_1+n_2} \sim \frac{-n_2}{n_1}$$

當$x_2 << 1$，$\ln(1-x_2) = -x_2$，且$n_1 >> n_2$

因此，$\pi = \dfrac{n_2 RT}{n_1 V^0} = CRT$（因爲$V = n_1V_0 + n_2V_0$）

因爲滲透壓的效應很明顯，且可量測得到，因此它的其中一個最常用的應用即是巨大分子，如高分子或蛋白質的分子量測定，因爲巨大分子的溶液與理想溶液相去甚遠，所以可將van't Hoff方程式改寫成類似眞實氣體的維里級數如：

$$\pi = [C]RT(1 + B[C] + .....)$$

其中$B$稱爲osmotic virial coefficient。

人體一些部分器官有不同的滲透壓，並且需要積極幫浦機制以抵消滲透。例如：眼角膜是眼睛外部透明組織的細胞，它的光學流體比其後方的水晶體要來得濃，爲了防止眼角膜從水晶體將額外的水吸入，因此能幫浦水的細胞位於鄰近水晶體的眼角膜組織內。眼角膜必須在捐贈者死亡後移除後，立即將眼角膜保存，此可防止當幫浦機制停止後所產生的模糊，因爲人死後，無法再提供能量。另外植物也是利用滲透壓的原理將水分運送至樹葉。

當你在海上漂流數天之後，可能已經非常的渴，此時的你應該會有一股衝動要喝海水解渴，但是事與願違，海水是不能喝的。這也和滲透壓有關係，當你大口喝下海水之後，可能覺得更渴，甚至會因爲這樣而脫水死亡呢。我們常用75%酒精殺菌也是考量這樣的濃度的酒精溶液，最能滲透至細菌裡面而殺死它們。

爲什麼被水蛭吸血時要對牠灑鹽巴呢？這是因爲滲透壓的關係，鹽巴灑在水蛭身上時，水蛭皮膚上的水分會因爲滲透壓的關係而往鹽巴滲透，導致水蛭因爲脫水而身體縮起來，然後就因爲後院著火了，顧不得吸血的工作而掉落下來。其實滲透壓是屬於依數性質，只與溶液中溶質的數目有關，而與溶質的特性無關，因此你也可以灑糖在水蛭身上，效果也會一樣，只是糖比鹽巴貴，也容易招惹螞蟻；另外爬山流汗過多而快抽筋時，補充鹽巴也是必要的，當然爬山煮菜也用得到鹽巴，所以爬山帶把鹽巴，眞是一兼三顧，摸蛤兼洗褲。

## 例題5.10

Calculate the osmotic pressure of a 1 mol/L sucrose in water from the fact that at 30℃ the vapor pressure of the solution is 4.1606 kPa. The vapor pressure of pure water at 30℃ is 4.2429 kPa. The density of pure water at this temperature (0.99564 g/cm$^3$) may be used to estimate $V_1$ for a dilute solution.

**解**：

$V_1\pi = -RT\ln x_1$ and Raoult's law：$P_1 = x_1P_1^*$

$\pi = (-RT/V_1)\ln(P_1/P_1^*)$

$V_1 = 18.02/0.99564 = 1810\ \text{cm}^3/\text{mol}$

$= 0.01810\ \text{L/mol}$

$\pi = 0.08314\times303.15/0.0180\ln(4.2429/4.1606)$

$= 27.3\ \text{bar}$

## 例題5.11

The osmotic pressures of solutions of poly (vinyl chloride), PVC, in cyclohexanone at 298 K are given below. The pressures are expressed in terms of the heights of solution (of mass density $\rho = 0.980\ \text{g/cm}^3$) in balance with the osmotic pressure. Determine the molar mass of the polymer.

| $[C]/(\text{gL}^{-1})$ | 1.00 | 2.00 | 4.00 | 7.00 | 9.00 |
|---|---|---|---|---|---|
| $h/\text{cm}$ | 0.28 | 0.71 | 2.01 | 5.10 | 8.00 |

**解**：

可將van't Hoff方程式改寫成類似真實氣體的維里級數如下：

$\pi = [C]RT(1 + B[C])$

又$\pi = \rho gh$，兩式合併可得：

$$\frac{h}{[C]} = \frac{RT}{\rho gM}(1+\frac{B[C]}{M}+\cdots\cdots) = \frac{RT}{\rho gM}+\left(\frac{RTB}{\rho gM^2}\right)[C]+\cdots\cdots$$

依上式可將$\frac{h}{[C]}$對$[C]$作圖，則可得一直線，當外插至$[C] = 0$時，則可得其截距$= \frac{RT}{\rho gM}$

| | | | | | |
|---|---|---|---|---|---|
| 利用 | $[C]/(\text{gL}^{-1})$ | 1.00 | 2.00 | 4.00 | 7.00 |
| 轉換成 | $\left(\frac{h}{[C]}\right)/(\text{cmg}^{-1}\text{L})$ | 0.28 | 0.36 | 0.503 | 0.729 |

將$\dfrac{h}{[C]}$對$[C]$作圖，所得的圖形如下的直線，且其截距 = 0.21。

因此，$M = \dfrac{RT}{\rho g} \times \dfrac{1}{0.21}$；

$$= \frac{8.3145 \times 298}{980 \times 9.81} \times \frac{1}{2.1 \times 10^{-3}}$$

$$= 1.2 \times 10^{2}\ \text{kg/mol}$$

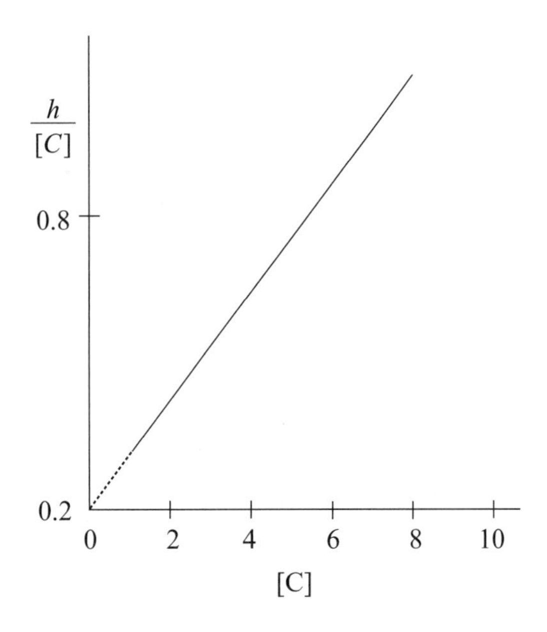


## 逆滲透

水的純化問題可以利用逆滲透（reversed osmosis）的過程，特別是應用在將海水去鹽化，而使得海水變得可以飲用或者是工業上可用的水；如前所述，在正常的滲透情況，溶劑（也就是水）由稀薄溶液經過半透膜而流至濃度較濃的溶液，施加與滲透壓相同的壓力於濃度較濃的溶液，則可以停止滲透的過程，如果施加更大的壓力時，甚至可能將滲透的過程反轉；然後溶劑由濃度較濃的溶液（海水）經過半透膜而流至稀薄的溶液（可以是純水），此種過程稱爲逆滲透。

## 離子溶液的依數性質

因為離子溶液中含有溶解的不同離子，因此為了解釋離子溶液的依數性質，必須了解重要的是離子的總濃度，而不是離子物質的濃度；例如，0.10 m氯化鈉溶液的凝固點下降幾乎是0.10 m葡萄糖溶液的兩倍，之所以造成此現象的原因是因為氯化鈉溶解於水會生成$Na^+$和$C\ell^-$兩種離子，換言之，每一個單位的氯化鈉溶解於水會得到兩個離子，所以可將凝固點下降的公式改寫如下：

$$\Delta T_f = i \times K_f \times m_2$$

其中$i$是每個化學式單位所得的離子數目，$m_2$是離子化合物之化學式的重量莫耳濃度，另外對於離子溶液的其他依數性質的方程式可修正如下：

$$\text{沸點上升：}\Delta T_b = i \times K_b \times m_2$$
$$\text{滲透壓：}\pi = i \times MRT$$

值得注意的是，由凝固點下降計算所得的$i$值，經常是少於由化學式單元所得離子的數目。例如，0.029 $m$ 硫酸鉀（$K_2SO_4$）的水溶液，其凝固點為−0.14℃，因此，

$$\frac{\Delta T_f}{K_f m_2} = \frac{0.14}{1.86 \times 0.029} = 2.6$$

如果以$K_2SO_4$加以考慮的話，應該會解離出來三個離子（即$2K^+ + SO_4^{2-}$），則應該預期$i = 3$。

## 例題5.12

依數性質僅與溶液中溶質的數量有關，而與溶質特性無關，請回答以下相關問題：

(1) 請說明為何水的$K_f$值（1.86）比$K_b$值（0.51）大很多的原因？

(2) 利用依數性質的特性決定溶液中高分子或蛋白質的分子量時，請問使用哪一種依數性質的測定比較好？為什麼？

(3) 如果三個溶液中每公升各含有等莫耳數的乙二醇、氯化鈉、氯化鈣、硫酸鈉和硫酸鈣，試問何者的依數性質效果最大，請加以說明為什麼？（複選）

**解**：

(1) $K_f=\dfrac{M_1RT_m^2}{\Delta H_{fus}}$；$K_b=\dfrac{M_1RT_b^2}{\Delta H_{vap}}$

$$\frac{K_f}{K_b}=\left(\frac{T_m^2}{\Delta H_{fus}}\right)\Bigg/\left(\frac{T_b^2}{\Delta H_{vap}}\right)$$

已知水的凝固熱$\Delta H_{fus}=6020\text{J/mol}$；汽化熱$\Delta H_{vap}=40700\text{J/mol}$

凝固點$T_m=273\text{K}$；沸點 $T_b=373\text{K}$代入可得

$$\frac{K_f}{K_b}=\frac{\dfrac{273^2}{6020}}{\dfrac{373^2}{40700}}=3.62$$

主要是汽化熱$\Delta H_{vap}=40700\text{J/mol}$大約是凝固熱$\Delta H_{fus}=6020\text{J/mol}$的7倍左右。

(2) 使用滲透壓測量分子量的效果會是最好的，因為滲透壓的效應比較明顯，而凝固點下降與沸點上升皆比較不明顯，但凝固點下降比沸點上升的效應大。

(3) 氯化鈣、硫酸鈉因為其一個分子可以解離出約三個離子，所以依數性質效果最大，但硫酸鈣是固體不溶於水，所以依數性質效果最差。

## 綜合練習

1. From the following statements

   (1) The vapor pressure of water is a constant at a given temperature.

   (2) The vapor pressure of water is independent of the external pressure.

   (3) At the curved surface of water droplet, the pressure in the outer surface is slightly greater than that in the inner surface.

   (4) The vapor pressure of a water droplet is slightly greater than that of water in a beaker.

   (5) Water in a small bubble has a lower vapor pressure than the bulk water because of the action of surface tension.

Choose the correct one.

(A) 1, 2, 4 (B) 1, 2, 5 (C) 2, 4, 5 (D) 2, 4 (E) 1, 2, 3, 4, 5

2. Choose the correct one.

(A) The solubility of $CO_2$ in water increases with increasing the temperature

(B) The dissolution rate of $CO_2$ in water increases as the temperature is raised

(C) The solubility of $CO_2$ in water increases when a salt is added

(D) The dependence of dissolution rate on the temperature is determined by the heat of dissolution

(E) None is correct

3. For a binary liquid mixture A-B, choose the correct one.

(A) Both the molar volume of the solution and partial molar volume for each component are always positive

(B) The molar volume of mixing is always zero

(C) The Gibbs energy of the solution is always increased with increasing the temperature

(D) The Gibbs energy of the solution is always increased with increasing the pressure

(E) None is correct

4. A solution of hexane and heptane at 30℃ with hexane mole fraction 0.305 has a vapor pressure of 95.0 torr and a vapor-phase hexane mole fraction of 0.555. Find the vapor pressures of pure hexane and heptane at 30℃. State any approximations made.

5. At high temperatures and pressures, a possible equation of state for gases is

$$PV = RT + bP$$

Where $b$ is constant. Calculate the fugacity of nitrogen at 1000K and a pressure of $10^8$ Pa (approximately 1000 atm) according to this equation if $b = 39\ \text{cm}^3\text{mol}^{-1}$.

6. The molecular weight of a solute can NOT be determined by which of the following measurements?

(A) melting point depression (B) boiling point elevation (C) heat capacity

(D) osmotic pressure.

7. Which of the following statements is NOT true for an ideal solution?
   (A) The chemical potential of each species is given by $\mu_i = \mu_i^*(T, P) + RT \ln x_i$ for all components.
   (B) $\Delta H_{mix} = 0$, at constant $T$, $P$.
   (C) $\Delta V_{mix} = 0$, at constant $T$, $P$.
   (D) $\Delta S_{mix} = 0$, at constant $T$, $P$.

8. In a study of the osmotic pressure of hemoglobin at 276.15 K, was found to be equal to that of a column of water 4.0 cm in height. The concentration was 1 g hemoglobin per 0.1 liter.
   (1) Calculate the molar mass of hemoglobin. If 0.3 liter of water was added to the solution.
   (2) Evaluate the osmotic pressure.

9. A one-phase two-component system contains $A$ and $B$ substances. If one adds $n$ moles of $A$ into the system the Gibbs energy changes from $G_1$ to $G_2$. If one removes $n$ moles of $B$, the Gibbs energy also changes from $G_1$ to $G_2$. Assume all other conditions, such as temperature, pressure, are fixed, which of the following statement is correct?
   (A) The chemical potential of $A$ is equal to the chemical potential of $B$
   (B) The chemical potential of $A$ is twice as the chemical potential of $B$
   (C) If one adds n moles of $A$ and removes n moles of $B$ simultaneously from the system, the Gibbs energy of the system is unchanged
   (D) The chemical potential of $A$ is positive and of $B$ is negative
   (E) None is correct

10. Solution 1 contains 2 moles $A$ and 1 moles of $B$. Solution 2 contains 1.5 moles of $B$ and 1.5 moles of $A$. If one finds that $P_A = 2/3P_A^0$ for solution 1, and $P_B = 0.5P_B^0$ for solution 2, where $P_A$ and $P_B$ are partial pressures and $P_A^0$ and $P_B^0$ are pressures for the pure component. Which of the following about the entropy of mixing for solutions 1 and 2 is correct?

(A) $\Delta S_1 = \Delta S_2$ (B) $\Delta S_1 = 2\Delta S_2$ (C) $\Delta S_1 > \Delta S_2$ (D) $\Delta S_1 < \Delta S_2$

(E) can not compare

11. The measured activity coefficients of a two-component solution are $\gamma_1 = 0.3$ and $\gamma_2 = 0.5$. Which of the following is correct?

(A) The mole fractions of the components are 3/8 and 5/8

(B) There is no interaction between component 1 and 2

(C) The activity of component 1 is less than component 2

(D) Component 1 is less ideal than component 2

(E) None is correct

12. Which of the following forms is the Clausius-Clapeyron equation?

(A) $\dfrac{d\ln P}{d(1/T)} = -\dfrac{\Delta H}{R}$ (B) $\dfrac{d\ln P}{dT} = \dfrac{\Delta H}{R}$ (C) $\dfrac{dP}{dT} = \dfrac{T\Delta H}{\Delta V}$ (D) $\dfrac{d\ln H}{dT} = \dfrac{P}{RT}$

(E) none is correct

13. A pure fluid has the following physical properties:

Solid vapor pressure: $\ln P^s(Pa) = 30.2 - \dfrac{6250}{T(K)}$

Liquid vapor pressure: $\ln P^l(Pa) = 27.6 - \dfrac{5450}{T(K)}$

Determine the triple point temperature (K) and pressure (bar). Sketch the $P$-$T$ phase diagram.

12. In an ideal binary solution, the mole fraction of two components satisfy $x_1 + x_2 = 1$ and the vapor pressure of components 1 and 2 are $P_1^*$ and $P_2^*$, respectively.

(A) The total vapor pressure can be expressed as $P_{tot} = P_1^* + x_2(P_1^* - P_2^*)$.

(B) If the mole fractions of components 1 and 2 in the gas phase are $y_1$ and $y_2$, respectively, $P_{tot}$ can be expressed as $P_{tot} = \dfrac{P_1^* P_2^*}{P_2^* + y_2(P_2^* - P_1^*)}$.

(C) An ideal solution is made from 5 mol of benzene ($P_1^* = 96.4$ Torr at 298 K) and 3.25 mol of toluene ($P_2^* = 28.9$ Torr at 298 K) at 298 K and 1 bar pressure, then $\Delta G_{min} = 8.25 \times 8.314 \times 298 \times (\ln 0.606 + \ln 0.394)$.

(D) At 298 K, if the pressure of the benzene-toluene mixture above-mentioned is reduced from 1 bar, the first vapor appears at $P_{tot} = 125.3$ Torr.

(E) None of the above statements is correct.

# 第 6 章

# 相　圖

## 6.1　自由度與相律

假設一系統是由$C$個成分（components）所組成的，同時亦存在P個相（phases），則當系統達到平衡時，其自由度$F$（degree of freedom）與成分及相之間的關係爲：

$$F = C - P + 2$$

此關係式的導法如下：

假設系統中有$C$個成分，$P$個相，先找出可以存在的方程式總數目，此即爲對自由度的限制，必須加以扣除。

| 方程式的種類 | 方程式數目 |
| --- | --- |
| 每個相中，均有$C$個成分，為了描述各成分的量，各成分的莫耳分率總和需為1；因為有$P$個相，故總共需要$P$個這類的方程式。 | $P$ |

| 方程式的種類 | 方程式數目 |
| --- | --- |
| 在每個相都達到平衡，所以自由能需符合以下的條件：<br>$$\underbrace{C\text{個成分}\begin{cases}\mu_1^\alpha=\mu_1^\beta=\mu_1^\gamma=\cdots=\mu_1^P\\ \mu_2^\alpha=\mu_2^\beta=\mu_2^\gamma=\cdots=\mu_2^P\\ \vdots\\ \mu_C^\alpha=\mu_C^\beta=\mu_C^\gamma=\cdots=\mu_C^P\end{cases}}_{P\text{個相}}$$<br>每一橫式需要（$P-1$）個等式才能描述平衡，因共有C個成分，故總共有$C(P-1)$個獨立式。 | $C(P-1)$ |

## 方程式總數目 = $P + C(P - 1)$

如果沒有以上這些方程式的限制的話，系統的自由度$F$應為$PC$，外加平衡時各成分及各個相的溫度和壓力皆相等，因此需加上壓力$P$及溫度$T$這2個變數；所以自由度應為

$$F(\text{freedom}) = PC + 2 - P - [C(P - 1)]$$
$$= C - P + 2$$

值得注意的是，有時候成分數目的選定需特別注意各成分有無化學反應平衡式的存在，例如：

$$PC\ell_5 \rightleftarrows PC\ell_3 + C\ell_2$$

雖然有三種物種($PC\ell_5$, $PC\ell_3$, $C\ell_2$)，但是因為有此化學反應平衡式的存在，所以僅能以兩個成分計算。

## 例題6.1

At room temperature, iodine ($I_2$) is present as a solid form, and is added to a mixture, which contains water and $CC\ell_4$ until saturated. $CC\ell_4$ is a liquid that cannot be immiscible with water. How many components and phases present in this system? How about the degree of freedom?

**解**：

因為有Solid $I_2$、water和$CC\ell_4$共三種成分

共有四種相如下：

(a) vapor: $I_2(g)$, $H_2O(g)$, $CC\ell_4(g)$

(b) liquid:水層含有$H_2O(\ell)$, $I_2(aq)$

(c) liquid: $CC\ell_4$層含有$CC\ell_4(\ell)$, $I_2$

(d) 因為形成飽和的溶液，所以一定存在固相$I_2(s)$

自由度$F = C - P + 2 = 3 - 4 + 2 = 1$

## 6.2 單一成分系統的相圖

如果系統只有單獨一種成分的話，問題比較簡單，因爲只要考慮三相的平衡問題而已，以硫爲例，它的相圖比較複雜，其相圖有三個三相點，其中涉及兩個不同固體型式的硫，稱爲斜方硫（orthohombic）及單斜硫（monoclinic）兩種形式，其相圖如圖6.1所示。

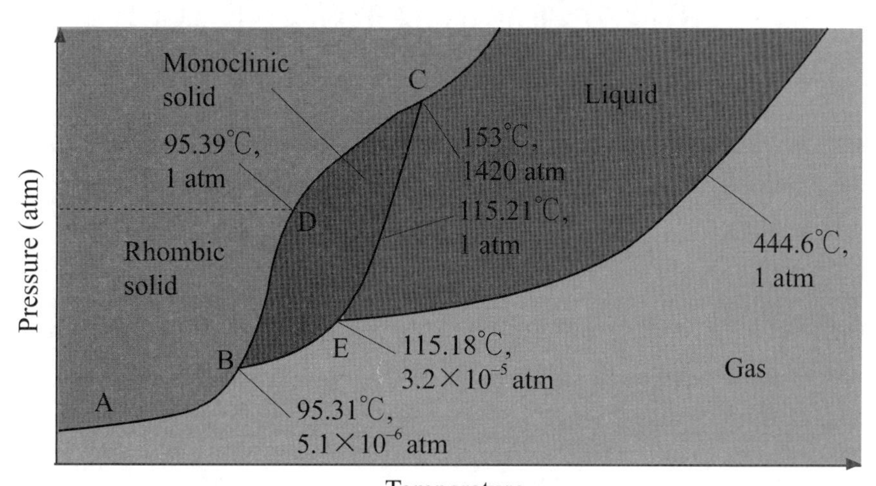


圖6.1 硫的相圖

1.point $A$：斜方硫的固體，$F = C - P + 2 = 1 - 1 + 2 = 2$。
2.point $B$：三相同時存在（即rhombic、monoclinic、vapor）。
因此$F = C - P + 2 = 1 - 3 + 2 = 0$；此點是固定不動的!此為三相點的特性。
3.曲線$AB$, $BC$, $BE$, $CE$皆是處於兩相平衡的狀態，$F = 1 - 2 + 2 = 1$。
4.points $C$ & $E$：三相同時存在，因此$F = C - P + 2 = 1 - 3 + 2 = 0$；此點與point $B$相同，是固定不動的！

生活小常識

**冷凍乾燥（freeze drying）**

固體受熱時，當其壓力低於三相點的壓力時，固體將跳過液相而會直接進入氣相，此即為固體的昇華。利用此特性，可以將食物進行所謂的冷凍乾燥，將冷凍的食物放入真空（低於0.00603 atm），此時食物中所含的水分是以冰的形式存在，在這種壓力條件下冰會直接昇華，所以利用這種真空條件，便可將食物中的水移除，因為不是利用高溫的加熱方式除水，因此食物經冷凍乾燥之後可以保有較多原有食物的風味。

## 6.3 兩成分理想溶液系統之液氣相圖

兩個易揮發的液體所組成的理想溶液之蒸氣壓力的分壓會遵守拉午耳定律：

$$P_A = x_A P_A^* \text{；} P_B = x_B P_B^*$$

其中$P_A^*$與$P_B^*$分別是純成分$A$和$B$的蒸氣壓。在處理液相與氣相平衡的問題時，通常將液相中的組成以$x$表之，成分$A$和$B$的莫耳分率分別為$x_A$和$x_B$，記住$x_A + x_B = 1$；而氣相中的組成以y表之，成分$A$和$B$的莫耳分率分別為$y_A$和$y_B$，則依拉午耳定律，可得總蒸氣壓$P_{total} = x_A P_A^* + x_B P_B^*$，

$$P_{total} = x_A P_A^* + x_B P_B^* = x_A P_A^* + (1 - x_A) P_B^* = P_B^* + (P_A^* - P_B^*) x_A$$

上式表示總蒸氣壓在固定溫度下與成分的莫耳分率有線性的關係。成分A在氣相中的組成爲：

$$y_A = \frac{P_A}{P_{total}} = \frac{x_A P_A^*}{x_A P_A^* + x_B P_B^*}$$

因爲$x_A = 1 - x_B$，兩式加以結合可得：

$$y_A = \frac{x_A P_A^*}{x_A P_A^* + (1 - x_A) P_B^*}$$

$$y_A = \frac{x_A P_A^*}{P_B^* + (P_A^* - P_B^*) x_A}$$

同理，$y_B = \dfrac{x_B P_B^*}{x_A P_A^* + x_B P_B^*}$

$$x_A = \frac{y_A P_B^*}{P_A^* + (P_B^* - P_A^*) y_A}$$

$$P_{total} = \frac{\dfrac{y_A P_B^*}{P_A^* + (P_B^* - P_A^*) y_A} P_A^*}{y_A}$$

$$P_{total} = \frac{y_A P_A^* P_B^*}{[P_A^* + (P_B^* - P_A^*) y_A] y_A}$$

將$P_{total}$對$y_A$作圖得到圖6.2下方之曲線，圖6.2則同時顯示氣相和液相的相圖。因爲兩成分所形成的溶液行爲接近理想溶液，所以上方的曲線爲一直線，是純液體（pure liquid）和液氣（liquid-vapor）區域兩者之間的界線，此直線稱爲液體曲線（liquid curve），它其實只是該液體混合物的總蒸氣壓對$x_A$的圖，在此直線的上方的話，蒸氣將會冷凝成液體；下方的曲線爲蒸氣壓對$y_A$的圖，此曲線稱爲蒸氣曲線（vapor curve），是液氣（liquid-vapor）區域和蒸氣兩者之間的界線，在此直線的下方的話，液體無法與蒸氣達成平衡。

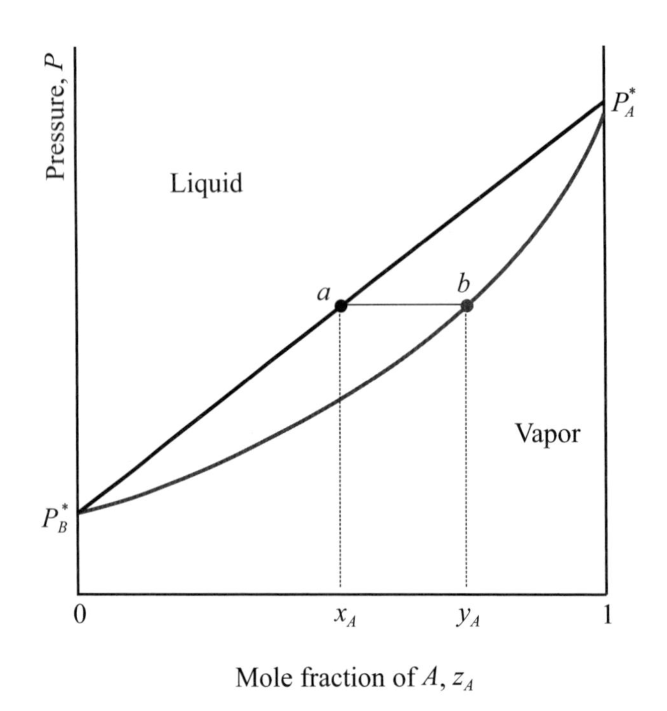


圖6.2　理想溶液之氣相和液相的相圖

在標示為liquid區域的部分，因有兩個成分，所以自由度$F = 2 - 1+2 = 3$；因為該圖是在某一特定溫度，因此剩下兩個自由度已完全描述該系統，因此可選擇$P$和$x_A$，所以自由度$F' = 2$。同樣地，在標示為vapor區域的部分，可選擇$P$和$y_A$。但在兩相區即liquid + vapor，僅需要一個參數$P$、$x_A$或$y_A$即可描述系統，所以自由度$F' = 1$，如圖6.3所示。

如果當$P_A^* = P_B^*$，則$y_A = x_A$，也就是在氣液兩相的組成一樣；但如果$P_B^* > P_A^*$，則$y_A < x_A$，換言之，當成分$A$的蒸氣壓小於成分$B$的蒸氣壓時，則成分B在氣相中的量要比它在液相中的要來得多。

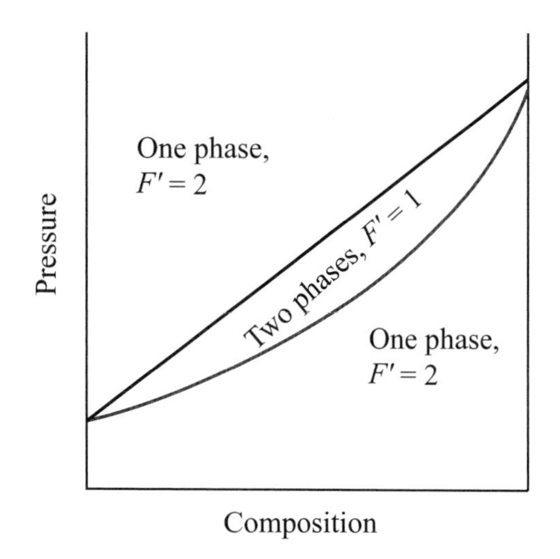


圖6.3　理想溶液之氣相和液相的相圖中各區域的自由度

# 6.4　槓桿定則

在相圖中標示為兩相區域的某一點，僅定性地表示液相和氣相同時存在的事實，如要知道兩相的相對量，則可利用所謂的槓桿定則（lever rule）。考慮兩成分系統的液氣平衡，如圖6.4所示：

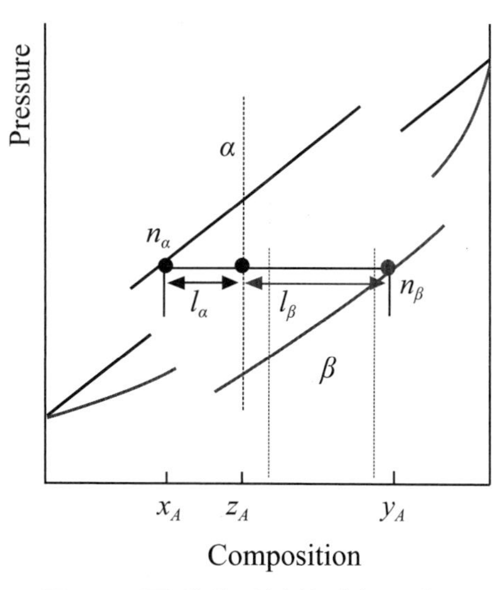


圖6.4　兩成分系統的液氣平衡

在兩相$\alpha$和$\beta$的區域中其相對量可推導如下：

$nz_A = n_\alpha x_A + n_\beta y_A$（成分$A$的總莫耳數等於其在各相中的莫耳數總和） (1)

其中$n_\alpha$是$\alpha$相的量，$n_\beta$是$\beta$相的量，$n$爲總莫耳數，$z_A$爲成分$A$的總莫耳分率，$x_A$爲成分$A$的在液相的莫耳分率，$y_A$爲成分$A$在氣相的莫耳分率。又總莫耳數$n = n_\alpha + n_\beta$，兩邊各乘以$z_A$可得：

$$nz_A = n_\alpha z_A + n_\beta z_A \tag{2}$$

將兩式相減，即(2) − (1)，

$$n_\alpha(z_A - x_A) = n_\beta(y_A - z_A)$$

與圖6.4互相對照可知，$z_A - x_A = l_\alpha$，$y_A - z_A = l_\beta$，因此，$n_\alpha l_\alpha = n_\beta l_\beta$，$\frac{n_\alpha}{n_\beta} = \frac{l_\beta}{l_\alpha}$，亦即兩線段的比值即是氣相與液相的莫耳數比。此稱爲lever rule。

## 6.5 蒸餾

對於兩成分的系統，$C = 2$，$F = C - P + 2 = 4 - P$，如果溫度固定的話，則$F' = 3 - P$，因此$F'$的最大值爲2，剩餘的自由度是壓力與組成（其中一個成分的莫耳分率）。

如果我們對蒸餾（distillation）有興趣的話，則氣相與液相的組成同等重要，因此我們需要將兩個圖合併在一起，如圖6.5所示。

圖中的點$a$代表液相中的組成是$x_A$，點$b$代表氣相中的組成是$y_A$，當兩相達到平衡時，$P = 2$，$F' = 1$，換言之，如果知道組成的話，則兩相平衡的蒸氣壓便固定，橫座標可解釋爲成分$A$的總組成。

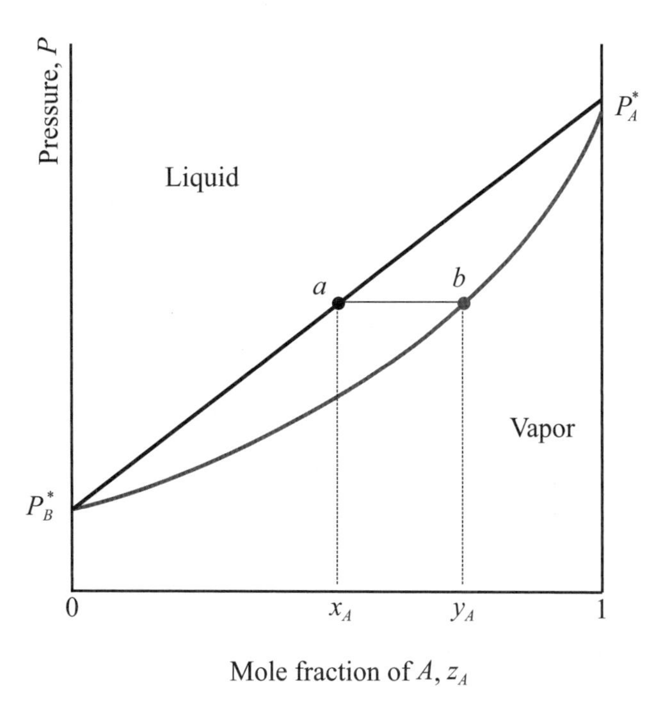


圖6.5　氣液相與組成之關係相圖

考慮圖6.6中點$a$因爲壓力下降的變化，當點$a$垂直下降時成分$A$的總組成不變，此垂直線稱爲isopleth。當到達點$a_1$時，液體開始與氣相達到平衡，而此時氣相的組成是$a_1'$，當兩相平衡時連結兩相的水平線稱爲tie line，液相的組成此時仍是$a_1$，此時蒸氣存在量非常少，然而雖然少，但是其組成是$a_1'$。當降壓至$p_2$時，組成變爲$a_2''$，此時的壓力較之前原本液體的蒸氣壓低，所以它會蒸發直至壓力降到$p_2$，此時液相的組成是$a_2$，氣相的組成是$a_2'$。因爲兩相平衡，所以$F' = 1$，當壓力固定時，則$F' = 0$。換言之，就是氣相與液相的組成都不會改變。如果壓力降至$p_3$，此時液相與氣相的組成分別是$a_3$和$a_3'$，蒸氣的組成與總組成一樣，當壓力繼續下降至$a_4$時，此時僅存在氣相且其組成與原先的液體相同。

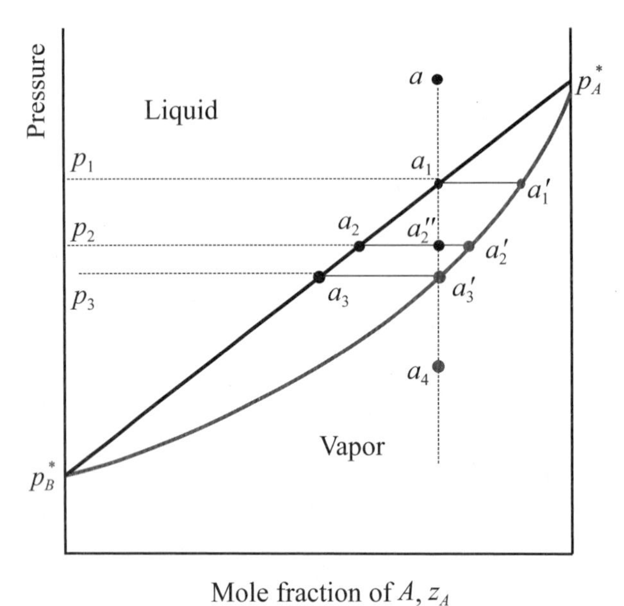


圖6.6　氣液相圖中壓力變化與組成之關係圖

若是壓力固定，則相圖是溫度與組成的關係圖，下方因爲是低溫，所以是液相區域，反之上方爲高溫的氣相區域，如圖6.7所示。

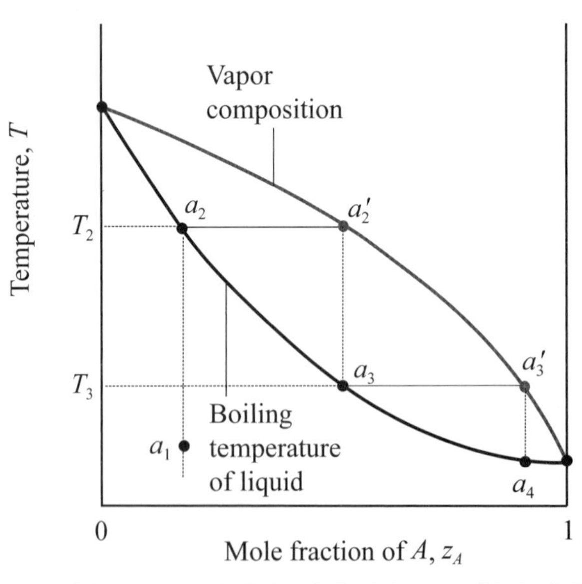


圖6.7　理想混合物之氣液相圖中溫度與組成之關係圖，其中成分$A$較易揮發。將原本組成$a_1$的液體經由一連串的沸騰及冷凝而得到純液體$A$，此技術稱為分餾（fractional distillation）

首先考慮圖6.7的液氣相圖，將原本組成$a_1$的液體加熱，逐漸升高溫度至溫度$T_2$時，液相的組成爲$a_2$，與原本組成$a_1$是一樣的，此時蒸氣的量非常少且組成爲$a_2'$，在氣相含有較多易揮發成分$A$。在簡單的蒸餾（simple distillation）過程中，將蒸氣移去並冷凝，此技術可應用於揮發性液體與其他非揮發性溶質的分離。至於分離一些揮發性液體則有賴分餾（fractional distillation）的技術，將先前冷凝下來的蒸氣（組成$a_2'$）繼續升高溫度，由圖6.7的液氣相圖可知它在溫度$T_3$會沸騰，且其蒸氣組成變爲$a_3'$，這時所含的易揮發成分$A$更多更純，一直重複這樣的過程便可得到純的成分$A$。

雖然很多液體的液氣相圖如同圖6.7所顯示的理想混合物，但是也有一些重要的例子是在相對應的相圖中會有一些最高點或最低點的情況產生，當成分$A$和$B$會有一定作用力的話，則會降低其混合物的蒸氣壓，導致如圖6.8a的相圖。當組成$a$的液體加熱之後，到達沸點時期組成爲$a_2$，其蒸氣組成爲$a_2'$，蒸氣中含有較多的成分$A$，如果此時將蒸氣移除並在其他地方冷凝的話，則此時液體的組成將會往成分$B$比較多的組成方向移動，如圖6.8(a)的$a_3$，達平衡時蒸氣的組成將會是$a_3'$，同樣重複此步驟，則會往成分$B$比較多的組成方向移動，最後到達組成$b$，此時液體和蒸氣都具有相同的組成，表示進一步的汽化也無法改變混合物的組成，這樣的混合物稱爲共沸物（azeotropes），當達到共沸物的組成之後，蒸餾便無法分離兩液體，因爲液體和蒸氣的組成是一樣的。相圖如圖6.8(a)的例子，如$HC\ell/H_2O$的混合物，其共沸物的組成含有質量比爲80%的水，且在108.6℃沸騰。相反的例子如圖6.8(b)所示，如果原先的液體組成爲$a_1$，最後蒸餾的結果是組成爲b的共沸物，其中一例是乙醇／水的系統，共沸物中水的質量比爲4%，其沸點爲78℃。

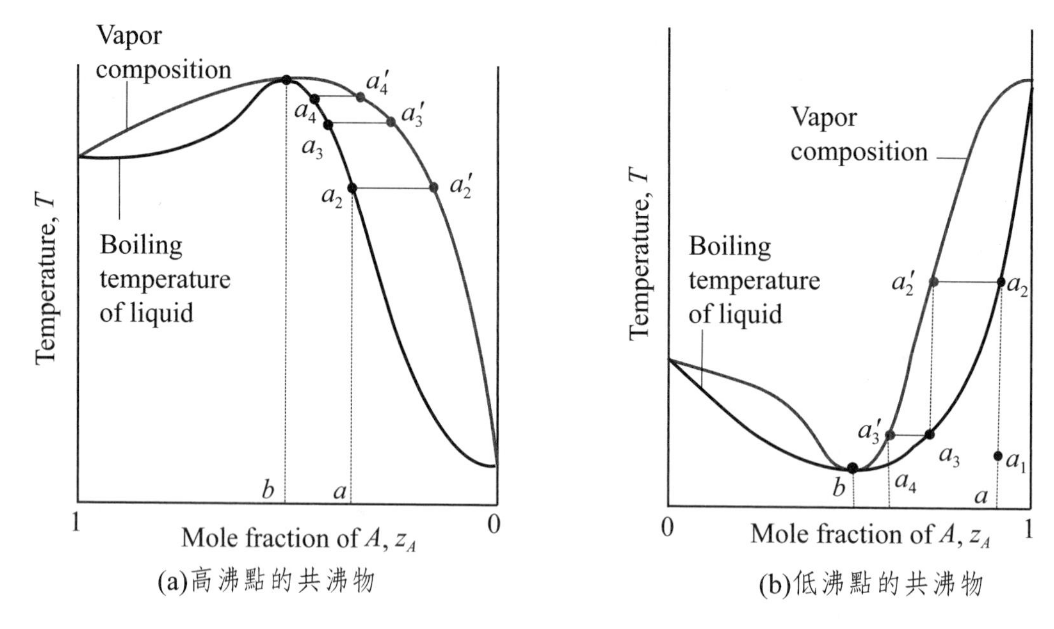


圖6.8　共沸物的兩種情況

## 6.6　部分互溶之兩成分系統

考慮兩個部分互溶之液體系統（partial miscible binary systems），也就是說並不是所有的液體都可用任何的組成完全均勻混合，以圖6.9所示的hexane/nitrobenzene的相圖為例：

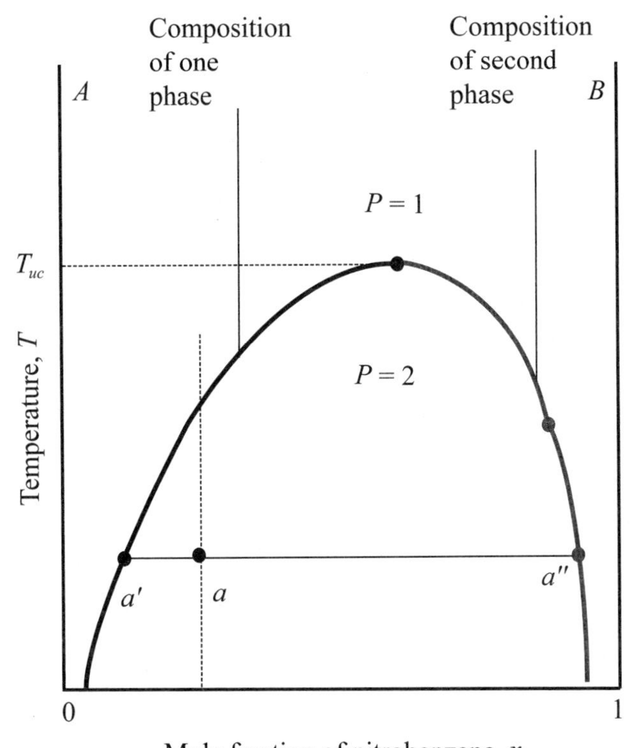


圖6.9 hexane/nitrobenzene部分互溶之兩成分系統

當溫度高於$T_{uc}$（upper critical temperature，上方臨界溫度）時，只存在一個相；但低於$T_{uc}$時，點$a'$表示hexane層（hexane比較多，nitrobenzene比較少），當逐漸加入nitrobenzene時，系統狀態的變化爲$a' \rightarrow a \rightarrow a''$。於點$a$時，開始形成hexane層（即hexane-rich layer）和nitrobenzene層（即nitrobenzene-rich layer），若繼續加入nitrobenzene，最後在$a''$組成之後則只有nitrobenzene層的狀態。

想要計算在點a時hexane層和nitrobenzene的莫耳比，可直接利用槓桿定則，亦即

$$\frac{\text{moles of hexane - rich layer}}{\text{moles of nitobenzene - rich layer}} = \frac{n_\alpha}{n_\beta} = \frac{\overline{aa'}}{\overline{aa''}}$$

## 例題6.2

The temperature-composition phase diagram for nitrobenzene (*A*) and n-hexane (*B*) at 1 atm is shown below. (molecular weight for nitrobenzene = 123 g, for n-hexane = 86.2 g). Two phases are formed when a mixture of 50 g *B* and 50 g *A* is prepared at 290 K.

(a) What is the overall composition of *A* and *B* at 290 K?

(b) What is the composition of the two phases?

(c) What is the relative amount of the two phases?

(d) To what temperature must the sample be heated in order to obtain a single phase?

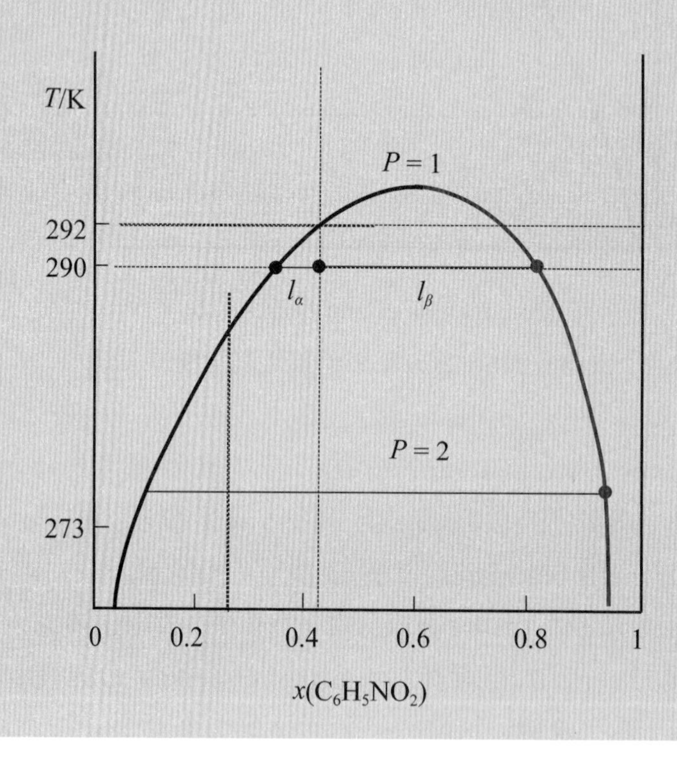


**解**：

(a) 先計算各物質之莫耳數，$x_{\text{total}}(A) = (\frac{50}{123})/(\frac{50}{123} + \frac{50}{86.2}) = 0.41$

$x_{\text{total}}(B) = 1 - x_{\text{total}}(A) = 1 - 0.41 = 0.59$

(b) 在290 K，利用虛線所示（即tie line）可知，nitrobenzene (A)層之組成為$x_A = 0.35$；而n-hexane層，$x_A = 0.83$

(c) 利用lever rule

$$n\text{-hexane layer/nitrobenzene layer}=\frac{l_\beta}{l_\alpha}$$

$$=\frac{0.83-0.41}{0.41-0.35}=7$$

因此$n$-hexane層的量是nitrobenzene層的7倍

(d) 當樣品加熱至292 K即變成single phase region.

## 例題6.3

The water-nicotine system has both upper and lower critical temperature：$T_{uc}$ = 210℃ and $T_{lc}$ = 61℃. Draw the temperature-composition diagram for this system. What are the meanings of the upper critical temperature and the lower critical temperature in the matter of a phase diagram?

**解**：

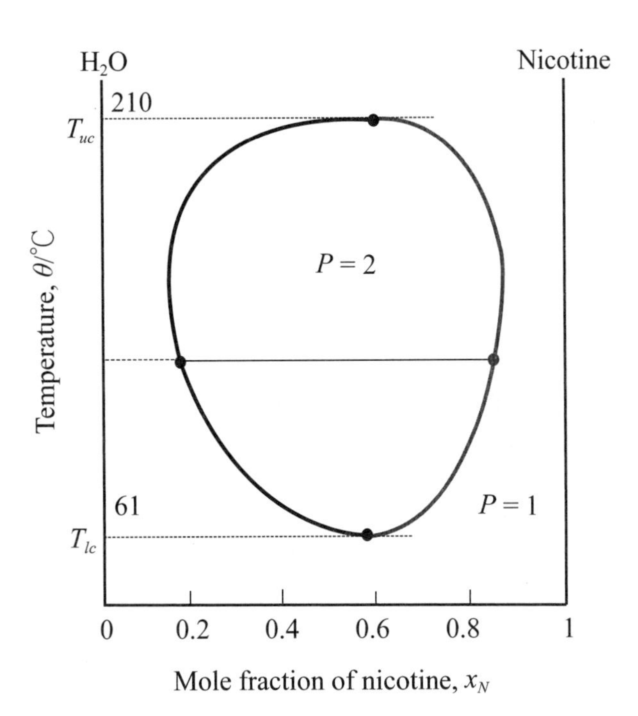


在$T_{uc}$和$T_{lc}$之外，表示此時的溶液是one phase（$P$ = 1）；而在$T_{uc}$和$T_{lc}$之間，則表示兩層共存（$P$ = 2）。

考慮部分互溶且形成低沸點共沸物的二元系統，通常會有兩種情況，一種是在它們沸騰之前就已經完全互溶；另外一種是在混合完全之前就已經沸騰了，如圖6.10所示。將組成爲$a_1$的混合物蒸餾而產生組成爲$b_1$的蒸氣，然後冷凝成完全互溶的單相區$b_2$，當蒸餾物冷凝至$b_3$時才會看到相分離（即兩相區）。

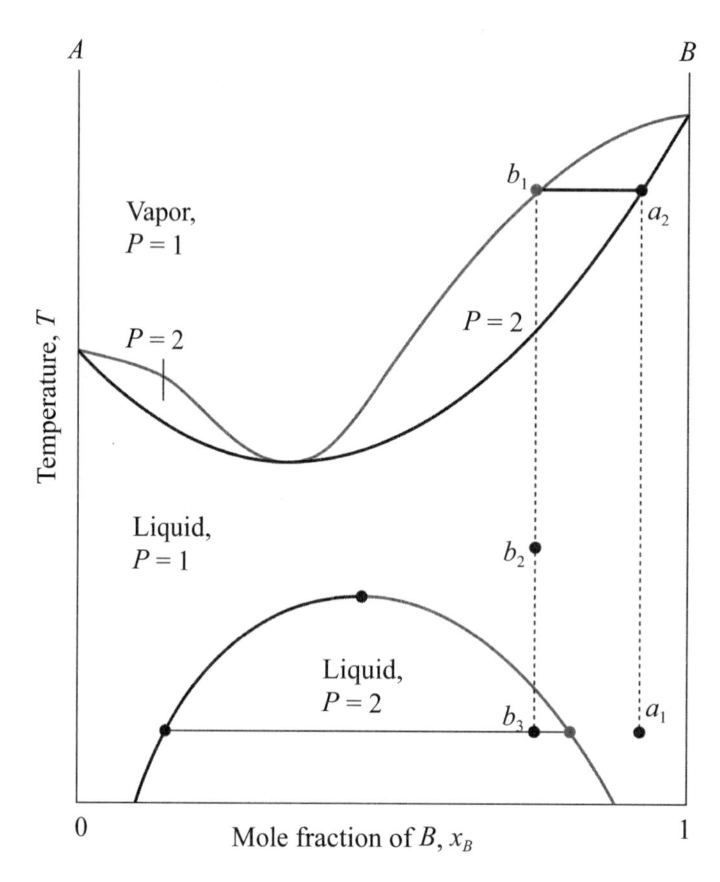


圖6.10 在所有組成中上方臨界溫度都低於沸點的二元系統之溫度與組成的相圖，它會形成低沸點的共沸物

另外一種情況是沒有所謂的上方臨界溫度（upper critical temperature），則其相圖如圖6.11所示。將組成爲$a_1$的混合物蒸餾而產生組成爲$b_1$的蒸氣，然後冷凝成至$b_3$時的兩相區，其中一相的組成爲$b_3'$，另外一相的組成爲$b_3''$。比較有趣的是isopleth $e$，系統在點$e_1$時會形成兩相，加熱至沸點$e_2$時此混合物的蒸氣組成和液體（爲共沸物）一樣；同樣地如果從組成$e_3$

的蒸氣降溫冷凝的話，會進入總組成都一樣的兩相區。

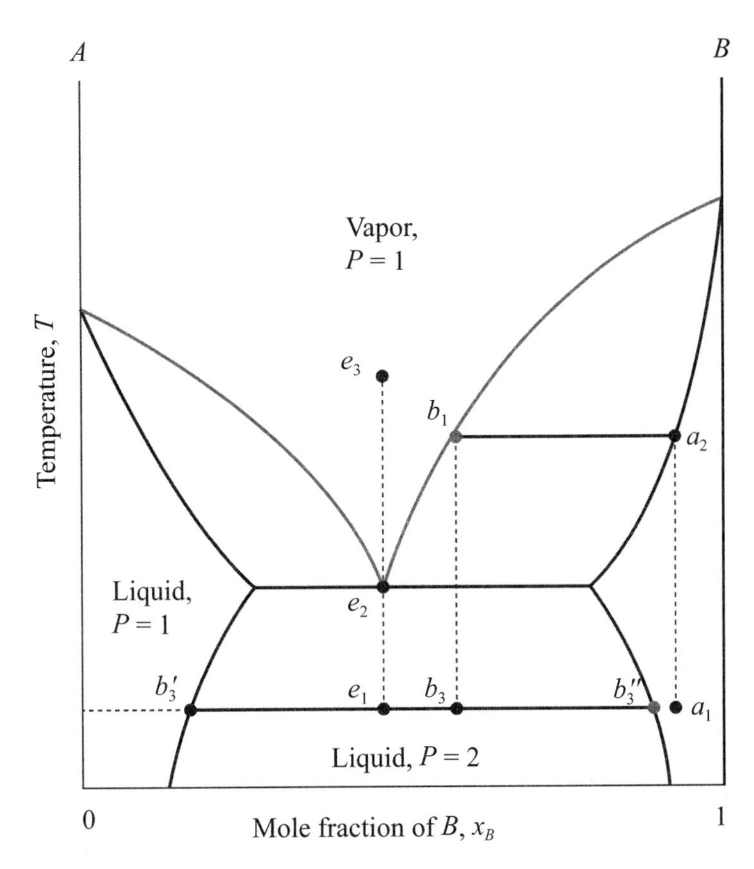


圖6.11　在兩液體完全互溶之前即已沸騰的兩成分系統之溫度與組成的相圖

## 6.7　固液態之相圖

考慮A和B兩成分的固態與液態之間的平衡問題，由熱力學知：

$\ln x_A = \frac{-\Delta H_{fus(A)}}{R}(\frac{1}{T}-\frac{1}{T_{0A}})$，如圖6.12(a)所示：

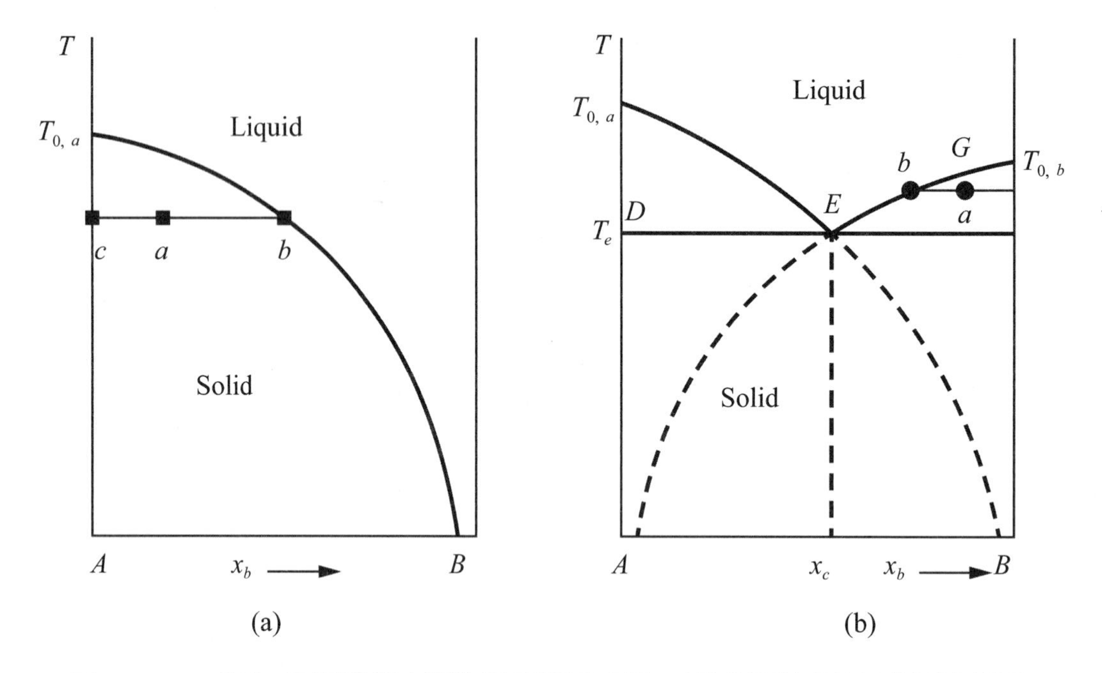


圖6.12 (a)成分A的固液態之間的溫度與組成圖(b)兩成分形成共晶的固液相圖

以相同方式考慮B成分，可得$\ln x_B = \frac{-\Delta H_{fus(B)}}{R}(\frac{1}{T}-\frac{1}{T_{0B}})$，將兩部分結合在一起便可得$A$和$B$兩成分所形成簡單的共晶的固液相圖，其中$A$和$B$在固體時不互溶，但是在液體時兩者可以完全互溶，如圖6.12(b)所示。溫度$T_e$稱為共晶溫度（eutectic temperature），在$x_c$時，溶液與固體$A$和$B$共存（共有三個相），所以自由度$F' = C - P + 1 = 2 - 3 + 1 = 0$（只加1是因為上圖是在定壓下，所以非原本的2）。因此可知，在溫度$T_e$下，此時系統的組成是不變的，此為所謂的簡單共晶相圖（eutectic diagram）。

藉由熱分析（thermal analysis）可以幫助了解液體及固體的共晶相圖，考慮下列不同組成的冷卻曲線與其所對應的相圖，如圖6.13所示：

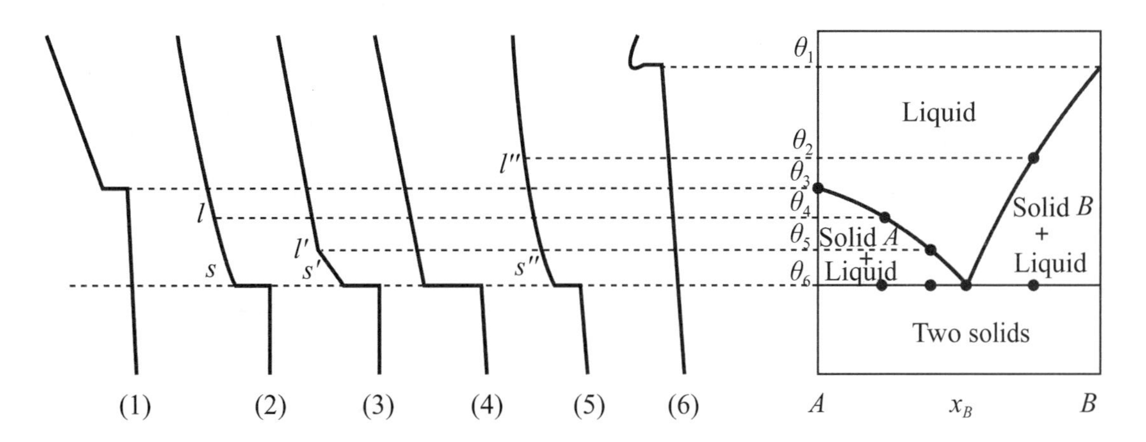


圖6.13 兩成分系統之共晶相圖及其所對應的冷凝曲線

曲線(1)代表純液體$A$冷凝爲固體的曲線，中間平坦的短直線所顯示的溫度即爲成分$A$的熔點。同樣地，曲線(6)爲純液體$B$冷凝爲固體的曲線。

曲線(2)爲成分$B$在溶劑$A$的冷凝曲線，此時並無固定熔點。在點$l$之前的線段表示是單一相的液體冷凝，而在線段$ls$斜率較小，是因爲固體$A$慢慢形成，因爲固化（solidification）會放熱，所以速率較慢，但此時溶液仍然存在，在點$s$之後的平坦線段則表示形成所謂的共晶停止（eutectic halt）。此時系統的組成不會改變，必須等到所有的液體都變成固體之後，溫度才會繼續下降。

曲線(3)、(4)和(5)與曲線(2)的情況類似，只是成分B的量比較多而已。

## 6.8 混合物的熔化行爲

一些常見固液平衡的相圖列舉如下：

1. 兩成分可以完全互溶成液體，但凝固成互不相溶的純固體，如圖6.14所示：

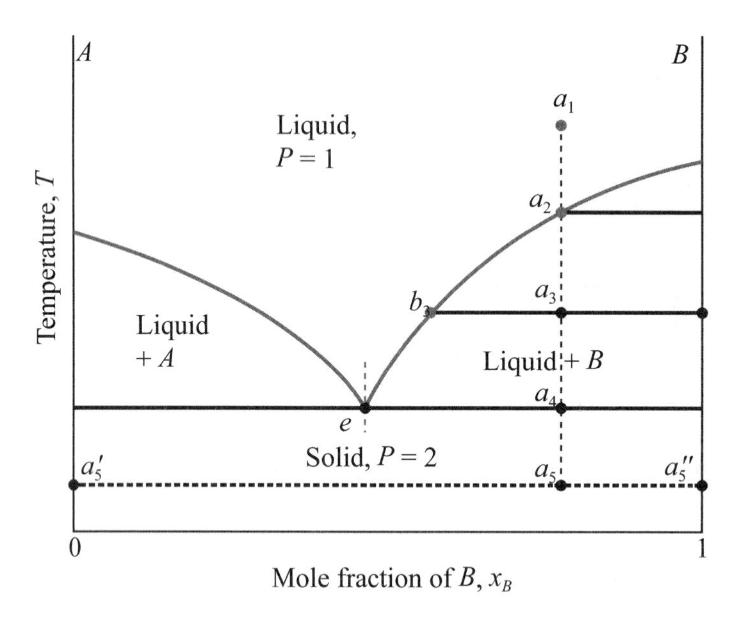


圖6.14　兩成分的固體幾乎不相溶，但其液體完全互溶的溫度與組成之相圖

(1) $a_1 \rightarrow a_2$：系統進入兩相區，Liquid + $B$，純固體$B$開始從溶液中跑出來，而剩下來的液體則存在較多的$A$。

(2) $a_2 \rightarrow a_3$：更多的固體產生，固體和液體的相對量由lever rule決定，可看出液體和固體的量相當，液相中含有更多的$A$。

(3) $a_3 \rightarrow a_4$：在此步驟的最後，比起$a_3$時液體更少，其組成是$e$，此時液體開始凝結變成固體$A$和$B$。

2. 化合物的生成（具有congruent $T_f$），如圖6.15所示。許多III/V族的元素會互相反應，如半導體中的Ga和As，兩者會反應生成GaAs。

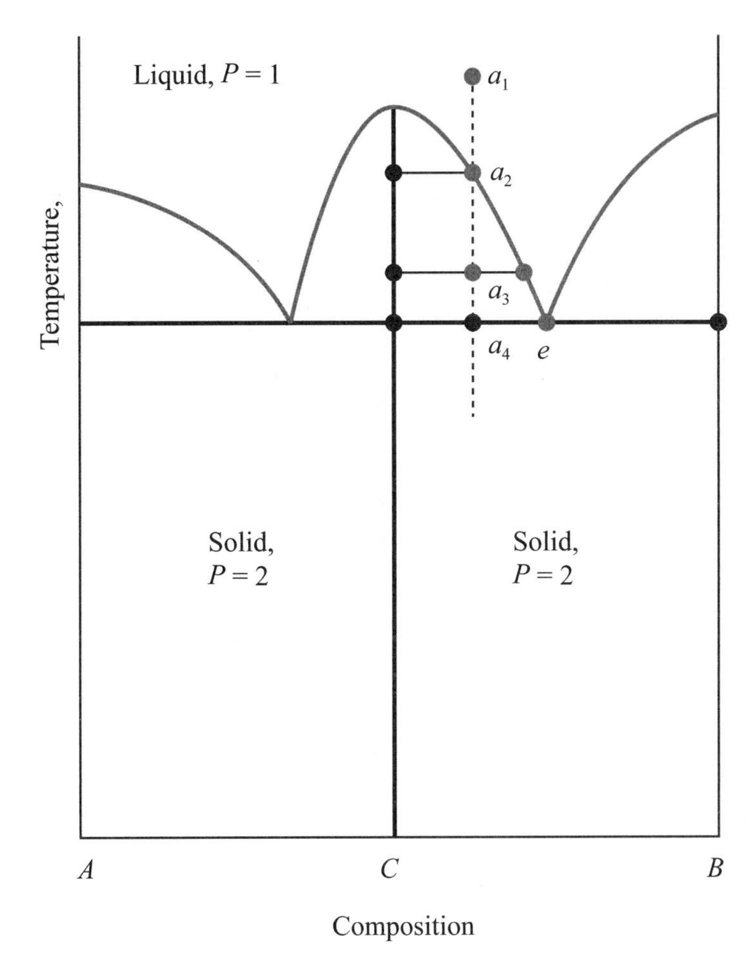


圖6.15 $A$和$B$會反應形成化合物$C$（$C = AB$）的溫度與組成之相圖，此相圖如同兩個圖6.12的合併圖，不同的是此處的$C$是一化合物，而不是等莫耳的混合物而已

## 例題6.4

(a) Identify the compositions in each region (from region 1 to 7) of the phase diagram shown below.

(b) Draw the temperature-time cooling curves along the lines $a$, $b$, $c$ in the phase diagram.

(c) What are the degrees of freedom at points $d$, $e$, and $f$?

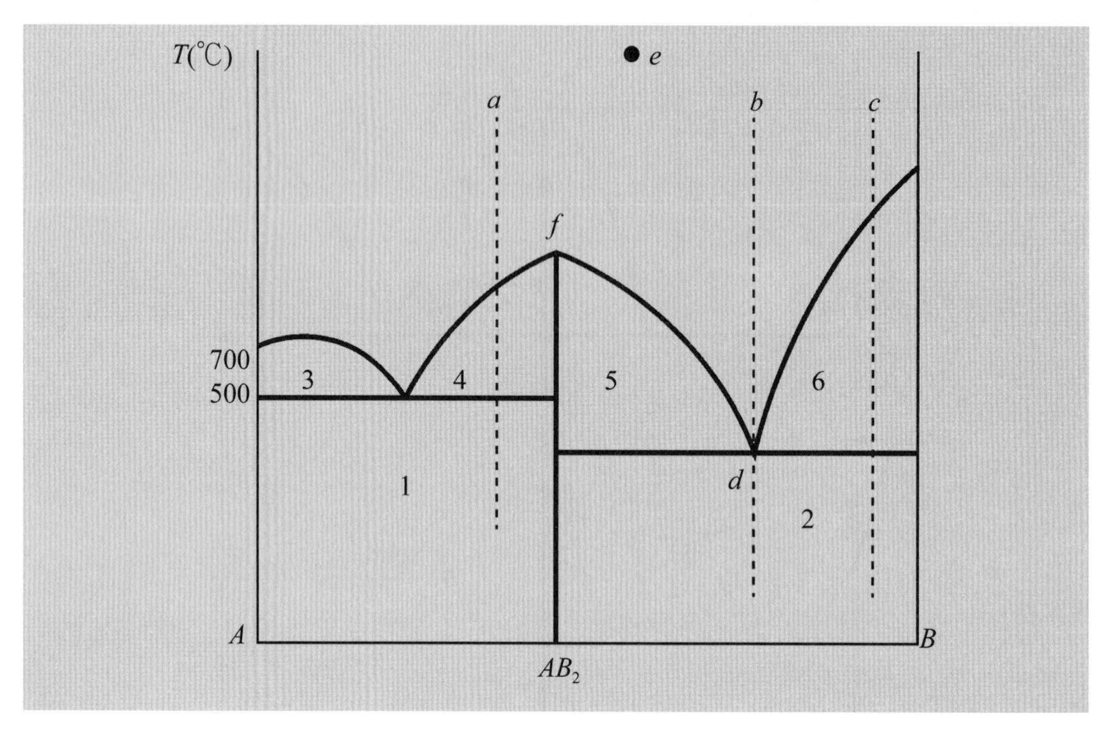


**解**：

(a) region 1：固體$A$ + 固體$AB_2$

region 2：固體$AB_2$ + 固體$B$

region 3：固體$A$ + liquid

region 4：固體$AB_2$ + liquid

region 5：固體$AB_2$ + liquid

region 6：固體$B$ + liquid

region 7：liquid

(b)

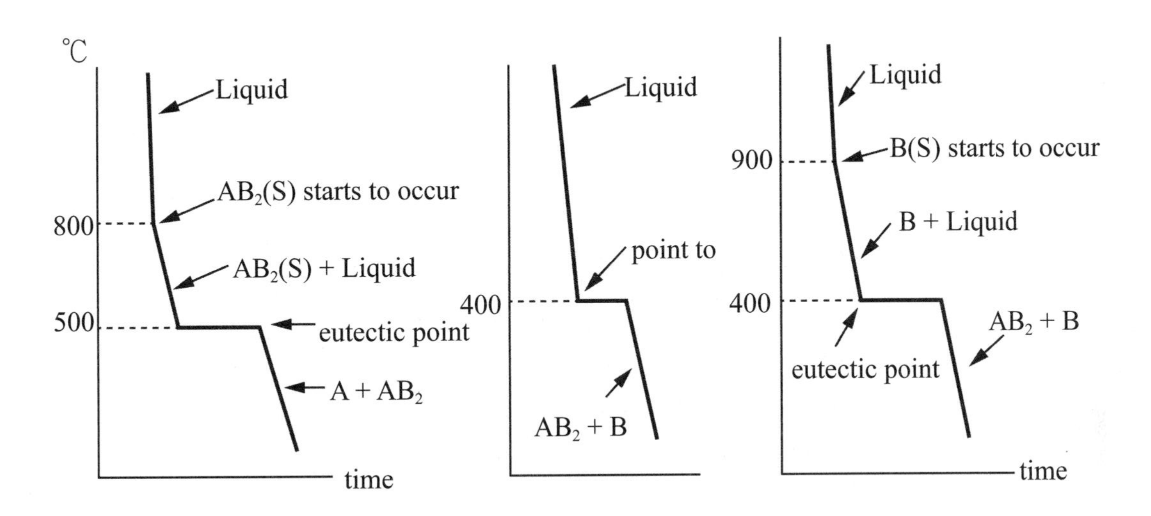


(c) point $d$：liquid + 固體$AB_2$ + 固體$B$三相同時達到平衡

$F' = C - P + 1 = 2 - 3 + 1 = 0$

point $e$：只有單一相，即liquid

$F' = 2 - 1 + 1 = 2$

point $f$：固體$AB_2$ + liquid

$F' = 2 - 2 + 1 = 1$

3.分熔點（Incongruent melting point）：在(2)化合物的生成中有些情況是化合物$C$在液體狀態時並不穩定，茲以合金$Na_2K$爲例，其相圖如圖6.16所示。

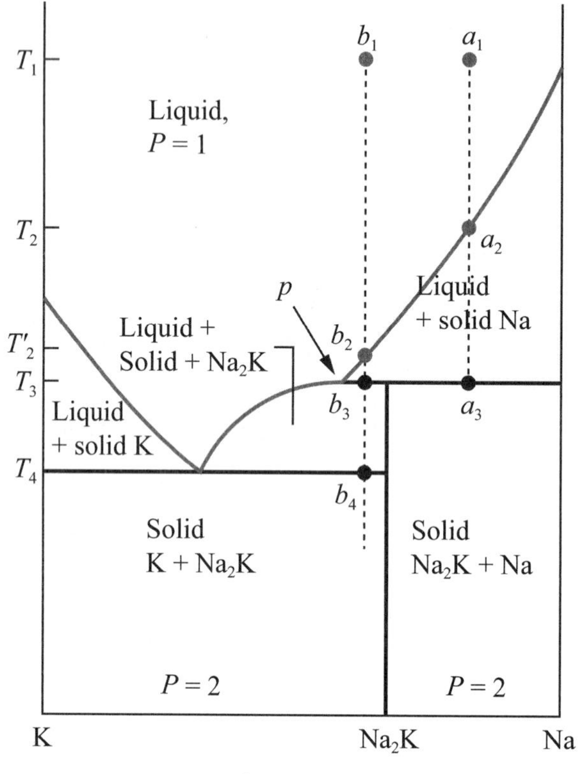


圖6.16　金屬Na和K的相圖

## 例題6.5

Given above is the phase diagram of metals Na and *K*.

(a) Use the labeled alphabets to indicate what are eutectic and peritectic points, respectively.

(b) Considering a liquid at points $a_1$ and $b_1$, what will you expect to obtain in the final phase when you slowly cool the specimen to ambient temperature, respectively.

**解**：

(a) eutectic point：point *c*

peritectic point：point *p*（在point $b_3$時，liquid + $Na_2K$+ solid solution rich in Na三相互相平衡），此平行線連結$a_3$和$b_3$稱為peritectic line，代表三相平衡。

(b) 由$a_1 \to a_2$：形成solid solution rich in Na，剩餘的liquid含K較多

$a_2 \to$ just below $a_3$：此時樣品完全變成固體，此固體同時包含solid solution rich in Na及固體$Na_2K$

$b_1 \to b_2$：在到達$b_2$以前並不會有明顯的變化，到達$b_2$後形成a solid solution rich in Na

$b_2 \to b_3$：a solid solution rich in Na生成，到達$b_3$後反應生成$Na_2K$

at $b_3$時liquid + $Na_2K$+ solid solution rich in Na三相互相平衡），此平行線連結$a_3$和$b_3$稱為peritectic line，代表三相平衡。

## 例題6.6

The phase diagram for the silver/tin system is shown in the following figure. Label the regions and state what will be observed when liquids of compositions a and b are cooled to 200℃.

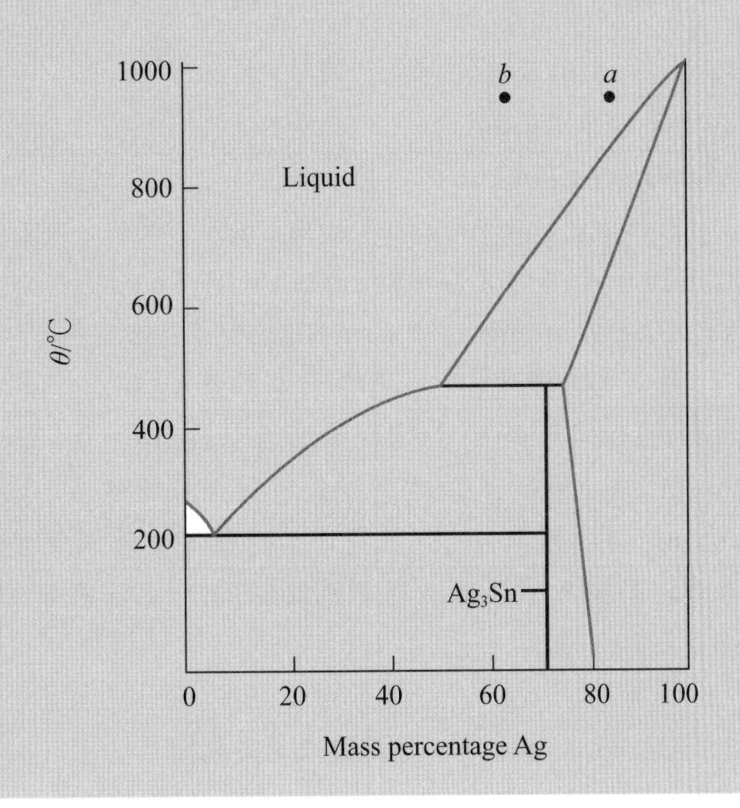

**解**：

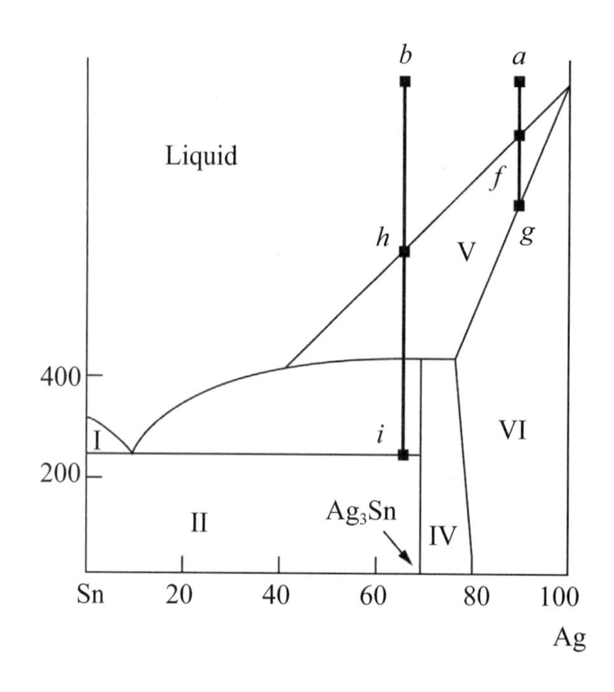


region Ⅰ: Liquid + solid Sn

region Ⅱ：solids Sn + $Ag_3Sn$

region Ⅲ：Liquid + $Ag_3Sn$ solid

region Ⅳ：$Ag_3Sn$ + Ag contaminated with Sn

region Ⅴ：Liquid + Ag solid contaminated with Sn

region Ⅵ：solid Ag contaminated with Sn

當liquid由點$a$開始降溫至點$f$時，此時原本固體Ag溶了一些Sn會開始沉澱，當溫度由點$f$再繼續下降至點$g$時完全固化（region Ⅵ），溫度才會繼續下降；當liquid由點$b$降溫至點$h$時，此時液體含Sn比較多，之後溫度繼續下降則進入region Ⅲ，固體$Ag_3Sn$於是開始出現，此時液體含Sn比較多，固體$Ag_3Sn$繼續沉澱出來，直至溫度下降至點i時，液體完全凝固後才會變成Sn + $Ag_3Sn$（region Ⅱ）。

4. 固體溶液（Solid solutions）：兩固體會形成兩種不同相（如$\alpha$和$\beta$相）的固體溶液，其相圖如圖6.17所示。

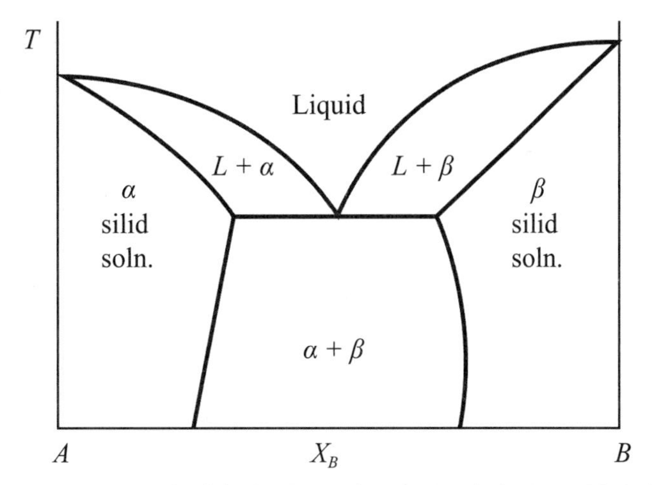


圖6.17 兩固體形成兩種不同相（α和β相）的固體溶液

## 綜合練習

1. How many degrees of freedom of intensive variables for $N_2O_4$ in equilibrium with $NO_2$ in the gas phase. Write down one possible set of these independent intensive variables.

2. An equilibrium system contains CaO(s), $CO_2$(g), and $CaCO_3$(s).
   (1) The number of degree of freedom is 1.
   (2) The number of independent reactions is 1.
   (3) The number of phases is 2.
   (4) The equilibrium constant is equal to the pressure of $CO_2$.
   (5) If the pressure of $CO_2$ is larger than the equilibrium constant, CaO(s) and $CO_2$(g) are coexisted in the system.

   Which one is correct?

   (A) 1, 2, 4　(B) 1, 2, 5　(C) 2, 3, 4　(D) 2, 4　(E) 1, 2, 3, 4, 5

3. A two component phase diagram at constant $P$ is shown in Figure 1 at constant pressure. Which of the following statements is true?
   (A) $A_2B$ melts congruently at $T_2$.
   (B) The lowest melting point of B and $A_2B$ mixture is $T_1$.

(C) Point D is a peritectic point.

(D) Region 1 contains solid solution of B and $A_2B$.

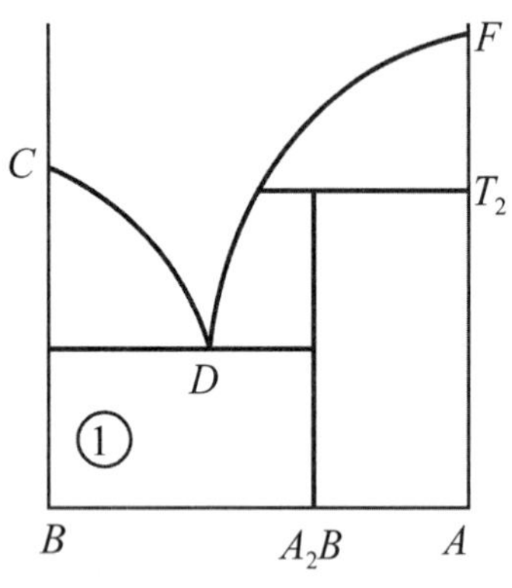


Figure 1

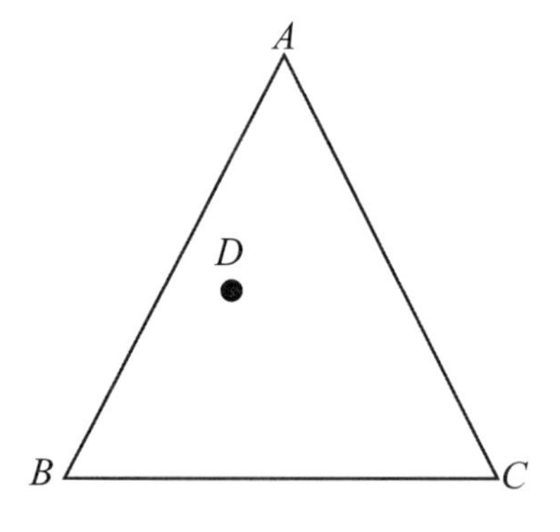


Figure 2

4. From a three component phase diagram shown in Figure 2 at constant $T$ and $P$, the mole ratio of point $D$ with respect to $A$, $B$ and $C$ is

   (A) 3:2:1 (B) 1:2:3 (C) 3:1:2 (D) 2:1:3

5. True or False (if false, please correct it)

   (1) Addition a tiny amount of a soluble impurity to a pure liquid always lowers the freezing point.

   (2) Every process that has $\Delta T = 0$ is an isothermal process

   (3) For every isothermal process in a closed system, $\Delta S = \Delta H/T$.

   (4) For a binary two-phase system, the closer the point on a tie line is to a phase, the more of that phase is present.

   (5) For a closed system, equilibrium has been reached when S has been maximized.

6. In one component system, the phase diagram must obey the phase rule $F = C - P + 2$, where $F$ is the variance; $C$ is the number of components; and P is the number of phases at equilibrium. Can you tell which phase is (or phases are) the solid, liquid and gas phases? Please write down the variances at points (a), (b), (c) and (d), as shown in Figure 1. Please indicate which one cannot exist in real world and why. At pressure $P_0$, which phase is with higher density, phase $\alpha$ or $\beta$?

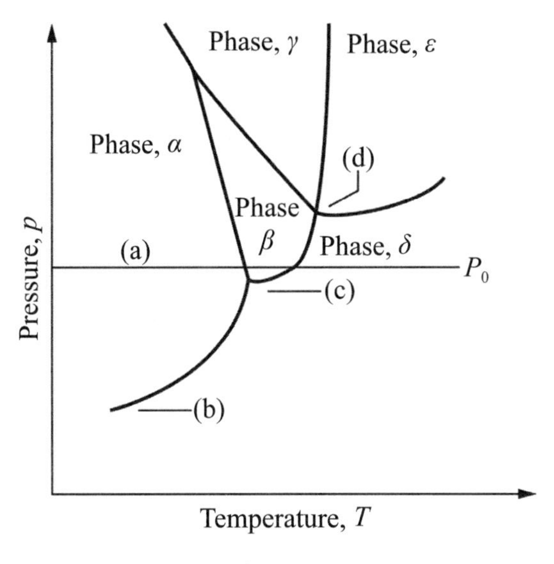
Phase, γ
Phase, ε
Phase, α
(d)
Phase
β
Phase, δ
(a)
P0
(c)
(b)
Pressure, p
Temperature, T

Figure 1

# 第 7 章

# 溶液的離子理論

## 7.1 電解質的分類

阿瑞尼斯（Arrhenius）於1884年提出溶液的離子理論以說明特定物質溶解於水中的導電度，他認爲當特定物質溶解於水中時，它們會產生自由活動的離子，而這些離子可以在水溶液中導電。雖然水本身不導電，但是它可以透過溶解不同的物質而產生自由活動的離子，這些離子使得水溶液可以導電。

物質溶於水可分成電解質和非電解質兩大類，電解質（electrolyte）是溶於水之後可以變成導電溶液的物質，例如氯化鈉。大多數的離子固體溶於水時，原本固定於晶體位置的離子，會因爲水分子的包圍而可以自由活動，因爲移動的離子產生電流，所以其溶液是可導電的。非電解質（non-electrolyte）是溶於水之後，導電度很差或是不導電的物質，譬如用作砂糖的蔗糖和用於汽車窗戶清潔的甲醇。兩者都是分子物質，這些分子與水分子可以形成氫鍵，所以可以形成均勻的混合溶液，但是因爲分子是電中性的，並不會攜帶電流，所以溶液不會導電。

電解質溶於水會產生不同程度的離子，幾乎都是以離子的形式存在於溶液中的電解質，稱爲強電解質（strong electrolyte），幾乎所有的離子固體都是強電解質，如氯化鈉。另一方面，僅以少量比例的離子形式存在於溶液中的電解質，稱爲弱電解質（weak electrolyte），分子物質通常都是弱電解質，如氨和醋酸都是例子。僅有少部分（約3%）的氨（$NH_3$）分子在水中解離反應而形成離子，因此氨是弱電解質。

## 7.2 離子傳導與導電度

離子溶液的導電度來自於陽離子和陰離子兩者的移動，而且它們的運動方向相反，因此可將其產生的電流視爲單位時間內的電量變化，分別表示如下：

$$I_+ = \frac{\partial q_+}{\partial t}$$

$$I_- = \frac{\partial q_-}{\partial t}$$

若以莫耳數計算，則電流可寫成：

$$I_i = e \cdot |z_i| \cdot \frac{\partial N_i}{\partial t}$$

其中$N_i$是離子物種$i$的數目，$z_i$是離子物種i的電荷，其絕對值的符號則確保電流是正的。$\frac{\partial N_i}{\partial t}$是單位時間物質數目的變化，應該等於濃度乘以面積及速度：

$$\frac{\partial N_i}{\partial t} = \frac{N_i}{V} A \cdot v_i$$

代入先前電流的式子可得：

$$I_i = e \cdot |z_i| \cdot \frac{N_i}{V} \cdot A \cdot v_i$$

離子在溶液中所產生的電流相當於在電場下有一作用力：

$$F_i = q_i \cdot E = e \cdot |z_i| \cdot E$$

離子的摩擦力（force of friction on ion）$= f \cdot v_i$

其中$f$稱為摩擦正比常數（frictional proportionality constant），因此作用於離子的作用力為：

$$F_i = e \cdot |z_i| \cdot E - f \cdot v_i$$

因為摩擦力的關係，最後作用於離子的淨力等於零，所以離子便保持一定的速度而不再加速，即

$$0 = e \cdot |z_i| \cdot E - f \cdot v_i$$

$$v_i = \frac{e \cdot |z_i| \cdot E}{f}$$

依Stokes' law：

$$f = 6\pi\eta r_i$$

其中$r_i$為該離子的球半徑，$\eta$為溶液的黏性，其單位為poise：

$$1 \text{ poise} = 1 \frac{\text{g}}{\text{cm} \cdot \text{s}}$$

擴散係數（diffusion coefficient, $D$）與$f$之關係可依Stokes-Einstein relation：

$$D = \frac{kT}{f}$$

於1888年Nernst證明擴散係數與運動性（mobility, $\mu$）之間的關係為：

$$D = \frac{kT}{q}\mu$$

其中$q$為離子的電量。利用Stokes' law可得離子的速度為：

$$v_i = \frac{e \cdot |z_i| \cdot E}{6\pi\eta r_i}$$

因此，

$$I_i = e^2 \cdot |z_i|^2 \cdot \frac{N_i}{V} \cdot A \cdot \frac{E}{6\pi\eta r_i}$$

依歐姆定律：電位與電流成正比，即$V \propto I$或直接寫成$V = IR$，$R$爲電阻，又$R = \rho \cdot \frac{l}{A}$，其中$A$爲截面積，$l$爲導線長度，而$\frac{l}{A}$稱爲電池常數（cell constant）。電導的定義爲$G = \frac{1}{R} = \frac{\kappa A}{l}$，電導的單位爲$\Omega^{-1}$，姆歐。導電度（conductivity）$\kappa = \frac{1}{\rho}$（或稱爲比導電度（specific conductance）），$\rho$稱爲比電阻（specific resistance）。

離子的莫耳電導（molar conductance）定義爲：

$$\Lambda = \frac{\kappa}{C} \times 1000$$

其中$C$爲溶液的體積莫耳濃度，當溶液在無限稀薄時的莫耳電導記爲$\Lambda_0$。另外，離子的等量電導（equivalent conductance）定義爲：

$$\Lambda = \frac{\kappa}{N}$$

其中$N$爲溶液的重量莫耳濃度等量電導與濃度之間的關係爲：

$$\Lambda = \Lambda_0 + K \cdot \sqrt{N}$$

此稱爲Kohlrausch定律，最後Onsager推導出

$$K = -(60.32 + 0.2289\Lambda)$$

將以上兩式結合之後稱爲離子溶液電導的Onsager方程式。對於弱電解質而言，阿瑞尼斯定義解離度（degree of dissociation）$\alpha = \frac{\Lambda}{\Lambda_0}$。

圖7.1顯示強電解質KCℓ溶液和弱電解質$CH_3COOH$溶液的莫耳電導隨莫耳濃度的變化情形。當濃度低時，莫耳電導會隨濃度的變化而有所變動，但是當濃度很大時，不管是強或弱電解質的電導幾乎不會隨濃度而有所變動。

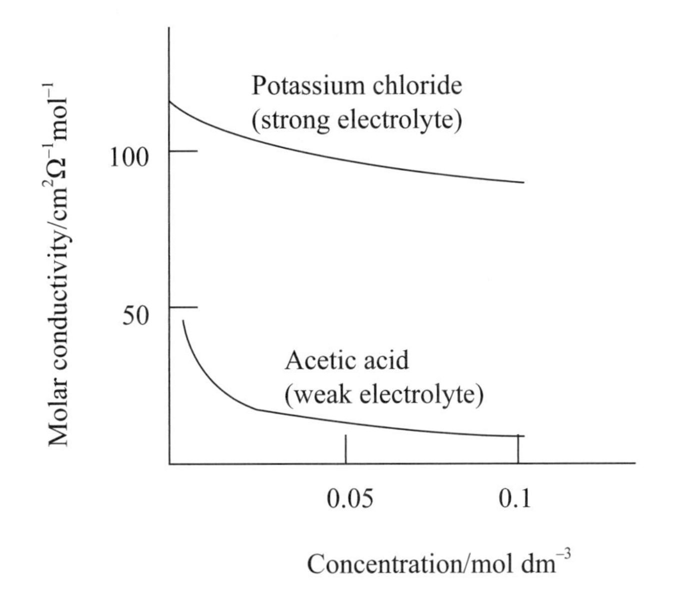


圖7.1　強電解質KCℓ溶液和弱電解質$CH_3COOH$溶液的莫耳電導隨莫耳濃度的變化情形

## 7.3　Oswald稀釋定律

考慮弱電解質$AX$的解離反應，以解離度表示平衡時的物種濃度：

| | AX | ⇄ | $A^+$ | + | $X^-$ |
|---|---|---|---|---|---|
| 莫耳數 | $n(1-\alpha)$ | | $n\alpha$ | | $n\alpha$ |
| 濃度 | $\dfrac{n(1-\alpha)}{V}$ | | $\dfrac{n\alpha}{V}$ | | $\dfrac{n\alpha}{V}$ |

依阿瑞尼斯理論將解離度$\alpha$以$\dfrac{\Lambda}{\Lambda_0}$代入各濃度可得：

$$K_C=\frac{(\frac{n\alpha}{V})^2}{\frac{n(1-\alpha)}{V}}=\frac{n}{V}\frac{(\frac{\Lambda}{\Lambda_0})^2}{(1-\frac{\Lambda}{\Lambda_0})}$$

以上適用於弱電解質。

## 7.4 離子的運動性

離子的運動性（mobility）以$\mu$表之，可定義為每電位降（potential drop, $V$）離子移動的速率。陽離子的運動性表為$\mu_+$，則陽離子速率為$\mu_+V$，此時陽離子到達陰極的總數目為$\mu_+V$乘以其濃度$C_+$，而攜帶的總電量為$F\mu_+VC_+$，其中$F$為法拉第常數，因此導電度可寫成：

$$\kappa_+ = \frac{F\mu_+VC_+}{V} = F\mu_+C_+$$

$$\lambda_+^0 = \frac{\kappa_+}{C_+} = F\mu_+$$

其中$\kappa_+$為陽離子的導電度（conductivity），$\lambda_+^0$為陽離子的limiting molar conductivity。

假設陽離子和陰離子的活動互不相干，即離子遵守所謂的Kohlrausch's law of independent migration of ions，則其溶液的電導為$\Lambda_0 = \lambda_+^0 + \lambda_-^0$

### 例題7.1

A conductivity cell when standardized with 0.01 M KCℓ was found to have a resistance of 189 Ω. With 0.01M ammonia solution the resistance was 2460 Ω. Calculate the base dissociation constant of ammonia, given the following conductivities at these concentrations: $\lambda(K^+) = 73.5\Omega^{-1}cm^2/mol$; $\lambda(C\ell^-) = 76.4\ \Omega^{-1}cm^2/mol$; $\lambda(NH_4^+)=73.4\ \Omega^{-1}cm^2/mol$; $\lambda(OH^-)=198.6\ \Omega^{-1}cm^2/mol$.

**解**：

$\Lambda(KC\ell) = \lambda(K^+) + \lambda(C\ell^-) = 73.5 + 76.4 = 149.98$

$$\kappa(KC\ell) = \frac{\Lambda \times C}{1000} = \frac{149.9 \times 0.01}{1000} = 1.499 \times 10^{-3}\ \Omega^{-1}cm^{-1}$$

$$\kappa(NH_4OH) = 1.499 \times 10^{-3} \times (\frac{189}{2460}) = 1.15 \times 10^{-4}\ \Omega^{-1}cm^{-1}$$

$$\Lambda(NH_4^+ + OH^-) = \lambda(NH_4^+) + \lambda(OH^-) = 73.4 + 198.6 = 272.0$$

假設$C = [NH_4^+] = [OH^-]$

$$272.0 = \frac{1.15 \times 10^{-4}}{C}$$

$$C = 4.23 \times 10^{-4}$$

$$\begin{array}{ccc} NH_4OH & \rightleftharpoons & NH_4^+ \quad + \quad OH^- \\ 0.01 - 4.23 \times 10^{-4} & & 4.23 \times 10^{-4} \quad 4.23 \times 10^{-4} \end{array}$$

$$K_b = \frac{(4.23 \times 10^{-4})^2}{0.01 - 4.23 \times 10^{-4}} = 1.87 \times 10^{-5}\ \text{mol dm}^{-3}$$

## 例題7.2

The electrolyte conductivity of a 0.001 M solution of $Na_2SO_4$ is $2.6 \times 10^{-4}\ \Omega^{-1}cm^{-1}$; if the solution is saturated with $CaSO_4$, the conductivity becomes $7.0 \times 10^{-4}\ \Omega^{-1}cm^{-1}$. Using the following molar conductivities at these concentrations：$\lambda(Na^+) = 50.1\ \Omega^{-1}cm^2/mol$ and $\lambda(1/2Ca^{2+}) = 59.5\ \Omega^{-1}cm^2/mol$ to calculate the solubility product of $CaSO_4$.

**解**：

$$\Lambda(\frac{1}{2}Ca^{2+} + \frac{1}{2}SO_4^{2-}) = \frac{7.0 \times 10^{-4} - 2.6 \times 10^{-4}}{2C} = \frac{4.4 \times 10^{-4}}{2C}$$

其中$C$為$CaSO_4$的濃度

$$\Lambda(Na^+ + \frac{1}{2}SO_4^{2-}) = \frac{2.6 \times 10^{-4} \times 0.001}{2.0 \times 1000} = 130.0\Omega^{-1}\ cm^2/mol$$

因為$\lambda(Na^+) = 50.1$

$$\lambda(\frac{1}{2}SO_4^{2-}) = 130.0 - 50.1 = 79.9$$

因此$\Lambda(\frac{1}{2}Ca^{2+} + \frac{1}{2}SO_4^{2-}) = 59.5 + 79.9 = 139.4$

$$C = \frac{4.4 \times 10^{-4}}{2 \times 139.4} = 1.578 \times 10^{-3}\ mol \cdot dm^{-3}$$

$$[Ca^{2+}] = 1.578 \times 10^{-3}$$

$$[SO_4^{2-}] = (1.0 \times 10^{-3} + 1.578 \times 10^{-3}) = 2.578 \times 10^{-3}$$

$$K_{sp} = [Ca^{2+}][SO_4^{2-}] = 1.578 \times 10^{-3} \times 2.578 \times 10^{-3} = 4.07 \times 10^{-6}$$

## 例題7.3

At 18℃ the electrolytic conductivity of a saturated solution of $CaF_2$ is $3.86\times10^{-5}\ \Omega^{-1}cm^{-1}$, and that of pure water is $15\times10^{-6}\ \Omega^{-1}cm^{-1}$. The molar ionic conductivities of 1/2 $Ca^{2+}$ and $F^-$ are 51.0 $\Omega^{-1}cm^2$/mol and 47.0 $\Omega^{-1}cm^2$/mol, respectively. Calculate the solubility of $CaF_2$ in pure water at 18℃ and the solubility product.

**解**：

$$\Lambda_0(1/2\ \mathrm{CaF_2}) = \lambda(\frac{1}{2}Ca^{2+}) + \lambda(F^-) = 51.0 + 47.0 = 98.0$$

$$\kappa = 3.86\times10^{-5} - 1.5\times10^{-6} = 3.71\times10^{-5}$$

$$s(\text{solubility}) = \frac{3.71\times10^{-5}}{98.0} = 3.786\times10^{-4}$$

$$1\ \text{mole of}\ \frac{1}{2}\mathrm{CaF_2} = 20.0 + 19.0 = 39.0\ \mathrm{g}$$

$$s = \frac{3.786\times10^{-4}}{39.0} = 0.0147\ \mathrm{g/dm^3}$$

Solubility product:

$$K_s = [\mathrm{Ca^{2+}}][\mathrm{F^-}]^2$$

$$= (0.5\times3.786\times10^{-4})\times(3.786\times10^{-4})^2$$

$$= 2.71\times10^{-11}$$

## 7.5 遷移數目

遷移數目（transport numbers）的意義爲溶液中各離子對電流所貢獻的比例。我們可用$t_+$代表陽離子的遷移數目，而以$t_-$代表陰離子的遷移數目，其總和應等於1。亦即$t_+ + t_- = 1$。

考慮以下的離子平衡：$M_mA_n = mM^{z+} + nA^{z-}$

則 $$t_+ = \frac{mFz_+\mu_+}{mFz_+\mu_+ + nFz_-\mu_-} = \frac{mz_+\mu_+}{mz_+\mu_+ + nz_-\mu_-}$$

同理 $$t_- = \frac{nz_-\mu_-}{mz_+\mu_+ + nz_-\mu_-}$$

因爲溶液是電中性，因此將之代入上式，可得

$$t_+ = \frac{\mu_+}{\mu_+ + \mu_-} \;；\; t_- = \frac{\mu_-}{\mu_+ + \mu_-}$$

而且$\lambda(M^{z+}) = Fz_+\mu_+$，$\lambda(A^{z-}) = Fz_-\mu_-$

$$t_+ = \frac{\dfrac{\lambda(M^{z+})}{z_+}}{\dfrac{\lambda(M^{z+})}{z_+} + \dfrac{\lambda(A^{z-})}{z_-}} = \frac{m\lambda(M^{z+})}{\Lambda(M_m A_n)}$$

同理$t_- = \dfrac{n\lambda(A^{z-})}{\Lambda(M_m A_n)}$

測量$t_+$和$t_-$可用Hittorf method，其裝置如圖7.2所示：

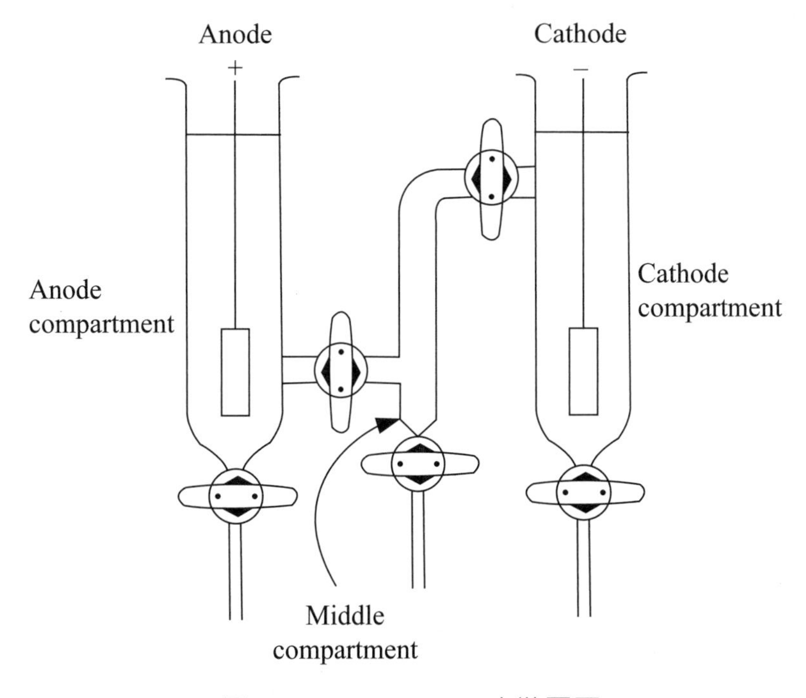


圖7.2　Hittorf method之裝置圖

假設有一離子物質$M^+A^-$，當96500C的電量通過溶液時，$t_+$ mol的$M^+$會攜帶$96500t_+C$往陰極移動，$t_-$ mol的$A^-$會攜帶$96500t_-C$往陽極移動，中間部分（middle compartment）則不會有濃度變化，其中的過程可想像如圖7.3所示：

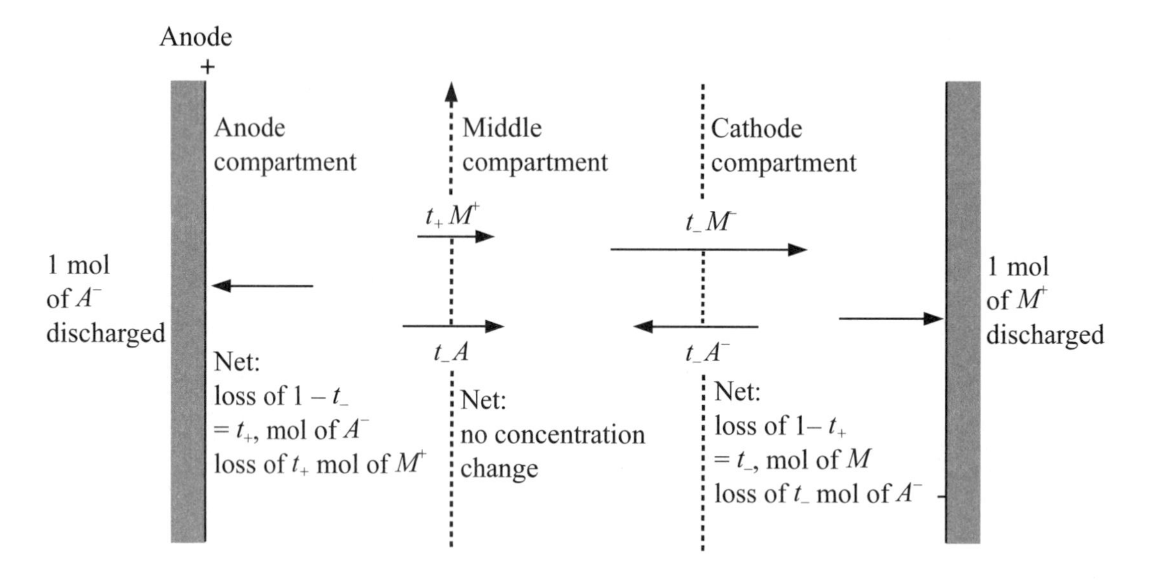


圖7.3　Hittorf method之裝置圖中遷移數目的示意圖

陽極淨得之電量：loss of $1 - t_- = t_+$ mole of $A^-$

loss of $t_+$ mole of $M^+$

陰極淨得之電量：loss of $1 - t_+ = t_-$ mole of $M^+$

loss of $t_-$ mole of $A^-$

因此陽極所損失的量/陰極所損失的量$=\dfrac{t_+}{t_-}$

因爲$t_+ + t_- = 1$，

$\Rightarrow$ 陽極所損失的量／所沉積的總量 $= t_+$

陰極所損失的量／所沉積的總量 $= t_-$

## 例題7.4

A solution of cadmium iodide, $CdI_2$, having a molarity of $7.545 \times 10^{-3}$ mol/kg, was electrolyzed in a Hittorf cell. The mass of cadmium deposited at the cathode was 0.03462 g. Solution weighing 152.64 g was withdraw from the anode compartment and was found to contain 0.3718 g of cadmium iodide. Calculate the transport numbers of $Cd^{2+}$ and $I^-$.

**解**：

$CdI_2$的分子量 = 366.21

96500庫倫的電可沉積$\frac{1}{2}Cd^{2+} = 56.2g\ Cd^{2+}$

所通過的電流$= \frac{0.03462 \times 96500}{56.2} = 59.45\,C$

陰極（152.64 g）原先含有

$\frac{7.545 \times 10^{-3} \times 152.64}{1000} = 1.1517 \times 10^{-3}\,mol$

最後含有$\frac{0.3718}{366.21} = 1.0153 \times 10^{-3}\,mol$

陰極所損失的量 = $1.364 \times 10^{-4}$mol

$1.364 \times 10^{-4} \times 96500/59.45$ = 0.221mole $CdI_2$

= 0.442mole 1/2 $CdI_2$

因此$t_+ = 0.442$；$t_- = 1 - t_+ = 1 - 0.442 = 0.558$

## 7.6　離子的活性

考慮以下的離子平衡：

$$M^{n+}A^{n-}(\text{solid}) \rightarrow n_+M^{z+}(\text{aq}) + n_-A^{z-}(\text{aq})$$

$$\mu_{salt} = n_+\mu_+ + n_-\mu_- \tag{1}$$

可將每一離子的活性定義爲$\ln a_i = \frac{\mu_i - \mu_i^0}{RT}$

所以$\ln a_{salt} = \frac{\mu_{salt} - \mu_{salt}^0}{RT}$

由(1) ⇒ $n_+ \ln a_+ + n_- \ln a_- = \ln a_{salt}$

$$a_{salt} = a_+^{n_+} a_-^{n_-}$$

定義平均離子活性（mean ionic activity, $a_\pm$）爲

$$a_{\pm} = (a_+^{n_+} a_-^{n_-})^{1/n} \quad \text{or} \quad a_{salt} = a_{\pm}^{n} \;(n = n_+ + n_-)$$

$$\frac{\mu_{salt}}{n} = \frac{\mu_{salt}^{0}}{n} + RT\ln a_{salt}^{\ 1/n}$$

$$\frac{\mu_{salt}}{n} = \frac{\mu_{salt}^{0}}{n} + RT\ln a_{\pm}$$

define：$a_+ = \gamma_+ m_+$，$a_- = \gamma_- m_-$

$m_+ = v_+ m$；$m_- = v_- m$（$m$：重量莫耳濃度）

因此$a_{salt} = a_+^{n_+} a_-^{n_-} = m_+^{n_+} m_-^{n_-} \gamma_+^{n_+} \gamma_-^{n_-}$

平均離子活性係數（mean ionic activity coefficient）可定義成：$\gamma_{\pm} = (\gamma_+^{n_+} \gamma_-^{n_-})^{1/n}$

## 例題7.5

If the activity coefficients of $Ag^+$ and $C\ell^-$ are 0.7 and 0.5, respectively, what is the mean activity coefficient for the electrolyte?

**解**：

$$\gamma_{\pm} = (\gamma_+^{n_+} \gamma_-^{n_-})^{1/n} = (0.7^1 \times 0.5^1)^{1/2} = 0.59$$

# 7.7 德拜－徐可的離子溶液理論

離子強度（ionic strength）定義爲$I = \frac{1}{2}\sum_i C_i z_i^{\ 2}$，離子強度與其活性係數的關係爲：

$$\ln\gamma_{\pm} = -A\,|z_+ z_-|\sqrt{I}$$

其中$A$爲常數，可表爲

$$A = (2\pi N_A \rho)^{1/2} \left(\frac{e^2}{4\pi\varepsilon_0\varepsilon_r kT}\right)^{3/2}$$

其中$N_A$ = Avogadro's number

$\rho$ = density of solvent (in units of kg/m$^3$)

$e$ = fundamental unit of charge, in $C$

$\varepsilon_0$ = permittivity of free space

$\varepsilon_r$ = dielectric constant of solvent

$k$ = Boltzmann's constant

$T$ = absolute temperature

考慮平均離子的活性係數的定義$\gamma_{\pm}^{n_+ + n_-} = \gamma_+^{n_+}\gamma_-^{n_-}$

兩邊各取ln，可得$(n_+ + n_-)\ln\gamma_\pm = n_+\ln\gamma_+ + n_-\ln\gamma_-$

$$(n_+ + n_-)\ln\gamma_\pm = -(n_+z_+^2 + n_-z_-^2)A\sqrt{I}$$

利用電中性原理得知：$n_+z_+ = n_-|z_-|$或者是$n_+^2z_+^2 = n_-^2z_-^2$

代入上式推導可得：$(n_+ + n_-)\ln\gamma_\pm = -n_+^2z_+^2(\frac{1}{n_+} + \frac{1}{n_-})$

因此$\ln\gamma_\pm = -\frac{n_+z_+^{\ 2}}{n_-}A\sqrt{I} = -A|z_+z_-|\sqrt{I}$

對水溶液而言，在25℃：$\log\gamma_\pm = -0.51\cdot|z_+z_-|\sqrt{I}$

因為此定律只適用於$m \to 0$時才成立，故稱為Debye-Huckel limiting law (DHLL)；當高濃度時，則需使用extended Debye-Huckel limiting law如下：

$$\ln\gamma = -\frac{A\cdot z^2\cdot\sqrt{I}}{1 + B\cdot a\cdot\sqrt{I}}$$

其中$a$為ionic diameter (unit: m)，$B = (\frac{e^2N_A\rho}{\varepsilon_0\varepsilon_r kT})^{1/2}$。

若以$\ln\gamma_\pm$對$\sqrt{I}$作圖可得一直線。圖7.4顯示理論與實驗數據的差異：

1. 曲線$a$為DHLL：$\ln\gamma_\pm = -z_+|z_-|A\sqrt{I}$，slope = $-z_+|z_-|A$

2. 曲線$b$作稍微修正：$\ln\gamma_\pm = -\frac{z_+|z_-|A\sqrt{I}}{1 + aB\sqrt{I}}$（extended Debye-Huckel law）

3. 曲線$c$是$\ln\gamma_\pm = -\frac{z_+|z_-|A\sqrt{I}}{1 + aB\sqrt{I}} + CI$

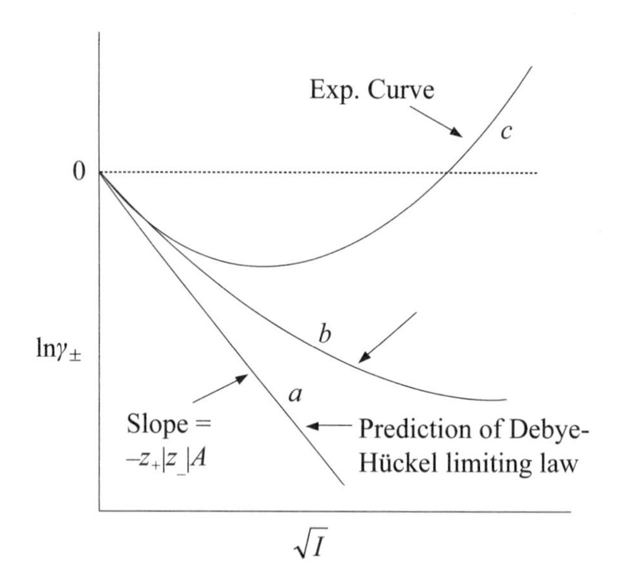


圖7.4　平均離子的活性係數理論與實驗數據的差異

當離子強度比較大時（即高濃度時），第二項CI對平均活性係數的貢獻就會變得非常重要，此時$\ln\gamma_\pm$幾乎與離子強度有正比的關係（圖7.4的曲線$c$），CI這一項即所謂的鹽析出效應（salting out）。

## 例題7.6

The solubility of AgCℓ in water at 25℃ is $1.274\times10^{-5}$ mol · $dm^{-3}$. On the assumption that the Debye-Hückel Limiting Law applies,

(a) Calculate $\Delta G^0$ for the process $AgC\ell(s) \rightarrow Ag^+(aq) + C\ell^-(aq)$.

(b) Calculate the solubility of AgCℓ in a mixed solution of 0.002M $Ca(NO_3)_2$ and 0.002 $Na(NO_3)_2$

**解**：

(a) $K_{sp} = [Ag^+][C\ell^-]\gamma_+\gamma_-$

$= [Ag^+][C\ell^-]\gamma_\pm^2$（記住$\gamma_\pm = (\gamma_+\gamma_-)^{1/2}$）

依Debye-Hückel Limiting Law（在水溶液中）：

$$\log\gamma_\pm = -0.51\cdot z_+|z_-|\sqrt{I}$$

其中離子強度$I = \frac{1}{2}\sum_i C_i z_i^2$

$= \frac{1}{2}\times(1.274\times10^{-5}\times1^2 + 1.274\times10^{-5}\times1^2)$

$= 1.274\times10^{-5}$

因此$\gamma_\pm \approx 1$

$\Delta G^0 = -RT\ln K_{sp} = -8.314\times298\times\ln(1.274\times10^{-5}\times1)^2$

$= 55.7$ kJ/mol

(b) $I = \frac{1}{2}(0.002\times2^2 + 0.002\times1^2 + 0.004\times1^2 + 0.002\times1^2)$

$= 0.007$

$\log\gamma_\pm = -0.51\times(0.008)^{\frac{1}{2}}$

$\gamma_\pm = 0.9$

令$[Ag^+] = [C\ell^-] = s$

$K_{sp} = [Ag^+][C\ell^-]\gamma_\pm^2$

$(1.274\times10^{-5})^2 = s^2\times0.9^2$

$s = 1.416\times10^{-5}$

# 7.8　測量活性係數

茲以氯化銀的溶解度爲例，說明如何由溶解度積測量活性係數

$$AgC\ell \rightleftharpoons Ag^+ + C\ell^-$$

$$K_{sp} = [Ag^+][C\ell^-]\gamma_+\gamma_- = [Ag^+][C\ell^-]\gamma_\pm^2$$

而　$\ln\gamma_\pm = -z_+|z_-|A\sqrt{I}$（DHLL）

如果加入惰性的電解質（inert electrolytes）的話，會不會對$AgC\ell$的溶解度產生影響？可分成兩種情況加以探討：

1. 當溶液的離子強度小時，加入鹽類會增加$AgC\ell$的溶解度，此即爲鹽析入（salting in）效應；這是因爲加入鹽類，意謂著增加溶液的離子強

度，而$\ln\gamma_{\pm}=-z_{+}|z_{-}|A\sqrt{I}$，因此造成平均活性係數$\gamma_{\pm}$變小；因爲溶解度積$K_{sp}=[Ag^{+}][C\ell^{-}]\gamma_{\pm}^{2}$，$K_{sp}$是不會改變的常數，當平均活性係數$\gamma_{\pm}$變小時，唯有$[Ag^{+}]$及$[C\ell^{-}]$的濃度（即溶解度）增加才能維持$K_{sp}$不變，意謂著溶解度因加入鹽類而增加。

2. 當溶液的離子強度大時，加入鹽類會減少$AgC\ell$的溶解度，此即爲鹽析出效應；因爲離子強度大時，$\ln\gamma_{\pm}=-\dfrac{z_{+}|z_{-}|A\sqrt{I}}{1+aB\sqrt{I}}+CI$，第二項CI對平均活性係數的貢獻就會變得非常重要，因此平均活性係數數$\gamma_{\pm}$在高離子強度下會反而增加，因爲溶解度積$K_{sp}=[Ag^{+}][C\ell^{-}]\gamma_{\pm}^{2}$，$K_{sp}$是不會改變的常數，當平均活性係數$\gamma_{\pm}$變大時，唯有$[Ag^{+}]$及$[C\ell^{-}]$的濃度（即溶解度）減少才能維持$K_{sp}$不變，意謂著溶解度因加入鹽類而下降。

## 例題7.7

The solubility process for $PbSO_4$ in water at 25℃ is

$$PbSO_4(s) \rightleftharpoons Pb^{2+}(aq) + SO_4^{2-}(aq)$$

Available data: Gibbs free energy of formation, $\Delta_f G^0$ at 25 ℃

| | $Pb^{2+}$(aq) | $SO_4^{2-}$(aq) | $PbSO_4$(s) |
|---|---|---|---|
| $\Delta_f G^0$ (kJ/mol) | –24.43 | –744.53 | –813.14 |

(a) Calculate the solubility product of $PbSO_4$.

(b) Calculate the solubility of $PbSO_4$ in pure water.

(c) Calculate the solubility of $PbSO_4$ in a solution containing 0.008 M $Na_2SO_4$. Assume that the Debye-Huckel limiting law applies.

(d) Is it a salting-in or salting-out phenomenon in case (c).

**解**：

(a) $\Delta_f G^0 = -24.43 - 744.53 + 813.14 = 44.18$ kJ/mol

$\Delta_f G^0 = -RT\ln K$

$44.18 \times 1000 = -8.314 \times 298 \times \ln K$

$K = 1.86 \times 10^{-8}$

(b) $K = 1.86 \times 10^{-8} = s^2$

$s = 1.36 \times 10^{-4}$

(c) Ionic strength $I = \frac{1}{2}(0.008 \times 2^2 + 0.016 \times 1^2) = 0.024$

$K = a_{Pb^{2+}} \cdot a_{SO_4^{2-}} = [Pb^{2+}][SO_4^{2-}] \times \gamma_\pm^2$

兩邊取log可得

$\log K = \log([Pb^{2+}][SO_4^{2-}]) + 2\log\gamma_\pm$

$\log\gamma_\pm = -0.51 \times 2 \times 2 \times \sqrt{0.024}$

令 $s = [Pb^{2+}] = [SO_4^{2-}]$ 代入上式

$\log(s^2) = \log(1.86 \times 10^{-8}) - 2(-0.51 \times 2 \times 2 \times \sqrt{0.024})$

$s = 0.029$

(d) 溶解度 $s$ 的值因為加入鹽類而增加，故為鹽析入效應。

# 7.9　杜南平衡

當兩溶液被一薄膜隔開而達到離子平衡時，如果離子因爲太大而無法穿透此薄膜時，此時可以穿透此薄膜的離子會達到一種特殊的平衡，此平衡稱杜南平衡（Donnan equilibrium），如圖7.5所示：

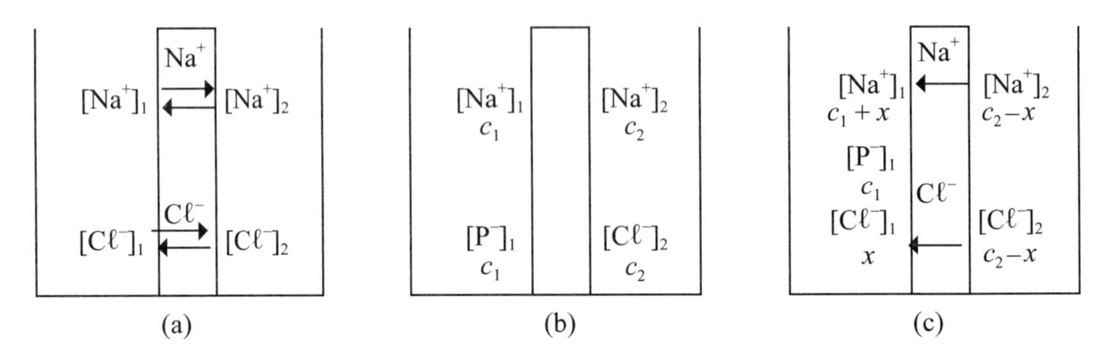


圖7.5 (a)$[Na^+]$和$[C\ell^-]$被一薄膜隔開，(b)$Na^+P^-$和$Na^+C\ell^-$被一薄膜隔開的起始狀態，(c)由(b)剛始而至最後平衡狀態即杜南平衡

圖7.5(a)平衡時，左邊的離子濃度爲$[Na^+]_1$和$[C\ell^-]_1$；右邊的離子濃度爲$[Na^+]_2$和$[C\ell^-]_2$，以熱力學的觀點來看可知：

平衡時，$\Delta G = 0$，亦即

$$\Delta G = \Delta G_{Na^+} + \Delta G_{C\ell^-} = 0$$

$$\Delta G_{Na^+} = RT\ln\frac{[Na^+]_2}{[Na^+]_1}$$

$$\Delta G_{C\ell^-} = RT\ln\frac{[C\ell^-]_2}{[C\ell^-]_1}$$

因此，$RT\ln\frac{[Na^+]_2}{[Na^+]_1} + RT\ln\frac{[C\ell^-]_2}{[C\ell^-]_1} = 0$

$$\therefore \frac{[Na^+]_2[C\ell^-]_2}{[Na^+]_1[C\ell^-]_1} = 1$$

因爲電中性的關係，所以$[Na^+]_1 = [C\ell^-]_1$；$[Na^+]_2 = [C\ell^-]_2$

因此，$[Na^+]_1 = [Na^+]_2 = [C\ell^-]_1 = [C\ell^-]_2$

圖7.5(b)左邊的$P^-$離子無法穿透薄膜，右邊有氯離子和鈉離子，因爲左邊沒有氯離子，所以氯離子會從右邊自發地擴散至左邊，因爲兩邊都必須保持電中性，因此等數目的鈉離子也會從右邊擴散至左邊，假設$[Na^+] = [C\ell^-] = x\ \mathrm{mol\ dm^{-3}}$從右邊擴散至左邊，則最後平衡時則變成圖7.5(c)的情形。

利用$\dfrac{[Na^+]_2[C\ell^-]_2}{[Na^+]_1[C\ell^-]_1}=1$ 可得：

$$(c^2 - x)^2 = (c_1 + x)x$$

因此，$x=\dfrac{c_2^2}{c_1+2c_2}$

## 例題7.8

A liter of solution of sodium palmitate $C_{15}H_{31}COONa$, at concentration $c_1$ = 0.01 M is separated by a membrane from a liter of solution of sodium chloride at concentration $c_2$ = 0.05 M. If the membrane is permeable to $Na^+$ and $C\ell^-$ ions, but not to palmitate ions. Calculate the concentration of $Na^+$ and $C\ell^-$ ions on the two sides of the membrane after equilibrium has become established.

**解**：

Left side: $[Na^+] = (0.10 + x)M$; $[C\ell^-] = xM$

Right side: $[Na^+] = [C\ell^-] = (0.05 - x)M$

$(0.01 + x)x = (0.05 - x)^2$

$x = 0.023$

Left side: $[Na^+] = 0.33M$; $[C\ell^-] = 0.023M$

Right side: $[Na^+] = [C\ell^-] = 0.027M$

## 綜合練習

1. The ionic strength of a solution contains 0.1 mol/kg $NaC\ell$ and 0.05 mol/kg $Na_2SO_4$ is
   (A) 0.50　(B) 0.25　(C) 0.125　(D) 0.05　(E) none is correct

2. Which of the following statements is incorrect?
   (A) The Debye-Huckel limiting law predicts that at a highly diluted condition, the natural log of the activity coefficient, ln $\gamma_\pm$, of an electrolyte is proportional to the square root of the ionic strength.

(B) The partial pressure of real solution follows the Raoult's law.

(C) The standard electrode potential, $E^0$, is temperature dependent.

(D) The Clapeyron equation is equal to $\frac{dP}{dT}=\frac{\Delta S_m}{\Delta V_m}$

(E) none of the above.

3. What is the ionic strength of the solution containing both 0.01 mol $kg^{-1}$ $Na_2HPO_4$ and 0.01 mol $kg^{-1}$ $Na_2HPO_4$

4. The solubility of AgCℓ in water at 25℃ is $1.274 \times 10^{-5}$ mol $dm^{-3}$. On the assumption that the Debye-Hückel Limiting Law applies,

   (A) Calculate $\Delta G^0$ for the process $AgC\ell(s) \rightarrow Ag^+(aq) + C\ell^-(aq)$.

   (B) Calculate the solubility of AgCℓ in a mixed solution of 0.002M $Ca(NO_3)_2$ and 0.002 $Ca(NO_3)_2$.

# 第 8 章

# 電化學

## 8.1 伏打電池

伏打（Alessandro Volta）約在1800年發明了第一個電池，而在1836年由英國化學家丹尼爾（John Frederick Daniell）建構成流行的電池，其構想是來自伏打電池的基本原理，電池的兩個電極分別是使用鋅和銅，但是每一金屬電極都被其金屬離子的溶液所包圍，每一金屬與其離子之溶液組成一個半電池，而且兩溶液之間必須以孔洞的陶瓷加以隔開，形成鋅與銅的兩個半電池，如此便組成一個伏打電池，此電池利用以下的自發化學反應以產生電能：

Anode（陽極）：$Zn \rightarrow Zn^{2+} + 2e^-$（氧化半反應）　$E = 0.76$ V

Cathode（陰極）：$Cu^{2+} + 2e^- \rightarrow Cu$（還原半反應）　$E = 0.34$ V

淨反應：$Zn(s) + Cu^{2+}(aq) \rightarrow Zn^{2+}(aq) + Cu(s)$　$E = 1.10$ V

基本上電池中的反應是一個氧化還原反應，可分成兩個半反應加以表示，第一個半反應是物種失去電子，即爲氧化反應，發生氧化反應的電極稱之爲陽極（anode）；第二個半反應是物種獲得電子，即爲還原反應，發生還原反應的電極稱之爲陰極（cathode）。

在伏打電池中，兩個半電池的連接方式是利用電子從一金屬電極經由外部電路而流至另一電極，金屬離子則是透過電池的內部連接，從一個半電池流至另一個半電池。圖8.1說明由鋅和銅電極的伏打電池示意圖，因爲鋅比銅更易失去電子，在鋅電極的鋅原子會失去電子而產生鋅離子，這些電子經外部電路而流至銅電極，在銅的半電池中與銅離子反應而沉積出銅金屬原子。其淨結果是鋅金屬與銅離子反應生成鋅離子和銅金屬，而電流通過外部電路，兩個半電池必須內部連結以使得離子可以通過它們。

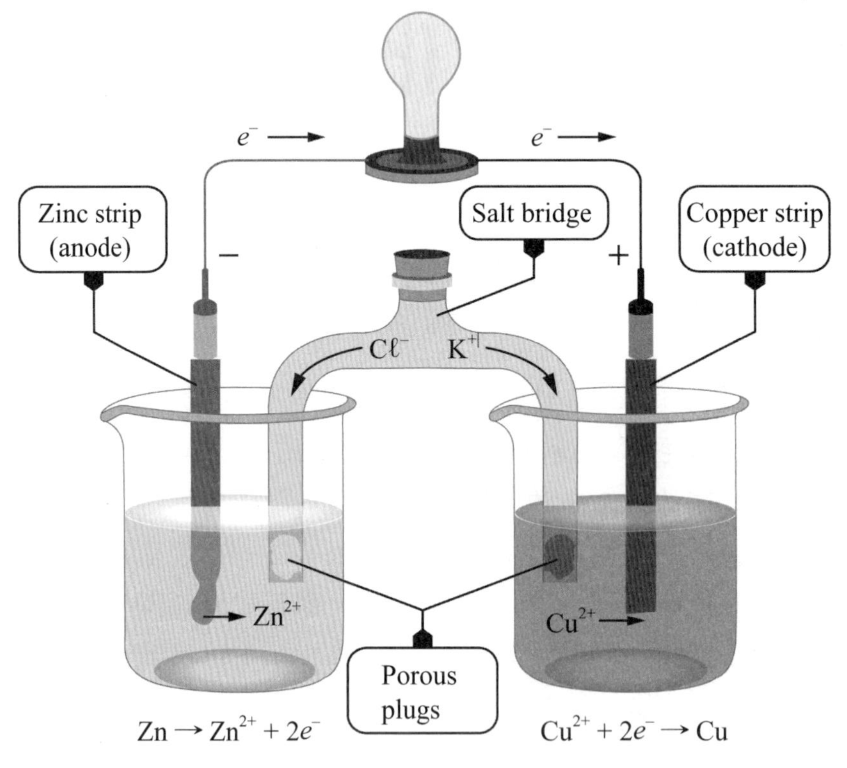


圖8.1　伏打電池的原子示意圖

## 8.2 電位

移動電子或移動離子通過溶液到達電極必須作功，移動電荷通過導體所需的功取決於移動的總電荷及電位差，通常電荷由比較高的電位移至比較低的電位，電位差（potential difference）是兩點之間的電位差，以伏打（volt, $V$）作爲單位，移動電荷所需的電功如下：

$$電功 = 電荷 \times 電位差$$

對於一伏打電池而言，此功爲電功$-nFE_{cell}$，其中法拉第常數（Faraday constant, $F$）是一莫耳電子的電荷大小，等於$9.6485 \times 10^4$ C/mol $e^-$，伏打電池所作的功等於法拉第常數乘上電極之間的電位差，因爲伏打電池作功於外界，所以它失去能量。

在伏打電池中電極之間的最大電位差稱爲電池的電位（cell potential或電動勢（electromotive force, emf）），標記爲$E_{cell}$，可以想像電位是由這兩個半反應的貢獻，可將此貢獻分別稱爲氧化電位和還原電位，然後，

$$E_{cell} = 氧化電位 + 還原電位$$

還原電位是量測在還原半反應中氧化物種獲得電子的傾向，可將氧化半反應視爲其相對應的還原半反應的逆向反應，因此：

$$半反應的氧化電位 = -逆向半反應的還原電位$$

事實上你只需要將氧化電位或者是還原電位列表即可，依慣例是將還原電位列成表。

## 8.3　標準電極電位

伏打電池的電位取決於物種的濃度及電池的溫度，選擇熱力學的標準狀態以便將電化學資料列表，標準電位（standard cell potential, $E°_{cell}$）是伏打電池在標準狀態下運作的emf（溶質濃度各爲1 M，氣體壓力各爲1 atm，且溫度訂爲25℃），注意上標的度數符號（°）代表標準狀態。利用電極電位的表格，便可計算電池電位。但是不可能量測單一電極的電位，我們僅能量測電池的電位，可選擇其中一個電極當作參考電極，然後與各種不同的電極組成電池，將此參考電極的電位訂爲零，則經由量測電池的電位便可得知

另一電極的電位。電位是以氫氣在一大氣壓下其電極爲零當基準，圖8.2是標準氫氣電極：

$$H_2(1\ \text{atm}) \rightarrow 2H^+ + 2e^-$$

依慣例，選擇標準氫電極當作參考電極，並將它的電位定爲0.00 V。記住氫氣的壓力需爲一大氣壓才是標準電極。

舉例而言，將標準鋅電極與標準氫電極連結成一電池，其電位爲0.76 V，因爲電池電位是半電池電位的總和，即：

$$E_{cell} = E^0_{H_2} + (-E^0_{Zn})$$

將電池電位等於0.76 V及標準氫電極的電位0.00 V代入可得$E^0_{Zn} = -0.76$ V。依此方式可得到一系列半電池反應的電極電位。

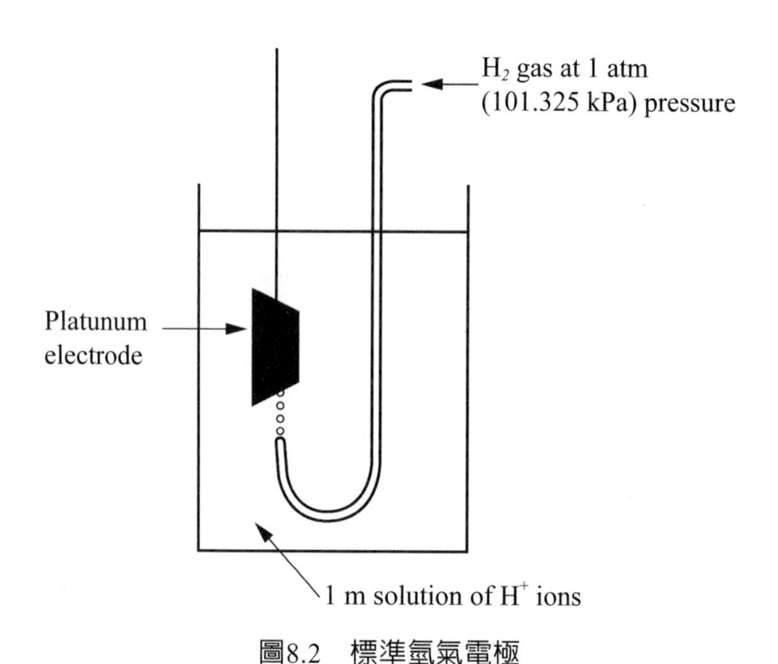


圖8.2　標準氫氣電極

其他常見的標準電池尚包含有

1. $Ag|AgC\ell|C\ell^-$ (1 m)

此爲銀－氯化銀電極，銀電極與固體的氯化銀互相接觸，並將整個電極浸泡在濃度1 m的氯化鉀溶液之中，若與氫標準電極組成電池如下：

$$Pt, H_2 |H^+(1m)||C\ell^-(1m)|AgC\ell|Ag$$

電池的反應爲 $\frac{1}{2}H_2 \rightarrow H^+ + e^-$

$$e^- + AgC\ell \rightarrow Ag + C\ell^-$$

淨反應：$\frac{1}{2}H_2 + AgC\ell \rightarrow H^+ + C\ell^- + Ag$

此標準電池在25℃的電位爲0.22233 V。

2.Calomel electrode

此爲汞電極與固體的氯化亞汞互相接觸，並將整個電極浸泡在濃度0.1 m的氯化鉀溶液或者是飽和的氯化鉀溶液之中，若與氫標準電極組成電池如下：

$$Pt, H_2 |H^+(1\ m)||C\ell^-(0.1\ m)|Hg_2C\ell_2|Ag$$

電池的反應爲$\frac{1}{2}H_2 \rightarrow H^+ + e^-$

$$e^- + \frac{1}{2}Hg_2C\ell_2 \rightarrow Hg + C\ell^-$$

淨反應：$\frac{1}{2}H_2 + \frac{1}{2}Hg_2C\ell_2 \rightarrow Hg + H^+ + C\ell^-$

如果是使用濃度0.1 m的氯化鉀溶液，則在25℃的電位爲0.3337 V；若是飽和的氯化鉀溶液，則電位爲0.2412 V。

## 8.4 電化電池的熱力學與平衡常數

了解電化電池的熱力學之前，先知兩電荷之間的作用力可表爲：

$$F = \frac{q_1 \cdot q_2}{4\pi\varepsilon_0 \cdot \varepsilon_r \cdot r^2}$$

電荷$q_1$所感受到的電場（electric field）$E$可表爲：

$$E = \frac{F}{q_1} = \frac{q_2}{4\pi\varepsilon_0 \cdot r^2}$$

其電位（electric potential）$\phi$

$$|E| = -\frac{\partial \phi}{\partial r}$$

$$\phi = -\int \frac{q_2}{4\pi\varepsilon_0 \cdot r^2} dr = -\frac{q_2}{4\pi\varepsilon_0} \int \frac{1}{r^2} dr = \frac{q_2}{4\pi\varepsilon r}$$

因此電荷所做的功可表爲電位與電量變化的乘積：

$$dw_{elect} = \phi \cdot dQ$$

依熱力學第一定律內能變化爲：

$$dU = dw_{PV} + dq + dw_{elect}$$

電量變化可表爲：

$$dQ = z \cdot F \cdot dn$$

代入可得：

$$dw_{elect} = \phi \cdot z \cdot f \cdot dn$$

將所有電荷加總起來：

$$dw_{elect} = \sum_i \phi \cdot z \cdot F \cdot dn_i$$

$$dG = -SdT + VdP + \sum_i \mu_i dn_i$$

$$dG = -SdT + VdP + \sum_i \mu_i dn_i + \sum_i \phi_i \cdot z_i \cdot F \cdot dn_i$$

定溫定壓下，

$$dG = \sum_i (\mu_i + \phi \cdot z_i \cdot F) dn_i$$

定義電化學之電位爲$\mu_{i,et}$，即

$$dG = \mu_i + \phi_i \cdot z_i \cdot F$$

對於每一電化學的反應而言：

$$\sum_i n_i \cdot \mu_{i,el} = 0$$

考慮以下的電池中的兩個半反應

$$A \rightarrow A^{n+} + ne^-$$

$$B^{n+} + ne^- \rightarrow B$$

整體反應為

$$A + B^{n+} \rightarrow A^{n+} + B$$

$$0 = \mu_{A^{n+},el} + \mu_{B,el} - \mu_{A,el} - \mu_{B^{n+},el}$$

$$0 = \mu_{A^{n+},el} + \mu_B + nF\phi_{red} - \mu_A - \mu_{B^{n+}} - nF\phi_{ox}$$

$$nF\phi_{red} - nF\phi_{ox} = \mu_{A^{n+},el} + \mu_B - \mu_A - \mu_{B^{n+}}$$

定義電動勢（electromotive force）$E$

$$E = \phi_{red} - \phi_{ox}$$

$$-nFE = \mu_{A^{n+},el} + \mu_B - \mu_A - \mu_{B^{n+}}$$

$$\Delta_{rxn} G = -nFE$$

$$\Delta_{rxn} G^0 = -nFE^0$$

其中$n$：電池反應的電荷莫耳數，$F$：法拉第常數 = 96487 C/mol，$E$：電池的電位。

電化學的最重要的結果是電池電位、自由能變化和平衡常數之間的關係式，$\Delta_{rxn}G^0 = -nFE^0 = -RT\ln K^0$，因此：

$$E^0 = \frac{RT}{nF}\ln K^0$$

在25℃時，代入$F$ = 96487 C/mol，$T$ = 298 K，$R$ = 8.314，即可簡化成：

$$E^0 = \frac{0.0257}{n}\ln K^0$$

因為$S = -(\frac{\partial G}{\partial T})_P \Rightarrow \Delta S = -(\frac{\partial \Delta G}{\partial T})_P$

因此$\Delta S = nF(\frac{\partial E}{\partial T})_P$

$$\Delta H = \Delta G + T\Delta S = -nFE + nFT(\frac{\partial E}{\partial T})_P$$

## 例題8.1

With the electrochemical reduction potential known at 25℃ for

$$Cu^{2+}(aq) + e^- \rightarrow Cu^+(aq) \quad E_1^0 = 0.153\ V$$

$$Cu^{2+}(aq) + 2e^- \rightarrow Cu(s) \quad E_2^0 = 0.337\ V$$

Calculate the $E^0$ for the process:

$$Cu^+(aq) + e^- \rightarrow Cu(s)$$

**解**：

因為反應所涉及的電子莫耳數不同，所以先計算其自由能的變化因為自由能是狀態函數。

$$Cu^{2+}(aq) + e^- \rightarrow Cu^+(aq) \qquad \Delta G_1^0 = -nFE_1^0 = -1\times96485\times0.153$$

$$Cu^{2+}(aq) + 2e^- \rightarrow Cu(s) \qquad \Delta G_2^0 = -nFE_2^0 = -2\times96485\times0.337$$

反應1減去反應2即可得$Cu^+(aq) + e^- \rightarrow Cu(s)$

因此$\Delta G^0 = -2\times96485\times0.337 - (-1\times96485\times0.153)$

$= -0.529\times96485 J/mol$

$Cu^+(aq) + e^- \rightarrow Cu(s)$，$n = 1$，$E^0 = 0.529V$

## 例題8.2

Given the following data:

(1) $Fe^{3+}(aq) + 3e^- \rightarrow Fe(s)$ $\qquad E^0 = -0.037\ V$

(2) $Fe(s) \rightarrow Fe^{2+} + 2e^-$ $\qquad E^0 = +0.447\ V$

Calculate the standard potential for the overall reaction $Fe^{3+}(aq) + e^- \rightarrow Fe^{2+}(aq)$

**解**：

反應式(1)$\Delta G_1^0 = -nFE_1^0 = -3\times96485\times(-0.037) = 10400\ J$

反應式(2) $\Delta G_2^0 = -nFE_2^0 = -2\times96485\times(+0.409) = -75600\ J$

全反應$\Delta G^0 = \Delta G_1^0 + \Delta G_2^0 = 10400 - 75600 = -68500\ J$

$\Delta G^0 = -nFE^0$

$-68500 = -1\times96485\times E^0$

$E^0 = +0.783\ V$

### 例題8.3

The Weston standard cell is

Cd amalgam $|CdSO_4 \cdot 8/3H_2O(s)|$ $Hg_2SO_4(s)$, Hg saturated soln.

(a) What the cell reaction.

(b) At 25℃, its *e.m.f.* is 1.01832 *V* and $\partial E/\partial T = -5.00 \times 10^{-5}$ V/K. Calculate $\Delta G^0$, $\Delta H^0$, and $\Delta S^0$.

**解**：

(a) 陽極：$Cd(Hg) \rightarrow Cd^{2+} + 2e^-$

陰極：$Hg_2^{2+} + \quad 2e^- \rightarrow 2Hg$

---

overall $Cd(Hd) + Hg_2^{2+} + Cd^{2+} + 2Hg$

或者寫成分子方程式：

$$Cd(Hg) + Hg_2SO_4(s) + \frac{8}{3}H_2O(\ell) \rightarrow CdSO_4 \cdot \frac{8}{3}H_2O(s) + 2Hg(\ell)$$

(b) $\Delta G^0 = -2 \times 96485 \times 1.01832 \times 10^{-3} = -196.5$ kJ/mol

$\Delta S^0 = -2 \times 96485 \times (-5 \times 10^{-3}) = -9.65$ $JK^{-1}/mol^{-1}$

$\Delta H^0 = -196.5 - (9.65 \times 298.15 \times 10^{-3}) = -199.4$ kJ/mol

## 8.5 納斯特方程式

一電池的電位取決於離子的濃度和氣體壓力，因此電位提供測量離子濃度的一個方法，例如pH計取決於電池電位隨氫離子濃度的變化，可以利用德國化學家納斯特（Walther Nernst）所導出的方程式將離子不同濃度及氣體不同壓力的電池電位與電極電位關連起來。

自由能變化與標準自由能變化的關係如下：

$$\Delta G = \Delta G^0 + RT\ln Q$$

其中$Q$是熱力學反應商，除了是特定時間下反應混合物所存在的濃度及氣體壓力外，將$\Delta G = -nFE_{cell}$及$\Delta G^0 = -nFE^0_{cell}$代入可得，

$$-nFE_{cell} = -nFE^0_{cell} + RT\ln Q$$

將此結果重組可得納斯特方程式（Nernst equation）：

$$E_{cell} = E^0_{cell} - \frac{0.0592}{n}\log Q \text{（以25℃的伏打值）}$$

可從納斯特方程式證明電池的電位$E_{cell}$會隨反應的進行而下降，當伏打電池的反應發生時，產物的濃度增加，而反應物的濃度減少，因此$Q$和$\log Q$增加，在納斯特方程式的第二項$(\frac{0.0592}{n})\log Q$增加，所以$E^0_{cell} - (\frac{0.0592}{n})\log Q$的差值減少，因此電池電位$E_{cell}$變小，最後電池電位趨近於零，電池反應達到平衡。

## 例題8.4

For the cell $Pb(s)|Pb^{2+}(0.0125\ M)||Ag^{+}(0.600\ M)|Ag(s)$

(a) Calculate $E^0_{cell}$ and $E_{cell}$.

(b) Predict the spontaneous direction of reaction from the sign of $E_{cell}$.

Based on the following data:

$Ag^+(aq) + e^- \rightarrow Ag(s)$ $E^0 = 0.799\ V$

$Pb^{2+}(aq) + 2e^- \rightarrow Pb(s)$ $E^0 = -0.126\ V$

**解**：

(a) Anode: $Pb(s) \rightarrow Pb^{2+}(aq) + 2e^-$ $E^0 = +0.126\ V$

Cathode: $Ag^+(aq) + e^- \rightarrow Ag(s)$ $E^0 = 0.799\ V$

Overall reaction: $Pb(s) + 2Ag^+(aq) \rightarrow Pb^{2+}(aq) + 2Ag(s)$

$E^0_{cell} = 0.126 + 0.799 = 0.925\ V$

由Nernst equation:

$$E_{cell}=E^0_{cell}-\frac{RT}{nF}\ln\frac{[Pb^{2+}]}{[Ag^+]^2}$$

$$E_{cell}=0.925-\frac{8.314\times298.15}{2\times96485}\ln\frac{0.0125}{(0.6)^2}=0.968\text{ V}>0$$

(b) 因為$E_{cell}>0$，$\Delta G=-nFE_{cell}<0$

故此反應的方向是自發的

# 8.6 電池

## 碳鋅電池

手電筒和收音機經常使用碳鋅電池（zinc-carbon battery）、勒克朗謝電池或乾電池（dry cell）作爲電力的裝置，如圖8.3所示，此電池以鋅作爲陽極，石墨棒在中間作爲陰極，並以二氧化錳、氯化銨、氯化鋅及碳黑的糊狀物包圍此石墨棒，碳鋅電池的反應有點複雜，可約略表示如下：

$$Zn(s)\rightarrow Zn^{2+}(aq)+2e^-$$

$$2NH_4^+(aq)+2MnO_2(s)+2e^-\rightarrow Mn_2O_3(s)+H_2O(l)+2NH_3(aq)$$

乾電池的起始電位約爲1.5V，而該電位會隨著電流的釋出而逐步下降。

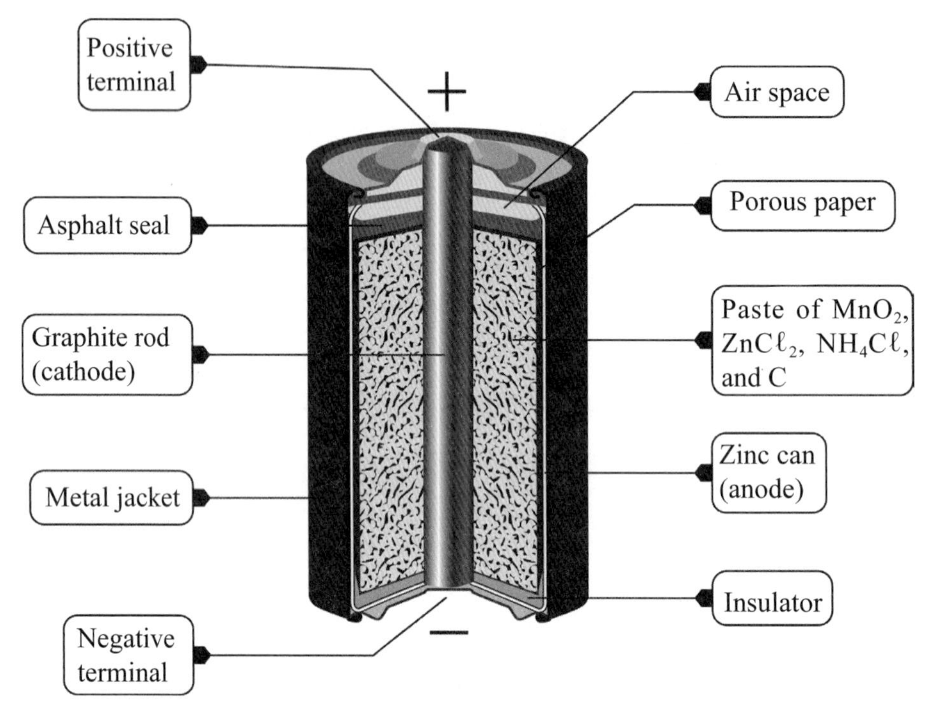


圖8.3　碳鋅電池

鹼性乾電池類似於碳鋅電池，主要的差別在於它是以氫氧化鉀取代氯化銨，如圖8.4所示，它在耗用電流及寒冷氣候的表現較佳。所謂的乾電池並不是眞的是乾的，它的電解質其實是水溶液的糊狀物。

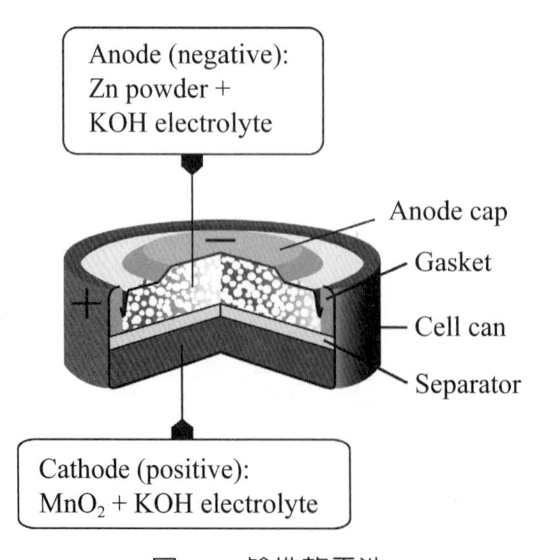


圖8.4　鹼性乾電池

## 鉛蓄電池

一旦乾電池完全放電之後（達到平衡），電池不容易重新充電，但是有些電池如鉛蓄電池（lead storage cell），在使用之後仍然可以再充電，此電池是由海綿狀的鉛包裝組成陽極，而其他電極則與氧化鉛（IV）包裝組成陰極，兩者都浸泡在硫酸的水溶液中，如圖8.5所示，在放電過程的半反應如下：

$$Pb(s) + HSO_4^-(aq) \rightarrow PbSO_4 + H^+(aq) + 2e^-$$

$$PbO_2(s) + 3H^+(aq) + HSO_4^-(aq) + 2e^- \rightarrow PbSO_4 + 2H_2O(\ell) + 2e^-$$

在放電過程中白色的硫酸鉛會覆蓋每一電極，而且硫酸會慢慢地被消耗，每一電池可提供約2.0 V，且此電池是以六個電池串聯在一起而可提供的電位約12 V。

鉛蓄電池放電之後，將上述之反應加以逆向即可從外部電路加以充電，在充電過程有一些水會分解成氫氣和氧氣，所以需要加更多的水，現在較新的電池是用含有鈣金屬的鉛當作電極；因為鈣鉛合金可以防止水的分解。

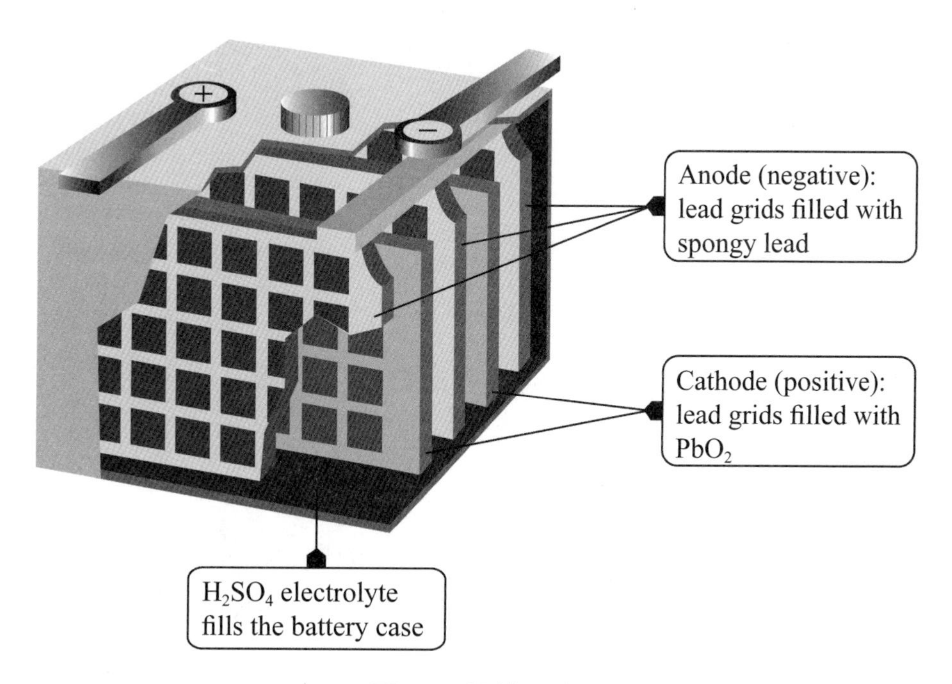


圖8.5　鉛蓄電池

## 例題8.5

A lead storage battery is based on the following reactions：

$$Pb + PbO_2 + 4H^+ + 2SO_4^{2-} \rightleftharpoons 2PbSO_4 + 2H_2O,\ E^0 = 1.18\ V$$

How does the value of E compare to $E^0$ in each of the following conditions：

(a) More $PbO_2$ and Pb are added.

(b) The water is added.

(c) The pH is increased.

(d) When the system reaches equilibrium.

(e) Under what conditions the voltage measured is given by the symbol $E^0$.

**解**：

根據納斯特方程式，

$$E_{cell} = E_{cell}^0 - \frac{RT}{nF}\ln\frac{1}{[H^+]^4[SO_4^{2-}]^2}$$

(a) 加入$PbO_2$和Pb不會影響電位

(b) 加入$H_2O$，物種的濃度變小，因此E值變小

(c) pH上升時，$[H^+]$反而減少，因此E值變小

(d) 平衡時$E = 0$

(e) 當$[H^+] = [SO_4^{2-}] = 1$ M

### 鎳鎘電池

鎳鎘電池是一種常見的蓄電池，它的組成是以鎘當作陽極，NiOOH作爲陰極，如圖8.6所示。常用於計算機、可攜式的動力工具、刮鬍刀及牙刷，在放電過程的半電池反應如下：

$$Cd(s) + 2OH^-(aq) \rightarrow Cd(OH)_2 + 2e^-$$

$$NiOOH(s) + H_2O(\ell) \rightarrow Ni(OH)_2 + OH^-(aq)$$

當電池充電時，這是半反應是逆向的，鎳鎘電池可以重複充放電許多次，現今鎳氫（NiMH）和鋰離子電池已經取代鎳鎘電池，鎳氫電池目前使用於提供油電混合動力車的動力。鎳氫使用金屬氫化物作爲陽極，而不是使用毒性高的鎘，且比鎳鎘電池可持續運作更多次的充放電循環。

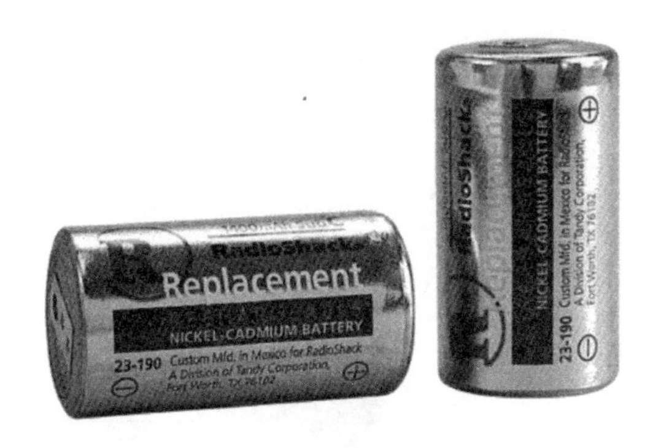


圖8.6　鎳鎘電池

## 鋰離子電池

典型的鋰離子電池是使用碳作爲陽極，以鋰鈷氧化合物或鋰錳化合物作爲陰極，鋰離子電池經常用於提供消費電子的動力，因爲它們的重量相對比較輕，且可以充放電循環許多次。鋰離子電池擁有高能量密度、高工作電壓、高循環壽命等諸多優點，讓其成爲行動裝置配備電池的不二選擇。除了行動裝置外，亦積極的將鋰離子電池導入大型機具的電力供應，如電動車、複合式電動車等等，但在串並聯多個鋰離子電池以提供高功率、高能量電力供應的使用環境下，鋰離子電池的安全性問題則被更加放大，嚴重限制大型鋰離子電池的實用性。鋰離子電池最早起源於1949年，由法國的工程師Hajek所提出，其電池內部的負極是採用鋰金屬，正極採用過渡金屬氧化物之層間化合物（如$Li_xCoO_2$、$Li_xMnO_2$），而電解質則爲含鋰離子的非水系有機電解液，常見的鋰離子電解液爲$LiPF_6$，其能量密度可達400 Wh/kg，但因成本過高而無法商業化。

鋰離子電池的商業化始自1990年代日本Sony公司發展出鋰離子嵌入

式材料作爲電極材料，陽極材料主要爲嵌入式碳材，鋰離子透過嵌入過程（intercalation）插入於如石墨之碳材，此爲充電過程（charging process）：

$$Li^{+} + e^{-} + C_6 \rightarrow LiC_6$$

陰極材料則是採用嵌入式的鋰金屬氧化物（如$LiCoO_2$, $LiMn_2O_4$, $LiFePO_4$），在充電過程中，$LiCoO_2$可釋出鋰離子如下：

$$2LiCoO_2 \rightarrow 2Li_{0.5}CoO_2 + Li^{+} + e^{-}$$

放電過程則剛好相反，$Li_{0.5}CoO_2$嵌入鋰離子，如圖8.7所示。

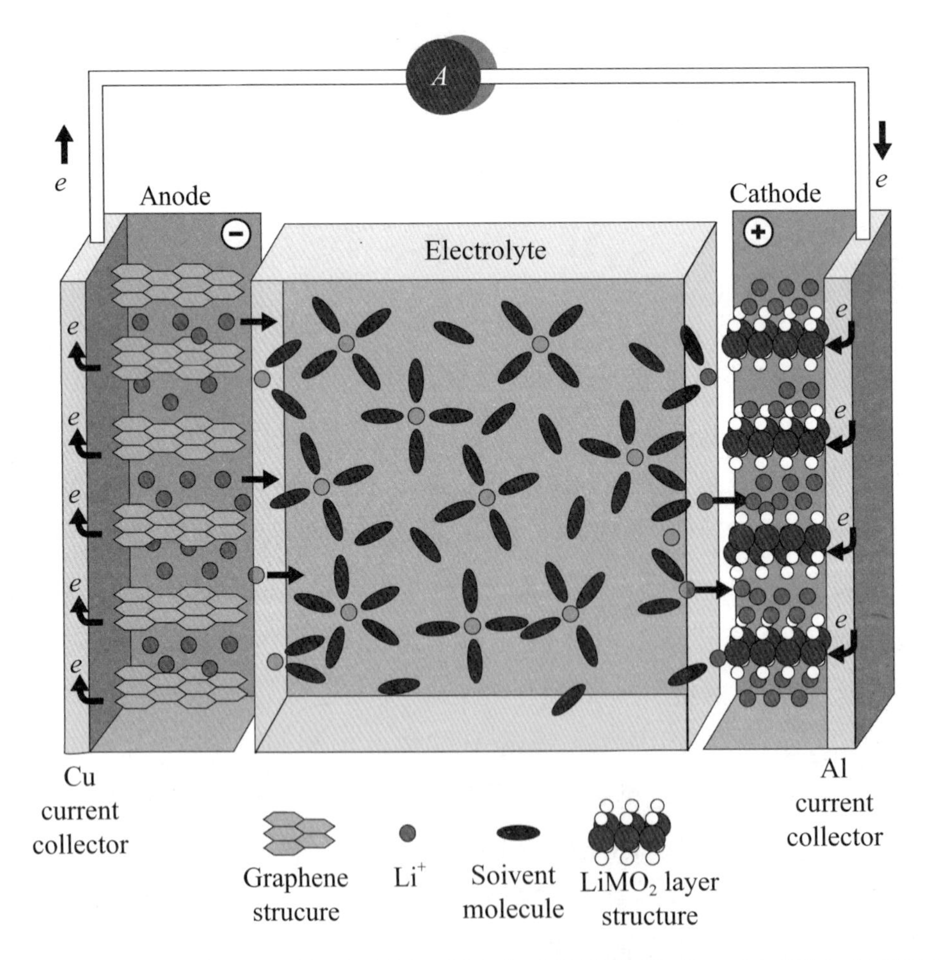


圖8.7　鋰離子電池示意圖，陽極為碳材，陰極為鋰金屬氧化物，電解質為液態電解質摻雜鋰離子鹽類

## 燃料電池

燃料電池（fuel cell）的不同之處在於連續提供燃料，圖8.8顯示使用氫和氧的質子交換膜（PEM）的燃料電池，氫氣進入陽極的反應室中，含有鉑催化劑的孔洞材料會將氫氧化成$H^+(aq)$離子，然後$H^+(aq)$離子移動通過質子交換膜至陰極，注意質子交換膜只能允許非常小的$H^+(aq)$離子通過而從陽極至陰極；氧氣則從陰極進入電池並在鉑催化之下還原成水，燃料電池的淨化學變化是氫和氧反應生成水，燃料電池的電位是1.23 V。氫氣進入陽極的反應如下：

$$H_2(g) \rightarrow 2H^+(aq) + 2e^-$$

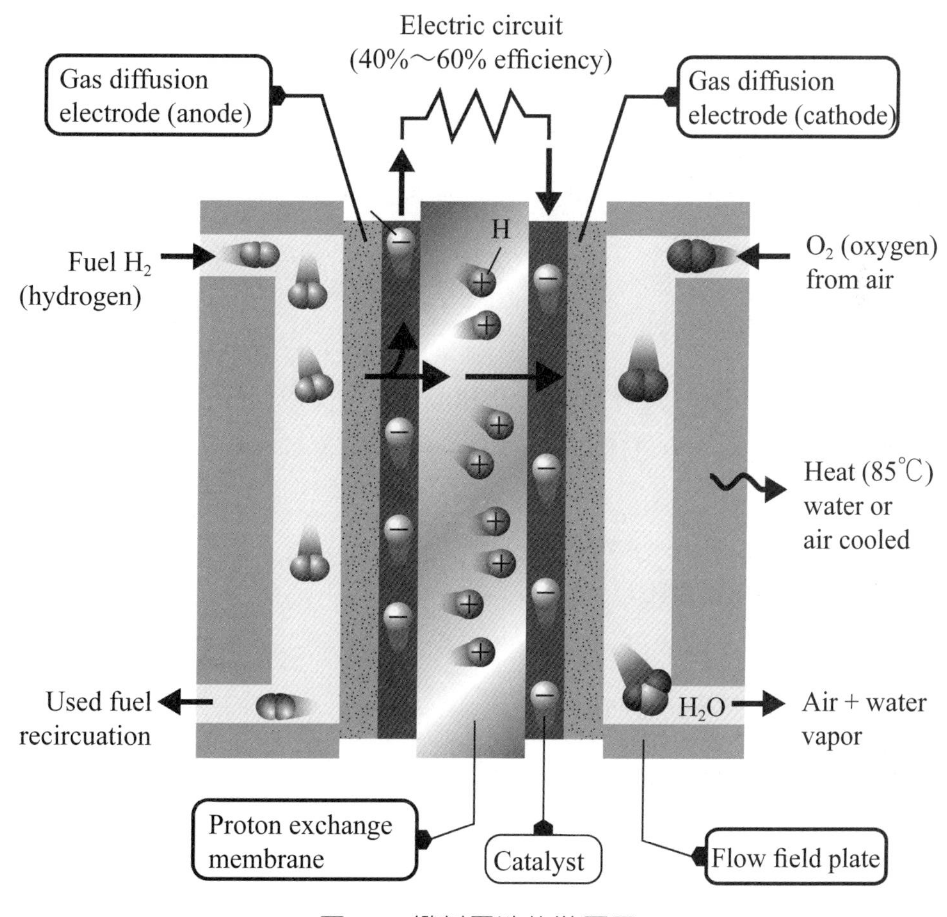


圖8.8　燃料電池的裝置圖

$H^+(aq)$離子通過質子交換膜而到達電池的陰極與$O_2(g)$反應：

$$O_2(g) + 4H^+(aq) + 4e^- \rightarrow 2H_2O(\ell)$$

半反應的總和如下：

$$2H_2(g) + O_2(g) \rightarrow 2H_2O(\ell)$$

此為在燃料電池的淨反應。PEM燃料電池的第一個應用是在太空，但是最近也應用於提供照明、緊急發電機、通訊設備、汽車及公車。使用其他燃料，如碳氫化合物或甲醇的燃料電池正在商業生產或者是在發展中。

## 例題8.6

Given

$$O_2(g) + 4H^+(aq) + 4e^- \rightarrow 2H_2O(\ell) \quad E_0 = 1.229\ \text{V}$$

and $S^0$ values of $H_2$, $O_2$ and $H_2O$ are 130.68, 205.14, and 188.83 J/K, Estimate E for the chemical reaction for full cell at 500 K.

**解**：

先計算標準狀態的電位

$2\times(H_2(g) \rightarrow 2H^+(aq) + 2e^-) \quad E^0 = 0.000\ \text{V}$

$O_2(g) + 4H^+(aq) + 4e^- \rightarrow 2H_2O(\ell) \quad E^0 = 1.229\ \text{V}$

因此標準狀態的電位為1.229 V

For $2H_2(g) + O_2(g) \rightarrow 2H_2O(\ell)$

$\Delta S_0 = 2\times(188.83) - [2\times(130.68) + (205.14)] = -88.84$

溫度差異$\Delta T = 500 - 298 = 202\text{K}$

$$\Delta E^0 \approx \frac{\Delta S^0}{nF}\Delta T = \frac{-88.84}{4\times 96485}\times 202 = -0.0465$$

$E = 1.229 - 0.0465 = 1.183\ \text{V}$

## 8.7　電池電位與pH

利用納斯特方程式之電池電位與pH的關係，一溶液的pH可以精準地從其電池電位測量而得到，現在將測試溶液的氫電極與標準的鋅電極連結而成以下的電池：

$$Zn|Zn^{2+}(1\ M)||H^+|H_2(1\ atm)|Pt$$

其電池反應爲：

$$Zn_{(s)} + 2H^+ \rightarrow Zn^{2+}(1\ M) + H_2(1atm)$$

依納斯特方程式，電池電位取決於測試溶液中的氫離子濃度，此電池的標準電池電位等於0.76 V，代入納斯特方程式可得：

$$E_{cell} = 0.76 - \frac{0.0592}{2}\log\frac{1}{[H^+]^2}$$

其中$[H^+]$是測試溶液的氫離子濃度。因此可以用電池電位直接求得pH。

因爲氫電極使用上很笨拙，所以常規的實驗室工作很少使用，經常以玻璃電極取代，它包含塗有氯化銀的銀線浸在稀鹽酸的溶液中，以薄的玻璃膜將電極溶液與測試溶液分開，在跨越玻璃膜的內層及外層會發展出取決於氫離子濃度的電位；汞和氯化亞汞(I)（甘汞）電極經常作爲另外一個電極，其電位與pH有線性關係。

玻璃電極是離子選擇性電極的一個實例，已經發展許多電極是對特定離子，如$K^+$、$NH_4^+$、$Ca^{2+}$或$Mg^{2+}$靈敏的，它們可以用來監視溶液中特定的離子，甚至有可能測量非電解質的濃度。例如測量溶液中的尿素（$NH_2CONH_2$），你可以使用對$NH_4^+$靈敏的電極，在其上塗抹含有尿素酶的凝膠，尿素酶可以將尿素分解成銨離子，然後測量其濃度。

## 例題8.7

The *e.m.f.* of a cell：

$$Pt,\ H_2(1\ atm)|HC\ell|AgC\ell,\ Ag$$

was found to be 0.517 V at 25℃. Calculate the pH of the HCℓ solution.

**解**：

| | | | | |
|---|---|---|---|---|
| Anode： | $1/2H_2$ | $\rightarrow$ | $H^+ + e^-$ | $E_1^0 = 0$ V |
| Cathode： | $AgC\ell + e^-$ | $\rightarrow$ | $Ag(s) + C\ell$ | $E_2^0 = 0.2224$ V |
| | $AgC\ell(s) + 1/2H_2(g)$ | $\rightarrow$ | $H+ + C\ell^- + Ag(s)$ | $E_0 = 0.2224$ V |

$$E = E^0 - (\frac{RT}{nF})\ln(a_{H^+}a_{C\ell^-})$$

$$= E^0 - (\frac{2RT}{1 \times F})\ln a_{H^+} \quad (因為 a_{H^+} = a_{C\ell^-})$$

$$0.517 = 0.2224 - 2 \times 0.0591 \times \log(a_{H^+})$$

$$\log(a_{H^+}) = (0.2224 - 0.517)/(2 \times 0.0591) = -2.49$$

$$pH = -\log(a_{H^+}) = 2.49$$

## 綜合練習

1. Choose the correct one.
   (A) Fuel cells offer the opportunity to achieve higher thermodynamic efficiency in the conversion of Gibbs energy to mechanical work
   (B) The electrical energy of a hydrogen-oxygen fuel cell is equal to the heat of combustion of hydrogen with oxygen
   (C) The electrical energy of a hydrogen-oxygen fuel cell is greater than the Gibbs energy change of the corresponding reaction
   (D) A fuel cell is a device in which the chemical energy can be completely converted into electrical energy without any energy loss

(E) None is correct

2. Which of the following statements is true?
   (A) The conductivity of a NaCℓ aqueous solution can be measured by using a DC current with Pt electrodes.
   (B) A portable cell is a reversible cell.
   (C) The emf E of a reversible cell can be determined by the Nernst equation.
   (D) The equilibrium constant, K, of a cell reaction can be determined by the ΔH at constant T and P.

3. Consider the cell at 25℃, Zn(s)|$ZnC\ell_2$ (0.005 kol kg)|$Hg_2C\ell_2$(s)Hg(t), for which the cell reaction is $Hg_2C\ell_2(s) + Zn(s) \rightarrow 2Hg(\ell) + 2C\ell^-(aq) + Zn^{2+}(aq)$. Given that $E^0(Zn^{2+}, Zn) = -0.7628$ V, $E^0(Hg_2C\ell_2, Hg) = 0.2676$ V, and that the cell *emf* is +1.2272 V.
   (1) Determine the mean ionic activity coefficient of $ZnC\ell_2$ from the measure emf.
   (2) Determine the mean ionic activity coefficient of $ZnC\ell_2$ from the Debye-Hückel limiting law.
   (The Faraday constant $F = 9.6485 \times 10^4$ C/mol$^{-1}$, the Debye-Hückel constant $A = 0.509$ and $RT/F = 25.693$ mV at 25℃, where $R$ is the gas constant and $T$ is the temperature of the cell.)

4. Consider the cell Pt|$H_2$(g)|HCℓ(aq)|AgCℓ(s)|Ag(s), for the cell reaction is

$$AgC\ell(s) + 0.5H_2(g) \rightarrow Ag(s) + H^+(aq) + C\ell^-(aq)$$

   (1) At 25℃ and a molality of HCℓ of 0.01 mol kg$^{-1}$, the cell potential is 0.4658V. What is the standard potential for the half reaction

$$AgC\ell(s) + e^- \rightarrow Ag(s) + C\ell^-(aq)$$

   (2) Use the value obtained in (1) to estimate the pH of the electrolyte solution as the zero-current potential of the cell is 0.32 V at 25℃.

# 第 9 章

# 古典量子力學

## 9.1 光的波動性質

可見光、$X$-光和無線電波都是電磁輻射，光可視為是一種波，波的特性以波長和頻率表示，波長（wavelength, $\lambda$）是波的相鄰兩個相同點之間的距離，經常以奈米（nm, 1 nm = $10^{-9}$m）當作單位；波的頻率（frequency, $v$）是在每單位時間內通過某一點的波長數目，頻率的單位是/s或$s^{-1}$，稱為赫茲（Hz）。當波每秒通過一定點時，在每一長度$\lambda$會有$v$個波長，$\lambda v$的乘積是波在一秒通過此點的總長度，每秒的波長是波速。光速以$c$表示如下：

$$c = \lambda v$$

在眞空下光速為$3.00 \times 10^8$ m/s，是一定值，且與其波長或頻率無關。可見光從波長約400 nm的紫色光譜末端至波長低於800 nm的紅光，若超過這些界限，人的眼睛將無法看到這些電磁輻射，紅外線的波長超過800 nm，而紫外線的波長低於400 nm。

雖然在17世紀的牛頓認為光是由一束粒子所組成的，但在1801年，英國物理學家Thomas Young將一道光通過一小孔便可觀察到繞射現象，證實光和波一樣可以被繞射。在20世紀初期，光的波動理論似乎很根深蒂固，但在1905年，德國物理學家愛因斯坦發現可藉由假設光同時具有波動和粒子的性質來解釋光電效應的現象。

## 9.2 黑體輻射

在1859年，德國物理學家Gustav Robert Kirchhoff相信一物質可以吸收所有照射在此物質的輻射頻率，而且沒有輻射頻率反射出來，且外表會呈現黑色，此一理想的物質稱爲黑體。事實上此黑體並不存在。在1894年，Wilhelm Wien建議當一壁上開一小洞的中空物體，其行爲接近黑體（圖9.1(a)）。黑體在某一特定溫度下，會放出輻射，此輻射的強度在某特定溫度下對波長的分布是一定的，與溫度無關。圖9.1(b)顯示不同溫度下，黑體輻射（blackbody radiation）強度對波長的關係圖。

在一特定溫度下，單位面積和時間黑體輻射強度爲：

$$U=\int_0^\infty R_T(v)dv=(c/4)\int_0^\infty \rho_T(v)dv$$

在1879年Stefan提出Stefan's law發現$U=\sigma T^4$，其中$\sigma=5.67\times10^{-8}$ W/m$^2$-K$^4$，亦即黑體輻射強度與其黑體溫度的四次方成正比。另外在1894年Wien提出Wien's displacement law說明當溫度上升時，黑體輻射光譜會往較高頻率的方向移動，最大頻率的位置與溫度持正比，亦即：

$$v_{max}\propto T$$

或者是

$$\lambda_{max}T=\text{常數}$$

Rayleigh開始利用古典力學的理論加以預測黑體的行爲，他以The density of states：$dN=(8\pi v^2/c^3)dv$推導出Rayleigh-Jeans公式：

$$\rho_T(v)dv=8\pi v^2kT/c^3dv$$

但其理論可由圖9.2得知，僅適用於長波長區域，對於短波長區域則沒有辦法預測，因此黑體於短波長區域的行爲在當時稱爲「紫色大災難」（ultra-violet catastrophe），此問題直到蒲朗克（Planck）提出能量的量子化概念才得以解決。

在1900年，蒲朗克發現可以完全描述一熱固體在不同溫度下所放出不同波長的光強度的理論公式。依據蒲朗克理論，固體的原子以一定頻率作振動，此振動頻率取決於固體。但爲了再現實驗結果，他發現必須接受一原子只能有特定的振動能量E的奇怪概念，亦即，所能允許的能量值如以下公式：

$$E = nh\nu$$

其中$h$是常數，現稱爲蒲朗克常數（Planck's constant），它是能量與頻率關係式中的物理常數，其值爲$6.63 \times 10^{-34}$ J·s，$n$的值必須是1、2或其他的正整數，因此一振動原子的能量只能是$h\nu$、$2h\nu$、$3h\nu$依此類推。$n$稱爲量子數，原子的振動能量被稱爲量子化，亦即可能的能量僅限於某些特定值。

能量的量子化似乎是與日常生活的經驗互相違背，考慮一個球的位能取決於它在地表上的高度，當它的高度愈高，則其位能愈大，因爲可將球放在任何高度，所以球可有任何能量；但想像只能將球放在階梯，因爲只能將球放在某一階，因此球的位能僅能是特定值。量子效應取決於物體的質量，質量愈小，愈有可能看到量子效應。特別是電子，它的質量夠小而足以顯現量子效應，但網球則不行。

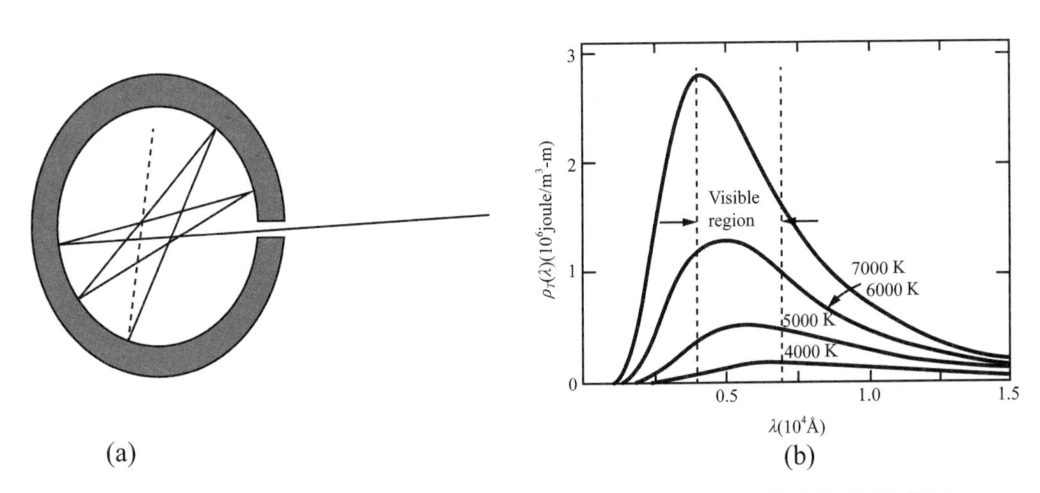


圖9.1　(a)黑體的模型；(b)不同溫度下，黑體輻射強度對波長的關係圖

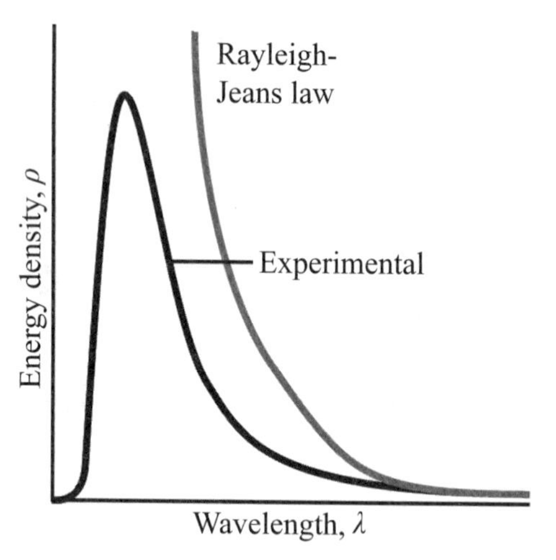


圖9.2 Rayleigh-Jeans公式與實際黑體行為的差異

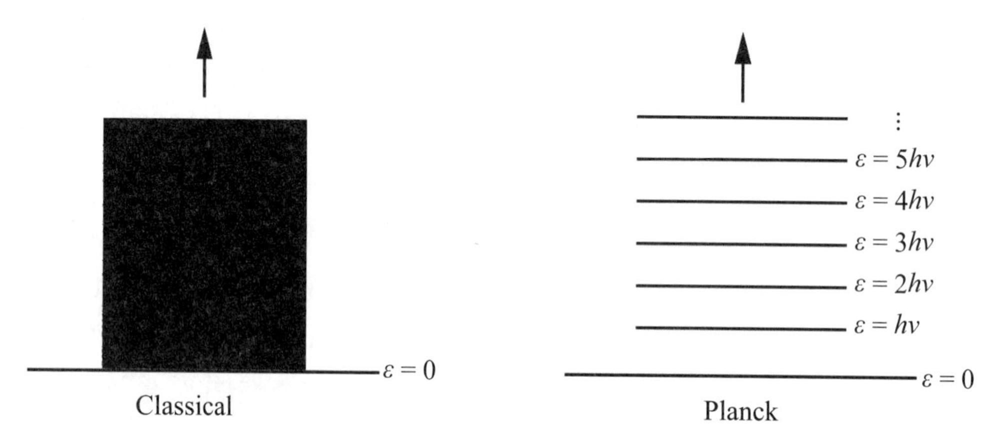


圖9.3 古典能量階圖（左圖）與蒲朗克之量子化能階概念示意圖

如圖9.3所示，現在假設有一振盪子（oscillator），其振盪頻率爲$\nu$，能量爲$nh\nu$，其中$n$爲量子數，如果有$N_0$個振盪子的能量爲0，$N_1$個振盪子的能量爲$h\nu$，$N_2$個振盪子的能量爲$2h\nu$，依此類推。根據波茲曼的分布定律可知：$N_i = N_0 \exp(-E_i / kT) = N_0 \exp(\frac{-nh\nu}{kT})$，則振盪子的總數目（$N$）爲：

$$N = N_0 + N_0 \exp(\frac{-h\nu}{kT}) + N_0 \exp(\frac{-2h\nu}{kT}) + \ldots\ldots$$
$$= N_0 \sum_{n=0}^{\infty} \exp(\frac{-nh\nu}{kT})$$

令$x=\exp(\frac{-h\nu}{kT})$，則

$$N=N_0(1+x+x^2+x^3+\cdots\cdots)$$

已知：$\frac{1}{1-x}=1+x+x^2+x^3+\ldots\ldots$，因此

$$N=\frac{N_0}{1-x}=\frac{N_0}{1-\exp(\frac{-h\nu}{kT})}$$

總能量$E$可將各能階的粒子數乘上其數目而加總可得：

$$E=N_0(0)+N_1(h\nu)+N_2(2h\nu)+\ldots\ldots$$
$$=N_0h\nu\exp(\frac{-h\nu}{kT})+N_0 2h\nu\exp(\frac{-2h\nu}{kT})+\ldots\ldots$$
$$=N_0h\nu\exp(\frac{-h\nu}{kT})(1+2\exp(\frac{-h\nu}{kT})+3\exp(\frac{-2h\nu}{kT})+\ldots\ldots) \quad \text{(I)}$$
$$=N_0h\nu\exp(\frac{-h\nu}{kT})(1+2x+3x^2+\ldots\ldots)$$

$\frac{1}{1-x}$對$x$微分可得：

$$\frac{d}{dx}(\frac{1}{1-x})=\frac{1}{(1-x)^2}=\frac{d}{dx}(1+x+x^2+x^3+\ldots)=1+2x+3x^2+4x^3+\ldots.$$

所以$1+2x+3x^2+4x^3+\ldots.=\frac{1}{(1-x)^2}$代入(I)式可得：

$$E=\frac{N_0h\nu\exp(\frac{-h\nu}{kT})}{[1-\exp(\frac{-h\nu}{kT})]^2}$$

所以一振盪子的平均能量為：

$$\varepsilon=\frac{E}{N}=\frac{h\nu\exp(\frac{-h\nu}{kT})}{1-\exp(\frac{-h\nu}{kT})}=\frac{h\nu}{\exp(\frac{h\nu}{kT})-1}$$

考慮兩個極端條件如下：

1. 當$\frac{h\nu}{kT}\to 0$

因爲$\exp(\frac{-h\nu}{kT}) \to 1-(-\frac{h\nu}{kT})$

所以$\varepsilon \to kT$，此爲古典所得到的值。可知quanta能量值很小時，預測的行爲就會接近於古典值。

2. 當$\frac{h\nu}{kT} \to \infty$

因爲$\exp(\frac{-h\nu}{kT}) \to \infty$，所以$\varepsilon \to 0$

因此Planck對黑體輻射的分布可寫成：

$$\varepsilon dN = \rho_T(\nu)\ d\nu = \frac{8\pi h\nu^3}{c^3}(\frac{\exp(-h\nu/kT)}{1-\exp(-h\nu/kT)})d\nu$$
$$= \frac{8\pi\nu^2}{c^3}(\frac{h\nu}{\exp(h\nu/kT)-1})d\nu$$

其中$\rho_T(\nu) = \frac{8\pi\nu^2}{c^3}(\frac{h\nu}{\exp(h\nu/kT)-1})$

因爲$\nu = \frac{c}{\lambda}$，因此$d\nu = -(\frac{c}{\lambda^2})d\lambda$，輻射強度$\rho_T(\nu)$亦可改寫成以波長表示之方式如下：

$$\rho_T(\lambda)d\lambda = \frac{8\pi hc}{\lambda^5}(\frac{1}{\exp(hc/\lambda kT)-1})d\lambda \qquad \text{(II)}$$

## 例題9.1

Use equations (I) and (II) to derive (a) Stefan's law and (b) Wien's displacement law, respectively.

**解**：

(a) $U = \frac{8\pi\nu^2}{c^3}\int_0^\infty(\frac{h\nu}{\exp(h\nu/kT)-1})d\nu = \frac{2\pi^5k^4}{15h^3c^2}T^4$

（註：標準積分式$\int_0^\infty(\frac{x^{2n-1}}{\exp(x)-1})dx = \frac{(2\pi)^{2n}B_n}{4n}$，其中$B_1 = 1/6$; $B_2 = 1/30$; $B_3 = 1/42$; ……，因此$\int_0^\infty(\frac{x^3}{\exp(x)-1})dx = \frac{\pi^4}{15}$）

(b) $\rho_T(\lambda)d\lambda \approx \frac{8\pi hc}{\lambda^5}\exp(\frac{-hc}{\lambda kT})$

$$\frac{d\rho}{d\lambda} = 0 = \frac{8\pi hc}{\lambda^5}\exp(\frac{-hc}{\lambda kT})$$

$$-5 = \frac{-hc}{\lambda_{\max}kT}$$

$$\lambda_{\max}T = \frac{hc}{5k} = \text{constant}$$

## 例題9.2

The surface temperature of our sun is about 5800 K. Assuming that it acts as a blackbody.

(a) What is the power flux irradiated by the sun, in W/m$^2$?

(b) Use Wien's displacement law to determine the maximum wavelength of the sun.

**解**：

(a) $U = \frac{2\pi^5 k^4}{15h^3c^2}T^4 = 6.42\times10^7\text{W/m}^2$

(b) $\lambda_{\max} = \frac{hc}{5kT} = 499.6\ \text{nm}$

# 9.3　光電效應

雖然1887年Hertz已經發現光電效應的現象，但是直到1905年愛因斯坦大膽地擴充蒲朗克的量子假設才得以解釋光電效應。當光照射在一金屬表面或其他材料上而釋放出電子的現象，稱之爲光電效應（photoelectric effect，見圖8.4）。當一金屬表面受到一定頻率以上的光束（通常是可見光或紫外線）照射時，便會有電子產生，此電子的動能大小與光的強度無關，卻和光的頻率有關。例如：雖然紫光可以使鉀金屬放出電子，但如果是用紅光（較低頻率），則不會有任何效應。使金屬表面放出電子的最低頻率稱為門檻頻率（threshold frequency, $\nu_0$）。愛因斯坦理解到如果一振動原子改變能量從$3h\nu$至$2h\nu$，它減少的能量是$h\nu$，此能量會被放射成一量子的光能量，因此他假設光是由光子（photons）所組成的，能量E正比於所觀測光的頻率。在1905年愛因斯坦利用光子概念解釋光電效應如下：

$$h\nu = \Phi + \frac{1}{2}mv^2$$

其中$h\nu$是光子的能量，$\Phi$為金屬表面的功函數（work function），電子獲得光子的能量後需先克服金屬表面對電子的束縛，因此電子的動能為$\frac{1}{2}mv^2 = h(\nu - \nu_0) = h\nu - \Phi$。

在光電效應中，光子能從材料將電子釋放出來的最低能量是此材料的特性，此能量稱為光電的功函數，經常以電子伏特（eV）表示，1 eV = $1.602 \times 10^{-19}$ J。例如，鉀金屬的功函數是2.30 eV。如果光子的能量大於功函數，此過多的能量變成放出電子的動能。

光的波動和粒子性質可視為相同物理量的互補觀點，此稱為光的波動－粒子的雙重性。方程式$E = h\nu$表示此雙重性，$E$是光子的能量，而$\nu$是波的頻率。無論波動或粒子觀點都無法對光有完整的描述。

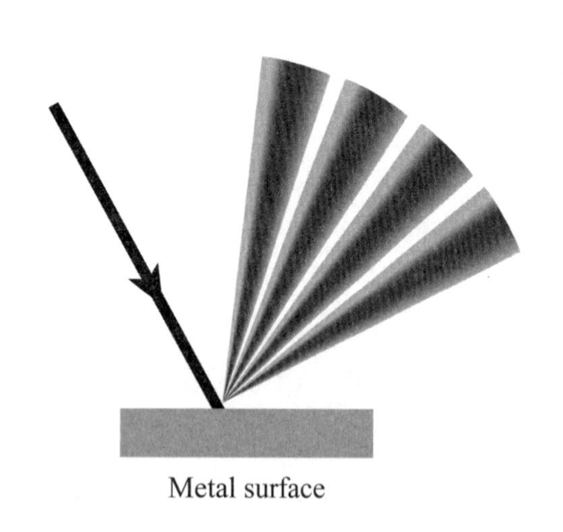


(a)光子照射金屬表面而產生電子

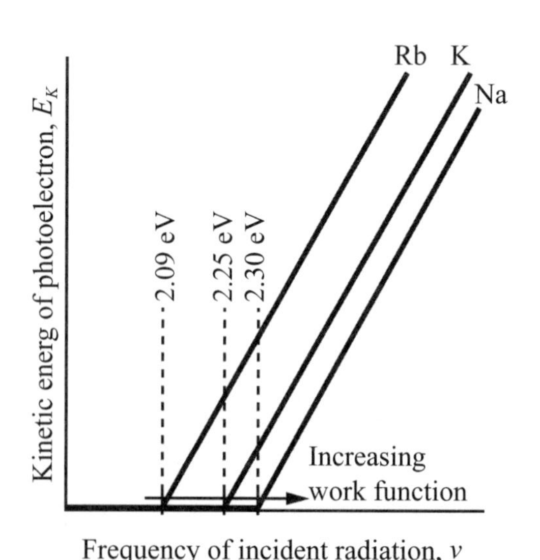


(b)鹼金屬的功函數

圖9.4　光電效應

## 例題9.3

(a) Determine the speed of an electron being emitted by rubidium when a light of 550 nm is shined on the metal in vacuum. The work function of rubidium is 2.16 eV.

(b) Explain why cesium is a desirable component for light-sensitive detectors that are based on the photoelectric effect.

**解**：

(a) $h\nu = \Phi + \frac{1}{2}mv^2$

$6.63 \times 10^{-34} \times 3 \times 108/(550 \times 10^{-9})$

$= 2.16 \times 1.602 \times 10^{-19} + (1/2) \times (9.1 \times 10^{-31}) \times v^2$

$v = 1.82 \times 10^5$ m/s

(b) Cs是比Rb更低一週期的鹼金屬，因此其功函數很低。

## 9.4　波爾的氫原子理論

依據拉塞福的原子核模型，原子由原子核和電子所組成，原子核占據原子大部分質量且為正電荷，在原子核周圍有足夠的電子使原子保持電中性。帶電的電子若繞著原子核旋轉，以現今理論可以證明電子將會持續以電磁輻射的方式損失能量，最終會撞擊原子核（根據理論約$10^{-10}$ s），因此無法解釋原子的穩定性。

使用稜鏡可將燈泡的光散開而得連續光譜（continuous spectrum），亦即一光譜包含所有波長的光，如彩虹一樣；氣體被加熱時所放的光不是連續光譜，而是僅顯示特定顏色或波長光的線光譜（line spectrum)。當光從氫氣放電管所放出的光，以稜鏡分離它的成分時，可得一線光譜，每一條線相當於光的特定波長。如圖9.5(a)所示。

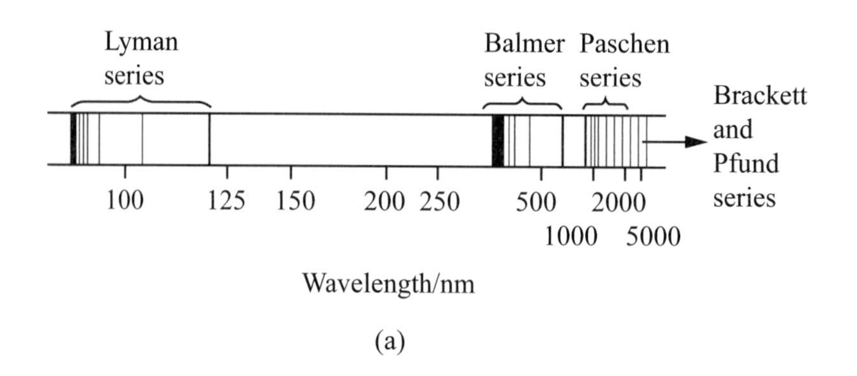


(a)

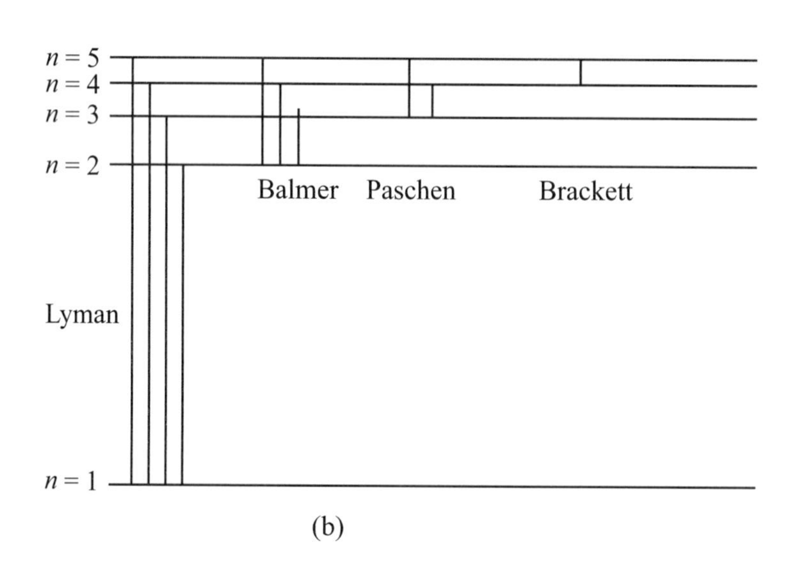


(b)

圖9.5　(a)氫原子的線光譜；(b)氫原子的電子能階躍遷系列

氫原子的線光譜特別簡單，在可見光區，它是由四條線所組成的（紅、藍－綠、藍和紫）。在1885年巴爾默（Balmer）證明氫的可見光譜其波長可用簡單公式再現：

$$\frac{1}{\lambda}=R_H(\frac{1}{2^2}-\frac{1}{n_2^2})$$

其中$R_H$是里德伯（Rydberg）常數，其值$2.179\times10^{-18}$ J，$n_2$是大於2的正整數。

丹麥物理學家波爾（Bohr）於1913年對此提供了解答，他在當時是與拉塞福一起工作，利用蒲朗克和愛因斯坦的研究成果，波爾應用一種新的理論解釋氫原子的線光譜，他在1922年獲得諾貝爾物理獎。波爾建立了以下的假設以說明(1)氫原子的穩定性（原子會存在且電子不會持續輻射出能量而撞上原子核）；及(2)原子的線光譜。

波爾的假設如下：

1. 電子與原子核之間的作用力為庫倫吸引力：

$$F = \frac{Ze^2}{4\pi\varepsilon_0 r^2}$$

2. 軌道角動量必須量子化：

$$L = m_e v r = n\hbar$$

3. 在原子中電子僅能有特定的能量，此稱為能階（energy levels），因此原子本身僅能有特定的總能量值。

$$E_{total} = \text{constant}$$

4. 原子的電子僅能透過由一能階跳至另一能階而改變能量，如此稱電子進行躍遷。依據波爾理論，從原子放出光如下，在較高能階的電子（起始能階$E_i$），進行躍遷至較低能階（最終能階$E_f$）。在此過程中電子失去能量而放出光子，一般而言，放出光子的能量$h\nu$等於原子失去的正能量（$\Delta E$），此光子的頻率為$\nu = \frac{E_i - E_f}{h} = \frac{\Delta E}{h}$。

為了使圓形軌道能夠維持穩定，離心力必須等於庫倫吸引力

因此，$\frac{m_e v^2}{r} = \frac{Ze^2}{4\pi\varepsilon_0 r^2}$ (III)

又 $L^2 = m_e^2 v^2 r^2 = (n\hbar)^2$ (IV)

由(III)及(IV)式可得：

$$m_e^2 v^2 r^2 = \frac{Ze^2}{4\pi\varepsilon_0}$$

$$r = \frac{\varepsilon_0 n^2 h^2}{\pi m_e e^2 Z}$$

對氫原子而言，$Z = 1$，故其最小半徑，亦即波爾半徑（Bohr radius）

$$a_0 = \frac{\varepsilon_0 h^2}{\pi m_e e^2} = 5.29\times 10^{-11}\,\text{m} = 52.92\ \text{pm} = 0.529\ \text{Å}$$

總能量：$E = T + V$

$$= \frac{1}{2}m_e v^2 - \frac{e^2}{4\pi\varepsilon_0 r} = \frac{e^2}{8\pi\varepsilon_0 r} - \frac{e^2}{4\pi\varepsilon_0 r}$$

$$= \frac{-e^2}{8\pi\varepsilon_0 r} = \frac{-m_e e^4}{8{\varepsilon_0}^2 h^2}(\frac{1}{n^2})$$

可檢驗一下單位是否正確：

$$\frac{\text{kg}\cdot\text{C}^4}{(\text{C}^2/\text{J}\cdot\text{m})^2(\text{J}\cdot\text{s})^2} = \frac{\text{kg}\cdot\text{C}^4\text{J}^2\text{m}^2}{\text{C}^4\text{J}^2\text{s}^2} = \frac{\text{kg}\cdot\text{m}^2}{\text{s}^2} = 1$$

所以$E$正比於$\frac{1}{n^2}$，波爾利用蒲朗克之能量量子化的概念，導出原子中電子運動的量子化準則，將不同的$n$值代入，可得不同的能量值，$n$只能是整數值如1、2、3至無窮大。$n$稱為主量子數。

$$\Delta E = E_2 - E_1 = h\nu = \frac{m_e e^4 Z^2}{8{\varepsilon_0}^2 h^2}(\frac{1}{{n_2}^2} - \frac{1}{n_1^2})$$

注意與$Z^2$成正比。氫原子的電子能階如圖9.5。

波爾理論不僅可以解釋光放射，也可以解釋光的吸收。當氫原子的電子由$n = 3$躍遷至$n = 2$時，會放出紅光的光子（波長656 nm），當波長656 nm的紅光照射氫原子的$n = 2$能階時，則此光子可被吸收，而電子可以躍遷至$n = 3$能階（此為放射過程的相反過程）。

茲將氫原子的電子躍遷系列表列如表9.1：

表9.1 氫原子的電子躍遷系列

| 系列 | 光區 | 公式 | 量子數$n$ |
|---|---|---|---|
| Lymann | Ultraviolet | $\frac{1}{\lambda} = R_H(\frac{1}{1^2} - \frac{1}{n^2})$ | $n = 2, 3, 4...$ |
| Balmer | Near UV and visible | $\frac{1}{\lambda} = R_H(\frac{1}{2^2} - \frac{1}{n^2})$ | $n = 3, 4, 5...$ |

| 系列 | 光區 | 公式 | 量子數$n$ |
|---|---|---|---|
| Paschen | Infrared | $\frac{1}{\lambda} = R_H(\frac{1}{3^2} - \frac{1}{n^2})$ | $n = 4, 5, 6...$ |
| Brackett | Infrared | $\frac{1}{\lambda} = R_H(\frac{1}{4^2} - \frac{1}{n^2})$ | $n = 5, 6, 7...$ |
| Pfund | Infrared | $\frac{1}{\lambda} = R_H(\frac{1}{5^2} - \frac{1}{n^2})$ | $n = 6, 7, 8...$ |

## 例題9.4

Which was not an assumption of the Bohr theory of the hydrogen atom?

(a) The angular momentum of the electron is quantized.

(b) Electron describe circular orbits around the nuclei.

(c) Electrons have angular momentum associated with their spin in addition to the angular momentum of the orbital motion.

(d) Electrons gain or loss energy in making transition between orbits.

**解**：(c)

## 例題9.5

Calculate the numberical value of $a_0$ (the radius of the first Bohr orbit for hydrogen), the Rydberg constant for hydrogen, and the ionization potential for the hydrogen atom. ($\varepsilon_0 = 8.854 \times 10^{-12}\ C^2N^{-1}m^2$)

**解**：

$$a_0 = \frac{\varepsilon_0 h^2}{\pi m_e e^2}$$

$$= 8.854 \times 10^{-12} \times 6.626 \times 10^{-14} / (3.14 \times 9.11 \times 10^{-31} \times (1.6 \times 10^{-19})^2)$$

$$= 5.29 \times 10^{-11} \text{m}$$

$$E = [m_e e^4 Z^2 / (8\varepsilon_0^2 h^2)](1/n_1^2 - 1/n_\infty^2)$$

$$= 9.11 \times 10^{-31} \times (1.6 \times 10^{-19})^4 / [8 \times (8.854 \times 10^{-12})^2 \times (6.626 \times 10^{-34})^2]$$

$= 2.19 \times 10^{-18}\text{J} = 13.6 \text{ eV}$

$R_H = m_e e^4/(8\varepsilon_0^2 h^3 c) = 109737 \text{ cm}^{-1}$

## 9.5 德布羅意物質波

依愛因斯坦理論，光同時具有波動及粒子性質，波動性質可由頻率和波長的特性決定，例如一光子的特定能量是$E = h\nu$，也可以證明光子具有動量（一粒子的動量是其質量和速度的乘積），此動量$mc$與光的波長有關。在1923年法國的物理學家德布羅意（de Broglie）認爲在適當的條件下物質的粒子也會展現波的特性。因此，他假設物質的粒子之質量$m$和速度$v$與波長的關係如下：

$$\lambda = \frac{h}{mv} = \frac{h}{p}$$

此方程式稱爲德布羅意關係式（de Broglie relation）。

德布羅意提出光子應具備有粒子和波動的雙重性質，因此能量

$$E = h\nu \quad 且 \quad E = mc^2，亦即$$

$$h\nu = mc^2$$

又$\nu = \dfrac{c}{\lambda}$，所以

$$\frac{hc}{\lambda} = mc^2$$

移項之後可得：

$$\frac{h}{\lambda} = mc = p$$

如果是一般粒子的話，動量$p = mv$，因此

$$\lambda = \frac{h}{p}$$

如果物質具有波動的性質，爲什麼它們不會常被觀測到呢？使用德布羅意關係式，計算速度大約60哩／小時（27 m/s）的棒球（0.145公斤）之波長約爲$10^{-34}$ m，此波長實在小到無法偵測。另一方面，速度中等的電子之波長是數百皮米，在適當條件下，電子甚至是分子（如$C_{60}$）的波動性質都可以被觀測到。

在1927年由美國的戴維遜（Davission）和傑默（Germer）與英國的湯姆森（Thomson）證實一束電子就如同X光一樣，可以被晶體繞射，此爲電子的波動性質的證明。在1933年德國的物理學家魯斯卡（Ruska）使用此波動性質建構第一部電子顯微鏡，他因爲此貢獻而在1986年得到諾貝爾物理獎。顯微鏡的解析能力在於其所使用的光波長，雖然X-光在此範圍，但是不容易聚焦；另一方面，電子則比較容易使用電場和磁場加以聚焦，使用電子顯微鏡解析物質的詳細結構。

## 例題9.6

Calculate the de Broglie wavelength of the following:

(a) a baseball having a mass of 150 grams was travelling at a speed of 150 kilometers per hour (41.6 m/s).

(b) For an electron moving the same speed of the baseball in (a).

**解**：

(a) $\lambda = \dfrac{6.626\times10^{-34}}{0.150\times41.6} = 1.06\times10^{-34}$ m

(b) $\lambda = \dfrac{6.626\times10^{-34}}{9.109\times10^{-31}\times41.6} = 1.75\times10^{-5}$ m

## 綜合練習

1. The energy of a photon with wavelength 400 nm is

(A) $2.65\times10^{-40}$ eV　(B) $4.96\times10^{-19}$ eV　(C) $2.65\times10^{-40}$ J　(D) $4.96\times10^{-19}$ J

2. The first person,

   (A) Bohr (B) Einstein (C) Heisenberg

   (D) Plank proposed the existing of "energy quantization" in the history

3. If the mass of the electron becomes double and both charges of electron and proton become one half of their values,

   (1) What is the ground state energy of the "hydrogen" atom?

   (2) What is the average radius of the atom in the ground state?

   (3) What is the wavelength of the emitted radiation as the electron decays from the first excited state?

4. The de Broglie wave length of electrons that have been accelerated from rest through a potential difference of 10 kV is

   (A) 1.5 pm (B) 1.5 nm (C) 6.1 pm (D) 6.1 nm

# 第 10 章

# 量子力學原理

## 10.1 算符

算符（operators）是一種數學運算，能將某一函數轉換成另一函數，例如：數學上的函數$f(x)$的微分可寫成$\frac{d}{dx}f(x)$，我們可將$\frac{d}{dx}$視爲算符，定義微分算符$\hat{D}=\frac{d}{dx}$，則$f(x)$對$x$微分可寫成$\hat{D}f(x)=\frac{d}{dx}f(x)$。

兩算符的和與差可以分別定義成：$(\hat{A}+\hat{B})f(x)=\hat{A}f(x)+\hat{B}f(x)$；$(\hat{A}-\hat{B})f(x)=\hat{A}f(x)-\hat{B}f(x)$。

值得注意的是，兩算符的乘積可寫成$\hat{A}\hat{B}f(x)=\hat{A}[\hat{B}f(x)]$，$f(x)$先經算符$\hat{B}$運算後得到一新函數，然後此新函數再被算符$\hat{A}$運算。$\hat{B}\hat{A}$與$\hat{A}\hat{B}$所得結果通常不同，因此需特別注意兩算符乘積時的順序。這如同我們在搭電梯時，先上三樓再上五樓，與先上五樓再上三樓，結果是不同的情況一樣。例如：

$$\hat{D}\hat{x}f(x)=\frac{d}{dx}[xf(x)]=f(x)+xf'(x)=(1+x\hat{D})f(x)$$

$$\hat{x}\hat{D}f(x)=x[\frac{d}{dx}f(x)]=xf(x)$$

因此，$\hat{D}\hat{x} \neq \hat{x}\hat{D}$。一算符的平方可視爲$\hat{A}^2 = \hat{A}\hat{A}$。

## 10.2 換位算符

兩算符$\hat{A}$和$\hat{B}$的換位算符（commutator）可定義爲：

$$[\hat{A}, \hat{B}] = \hat{A}\hat{B} - \hat{B}\hat{A}$$

如果$[\hat{A}, \hat{B}] = 0$，則稱$\hat{A}$和$\hat{B}$互相換位，換言之，$\hat{A}$和$\hat{B}$的運算順序沒有關係。以下是有關換位算符的一些重要關係式：

1. $[\hat{A}, \hat{B}] = -[\hat{B}, \hat{A}]$。
2. $[\hat{A}, \hat{A}^n] = 0,\ n = 1, 2, 3, \ldots\ldots$，算符$\hat{A}$與自己的次方互相換位。
3. $[k\hat{A}, \hat{B}] = [\hat{A}, k\hat{B}] = k[\hat{A}, \hat{B}]$，其中$k$爲常數。
4. $[\hat{A}, \hat{B} + \hat{C}] = [\hat{A}, \hat{B}] + [\hat{A}, \hat{C}]$。

   簡單證明如下：

$$[\hat{A}, \hat{B} + \hat{C}] = \hat{A}(\hat{B} + \hat{C}) - (\hat{B} + \hat{C})\hat{A} = (\hat{A}\hat{B} - \hat{B}\hat{A}) + (\hat{A}\hat{C} - \hat{C}\hat{A}) = [\hat{A}, \hat{B}] + [\hat{A}, \hat{C}]$$

5. $[\hat{A}, \hat{B}\hat{C}] = [\hat{A}, \hat{B}]\hat{C} + \hat{B}[\hat{A}, \hat{C}]$

   $[\hat{A}\hat{B}, \hat{C}] = [\hat{A}, \hat{C}]\hat{B} + \hat{A}[\hat{B}, \hat{C}]$

   茲簡單證明

$$[\hat{A}, \hat{B}\hat{C}] = \hat{A}(\hat{B}\hat{C}) - (\hat{B}\hat{C})\hat{A}$$

$$= (\hat{A}\hat{B}\hat{C} - \hat{B}\hat{A}\hat{C}) + (\hat{B}\hat{A}\hat{C} - \hat{B}\hat{C}\hat{A})$$（額外補上$-\hat{B}\hat{A}\hat{C} + \hat{B}\hat{A}\hat{C}$這兩項）

$$= [\hat{A}, \hat{B}]\hat{C} + \hat{B}[\hat{A}, \hat{C}]$$

### 例題10.1

Evaluate the following commutators：

(a) $\left[\dfrac{d}{dx}, x^2\right]$

(b) $[\hat{x}, \hat{P}_x]$, where $\hat{x}$ is the operator corresponding to the x coordinate and $\hat{P}_x$ is the operator for the x component of linear momentum, i.e., $\hat{P}_x = -ih\frac{d}{dx}$.

**解**：

$$(a)\left[\frac{d}{dx}, x^2\right]f = \frac{d}{dx}(x^2 f) - x^2\frac{d}{dx}f$$

$$= (2x\frac{df}{dx} + x^2\frac{df}{dx}) - x^2\frac{df}{dx}$$

$$= 2x\frac{df}{dx}$$

因此，$\left[\frac{d}{dx}, x^2\right] = 2x\frac{d}{dx}$

$$(b)[\hat{x}, \hat{P}_x]f = x\cdot(-ih\frac{d}{dx})f - (-ih\frac{d}{dx})(xf)$$

$$= (-ih\cdot x\cdot\frac{df}{dx} + ihf) + ih\cdot x\cdot\frac{df}{dx}$$

$$= ihf$$

因此，$\left[\hat{x}, \hat{P}_x\right] = ih$

# 10.3　本徵函數與本徵值

考慮$\hat{A}f(x) = af(x)$，若$a$為常數，則表示算符$\hat{A}$運算於函數$f(x)$仍可以可以得到$f(x)$，此時可稱$f(x)$為算符$\hat{A}$的本徵函數（eigenfunction），而$a$為算符$\hat{A}$運作於$f(x)$後所得的本徵值（eigenvalue）。

## 例題10.2

(1) Find the eigenfunctions and eigenvalues of the operator $\frac{d}{dx}$.

(2) Which of the following equations is an eigenfunction of the operator $\frac{d}{dx}$?

(a) $k$　(b) $\sin(kx)$　(c) $\exp(-ikx)$　(d) $\exp(kx)$

**解**：

(1) $\frac{d}{dx}f(x) = af(x)$

將$f(x)$移至左邊，而x移至右邊，可得

$$\frac{df(x)}{f(x)} = adx$$

$$d\ln f(x) = adx$$

兩邊同時積分可得：

$$\ln f = ax + \text{constant}$$

亦即，$f = c \cdot \exp(ax)$

(2) (c) (d)

## 例題10.3

What is the eigenvalue of a Hamiltonian operator, $\hat{H} = -\frac{d^2}{dx^2} + x^2$, operates on the eigenfunction $x \cdot \exp(-\frac{x^2}{2})$?

**解**：

$$\hat{H}f(x) = (-\frac{d^2}{dx^2} + x^2)[x \cdot \exp(-\frac{x^2}{2})]$$

$$= -\frac{d^2}{dx^2}[x \cdot \exp(-\frac{x^2}{2})] + x^3 \cdot \exp(-\frac{x^2}{2})$$

$$= -\frac{d}{dx}\left[\exp(-\frac{x^2}{2}) + x \cdot \exp(-\frac{x^2}{2}) \cdot (-x)\right] + x^3 \cdot \exp(-\frac{x^2}{2})$$

$$= x \cdot \exp(-\frac{x^2}{2}) + \left[(2x \cdot \exp(-\frac{x^2}{2}) - x^3 \cdot \exp(-\frac{x^2}{2})) + x^3 \cdot \exp(-\frac{x^2}{2})\right]$$

$$= 3[x \cdot \exp(-\frac{x^2}{2})] = 3f(x)$$

所以eigenvalue = 3

# 10.4　Hermitian算符

如果有一算符能夠符合以下的條件：

$$\int f_i^* \hat{A} f_j d\tau = \int f_j (\hat{A} f_i)^* d\tau$$

則稱算符$\hat{A}$是Hermitian算符，其中$f_i$和$f_j$是任意的良好函數，$f_i$和$f_j$可爲相同或不同的函數。在量子力學中，每一算符皆可對應於古典力學上可觀察的物理量（observables）。如表10.1所列。

表10.1　古典力學上可觀察的物理量與其在量子力學的相對應算符

| 可觀察的物理量 | | 算符 | |
|---|---|---|---|
| 名稱 | 符號 | 符號 | 算符形式 |
| 位置 | $x$ | $\hat{x}$ | 乘以$x$ |
| | $R$ | $\hat{R}$ | |
| 動量 | $P_x$ | $\hat{P}_x$ | $-i\hbar\frac{d}{dx}$ |
| | $P$ | $\hat{P}$ | $-i\hbar(\frac{\partial}{\partial x}+\frac{\partial}{\partial y}+\frac{\partial}{\partial z})$ |
| 動能 | $K_x$ | $\hat{K}_x$ | $-\frac{\hbar^2}{2m}\frac{d^2}{dx^2}$ |
| | $K$ | $\hat{K}$ | $-\frac{\hbar^2}{2m}(\frac{\partial^2}{\partial x^2}+\frac{\partial^2}{\partial y^2}+\frac{\partial^2}{\partial z^2})$ |
| 位能 | $V(x)$ | $\hat{V}(x)$ | 乘以$V(x)$ |
| | $V(x, y, z)$ | $\hat{V}(x,y,z)$ | 乘以$V(x, y, z)$ |
| 總能量 | $E$ | $\hat{H}$ | $-\frac{\hbar^2}{2m}(\frac{\partial^2}{\partial x^2}+\frac{\partial^2}{\partial y^2}+\frac{\partial^2}{\partial z^2})+V(x, y, z)$ |
| 角動量 | $L_x = yP_z - zP_y$ | $\hat{L}_x$ | $-i\hbar(y\frac{\partial}{\partial z}-z\frac{\partial}{\partial y})$ |
| | $L_y = zP_x - xP_z$ | $\hat{L}_y$ | $-i\hbar(z\frac{\partial}{\partial x}-x\frac{\partial}{\partial z})$ |
| | $L_z = xP_y - yP_x$ | $\hat{L}_x$ | $-i\hbar(x\frac{\partial}{\partial y}-y\frac{\partial}{\partial x})$ |

以上的這些量子力學的算符皆是Hermitian算符，茲舉例如下：

考慮$x$方向的動量算符$\hat{P}_x = -i\hbar\frac{d}{dx}$

利用分部積分（integration by parts）：

$$\int_a^b u(x)\frac{dv(x)}{dx}dx = u(x)v(x)|_a^b - \int_a^b v(x)\frac{du(x)}{dx}dx$$

積分$-i\hbar\int_{-\infty}^{+\infty} f_i^*(x)\frac{df_i(x)}{dx}dx$

令　$u(x) = -i\hbar f_i^*(x)$；$v(x) = f_j(x)$

$$-i\hbar\int_{-\infty}^{+\infty} f_i^*(x)\frac{df_j}{dx}dx = -i\hbar f_i^* f_j|_{-\infty}^{+\infty} + i\hbar\int_{-\infty}^{+\infty} f_j(x)\frac{df_i^*(x)}{dx}dx$$

因爲$f_i$和$f_j$都是良好函數，表示它們在$x = \pm\infty$會趨近於零。因此上式右邊的第一項可視爲零。可簡化成，

$$\int_{-\infty}^{+\infty} f_i^*(x)(-i\hbar\frac{df_j}{dx})dx = \int_{-\infty}^{+\infty} f_j(x)(-i\hbar\frac{df_i(x)}{dx})^* dx$$

因此，$\hat{P}_x$是Hermitian算符。

Hermitian算符有以下兩個重要的性質：

1.Hermitian算符的本徵值是實數。

證明如下：the Hermitian property of $\hat{A}$：

$$\int f^*\hat{A}f d\tau = \int f(\hat{A}f)^* d\tau$$

令$g_i$和$a_i$分別是$\hat{A}$的本徵函數和本徵值，則：

$$\hat{A}g_i = a_i g_i$$

$$\int g_i^*\hat{A}g_i d\tau = \int g_i(\hat{A}g_i)^* d\tau$$

$$a_i\int g_i^* g_i d\tau = \int g_i(a_i g_i)^* d\tau = a_i^*\int g_i g_i^* d\tau$$

$$(a_i - a_i^*)\int |g_i|^2 d\tau = 0$$

$$a_i = a_i^*$$

換言之，本徵值$a_i$是實數。

2.Hermitian算符$\hat{A}$的兩個本徵函數，如果它們的本徵值不同，則此兩個本徵函數必正交（orthogonal）。

證明：兩個本徵函數分別爲$f$和$g$，其本徵值分別爲$a$和$b$，則

$$\hat{A}f = af \quad ; \quad \hat{A}g = bg$$

需證明 $\int f^* g d\tau = 0$

因爲$\hat{A}$是Hermitian算符，所以

$$\int f \hat{A} g d\tau = \int g(\hat{A} f)^* d\tau$$

$$b\int fgd\tau = a^*\int gf^* d\tau$$

$$(b-a^*)\int fgd\tau = 0$$

因爲$a^* = a$且$\int fgd\tau = \int gf^* d\tau$

如果$a \neq b$，則$\int fgd\tau = 0$

因此，$f$和$g$必須正交！

## 10.5 指數算符

一般指數函數可寫成級數的形式如下：

$$\exp\{x\} = 1 + x + \frac{1}{2!}x^2 + \frac{1}{3!}x^3 + ....... + \frac{1}{n!}x^n + ....$$

依樣畫葫蘆，可將指數算符（exponential operators）定義如下：

$$\exp\{\hat{A}\} = \hat{1} + \hat{A} + \frac{1}{2!}(\hat{A})^2 + \frac{1}{3!}(\hat{A})^3 + ....... + \frac{1}{n!}(\hat{A})^n + ...$$

其中$\hat{A}$是一算符。

如果算符$\hat{A}$運算於$f(x)$得到本徵值爲a的話，亦即$\hat{A}f(x) = af(x)$則$\exp\{i\hat{A}\}$運算於$f(x)$之後本徵值爲何？

$$\exp\{i\hat{A}\}\,f(x) = (\hat{1}+\hat{A}+\frac{1}{2!}(\hat{A})^2+\frac{1}{3!}(\hat{A})^3+.......+\frac{1}{n!}(\hat{A})^n+...)f(x)$$
$$= (1+a+\frac{1}{2!}a^2+\frac{1}{3!}a^3+.......+\frac{1}{n!}(a)^n+...)f(x)$$
$$= \exp(a)f(x)$$

因此本徵值爲$\exp(a)$。

如果有兩個算符$\hat{A}$和$\hat{B}$，則它們的旋轉算符（rotation operator）可表爲：$\exp(\hat{A})\hat{B}\exp(-\hat{A}) = \hat{B}+[\hat{A},\hat{B}]+\frac{1}{2!}[\hat{A},[\hat{A},\hat{B}]]+\frac{1}{3!}[\hat{A},[\hat{A},[\hat{A},\hat{B}]]]+....$，這是在核磁共振理論中非常重要的關係式，證明此式需利用MacLauren series的概念。

令$f(\lambda) = \exp(\lambda\hat{A})\hat{B}\exp(-\lambda\hat{A})$，則

$$\frac{df}{d\lambda} = \hat{A}f(\lambda)-f(\lambda)\hat{A} = [\hat{A},f(\lambda)]$$

$$\frac{d^2f}{d\lambda^2} = [\hat{A},\frac{df}{d\lambda}] = [\hat{A},[\hat{A},f(\lambda)]]$$，依此類推

因爲$f(0) = \hat{B}$，將$f(\lambda)$表爲MacLauren series可得：

$$\exp(\lambda\hat{A})\hat{B}\exp(-\lambda\hat{A}) = \hat{B}+\frac{\lambda}{1!}[\hat{A},\hat{B}]+\frac{\lambda^2}{2!}[\hat{A},[\hat{A},\hat{B}]]+\frac{\lambda^3}{3!}[\hat{A},[\hat{A},[\hat{A},\hat{B}]]]+....$$

令$\lambda = 1$，即得

$$\exp(\hat{A})\hat{B}\exp(-\hat{A}) = \hat{B}+[\hat{A},\hat{B}]+\frac{1}{2!}[\hat{A},[\hat{A},\hat{B}]]+\frac{1}{3!}[\hat{A},[\hat{A},[\hat{A},\hat{B}]]]+....$$

如果有三個算符$\hat{A}$、$\hat{B}$和$\hat{C}$遵守以下的關係式時，

$$[\hat{A},\hat{B}] = i\hat{C},\ [\hat{B},\hat{C}] = i\hat{A},\text{及}[\hat{C},\hat{A}] = i\hat{B}$$

這類的算符如角動量算符$\hat{L}_x$、$\hat{L}_y$和$\hat{L}_z$就具有這類的關係式，則

$$\exp(-i\theta\hat{C})\hat{A}\exp(i\theta\hat{C}) = \hat{A}\cos\theta + \hat{B}\sin\theta$$

此稱爲BCH公式（Baker-Campbell-Hausdorff formula），推導如下：

$$\exp(-i\theta\hat{C})\ \hat{A}\ \exp(i\theta\hat{C})$$
$$= A-(i\theta)[\hat{C},\hat{A}]+(i\theta)^2/2!\ [\hat{C},[\hat{C},\hat{A}]]-(i\theta)^3/3!\ [\hat{C},[\hat{C},[\hat{C},\hat{A}]]]+\cdots$$

$$= \hat{A}[1 - (\theta^2/2!) + \cdots] + \hat{B}[\theta - (\theta^3/3!) + \cdots]$$
$$= \hat{A}\cos\theta + \hat{B}\sin\theta$$

已知$\cos\theta = 1 - (\theta^2/2!) + \cdots$及$\sin\theta = \theta - (\theta^3/3!) + \cdots$

將算符$\hat{A}$、$\hat{B}$和$\hat{C}$視爲三個座標軸，則$\exp(-i\theta\hat{C})\ \hat{A}\ \exp(i\theta\hat{C})$的運算式結果$\hat{A}\cos\theta + \hat{B}\sin\theta$可視爲算符$\hat{A}$沿著$\hat{C}$旋轉角度$\theta$，第一項$\hat{A}\cos\theta$算符$\hat{A}$旋轉之後在$\hat{A}$軸的投影量，第二項$B\sin\theta$算符$A$旋轉之後在$B$軸的投影量，如圖10.1所示。

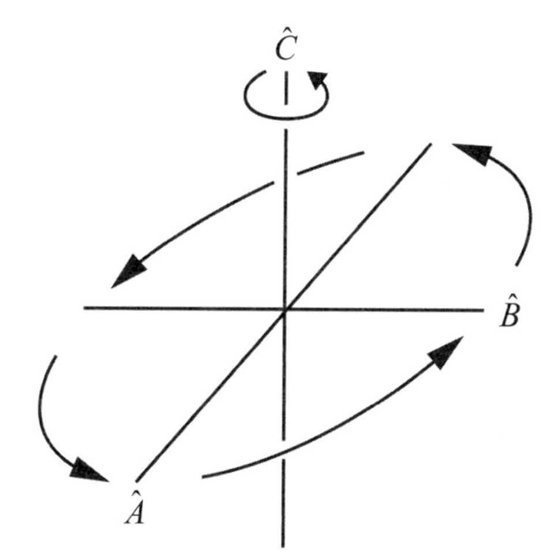


圖10.1　三個算符$\hat{A}$、$\hat{B}$和$\hat{C}$的座標軸系統

## 10.6　薛丁格方程式與波函數

德布羅意關係式只能應用在無力環境下運動的粒子，它無法直接應用於如原子中的電子，因爲電子在原子會受到原子核的吸引力，薛丁格（Schrodinger）受到德布羅意研究的啓發，以數學描述次微觀粒子的波動性質，此物理學的分支稱爲量子力學（quantum mechanics）或波動力學（wave mechanics）。

一線性算符（linear operator）具備以下兩項關係式：

$$\hat{A}[f(x)+g(x)]=\hat{A}f(x)+\hat{A}g(x)\text{；}$$

$$\hat{A}[cf(x)]=c\hat{A}f(x)\text{（}c\text{為常數）}$$

在量子力學中的算符都是線性算符，薛丁格方程式（Schrodinger equation）如下：

$\hat{H}\Psi(x)=[-\frac{\hbar^2}{2m}\frac{d^2}{dx^2}+V(x)]\Psi(x)=E\Psi(x)$，其中$\hat{H}$稱為漢米敦算符（Hamiltonian operator），它相當於粒子的總能量的物理觀察量。

薛丁格方程式主要是利用波動方程式而推導出來的，一般波動方程式可寫成：

$$\frac{d^2\Psi(x)}{dx^2}+\frac{4\pi^2}{\lambda^2}\Psi(x)=0 \qquad \text{(I)}$$

將德布羅意關係式$\lambda=\frac{h}{p}$代入(I)式，然後利用總能量$E = T + V$，其中$T$為動能，$V$是位能，動量與動能之間的關係式為$T=E-V=\frac{1}{2}mv^2=\frac{p^2}{2m}$，因此

$$\lambda^2=\frac{h^2}{2m(E-V)}$$

代入(I)式可得：

$$\frac{d^2\Psi(x)}{dx^2}+\frac{8\pi^2 m}{h^2}(E-V)\Psi(x)=0$$

換言之，$\frac{-\hbar^2}{2m}\frac{d^2\Psi(x)}{dx^2}+V\Psi(x)=E\Psi(x)$（其中$\hbar=\frac{h}{2\pi}$）

或簡單表示為$\hat{H}\Psi(x)=E\Psi(x)$，其中$\hat{H}=\frac{-\hbar^2}{2m}\frac{d^2}{dx^2}+V(x)$，$\Psi(x)$為波函數（wavefunction)，它代表著系統的狀態。因此波函數$\Psi(x)$是漢米敦算符$\hat{H}$的本徵函數，其本徵值為總能量E。Born解釋$\Psi^*(x)\Psi(x)$代表發現粒子的機率，因此只要知道系統的波函數，發現粒子的機率$P=\int_a^b\Psi(x)^*\Psi(x)dx$。

量子系統的波函數必須具備一些重要的性質，如果可以符合以下條件的波函數，則稱為良好的波函數（well-behaved wavefunctions），此如同我們所稱的模範學生一樣，他必須具有一些特質如功課好、品德好等等才能

當模範生，量子系統的波函數需具備以下性質：

1. $\Psi(x)$與其一次微分$\frac{d\Psi(x)}{dx}$都必須處處是有限值（finite），換言之不能在$x$趨近於無窮時，其值會變成無窮大。也就是做人不可無法無天，凡事不可無限上綱。如圖10.2(a)所示。
2. $\Psi(x)$與其一次微分$\frac{d\Psi(x)}{dx}$都必須處處是單一值（single valued），相當於是不能有分身，一次只能出現在一個地方。如圖10.2(b)所示。
3. $\Psi(x)$與其一次微分$\frac{d\Psi(x)}{dx}$都必須處處連續（continuous），相當於作事要有始有終，不可半途而廢。如圖10.2(c)所示。

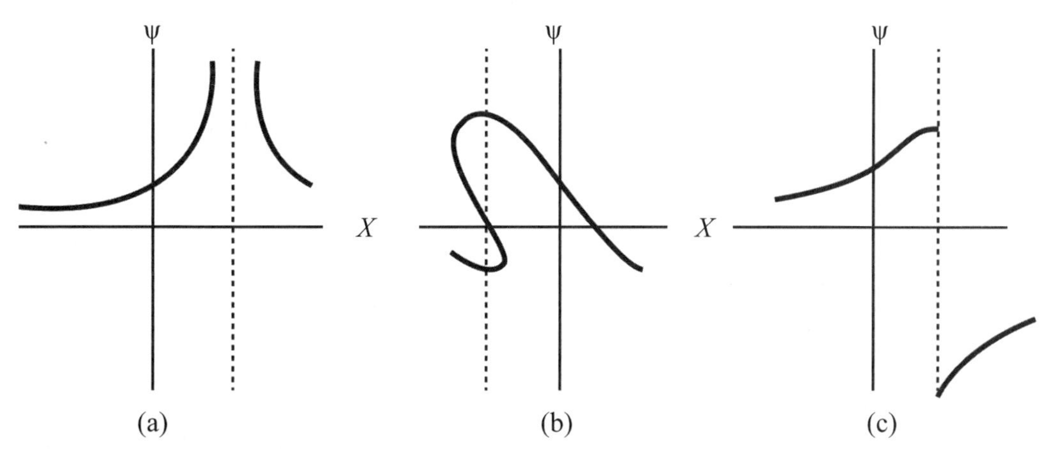


圖10.2　波函數需具備的性質：(a)需為有限值，(b)需為單一值，(c)需為連續函數

波函數具有正規化（normalization）的條件，亦即

$$\int_{-\infty}^{+\infty} \Psi^* \Psi dx = 1$$

此意謂著粒子在整個量子系統中被發現的總機率爲1。另外對於不同的波函數$\Psi_m$和$\Psi_n$，必須遵守正交條件（orthogonal），亦即

$$\int_{-\infty}^{+\infty} \Psi_m^* \Psi_n dx = 0 \quad (m \neq n)$$

也就是說系統的波函數既爲正規化且正交，亦即

$$\int_{-\infty}^{+\infty}\Psi_m^*\Psi_n dx=\delta_{mn}\text{，若}m=n\text{，則}\delta_{mn}=1$$

$$\text{若}m\neq n\ \text{則}\delta_{mn}=0$$

## 10.7 Dirac符號

系統的波函數既爲正規化且正交，這些波函數構成一組基底（basis set），此如同在直角座標系統中，我們有三個單位向量$i$、$j$和$k$，這些單位向量符合正規化且正交，亦即$i\cdot i=j\cdot j=k\cdot k=1$，$i\cdot j=j\cdot k=k\cdot i=0$，所以稱此三單位向量構成一組基底。在空間任合一點的位置r均可寫成這三個單位向量的線性組合，即$r=x\cdot i+y\cdot j+z\cdot k$。薛丁格方程式需要解出量子系統的波函數，但Dirac利用bracket符號，並不需知道詳細的波函數，即可利用矩陣的運算求出所需的。$\int\psi_m^*\psi_n d\tau$的積分可用Dirac的bracket符號表示成$\int\psi_m^*\psi_n d\tau=<\psi_m|\psi_n>=<m|n>$，且$<m|n>^*=<n|m>$其中$<m|$稱爲bra，$|n>$稱爲ket，兩者都可用矩陣的方式加以表示。

如同單位向量一樣，假設薛丁格方程式解出量子系統的波函數有3個，則可以假設有3個基底，分別記爲$|1>$、$|2>$和$|3>$，它們都可表成行向量（column vectors），而$<1|$、$<2|$和$<3|$則爲列向量，且爲行向量的共軛複數，分別表爲

$$|1>=\begin{bmatrix}1\\0\\0\end{bmatrix}\text{；}<1|=(|1>)^*=[1\quad 0\quad 0]$$

$$|2>=\begin{bmatrix}0\\1\\0\end{bmatrix}\text{；}<2|=(|2>)^*=[0\quad 1\quad 0]$$

$$|3>=\begin{bmatrix}0\\0\\1\end{bmatrix}\text{；}<3|=(|3>)^*=[0\quad 0\quad 1]$$

利用簡單的矩陣運算，可以驗證$<1|1> = <2|2> = <3|2>$，$<1|2> = <2|3> = <3|1> = 0$。

若系統在任一時刻的波函數可寫成這些基底的線性組合，則可表爲：

$$
\begin{aligned}
|\Psi> &= c_1|1> + c_2|2> + c_3|3> \\
<1|\Psi> &= <1|c_1|1> + <1|c_2|2> + <1|c_3|3> \\
&= c_1<1|1> + c_2<1|2> + c_3<1|3> \\
&= c_1
\end{aligned}
$$

如果是有$n$個基底，則變成：

$$|\Psi> = \sum_{n=1}^{N} c_n |n>$$

$$<m|\Psi> = <m|\sum_{n=1}^{N} c_n |n> = \sum_{n=1}^{N} c_n <m|n> = c_m$$

同理，$<m|\Psi> = c_n$

代入$|\Psi> = \sum_{n=1}^{N} c_n |n>$

$$= \sum_{n=1}^{N} <n|\Psi>|n>$$

$$= \sum_{n=1}^{N} |n><n|\Psi>$$

因此$\sum_{n=1}^{N}|n><n = E$，$E$爲對角線元素均爲1，而非對角線元素均爲0的矩陣。

以此基底的算符可以表成矩陣形象，其矩陣各元素的值爲$<m|\hat{A}|n> = A_{mn}$，此時期望值$<\hat{A}>$可表成：

$$
\begin{aligned}
<\hat{A}> = <\Psi|\hat{A}|\Psi> &= \sum_{nm} c_m^* c_n <m|\hat{A}|n> \\
&= \sum_{nm} <n|P|m><m|\hat{A}|n> \\
&= \sum_{nm} P_{nm} A_{mn} = \sum_{n} (PA)_{nn} = \mathrm{Tr}\{P\hat{A}\}
\end{aligned}
$$

（Tr表一矩陣的trace，即對角線元素總和）

其中$P_{nm} = <n|P|m> = c_n c_m^*$稱爲矩陣密度（density matrix）；換言之，算符$A$的矩陣可由基底算出之後，再乘以矩陣密度之後得到一新的矩陣，然後將此新矩陣的對角線元素加總起來即得$<\hat{A}>$。

## 例題10.4

For a two-level system, the wavefunction can be expressed as $|\Psi> = c_1|> + c_2|2>$, where $|1>$ and $|2>$ are the basis set. Calculate the following:

(a) Express $|\Psi>$ and $<\Psi|$ as matrices, respectively.

(b) Calculate $<\Psi|\Psi>$ and $|\Psi><\Psi|$.

(c) Verify $\sum_{n=1}^{N} |n><n = E$.

**解**：

(a) $|1>=\begin{bmatrix}1\\0\end{bmatrix}$；$<1| = (|1>)^* = [1 \quad 0]$

$|2>=\begin{bmatrix}0\\1\end{bmatrix}$；$<2| = (|2>)^* = [0 \quad 1]$

$$|\Psi> = c_1|1> + c_2|2> = c_1\begin{bmatrix}1\\0\end{bmatrix}+c_2\begin{bmatrix}0\\1\end{bmatrix}=\begin{bmatrix}c_1\\c_2\end{bmatrix}$$

$$<\Psi| =<1|c_1^* + <2|c_2^* = c_1^*[1 \quad 0] + c_2^*[0 \quad 1] = [c_1^* \quad c_2^*]$$

(b) $<\Psi|\Psi> =(<1|c_1^* + <2|c_2^*)(c_1|1 + c_2|2>)$

$$= <1|c_1c_1^*|1> + <2|c_2c_2^*|2>$$

$$= c_1c_1^* + c_2c_2^*$$

$$= |c_1|^2 + |c_2|^2$$

$$|\Psi><\Psi| = (c_1|1> + c_2|2>)(<1|c_1^* + <2|c_2^*)$$

$$= c_1c_1^*|1><1| + c_1c_2^* |1><2| + c_2c_1^* |2><1| + c_2c_2^* |2><2|$$

$$= c_1c_1^*\begin{bmatrix}1\\0\end{bmatrix}[1 \quad 0] + c_1c_2^*\begin{bmatrix}1\\0\end{bmatrix}[0 \quad 1]+ c_2c_1^*\begin{bmatrix}0\\1\end{bmatrix}[1 \quad 0] + c_2c_2^*\begin{bmatrix}0\\1\end{bmatrix}[0 \quad 1]$$

$$= \begin{bmatrix}c_1c_1^* & c_1c_2^*\\c_2c_1^* & c_2c_2^*\end{bmatrix}$$

(c) $\sum_{n=1}^{N} |n><n =|1><1| + \quad |2><2|$

$$= \begin{bmatrix}1\\0\end{bmatrix}[1 \quad 0] + \begin{bmatrix}0\\1\end{bmatrix}[0 \quad 1]$$

$$= \begin{bmatrix} 1 & 0 \\ 0 & 1 \end{bmatrix}$$

$$= E$$

## 10.8　海森堡測不準原理

在1927年海森堡證實不可能同時可以精確得到電子的位置及動量，此稱爲海森堡測不準原理（Heisenberg's uncertainity principle）。其關係式如下：

$$\Delta x \Delta p_x \geq \frac{\hbar}{2}$$

其中$\Delta x$是粒子在$x$方向位置的不準度，而$\Delta p$是粒子在$x$方向動量的不準度。同理，在$y$和$z$方向有類似的關係式。雖然量子力學無法知道電子在氫原子中某一時間確切的位置，但是重要的是能夠計算電子在氫原子中特定點的機率。

### 例題10.5

Show that $\Delta x \Delta p_x \geq \frac{1}{2} |\int \psi^* [\hat{x}, \hat{p}_x] \psi d\tau|$.

**解**：

由例題10.1知：$[x, p_x] = i\hbar$

$$|\int \psi^* [x, p_x] \psi d\tau| = |\int \psi^* i\hbar \psi d\tau|$$

$$= |i\hbar| = \hbar$$

$$\Delta x \Delta p_x \geq \frac{\hbar}{2}$$

# 10.9 量子力學的假設

假設1：系統的狀態可用函數Ψ表示，此函數稱爲狀態函數（state function）或稱波函數（wave function），它含有系統所有的資訊，系統中粒子在體積單元$dxdydz$被發現的總機率爲

$$\iiint \Psi^* \Psi dxdydz = 1$$

假設2：每一物理觀察量對應於一線性的Hermitian算符，可寫下此物理觀察量在直角座標下的古典力學型式，然後將座標及線性動量分別以$\hat{x}$及$\hat{P}_x(\frac{\hbar}{i}\frac{\partial}{\partial x})$取代。

假設3：一物理觀察量$A$的可能值來自於方程式$\hat{A}g_i = a_i g_i$，其中$\hat{A}$是相當於此物理量的算符，而本徵函數$g_i$必須是良好的。

假設4：如果$\hat{A}$代表一物理觀察量A的任何線性Hermitian算符的話，則$\hat{A}$的本徵函數$g_i$形成一完整的基底。

假設5：一物理觀察量A的期望值爲

$$< A >= \int \Psi(q,t)^* \hat{A}\Psi(q,t)d\tau$$

其中$\Psi(q, t)$是系統在時間t的正規化波函數（normalized wavefunction）

假設6：與時間相關的薛丁格方程式如下所示：

$$-\frac{\hbar}{i}\frac{\partial \Psi}{\partial t} = \hat{H}\Psi$$

其中$\hat{H}$是漢米敦算符。

在假設6可利用變數分離，令$\Psi(x, t) = \psi(x)\tau(t)$代入

$$\hat{H}\Psi = i\hbar(\frac{\partial \Psi}{\partial t})$$

$$\hat{H}(\psi(x)\tau(t)) = i\hbar\psi(x)\frac{\partial \tau(t)}{\partial t}$$

若是漢米敦算符$\hat{H}$中的位能$V$僅和$x$有關，但與時間t無關。則

$$\tau(t)\hat{H}\psi(x) = i\hbar\psi(x)\frac{\partial\tau(t)}{\partial t}$$

將與$x$有關的移到式子左邊，與$t$有關的移到式子右邊，則可得：

$$\frac{1}{\psi(x)}\hat{H}\,\psi(x) = i\hbar\frac{1}{\tau(t)}\frac{\partial\tau(t)}{\partial t}$$

因爲式子左邊僅與$x$有關，而式子右邊僅與t有關，但兩邊卻相等，此表示兩邊應該都等於一常數，否則兩邊不會相等。亦即

$$\hat{H}\psi(x) = E\psi(x)$$

$$\frac{\partial\tau(t)}{\partial t} = -\frac{i}{\hbar}E\tau(t)$$

其中$E$爲常數，即系統的總能量。

第一式$\hat{H}\psi(x) = E\psi(x)$即爲常見的與時間無關的薛丁格方程式，如果系統與時間無關的話，則解此方程式即可；而第二式可以解出而得：

$$\frac{\partial\tau(t)}{\partial t} = -\frac{i}{\hbar}E\tau(t)$$

$$\frac{d\tau(t)}{\tau(t)} = -\frac{i}{\hbar}Edt$$

$$d(\ln\tau(t)) = -\frac{i}{\hbar}Edt$$

$$\tau(t) = \exp(-\frac{iEt}{\hbar})$$

整體的波函數可寫成：

$$\Psi(x,t) = \psi(x)\exp(-\frac{iEt}{\hbar})$$

則其機率函數爲

$$\Psi^*(x,t)\Psi(x,t) = [\psi^*(x)\exp(-\frac{iEt}{\hbar})^*]\cdot[\psi(x)\exp(-\frac{iEt}{\hbar})]$$
$$= \psi^*(x)\psi(x)$$

因此機率函數只和$\psi^*(x)\psi(x)$有關，而與時間無關，故稱爲平穩狀態（stationary state）。

## 例題10.6

Which one of the following statements concerning the postulates of quantum mechanics is wrong:

(a) The state of a particle is represented by a wavefunction.

(b) The state wavefunction obeys the Schrodinger equation.

(c) The physical observation of a dynamical variable is expressed by its expectation value.

(d) Position and momentum operators commute.

**解**：(d)

## 綜合練習

1. $\hat{\Pi}$ is the parity operator. $\hat{\Pi} f(x) =$

   (A) $f(-x)$ (B) $-f(x)$ (C) $f(x)$ (D) all correct

2. The wavefunctions for the particle in question (2) is $\psi_n(x) = C \sin(n\pi x/L)$. Whose idea is needed to derive $C$?

   (A) de Broglie (B) Max Born (C) Schrödinger (D) Planck

3. (1) Identify which of the following functions are eigenfunctions of the operator 在$d/dx$:

   (a) $\exp(ikx)$, (b) $\cos kx$, (c) $k$, (d) $kx$, (e) $\exp(-\alpha x^2)$.

   (2) Give the corresponding eigenvalue where appropriate.

4. A particle is in a state described by the wavefunction

$$\varphi(x) = (\cos\theta)e^{ikx} + (\sin\theta)e^{ikx}$$

   where $\theta$ is a parameter. What is the probability that the particle will be found with a linear momentum (1) $\hbar k$, (2) $-\hbar k$, (3) What form would the wavefunction have if it were 50 percent certain that the particle had the linear momentum $\hbar k$.

5. In quantum mechanics, the [1] (A) Planck; (B) Planke; (C) Schrödinger; (D) Shrödinger;

(E)Einstein equation, $\hat{H}\Psi = E\psi$, is used to calculate the wavefunctions of a system. $\hat{H}$ is [2] (A) Henry's constant; (B) Hemite polynomials; (C) Helmholtz energy; (D) Hamiltonian operator; (E) Hückel matrix, of the system. $E$ is [3] (A) the eigenvalue of $\hat{H}$; (B) the eigenvalue of $\psi$; (C) the eigenfunction of $\hat{H}$; (D) the eigenfunction of $\psi$. If $\psi_i$ and $\psi_j$ are orthonormal, then [4] (A) $\int\psi_i^*\psi_j d\tau = 1$ for $i = j$; (B) $\int\psi_i^*\psi_j d\tau = 0$ for $i = j$; (C) $\psi_i^*\psi_j d\tau = 1$ for $i \neq j$; (D) $\psi_i^*\psi_j d\tau = 0$ for $i \neq j$. For any two operators $\hat{O}_1$ and $\hat{O}_2$, if [5] (A) $\hat{O}_1\hat{O}_2 + \hat{O}_2\hat{O}_1 = 0$; (B) $\hat{O}_1\hat{O}_2 - \hat{O}_2\hat{O}_1 = 0$; (C) $\hat{O}_1\hat{O}_2 + \hat{O}_2\hat{O}_1 = \infty$; (D) $\hat{O}_1\hat{O}_2 - \hat{O}_2\hat{O}_1 = \infty$, then $\hat{O}_1$ and $\hat{O}_2$ commute.

6. Which of the following statement about two quantum mechanical operations $\hat{A}$ and $\hat{B}$ is correct?
   (A) If $[\hat{A}, \hat{B}] \neq [\hat{B}, \hat{A}]$, eigenvalues associated to the two operators will be different
   (B) If $[\hat{A}, \hat{B}] = [\hat{B}, \hat{A}]$, the two operators have common eigenvalues
   (C) If $[\hat{A}, \hat{B}] = [\hat{B}, \hat{A}]$, eigenfunctions associated to the two operators are the same
   (D) If $[\hat{A}, \hat{B}] = [\hat{B}, \hat{A}]$, eigenvalues associated to the two operators can be measured simultaneously
   (E) None is correct

7. Which of the following statement is correct?
   (A) Spectroscopic method is useful to measure the ground state energy of a molecule
   (B) No instrument can simultaneously measure the momentum and position precisely of a moving particle
   (C) Measuring the momentum of a particle always get discrete values
   (D) One can measure any type of angular momentum and all the components simultaneously
   (E) All answers are correct

8. The matrix elements of an operator $\hat{A}$ are:

$$A_{11} = A_{22} = \cdots = A_{nm} = \int\phi_n\hat{A}\phi_m d\tau = a,\ (n = m)$$

$$A_{nm} = \int\phi_n\hat{A}\phi_m d\tau = b,\ (n = m \pm 1),$$

$$A_{nm} = 0(n \neq m \text{ and } n \neq m \pm 1)$$

The averaged value of A for a state $\psi = \frac{1}{2}(\phi_1 - \phi_2 - \phi_3 + \phi_4)$ is

(A) $(a-b)/2$ (B) $(a+b)/4$ (C) $a-b/2$ (D) $2a-b$ (E) none is correct

9. The speed of a projectile of mass $1\times10^{-27}$kg is known to within $1\mu\text{ms}^{-1}$. Calculate the minimum uncertainty in is position.

   (A) 0.017 (B) 0.031 (C) 0.053 (D) 0.080 (E) 0.089 m

10. Which of the following statements is NOT true?

    (A) In both classical and quantum mechanics, knowledge of the present state of an isolated system allows the future state to be predicted with certainty.

    (B) For a stationary state, $\Psi$ is a function of coordinations only.

    (C) The function $|\Psi|^2$ is the probability density for finding particles at a specific time t.

    (D) The state function in quantum mechanics must be single valued, continuous, and quadratically integrable.

11. Which of the following operators can be used for finding the quantum numbers n, l, $m_l$ and $m_s$ for each election in an atom, respectively?

    (A) $\hat{H}, \hat{L}, \hat{L}_z, \hat{S}_z$ (B) $\hat{H}, \hat{L}^2, \hat{L}_z, \hat{S}$ (C) $\hat{H}, \hat{L}^2, \hat{L}_z, \hat{S}_z$ (D) $\hat{H}, \hat{L}, \hat{L}_z, \hat{S}$.

# 第 11 章

# 盒中質點

## 11.1　微分方程式

因爲量子力學中的薛丁格方程式（Schrodinger equation）是二次微分方程式，因此在應用薛丁格方程式時，需先對以下的二次微分方程式有一定的了解：

$$y'' + p(x)y' + q(x)y = 0$$

因爲是二次微分方程式，所以其一般解（general solution）需含有兩個常數，將兩個特解$y_1$和$y_2$，利用兩個常數加以線性組合，即可得其一般解，即

$$y = c_1y_1 + c_2y_2$$

其中$c_1$和$c_2$是任意的常數。如果$p(x)$和$q(x)$都是與$x$無關的常數，則此二次微分方程式可寫成：

$$y'' + py' + qy = 0 \tag{I}$$

其中$p$和$q$都是常數。先設法找出兩個特解，想想看什麼函數微分兩次及一次之後加上自己還會等於零，此函數非指數不行，因此可令：

$$y = e^{\lambda x}$$

代入(I)式可得：

$$\lambda^2 e^{\lambda x} + p\lambda e^{\lambda x} + qe^{\lambda x} = 0$$

其中$e^{\lambda x}$可約掉，因此

$$\lambda^2 + p\lambda + q = 0$$

此為二次方程式，可解得兩個$\lambda$值，如果兩個$\lambda$值不相同的話，則其一般解可寫成：

$$y = c_1 e^{\lambda_1 x} + c_2 e^{\lambda_2 x}$$

其中$\lambda_1$和$\lambda_2$是不相等的兩個根。

## 11.2 一維的盒中質點

想像一粒子被侷限在一個盒子當中，盒子牆壁位能障礙無窮大，因此粒子無法跑到盒子之外，如圖11.1所示。

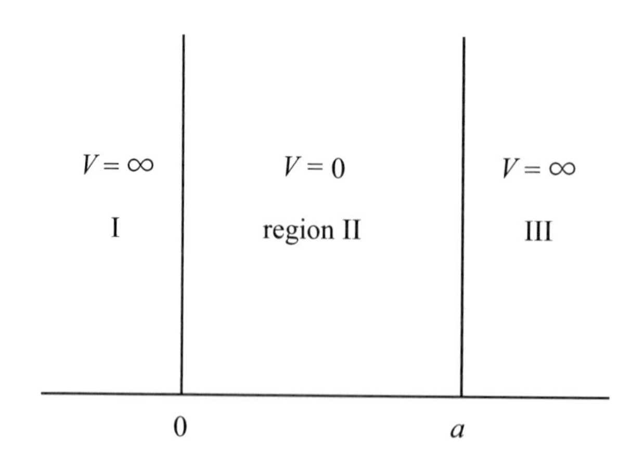


圖11.1 盒中質點的位能圖

可將粒子所在的區域分成I、II和III，然後再先後利用薛丁格方程式 $-\frac{\hbar^2}{2m}\frac{d^2\psi}{dx^2}+V\psi=E\psi$解出每一區域的波函數。

1.區域I和III：

因爲I和III區的位能都是無窮大，將$V(x) = \infty$代入薛丁格方程式，可得

$$-\frac{\hbar^2}{2m}\frac{d^2\psi}{dx^2}=(E-\infty)\psi$$

因爲能量$E$遠小於$\infty$，上式可簡化成：$\frac{d^2\psi}{dx^2}=\infty\psi$

左右移項可得：

$$\psi=\frac{1}{\infty}\frac{d^2\psi}{dx^2}$$

因爲右邊的第一項係數是$\frac{1}{\infty}$，其值爲零，因此$\psi = 0$，換言之

$$\psi_I = 0\text{；}\psi_{III} = 0$$

亦即，兩區域的波函數都是零，也就是說粒子在此兩區域被發現到的機率爲零。這是因爲位能無窮大的直接結果，也就是說粒子是無法從區域II跨越到區域I或III。

2.區域II：這才是系統之所在

將$V(x) = 0$代入薛丁格方程式，可得

$$\frac{d^2\psi_{II}}{dx^2}+\frac{2m}{\hbar^2}E\psi_{II}=0$$

依11.1之解法，令$\psi = e^{\lambda x}$代入上式可得：

$$\lambda^2+2mE\,\hbar^{-2}=0$$

$$\lambda=\pm(-2mE)^{1/2}\hbar^{-1}$$

$$\lambda=\pm\frac{i(2mE)^{1/2}}{\hbar}$$

令$\omega=\frac{(2mE)^{1/2}}{\hbar}$，則區域II波函數$\psi_{II}$的一般解可寫成：

$$\psi_{II} = c_1e^{i\omega x} + c_2e^{-i\omega x}$$

利用$e^{i\omega x} = \cos(\omega x) + i\sin(\omega x)$且$e^{-i\omega x} = \cos(\omega x) - i\sin(\omega x)$

$$\begin{aligned}\psi_{II} &= c_1\cos(\omega x) - ic_1\sin(\omega x) + c_2\cos(\omega x) - ic_2\sin(\omega x)\\ &= (c_1 + c_2)\cos(\omega x) + i(c_1 - c_2)\sin(\omega x)\\ &= A\cos(\omega x) + B\sin(\omega x)\end{aligned}$$

其中$A = c_1 + c_2$和$B = i(c_1 - c_2)$爲兩常數。只要能決定出$A$和$B$的值即可求得波函數$\psi_{II}$的一般解，但如何求$A$和$B$的值呢？可利用所謂的邊界條件（boundary conditions）。

此問題的邊界條件在於$x = 0$及$x = a$時，整個系統的波函數必須要是連續的，換言之，

1. 在邊界$x = 0$時，$\psi_I = \psi_{II}$
   但因爲$\psi_I = 0$，所以可得$\psi_I = 0 = A\cos(\omega x) + B\sin(\omega x)$，亦即$A = 0$，代入$\psi_{II}$，則$\psi_{II} = B\sin(\omega x)$
2. 在邊界$x = a$時，$\psi_{II} = \psi_{III}$

$$B\sin[\frac{(2mE)^{1/2}a}{\hbar}] = 0，$$

因爲$B$不可以爲零，要不然$\psi_{II} = 0$，也就是整個系統基本上是一個空盒子；因此只能$\sin[\frac{(2mE)^{1/2}a}{\hbar}] = 0$，記住唯有$\sin(\pm n\pi)$才會等於0，因此

$$\frac{(2mE)^{1/2}a}{\hbar} = \pm n\pi$$

其中$n$爲整數，$\hbar = \frac{h}{2\pi}$。將上式兩邊平方之後移項可得：$E = \frac{n^2h^2}{8ma^2}$，$n$可以爲0嗎？如果$n = 0$，則$E = 0$，此時的薛丁格方程式變成$\frac{d^2\psi_{II}}{dx^2} = 0$，可以立刻解得$\psi_{II} = cx + d$，其中$c$和$d$是任意兩常數，但是當你將此波函數代入之前之邊界條件時，可得$x = 0$，$c = 0$；$x = a$，$d = 0$，換言之，如果$n = 0$，則最後所得的$\psi_{II} = 0$，也就是空盒子。因此$n = 0$是不允許的，所以從$n = 1$開始；亦即

$$E = \frac{n^2h^2}{8ma^2} \quad n = 1, 2, 3, \cdots\cdots$$

值得注意的是盒中質點的能量$E$是正比於量子數$n$的平方，且與質點的質量$m$成反比，亦與盒子的邊長$a$的平方成反比，如圖11.2所示；換言之，當盒子的邊長愈長時，則質點在盒中的能量就愈低。當$n = 1$時能階的能量是最低的，其能量值爲$\frac{h^2}{8ma^2}$，此值稱爲零點能量（zero-point energy）。

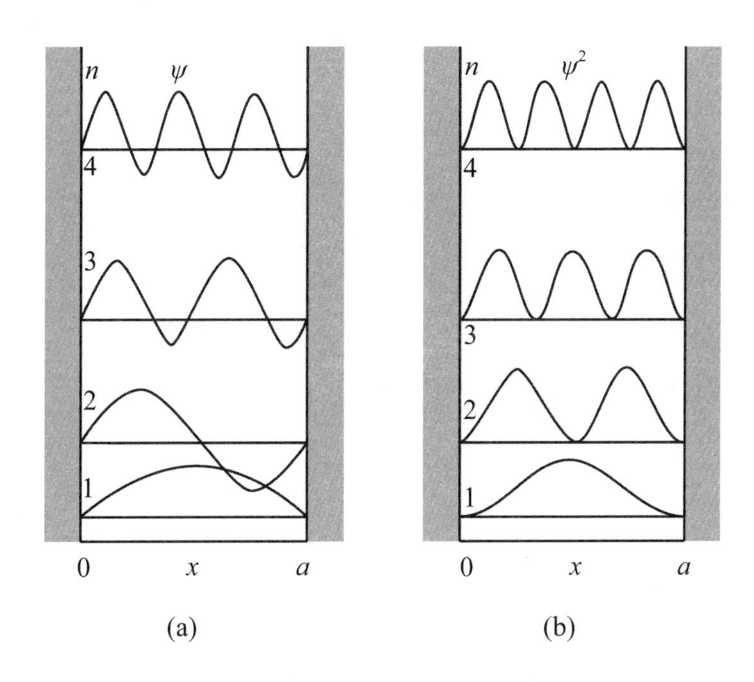


圖11.2　盒中質點的前四個能階之相對應的波函數與其能量值，注意其能量值與$n^2$成正比，因此能階的間隔隨著$n$愈來愈大

相鄰兩能階的能量差爲：

$$\Delta E = E_{n+1} - E_n = (n+1)^2 \frac{h^2}{8ma^2} - n^2 \frac{h^2}{8ma^2} = (2n+1)\frac{h^2}{8ma^2}$$

因此盒子愈大，粒子的質量愈大的話，則量子化效應便會愈不明顯。

回到波函數本身的問題，只要解出$B$，便可求得波函數，可利用量子力學的第一假設：在整個系統發現質點的總機率等於1，在此系統中我們僅需考慮區域II即可。利用波函數的正規化條件（normalization）：

$$\int_0^a |\psi_{II}|^2 dx = 1$$

$$|B|^2 \int_0^a \sin^2(\frac{n\pi x}{a})dx = 1$$

因為 $\int \sin^2(\frac{n\pi x}{a})dx = \frac{1}{2}x - \frac{\sin(2ax)}{4a} + const.$

因此，$|B| = (\frac{2}{a})^{1/2}$

$$\psi_{\text{II}} = (\frac{2}{a})^{\frac{1}{2}} \sin(\frac{n\pi x}{a}), \qquad n = 1,2,3,\ldots$$

## 例題11.1

For two different wavefunctions of a particle in one-dimensional box, they should follow orthogonality,that is $\int_0^a \psi_i^* \psi_j dx = 0,\ i \neq j$

**解**：

$$\int_0^a \psi_i^* \psi_j dx = \int_0^a (\frac{2}{a})^{1/2} \sin(\frac{n_i \pi x}{a})(\frac{2}{a})^{1/2} \sin(\frac{n_j \pi x}{a})dx$$

令 $t = \pi x/a$

$$\int_0^a \psi_i^* \psi_j dx = \frac{2}{a}(\frac{a}{\pi})\int_0^\pi \sin(n_i t)\sin(n_j t)\,dt$$

利用三角函數的關係式，

$$\sin A \sin B = \frac{1}{2}\cos(A-B) - \frac{1}{2}\cos(A+B)$$

亦即，

$$\sin n_i t \cdot \sin n_j t = \frac{1}{2}\cos(n_i - n_j)t - \frac{1}{2}\cos(n_i + n_j)t$$

$$\int_0^a \psi_i^* \psi_j dx = \frac{2}{\pi}\int_0^\pi \frac{1}{2}\cos(n_i - n_j)dt - \frac{2}{\pi}\int_0^\pi \frac{1}{2}\cos(n_i + n_j)dt = 0$$

如果將波函數的正規化和正交性結合，即可得Orthonormality：

$\int_{-\infty}^{\infty} \psi_i^* \psi_j dx = \delta_{ij}$，如 $i = j$，則 $\delta_{ij} = 0$；

$i \neq j$，則 $\delta_{ij} = 1$

## 例題11.2

For a particle in a one-dimensional box, show that the wavefunction of ground state obeys the Heisenberg's uncertainty principle.

**解**：

要計算海森堡測不準原理，需先知道

$$\Delta x = \left(\langle x\rangle^2 - \langle x^2\rangle\right)^{\frac{1}{2}}$$

$$\Delta P_x = \left(\langle P_x\rangle^2 - \langle P_X^2\rangle\right)^{\frac{1}{2}}$$

其中 $\langle x\rangle = \int \psi_1^* x \psi_1 dx$

$$= \frac{2}{a}\int_0^a \sin\frac{\pi x}{a}\cdot x\cdot \sin\frac{\pi x}{a}dx$$

$$= \frac{2}{a}\int_0^a x\cdot \sin^2\frac{\pi x}{a}dx$$

$$= \frac{2}{a}\int_0^a x\cdot\left(\frac{1+\cos\frac{2\pi x}{a}}{2}\right)dx$$

$$= \frac{2}{a}\left[\frac{x^2}{4} - \frac{xa}{4\pi}\sin\frac{2\pi x}{a} - \frac{a^2}{8\pi^2}\cos\frac{2\pi x}{a}\right]\Big|_0^a = \frac{a}{2}$$

$$\langle x^2\rangle = \frac{2}{a}\int_0^a x^2\cdot\sin^2\left(\frac{\pi x}{a}\right)dx = \frac{2}{a}\int_0^a x^2\cdot\left(\frac{1-\cos\frac{2\pi x}{a}}{2}\right)dx = \left(\frac{a}{2\pi}\right)^2\left(\frac{\pi^2}{3}-2\right)$$

$$\Delta x = \left(\langle x\rangle^2 - \langle x^2\rangle\right)^{\frac{1}{2}} = \left(\frac{a}{2\pi}\right)\left(\frac{\pi^2}{3}-2\right)^{\frac{1}{2}}$$

$$\langle \mathrm{P_x}\rangle = \frac{2}{a}\int_0^a \sin\frac{\pi x}{a}\left(\frac{\hbar}{i}\frac{d}{dx}\right)\sin\frac{\pi x}{a}dx = 0$$

$$\langle P_x^2\rangle = \frac{2}{a}\int_0^a \sin\left(\frac{\pi x}{a}\right)\left(-\hbar^2\frac{d^2}{dx^2}\right)\left(\sin\frac{\pi x}{a}\right)dx$$

$$= \frac{2\pi}{a}\int_0^a h^2\sin^2\left(\frac{\pi x}{a}\right)dx = \frac{h^2}{4a^2}$$

$$\Delta P_x = \left(\langle P_x\rangle^2 - \langle P_X^2\rangle\right)^{\frac{1}{2}} = \frac{h}{2a}$$

$\Delta x \cdot \Delta P_x \neq 0$，因此符合海森堡測不準原理。

## 11.3 共軛烯類

一維的盒中質點模型有一個非常重要的應用，它可以用來估算有機分子共軛烯類在可見光區的吸收波長或頻率，共軛烯類是碳鏈骨架是以碳碳單鍵與雙鍵交替鍵結而成的，因此在雙鍵中的$\pi$電子是可在整個共軛烯類分子中自由活動，此稱$\pi$電子是非定域化的（delocalized），因此可將此$\pi$電子視爲一維的盒中質點，其中盒子的寬度即爲共軛烯類分子的長度，因此共軛烯類分子在可見光區的吸收波長取決其碳碳單鍵與雙鍵交替鍵結的共軛長度。今分別舉短鏈段的butadiene（丁二烯，$H_2C{=}CH{-}CH{=}CH_2$）與長鏈段的$\beta$-胡蘿蔔素爲例：

考慮丁二烯如下：

1. 利用已知的C—C鍵長（1.54Å）和C═C鍵長（1.35Å）估算盒子的寬度$a$

$$a = \text{two(C═C)} + \text{one(C—C)} + \text{（末端C原子半徑）}$$
$$= 2\times1.35 + 1.54 + 1.54 = 5.78\text{Å}$$

2. $\pi$電子是假設中的質點，因爲它是非定域化的。
3. 因爲有4個$\pi$電子，依庖立互不相容原理（Pauling exclusion principle），一個能階最多能容納兩個不同自旋的電子而已，故丁二烯的$\pi$電子能階圖可用圖11.3表示：

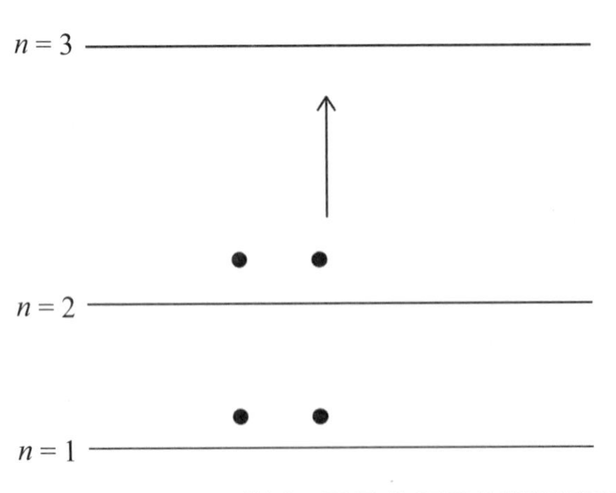


圖11.3 丁二烯之$\pi$電子的電子能階示意圖

4. $\pi$ 電子可吸收光而造成$\pi$電子可在能階之間作躍遷，在此例中躍遷由$n = 2 \rightarrow n = 3$，由其能階之能量差異可推算出其吸收的波長。

$$\Delta E = E_3 - E_2 = \frac{h^2}{8ma^2}(3^2 - 2^2) = \frac{(6.626\times10^{-34})^2\times5}{8\times(9.11\times10^{-31})\times(5.78\times10^{-10})^2}$$

$$= 9.02\times10^{-19}\ \text{J}$$

$$\Delta E = h\nu = \frac{hc}{\lambda}$$

$\lambda = \dfrac{hc}{\Delta E} = 220.38$ nm，此波長在紫外線光區。

## 胡蘿蔔素

考慮$\beta$-胡蘿蔔素（$\beta$-carotene）如圖11.4所示，它總共具有11個碳碳單鍵和雙鍵的共軛系統（共22個碳原子），所以總共會有22個$\pi$電子，每一個碳原子貢獻一個$\pi$電子。如果盒子長度約爲2.94 nm的話，則其躍遷可視爲從$n = 11$至$n = 12$，

$$\nu = ({n_{12}}^2 - {n_{11}}^2)\frac{h}{8m_e a^2}$$

$$= (12^2 - 11^2)\frac{6.626\times10^{-34}}{8\times(9.110\times10^{-31})\times(2.94\times10^{-9})^2}$$

$$= 2.42\times10^{14}\text{s}^{-1}$$

相當於波長1240 nm

但是事實上$\beta$-胡蘿蔔素的第一吸收峰位置在於497 nm，雖然數值並不是很準確，但是可以給予一個粗估值，

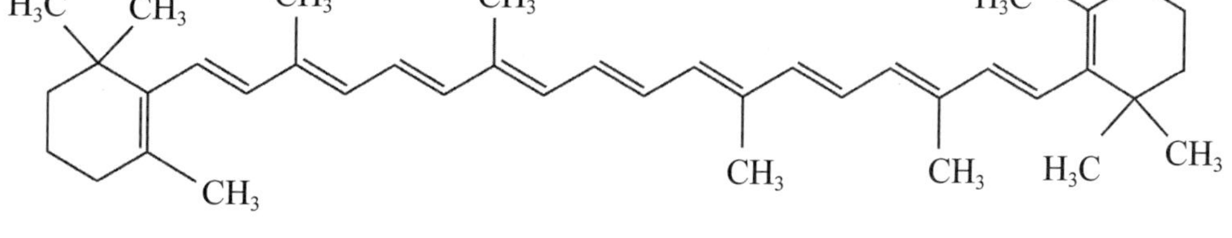

(a)

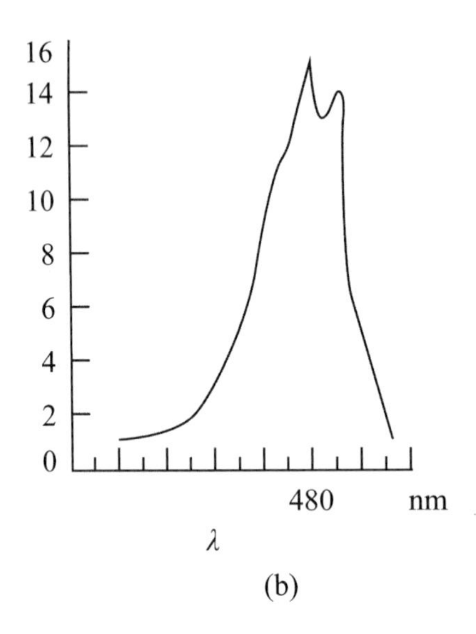

(b)

圖11.4 (a) β-胡蘿蔔素的結構，(b) β-胡蘿蔔素的可見光譜圖

## 人的視覺

已知人的視覺和其他生物體偵測光都涉及一種稱爲11-順式-視網醛（11-cis-renital）的化合物，其結構式顯示於圖11.5的左邊，此化合物是維他命A的衍生物，它含在位於視網膜的視桿細胞和視錐細胞兩種細胞之內，視桿細胞負責在昏暗燈光下的視覺，雖然它們可對光的亮或暗有感覺，卻對顏色沒有感覺；相反地，視錐細胞主要負責對顏色的視覺，有三種視錐細胞：其中一種吸收可見光譜中的紅光，另一種吸收綠光，第三種則吸收藍光，在這些不同細胞中的每一種11-順式-視網醛是與不同的蛋白質連接在一起，進而影響視網膜吸收光的區域。

當11-順式-視網醛吸收光子時，它會轉變成11-反式-視網醛（見圖11.5右邊），換言之吸收一光子造成分子在碳碳雙鍵的小小變化，造成分子末端的大移動，而使得整個分子幾何結構的顯著改變，視網醛形狀的改變會影響到與它相連的蛋白質分子，這樣的事件會產生一個電子訊號告知我們有光進來。

視網醛與丁二烯的差異在於它有與單鍵交替的六個雙鍵，接在蛋白質上的視網醛則吸收可見光。許多生物體的化合物是由交替單鍵和雙鍵的長鏈所組成的，所以會有顏色，如先前所述的胡蘿蔔中的$\beta$-胡蘿蔔素就是具有這樣的結構，它可以分解變成維他命A，然後再變成視網醛。

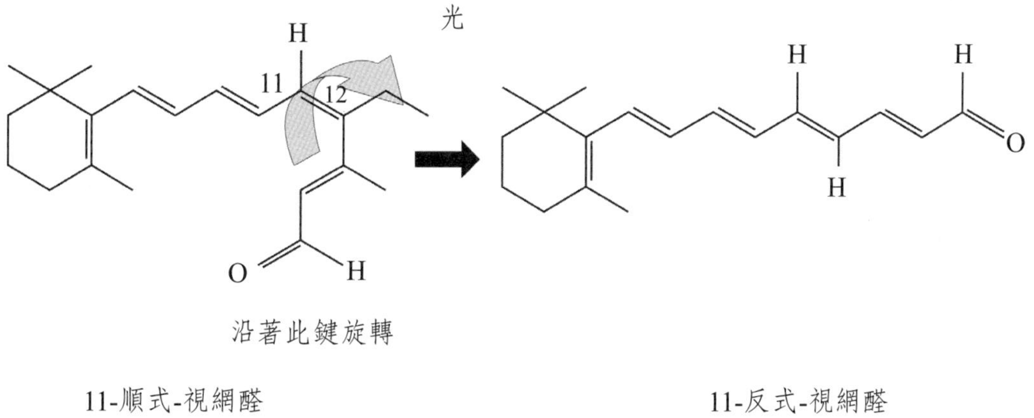

光

沿著此鍵旋轉

11-順式-視網醛　　　　11-反式-視網醛

圖11.5　視網醛吸收光的順式至反式的轉換，注意沿著第十一個碳原子和第十二個碳原子之雙鍵旋轉所造成的原子的大移動

## 例題11.3

$\beta$-Carotenes are known as highly conjugated polyenes found in many vegetables. They play important roles in human vision. The parent $\beta$-carotene has a maximum absorption of light that occurs at 480 nm. If this transition is assumed to respond an $n = 11$ to $n = 12$ transition of an electron, what is the approximate length of the molecule by using the particle in a box system?

**解**：

先算出吸收波長的能量

$$\Delta E = \frac{hc}{\lambda} = \frac{(6.626\times10^{-34})\times(3\times10^{8})}{4.8\times10^{-7}} = 4.14\times10^{-19}\ \text{J}$$

$$\Delta E = E_{12} - E_{11} = \frac{12^2 h^2}{8m_e a^2} - \frac{11^2 h^2}{8m_e a^2} = (144-121)\frac{h^2}{8m_e a^2}$$

$$4.14\times10^{-19}=(144-121)\frac{(6.626\times10^{-34})^2}{8\times9.11\times10^{-31}\times a^2}$$

$$a = 1.83\times10^{-9}\text{m} = 18.3\ \text{Å}$$

實際上$\beta$-胡蘿蔔素的分子長度約為29Å，雖與計算結果有點差距，但盒中質點的模型仍不失為一個有效的估算方法。

## 11.4 穿遂效應

雖然以古典物理學的觀點而言，當粒子能量小於位能時，粒子是不可能可以在盒子外面有被發現的機率；但在量子力學上，如果位能$V$不再是無窮大的話，而且位能壁不是很厚的話，則粒子的波函數不可能馬上降爲零，因此在位能壁之外粒子會有被發現的機率，此稱爲穿遂效應（tunneling effect）。如圖11.6所示。

在盒中的區域之波函數類似於先前的盒中質點，但在左邊位能不是無窮大的區域，其薛丁格方程式爲：

$$-\frac{\hbar^2}{2m}\frac{d^2\psi}{dx^2}+V\psi=E\psi$$

$$\frac{d^2\psi}{dx^2}=\frac{2m(V-E)}{\hbar^2}\psi$$

$$\psi=Ae^{kx}+Be^{-kx}$$

其中$k=[\frac{2m(V-E)}{\hbar^2}]^{1/2}$，此時的波函數取決於k值，如果位能大於能量時（即$V > E$），則$k$爲實數，而非虛數。此波函數告知我們即使在$x = 0$時，它的值也不會等於零，表示在盒外粒子被發現的機率不爲零，此即爲所謂的穿遂效應。如圖11.6所示。

雖然在古典力學中並不允許穿遂效應，但在量子力學中穿遂效應卻是眞實且可偵測的現象，穿遂效應的程度隨著距離的增加而成指數遞減，穿隧式掃描電子顯微鏡（scanning tunneling microscope, STM）即是利用量子力學中穿遂效應研究原子在金屬表面的行爲。

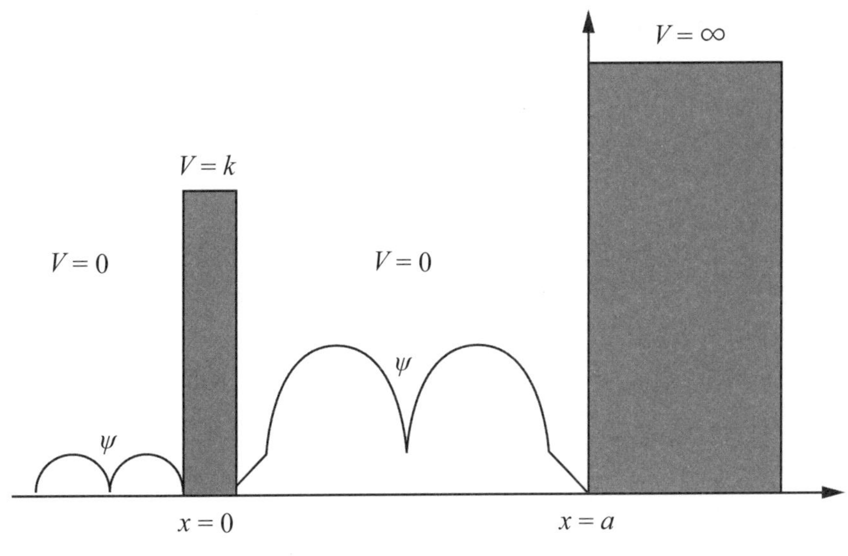


圖11.6　穿遂效應

## 例題11.4

Scanning tunneling microscopy is an imaging technique based on detecting electrons tunneling across the vacuum between a conducting sample and a conducting probe tip. The tunneling current is very sensitive to the distance between the tip and the sample; so sensitive that imaging of atoms has been accomplished through this technique. To get an idea of the distance dependence of this tunneling current, suppose that the wave-function of the electron in the gap between sample and tip is given by $\Psi = Ce^{-kx}$, where $k = \frac{\sqrt{2m_e(V-E)}}{\hbar}$; take the V – E value to be 3.0 eV. By what factor would the current drop if the probe is moved from 0.3 nm to 0.5 nm form the surface?

**解**：

電流正比於電子被發現的機率（亦即$\Psi^*\Psi$），題目已知V – E = 3.0 eV，因此可先求出$k$

$$k = \frac{\sqrt{2\times 9.11\times 10^{-28}\times 3.0\times 1.602\times 10^{-12}}}{\frac{6.626}{3.1416\times 2}\times 10^{-27}} = 8.9\times 10^{7}\,\text{cm}$$

因為$\Psi = Ce^{-kx}$，$\Psi^*\Psi = |C^2|e^{-2kx}$，因此不同距離的電流比為

$\frac{e^{-2kx_1}}{e^{-2kx_2}} = \frac{e^{-2\times 8.9\times 10^7\times 0.3\times 10^{-7}}}{e^{-2\times 8.9\times 10^7\times 0.5\times 10^{-7}}} = 35.3$。

## 11.5 三維的盒中質點

先前所討論的是一維的盒中質點，可將此模型擴展至二維甚至三維的系統，茲以三維的盒中質點爲例，若現在此立體盒子的邊長各爲$a$、$b$和$c$，則此三維的盒中質點之薛丁格方程式如下：

$$\frac{-h^2}{8\pi^2 m}\left(\frac{\partial^2}{\partial x^2}+\frac{\partial^2}{\partial y^2}+\frac{\partial^2}{\partial z^2}\right)\psi(x,y,z) = E\psi(x,y,z)$$

或簡單寫成

$$\frac{-h^2}{8\pi^2 m}\nabla^2\psi(x,y,z) = E\psi(x,y,z)$$

其中$\nabla^2 = \frac{\partial^2}{\partial x^2}+\frac{\partial^2}{\partial y^2}+\frac{\partial^2}{\partial z^2}$稱爲拉普拉斯算符。因爲同時存在$x, y, z$三個變數，量子力學處理這樣的問題通常直接將波函數寫成三個一維波函數的乘積，亦即

$$\psi(x, y, z) = X(x)\cdot Y(y)\cdot Z(z)$$

將每一維度的漢米敦算符寫成：

$$H_x = \frac{-h^2}{8\pi^2 m}\left(\frac{\partial^2}{\partial x^2}\right)\text{；}H_y = \frac{-h^2}{8\pi^2 m}\left(\frac{\partial^2}{\partial y^2}\right)\text{；}H_z = \frac{-h^2}{8\pi^2 m}\left(\frac{\partial^2}{\partial z^2}\right)$$

分別代入薛丁格方程式即得

$$(H_x + H_y + H_z)XYZ = E\cdot XYZ$$

$$\frac{YZ(H_x X)}{XYZ}+\frac{XZ(H_y Y)}{XYZ}+\frac{XY(H_z Z)}{XYZ} = E$$

記住$H_x$僅會對$X$運算，與$YZ$無關，因此可提出，其他兩項亦同。簡化可得：

$$\frac{H_x X}{X} + \frac{H_y Y}{Y} + \frac{H_z Z}{Z} = E$$

因為左邊第一項僅和$x$有關，第二項僅和$y$有關，第三項僅和$z$有關，但此三項的總和可以得到一個常數E，此表示每一項都應該是常數，可寫成

$$\frac{H_x X}{X} = E_x \ ; \ \frac{H_y Y}{Y} = E_y \ ; \ \frac{H_z Z}{Z} = E_z$$

其中$E_x + E_y + E_z = E$。每一方程式皆像先前所討論的一維的盒中質點，因此可直接套用其波函數及能量的結果。亦即

$$X(x) = \sqrt{\frac{2}{a}} \sin(\frac{n_x \pi x}{a}) ; \ E_x = \frac{n_x^2 h^2}{8ma^2}$$

$$Y(y) = \sqrt{\frac{2}{b}} \sin(\frac{n_y \pi y}{b}) ; \ E_y = \frac{n_y^2 h^2}{8mb^2}$$

$$Z(z) = \sqrt{\frac{2}{c}} \sin(\frac{n_z \pi z}{c}) ; \ E_z = \frac{n_z^2 h^2}{8mc^2}$$

因此，

$$\psi(x,y,z) = X(x) \cdot Y(y) \cdot Z(z) = \sqrt{\frac{2}{a}} \sin(\frac{n_x \pi x}{a}) \cdot \sqrt{\frac{2}{b}} \sin(\frac{n_y \pi y}{b}) \cdot \sqrt{\frac{2}{c}} \sin(\frac{n_z \pi z}{c})$$

$$E = E_x + E_y + E_z = (\frac{h^2}{8m})(\frac{n_x^2}{a^2} + \frac{n_y^2}{b^2} + \frac{n_z^2}{c^2})$$

如果是一立方體的盒子，亦即$a = b = c$，則

$$\psi(x,y,z) = \sqrt{\frac{8}{a^3}} \sin(\frac{n_x \pi x}{a}) \cdot \sin(\frac{n_y \pi y}{a}) \cdot \sin(\frac{n_z \pi z}{a})$$

$$E = (\frac{h^2}{8ma^2})(n_x^2 + n_y^2 + n_z^2)$$

當一組不同的量子數，但卻可對應至相同的能量，此時稱這組的波函數具有簡併度（degeneracy）。可考慮上例中的三維立方盒中質點，當$(n_x, n_y, n_z)$ = (2, 1, 1)、(1, 2, 1)和(2, 1, 1)時，其能量值分別為

$$E_{211} = (\frac{h^2}{8ma^2})(2^2 + 1^2 + 1^2) = 6 \cdot \frac{h^2}{8ma^2}$$

$$E_{121} = (\frac{h^2}{8ma^2})(1^2+2^2+1^2) = 6 \cdot \frac{h^2}{8ma^2}$$

$$E_{112} = (\frac{h^2}{8ma^2})(1^2+1^2+2^2) = 6 \cdot \frac{h^2}{8ma^2}$$

因此這三組不同的量子數對應相同的能量，則表示其簡併度爲3。

## 例題11.5

(a) The particle in a square box has energy：$E = \frac{h^2}{8ma^2}(n_x^2 + n_y^2)$. Calculate the energies and degeneracies of the ten lowest energy levels.

(b) Benzene may be regarded as a 4.0 Å square box containing $6\pi$ electrons. Calculate the wavelength of light to promote a $\pi$ electron to the first excited state.

**解**：

(a) 利用$E = \frac{h^2}{8ma^2}(n_x^2 + n_y^2)$，前十個能量計算如下

| $(n_x,n_y)$ | $n_x^2 + n_y^2$ | $g$：簡併度 |
|---|---|---|
| (1,4)(4,1) | 17 | 2 |
| (2,3)(3,2) | 13 | 2 |
| (1,3)(3,1) | 10 | 2 |
| (2,2) | 8 | 1 |
| (1,2)(2,1) | 5 | 2 |
| (1,1) | 1 | 1 |

(b) 因為benzene有6個$\pi$電子，所以這些$\pi$電子可填滿(1,1)、(1,2)和(2,1)三個能階，因為依庖立互不相容原理每一能階僅能容納兩個電子，因此躍遷由$(n_x,n_y)$ =(1, 2) → (2, 2)，所以

$$\Delta E = \frac{h^2}{8ma^2}[(2^2+2^2)-(1^2+2^2)] = \frac{3h^2}{8ma^2}$$

$$\Delta E = h\nu = \frac{hc}{\lambda}$$

$$\frac{6.626\times10^{-34}\times3\times10^{8}}{\lambda} = \frac{3\times(6.626\times10^{-34})^2}{8\times9.11\times10^{-31}\times(4\times10^{-10})^2}$$

$\lambda = 1760\text{Å}$

## 例題11.6

The general structure of the porphyrin molecule is

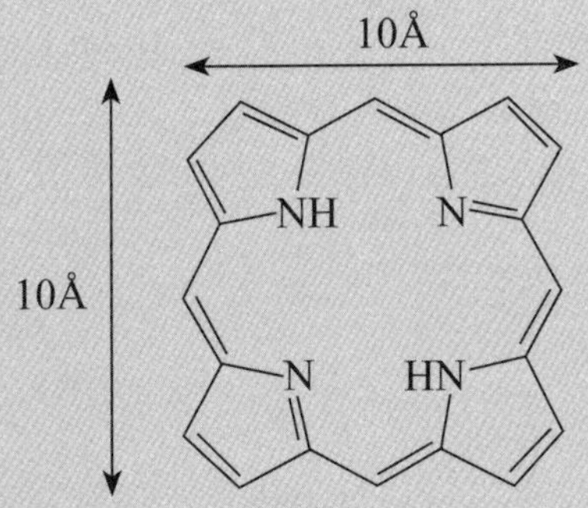

10Å

NH N

10Å

N HN

This molecule is planar and can be considered to have 22 $\pi$ electrons.

We can treat it by using the model of the particle in a 2D box. For the particle in a 2D box model, we can approximate the $\pi$ electrons confined inside a square with length 10Å.

(a) what are the energy levels and degeneracies of porphyrin molecule with this model?

(b) what is the predicted lowest transition energy in terms of wavenumber.

(hint: For the particle in a 2D box model, the Hamiltonian operator is

$\hat{H} = \hat{H}_x + \hat{H}_y = \frac{-\hbar^2}{2m}\frac{d^2}{dx^2} + \frac{-\hbar^2}{2m}\frac{d^2}{dy^2}$ )

**解**：

(a) 因為porphyrin 分子有22 $\pi$ electrons，每一個軌域填兩個電子，

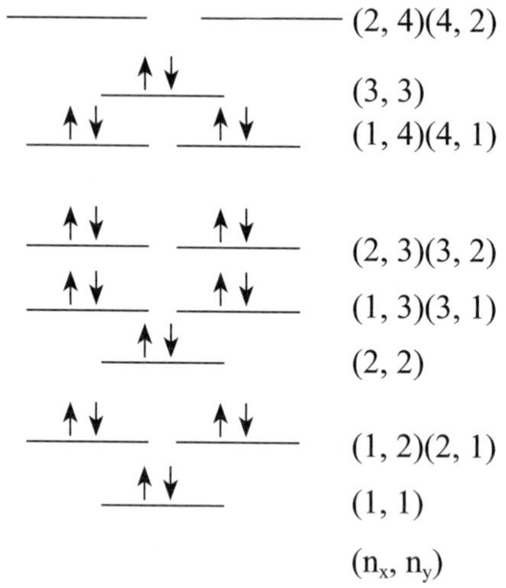

(2, 4)(4, 2)

↑↓ (3, 3)

↑↓ ↑↓ (1, 4)(4, 1)

↑↓ ↑↓ (2, 3)(3, 2)

↑↓ ↑↓ (1, 3)(3, 1)

↑↓ (2, 2)

↑↓ ↑↓ (1, 2)(2, 1)

↑↓ (1, 1)

$(n_x, n_y)$

$\pi$ electrons最高填到(3, 3)state，所以躍遷從能階(3, 3)至能階(2,4)或(4,2)

(b) $\Delta E = \dfrac{h^2}{8ma^2}(n_{x,2}^2 + n_{y,2}^2 - n_{x,1}^2 - n_{y,1}^2)$

$= \dfrac{(6.626 \times 10^{-34}\text{J} \cdot \text{S})^2}{8(9.11 \times 10^{-31}\text{kg})(1000 \times 10^{-12}\text{m})^2}(4^2 + 2^2 - 3^2 - 3^2)$

$= 1.20 \times 10^{-19}\text{J}$

Since $E = hc\tilde{v}$，$\tilde{v} = 6061\ \text{cm}^{-1}$

## 綜合練習

1. Consider a particle in a 2-*D* square box. The energy (in $h^2/8mL^2$) of the second degenerate level is

   (A) 3　(B) 5　(C) 8　(D) 13

2. Which of the followings is a boundary condition for a particle confined in a 1-*D* box of length L?

   (A) $\psi(0) = 0$　(B) $E(0) = 0$　(C) $\psi(L) = \infty$　(D) $V(L) = 0$

3. Calculate the percent change in a given energy level of a particle in a cubic box when the length of the edge of the cube is decreased by 20% in each direction.

4. Consider a three-dimensional cubic box of length $d$, containing eight mon-interacting electrons with each mass as $m$. Given that the energy levels for electrons in three-dimensional box are $E_{nml} = (n^2 + m^2 + l^2)(h^2/8md^2)$, where $n$, $m$, and $l$ are quantum number.
   (1) Calculate the energy of the ground state of this system in terms of $h$, $d$, and $m$.
   (2) Calculate the energy of the first excited state of this system in terms of $h$, $d$, and $m$.

5. Calculate the percent change in a given energy level of a particle in a cubic box when the length of the edge of the cube is decreased by 20% in each direction.

6. Assume that $\Delta x = a$ for particle-in-a-box state function $\psi_n$, therefore the uncertainty product $(\Delta x)(\Delta p_x) =$ ________. (no integration needed, estimate $\Delta p_x$ from <E>)

7. Which of the following statement about a free particle in an one-dimensional box is correct?
   (A) The maximum momentum can be observed at the center of the box
   (B) The particle has equal probability appeared in the box
   (C) The quantum number is ranged from $n = 0$ to infinity
   (D) The wavelength of the particle is larger at high quantum number
   (E) None is correct

8. For a free particle of mass m in a cubic box with dimension a, the wave function $\psi_{n_x,n_y,n_z}(x, y, z)$ had three quantum numbers $n_x$, $n_y$ and $n_z$. If $\psi = 0.8165\psi_{3,1,2} - 0.4082\psi_{1,2,1} - 0.4082\psi_{2,1,3}$, the energy of $\psi$ is
   (A) $\frac{3}{2}\frac{h^2}{ma}$ (B) $(c_1^{\ 2} + c_2^{\ 2} + c_3^{\ 2})\frac{h^2}{2ma^2}$ (C) $\frac{3}{4}\frac{h^2}{ma^2}$ (D) can not be determined
   (E) none is correct

# 第 12 章

# 簡諧振盪子與角動量

## 12.1　古典的簡諧振盪子

爲了研究分子的振動，可以將古典力學中所學到的簡諧振盪子加以套用到量子力學，在古典的簡諧振盪子（classical harmonic oscillator），一質量爲$m$的物體被一彈簧固定於牆壁，如圖12.1所示：

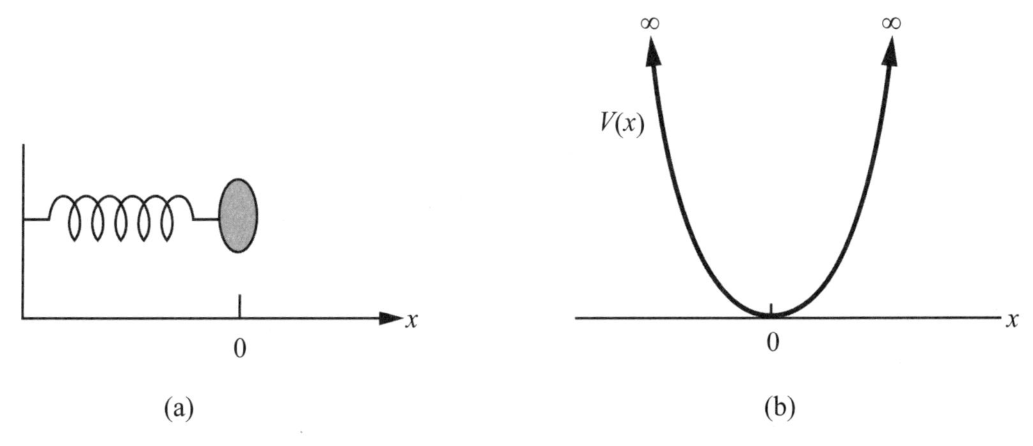


圖12.1　(a)古典力學的簡諧振盪子；(b)簡諧振盪子的位能曲線圖

此物體必須遵守虎克定律（Hooke's law），也就是說作用於物體的力與物體的位移成正比，亦即$F = -kx$，其中$k$為彈簧的力常數（force constant），因此該物體的位能可寫成：

$$V = -\int F dx = \frac{1}{2}kx^2$$

依牛頓第二定律可知其運動方程式可寫成如下的二次微分式：

$$-kx = m\frac{d^2x}{dt^2}$$

可得其解為$x(t) = x_0 \sin(\sqrt{\frac{k}{m}}t + \phi)$，其中$x_0$為最大振幅，$\phi$為相位（phase factor）代表物體的起始位置，該振盪子的頻率$\omega = (\frac{k}{m})^{\frac{1}{2}}$（單位為rad/s），或者寫成$\nu = \frac{1}{2\pi}(\frac{k}{m})^{\frac{1}{2}}$（單位為Hz，亦即$s^{-1}$），此頻率與位移的大小無關。

古典簡諧振盪子的總能量可由其位能及動能求得，因為位能$V = \frac{1}{2}kx^2$，動能$K = \frac{1}{2}m(\frac{dx}{dt})^2$，所以古典簡諧振盪子的總能量：

$$E = K + V = \frac{1}{2}m(\frac{dx}{dt})^2 + \frac{1}{2}kx^2 = \frac{1}{2}m\omega^2 x_0^2 \sin^2 \omega t + \frac{k}{2}x_0^2 \cos^2 \omega t$$

$$= \frac{1}{2}m\frac{k}{m}x_0^2 \sin^2 \omega t + \frac{k}{2}x_0^2 \cos^2 \omega t = \frac{1}{2}kx_0^2(\sin^2 \omega t + \cos^2 \omega t) = \frac{1}{2}kx_0^2$$

在上式推導中已利用$\omega = (\frac{k}{m})^{\frac{1}{2}}$及$\cos^2\theta + \sin^2\theta = 1$。

## 12.2 以級數解二次微分方程式

在先前的盒中質點我們已經遇到簡單的二次微分方程式，如$\psi''(x) + \omega^2\psi(x) = 0$，我們利用$\psi(x) = e^{\lambda x}$代入原二次微分方程式，即可輕易解得其通解具有以下的形式：$\psi(x) = A\cos(\omega x) + B\sin(\omega x)$。在往後可能碰到一些位能不為零的量子力學系統，因此解其薛丁格方程式需要更有系統的方法，此方法即是將答案寫成x的次方級數加總起來，亦即

$$\psi(x)=\sum_{n=0}^{\infty}a_n x^n = a_0 + a_1 x + a_2 x^2 + a_3 x^3 + \ldots$$

此種方式如同你在外面吃麵，不曉得該點什麼麵時，你或許可以點個大滷麵，把所有可用的食材都加在麵裡面一樣。分別對其微分一次及兩次而得：

$$\psi'(x)=\sum_{n=1}^{\infty}na_n x^{n-1} = a_1 + 2a_2 x + 3a_3 x^2 + \ldots$$

$$\psi''(x)=\sum_{n=2}^{\infty}n(n-1)a_n x^{n-2} = 2a_2 + 3\cdot 2a_3 x + \ldots$$

將$\psi''(x)$和$\psi(x)$代入$\psi''(x) + \omega^2\psi(x) = 0$可得：

$$\sum_{n=2}^{\infty}n(n-1)a_n x^{n-2} + \sum_{n=0}^{\infty}c^2 a_n x^n = 0$$

因為兩者的$n$起始值不一樣，因此先將第一項的$n$調成從零開始，$n-2=0$，可令$k=n-2$，則$n=k+2$，$n-1=k+1$，置換之後可得：

$$\sum_{n=2}^{\infty}n(n-1)a_n x^{n-2} = \sum_{k=0}^{\infty}(k+2)(k+1)a_{k+2}x^k$$

再將$k$轉為$n$即可，

$$\sum_{n=2}^{\infty}n(n-1)a_n x^{n-2} = \sum_{n=0}^{\infty}(n+2)(n+1)a_{n+2}x^n$$

則兩項現在可以合併，將$x^n$提出，

$$\sum_{n=0}^{\infty}[(n+2)(n+1)a_{n+2} + \omega^2 a_n]x^n = 0$$

$$(n+2)(n+1)a_{n+2} + \omega^2 a_n = 0$$

$$a_{n+2} = -\frac{\omega^2}{(n+1)(n+2)}a_n$$

此即為所謂的遞迴關係式（recursion relation）。可看出係數$a^n$分成兩派，一為奇數項，另一為偶數項。因此令$a_0 = A$，$a_1 = Bc$，則

$$y(x)=\sum_{n=0}^{\infty}a_n x^n = \sum_{n=0,2,4}^{\infty}a_n x^n + \sum_{n=1,3,5}^{\infty}a_n x^n$$

$$= A\sum_{k=0}^{\infty}(-1)^k \frac{\omega^{2k}x^{2k}}{(2k)!} + B\sum_{k=0}^{\infty}(-1)^k \frac{\omega^{2k+1}x^{2k+1}}{(2k+1)!}$$
$$= A\cos(\omega x) + B\sin(\omega x)$$

（記住有關$\cos(x)$和$\sin(x)$的級數表示式）

## 12.3 量子力學的簡諧振盪子

因為位能$V(x)=\frac{1}{2}kx^2$，可以直接代入薛丁格方程式而得：

$$[(-\frac{\hbar^2}{2m})(\frac{d^2}{dx^2})+\frac{1}{2}kx^2]\psi(x)=E\psi(x)$$

可將上式加以簡化整理，因為頻率$\nu=\frac{1}{2\pi}\sqrt{\frac{k}{\mu}}$，因此$k = 4\pi^2\nu^2 m$，代入可得：

$$[-\frac{\hbar^2}{2m}(\frac{d^2}{dx^2})+2\pi^2\nu^2 mx^2]\psi(x)=E\psi(x)$$

$$\frac{d^2\psi(x)}{dx^2}-\frac{4\pi^2\nu^2 m^2 x^2}{\hbar^2}\psi(x)=\frac{2mE}{\hbar^2}\psi(x)$$

令$\alpha=\frac{2\pi\nu m}{\hbar}$，則

$$[\frac{d^2}{dx^2}-\alpha^2 x^2]\psi(x)+\frac{2mE}{\hbar^2}\psi(x)=0$$

$$\frac{d^2\psi(x)}{dx^2}+(\frac{2mE}{\hbar^2}-\alpha^2 x^2)\psi(x)=0$$

如果解答是如以下的級數的話，

$$f(x)=\sum_{n=0}^{\infty}c_n x^n = c_0 + c_1 x + c_2 x^2 + c_3 x^3 + \ldots$$

因為總和是無限多項，除非有辦法讓後續的每一項愈來愈小，否則最後會變成無窮大，因此可以將$f(x)$乘上一衰減函數$e^{-\alpha x^2/2}$，則

$$\psi = e^{-\alpha x^2/2}\cdot f(x)$$

$$\psi' = (-\alpha x)e^{-\alpha x^2/2}\cdot f(x) + e^{-\alpha x^2/2}\cdot f'(x)$$
$$\psi'' = e^{-\alpha x^2/2}[\alpha^2 x^2 f(x) - \alpha f(x) - 2\alpha x f'(x) + f''(x)]$$

代入以上的薛丁格方程式可得：

$$e^{-\alpha x^2/2}[\alpha^2 x^2 f(x) - \alpha f(x) - 2\alpha x f'(x) + f''(x)] + (\frac{2mE}{\hbar^2} - \alpha^2 x^2)e^{-\alpha x^2/2}\cdot f(x) = 0$$

$$f'' - 2\alpha x f' + (\frac{2mE}{\hbar^2} - \alpha)f = 0$$

$$f' = \sum_{n=1}^{\infty} n c_n x^{n-1} = \sum_{n=0}^{\infty} n c_n x^{n-1}$$

$$f'' = \sum_{i+2=2}^{\infty}(i+2)(i+2-1)c_{i+2}x^{i+2-2} = \sum_{i=0}^{\infty}(i+2)(i+1)c_{i+2}x^{i} = \sum_{n=0}^{\infty}(n+2)(n+1)c_{n+2}x^{n}$$

$$\sum_{n=0}^{\infty}[(n+2)(n+1)c_{n+2}x^n - 2\alpha x n c_n x^{n-1} + (\frac{2mE}{\hbar^2} - \alpha)c_n x^n] = 0$$

$$\sum_{n=0}^{\infty}[(n+2)(n+1)c_{n+2} - 2\alpha n c_n + (\frac{2mE}{\hbar^2} - \alpha)c_n] = 0$$

$$(n+2)(n+1)c_{n+2} - 2\alpha n c_n + (\frac{2mE}{\hbar^2} - \alpha)c_n = 0$$

$$c_{n+2} = \frac{\alpha + 2\alpha n - \frac{2mE}{\hbar^2}}{(n+2)(n+1)}c_n$$

此爲係數的遞迴關係式，因此可分成兩派，即

$$f_{even} = \sum_{n=0}^{\infty,even} c_n x^n \;；\; f_{odd} = \sum_{n=1}^{\infty,odd} c_n x^n$$

考慮當$n\to\infty$時，$\frac{c_{n+2}}{c_n}\to\frac{2n}{n^2}=\frac{2}{n}$，此與$e^{x^2}$有相同的發散行爲，因爲

$$e^{x^2} = 1 + x^2 + \frac{x^4}{2!} + \frac{x^6}{3!} + .... + \frac{x^n}{(n/2)!} + ...$$

其係數比爲$\frac{c_{n+2}}{c_n} = \frac{(n/2)!}{[(n/2)+1]!} = \frac{1}{n/2} = \frac{2}{n}$，結果整個波函數會如同$\psi = e^{x^2/2}$在$x$無窮大時發散，爲了避免這種情況的發生，令$c_n$以後的項皆爲零，以使得波函數能符合在x無窮大時能趨近於零。

$$0 = \frac{\alpha + 2\alpha n - \frac{2mE}{\hbar^2}}{(n+2)(n+1)}c_n$$

$$\alpha + 2\alpha n - \frac{2mE}{\hbar^2} = 0$$

$$E = (n + \frac{1}{2})h\nu\text{，}n = 0, 1, 2, 3, \cdots$$

此表示量子力學所解得的簡諧振盪子之能量不是如古典一樣，它是不連續的，而且與量子數$n$有關。當$n = 0$時，$E = \frac{1}{2}h\nu$，此稱爲零點能量（zero-point energy）；且兩鄰近能階之間的能量差都是一樣的（$h\nu$），$\Delta E = E_{n+1} - E_n = [(n+1) + \frac{1}{2}) - (n + \frac{1}{2})]h\nu = h\nu$。

## 12.4 Hermite多項式

事實上量子力學的簡諧振盪子其方程式相當於在數學上的Hermite方程式：

$$\frac{d^2u}{dx^2} - 2x\frac{du}{dx} + 2nu = 0$$

其解爲Hermite多項式，亦即$H_n(x) = (-1)^n e^{x^2} \frac{d^n}{dx^n}(e^{-x^2})$，由此可推導出：

$$H_0(x) = 1 \qquad H_1(x) = 2x$$

$$H_2(x) = 4x^2 - 2 \qquad H_3(x) = 8x^3 - 12x$$

$$H_4(x) = 16x^4 - 48x^2 + 12$$

將$H_n(x)$對$x$微分一次可得：

$$\frac{dH_n(x)}{dx} = (-1)^n(2x)e^{x^2}\frac{d^n e^{-x^2}}{dx^n} + (-1)^n e^{x^2}\frac{d^{n+1}e^{-x^2}}{dx^{n+1}} = 2nH_{n-1}(x)$$

再微分一次可得：

$$\frac{d^2H_n(x)}{dx^2} = 2n\frac{dH_n(x)}{dx} = 4n(n-1)H_{n-2}$$

$$4n(n-1)H_{n-2} - 4nxH_{n-1} + 2nH_n = 0$$

移項簡化可得：

$$xH_n = nH_{n-1} + \frac{1}{2}H_{n+1}$$

此式在計算有關振盪子的相關積分時常用到，另外常用涉及$H(x)$的積分式如下所示：

$$\int_{-\infty}^{+\infty} H_i(x)^* H_j(x) e^{-x^2} dx = 2^i (i!) \pi^{1/2} \quad \text{if } i = j$$
$$= 0 \quad \text{if } i \neq j$$

## 12.5　振動波函數的特性

如前所述，令$\xi = \alpha^{1/2}x$，$\xi^2 = \alpha x^2$，簡諧振盪子的波函數可寫成$\psi = e^{-\xi^2/2} \cdot H(\xi)$，前幾個波函數可列表如下：

$$\psi_0 = e^{-\alpha x^2/2} \cdot (c_0)\text{；}\psi_1 = e^{-\alpha x^2/2} \cdot (c_1 x)$$

$$\psi_2 = e^{-\alpha x^2/2} \cdot (c_0 + c_2 x^2)\text{；}\psi_3 = e^{-\alpha x^2/2} \cdot (c_1 x + c_3 x^3)$$

每個波函數必須正規化，先舉$\psi_0 = Ne^{-\alpha x^2/2} \cdot (c_0)$為例：

$$\int_{-\infty}^{+\infty} \psi_0^* \psi_0 dx = N^2 \int_{-\infty}^{+\infty} (c_0 e^{-\alpha x^2/2})^* (c_0 e^{-\alpha x^2/2}) dx = 1$$

因為$N$和$c_0$都是常數，可以合併成單一常數$N$，

$$N^2 \int_{-\infty}^{+\infty} e^{-\alpha x^2/2} \cdot e^{-\alpha x^2/2} dx = 2 \cdot N^2 \int_0^{+\infty} e^{-\alpha x^2} dx = 1$$

利用已知的積分式$\int_0^{+\infty} e^{-\alpha x^2} dx = \frac{1}{2}(\frac{\pi}{\alpha})^{1/2}$，則可得$N = (\frac{\pi}{\alpha})^{1/4}$，亦即$\psi_0 = (\frac{\pi}{\alpha})^{1/4} e^{-\alpha x^2/2}$。

在計算振盪子的相關積分時，要特別注意參數的轉換，令$\xi = \alpha^{1/2}x$，$d\xi = \alpha^{1/2}dx$，則此時才可直接應用Hermite多項式的積分式。以下以$\psi_1$為例：

$$\int_{-\infty}^{+\infty} \psi_1^* \psi_1 dx = N^2 \int_{-\infty}^{+\infty} [H_1(\alpha^{1/2}x) \cdot e^{-\alpha x^2/2}]^* \cdot [H_1(\alpha^{1/2}x) \cdot e^{-\alpha x^2/2}] dx = 1$$

$$N^2 \int_{-\infty}^{+\infty} [H_1(\xi) \cdot e^{-\xi^2/2}]^* \cdot [H_1(\xi) \cdot e^{-\xi^2/2}] \frac{d\xi}{\alpha^{1/2}} = 1$$

$$\frac{N^2}{\alpha^{1/2}}\int_{-\infty}^{+\infty} H_1(\xi)\cdot H_1(\xi)\cdot e^{-\xi^2}d\xi = 1$$

$$\frac{N^2}{\alpha^{1/2}}\cdot 2^1 1!\pi^{1/2} = 1$$

$$N = \frac{\alpha^{1/4}}{\sqrt{2}\pi^{1/4}} = (\frac{\alpha}{4\pi})^{1/4}$$

因此可得 $\psi_1 = (\frac{\alpha}{4\pi})^{1/4}H_1(\alpha^{1/2}x)\cdot e^{-\alpha x^2/2}$ 。最後波函數的一般式可寫成 $\psi_n = (\frac{\alpha}{\pi})^{1/4}\cdot(\frac{1}{2^n n!})^{1/2}\cdot H_n(\alpha^{1/2}x)\cdot e^{-\alpha x^2/2}$ 。如圖12.2所示。

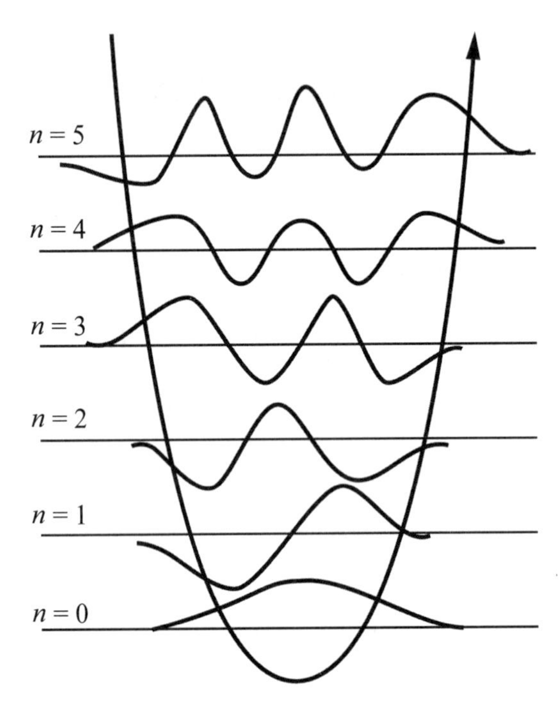


圖12.2 量子力學的簡諧振盪子之波函數

在計算一些積分式時，可以利用奇函數（odd functions）和偶函數（even functions）的性質，所謂奇函數就是$f(x) = -f(-x)$，例如sin($x$)；而偶函數就是$f(x) = f(-x)$，例如cos($x$)。當兩奇函數相乘可得偶函數，即(odd)×(odd) = (even)，其餘如(even)×(even) = (even)，(even)×(odd) = (odd)。如果積分範圍兩邊對稱的話，則奇函數的積分值會為零，亦即兩邊會同時約掉，亦即$\int_{-a}^{a} f(x)dx = 0$；相反地，如果是偶函數的話，則

$\int_{-a}^{a} f(x)dx = 2\int_{0}^{a} f(x)dx$ 。

當量子數$n \to \infty$時，則量子力學的簡諧振盪子所表現出來的行爲會類似於古典力學所預測的，此稱爲對應原則（the corresponding principle）。此可由圖12.3看得出來。

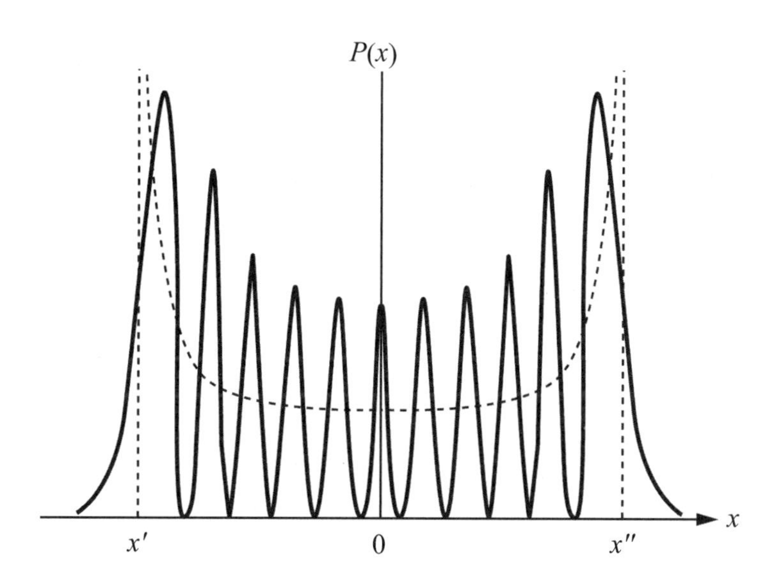


圖12.3　簡諧振盪子的對應原則，實線為量子力學的簡諧振盪子在量子數n很大時的機率圖，而虛線則是古典力學的簡諧振盪子的機率圖

## 例題12.1

Calculate the average momentum for $\psi_1$ of a harmonic oscillator.

**解**：

$$< p_x > = N^2 \int_{-\infty}^{+\infty} [H_1(\alpha^{1/2}x)\cdot e^{-\alpha x^2/2}]^* \cdot (-i\hbar\frac{\partial}{\partial x}) \cdot [H_1(\alpha^{1/2}x)\cdot e^{-\alpha x^2/2}]dx$$

$$= N^2 \int_{-\infty}^{+\infty} (2\alpha^{1/2}x)\cdot e^{-\alpha x^2/2})^* \cdot (-i\hbar\frac{\partial}{\partial x}) \cdot (2\alpha^{1/2}x)\cdot e^{-\alpha x^2/2}]dx$$

$$= -4\alpha i\hbar N^2 \int_{-\infty}^{+\infty} x\cdot e^{-\alpha x^2/2} \cdot (e^{-\alpha x^2/2} - \alpha x^2 e^{-\alpha x^2/2})dx$$

$$= -4\alpha i\hbar N^2 \int_{-\infty}^{+\infty} (x \cdot e^{-\alpha x^2} - \alpha x^3 e^{-\alpha x^2}) dx = 0$$

## 例題12.2

Evaluate <$x$> for $\psi_3$.

**解**：

$$< x >= N^2 \int_{-\infty}^{+\infty} [H_3(\xi) \cdot e^{-\alpha x^2/2}]^* \cdot (x) \cdot [H_3(\xi) \cdot e^{-\alpha x^2/2}] dx$$

$$= N^2 \int_{-\infty}^{+\infty} x \cdot [H_3(\xi)]^2 \cdot e^{-\alpha x^2/2} dx$$

因為$[H_3(\xi)]^2$和$e^{-\alpha x^2/2}$是偶函數，而$x$是奇函數，所以其乘積最後必為奇函數，因此整個積分值會為零，亦即<$x$> $= 0$。

## 例題12.3

The simplest treatment of molecular vibration is using the harmonic oscillator model. Use this model for the following questions.

(a) Draw qualitatively the wavefunctions for $v = 8$ and $v = 0$.

(b) Can you find the particle outside the potential well in the so-called classical forbidden region? Explain.

**解**：

(a) $v = 8$及$v = 0$的波函數如下圖所示：

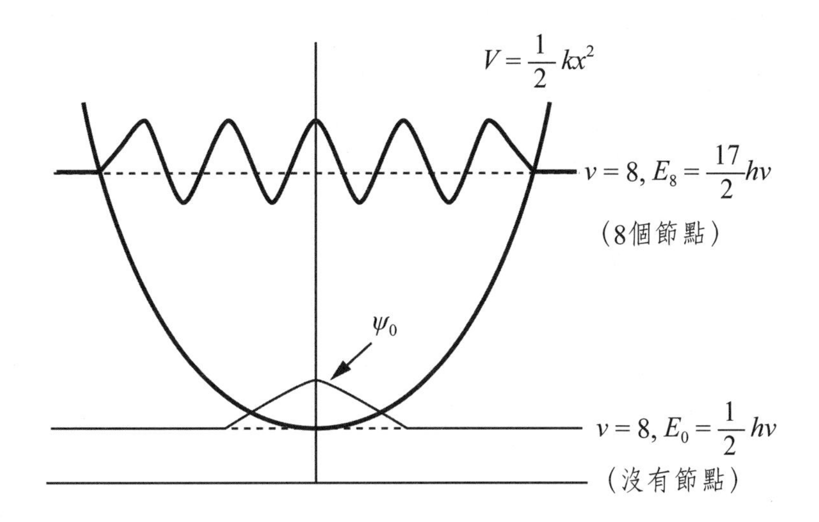


(b) 在古典的區域外仍可發現粒子的機率，因為位能不是無窮大，此效應稱為穿遂效應（tunnelling effect）。

## 12.6　雙原子分子的振動

雙原子分子的振動可視爲如圖12.4的運動模式，兩原子之間的鍵可用一彈簧加以表示，振動時兩原子僅改變彼此之間的相對位置而已，整個分子並沒有移動；因爲先前所處理的是一個粒子的簡諧振盪問題，如要套用先前的結果，則必須先將此兩個粒子簡化成一個粒子的問題。

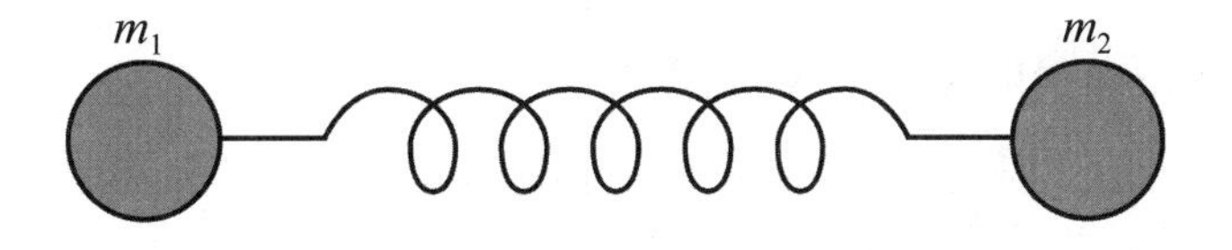


圖12.4　兩粒子之間的振動

因爲是振動，所以質心不變，振動的運動方程式可表爲：

$$m_1\frac{dx_1}{dt}=-m_2\frac{dx_2}{dt} \tag{I}$$

在上式的兩邊同時加上$m_2\frac{dx_1}{dt}$，則可得

$$m_1\frac{dx_1}{dt}+m_2\frac{dx_1}{dt}=-m_2\frac{dx_2}{dt}+m_2\frac{dx_1}{dt}$$

$$(m_1+m_2)\frac{dx_1}{dt}=m_2(\frac{dx_1}{dt}-\frac{dx_2}{dt})$$

$$\frac{dx_1}{dt}=\frac{m_2}{m_1+m_2}(\frac{dx_1}{dt}-\frac{dx_2}{dt})$$

在此我們所關心的並非是絕對的座標，而是兩粒子的相對座標，此相對座標爲$q = x_1 - x_2$，因此$\frac{dq}{dt}=\frac{dx_1}{dt}-\frac{dx_2}{dt}$，代入可得

$$\frac{dx_1}{dt}=\frac{m_2}{m_1+m_2}\frac{dq}{dt}$$

同理在(I)式的兩邊同時加上$m_1\frac{dx_2}{dt}$則可得

$$\frac{dx_2}{dt}=\frac{m_1}{m_1+m_2}\frac{dq}{dt}$$

動能爲　$K=\frac{1}{2}m_1(\frac{dx_1}{dt})^2+\frac{1}{2}m_2(\frac{dx_2}{dt})^2=\frac{1}{2}\frac{m_1m_2}{m_1+m_2}(\frac{dq}{dx})^2$

可定義對比質量（reduced mass）$\mu\equiv\frac{m_1m_2}{(m_1+m_2)}$，或者是$\frac{1}{\mu}=\frac{1}{m_1}+\frac{1}{m_2}$，則動能可簡單表成$K=\frac{1}{2}\mu(\frac{dq}{dx})^2$，所以兩粒子的振動問題可視爲單一粒子的問題，而此時粒子的質量需要變成對比質量。

在圖12.4中兩物體之間的振動可用相同的方式加以處理，只不過需將$m$以對比質量（reduced mass）取代，因此薛丁格方程式變成：

$$[-\frac{\hbar^2}{2\mu}\frac{d^2}{dx^2}+V(x)]\psi=E\psi$$

其中$\frac{1}{\mu}=\frac{1}{m_1}+\frac{1}{m_2}$；振動頻率$\nu=\frac{1}{2\pi}\sqrt{\frac{k}{\mu}}$。

分子的振動光譜在紅外線光區，雙原子分子的振動可以簡諧振盪子加以描述，振動能階的能量爲$E_n=(n+\frac{1}{2})h\nu$，其中$n = 0$時的能量爲$\frac{1}{2}h\nu$，此稱爲零點能量（zero-point energy），即使在絕對零度下，此振動能量亦存在，這可用海森堡測不準原理加以解釋。

在光譜學中，能階的躍遷需遵守所謂的選擇律（selection rule），在紅外線光譜中，選擇律爲$\Delta n \pm 1$，而且分子的振動必須伴隨著有偶極矩的變化才會在紅外線光區有吸收。現在溫室氣體對地球造成的暖化效應已經是全球矚目的議題，最著名的溫室氣體是二氧化碳。溫室效應的解釋如下，大氣中主要的氣體是氧（$O_2$）和氮（$N_2$），這些氣體對太陽光的可見光是透明的，當太陽光照射至地球表面時，可見光會被吸收，然後轉換成熱，此熱會造成地表的原子振動，然後將此熱能輻射成紅外線或熱射線，氧和氮都不會吸收紅外線，因爲這些分子的振動並沒有造成偶極矩的變化，所以如果大氣僅含這些氣體的話，紅外線或熱射線將會回到外太空，就不會有溫室效應，但是在大氣中有其他的氣體，特別是二氧化碳，卻能吸收紅外線，因爲這樣的吸收使大氣變溫，最後造成地表溫度的上升，即所謂的溫室效應。大氣中的二氧化碳的比例愈高時，地表將會變得更熱。

## 例題12.4

The intensity of spectroscopic transition between the vibrational states of a molecule are proportional to the square of the integral $\int \psi_{v'}^{*} \cdot x \cdot \psi_v \, dx$ over all space. Use the relation between Hermite polynomials given below to show that the only permitted transitions are those for which $v' = v \pm 1$ (i.e., selection rule) and evaluate the integral in these cases.

(hints: $\psi_v(x) = N_v \cdot H_v(y) \cdot e^{-y^2/2}$, where $N_v = \left(\frac{1}{\alpha\pi^{\frac{1}{2}}2^v v'}\right)^{1/2}$, $y = \frac{x}{\alpha}$

and $\alpha = \left(\frac{\hbar^2}{mk}\right)^{1/4}$

$$H_{v+1} - 2yH_v + 2vH_{v-1} = 0$$

$$\int_{-\infty}^{+\infty} H_{v'} H_v e^{-y^2} dy = 0 \text{ if } v' \neq v$$

$$\int_{-\infty}^{+\infty} H_{v'} H_v e^{-y^2} dy = \pi^{1/2} 2^v v! \text{ if } v' \neq v$$

**解**：

躍遷偶極矩（transition dipole moment）為

$$\mu = \int_{-\infty}^{+\infty} \psi_{v'}^*(x) \cdot x \cdot \psi_v(x)\, dx = \alpha^2 \int_{-\infty}^{+\infty} \psi_{v'}^* \cdot y \cdot \psi_v\, dy \quad [x = \alpha y]$$

$$y \cdot \psi_v = N_v \left( \frac{1}{2} H_{v+1} + v H_{v-1} \right) e^{-y^2}$$

$$\mu = \alpha^2 N_v N_{v'} \int_{-\infty}^{+\infty} \left( \frac{1}{2} H^{v'} H_{v+1} + v H_{v'} H_{v-1} \right) e^{-y^2} = 0$$

除非$v' = v + 1$或$v' = v - 1$否則上式積分值為零，此即為選擇律。

當躍遷偶極矩的積分值不為零時，則為allowed transitions，否則為forbidden transitions.

For $v' = v + 1$

$$\mu = \frac{1}{2} \alpha^2 N_v N_{v+1} \int H_{v+1}^2 e^{-y^2} dy = \frac{1}{2} \alpha^2 N_v N_{v+1} \pi^{1/2} 2^{v+1} (v+1)! = \boxed{\alpha \left( \frac{v+1}{2} \right)^{1/2}}$$

For $v' = v - 1$

$$\mu = v \alpha^2 N_v N_{v+1} \int H_{v-1}^2 e^{-y^2} dy = v \alpha^2 N_v N_{v+1} \pi^{1/2} 2^{v-1} (v-1)! = \boxed{\alpha \left( \frac{v}{2} \right)^{1/2}}$$

## 例題12.5

The vibrational frequency of $^1H^{35}C\ell$ (in wavenumbers) is 2989 $cm^{-1}$. The isotropic atomic weights are $^1H = 1.008$, $^{35}C\ell = 34.97$ amu (atomic mass unit) ($6.023 \times 10^{23}$ amu = 1 g).

(a) Convert this frequency to $sec^{-1}$.

(b) Calculate the reduced mass μ of trhe two atoms in HCℓ, in amu and in grams.

(c) Calculate the force constant $k$ for stretching in HCℓ in dynes/Å.

**解**：

(a) 波數$\overline{v}$(wavenumber) $= \dfrac{1}{\lambda} = \dfrac{v}{c}$

因此，頻率 $\nu = c\bar{\nu} = 3 \times 10^{10} \times 2989 = 8.97 \times 10^{13}\ \text{sec}^{-1}$

(b) reduced mass $\dfrac{1}{\mu} = \dfrac{1}{m_H} + \dfrac{1}{m_{C\ell}}$

$$\mu = \frac{m_H m_{C\ell}}{m_H + m_{C\ell}} = \frac{1.008 \times 34.97}{1.008 + 34.97}$$

$$\mu = 0.98\ \text{amu} = 0.98 \times 1.67 \times 10^{-24} = 1.64 \times 10^{-24}\ \text{g}$$

(c) 因為 $\nu = (\dfrac{1}{2\pi})(\dfrac{k}{\mu})^{1/2}$，

所以 $k = \dfrac{4\pi^2\nu^2}{\mu}$

$$= \frac{4 \times 3.14^2 \times (8.97 \times 10^{13})^2}{1.64 \times 10^{-24}}$$

$$= 5.20 \times 10^5\ \text{nt/cm}$$

$$= (5.20 \times 10^5 \times 10^5\ \text{nt} \times \frac{\text{dyne}}{\text{nt}})/(1\,\text{cm} \times \frac{10^8\,\text{Å}}{1\,\text{cm}})$$

$$= 520\text{dyne/Å}$$

## 12.7　量子力學的角動量

在古典力學中，一質點的位置 $r = xi + yj + zk$，其中 $(x, y, z)$ 爲質點座標，速度 $v = \dfrac{dr}{dt} = \dfrac{dx}{dt}i + \dfrac{dy}{dt}j + \dfrac{dz}{dt}k$，定義角動量（angular momentum）$L = r \times p$，其中 $p$ 爲線性動量（linear momentum），依兩向量的cross product定義可表爲：

$$A \times B = \begin{vmatrix} i & j & k \\ A_x & A_y & A_z \\ B_x & B_y & B_z \end{vmatrix} = i\begin{vmatrix} A_y & A_z \\ B_y & B_z \end{vmatrix} - j\begin{vmatrix} A_x & A_z \\ B_x & B_z \end{vmatrix} + k\begin{vmatrix} A_x & A_y \\ B_x & B_y \end{vmatrix}$$

$$= (A_yB_z - A_zB_y)i + (A_zB_x - A_xB_z)j + (A_xB_y - A_yB_x)k$$

因此，

$$L = r \times p = \begin{vmatrix} i & j & k \\ x & y & z \\ p_x & p_y & p_z \end{vmatrix} = (yp_z - zp_y)i + (zp_x - xp_z)j + (xp_y - yp_x)k$$

又$L = L_x i + L_y j + L_z k$，因此角動量的各分量可表爲$L_x = zp_z - xp_y$；$L_y = zp_x - xp_z$；$L_z = zp_y - xp_x$

對應於量子力學的話，則將其轉換成相對應的角動量算符如下：

$$\hat{L}_x = -i\hbar(y\frac{\partial}{\partial z} - z\frac{\partial}{\partial y}) \text{；} \hat{L}_y = -i\hbar(z\frac{\partial}{\partial x} - x\frac{\partial}{\partial z}) \text{；} \hat{L}_z = -i\hbar(x\frac{\partial}{\partial y} - y\frac{\partial}{\partial x})$$

$$\hat{L}^2 = |\hat{L}|^2 = \hat{L}_x^2 + \hat{L}_y^2 + \hat{L}_z^2$$

其重要的關係式如下：$[\hat{L}_x, \hat{L}_y] = i\hbar\hat{L}_z$；$[\hat{L}_y, \hat{L}_z] = i\hbar\hat{L}_x$；$[\hat{L}_z, \hat{L}_x] = i\hbar\hat{L}_y$

茲推導$[\hat{L}_x, \hat{L}_y] = i\hbar\hat{L}_z$如下，其餘類推。

$$\begin{aligned}
[\hat{L}_x, \hat{L}_y] &= [(yp_z - zp_y), (zp_x - xp_z)] \\
&= [yp_z, zp_x] - [yp_z, xp_z] - [zp_y, zp_x] + [zp_y, xp_z] \\
&= yp_x[p_z, z] - 0 - 0 + xp_y[z, p_z] \\
&= i\hbar(-yp_x + xp_y) = i\hbar\hat{L}_z
\end{aligned}$$

另外總角動量的平方和與每一角動量的分量互相換位，亦即$[\hat{L}^2, \hat{L}_z] = 0$；$[\hat{L}^2, \hat{L}_y] = 0$；$[\hat{L}^2, \hat{L}_x] = 0$；

## 例題12.6

Prove $[\hat{L}^2, \hat{L}_z] = 0$.

**解**：

$[\hat{L}^2, \hat{L}_z] = [L_x^2 + L_y^2 + L_z^2, L_z] = [L_x^2, L_z] + [L_y^2, L_z] + [L_z^2, L_z]$，

其中第一項$[L_x^2, L_z]$可推導如下：

$$\begin{aligned}
[L_x^2, L_z] &= L_x L_x L_z - L_z L_x L_x = L_x L_x L_z - L_x L_z L_x + L_x L_z L_x - L_z L_x L_x \\
&= L_x L_x L_z - L_x L_z L_x + [L_x, L_z]L_x \\
&= L_x L_x L_z - L_x L_x L_z + L_x L_x L_z - L_x L_z L_x + [L_x, L_z]L_x \\
&= L_x L_x L_z - L_x L_x L_z + L_x[L_x, L_z] + [L_x, L_z]L_x \\
&= L_x[L_x, L_z] + [L_x, L_z]L_x \\
&= -i\hbar(L_x L_y + L_y L_x)
\end{aligned}$$

同理，$[L_y^2, L_z] = i\hbar(L_x L_y + L_y L_x)$；$[L_z^2, L_z] = L_z L_z L_z - L_z L_z L_z = 0$

因此，$[\hat{L}^2, \hat{L}_z] = 0$。

同理，$[\hat{L}^2, \hat{L}_y] = 0$；$[\hat{L}^2, \hat{L}_x] = 0$

## 12.8 角動量在不同座標系統之間的轉換

因爲角動量是一種圓周運動的概念，以直角座標系統描述的話並不是很方便，因此有必要將角動量的算符轉換成球座標的表示方式。首先直角座標系統與球座標存在著以下六個關係式，如圖12.5所示。

$$x = r\sin\theta\cos\phi\text{，}y = r\sin\theta\sin\phi\text{，}z = r\cos\theta$$

$$r^2 = x^2 + y^2 + z^2\text{，}\cos\theta = \frac{z}{(x^2 + y^2 + z^2)^{1/2}}\text{，}\tan\phi = y/x$$

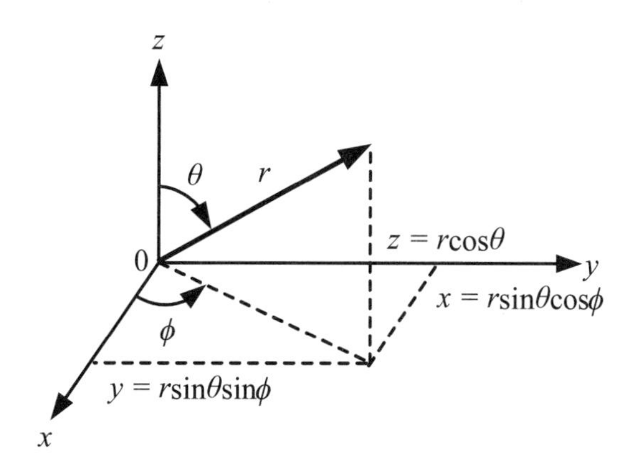


圖12.5 直角座標與球座標之間的關係

利用chain rule可將$g(x,y,z)$的函數轉換成$f(r,\ \theta,\ \phi)$的函數，

$$(\frac{\partial g}{\partial x})_{y,z} = (\frac{\partial f}{\partial r})_{\theta,\phi}(\frac{\partial r}{\partial x})_{y,z} + (\frac{\partial f}{\partial \theta})_{r,\phi}(\frac{\partial \theta}{\partial x})_{y,z} + (\frac{\partial f}{\partial \phi})_{r,\theta}(\frac{\partial \phi}{\partial x})_{y,z}$$

$$(\frac{\partial g}{\partial y})_{x,z} = (\frac{\partial f}{\partial r})_{\theta,\phi}(\frac{\partial r}{\partial y})_{x,z} + (\frac{\partial f}{\partial \theta})_{r,\phi}(\frac{\partial \theta}{\partial y})_{x,z} + (\frac{\partial f}{\partial \phi})_{r,\theta}(\frac{\partial \phi}{\partial y})_{x,z}$$

$$(\frac{\partial g}{\partial z})_{x,y} = (\frac{\partial f}{\partial r})_{\theta,\phi}(\frac{\partial r}{\partial z})_{x,y} + (\frac{\partial f}{\partial \theta})_{r,\phi}(\frac{\partial \theta}{\partial z})_{x,y} + (\frac{\partial f}{\partial \phi})_{r,\theta}(\frac{\partial \phi}{\partial z})_{x,y}$$

由以上第一式可知：$(\frac{\partial}{\partial x})_{y,z}=(\frac{\partial r}{\partial x})_{y,z}\frac{\partial}{\partial r}+(\frac{\partial \theta}{\partial x})_{y,z}\frac{\partial}{\partial \theta}+(\frac{\partial \phi}{\partial x})_{y,z}\frac{\partial}{\partial \phi}$，因此先計算$(\frac{\partial r}{\partial x})_{y,z}$、$(\frac{\partial \theta}{\partial x})_{y,z}$及$(\frac{\partial \phi}{\partial x})_{y,z}$才能將$(\frac{\partial}{\partial x})_{y,z}$表成$\frac{\partial}{\partial r}$、$\frac{\partial}{\partial \theta}$及$\frac{\partial}{\partial \phi}$的方式。

將$r^2 = x^2 + y^2 + z^2$分別對$x$微分，$y$和$z$固定不變則可得：

$$2r(\frac{\partial r}{\partial x})_{y,z}=2x=2r\sin\theta\cos\phi$$

$$(\frac{\partial r}{\partial x})_{y,z}=\sin\theta\cos\phi$$

同理，

$$(\frac{\partial r}{\partial y})_{x,z}=\sin\theta\sin\phi$$

$$(\frac{\partial r}{\partial z})_{x,y}=\cos\theta$$

另外由$\cos\theta=\frac{z}{(x^2+y^2+z^2)^{1/2}}$的關係式可得：

$$-\sin\theta(\frac{\partial \theta}{\partial x})_{y,z}=-\frac{xz}{r^3}$$

$$(\frac{\partial \theta}{\partial x})_{y,z}=\frac{xz}{r^3\sin\theta}=\frac{(r\sin\theta\cos\phi)(r\cos\phi)}{r^3\sin\theta}$$

因此，

$$(\frac{\partial \theta}{\partial x})_{y,z}=\frac{\cos\theta\cos\phi}{r}$$

同理可得：$(\frac{\partial \theta}{\partial y})_{x,z}=\frac{\cos\theta\sin\phi}{r}$；$(\frac{\partial \theta}{\partial z})_{x,y}=-\frac{\sin\theta}{r}$

另外由$\tan\phi=\frac{y}{x}$的關係式可得：

$$(\frac{\partial \phi}{\partial x})_{y,z}=-\frac{\sin\phi}{r\sin\theta}$$

同理可得：$(\frac{\partial \phi}{\partial y})_{x,z}=\frac{\cos\phi}{r\sin\theta}$；$(\frac{\partial \phi}{\partial z})_{x,y}=0$

分別代入$\frac{\partial}{\partial x}$、$\frac{\partial}{\partial y}$及$\frac{\partial}{\partial z}$可得如下的關係式：

$$\frac{\partial}{\partial x}=\sin\theta\cos\phi\frac{\partial}{\partial r}+\frac{\cos\theta\cos\phi}{r}\frac{\partial}{\partial\theta}-\frac{\sin\phi}{r\sin\theta}\frac{\partial}{\partial\phi}$$

$$\frac{\partial}{\partial y}=\sin\theta\sin\phi\frac{\partial}{\partial r}+\frac{\cos\theta\sin\phi}{r}\frac{\partial}{\partial\theta}+\frac{\cos\phi}{r\sin\theta}\frac{\partial}{\partial\phi}$$

$$\frac{\partial}{\partial z}=\cos\theta\frac{\partial}{\partial r}-\frac{\sin\theta}{r}\frac{\partial}{\partial\theta}$$

在將這些關係式代回原本的$\hat{L}_x$、$\hat{L}_y$及$\hat{L}_z$可得：

$$\hat{L}_x=-i\hbar(y\frac{\partial}{\partial z}-z\frac{\partial}{\partial y})=i\hbar(\sin\phi\frac{\partial}{\partial\theta}+\cot\theta\cos\phi\frac{\partial}{\partial\phi})$$

$$\hat{L}_y=-i\hbar(z\frac{\partial}{\partial x}-x\frac{\partial}{\partial z})=-i\hbar(\cos\phi\frac{\partial}{\partial\theta}-\cot\theta\sin\phi\frac{\partial}{\partial\phi})$$

$$\hat{L}_z=-i\hbar(x\frac{\partial}{\partial y}-y\frac{\partial}{\partial x})=-i\hbar\frac{\partial}{\partial\phi}$$

其中可看出$\hat{L}_z$特別簡單，僅與角度$\phi$有關而已。其推導過程可如下所示：

$$\begin{aligned}\hat{L}_z&=-i\hbar(x\frac{\partial}{\partial y}-y\frac{\partial}{\partial x})\\&=-i\hbar\{(r\sin\theta\cos\phi)(\sin\theta\sin\phi\frac{\partial}{\partial r}+\frac{\cos\theta\sin\phi}{r}\frac{\partial}{\partial\theta}+\frac{\cos\phi}{r\sin\theta}\frac{\partial}{\partial\phi})-\\&(r\sin\theta\sin\phi)(\sin\theta\cos\phi\frac{\partial}{\partial r}+\frac{\cos\theta\cos\phi}{r}\frac{\partial}{\partial\theta}-\frac{\sin\phi}{r\sin\theta}\frac{\partial}{\partial\phi})\}\\&=-i\hbar(\cos^2\phi\frac{\partial}{\partial\phi}++\sin^2\phi\frac{\partial}{\partial\phi})=-i\hbar\frac{\partial}{\partial\phi}\end{aligned}$$

將$\hat{L}_x$、$\hat{L}_y$及$\hat{L}_z$的平方加總起來可得總角動量$\hat{L}^2$爲：

$$\hat{L}^2=|\hat{L}|^2=\hat{L}_x^2+\hat{L}_y^2+\hat{L}_z^2=-\hbar^2(\frac{\partial^2}{\partial\theta^2}+\cot\theta\frac{\partial}{\partial\theta}+\frac{1}{\sin^2\theta}\frac{\partial^2}{\partial\phi^2})$$

## 例題12.7

$\hat{L}_z=\frac{\hbar}{i}\frac{\partial}{\partial\phi}$, confirm $\hat{L}_z$ is a Hermitian operator. (Note: Hermitian operator $\int f_m^{\ *}\hat{A}f_n d\tau=\int f_n(\hat{A}f_m)^* d\tau$. Consider the integral $\int_0^{2\pi}\psi^*\hat{L}_z\psi d\phi$, and integrate by parts: $\int_a^b u(x)\frac{dv(x)}{dx}dx=u(x)v(x)|_a^b-\int_a^b v(x)\frac{du(x)}{dx}dx$)

**解**：

$$\hat{L}_z = -i\hbar\frac{\partial}{\partial\phi}$$

$$\int_0^{2\pi}\psi_m{}^*(-i\hbar\frac{\partial}{\partial\phi})\psi_n d\theta = \psi_m^*\psi_n\Big|_0^{2\pi} - \int_0^{2\pi}\psi_n(-i\hbar\frac{\partial}{\partial\phi})\psi^* d\theta \text{（第一項為零）}$$

$$= \int_0^{2\pi}\psi_n(-i\hbar\frac{\partial}{\partial\phi})^*\psi^* d\theta$$

因此，$\hat{L}_z$ is a Hermitian operator.

## 12.9 角動量的本徵函數及本徵値

因爲$\hat{L}_z$與$\hat{L}^2$互相換位，所以它們之間具有共通的本徵函數，假設此本徵函數爲$Y(\theta, \phi)$，則可表爲

$$\hat{L}_z Y(\theta,\phi) = bY(\theta,\phi)$$

$$\hat{L}^2 Y(\theta,\phi) = cY(\theta,\phi)$$

將$\hat{L}_z = -i\hbar\frac{\partial}{\partial\phi}$代入第一式可得：

$$-i\hbar\frac{\partial}{\partial\phi}Y(\theta,\phi) = bY(\theta,\phi)$$

利用變數分離（separation of variables）的技巧，令$Y(\theta, \phi) = S(\theta)\times T(\phi)$，代入可得：

$$-i\hbar\frac{\partial}{\partial\phi}[S(\theta)T(\phi)] = bS(\theta)T(\phi)$$

$$-i\hbar S(\theta)\frac{dT(\phi)}{d\phi} = bS(\theta)T(\phi)$$（$S(\theta)$與$\phi$無關，故可提出在微分之外）

$$\frac{dT(\phi)}{T(\phi)} = \frac{ib}{\hbar}d\phi$$

$$d\ln T(\phi) = \frac{ib}{\hbar}d\phi$$

因此，

$$T(\phi) = Ae^{ib\phi/\hbar}$$

因爲$T(\phi)$必須是單一值（single valued），因此必須符合以下的條件：

$$T(\phi + 2\pi) = T(\phi)$$

$$e^{ib2\pi/\hbar} = 1$$

$$\frac{2\pi b}{\hbar} = 2\pi m$$

因此，$b = m\hbar$，$m = \cdots, -2, -1, 0, 1, 2, \cdots$

換言之，$T(\phi) = Ae^{im\phi}$，$m = 0, \pm 1, \pm 2, \cdots$

可利用正規化的條件計算A值而得：$T(\phi) = \frac{1}{\sqrt{2\pi}} e^{im\phi}$

另外將$\hat{L}^2 = -\hbar^2 (\frac{\partial^2}{\partial \theta^2} + \cot\theta \frac{\partial}{\partial \theta} + \frac{1}{\sin^2\theta} \frac{\partial^2}{\partial \phi^2})$代入$\hat{L}^2 Y(\theta,\phi) = cY(\theta,\phi)$，

$$-\hbar^2 (\frac{\partial^2}{\partial \theta^2} + \cot\theta \frac{\partial}{\partial \theta} + \frac{1}{\sin^2\theta} \frac{\partial^2}{\partial \phi^2}) \, (S(\theta) \frac{1}{\sqrt{2\pi}} e^{im\phi}) = cS(\theta) \, \frac{1}{\sqrt{2\pi}} e^{im\phi}$$

整理一下可得：

$$\frac{d^2 S}{d\theta} + \cot\theta \frac{dS}{d\theta} - \frac{m^2}{\sin^2\theta} S = -\frac{c}{\hbar^2} S$$

作變數交換，可令$w = \cos\theta$，則

$$S(\theta) = G(w)$$

$$\frac{dS}{d\theta} = \frac{dG}{dw}\frac{dw}{d\theta} = -\sin\theta \frac{dG}{dw} = -(1-w^2)^{1/2} \frac{dG}{dw}$$

$\frac{d^2 S}{d\theta^2} = (1-w^2)^{1/2} \frac{d^2 G}{dw^2} - w\frac{dG}{dw}$代入

$$(1-w^2)^{1/2} \frac{d^2 G}{dw^2} - 2w\frac{dG}{dw} + [\frac{c}{\hbar^2} - \frac{m^2}{(1-w^2)}]G(w) = 0$$

其中$w$的範圍爲$-1 \le w \le 1$。

令$G(w) = (1 - w^2)^{|m|/2} H(w)$代入

$$(1 - w^2)H'' - 2(|m| + 1)wH' + [c\hbar^{-2} - |m|(|m| + 1)]H = 0$$

然後可利用級數次方（power series）的解題方式而得：

$$H(w) = \sum_{j=0}^{\infty} a_j w^j$$

代入而得：

$$\sum_{j=0}^{\infty}(j+2)(j+1)a_{j+2}+(-j^2-j-2|m|j+\frac{c}{\hbar^2}-|m|^2-|m|)a_j]w^j=0$$

係數之間的遞迴關係式如下：

$$a_{j+2}=\frac{[(j+|m|)(j+|m|+1)-c/\hbar^2]}{(j+1)(j+2)}a_j$$

當$j = k$之後，係數設定為零以避免波函數分散，因此

$c = \hbar^2(k + |m|)(k + |m| + 1)$，$k = 0, 1, 2, \cdots$

令$\ell = k + |m|$，則$c = \ell(\ell + 1)\hbar^2$，$\ell = 0, 1, 2, \cdots$，換言之，$\hat{L}^2$運作於波函數$Y(\theta, \phi)$所得到的本徵值為$\ell(\ell + 1)\hbar^2$。

此複雜的微分方程式的解其實稱為伴隨勒讓函數（associated Lengende functions）：

$$P_\ell^{|m|}(w)=\frac{1}{2^\ell \ell!}(1-w^2)^{|m|/2}\frac{d^{\ell+|m|}}{dw^{\ell+|m|}}(w^2-1)^\ell \text{，} \ell = 0, 1, 2, \cdots$$

如此考慮正規常數，則可得

$$S_{\ell,m}(\theta)=[\frac{(2\ell+1)}{2}\frac{(\ell-|m|)!}{(\ell+|m|)!}]^{1/2}P_\hbar^{|m|}(\cos\theta)$$

因此結合起來可得總波函數為Spherical harmonics：

$$Y_\ell^m(\theta,\phi)=[\frac{(2\ell+1)}{4\pi}\frac{(\ell-|m|)!}{(\ell+|m|)!}]^{\frac{1}{2}}P_\ell^{|m|}(\cos\theta)e^{im\phi}$$

且

$$\hat{L}^2Y_\ell^m(\theta,\phi)=\ell(\ell+1)\hbar^2Y_\ell^m(\theta,\phi) \text{，} \quad \ell = 0, 1, 2, \cdots$$

$$\hat{L}_zY_\ell^m(\theta,\phi)=m\hbar Y_\ell^m(\theta,\phi) \text{，} m = -\ell, -\ell + 1, \cdots, \ell - 1, \ell$$

若舉$\ell = 1$的角動量為例，則其向量模型及其在$z$軸的三個分量如圖12.6所示。

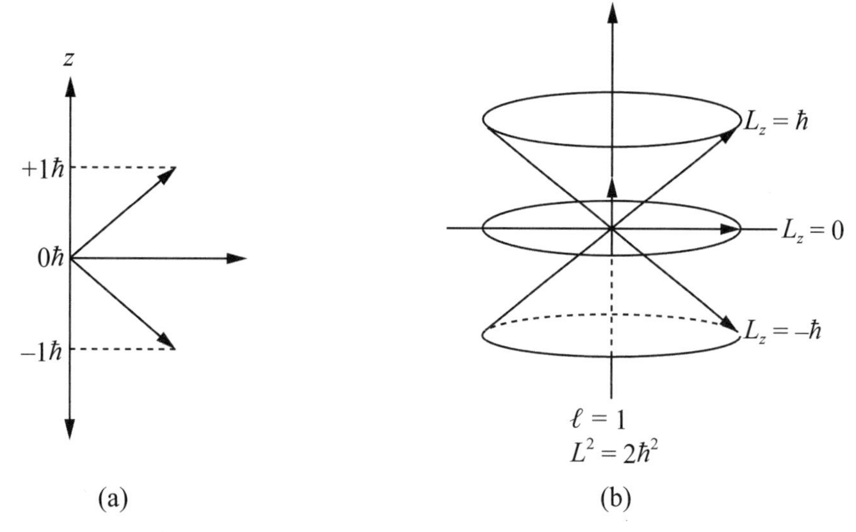


圖12.6　$\ell = 1$時角動量$L$及其在$z$軸的向量表示

## 例題12.8

What is the eigenvalue if $\hat{L}_z$ is operated on a function $\Psi = \dfrac{\sqrt{70}}{8\sqrt{2\pi}} e^{+3i\phi} \sin^3 \theta$.

**解**：

$$L_z \Psi = (-i\hbar \frac{\partial}{\partial \phi}) \frac{\sqrt{70}}{8\sqrt{2\pi}} e^{+3i\phi} \sin^3 \theta = (-i\hbar)(3i) \frac{\sqrt{70}}{8\sqrt{2\pi}} e^{+3i\phi} \sin^3 \theta = 3\hbar \Psi$$

所以eigenvalue = $3\hbar$。

# 12.10　環中質點

假設一質量爲$\mu$的物體其運動僅被侷限在一圓環上，如下圖所示：

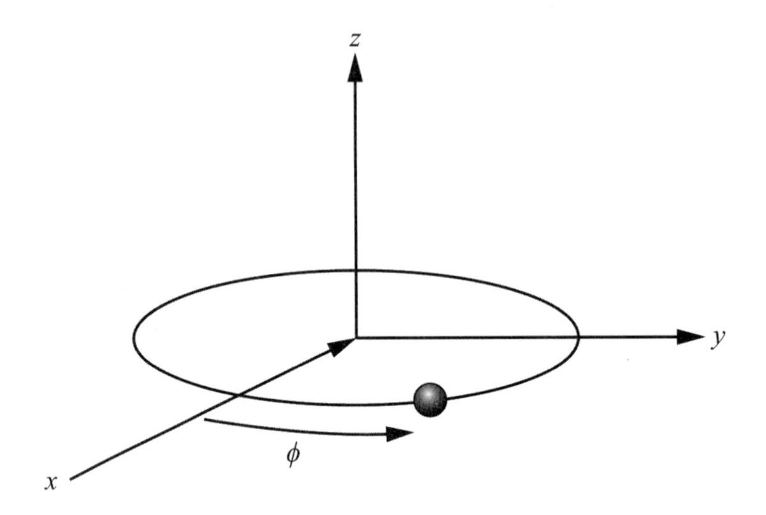


此時在環上的位能$V = 0$，但在環外的其他地方則$V = \infty$；亦即此物體被侷限在$xy$平面運動，所以$L_x = L_y = 0$，因此動能可直接表爲$T = \frac{L^2}{2I} = \frac{L_z^2}{2I}$，其中$I = \mu R^2$，$R$爲圓環的半徑。

因爲在環上的位能$V = 0$，因此漢米敦算符 $\hat{H} = \frac{-\hbar^2}{2I}\frac{\partial^2}{\partial\phi^2}$，而薛丁格方程式可寫成：

$$\hat{H}\Psi = \frac{-\hbar^2}{2I}\frac{\partial^2}{\partial\phi^2}\Psi = E\Psi$$

令$\Psi = A\exp(\mathrm{i}m\phi)$

因爲良好的波函數的其中一個要求是單一值，所以

$$\Psi(\phi) = \Psi(\phi + 2\pi)$$

亦即，

$$\exp(\mathrm{i}m\phi) = \exp[\mathrm{i}m(\phi + 2\pi)]$$

記住$\exp(\mathrm{i}m2\pi) = 1$，將指數表爲三角函數可得：

$$\cos(2\pi m) + i\sin(2\pi m) = 1$$

其中$m = 0, \pm 1, \pm 2, \cdots\cdots$

因此

$$\Psi = A\exp(im\phi)，m = 0, \pm 1, \pm 2, \cdots\cdots$$

除了$m = 0$以外，這些能階都是雙重簡併。因動能爲$T = \frac{L_z^2}{2I}$，所以

$$E_m = \frac{m^2\hbar^2}{2I}$$

因爲$L_z^2$的本徵值爲$m^2\hbar^2$。

## 例題12.9

The structure of porphyrin molecule is shown below.

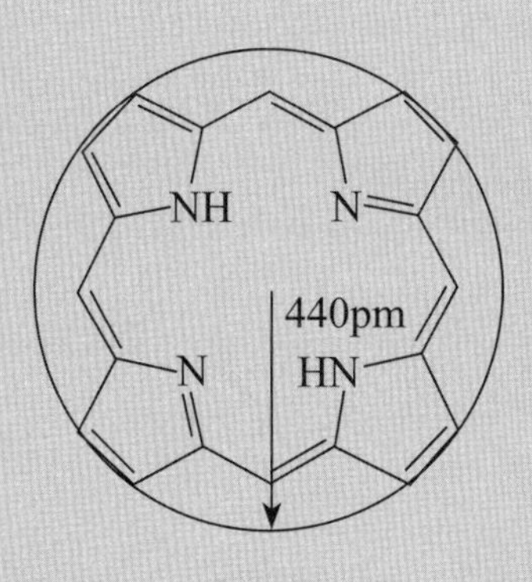


For the particle on a ring model, we can approximate the $\pi$ electrons of porphyrin molecule on a circular ring with radius of 440 pm. There are 22 $\pi$ electrons in porphyrin molecule.

(a) what are the energy levels and degeneracies of porphyrin molecule with this model?

(b) what is the predicted lowest transition frequency.

(hints: $\hat{H}\psi = \frac{-\hbar^2}{2I}\frac{\partial^2}{\partial\phi^2}\psi = E\psi$ )

**解**：

(a) Particle on a ring的能階值為

$$E_m = \frac{m^2\hbar^2}{2I}$$

除了$m = 0$是只有一個能階以外，其他的$m$值都對應有兩個能階

所以22 $\pi$ electrons最高可以填至$m = \pm 5$

$$E_{\pm 5} = \frac{5^2\left(\frac{6.626\times 10^{-34}}{2\pi}\right)^2}{2\times(9.1\times 10^{-31})\times(440\times 10^{-12})} = 7.89\times 10^{-19}\text{J}$$

(b) $\Delta E = E_{\pm 6} - E_{\pm 5} = hv$

$$\frac{7.89\times 10^{-19}}{25}\times 36 - 7.89\times 10^{-19} = 6.626\times 10^{-34}\times v$$

$v = 5.2\times 10^{14}\text{Hz}$

## 例題12.10

(a) The wavefunction, $\psi(\phi)$ for the motion of a particle in a ring is of the form $\Psi(\phi) = Ne^{im\phi}$. Determine the normalization constant, $N$.

(b) Confirm that the wavefunctions for a particle in a ring with different values of the quantum number m are orthogonal.

**解**：

(a) 因為$\Psi(\phi) = Ne^{im\phi}$，所以

$$\int_0^{2\pi} \Psi^*\Psi d\phi = 1$$

一圓環的角度是從0至$2\pi$，將波函數代入可得：

$$N^2\int_0^{2\pi} e^{-im\phi}e^{im\phi}d\phi = 1$$

$$2\pi N^2 = 1$$

因此，$N = \frac{1}{\sqrt{2\pi}}$

(b) $\int_0^{2\pi} \Psi_n^*(\phi)\Psi_m(\phi)d\phi$

$$= \frac{1}{2\pi}\int_0^{2\pi} e^{-in\phi}e^{im\phi}d\phi$$

$$= \frac{1}{2\pi}\int_0^{2\pi} e^{i(m-n)\phi}d\phi$$

$$= \frac{1}{2\pi}\left(\frac{1}{m-n}\right)\left[e^{i(m-n)\phi}\right]_0^{2\pi}$$

$$= 0$$

因此，如果$m \neq n$的話，則$\Psi_n$與$\Psi_m$與互相正交。

## 12.11　剛體轉子與雙原子分子的轉動

如下圖所示，當兩個物體沿著z軸作轉動時，假設兩物體之間的相對距離不會改變，因此可簡單設定之間的位能$V = 0$，此模型稱為剛體轉子（rigid rotator）。

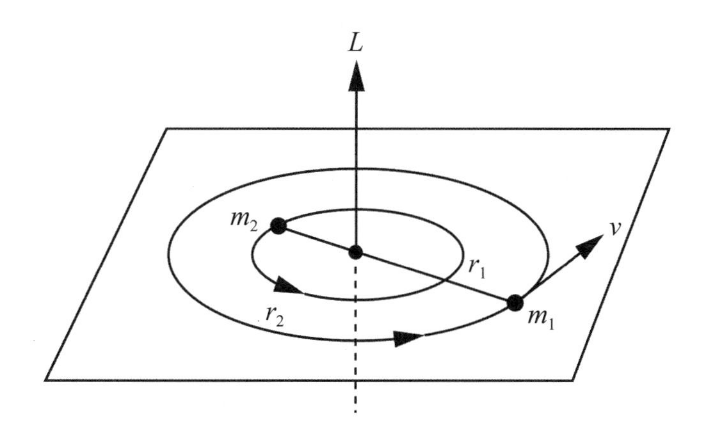


此時，$\hat{H} = -\frac{\hbar^2}{2\mu}\nabla^2 = (2\mu d^2)^{-1}\hat{L}^2$

$$\hat{H}\psi = E\psi$$

$$\hat{L}^2 Y_J^m(\theta,\phi) = EY_J^m(\theta,\phi)$$

因為$L^2 Y_J^m(\theta,\phi) = J(J+1)\hbar^2 Y_l^m(\theta,\phi)$，所以

$$(2\mu d^2)^{-1} J(J+1)\hbar^2 Y_l^m(\theta,\phi) = EY_J^m(\theta,\phi)$$

因此可得：

$$E = \frac{J(J+1)\hbar^2}{2\mu d^2} = \frac{J(J+1)\hbar^2}{2I}，其中J = 0,\ 1,\ 2,\ \cdots$$

其中轉動慣量（moment of inertia）$I = \mu d^2$，$\mu$為對比質量（reduced mass），$d$為兩物體之間的距離。

剛體轉子模型可用來描述說明雙原子分子的轉動光譜，雙原子分子的轉動光譜在微波光區（microwave region），平常我們微波加熱食物，就是利用食物中的水分子進行這類的轉動而達到加熱食物的效果。假設原子間的鍵長一定，則其轉動光譜的選擇律（selection rule）為$\Delta J = \pm 1$，亦即能階由$J$至$J + 1$的躍遷才是允許的，因此

$$\text{頻率}\nu = \frac{E(J+1)-E(J)}{h} = \frac{(J+1)(J+2)-J(J+1)h}{8\pi^2 I} = 2(J+1)B$$

其中$B$為轉動常數（rotational constant），可以定義為$B \equiv \frac{h}{8\pi^2 I}(Hz) = \frac{h}{8\pi^2 cI}(\text{cm}^{-1})$。

值得注意的是，相鄰的兩條轉動光譜線其間隔剛好是$2B$，可將$J = 0, 1, 2, 3$分別代入頻率的關係式之後可得下圖：

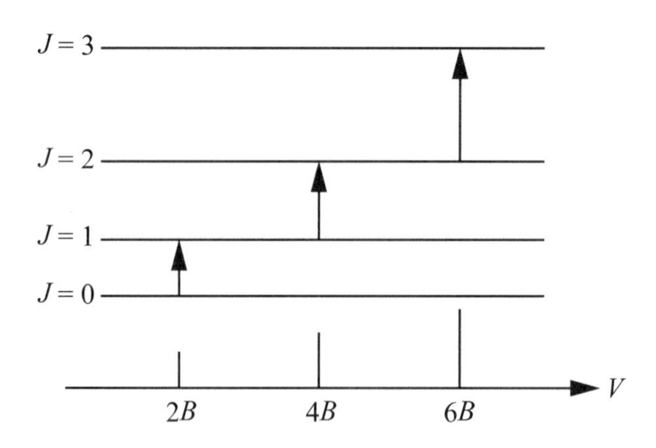


利用相鄰的兩條轉動光譜線其間隔剛好是$2B$的資訊，可計算出雙原子分子間的鍵長，因為$B$正比於$\frac{1}{I}$，而$\frac{1}{I}$又正比於$\frac{1}{r^2}$。

## 例題12.11

In the far infrared spectrum of $H^{79}Br$, there is a series of lines separated by 16.72 $cm^{-1}$ What is the bond length of the molecule?

(a) 1.42Å (b) 1.13Å (c) 1.08Å (d) 1.24Å (e) None of above is correct.

**解**：

兩相鄰光譜線之間隔為$2B = 16.72\ cm^{-1}$，因此

$$B = 8.36 = \frac{h}{8\pi^2 cI}$$

將必要的常數值代入可得：

$$8.36 = \frac{6.626 \times 10^{-27}}{8 \times (3.14)^2 \times (3 \times 10^{10}) \times I}$$

$I = 3.35 \times 10^{-40}\ g \cdot cm^2$

利用$I = \mu r^2$，且對比質量

$\mu = \frac{m_1 m_2}{m_1 + m_2} = \frac{1 \times 79}{1 + 79} \times 1.66 \times 10^{-24} = 1.64 \times 10^{-24}$，代入可得：

$3.35 \times 10^{-40} = 1.64 \times 10^{-24} \times r^2$

因此，$r = 1.42$Å，答案為(a)。

我們時常利用微波爐加熱食物，爲何微波爐有如此神奇功能呢？微波是頻率介於紅外線與無線電波之間的電磁波，微波的頻率範圍大約介於300 MHz至300 GHz之間，微波爐對食物加熱的原理是因爲食物中含有極性分子（例如：水分子），在微波爐所產生的電磁場中會轉向電場方向，當微波照射食物時，由於電磁波的電場方向是不斷變化方向的，因此食物中的水分子會不斷地轉向電場方向而造成所謂的轉動，水分子的轉動（如下圖）會吸收微波而與食物產生摩擦生熱，進而達到加熱食物的效果。微波在現代科技已有其他廣泛的應用，例如：手機網路、衛星電視與雷達等。因爲微波的能量遠小於可見光紫外線，食物經微波照射後也不會有電磁輻射的殘留，因此對人體的危害並不可怕。

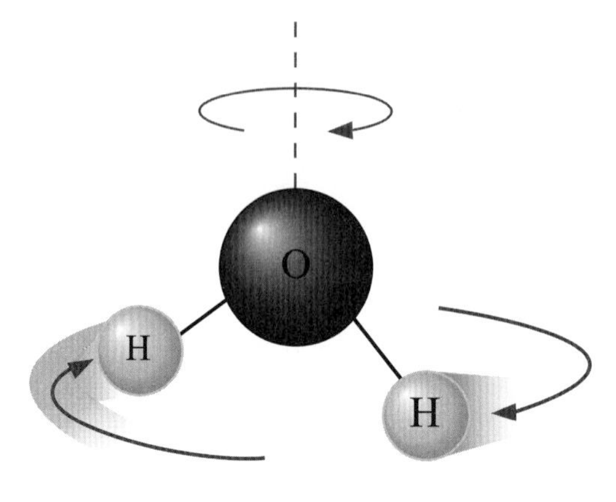


圖12.7 水分子的轉動

## 12.12 角動量的階梯算符

利用角動量的分量算符$\hat{L}_x$和$\hat{L}_y$的線性組合，可定義階梯算符的上升算符為$\hat{L}_+$；而下降算符為$\hat{L}_-$，它們的定義如下：

$$\hat{L}_+ = \hat{L}_x + i\hat{L}_y$$
$$\hat{L}_- = \hat{L}_x - i\hat{L}_y$$

因此，$\hat{L}_x = \frac{1}{2}(\hat{L}_+ + \hat{L}_-)$；$\hat{L}_y = \frac{1}{2i}(\hat{L}_+ - \hat{L}_-)$，則可計算$\hat{L}_+$和$\hat{L}_-$彼此之間和$\hat{L}_z$的換拉算符情形如下：

$$[\hat{L}_+, L_z] = [\hat{L}_x, L_z] + i[\hat{L}_y, L_z] = -i\hbar L_y - \hbar L_x = -\hbar(L_x + iL_y) = \hbar L_+$$

同理，$[\hat{L}_-, L_z] = \hbar L_-$。又

$$\begin{aligned}
\hat{L}_+\hat{L}_- &= (\hat{L}_x + i\hat{L}_y)(\hat{L}_x - i\hat{L}_y) \\
&= \hat{L}_x(\hat{L}_x - i\hat{L}_y) + i\hat{L}_y(\hat{L}_x - i\hat{L}_y) \\
&= \hat{L}_x^2 - i(\hat{L}_x)(\hat{L}_y) + i\hat{L}_y\hat{L}_x + \hat{L}_y^2 \\
&= \hat{L}^2 - \hat{L}_z^2 + i[\hat{L}_y, \hat{L}_x] \\
&= \hat{L}^2 - \hat{L}_z^2 + \hbar\hat{L}_z
\end{aligned}$$

同理，$\hat{L}_-\hat{L}_+ = \hat{L}^2 - \hat{L}_z^2 - \hbar\hat{L}_z$。因此$[\hat{L}_+, L_-] = L_+L_- - L_-L_+ = 2\hbar L_z$，又

$$[\hat{L}_+, \hat{L}_z] = [\hat{L}_x + i\hat{L}_y, \hat{L}_z] = [\hat{L}_x, \hat{L}_z] + i[\hat{L}_y, \hat{L}_z]$$
$$= -i\hbar\hat{L}_y - \hbar\hat{L}_x = -\hbar\hat{L}_+$$
$$\hat{L}_+\hat{L}_z = \hat{L}_z\hat{L}_+ - \hbar\hat{L}$$

同理，$\hat{L}_-\hat{L}_z = \hat{L}_z\hat{L}_- + \hbar\hat{L}_-$

由前幾節已知$L_z$與$L^2$具有共通的波函數，這些波函數組成一組基底假設爲$|n, m>$，因此可寫成：

$$L_z|n, m>= m\hbar|n, m>$$
$$L^2|n, m>= \hbar^2 f(n, m)|n, m>$$

目的之一就是要求出$f(n, m)$，將以上兩式相減再加以$<n, m|$而得，

$$<n,m|L^2 - L_z^2|n,m>=<n,m|\hbar^2 f(n,m) - m^2\hbar^2|n,m>=[f(n,m) - m^2]\hbar^2$$

又

$$<n,m|L^2 - L_z^2|n,m>=<n,m|L_x^2 + L_y^2|n,m>=<n,m|L_x^2|n,m> + <n,m|L_y^2|n,m> \geq 0$$

因此，$f(n, m) \geq m^2$。

$$L_+L^2|n,m>=\hbar^2 f(n,m)L_+|n,m>\ ;\ L_+L^2|n,m>= L^2L_+|n,m>$$
$$L^2\{L_+|n,m>\} = \hbar^2 f(n,m)\{L_+|n,m>\}$$

上式可解讀爲$\{\dot{L}_+|n, m>\}$是與$L^2$具有相同本徵値的本徵態（eigen-state），但$L^2$的eigenstate爲$|n, m>$，

$$L_zL_+|n,m>= \{L_+L_z + [L_z, L^+]\}|n,m>= \{L_+L_z + \hbar L_+\}|n,m>$$
$$= \{L_+m\hbar + \hbar L_+\}|n,m>= (m+1)\hbar L_+|n,m>$$
$$L_z\{L_+|n,m>\} = (m+1)\hbar\{L_+|n,m>\}$$

因爲$L_z$作用於$|n, m>$時，會得到$m\hbar$的本徵値，而由上式知當$L_z$作用於$L_+|n, m>$時，會得到$(m + 1)\hbar$，此表示$L_+|n, m>$與$|n, m + 1>$有正比的關係，因此可寫成：

$$L_+|n,m>= \hbar c_{n,m}^+|n,m+1>$$

因此，$L_+$作用於$|n, m>$，可將其本徵態由$|n, m>$提升至$|n, m+1>$，
同理，

$$L_- |n,m> = \hbar c_{n,m}^- |n,m-1>$$

$L_-$作用於$|n, m>$，可將其本徵態由$|n, m>$下降至$|n, m-1>$，因此可假設此基底最頂端的本徵態爲$|n, m_{\max}>$，因此，

$$L^+|n, m_{\max}> = 0$$

將$L_-$運作於$L_+|n, m_{\max}>$可得：

$$L_-L_+|n, m_{\max}> = 0$$

利用$\hat{L}_-\hat{L}_+ = \hat{L}^2 - \hat{L}_z^2 - \hbar\hat{L}_z$，代入可得：

$$(L^2 - L_z^2 - \hbar L_z)|n,m_{\max}> = 0$$

$$L^2|n,m_{\max}> = (L_z^2 + \hbar L_z)|n,m_{\max}> = (m_{\max}^2\hbar^2 + m_{\max}\hbar^2)|n,m_{\max}> = m_{\max}(m_{\max}+1)\hbar^2|n,m_{\max}>$$

因此，$f(n, m_{\max}) = m_{\max}(m_{\max} + 1)$

$$L^2|n,m> = \hbar^2 m_{\max}(m_{\max}+1)|n,m>$$

其中$m = m_{\max}, m_{\max} - 1, \cdots$

$$L^2|m_{\max},m> = \hbar^2 m_{\max}(m_{\max}+1)|m_{\max},m>$$

令$\ell = \mathrm{m}_{\max}$，則

$$L^2|\ell,m> = \hbar^2\ell(\ell+1)|\ell,m> \quad m = \ell, \ell-1, \cdots$$

$$L_-L_+|\ell,m> = (L^2 - L_z^2 - \hbar L_z)|\ell,m> = \{\hbar^2\ell(\ell+1) - m^2\hbar^2 - m\hbar^2\}|\ell,m>$$

$$= \hbar^2\{\ell(\ell+1) - m(m+1)\}|\ell,m>$$

左邊加以$<\ell, m|$可得：

$$<\ell,m|L_-L_+|\ell,m> = \hbar^2\{\ell(\ell+1) - m(m+1)\}$$

而

$$<\ell,m|L_-L_+|\ell,m>=<\ell,m|L_-\hbar c^+_{\ell,m}|\ell,m+1>=\hbar c^+_{\ell,m}<\ell,m|L_-|\ell,m+1>$$
$$=\hbar^2 c^+_{\ell,m}c^-_{\ell,m+1}<\ell,m|\ell,m>$$
$$=\hbar^2 c^+_{\ell,m}c^-_{\ell,m+1}$$

因此，$c^+_{\ell,m}c^-_{\ell,m+1}=\ell(\ell+1)-m(m+1)$

$$<\ell,m|L_-|\ell,m>=\hbar c^-_{\ell,m+1}<\ell,m|\ell,m>=\hbar c^-_{\ell,m+1}$$

$$<\ell,m|L_-|\ell,m+1>=<\ell,m|L_x-iL_y|\ell,m+1>=<\ell,m|L_x|\ell,m+1>-i<\ell,m|L_y|\ell,m+1>$$
$$=<\ell,m+1|L_x|\ell,m>^*-i<\ell,m+1|L_y|\ell,m>^*$$
$$=\{<\ell,m+1|L_x|\ell,m>+i<\ell,m+1|L_y|\ell,m>\}^*$$
$$=<\ell,m+1|L_x+iL_y|\ell,m>^*$$

$$<\ell,m+1|L_+|\ell,m>=\hbar c^+_{\ell,m}<\ell,m+1|\ell,m+1>=\hbar c^+_{\ell,m}$$

$$\hbar c^+_{\ell,m}{}^*=<\ell,m|L_-|\ell,m+1>=\hbar c^-_{\ell,m+1}$$

$$c^+_{\ell,m}c^+_{\ell,m}{}^*=|c^+_{\ell,m}|^2=\ell(\ell+1)-m(m+1)$$

$$c^+_{\ell,m}=\{\ell(\ell+1)-m(m+1)\}^{1/2}$$

$$c^-_{\ell,m}=c^+_{\ell,m-1}{}^*=\{\ell(\ell+1)-m(m-1)\}^{1/2}$$

同理

$$L^-|\ell,\ m_{\min}>\ =\ 0$$
$$0=c^-_{\ell,m_{\min}}=\{\ell(\ell+1)-m_{\min}(m_{\min}-1)\}^{1/2}$$
$$m_{\min}\ =\ -\ell$$

總結重要的方程式如下：

$$L_z|\ell,\ m>\ =\ m\hbar|\ell,\ m>$$
$$L^2|\ell,\ m>\ =\ \hbar^2\ell(\ell\ +\ 1)|\ell,\ m>$$
$$L_+|\ell,\ m>\ =\ \{\ell(\ell\ +\ 1)\ -\ m(m\ +\ 1)\}^{1/2}|\ell,\ m\ +\ 1>$$
$$L_-|\ell,\ m>\ =\ \{\ell(\ell\ +\ 1)\ -\ m(m\ -\ 1)\}^{1/2}|\ell,\ m\ -\ 1>$$

## 例題12.12

Are the spherical harmonics $Y_{l,m}(\theta,\phi)$ eigenfunctions of the operator $L_+L_-$? What are the eigenfunctions of the operators $L_+L_-$ with eigenvalues 0?

**解**：

由本節之推導可知$L_+L_- = (L_x + iL_y)(L_x - iL_y)$

$$= L^2 - L_z^2 + \hbar L_z$$

因此，

$$L_+L_-Y_{\ell,m}(\theta,\phi) = L^2 - L_z^2 + \hbar L_z Y_{\ell,m}(\theta,\phi)$$
$$= [\ell(\ell+1) - m^2 + m]\hbar^2 Y_{\ell,m}(\theta,\phi)$$

因此，$Y_{l,m}(\theta, \phi)$是$L_+L_-$的eigenfunctions，且其eigenvalue為$[\ell(\ell + 1) - m^2 + m]\hbar^2$；如果eigenvalues = 0，則

$$\ell(\ell + 1) - m^2 + m = 0$$

解$m$可得：

$$m = \frac{1 \pm \sqrt{1 + 4\ell(\ell+1)}}{2}$$

但記得$m = -\ell, -\ell + 1, \cdots, 0, \cdots, +\ell \quad (m \le \ell)$

| 因此，$\ell$ | 0 | 1 | 2 | 3 | 4 |
|---|---|---|---|---|---|
| $m$ | 0 | −1 | −2 | −3 | −4 |

依此類推。

## 例題12.13

The effect of the raising operator $L_+$ on an angular eigenfunction is

$$L_+\psi_{\ell,\,m} = C\psi_{\ell,\,m+1}$$

where $C$ is a constant. On the other hand, for the lowering operator, the effect is

$$L_-\psi_{\ell,\,m+1} = C'\psi_{\ell,\,m}$$

where $C'$ is also a constant. Assuming $C = C'$, determine the value of C in terms of $\ell$ and $m$.

**解**：

$L_+\psi_{\ell,\,m} = C\psi_{\ell,\,m+1}$；$L_-\psi_{\ell,\,m+1} = C'\psi_{\ell,\,m}$

$L_-(L_+(\psi_{\ell,m}) = L_-(C\psi_{\ell,m+1}) = C^2\psi_{\ell,\,m}$

又，$L_-L_+ = L^2 - L_z^2 - \hbar L_z$ 且 $L^2\psi_{\ell,\,m} = \ell(\ell+1)\hbar^2\psi_{\ell,\,m}$；$L_z\psi_{\ell,\,m} = m\hbar\psi_{\ell,\,m}$

因此，$C^2\psi_{\ell,\,m} = \{\ell(\ell+1) - m^2 - m\}\hbar^2\psi_{\ell,\,m}$

$C = \{\ell(\ell+1) - m^2 - m\}^{1/2}\hbar$

## 綜合練習

1. Which of the molecules $H_2$, NO, $N_2O$, $CH_4$ can have a pure rotational spectrum?
   (A) $H_2$, NO　(B) $N_2O$, $CH_4$　(C) $H_2$, $CH_4$　(D) NO, $N_2O$

2. The lines in a pure rotational spectrum of HCℓ are not equally spaced as predicted by model. The discrepancy is due to
   (A) anharmonicity　(B) uneven distribution of electrons　(C) the bond is not truly rigid　(D) all the above

3. Without making any lengthy calculations, gives the values of the following integrals for an electron in a hydrogen atom:
   ($\psi_{211}$ means principle quantum number $n = 2$, orbital angular momentum quantum number $\ell = 1$, magnetic quantum number $m_\ell = 1$, and $\mu$ is the electronic dipole moment)
   (1) $\int \psi_{211}^* \psi_{211} d\tau$　(2) $\int \psi_{211}^* \hat{\mu} \psi_{211} d\tau$　(3) $\int \psi_{211}^* \hat{\mu} \psi_{431} d\tau$　(4) $\int \psi_{210}^* \psi_{211} d\tau$

4. Calculate the average vibrational energy of CO at 500 K. Given that the vibration wavenumber of CO is 2170 $cm^{-1}$.

5. Which of the following statements is NOT true?
   (A) One particle with a spin quantum number, $s = 1/2$ is called a fermion.
   (B) There is no classical analog of spin.
   (C) The spinning electron acts like a magnet.
   (D) The length of the spin angular momentum is determined by the operator of $\hat{S}_z$.

6. The rotational constant for CO is 1.9314 $cm^{-1}$, calculate the rotational energy at $\ell = 3$.

7. The rotational constant for CO is 1.9314 $cm^{?1}$, calculate the rotational energy at $\ell = 3$.

8. Calculate the average vibrational energy of CO at 500 K. Given that the vibration wavenumber of CO is 2170 $cm^{-1}$.

9. If the wavenumber of the $J = 3 \leftarrow 2$ rotational transition of $^{1}H^{35}C\ell$ considered as a rigid rotator is 63.56 $cm^{-1}$, what is
   (1) the moment of inertia of the molecule
   (2) the bond length?

10. $X_2$ and $Y_2$ are two diatomic molecules. The bond length of $X_2$ is 1.5 times than bond length of $Y_2$, and the mass of $X_2$ is 0.8 of $Y_2$. The rotation constants of two molecules are $B_{X_2}$ and $B_{Y_2}$, then
   (A) $B_{X_2} = 1.5\,B_{Y_2}$ (B) $B_{X_2} \sim 0.55\,B_{Y_2}$ (C) $B_{X_2} \sim 0.67\,B_{Y_2}$ (D) $B_{X_2} \sim 2.25\,B_{Y_2}$
   (E) none is correct

11. Assuming that harmonic oscillator model is valid for molecular vibration. Let $v$ denotes vibration frequency and $n$ denotes vibration quantum number, which of the following statement is correct?
   (A) The dissociation energy is $(n + 1/2)hv$
   (B) Isotopic diatomic molecules have identical vibration energy levels
   (C) At zero temperature the kinetic energy of the oscillator is vanished, only potential energy has nonzero value
   (D) The total energy is always larger or equal to the potential energy
   (E) None is correct

12. For an one particle harmonic oscillator, what is the expectation value of $P^2$? Here $P$ is the momentum, m is the mass of the particle and $v$ is vibration frequency.
   (A) $\frac{1}{2}hv$ (B) $\frac{1}{2}mhv$ (C) $\frac{1}{4}hv$ (D) $hv/2m$ (E) None is correct

13. Assuming that bond lengths of $HC\ell$, $C\ell_2$, $N_2$ and CO are approximately the same, which of the molecules has the largest population at J = 10 rotation energy level at 300 K?

(A) HCℓ　(B) $Cℓ_2$　(C) $N_2$　(D) CO　(E) All have the same population

14. A harmonic oscillator is in a eigenstate of a wavefunction $\Psi(x) \propto ye^{-y^2/2}$ with $y = x/d$ and $d = \left(\frac{\hbar^2}{mk}\right)^{1/4}$.(Formulas: $\int_0^\infty x^{2n}e^{-bx^2}dx = \frac{1\cdot 3\cdots(2n-1)}{2^{n+1}}\left(\frac{\pi}{b^{2n+1}}\right)^{1/2}$, $n = 1,2,3,\cdots$)

    (a) Normalize the wavefunction.

    (b) Find the corresponding eigenvalue.

15. Assuming that a *X-H* chemical bond stretches with a parabolic potential. The mass of H is $1.7\times10^{-27}$ kg which is much smaller than that of *X*. The force constant of this bond is 340 $Nm^{-1}$. Calculate the energy required to make a transition from the vibrationally ground state to the first excited state.

    (A) $4.7\times10^{-20}$　(B) $8.1\times10^{-20}$　(C) $2.8\times10^{-21}$　(D) $3.8\times10^{-21}$　(E) $6.1\times10^{-22}$　J

16. When dealing with the vibrational motion of a diatomic molecule, the potential energy can be approximated by $V = 1/2kx^2$. Where $k$ is [1] (A) Boltzmann constant; (B) kinetic energy; (C) collision energy; (D) bond dissociation energy; (E) force constant, and $x$ is [2] (A) bond length $R$; (B) equilibrium bond length $R_e$ (C) $R - R_e$; (D) $(R + R_e)/2$; (E) $(R + R_e)$. The parity of the ground state wavefunction is [3] (A)0; (B) –1; (C) +1; (D) ∞; (E) none the above. Usually the vibrational transitions are accompanied by rotational transitions to yield band spectra. The separation between the rotational lines is in the order of [4] (A) 10 $s^{-1}$; (B) 10 $cm^{-1}$; (C) 10 nm; (D) $10^{-2}$ m; (E) 10 $\mu$m. We can obtain [5] (A) $B$ value; (B) bond length; (C) moment of inertial; (D) all the above; (E) none the above, from the molecular vibration-rotation spectra.

17. A particle moves in a circular path of radius r. The wavefunction for this particle is $\varphi_m(\phi) = Ne^{im\phi}$. What is the normalization constant $N$?

    (A) 1　(B) $\pi$　(C) $2\pi$　(D) $(\pi)^{0.5}$　(E) $(2\pi)^{-0.5}$

18. The spherical harmonics $Y_{1,0} = N\cos\theta$ is an eigenfunction of rigid rotator. The constant $N$ is

    (A) $N = \sqrt{5/8}$　(B) $N = \sqrt{3/4\pi}$　(C) $N = \sqrt{3\pi/2}$　(D) $N = \sqrt{2\pi/3}$

    (E) None is correct

# 第 13 章

# 氫原子與原子結構

## 13.1　氫原子的結構

氫原子之位能來自於氫原子之原子核（電荷為Ze）與電子之間的庫倫吸引力，即$V=-\frac{Ze^2}{4\pi\varepsilon_0 r}$，其中$r$為原子核與電子之間的距離，$\varepsilon_0$為真空介質係數（vacuum permittivity），其漢米敦算符可表為：

$$\begin{aligned}\hat{H} &= \hat{E}_{k,electron}-\hat{E}_{k,nucleus}+\hat{V} \\ &= -\frac{\hbar^2}{2m_e}\nabla_e^2-\frac{\hbar^2}{2m_N}\nabla_N^2-\frac{Ze^2}{4\pi\varepsilon_0 r}\end{aligned}$$

這樣的兩粒子（電子和原子核）運動可以視為兩種運動：一種為整個原子的運動，另一種為電子相對於原子核的運動，後者的薛丁格方程式可表為：

$$\hat{H}\psi = E\psi$$

$$-\frac{\hbar^2}{2\mu}\nabla^2\psi-\frac{Ze^2}{4\pi\varepsilon_0 r}\psi = E\psi$$

其中$\frac{1}{\mu}=\frac{1}{m_e}+\frac{1}{m_N}$，$\mu$稱為對比質量。因為原子核的質量遠大於電子，所以$\frac{1}{\mu}\approx\frac{1}{m_e}$，亦即$\mu\approx m_e$。$\nabla^2$稱為拉普拉斯算符（Laplacian operator），可表

為：

$$\nabla^2 = \frac{1}{r^2}\frac{\partial}{\partial r}r^2\frac{\partial}{\partial r} + \frac{1}{r^2\sin\theta}\frac{\partial}{\partial\theta}\sin\theta\frac{\partial}{\partial\theta} + \frac{1}{r^2\sin^2\theta}\frac{\partial^2}{\partial\phi^2}$$

$$-\hbar^2\nabla^2 = \frac{-\hbar^2}{r^2}\frac{\partial}{\partial r}r^2\frac{\partial}{\partial r} + \frac{1}{r^2}\hat{L}^2$$

$$\hat{H} = (-\frac{\hbar^2}{2m_e r^2}\frac{\partial}{\partial r}r^2\frac{\partial}{\partial r} - \frac{Ze^2}{r}) + \frac{1}{2m_e r^2}\hat{L}^2$$

前一項只與$r$有關，後一項與角動量有關，所以只取決於$(\theta, \phi)$。因為位能是中心對稱的（centrosymmetric），與角度無關，因此可將波函數依變數分離寫成：

$$\psi(r, \theta, \phi) = R(r)Y(\theta, \phi)$$

其中$R(r)$稱為徑向波函數（radial wavefunction），$Y(\theta, \phi)$為角動量的波函數，即為spherical harmonics。因為$\hat{L}^2Y(\theta,\phi) = \ell(\ell+1)\hbar^2Y(\theta,\phi)$。波函數可寫成：

$$[(-\frac{\hbar^2}{2m_e r^2}\frac{\partial}{\partial r}r^2\frac{\partial}{\partial r} - \frac{Ze^2}{r}) + \frac{\ell(\ell+1)\hbar^2}{2m_e r^2}]R(r)Y(\theta,\phi) = ER(r)Y(\theta,\phi)$$

兩邊各除以$Y(\theta, \phi)$

$$[(-\frac{\hbar^2}{2m_e r^2}\frac{\partial}{\partial r}r^2\frac{\partial}{\partial r} - \frac{Ze^2}{r}) + \frac{\ell(\ell+1)\hbar^2}{2m_e r^2}]R(r) = ER(r)$$

上式最後解得的函數為$R_{n\ell}(r) = N_{n,\ell}\rho^\ell L_{n+1}^{2\ell+1}(\rho)e^{-\rho/2}$，其中$L_{n+1}^{2\ell+1}(\rho)$稱為伴隨拉格瑞多項式（associated Laguerre polynomials），如表13.1所列。

表13.1　伴隨拉格瑞函數的前面幾項

| $n$ | $\ell$ | $L_{n+1}^{2\ell+1}(\rho)$ | |
|---|---|---|---|
| 1 | 0 | $L_1^1(\rho) = -1$ | $\rho = \frac{2r}{a_0}$ |
| 2 | 0 | $L_2^1(\rho) = -2!(2-x)$ | $\rho = \frac{r}{a_0}$ |
| | 1 | $L_3^3(\rho) = -3!$ | |

| $n$ | $\ell$ | $L_{n+1}^{2\ell+1}(\rho)$ | |
|---|---|---|---|
| 3 | 0 | $L_3^1(\rho) = -3!(3-3x+\frac{1}{2}x^2)$ | $\rho = \frac{2r}{3a_0}$ |
| | 1 | $L_4^3(\rho) = -4!(4-x)$ | |
| | 2 | $L_5^5(\rho) = -5!$ | |

為了使波函數可以正規化，必須符合$\int_0^\infty R_{n\ell}(r)^2 r^2 dr = 1$的條件，波函數$\psi_{n\ell m}(r, \theta, \phi) = R_{n\ell}(r)Y_{\ell m}(\theta, \phi)$，而其相對應的能量值為

$$E_n = -\frac{\mu e^4}{8\varepsilon_0^2 h^2}\frac{1}{n^2} = -\frac{e}{8\pi\varepsilon_0 a_0}\frac{1}{n^2}$$

其中量子數$n$ = 1,2,3, ⋯，Bohr radius $a_0 = \frac{\varepsilon_0 h^2}{\pi\mu e^2}$，由角動量所得之量子數$\ell$與量子數$n$之間的關係為$0 \le \ell \le n-1$，波函數$\psi_{nlm}(r, \theta, \phi)$必須符合正規化的條件，即

$$\int_0^{2\pi} d\phi \int_0^{\pi} d\theta \sin\theta \int_0^{\infty} \Psi_{n\ell m}^*(r,\theta,\phi)\Psi_{n\ell m}(r,\theta,\phi) r^2 dr = 1$$

或者寫成

$$\int_0^{2\pi} d\phi \int_0^{\pi} d\theta \sin\theta \int_0^{\infty} \Psi_{n\ell m}^*(r,\theta,\phi)\Psi_{n'\ell' m'}(r,\theta,\phi) r^2 dr = \delta_{nn'}\delta_{\ell\ell'}\delta_{mm'}$$

其中$\delta$為delta functions，除非$n = n'$，$\ell = \ell'$，$m = m'$，否則$\delta_{nn'} = 0$，$\delta_{\ell\ell'} = 0$，$\delta_{mm'} = 0$。部分的徑向函數如圖13.1所示。

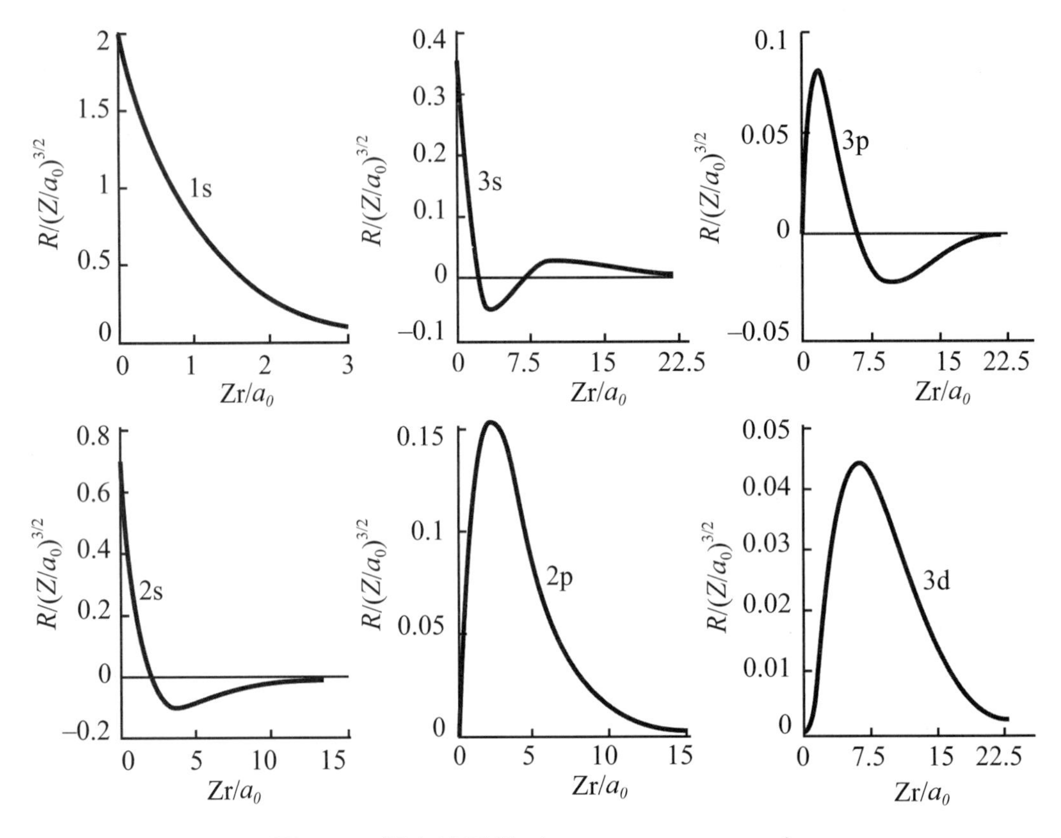


圖13.1　徑向波函數（radial wavefunction）

## 13.2　量子數與原子軌域

根據量子力學，可以用四個量子數加以描述原子中的每一個電子，其中三個（$n$、$\ell$、$m_\ell$）可說明原子中電子的波函數，稱爲原子軌域（atomic orbital）。原子軌域有一定的形狀，可透過發現電子高機率的區域而加以描述原子軌域；第四個量子數（$m_s$）則與電子的磁性有關，稱爲自旋（spin）。茲將電子的每一個量子數之允許值及其意義描述如下：

### 1. 主量子數（$n$）

原子中電子的能量主要取決於主量子數，其值可爲任何的正值如1、

2、3等，$n$值愈小，能量愈低。在氫原子，主量子數$n$是決定能量的唯一量子數，對於單一電子的離子中如$Li^{2+}$和$He^{+}$情況也是如此；但是在多電子原子中，能量亦會與角動量量子數$\ell$有關，$n$值愈大，則軌域的大小愈大。有相同$n$值的軌域屬於同一層，以下列字母標記各殼層：

| 字母 | K | L | M | N |
|---|---|---|---|---|
| n | 1 | 2 | 3 | 4 |

## 2. 角動量量子數（$\ell$）（亦稱為軸量子數）

此量子數能區分不同形狀的軌域，在某一$n$值下，其值可從0至$n - \ell$的任何整數，在量子數$n$的每一層內，有$n$種不同的軌域，每一軌域以量子數$\ell$作標記，以一電子的主量子數是3爲例，則$\ell$可能的值爲0、1、2。除了H原子以外，一軌域的能量主要取決於n量子數，亦可能取決於量子數$\ell$，如果$n$一定時，軌域的能量會隨$\ell$增加而上升；具有相同$n$卻有不同$\ell$的軌域稱爲屬於不同次殼層，不同的次殼層經常以字母標記如下（圖13.2）：

| 字母 | s | p | d | f | g |
|---|---|---|---|---|---|
| $\ell$ | 0 | 1 | 2 | 3 | 4 |

例如：2p表示$n = 2$和$\ell = 1$的次殼層。

## 3. 磁量子數（$m_\ell$）

在$n$和$\ell$一定時，此量子數可以分辨軌域在空間的不同方位，其允許值從$-\ell$至$+\ell$，如果$\ell = 0$（s次殼層）的話，則$m_1$的允許值僅能是0，因此只有一個s軌域。對$\ell = 1$（次殼層），$m_1 = -1$、0、+1，因此在$p$次殼層有3個不同的軌域；這些軌域有相同的形狀，但在空間上有不同的方位，值得注意的是在同一次殼層的所有軌域都有相同的能量，注意在量子數$l$的每一次殼層中有$2\ell + 1$個軌域。

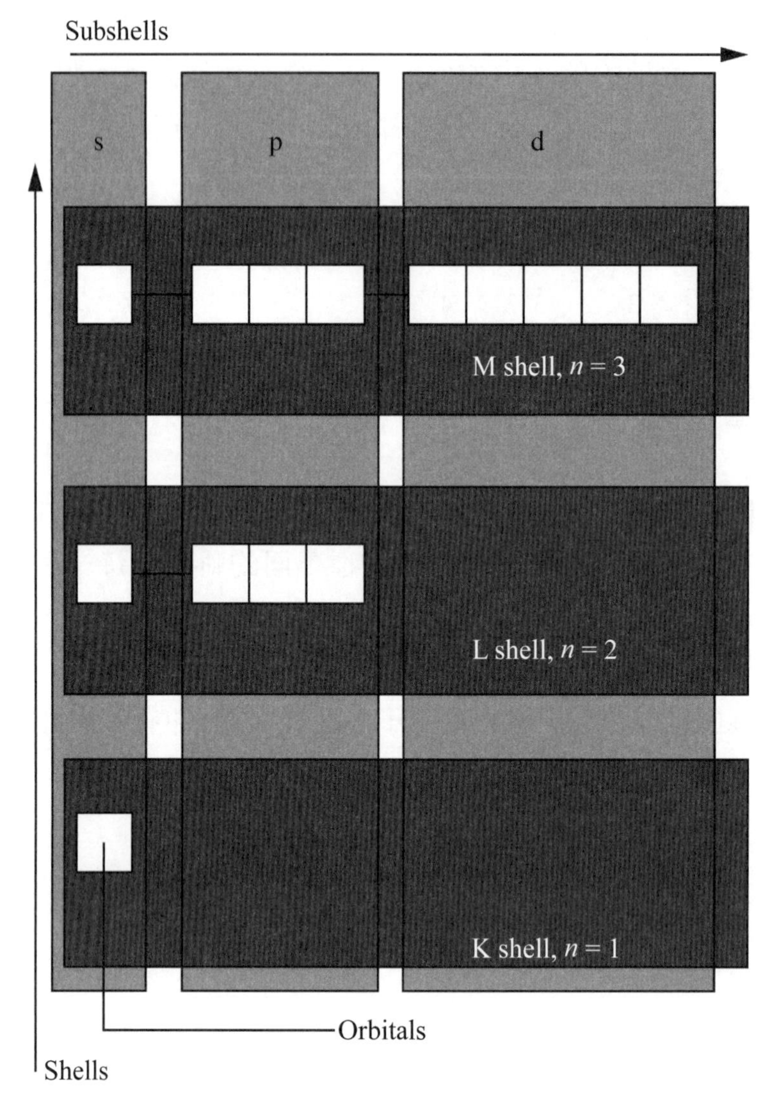


圖13.2 各殼層及其軌域

## 4. 自旋量子數（$m_s$）

電子如同地球一樣會自轉，此量子數指的是電子在其自旋軸的兩種可能方位，對電子而言，其可能值爲$+\frac{1}{2}$和$-\frac{1}{2}$。

## 13.3　原子軌域形狀

s軌域是球形的，其機率分布取決於$n$值。圖13.3顯示1s和2s軌域電子機率分布的截面圖，當電子比較可能被發現的地方，則其陰影顏色愈深；當離原子核的距離增加時，其陰影變得更淡，此表示電子在那地方較不易被發現。1s和2s軌域波函數如下：

1s軌域的量子數爲$n = 1, \ell = 0, m = 0$，波函數爲：

$$\psi_{100} = \frac{1}{\sqrt{\pi}}(\frac{Z}{a_0})^{3/2}\exp(\frac{-Zr}{a_0})$$

其相對應的能階能量爲：

$$E = -13.6 \text{ eV；其中}1 \text{ eV} = 1.602 \times 10^{-19} \text{ J}$$

2s軌域的量子數爲：$n = 2, \ell = 0$；波函數爲：

$$\psi_{2s} = \frac{1}{\sqrt{\pi}}(\frac{Z}{2a_0})^{3/2}(1-\frac{Zr}{2a_0})\exp(\frac{-Zr}{2a_0})$$

記住軌域並不會在離原子核的某特定距離之後突然停止，因此原子可以無限延伸（或無窮大），但是我們可將軌域界定成99%等高線圖的尺寸，在99%等高線圖內，發現電子的機率是99%。雖然1s和2s軌域都是球形對稱的，但若詳細比較的話，2s軌域與1s軌域仍有所不同，在2s軌域的電子是可能在兩個區域被發現，其一是靠近原子核，另一則是原子核的球形殼層處（電子最可能在此）。99%等高線圖顯示2s軌域是比1s軌域大。

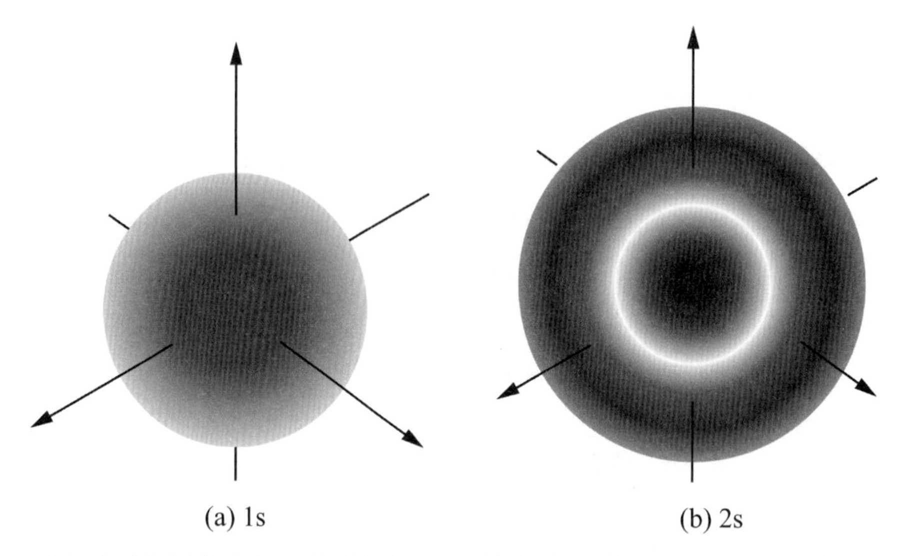


圖13.3 代表s軌域的機率分布的截面，在1s軌域中，靠近原子核的機率分布是最大的；注意軌域的相對大小，此圖指出99%的等高線圖

## p軌域

因爲氫原子的能量和$m$無關，因此$\psi_{211}$和$\psi_{21-1}$ degenerate。可加以線性組合變成所謂的$2p_x$和$2p_y$軌域：

$$\psi_{2p_x}=\frac{1}{\sqrt{2}}(\psi_{21-1}+\psi_{211})=\frac{1}{4\sqrt{2\pi}}(\frac{Z}{a_0})^{5/2}r\exp(\frac{-Zr}{2a_0})\sin\theta\cos\phi$$

$$=\frac{1}{4\sqrt{2\pi}}(\frac{Z}{a_0})^{5/2}x\exp(\frac{-Zr}{2a_0})$$

$$\psi_{2p_y}=\frac{1}{i\sqrt{2}}(\psi_{211}-\psi_{21-1})=\frac{1}{4\sqrt{2\pi}}(\frac{Z}{a_0})^{5/2}r\exp(\frac{-Zr}{2a_0})\sin\theta\sin\phi$$

$$=\frac{1}{4\sqrt{2\pi}}(\frac{Z}{a_0})^{5/2}y\exp(\frac{-Zr}{2a_0})$$

$$\psi_{2p_z}=\psi_{210}=\frac{1}{\sqrt{\pi}}(\frac{Z}{a_0})^{5/2}r\exp(\frac{-Zr}{2a_0})\cos\theta=\frac{1}{\sqrt{\pi}}(\frac{Z}{2a_0})^{5/2}z\exp(\frac{-Zr}{2a_0})$$

注意這些函數的角度相關的部分，其中意謂著：

$$\psi_{2p_x}\propto\sin\theta\cos\phi$$

$$\psi_{2p_y}\propto\sin\theta\sin\phi$$

$$\psi_{2p_z} \propto \cos\theta$$

這剛好是在球座標下$x$, $y$, $z$的方向。在每個$p$次殼層中有3個$p$軌域，所有的$p$軌域有相同的基本形狀（沿著原子核的直線將葉瓣分在兩側），但有不同的方位。因爲這三個軌域是彼此垂直的，可將每一軌域沿著不同的坐標軸（圖13.4），將這些軌域記爲$2p_x$、$2p_y$、$2p_z$。$2p_x$軌域在沿著x軸有最大的電子機率，$2p_y$軌域則在y軸，而$2p_z$軌域則在$z$軸。其他的$p$軌域如$3p$有此相同的形狀，但其中的差異取決於$n$。

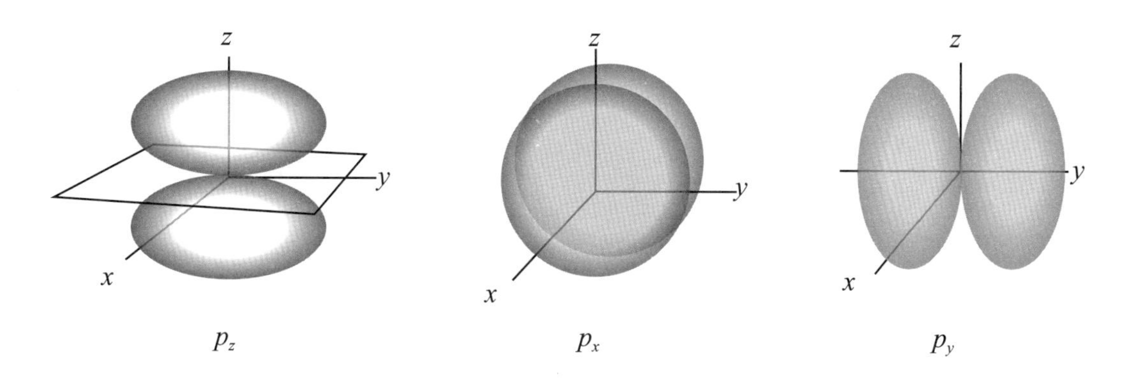


圖13.4　三種$2p$軌域，電子分布包含兩個沿著軸的葉瓣

## d軌域

當$n = 3$, $\ell = 2$, $m$可以從$-2$, $-1$, $0$, $+1$, $+2$共五種值，因此會有5個d軌域，它們的形狀較s和p軌域複雜，其波函數爲：

$$\psi_{3d_{z^2}} = (\frac{5}{16\pi})^{1/2}(3\cos^2\theta - 1)$$

$$\begin{aligned}\psi_{3d_{x^2-y^2}} &= \frac{1}{\sqrt{2}}(\psi_{322} + \psi_{32-2}) \\ &= \frac{1}{81\sqrt{2\pi}}(\frac{Z}{a_0})^{7/2}\exp(\frac{-Zr}{3a_0})r^2\sin^2\theta(\cos^2\phi - \sin^2\phi) \\ &= \frac{1}{81\sqrt{2\pi}}(\frac{Z}{a_0})^{7/2}\exp(\frac{-Zr}{3a_0})(x^2 - y^2)\end{aligned}$$

$$\psi_{d_{xy}} = \frac{1}{\sqrt{2}i}(\psi_{322} - \psi_{32-2})$$

$$\psi_{d_{xz}} = \frac{1}{\sqrt{2}}(\psi_{321} + \psi_{32-1})$$

$$\psi_{d_{xy}} = \frac{1}{\sqrt{2}i}(\psi_{321} - \psi_{32-1})$$

如圖13.5所示。表13.2列舉一些軌域的量子數及其對應的波函數。

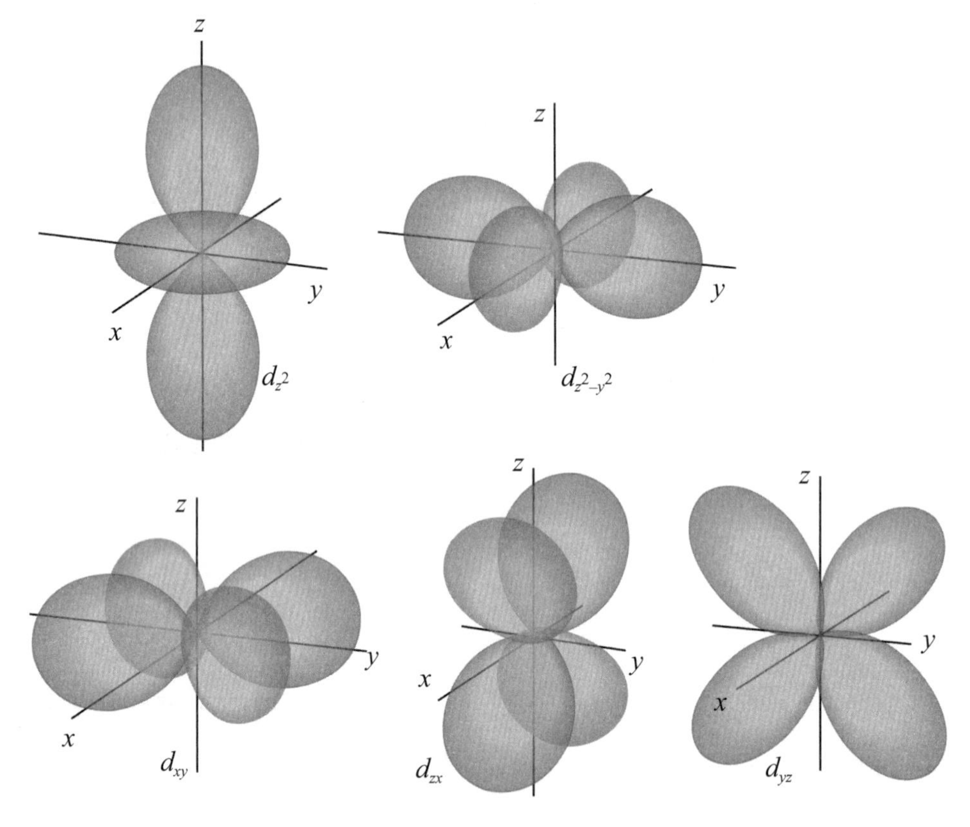


圖13.5　5個3d軌域，這些軌域以下標加以標示如$d_{xy}$，此下標描述著該軌域的數學特性

表13.2　一些軌域的量子數及其對應的波函數 ($\sigma = \frac{Zr}{a_0}$)

| | |
|---|---|
| $n=1;\ \ell=0,\ m=0$ | $\psi_{100} = \frac{1}{\pi^{1/2}}\left(\frac{Z}{a_0}\right)^{3/2} e^{-\sigma}$ (1s軌域) |
| $n=2;\ \ell=0,\ m=0$ | $\psi_{200} = \frac{1}{4(2\pi)^{1/2}}\left(\frac{Z}{a_0}\right)^{3/2} (2-\sigma)\, e^{-\sigma/2}$ (2s軌域) |
| $n=2;\ \ell=1,\ m=0$ | $\psi_{210} = \frac{1}{4(2\pi)^{1/2}}\left(\frac{Z}{a_0}\right)^{3/2} \sigma e^{-\sigma/2}\cos\theta$ |
| $n=2;\ \ell=1,\ m=\pm 1$ | $\psi_{21\pm1} = \frac{1}{4(2\pi)^{1/2}}\left(\frac{Z}{a_0}\right)^{3/2} \sigma e^{-\sigma/2}\sin\theta\, e^{\pm i\phi}$ |
| $n=3;\ \ell=0,\ m=0$ | $\psi_{300} = \frac{1}{81(3\pi)^{1/2}}\left(\frac{Z}{a_0}\right)^{3/2} \left(27-18\sigma+2\sigma^2\right) e^{-\sigma/3}$ |
| $n=3;\ \ell=1,\ m=0$ | $\psi_{310} = \frac{2^{1/2}}{81\pi^{1/2}}\left(\frac{Z}{a_0}\right)^{3/2} \left(6\sigma-\sigma^2\right) e^{-\sigma/3}\cos\theta$ |
| $n=3;\ \ell=1,\ m=\pm 1$ | $\psi_{31\pm1} = \frac{1}{81\pi^{1/2}}\left(\frac{Z}{a_0}\right)^{3/2} \left(6\sigma-\sigma^2\right) e^{-\sigma/3}\sin\theta\, e^{\pm i\phi}$ |
| $n=3;\ \ell=2,\ m=0$ | $\psi_{320} = \frac{1}{81(6\pi)^{1/2}}\left(\frac{Z}{a_0}\right)^{3/2} \sigma^2 e^{-\sigma/3}(3\cos^2\theta-1)$ |
| $n=3;\ \ell=2,\ m=\pm 1$ | $\psi_{32\pm1} = \frac{1}{81\pi^{1/2}}\left(\frac{Z}{a_0}\right)^{3/2} \sigma^2 e^{-\sigma/3}\sin\theta\cos\theta\, e^{\pm i\phi}$ |
| $n=3;\ \ell=2,\ m=\pm 2$ | $\psi_{32\pm2} = \frac{1}{162\pi^{1/2}}\left(\frac{Z}{a_0}\right)^{3/2} \sigma^2 e^{-\sigma/3}\sin^2\theta\, e^{\pm 2i\phi}$ |

## 13.4　電子密度分布函數

依Born對機率函數的定義爲$\psi^*\psi dv$，其中

$$dv = dxdydz = r^2 dr \sin\theta d\theta d\phi \text{（體積單元）}$$

$$\psi^*\psi d\tau = R^2 r^2 dr |Y(\theta,\ \phi)|^2 \sin\theta d\theta d\phi$$

與角度相關的積分是$\int_0^{2\pi}\int_0^{\pi} |Y_{\ell,m}(\theta,\phi)|^2 \sin\theta d\theta d\phi$

與$r$相關的積分是$[R_{n\ell}(r)]^2 r^2 dr$

在作氫原子相關的計算時，都是使用球座標，其與直角座標的關係如下：

$$\int_V f(r,\theta,\phi)dv = \int_{-\infty}^{+\infty}\int_{-\infty}^{+\infty}\int_{-\infty}^{+\infty} f(x,y,z)dxdydz = \int_0^{2\pi}\int_0^{\pi}\int_0^{\infty} f(r,\theta,\phi)r^2 \sin\theta drd\theta d\phi$$

注意體積單元在此兩座標系統的轉換：

$$dv = r^2\sin\theta drd\theta d\phi$$

如圖13.6所示。

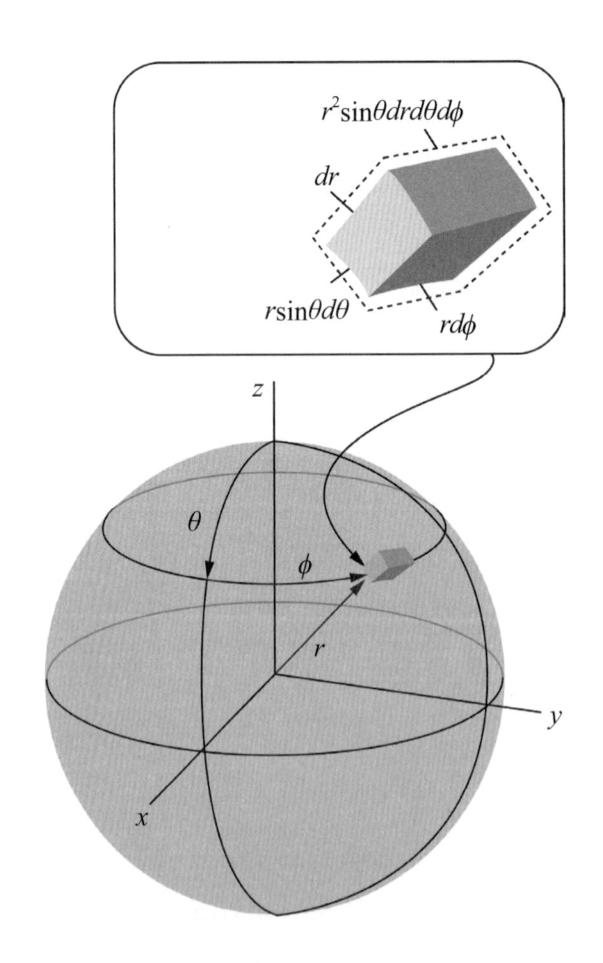


圖13.6　體積單元在球座標與直角座標的轉換關係

## 例題13.1

Show that the 1s orbital of the hydrogen atom is normalized.

**解**：

由表13.2可知$\psi_{1s}^2=\frac{1}{\pi a_0^3}e^{-2r/a_0}$，因此

$$\int\psi_{1s}^2dv=\frac{1}{\pi a_0^3}\int_0^{2\pi}\int_0^{\pi}\int_0^{\infty}e^{-2r/a_0}r^2\sin\theta drd\theta d\phi=\frac{1}{\pi a_0^3}\int_0^{\infty}e^{-2r/a_0}r^2dr\int_0^{\pi}\sin\theta d\theta\int_0^{2\pi}d\phi$$

利用$\int_0^{\pi}\sin\theta d\theta\int_0^{2\pi}d\phi=4\pi$，且$\int_0^{\infty}e^{-ar}r^ndr=\frac{n!}{a^{n+1}}$的關係可得

$$\int\psi_{1s}^2dv=\frac{1}{\pi a_0^3}\frac{2}{(2/a_0)^3}4\pi=1$$

此軌域稱為正規化。

## 例題13.2

(a) Calculate the probability that an 1s electron of the hydrogen atom will be found within one Bohr radius of the nucleus.

(b) What is the probability that an electron in the 1s orbital of hydrogen will be within a radius of 2.00 Å from the nucleus.

**解**：

(a) $R_{1s}(r)=\frac{2}{a_0^{3/2}}e^{-r/a_0}$

$$\text{Prob }(0\le r\le a_0)=\int_0^{a_0}drr^2[R_{1s}(r)]^2=\frac{4}{a_0^3}\int_0^{a_0}drr^2e^{-2r/a_0}$$

$$=4\int_0^1dxx^2e^{-2x}=1-5e^{-2}=0.323$$

(b) $$\text{Prob}=\frac{1}{a_0^3}\int_0^{2\pi}d\phi\int_0^{\pi}\sin\theta d\theta\int_0^{2.00}drr^2[R_{1s}(r)]^2=\frac{4\pi}{a_0^3\cdot\pi}\int_0^{2.00}drr^2e^{-2r/a_0}$$

$$=\frac{4}{a_0^3}[e^{-2r/a_0}(\frac{-r^2a_0}{2}-\frac{ra_0^2}{2}-\frac{a_0^3}{4})]|_0^{2.00}$$

$$=\frac{4}{(0.529)^3}[(5.201\times10^{-4})(1.337841)-(1)(-3.701\times10^{-2})]=0.981=98.1\%$$

以上計算利用$\int x^2e^{bx}dx=e^{bx}(\frac{x^2}{b}-\frac{2x}{b^2}+\frac{2}{b^3})$，其一般式為：

$$\int x^m e^{bx}dx=e^{bx}\sum_{k=0}^{m}(-1)^k\frac{m!\cdot x^{m-k}}{(m-k)!\cdot b^{k+1}}$$

## 例題13.3

Show that the most probable value of $r$ in a 1s orbital is the Bohr radius ($a_0$).

**解**：

1s orbital的機率函數為$f(r)=\frac{4r^2}{a_0^3}e^{-2r/a_0}$，欲求其最大值，

對$r$微分並令之等於0：

$$\frac{df(r)}{dr}=\frac{d(\frac{4r^2}{a_0^3}e^{-2r/a_0})}{dr}=\frac{4}{a_0^3}(2r\cdot e^{-2r/a_0}-\frac{2}{a_0}r^2\cdot e^{-2r/a_0})=0$$

$$2r-\frac{2}{a_0}r^2=0$$

可求得$r=a_0$。

## 例題13.4

Find the average distance of the electron from the nucleus in (a) the 1s orbital, and (b) the $2p_z$ orbital of the hydrogen atom.

**解**：

(a) 1s orbital中電子的平均距離為

$$\bar{r}_{1s}=\frac{1}{\pi a_0^3}\int_0^{2\pi}\int_0^{\pi}\int_0^{\infty}e^{-2r/a_0}r^3\sin\theta drd\theta d\phi=\frac{1}{\pi a_0^3}\frac{3!}{(2/a_0)^4}=\frac{3}{2}a_0$$

(b) $\psi^2_{2p_z} = \dfrac{1}{32\pi a_0^5} r^2 e^{-r/a_0} \cos^2\theta$

$2p_z$ orbital中電子的平均距離為

$$\bar{r}_{2p_z} = \frac{1}{32\pi a_0^5}\int_0^\infty r^5 e^{-r/a_0} dr \int_0^\pi \cos^2\theta \sin\theta d\theta \int_0^{2\pi} d\phi = \frac{1}{32\pi a_0^5} \times 5! \times a_0^6 \times \frac{2}{3} \times 2\pi = 5a_0$$

（以上積分利用$I_n = \int_0^\infty r^n e^{\beta r} dr = \dfrac{n!}{\beta^{n+1}}$）

對於任一軌域而言，其平均半徑的通式為：$<r_{n\ell}>=\dfrac{a_0}{2}[3n^2 - \ell(\ell+1)]$，各軌域的徑向波函數及其機率函數如圖13.7所示。

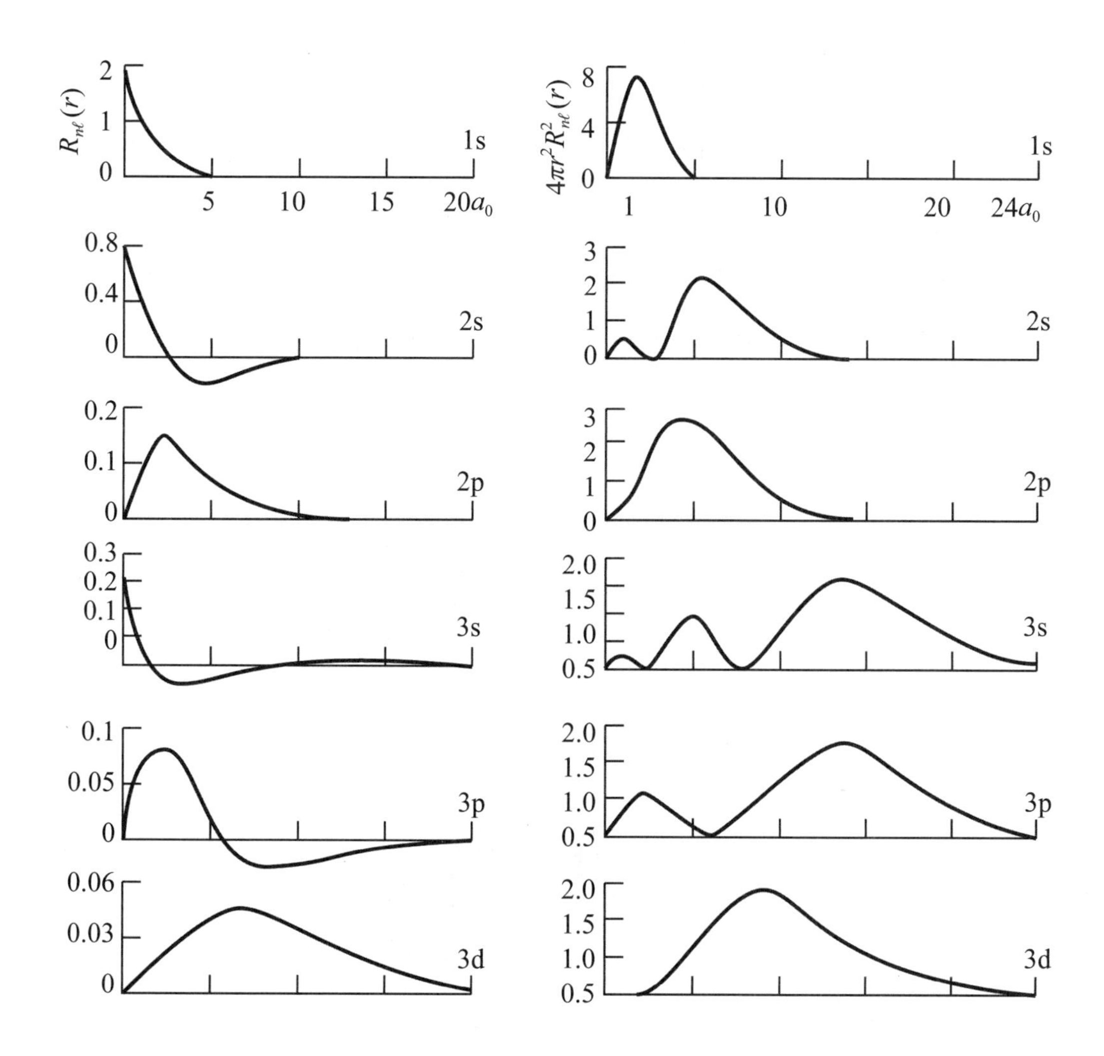


圖13.7　各軌域的徑向波函數及其機率函數

## 13.5 電子自旋

原子的電子結構可用四個量子數$n$、$\ell$、$m_\ell$、$m_s$加以描述，前三個量子數用來描述電子最可能被發現到的軌域，稱爲此電子占據此軌域。自旋量子數$m_s$描述電子的自旋方位。於1921年斯特恩（Otto Stern）和格拉勒（Walther Gerlach）首先觀測到電子的自旋磁量，他們設計將銀原子束導入特殊設計的磁場中，相同的實驗也測試在氫原子，氫原子束被磁場分成兩束，一半的氫原子偏向一方，而另一半原子則偏向另一方向。原子會受實驗室磁場的影響，此顯示它們本身也可以當作磁場。氫原子束之所以分成兩束，是因爲在每一原子中的電子可以視作兩個不同方位的微小磁場，事實上電子可視爲旋轉電荷的球，且如旋轉的電荷一樣，電子能產生一磁場，但是受到量子的限制，電子自旋有一定可能的方向，自旋磁量的最終方向相對應於自旋量子數$m_s=+\frac{1}{2}$和$m_s=-\frac{1}{2}$。

角動量的理論可以直接運用於自旋角動量，但在電子自旋角動量中，其角動量$S=\frac{1}{2}$，故其分量爲$m_s=-\frac{1}{2}$; $m_s=+\frac{1}{2}$，如圖13.8所示。

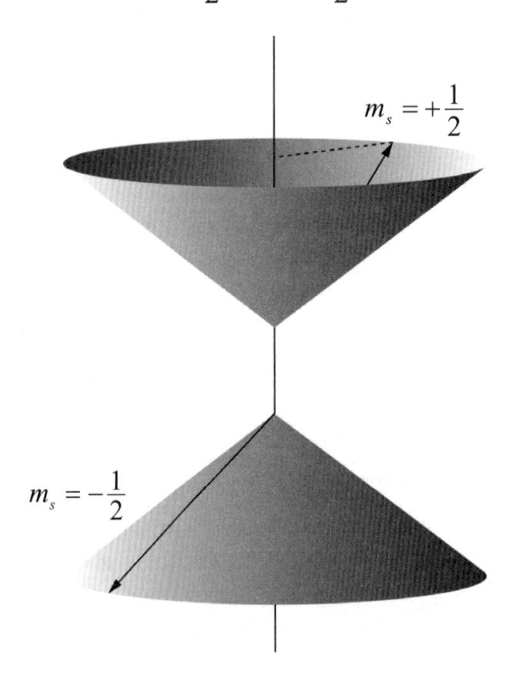


圖13.8 電子自旋的兩個分量為$m_s=-\frac{1}{2}$; $m_s=+\frac{1}{2}$

因爲$S=\frac{1}{2}$，$m_s=+\frac{1}{2}$的state稱爲$\alpha$ state，$m_s=-\frac{1}{2}$的state稱爲$\beta$ state，所以

1. $S^2=S(S+1)\hbar^2=\frac{1}{2}(\frac{1}{2}+1)\hbar^2=\frac{3}{4}\hbar^2$

   $\hat{S}^2\alpha=S(S+1)\hbar\alpha=\frac{3}{4}\hbar\alpha$

   $\hat{S}^2\beta=S(S+1)\hbar\beta=\frac{3}{4}\hbar\beta$

2. $\hat{S}_z\alpha=\frac{1}{2}\hbar\alpha$；$\hat{S}_z\beta=\frac{-1}{2}\hbar\beta$

3. $\hat{S}_+\alpha=0$；$\hat{S}_-\alpha=\hbar\beta$

   $\hat{S}_+\beta=\hbar\alpha$；$\hat{S}_-\beta=0$

   （$\hat{S}_+$：上升算符；$\hat{S}_-$：下降算符）

4 $\int\chi_\alpha^*\chi_\alpha d\tau_e=1$；$\int\chi_\beta^*\chi_\beta d\tau_e=1$；$\int\chi_\alpha^*\chi_\beta d\tau_e=0$（$\chi$表電子自旋之波函數）

5. 波函數可分成電子的軌域及自旋兩部分的乘積，即

$$\text{波函數}=\text{（軌域）（自旋）}$$

$$\Psi=\psi_{n\ell m}\cdot\chi_{m_s}$$

其中$\psi_{n\ell m_\ell}$爲軌域的波函數，自旋波函數$\chi_{1/2}=\alpha$；$\chi_{-1/2}=\beta$

## 13.6　塞曼效應

氫原子的能階會受磁場的影響而分裂，想像一迴圈中的電荷所產生的磁偶極矩（magnetic dipole）$\mu$，

$$\mu=iA=(\frac{qv}{2\pi r})(\pi r^2)=\frac{qvr}{2}=\frac{q(r\times v)}{2}$$

$$\mu=\frac{q(r\times p)}{2m}=\frac{q}{2m}L$$

其中$i$是電流（單位安培），$A$是迴圈的面積（單位平方公尺）

對電子而言，$q=-|e|$

$$\mu = \frac{-|e|}{2m_e} L$$

磁偶極矩$\mu$與磁場的作用可表爲

$$E_B = -\mu \cdot B = -\mu_z B_z = \frac{|e| B_z}{2m_e} L_z$$

假設磁場是在$z$軸方向，此時氫原子在外加磁場下的漢米敦算符可寫成

$$\hat{H} = \hat{H}_0 + \frac{|e| B_z}{2m_e} \hat{L}_z$$

$$\hat{H}_0 \psi + \frac{|e| B_z}{2m_e} \hat{L}_z \psi = E\psi$$

$$\hat{H}_0 \psi = -\frac{m_e e^4}{8\varepsilon_0^2 h^2 n^2} \psi$$

$$\hat{L}_z \psi = m\hbar \psi$$

$$E_B = -\frac{m_e e^4}{8\varepsilon_0^2 h^2 n^2} = \beta m B_z$$

$$n = 1,\ 2,\ 3,\ \cdots$$

$$m = 0,\ \pm 1,\ \pm 2,\ \cdots,\ \pm \ell$$

定義$\beta$（Bohr magneton）$= \frac{|e| h}{2\pi m_e} = 9.274 \times 10^{-24}$ J/K

因此，$m$稱爲磁量子數（magnetic quantum number）。圖13.9顯示氫原子2p軌域在磁場下的分裂情形。此效應稱爲塞曼效應（Zeeman effect）。

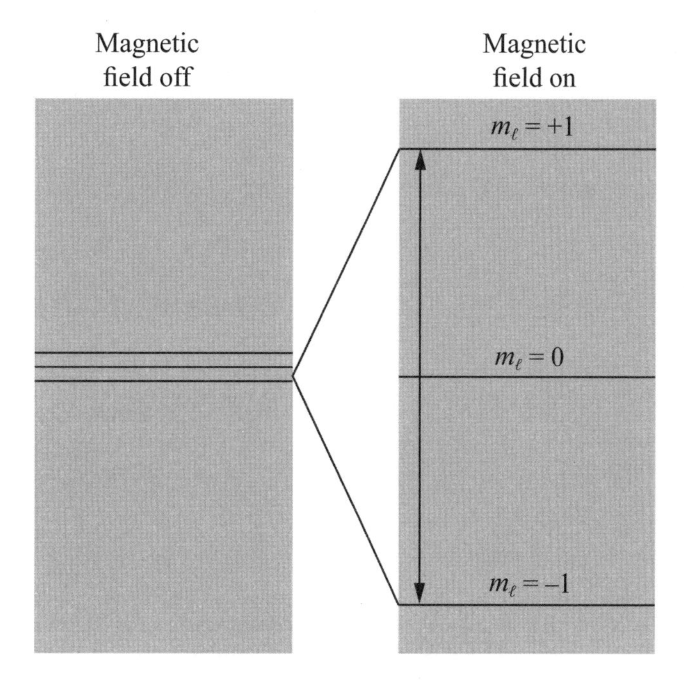


圖13.9　氫原子2p軌域在磁場下的分裂

## 13.7　氦原子

氦原子因爲有兩個電子，它的漢米敦算符需考慮兩電子的動能及其位能，兩電子之間還有庫倫排斥力，所以它的漢米敦算符如下：

$$\hat{H} = \frac{-\hbar^2}{2m_e}\nabla_1^{\ 2} + \frac{-\hbar^2}{2m_e}\nabla_2^{\ 2} - \frac{2e^2}{4\pi\varepsilon_0 r_1} - \frac{2e^2}{4\pi\varepsilon_0 r_2} + \frac{e^2}{4\pi\varepsilon_0 r_{12}}$$

定義單一電子$i$的漢米敦算符如下：

$$\hat{h}_0(i) = \frac{-\hbar^2}{2m_e}\nabla_i^{\ 2} - \frac{Ze^2}{4\pi\varepsilon_0 r_i}$$

則$\hat{H} = \hat{h}_0(1) + \hat{h}_0(2) + \dfrac{e^2}{4\pi\varepsilon_0 r_{12}}$

可先忽略電子之間的排斥力，而令zero-order Hamiltonian：

$$\hat{H}_0 = \hat{h}_0(1) + \hat{h}_0(2)$$
$$\Psi_0 = \psi(1)\psi(2)$$
$$\hat{H}_0\Psi_0 = E^{(0)}\Psi_0$$
$$\hat{H}_0\Psi_0 = [\hat{h}_0(1) + \hat{h}_0(2)]\psi(1)\psi(2)$$
$$= [\hat{h}_0(1)\psi(1)]\psi(2) + [\hat{h}_0(2)\psi(2)]\psi(1)$$
$$E^{(0)} = -Z^2(\frac{1}{n_1^2} + \frac{1}{n_2^2})R_y = -1.743 \times 10^{-17}\ \mathrm{J}$$

其中$R_y = \frac{e^2}{2a_0} = 13.6\ \mathrm{eV} = 109{,}737\ \mathrm{cm}^{-1}$，可視爲氫原子的游離能；$E_H = \frac{e^2}{a_0}$ $= 27.2\mathrm{eV} = 2R_y$，稱爲hartree，所以$\Psi_0 = \psi_{n_1\ell_1m_1}(1)\psi_{n_2\ell_2m_2}(2)$。

## 13.8　微擾理論

爲了更精確的預測氦原子在基態的能量，我們需將$\frac{e^2}{4\pi\varepsilon_0 r}$加以考慮，如此$\Psi_0$便不再是漢米敦的本徵函數。將漢米敦算符分成兩項：

$$\hat{H}_{system} = \hat{H}_{ideal} + \hat{H}_{perturb}$$
$$\hat{H}_{system}\Psi^{(0)} \approx E_{system}\Psi^{(0)}$$
$$< E > \approx \int (\Psi^{(0)})^* \hat{H}_{system}\Psi^{(0)} d\tau$$
$$< E > \approx \int (\Psi^{(0)})^* (\hat{H}^0 + \hat{H}')\Psi^{(0)} d\tau$$
$$= \int (\Psi^{(0)})^* \hat{H}^0\Psi^{(0)} d\tau + \int (\Psi^{(0)})^* \hat{H}'\Psi^{(0)} d\tau$$
$$= < E^0 > + \int (\Psi^{(0)})^* \hat{H}'\Psi^{(0)} d\tau$$
$$= < E^0 > + < E^{(1)} >$$

此稱爲一級微擾理論（first-order perturbation theory）。對於氦原子而言，經複雜計算後可得：

$$<E^{(1)}>=\int(\Psi^{(0)})^*\frac{e^2}{4\pi\varepsilon_0 r_{12}}\Psi^{(0)}d\tau$$
$$=\frac{5}{4}(\frac{e^2}{4\pi\varepsilon_0 a_0})$$
$$=5.450\times10^{-18}\ \text{J}$$

因此其基態能量為$E_{\text{He}}=-1.743\times10^{-17}+5.450\times10^{-18}=-1.198\times10^{-17}$ J

## 例題13.5

Using the first order perturbation, calculate the energy of the ground state of an anharmonic oscillator with potential energy function $V(z)=\frac{kz^2}{2}+cz^4$, where $k$ and $c$ are constants.

**解**：

依一級微擾理論，該微擾的Hamiltonian為：

$$\hat{H}^{(1)}=cz^4$$

先找出harmonic oscillator在基態的波函數為：

$$\Psi_0(x)=\left(\frac{\alpha}{\pi}\right)^{\frac{1}{4}}e^{-\alpha x^2/2}$$

其中$\alpha=\left(\frac{k\mu}{h^2}\right)^{1/2}$

$$<E^{(1)}>=\left(\frac{\alpha}{\pi}\right)^{1/2}\int_{-\infty}^{\infty}(cz^4)e^{-\alpha x^2}dx$$
$$=c\cdot\left(\frac{\alpha}{\pi}\right)^{1/2}\cdot\frac{3\cdot\sqrt{\pi}}{8\alpha^{5/2}}$$
$$=\frac{3c}{8\alpha^2}$$

## 例題13.6

For a particle in a box with a slanted bottom as shown below ($\hat{H}^{(1)} = \frac{V}{a}x$), use perturbation theory to calculate the energy levels.

**解**：

$\hat{H}^{(1)} = \frac{V}{a}x$，其中$V$為常數

$$\psi^{(0)} = (\frac{2}{a})^{1/2}\sin(\frac{n\pi x}{a})$$

$$E^{(0)} = \frac{n^2h^2}{8ma^2}$$

$$< E^{(1)} >= \int_0^a \psi^{(0)*}(\frac{x}{a}V)\psi^{(0)}dx = \frac{2V}{a^2}\int_0^a x\sin^2\frac{n\pi x}{a}dx = \frac{2V}{a^2}\cdot\frac{a^2}{4} = \frac{V}{2}$$

$$E = \frac{n^2h^2}{8ma^2} + \frac{V}{2}$$

## 例題13.7

The application of an electric field ($\xi$) to the H atom adds a potential：

$$Vs = e\xi z = e\xi r\cos\theta$$

to the Hamiltonian. This added potential could alter both the wavefunctions and the energy levels of the H atom. Show that the first-order Stark effect (that is, $<Vs>$ as calculated with the unperturbed wave functions) is zero. Do the integrals for the 1$s$ and 2$p$ functions as an example.

**解**：

對於1$s$ orbital而言：

$$< E^{(1)} >=< Vs >= \int \psi_{100}Vs\psi_{100}d\tau = \int_0^{2\pi}\int_0^{\pi}\int_0^{\infty} r^3\exp(-\frac{2Zr}{a_0})dr\sin\theta\cos\theta d\theta d\phi$$

因為$\int_0^{\pi}\sin\theta\cos\theta d\theta = \frac{\sin^2\theta}{2}\Big|_0^{\pi} = 0$

因此$\langle E^{(1)}\rangle = \langle Vs\rangle = 0$

對於$2p$ orbital而言：

$$<E^{(1)}>=<Vs>=\int \psi_{210} Vs \psi_{210} d\tau = \int_0^{2\pi}\int_0^{\pi}\int_0^{\infty} r^5 \exp(-\frac{2Zr}{a_0}) dr \sin\theta \cos^3\theta d\theta d\phi$$

因為$\int_0^{\pi} \sin\theta \cos^3\theta d\theta = \frac{\cos^4\theta}{4}\Big|_0^{\pi} = 0$

因此$\langle E^{(1)}\rangle = \langle Vs\rangle = 0$

## 13.9　變分法

假設漢米敦算符與時間無關，$E_1$是系統的最低能量，則對於嘗試波函數（trial wavefunction）$\psi$符合$\frac{\int \psi^* \hat{H} \psi d\tau}{\int \psi^* \psi d\tau} \geq E_1$，如果波函數$\psi$是真正的基態波函數的話，則等式成立。

茲證明$\frac{\int \psi^* \hat{H} \psi d\tau}{\int \psi^* \psi d\tau} \geq E_1$如下：

令嘗試波函數$\psi$可寫成一基底函數的線性組合，即

$$\psi = \sum_k a_k \phi_k$$

其中$\hat{H}\phi_k = E_k \phi_k$，$\phi_k$：完整且正規正交的基底

分子項可寫成：

$$\begin{aligned}
\int \psi^* \hat{H} \psi d\tau &= \int \sum_k a_k^* \phi_k^* \hat{H} \sum_m a_m \phi_m d\tau = \int \sum_k a_k^* \phi_k^* \sum_m a_m \hat{H} \phi_m d\tau \\
&= \int \sum_k a_k^* \phi_k^* \sum_m a_m E_m \phi_m d\tau = \sum_k \sum_m a_k^* a_m E_m \int \phi_k^* \phi_m d\tau \\
&= \sum_k \sum_j a_k^* a_m E_m \delta_{km} \\
&= \sum_k a_k^* a_k E_k = \sum_k |a_k|^2 E_k \\
&\geq \sum_k |a_k|^2 E_1 = E_1 \sum_k |a_k|^2
\end{aligned}$$

分母項可寫成：$\int \psi^* \psi d\tau = \int \sum_k a_k^* \phi_k^* \sum_m a_m \phi_m d\tau$

$$= \sum_k \sum_m a_k^* a_m \int \phi_k^* \phi_m d\tau = \sum_k \sum_m a_k^* a_m \delta_{km} = \sum_k |a_k|^2$$

因此$\dfrac{\int \psi^* \hat{H} \psi d\tau}{\int \psi^* \psi d\tau} \geq E_1$

## 例題13.8

The boundary condition for a particle in a box are $\psi(0) = \psi(a) = 0$. A reasonable trial function $\psi(x) = Cx(x - a)$ also satisfies the boundary conditions, as a simple basis function. Find the estimate for the energy $E$ of the ground state by using the variation method. What is the percent error (relative to the analytical energy value)?

**解**：

因為$E_\psi = \dfrac{\int \psi^* H \psi dx}{\int \psi^* \psi dx} \geq E_1$

分子為$\int_0^a \psi^* \hat{H} \psi dx = \int_0^a x(a-x)[-\dfrac{\hbar^2}{2m}\dfrac{d^2}{dx^2}(x(a-x))]dx = \dfrac{a^3 h^2}{6m}$

分母為$\int_0^a \psi^* \psi dx = \int_0^a [x(a-x)]^2 dx = \dfrac{a^5}{30}$

$$E_\psi = \frac{\dfrac{a^3 h^2}{6m}}{\dfrac{a^5}{30}} = \frac{5}{4\pi^2}\frac{h^2}{ma^2}$$

已知由薛丁格方程式所解得的真正基態能量為$E_1 = \dfrac{h^2}{8ma^2}$

因此，error $= \dfrac{(\dfrac{5h^2}{4\pi^2 ma^2} - \dfrac{h^2}{8ma^2})}{\dfrac{h^2}{8ma^2}} = 1.32\%$

## 例題13.9

Using a Gaussian trial function $e^{-\alpha r^2}$ for the ground state of the hydrogen atom, show that

$$E(\alpha)=\frac{3\hbar^2\alpha}{2m_e}-\frac{e^2\alpha^{1/2}}{\sqrt{2}\varepsilon_0\pi^{3/2}}\text{ and }E_{\min}=-\frac{4}{3\pi}\frac{m_e e^4}{16\pi^2\varepsilon_0\hbar^2}$$

**解**：

$$\hat{H}=-\frac{\hbar^2}{2m_e r^2}\frac{d}{dr}(r^2\frac{d}{dr})-\frac{e^2}{4\pi\varepsilon_0 r}$$

$$4\pi\int_0^\infty drr^2\phi^*(r)\hat{H}\phi(r)=\frac{3\hbar^2\pi^{3/2}}{4\sqrt{2}m_e\alpha^{1/2}}-\frac{e^2}{4\varepsilon_0\alpha}$$

$$4\pi\int_0^\infty drr^2\phi^*(r)\phi(r)=(\frac{\pi}{2\alpha})^{3/2}$$

$$E(\alpha)=\frac{3\hbar^2\alpha}{2m_e}-\frac{e^2\alpha^{1/2}}{\sqrt{2}\varepsilon_0\pi^{3/2}}$$

令 $E(\alpha)=\frac{3\hbar^2\alpha}{2m_e}-\frac{e^2\alpha^{1/2}}{\sqrt{2}\varepsilon_0\pi^{3/2}}=0$

$$\alpha=\frac{m_e^2e^4}{18\pi^3\varepsilon_0^2\hbar^4}$$

$$E_{\min}=-\frac{4}{3\pi}\frac{m_e e^4}{16\pi^2\varepsilon_0\hbar^2}=-0.424(\frac{m_e e^4}{16\pi^2\varepsilon_0\hbar^2})$$

Exact value $E_0=-\frac{1}{2}\frac{m_e e^4}{16\pi^2\varepsilon_0\hbar^2}$

$E_0 > E_{\min}$

## Linear Variation Method

一般可假設嘗試波函數$\psi = c_1\phi_1 + c_2\phi_2 + \cdots + c_n\phi_n$，其中$c_n$可變的參數，若以最簡單的方式$\psi = c_1\phi_1 + c_2\phi_2$，利用變分法，

$$E_\psi = \frac{\int \psi^* H \psi d\tau}{\int \psi^* \psi d\tau}$$

$$= \frac{\int [c_1\phi_1 + c_2\phi_2]^* H [c_1\phi_1 + c_2\phi_2] d\tau}{\int [c_1\phi_1 + c_2\phi_2]^* [c_1\phi_1 + c_2\phi_2] d\tau}$$

$$= \frac{c_1^* c_1 H_{11} + c_1^* c_2 H_{12} + c_1 c_2^* H_{21} + c_2^* c_2 H_{22}}{c_1^* c_1 S_{11} + c_1^* c_2 S_{12} + c_1 c_2^* S_{21} + c_2^* c_2 S_{22}}$$

其中$H_{ij} = \int \phi_i^* H_j \phi_j d\tau = H_{ji}^*$

$S_{ij} = \int \phi_i^* \phi_j d\tau = S_{ji}^*$稱爲重疊積分

$$c_1^* c_1 H_{11} + c_1^* c_2 H_{12} + c_1 c_2^* H_{21} + c_2^* c_2 H_{22}$$
$$= E_\psi (c_1^* c_1 S_{11} + c_1^* c_2 S_{12} + c_1 c_2^* S_{21} + c_2^* c_2 S_{22})$$

$$\frac{\partial E_\psi}{\partial c_1^*} = 0$$

$$\frac{\partial E_\psi}{\partial c_2^*} = 0$$

$$c_1(H_{11} - E_\psi S_{11}) + c_2(H_{12} - E_\psi S_{12}) = 0 \quad \text{(A)}$$

$$c_1(H_{21} - E_\psi S_{21}) + c_2(H_{22} - E_\psi S_{22}) = 0 \quad \text{(B)}$$

(A)和(B)聯立

$$\begin{vmatrix} H_{11} - E_\psi S_{11} & H_{21} - E_\psi S_{21} \\ H_{12} - E_\psi S_{12} & H_{22} - E_\psi S_{22} \end{vmatrix} = 0$$

如此可得到兩個解，取能量較小的作爲基態能量的近似。

## 例題13.10

Using a trial function $\psi = c_1 x(a-x) + c_2 x^2(a-x)^2$ to obtain the ground state energy for a particle in one-dimensional box. For simplicity, let $a = 1$, which amounts to measuring all distances in units of $a$.

**解**：

$\phi_1 = x(1-x)$

$\phi_2 = x^2(1-x)^2$

$H_{11} = \frac{h^2}{6m}$；$H_{12} = H_{21} = \frac{h^2}{30m}$；$H_{22} = \frac{h^2}{105m}$

$S_{11} = \frac{1}{30}$；$S_{12} = S_{21} = \frac{1}{140}$；$S_{22} = \frac{1}{630}$

$$\begin{vmatrix} \frac{1}{6} - \frac{E'}{30} & \frac{1}{30} - \frac{E'}{140} \\ \frac{1}{30} - \frac{E'}{140} & \frac{1}{105} - \frac{E'}{630} \end{vmatrix} = 0$$

其中$E' = \frac{Em}{h^2}$

$3E'^2 - 168E' + 756 = 0$

$E' = \frac{168 \pm \sqrt{19152}}{6} = 51.065; 4.93487$

$E_{\min} = 0.125002\frac{h^2}{m}$

$E_{exact} = \frac{h^2}{8m} = 0.125000\frac{h^2}{m}$

## 13.10 庖立互不相容原理

原子的電子可用電子組態加以描述，電子在其可塡入的次殼層中的特定分布稱爲電子組態（electron configuration）。如前所述，次殼層指的由具有相同$n$和$\ell$的量子數、卻有不同$m_\ell$值的軌域所組成的族群，每一次殼層的標示是先以主量子數$n$，接著再以字母代表其$\ell$量子數（s、p、d、f等等）。電子組態的標示是依序列出次殼層的先後順序，上標數字代表在軌域的電子數，例如鋰原子（原子序3）的組態有兩個電子在1s次殼層，一個電子在2s次殼層，所以其電子組態寫爲$1s^22s^1$。

不是所有的電子排列都是可行的，根據實驗所得的結論是庖立互不相容原理（Pauli exclusion principle）：原子的兩個電子不可能同時有相同的四個量子數。如果原子的一電子其量子數是$n = 1$、$\ell = 0$、$m_\ell = 0$、$m_s =$

$+\frac{1}{2}$，則其他的電子不可能有這四個相同的量子數。因爲$m_s$僅有兩個可能的值，所以一軌域不能容納兩個以上的電子，如果有兩個電子在同一軌域，則這兩個電子的自旋量子數必須不一樣，這兩個電子被稱爲具有相反的自旋。庖立互不相容原理重新描述如下：一軌域最多可以容納兩個電子，而且這兩個電子的自旋必須相反。

在此之前我們僅討論氦原子的軌域函數（$1s^2$ configuration），如果加入電子的自旋，則對兩電子有以下四種可能性：

| 近似波函數 | z-成分自旋的總和 |
|---|---|
| $\psi_{He}=(1s_1\alpha)(1s_2\alpha)$ | +1 |
| $\psi_{He}=(1s_1\alpha)(1s_2\beta)$ | 0 |
| $\psi_{He}=(1s_1\beta)(1s_2\alpha)$ | 0 |
| $\psi_{He}=(1s_1\beta)(1s_2\beta)$ | –1 |

實驗證實基態的氦原子其total $z$-component spin = 0，因此只有第二個和第三個波函數是可能的，將兩個波函數線性組合可得：

$$\psi_{He,1}=\frac{1}{\sqrt{2}}[(1s_1\alpha)(1s_2\beta)+(1s_1\beta)(1s_2\alpha)]=\frac{1}{\sqrt{2}}[1s_1 1s_2(\alpha\beta+\beta\alpha)]$$

$$\psi_{He,2}=\frac{1}{\sqrt{2}}[(1s_1\alpha)(1s_2\beta)-(1s_1\beta)(1s_2\alpha)]=\frac{1}{\sqrt{2}}[1s_1 1s_2(\alpha\beta-\beta\alpha)]$$

因爲電子式爲不可分辨的（indistinguishable），庖立互不相容原理說明如果電子互換的話，則電子的整體波函數必須是反對稱的（antisymmetric），亦即：

$$\Psi(1,\ 2)=-\Psi(2,\ 1)$$

因此只有$\psi_{He,2}=\frac{1}{\sqrt{2}}[(1s_1\alpha)(1s_2\beta)-(1s_1\beta)(1s_2\alpha)]=\frac{1}{\sqrt{2}}[1s_1 1s_2(\alpha\beta-\beta\alpha)]$符合庖立互不相容原理。或者可理解如下：因爲$\Psi$必須爲奇函數，因此有兩種方式：

$$\Psi(\text{odd}) = (\text{odd spatial part})\times(\text{even spin part})$$

或者是$\Psi(\text{odd}) = (\text{even spatial part})\times(\text{odd spin part})$

因爲電子交換，空間部分並不改變，因此爲偶函數（even function）；因此自旋部分必須爲奇函數（odd function），亦即必須是$(\alpha\beta - \beta\alpha)$。

一般可利用行列式$\begin{vmatrix} a & d \\ c & b \end{vmatrix} = (a\times b)-(c\times d)$的特性得到反對稱的性質，因此$\Psi_{He} = \dfrac{1}{\sqrt{2}}\begin{vmatrix} 1s_1\alpha & 1s_1\beta \\ 1s_2\alpha & 1s_2\beta \end{vmatrix}$。

自旋函數$(\alpha\beta - \beta\alpha)$兩個電子自旋性質爲：

$$\hat{S} = \hat{S}_1 + \hat{S}_2$$
$$\hat{S}_z = \hat{S}_{1z} + \hat{S}_{2z}$$
$$\hat{S}_z\psi = (\hat{S}_{1z} + \hat{S}_{2z})(\alpha_1\beta_2 - \beta_1\alpha_2) = \frac{\hbar}{2}\alpha_1\beta_2 - \frac{\hbar}{2}\alpha_1\beta_2 + \frac{\hbar}{2}\beta_1\alpha_2 - \frac{\hbar}{2}\beta_1\alpha_2 = 0$$

$$\begin{aligned} \hat{S}^2\psi &= (\hat{S}_1 + \hat{S}_2)^2\psi = (\hat{S}_1^2 + \hat{S}_2^2 + 2\hat{S}_1\cdot S_2)\psi \\ &= (\hat{S}_1^2 + \hat{S}_2^2 + 2\hat{S}_{1z}\hat{S}_{2z} + \hat{S}_{+1}\hat{S}_{+2} + \hat{S}_{-1}\hat{S}_{+2})\psi \\ &= \hbar^2(\frac{3}{4} + \frac{3}{4} - \frac{2}{4} - 1)\psi = 0 \end{aligned}$$

$$\begin{aligned} &(\hat{S}_{+1}\hat{S}_{+2} + \hat{S}_{-1}\hat{S}_{+2})(\alpha_1\beta_2 - \beta_1\alpha_2) \\ &= [-\alpha_1\beta_2 + \beta_1\alpha_2]\hbar = -\hbar(\alpha_1\beta_2 - \beta_1\alpha_2) \end{aligned}$$

Li在基態的電子組態$1s^2 2s^1$，其波函數可用三階行列式表之：

$$\psi_{Li} = \frac{1}{\sqrt{3!}}\begin{vmatrix} 1s(1)\alpha(1) & 1s(1)\beta(1) & 1s(1)\alpha(1) \\ 1s(2)\alpha(2) & 1s(2)\beta(2) & 1s(2)\alpha(2) \\ 1s(3)\alpha(3) & 1s(3)\beta(3) & 1s(3)\alpha(3) \end{vmatrix}$$

三階行列式展開共有6項，因此正規化常數 $N = \dfrac{1}{\sqrt{3!}} = \dfrac{1}{6}$

同理，Be在基態的電子組態$1s^2 2s^2$，其波函數可用四階行列式表之：

$$\psi_{Be}=\frac{1}{\sqrt{4!}}\begin{vmatrix}1s(1)\alpha(1) & 1s(1)\beta(1) & 2s(1)\alpha(1) & 2s(1)\beta(1)\\ 1s(2)\alpha(2) & 1s(2)\beta(2) & 2s(2)\alpha(2) & 2s(2)\beta(2)\\ 1s(3)\alpha(3) & 1s(3)\beta(3) & 2s(3)\alpha(3) & 2s(3)\beta(3)\\ 1s(4)\alpha(4) & 1s(4)\beta(4) & 2s(4)\alpha(4) & 2s(4)\beta(4)\end{vmatrix}$$

$$=\frac{1}{\sqrt{4!}}\begin{vmatrix}1s(1) & \overline{1s(1)} & 2s(1) & \overline{2s(1)}\\ 1s(2) & \overline{1s(2)} & 2s(2) & \overline{2s(2)}\\ 1s(3) & \overline{1s(3)} & 2s(3) & \overline{2s(3)}\\ 1s(4) & \overline{1s(4)} & 2s(4) & \overline{2s(4)}\end{vmatrix}=|1s\quad \overline{1s}\quad 2s\quad \overline{2s}|$$

## 13.11 氦原子的激發態

之前所討論的僅局限於氦原子的基態，現在考慮其激發態，其組態為 $1s^1 2s^1$，其兩個空間函數：$1s(1)2s(2)$ and $2s(1)1s(2)$

$$(1s)(2s)=\Psi_{1s}(1)\Psi_{2s}(2)=\exp(-2r_1/a_0)(1-2r_2/a_0)\exp(-r_2/a_0)$$
$$(2s)(1s)=\Psi_{1s}(1)\Psi_{2s}(2)=\exp(-2r_1/a_0)(1-2r_1/a_0)\exp(-r_2/a_0)$$

考慮庖立互不相容原理，可將以上的函數加以線性組合成對稱與反對稱。

$$\Psi_s=(1s)(2s)+(2s)(1s)$$
$$\Psi_a=(1s)(2s)-(2s)(1s)$$

但自旋函數可組合成三個對稱和一個反對稱函數：

$$\left.\begin{aligned}\chi_s&=\alpha\alpha\\ \chi_s&=\alpha\beta+\beta\alpha\\ \chi_s&=\beta\beta\end{aligned}\right\}\text{對稱}$$
$$\chi_a=\alpha\beta-\beta\alpha\quad(\text{反對稱})$$

因此依據庖立互不相容原理，總波函數：$\Psi_s\chi_a$或$\Psi_{as}$

Singlet state ($^1S$)：

$$\Psi(^1S) = [(1s)(2s) + (2s)(1s)](\alpha\beta - \beta\alpha)$$

Triplet state ($^3S$)：

$$\Psi(^3S) = [(1s)(2s) - (2s)(1s)](\alpha\alpha)$$
$$\Psi(^3S) = [(1s)(2s) - (2s)(1s)](\alpha\beta + \beta\alpha)$$
$$\Psi(^3S) = [(1s)(2s) - (2s)(1s)](\beta\beta)$$

zero-order energy：$E^{(0)} = -4R_y(1/1 + 1/4) = -5R_y$（因為$n_1 = 1, n_2 = 2$）

first-order energy：

Singlet state $^1S$：$<\frac{e^2}{r_{12}}>= \iint \frac{e^2}{r_{12}}[(1s)(2s)+(2s)(1s)]^2 d\tau_1 d\tau_2$

$$= \iint \frac{e^2}{r_{12}}[1s(1)]^2[2s(2)]^2 d\tau_1 d\tau_2 + \iint \frac{e^2}{r_{12}}[1s(2)]^2[2s(1)]^2 d\tau_1 d\tau_2$$
$$+2\iint \frac{e^2}{r_{12}}[1s(1)][2s(1)][1s(2)][2s(2)] d\tau_1 d\tau_2$$

第一項積分稱為庫侖積分（$J$），其值為$J = 0.839R_y$，最後第一項積分稱為交換積分（$K$），其值為$K = 0.088R_y$，所以$E^{(1)}(^1S) = E^{(0)} + J + K = -4.073R_y$

Triplet state $^3S$：$E^{(3)}(^3S) = E^{(0)} + J - K = -4.249R$，因此Triplet state較穩定。

## 綜合練習

1. The radial wavefunction $\psi = C \cdot [2-(r/a_0)] \cdot \exp[-r/(2a_0)]$ is for the
   (A) $2p_z$　(B) $2s$　(C) $2p_0$　(D) $2p_{+1}$
   orbital of $H$ atom, where $C$ is a constant.

2. The angular momentum of a rigid rotor is measured to be $\sqrt{6}\hbar$. Immediately after this measurement, the angular momentum component along a specific direction ($L_z$) is measured. What are the possible outcomes of the second measurement.

3. An electron in a 3p orbital has an angular momentum of magnitude
   (A) $2^{1/2}$　(B) $6^{1/2}$　(C) 3　(D) $6\hbar$

4. Which of the following statements is true about the variation theorem?
   (A) The trial function must be normalized.
   (B) The trial function must be well-behaved.
   (C) Any function may be used as a trial function.
   (D) It is possible to obtain an approximate energy which is smaller than the $E_{gs}$, where $gs$ is the ground state.

5. From the given information above write down
   (1) the spatial part (including radial part and angular part) wave functions of $3d_{\pm 1}$ of hydrogen atom. (The normalization factor needs not be considered, you can use N to represent it)
   (2) use linear combination to get a real representation of $2p_{\pm 1}$ orbital.

6. From the given information above
   (1) Draw the radial wave function of 3s orbital. (indicate the node positions at which value of $\rho$)
   (2) Draw the radial distribution function of $2p$ orbital.
   (3) describe how to calculate the most probable radius ($r_{mp}$) for 2p orbital.
   (you may write the expression but no need to calculate it)

7. (1) What is the orbital quantum number of an electron in the orbital 3p?
   (2) What magnitude is the orbital angular momentum in this orbital?
   (3) Give the number of radial nodes in this orbital.
   (4) Give the number of angular nodes in this orbital.

8. Give the total wavefunction for the triplet excited state of Helum atom with the configuration $1s^1 2s^1$ and $S_Z = 0$. Express it in terms of ($1s$, $2s$) orbital, and ($\alpha$, $\beta$) spin. $\psi(1, 2)$ = ________.

9. Given below are wavefunctions of hydrogen atom of $n = 2$ and $\ell = 1$ states:

$$\psi_{2p-1} = \frac{1}{8\pi^{1/2}}\left(\frac{1}{a}\right)^{5/2} re^{-r/2a}\sin\theta e^{-i\phi},\ \psi_{2pn} = \frac{1}{\pi^{1/2}}\left(\frac{1}{2a}\right)^{5/2} re^{-r/2a}\cos\theta$$

$$\psi_{2p1} = \frac{1}{8\pi^{1/2}}\left(\frac{1}{a}\right)^{5/2} re^{-r/2a}\sin\theta e^{i\phi}$$

Which of the following statement is incorrect?

(A) These three states are degenerate.

(B) $\psi_{2pn} = \frac{1}{\sqrt{2}}(\psi_{2p1} - \psi_{2p-1})$

(C) These three wavefunctions all have single node.

(D) The energies of these three states will be different under external magnetic field.

(E) All answers are correct.

10. Which of the following is correct?

(A) The magnitude of the orbital magnetic moment of an electron is proportional to the magnitude of orbital angular momentum

(B) Increases the strength of external magnetic field will increase the splitting of proton signals in NMR spectrum

(C) Total angular momentum of an electron is the sum of the orbital angular momentum and spin angular momentum

(D) The Bohr magneton is inversely proportional to the electron mass.

(E) All answers are correct

11. The hydrogenlike $2s$ and $2p$ wavefunctions have the same energy. In spite of the normalization constant, which of the following statement about He atoms is correct?

(A) $[1s(1)2s(2)][\alpha(1)\beta(2) - \alpha(2)\beta(1)]$ is the first excited state wavefunction

(B) $[1s(1)2p_x(2) + 1s(2)2p_x(1)][\alpha(1)\beta(2)]$ is the first excited state wavefunction

(C) $[1s(1)2s(2)][\alpha(1)\beta(2) + \alpha(2)\beta(1)]$ is the ground state wavefunction

(D) $[1s(1)2s(2)][\alpha(1)\alpha(2)]$ is the first excited state wavefunction

(E) none is correct

12. Suppose that three indistinguishable molecules are distributed among three energy levels. The energy of the levels are: 0, 1, 2, units.

(1) How many different arrangements are possible if there is no restriction on the energy of the three molecules?

(2) How many different arrangements are possible if the total energy of the three molecules is fixed at one unit?

(3) Find the number of different arrangements if the total energy is two units, and calculate the increase in entropy accompanying the energy increase from one to two units. (Express your answer in terms of Boltzmann constant $\kappa_B$)

13. Draw an energy level diagram and indicate energy spacings for the 1$s$ and 2$p$ levels in the hydrogen atom in a magnetic field, including spin.

14. Construct all possible wavefunctions for the excited states of helium atom using the product of 1$s$ and 2$s$ hydrogen-like orbitals. Which are the lowest excited states?

15. The Hamiltonian for "the particle in a box problem" along the $x$ direction is defined as $\hat{H} = -\frac{\hbar^2}{2m}\frac{d^2}{dx^2}$. Apply the variation method with trial function $\Psi = \sin\left(\frac{\pi x}{a}\right)$ to calculate an energy for a particle of mass $m$ moving in an one-dimensional box of length $a$.

16. The wavefunction of 1s orbital for the hydrogen atom is

$$\psi_{1s} = C\left(\frac{1}{a_0}\right)^{3/2} e^{-r/a_0}$$

(1) Find the value of C that normalizes the orbital.

(2) Calculate the average distance $<r>$ between the nucleus and electron in terms of $a_0$.

(3) Calculate the most probable distance $r$ to find the electron in terms of $a_0$.

17. The probability to obtain the eigenvalue of $\hbar$ from the measurement of $L_Z$ for $2p_x$ orbital is ________. The expectation value of $L_Z$ for $2p_x$ orbital is ________.

# 第 14 章

# 多電子原子、分子軌域及光譜

## 14.1　多電子原子的角動量耦合

每個電子有其軌域和自旋的量子數($n$, $\ell$, $m$, $s$)，這些電子的軌域角動量和其自旋的角動量彼此之間會互相耦合（coupling），我們所能觀測到的量是原子的總角動量$J$，最常用來描述多電子原子的自旋－軌道耦合（spin-orbit coupling）的系統有Russell-Saunders Coupling和j-j coupling兩種。以下分別介紹這兩種描述原子總角動量的方法：

### 1. Russell-Saunders Coupling（又稱*LS* coupling）

適用於低原子序的原子，通常是原子序$Z < 30$，在這種情況中自旋－軌道耦合比較弱，因此自旋和軌域的角動量可以個別處理，總自旋量子數爲各電子自旋量子數的總和，即

$$S_T = \sum_i s_i$$

另外，總軌域量子數爲各電子軌域量子數的總和，即

$$L_T = \sum_i \ell_i$$

最後兩者再加總起來得到總角動量。即

$$總角動量 \quad J = L_T + S_T$$

本書中主要討論以Russell-Saunders Coupling（又稱$LS$ coupling）爲主。軌域角動量（以量子數$\ell$表示）取決於電子所在的軌域：

$s$軌域的電子：$\ell = 0 \quad (m_\ell = 0)$
$p$軌域的電子：$\ell = 1 \quad (m_\ell = 1, 0, -1)$
$d$軌域的電子：$\ell = 2 \quad (m_\ell = -2, -1, 0, +1, +2)$
$f$軌域的電子：$\ell = 3 \quad (m_\ell = -3, -2, -1, 0, +1, +2, +3)$

原子組態中所有電子的總軌域角動量以量子數$L$表示，$L$取決於各軌域的$\ell$值總和，即$\ell_1 + \ell_2$至$|\ell_1 - \ell_2|$，$L$在$z$軸的分量則以$M_L$表示，其值可爲$M_L = L, L - 1, \cdots\cdots, -L$，共有$2L + 1$個可能值，假設組態是$p^2$，則$L = \ell_1 + \ell_2$至$|\ell_1 - \ell_2|$，因此$L = 2, 1, 0$。

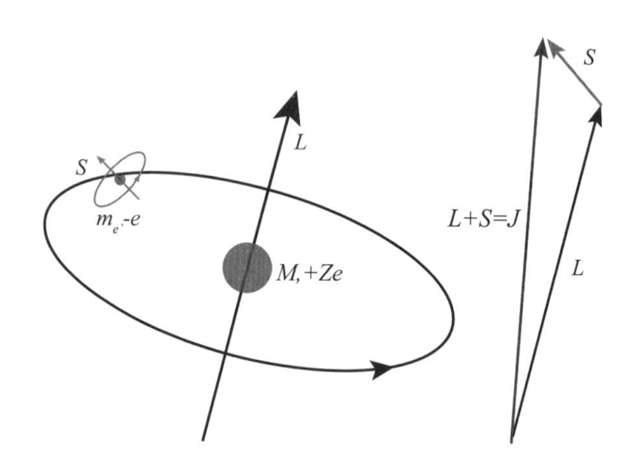


圖14.1　L-S spin coupling

多電子原子中的電子自旋角動量則需考慮電子的自旋狀態及庖立互不相容原理，因爲每一個電子都有兩種可能的自旋狀態，一種是向上的$\alpha$狀態（spin up），另一種則是向下的$\beta$狀態（spin down）；當有兩個電子時，則必須考慮兩個電子自旋狀態的組合共有$\alpha\alpha$, $\alpha\beta + \beta\alpha$, $\beta\beta$, $\alpha\beta - \beta\alpha$四種可能，但是依庖立互不相容原理，只能組合成$\alpha\alpha$, $\alpha\beta+\beta\alpha$, $\beta\beta$和$\alpha\beta-\beta\alpha$。

| 自旋波函數$\chi$ | 自旋總角動量$S$ | 自旋總角動量分量$M_S$ | 狀態 |
|---|---|---|---|
| $\alpha\beta-\beta\alpha$ | 0 | 0 | Singlet |
| $\alpha\alpha$ | 1 | 1 | Triplet |
| $\alpha\beta+\beta\alpha$ | 1 | 0 | Triplet |
| $\beta\beta$ | 1 | –1 | Triplet |

定義自旋多重性$g=2S+1$，表示自旋總角動量的所有可能位向。

## 2. j-j coupling

此種耦合的機制適用於$Z>30$，在此情況自旋－軌道耦合的程度大到需要先處理個別電子的總角動量$j_i$，個別電子的總角動量$j_i$爲其自旋和軌域角動量的和，即$j_i=L_i+S_i$，最後再將所有電子的總角動量加總，即$J=\sum_i j_i$。

## 例題14.1

Given an electronic configuration of $3p^1 3d^1$, calculate the total angular momentum states $(L, M_L)$.

**解**：

3p軌域，所以$\ell_1=1$；

3d軌域，所以$\ell_2=2$；

總軌域角動量$L=\ell_1+\ell_2$至$|\ell_1-\ell_2|$，

因此$L$可為$2+1=3$至$2-1=1$；分別陳列則為：

(a) $L=3$，$M_L=3, 2, 1, 0, -1, -2, -3$（共有7 states）

(b) $L=2$，$M_L=2, 1, 0, -1, -2$（共有5 states）

(c) $L=1$，$M_L=1, 0, -1$（共有3 states）

加總可得$3+5+7=15$，共有15 states；

## 14.2 原子的項圖記號

簡單言之，項圖記號（term symbol）是用來表示多電子原子電子狀態的軌域、自旋及其總角動量的一種符號。如果是氫原子的話，因爲只有單一電子，所以可以直接使用該電子的四個量子數($n$, $\ell$, $m_l$, $m_s$)加以描述其電子之狀態，但是對多電子原子而言，因爲各角動量都是向量，所以可先將所有電子依耦合規則結合以決定其總軌域角動量（$L$）和總自旋量子數（$S$），最後再以所謂的「項圖記號」表之。

原子的狀態可由項圖記號$^{2S+1}L_J$表示，相當於氫原子的$s$, $p$, $d$軌域，其中總軌域角動量$L$爲各電子的軌域角動量的向量和，即$L=\sum_i \ell_i$，記得以$m_1$表示單一電子的軌域角動量在$z$軸的分量，因此多電子原子的總軌域角動量在$z$軸的分量爲$M_L=\sum_i m_{\ell i}$，其值可由$+L$, ……,$-L$（以整數遞減）；舉例而言，當兩個電子的軌域角動量分別爲$\ell_1$和$\ell_2$，則其總角動量$L = \ell_1 + \ell_2$, ……, $|\ell_1 - \ell_2|$（以整數遞減）。

另外多電子原子的總自旋動量$S$可視爲所有電子自旋量子數的向量總和，其值可由$+S$, ……, $-S$，其$z$軸的分量$M_S=\sum_i m_{si}$，以兩個電子爲例，其總自旋動量$S = s_1 + s_2$, $s_1 + s_2 - 1$, ……, $|s_1 - s_2|$（以整數遞減），因此其值只能是1和0。

總角動量爲總軌域角動量$L$與總自旋動量$S$的向量總和，即$J = L + S$，$J$值可由$L + S$，$L + S - 1$，……，$L - S$（以整數遞減）。此時總磁量子數（total magnetic quantum number）$M_J = M_L + M_S$，$M_J$值的範圍可由$+J$到$-J$，共有（$2J + 1$）個值。以上的耦合情況即是所謂的Russell-Saunders coupling（或$LS$ coupling）。

類似於氫原子以軌域$s$, $p$, $d$的角動量來區分電子的狀態，在多電子原子則以總軌域角動量$L$來相對應表示，如表14.1所示

| L | 字母表示 |
| --- | --- |
| 0 | S |
| 1 | P |
| 2 | D |
| 3 | F |
| . | . |
| . | . |
| . | . |

## 例題14.2

Write down all the possible term symbols for $(2p)^1(3p)^1$ configuration.

**解**：

兩個電子分別在不同層的$p$軌域，因此比較好處理，不需考慮兩個電子自旋時所需要遵守的庖立互不相容原理。可以想像每個$p$軌域為三個空盒，第一個電子放入每一空盒可以有兩種方式，即向上或向下的放入，因此三個空盒共有六種方式，另外一個電子亦有相同的六種方式，因此共有$6 \times 6 = 36$ states。茲推導如下：

$(2p)^1$，$\ell_1 = 1$

$(3p)^1$，$\ell_2 = 1$

因此軌域總角動量$L = \ell_1 + \ell_2, \cdots, |\ell_1 - \ell_2| = 2, 1, 0$

(a) $L = 2$，$D$ term，兩個電子可以是spin paired，則為$^1D$；若是spin parallel，則為$^3D$；

(b) $L = 1$，$P$ term，兩個電子可以是spin paired，則為$^1P$；若是spin parallel，則為$^3P$；

(c) $L = 0$，$S$ term，兩個電子可以是spin paired，則為$^1S$；若是spin parallel，則為$^3S$；

將其term degeneracy全數加總可得：

$$^1D(g = 5) + {}^1P(g = 3) + {}^1S(g = 1) + {}^3D(g = 15) + {}^3P(g = 9) + {}^3S(g = 3) = 36$$

## 例題14.3

Write down all the possible term symbols for $(2p)^2$ configuration.

**解**：

$(2p)^2$ configuration相當於碳原子的組態，以上一題之思考方式可得如果兩個電子是在不同的$p$軌域可得$L = 2, 1, 0$，電子的自旋角動量可為$S = 1, 0$；因此所有可能的組合包含$^1S$, $^1P$, $^1D$, $^3S$, $^3P$, $^3D$

因為電子在相同的軌域，因此必須受限於庖立互不相容原理，換言之，並不是所有的排列組合皆允許。

以$^3D$為例：$M_L = 2$且$M_S = 1$，此狀態相當於兩個電子皆是$m_\ell = +1$且$m_s = 1/2$，也就是說這兩個電子的四個量子數都一樣，庖立互不相容原理並不容許兩個電子的四個量子數都可以一樣，因此term symbol $^3D$必須剔除。

另外以$^3S$為例：$M_L = 0$且$M_S = 1$，此狀態相當於兩個電子皆是$m_\ell = 0$且$m_s = 1/2$，也是違背庖立互不相容原理。

因此其他的term symbols可以完整定義出兩個電子的所有可能的組態，但term symbol $^1P$已經包含於$^3P$，所以是多餘的，因此電子組態$p^2$的term symbols為$^1S$, $^1D$, $^3P$，總共有15個可能的狀態。

如果有兩個電子在相同的軌域（相同的$n$, $l$），如$2p^2$（C原子），可以使用以下兩種方法定出其所有的term symbols。

方法1：列出所有可能的microstates，再重新列表組合。

如$2p^2$（C原子），所有可能的microstates可利用高中數學排列組合之概念得知爲$C_n^M$其中$M$表自旋軌域的數目，$n$表電子數目，因爲電子可以自旋向上或向下，所以三個$2p$軌域變成有6個自旋軌域即$M = 6$，所有可能的microstates $= C_2^6 = \dfrac{6!}{2!\,4!}$。所有可能的microstates如下所示：

| | $m_s=+\frac{1}{2}$: +1 | 0 | −1 | $m_s=-\frac{1}{2}$: +1 | 0 | −1 | $M_L=\Sigma m_l$ | $M_S=\Sigma m_s$ |
|---|---|---|---|---|---|---|---|---|
| 1 | ↑ | ↑ | | | | | 1 | 1 |
| 2 | ↑ | | ↑ | | | | 0 | 1 |
| 3 | | ↑ | ↑ | | | | −1 | 1 |
| 4 | | | | ↓ | ↓ | | 1 | −1 |
| 5 | | | | ↓ | | ↓ | 0 | −1 |
| 6 | | | | | ↓ | ↓ | −1 | −1 |
| 7 | ↑ | | | ↓ | | | 2 | 0 |
| 8 | ↑ | | | | ↓ | | 1 | 0 |
| 9 | ↑ | | | | | ↓ | 0 | 0 |
| 10 | | ↑ | | ↓ | | | 1 | 0 |
| 11 | | ↑ | | | ↓ | | 0 | 0 |
| 12 | | ↑ | | | | ↓ | −1 | 0 |
| 13 | | | ↑ | ↓ | | | 0 | 0 |
| 14 | | | ↑ | | ↓ | | −1 | 0 |
| 15 | | | ↑ | | | ↓ | −2 | 0 |

依$M_L$和$M_S$的個數列成總表如下：

| $M_L$ \ $M_S$ | −1 | 0 | +1 |
|---|---|---|---|
| 2 | | 1 | |
| 1 | 1 | 2 | 1 |
| 0 | 1 | 3 | 1 |
| −1 | 1 | 2 | 1 |
| −2 | | 1 | |

然後再將之分解為

| $M_L$ \ $M_S$ | 0 | |
|---|---|---|
| 2 | 1 | |
| 1 | 1 | |
| 0 | 1 | |
| −1 | 1 | $L = 2$ |
| −2 | 1 | $S = 2$ |
| | | $^1D$ |

| $M_L$ \ $M_S$ | −1 | 0 | +1 | |
|---|---|---|---|---|
| 1 | 1 | 1 | 1 | |
| 0 | 1 | 1 | 1 | $L = 1$ |
| −1 | 1 | 1 | | $S = 1$ |
| | | | | $^3P$ |

| $M_L$ \ $M_S$ | 0 | |
|---|---|---|
| 0 | 1 | $L = 0$，$S = 0$ |
| | | $^1S$ |

因此$2p^2$（C原子）的term symbols共有$^1D$，$^3P$，$^1S$

方法2：spin factoring，也就是先將電子依其自旋狀態分別處理。

例如：$p_\alpha^1$表1電子在p軌域自旋向上的狀態，因此

| $m_\ell$： +1 | 0 | −1 | $M_L$ | |
|---|---|---|---|---|
| 1 | | | 1 | |
| | 1 | | 1 | ⇒ P term |
| | | 1 | 1 | |

如果是$2p^2$（C原子）組態中電子自旋狀態可分成以下三組：

| | | $M_S$ |
|---|---|---|
| (a) $p_\alpha^2 p_\beta^0$ | $P \times S \rightarrow P$ | +1 |
| (b) $p_\alpha^0 p_\beta^2$ | $S \times P \rightarrow P$ | −1 |
| (c) $p_\alpha^1 p_\beta^1$ | $P \times P \rightarrow S, P, D$ | 0 |

因為$P$代表$L = 1$，因此$P \times P$表示$L_1 = 1$；$L_2 = 1$兩者耦合之後的$L$可為

$$L = |L_1 + L_2|, \ldots. |L_1 - L_2| = 2, 1, 0$$

$P \times P$中的$S$和$D$都因為是$M_S = 0$，所以都是$^1S$和$^1D$

最後(a)(b)(c)剛好剩下三個P terms，$M_S = +1, 0, -1$，因此是$^3P$

因此$2p^2$（C原子）的term symbols共有$^1D$，$^3P$，$^1S$

## 例題14.4

應用以上之兩種方法推導$3d^2$的term symbols

**解**：

(1) $3d^2$所有可能的microstates = $C_2^{10} = \frac{10!}{2!\,8!} = 45$

| $m_i =$ | +2 | +1 | 0 | −1 | −2 | $M_L = \Sigma m_l$ | $M_S = \Sigma m_s$ |
|---|---|---|---|---|---|---|---|
| | ↿ | ↿ | | | | 3 | +1, 0, 0, −1 |
| | ↿ | | ↿ | | | 2 | +1, 0, 0, −1 |
| | ↿ | | | ↿ | | 1 | +1, 0, 0, −1 |
| | ↿ | | | | ↿ | 0 | +1, 0, 0, −1 |
| | | ↿ | ↿ | | | 1 | +1, 0, 0, −1 |
| | | ↿ | | ↿ | | 0 | +1, 0, 0, −1 |
| | | ↿ | | | ↿ | −1 | +1, 0, 0, −1 |
| | | | ↿ | ↿ | | −1 | +1, 0, 0, −1 |
| | | | ↿ | | ↿ | −2 | +1, 0, 0, −1 |
| | | | | ↿ | ↿ | −3 | +1, 0, 0, −1 |
| | × | | | | | 4 | 0 |
| | | × | | | | 2 | 0 |
| | | | × | | | 0 | 0 |
| | | | | × | | −2 | 0 |
| | | | | | × | −4 | 0 |

total

| $M_L$ \ $M_S$ | 1 | 0 | −1 |
|---|---|---|---|
| 4 | | 1 | |
| 3 | 1 | 2 | 1 |
| 2 | 1 | 3 | 1 |
| 1 | 2 | 4 | 2 |
| 0 | 2 | 5 | 2 |
| −1 | 2 | 4 | 2 |
| −2 | 1 | 3 | 1 |
| −3 | 1 | 2 | 1 |
| −4 | | 1 | |

⇒

| $M_L$ \ $M_S$ | 0 |
|---|---|
| 4 | 1 |
| 3 | 1 |
| 2 | 1 |
| 1 | 1 |
| 0 | 1 |
| −1 | 1 |
| −2 | 1 |
| −3 | 1 |
| −4 | 1 |

$L = 4$, $S = 0$, ${}^1G$

| $M_L$ \ $M_S$ | −1 | 0 | +1 |
|---|---|---|---|
| 3 | 1 | 1 | 1 |
| 2 | 1 | 1 | 1 |
| 1 | 1 | 1 | 1 |
| 0 | 1 | 1 | 1 |
| −1 | 1 | 1 | 1 |
| −2 | 1 | 1 | 1 |
| −3 | 1 | 1 | 1 |

$L = 3$, $S = 1$, ${}^3F$

| $M_L$ | | $M_S$ = 0 | |
|---|---|---|---|
| | 2 | 1 | $L = 2$ |
| | 1 | 1 | $S = 0$ |
| | 0 | 1 | |
| | −1 | 1 | $^1D$ |
| | −2 | 1 | |

| $M_L$ | $M_S$ = −1 | 0 | −1 | |
|---|---|---|---|---|
| 1 | 1 | 1 | 1 | |
| 0 | 1 | 1 | 1 | $L = 1$ |
| −1 | 1 | 1 | 1 | $S = 1$ |
| | | | | $^3P$ |

| $M_L$ | $M_S$ = 0 | |
|---|---|---|
| 0 | 1 | $L = 0$ |
| | | $S = 0$ |
| | | $^3S$ |

(2) spin factoring：先列出部分項如下表

| State | partial term | |
|---|---|---|
| $\therefore S^0$ | $S$ | |
| $S^1$ | $S$ | |
| $p^0$ | $S$ | |
| $p^1$ | $P$ | ；$P^2$ P term（同$P^1$） |
| $d^0$ | $S$ | |
| $d^1$ | $D$ | |
| $d^2$ | $P + F$ | ；$d^3$ P + F（同$d^2$） |

如$d^2$

$d_\alpha^2 d_\beta^0$ $\quad (P + F)\times S \rightarrow \begin{cases} P & L = 1 \\ F & L = 3 \end{cases} \quad M_S = +1$

$d_\alpha^0 d_\beta^2$ $\quad S\times(P + F) \rightarrow \begin{cases} P & L = 1 \\ F & L = 3 \end{cases} \quad M_S = -1$

$d_\alpha^1 d_\beta^1$ $\quad D\times D \begin{cases} C & L = 4 \\ F & L = 3 \\ D & L = 2 \\ P & L = 1 \\ S & L = 0 \end{cases} \quad M_S = 0$

$\Rightarrow$ $^1G$, $^1D$, $^1S$

共有3種$P(M_S = +1, -1, 0)$及3種$F(M_S = -1, 0, +1)$

$\Rightarrow$ $^3P$, $^3F$

亦即$3d^2$的term有$^1G$, $^1D$, $^1S$, $^3P$, $^3F$

表14.1　所列部分充填殼層的term symbols

| Subshell | term symbols |
|---|---|
| $s^1$ | $^2S$ |
| $p^1, p^5$ | $^2P$ |
| $p^2, p^4$ | $^1S, ^1D, ^3P$ |
| $p^3$ | $^2P, ^2D, ^4S$ |
| $d^1, d^9$ | $^2D$ |
| $d^2, d^8$ | $^1S, ^1D, ^1G, ^3P, ^3F$ |
| $d^3, d^7$ | $^2P, ^2D, ^2D, ^2F, ^2G, ^2H, ^4P, ^4F$ |
| $d^4, d^6$ | $^1S, ^1S, ^1D, ^1D, ^1F, ^1G, ^1G, ^1I, ^3P, ^3P, ^3D, ^3F, ^3F, ^3G, ^3H, ^5D$ |
| $d^5$ | $^2S, ^2P, ^2D, ^2D, ^2F, ^2F, ^2G, ^2G, ^2H, ^2I, ^4P, ^4D, ^4F, ^4G, ^6S$ |

對於項圖記號 $^{2S+1}L$，其可能的$J$值為$L + S$至$|L - S|$（以整數遞減），$J$值只限定於正值，取決於$L$和$S$。以碳原子的電子組態$p^2$為例，共有$^1S$, $^1D$, $^3P$

$$^1S：J = 0 + 0 \rightarrow |0 - 0| = 0, \text{ term symbol: } ^1S_0$$
$$^1D：J = 2 + 0 \rightarrow |2 - 0| = 2, \text{ term symbol: } ^1D_2$$
$$^3P：J = 1 + 1 \rightarrow |1 - 1| = 2, 1, 0, \text{ term symbol: } ^3P_2, ^3P_1, ^3P_0$$

所以原本的三種狀態其中有兩個是單一態（也就是說多重性 = 1）是單一完整的單一態，另外一個則是三重態（triplet）是由三個單獨完整的項圖記號所組成的，記住每一總角動量J會總共有$2J + 1$個$M_J$分量，在沒有電場或磁場的存在下，這些不同$M_J$分量的能階是一樣的，換句話說是簡併的（degenerate）；但如果有電場或磁場的話，這些不同$M_J$分量的能階能量便會不一樣。因此碳原子的電子組態$p^2$為例，

$$^1S_0：\text{degeneracy} = 1$$
$$^1D_2：\text{degeneracy} = 2J + 1 = 2 \times 2 + 1 = 5$$
$$^3P_2：\text{degeneracy} = 2J + 1 = 2 \times 2 + 1 = 5$$
$$^3P_1：\text{degeneracy} = 2J + 1 = 2 \times 1 + 1 = 3$$
$$^3P_0：\text{degeneracy} = 2J + 1 = 2 \times 0 + 1 = 1$$

整個加總起來電子組態$p^2$共有15種可能的狀態，在平常狀態下只有五種狀態即$^1S_0$, $^1D_2$, $^3P_2$, $^3P_1$, $^3P_0$；但如果有電場或磁場的條件下，則這些能階會繼續分裂成（$2J+1$）個細微能階，如圖14.2所示。

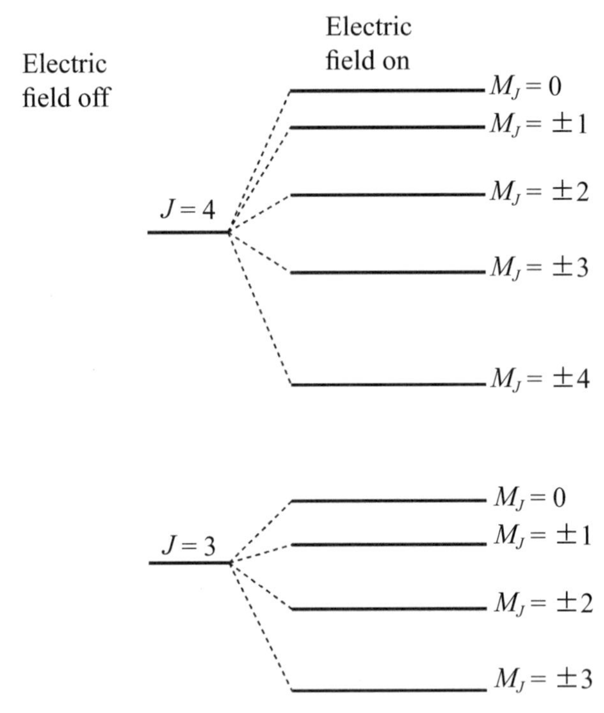


圖14.2　多電子原子能階受電場的影響繼續分裂成（$2J+1$）個細微能階

在電場或磁場的條件下，軌域角動量$L$與自旋角動量$S$所產生的磁動量會互相作用，此現象稱爲自旋－軌道作用（spin-orbit interaction），其漢米敦算符可表爲$\hat{H}_{so}=hcAL\cdot S$，其中$A$：自旋－軌道耦合常數。因爲$J=L+S$，進一步解之可得能量爲$E_{so}=hcA[J(J+1)-L(L+1)-S(S+1)]$，因此雖然$L$和$S$的值一樣，但$J$值不同時，其能階能量也不同，如圖14.3所示。

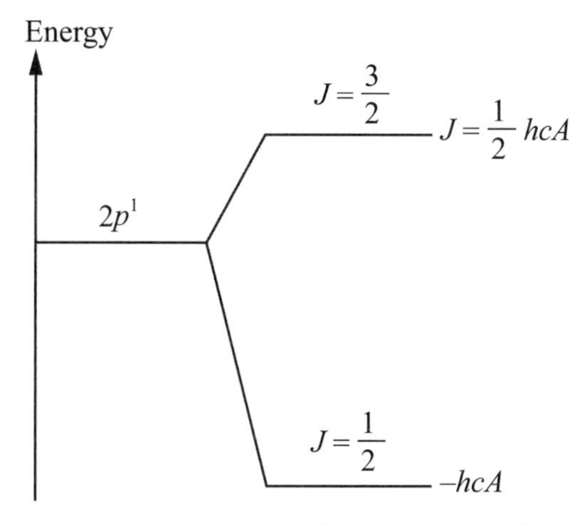


圖14.3　自旋－軌道作用造成能階分裂

## 14.3　韓德定則

在一電子組態下通常能階能量最低者稱之爲基態（ground state），其他較高能量的能階通稱爲激發態（excited states）。如上所述，電子組態$p^2$共有15種可能的狀態，究竟何者的能量最低呢？在1925～1927年之間，F. Hund經過詳細檢視光譜之後，得到以下的韓德定則（Hund's rule）可以用來決定一組態的項圖記號中，何者能量最低可作爲基態。韓德定則可歸納如下：

1. 在所有項圖記號之中自旋多重性（spin multiplicity）（即$2S+1$值）的值愈大則能量愈低
2. 如果記號之中自旋多重性相同的話，則$L$值愈大者能量愈低
3. 如果價殼層少於半塡滿的話，則$J$值愈小者能量愈低；反之如果價殼層超過半塡滿的話，則$J$值愈大者能量愈低；如果價殼層剛好是半塡滿的話，則將會具有最大自旋多重性的S項圖記號，因此僅會只有一個可能的$J$值。

根據韓德定則可以決定電子組態$p^2$的15種可能狀態中，以$^3P_0$的能量最低，因此爲基態，而$^3P_1$和$^3P_2$次之，能量最高的是$^1S_0$。

## 例題14.5

Determine the ground states for (a) $p^2$ (b) $d^2$, (c) $d^3$, and (d) $d^8$ configurations.

**解**：

依Hund's Rule，先找最大的$S$，再找最大的$L$。

(a) $m_\ell = +1 \quad 0 \quad 1$

$m_s \quad \uparrow \quad \uparrow$

$M_S = +\frac{1}{2} + \frac{1}{2} = 1$；$M_L = 1 + 0 = 1$

因此ground state：$^3P$

(b) $m_\ell = +2 \quad +1 \quad 0 \quad -1 \quad -2$

$m_s \quad \uparrow \quad \uparrow$

$M_S = 1$；$M_L = 3$

因此ground state：$^3F$

(c) $m_\ell = +2 \quad +1 \quad 0 \quad -1 \quad -2$

$m_s \quad \uparrow\downarrow \quad \uparrow \quad \uparrow \quad \uparrow \quad \uparrow$

$M_S = 2$；$M_L = 2$

因此ground state：$^5D$

(d) 會與$d^2$的term symbols一樣

$m_\ell = +2 \quad +1 \quad 0 \quad -1 \quad -2$

$m_s \quad \uparrow\downarrow \quad \uparrow \quad \downarrow \quad \uparrow\downarrow \quad \uparrow \quad \uparrow$

$M_S = 1$；$M_L = 3$

因此ground state：$^3F$

因為超過半填滿，所以$J$值愈大，能量愈低，所以精確地講應該是$^3F_4$。

## 14.4 原子光譜

多電子原子中電子能階的躍遷造成所謂的原子光譜，但電子能階的躍遷是否爲允許的或禁止的，必須遵守選擇律（selection rules）：

原子光譜的選擇律：

1. $\Delta S = 0$，電子能階的躍遷時自旋多重性不能改變。
2. $\Delta L = 0, \pm 1$，換句話說，$S \leftrightarrow P \leftrightarrow D \leftrightarrow F$是允許的躍遷；但$S \leftrightarrow D$或$P \leftrightarrow F$是禁止的躍遷。
3. $\Delta J = 0, \pm 1$；but $(J_{initial} = 0) \rightarrow (J_{\text{final}} = 0)$是禁止的。

多電子原子中電子能階的躍遷常以如圖14.4的Grotrian diagram表示：

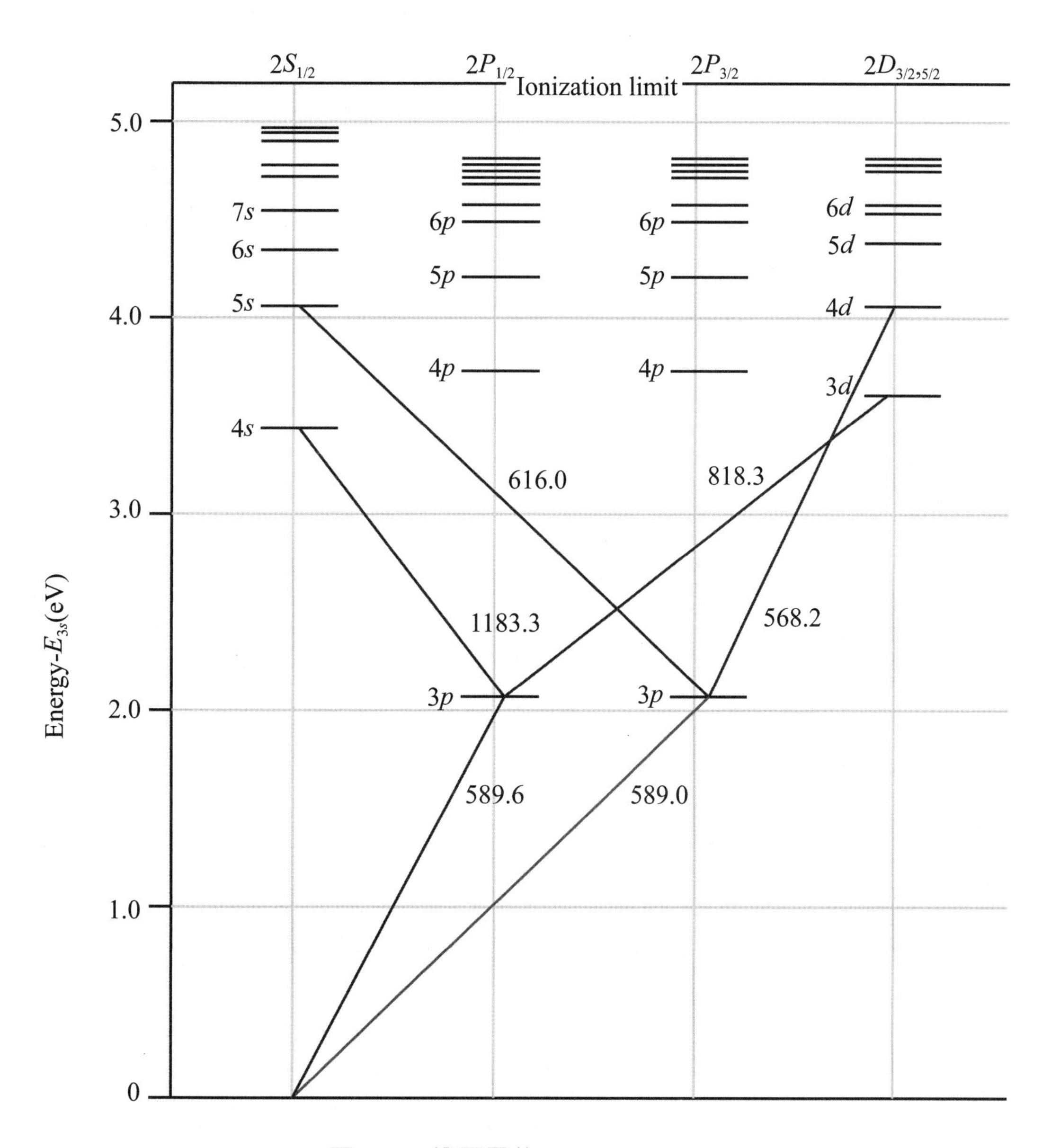


圖14.4　鈉原子的Grotrian diagram

上圖說明鈉原子（Na）$D$ lines的由來：$^2S_{1/2} \leftrightarrow {}^2P_{1/2}$（589.6 cm$^{-1}$）及$^2S_{1/2} \leftrightarrow {}^2P_{3/2}$（589.0 cm$^{-1}$）。

煙火是如何產生燦爛的顏色呢？這些火焰的顏色都起源於這些溶液的原子，藉由放射特定波長的可見光（亦即特定顏色），火焰的熱能會使原子吸收能量，我們稱此原子被激發（excited），然後有一些多餘的能量以光的形式釋放出來。當原子放出一光子時，原子會由能量較高的能階經過躍遷而到能量較低的能階。當原子從某些來源吸收能量之後，它們會被激發，且會以放射光的方式釋放該能量，釋放的能量恰好等於放射光的能量，以光子的能量表示。因此，光子的能量恰好相當於放射原子的能量變化。如下圖所示：

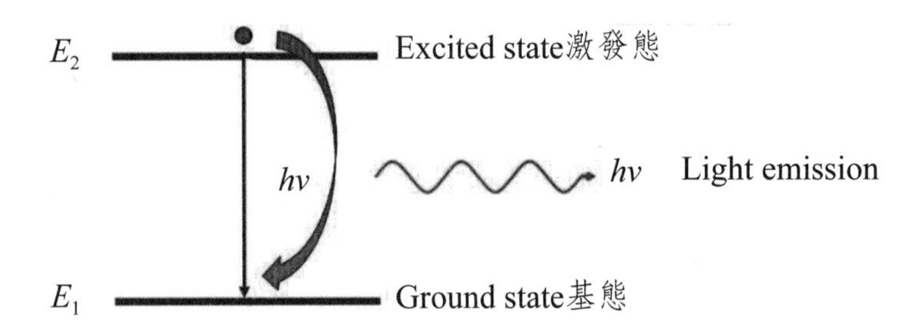


不同的金屬會放射出不同的顏色，例如：鋰會放出紅光而銅會放出綠光，鋰與銅進行不一樣的能量改變，鋰與銅的能量變化分別相當於紅光與綠光的光子能量，同樣地，鈉的能量變化相當於黃橘色的光子能量（D lines）。煙火中黃色的光便是鈉發光的緣故，而鍶鹽類則提供紅光，鋇鹽則發出綠光，鎂金屬的粉末和細線可以馬上燃燒，燃燒的鎂金屬會放出強的白光，煙火中看到的白光就是它造成的。

## 14.5 簡單分子與玻恩－奧本海默近似法

因爲大多數的化學系統都涉及分子，因此有必要了解量子力學如何應用於分子。最簡單的分子即是氫分子離子，$H_2^+$。如圖14.5所示，$H_2^+$有兩個原子核及一個電子，因爲有兩個原子核存在，所以不僅要考慮原子核與電子之間的作用力以外，還必須考慮原子核彼此之間的作用力，其漢米敦算符如下：

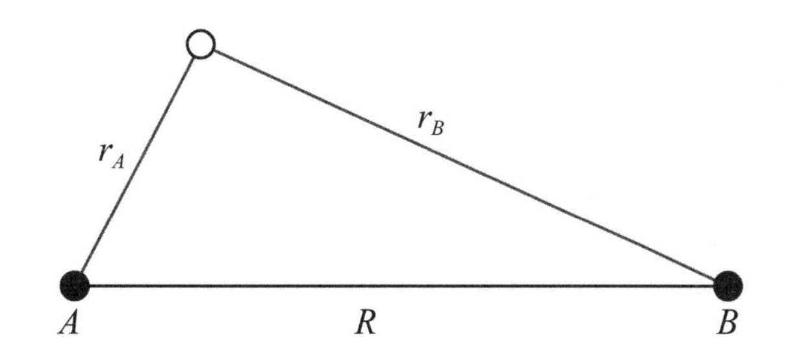


圖14.5　$H_2^+$有兩個原子核及一個電子

1.兩原子核動能：$\hat{T}_p = \frac{-\hbar^2}{2m_p}\nabla_{p1}^2 + \frac{-\hbar^2}{2m_p}\nabla_{p2}^2$

2.電子動能：$\hat{T}_e = -\frac{\hbar}{2m_e}\nabla_e^2$

3.原子核與電子的庫倫吸引力位能：$\hat{V}_{pe} = -\frac{e^2}{4\pi\varepsilon_0 r_A} - \frac{e^2}{4\pi\varepsilon_0 r_B}$

4.原子核與原子核的庫倫排斥力位能：$V_{pp} = \frac{e^2}{4\pi\varepsilon_0 R}$

由以上的分子漢米敦算符中可看出位能項不僅是電子座標的函數，同時也與原子核之間的距離有關，因爲原子核的質量遠重於電子，爲了簡化問題，玻恩－奧本海默近似法（Born-Oppenheimer approximation）假設原子核的速度遠慢於電子，換句話說，當電子運動時，原子核是可以視之不動的，在玻恩－奧本海默近似法假設下，分子的波函數可近似爲原子核函數與電子函數的乘積，即：

$$\Psi_{molecule} \approx \Psi_{nucl} \times \Psi_{electronic}$$

電子部分的薛丁格方程式可寫成：

$$(-\frac{\hbar^2}{2m_e}\nabla_e^2 - \frac{e^2}{4\pi\varepsilon_0 r_A} - \frac{e^2}{4\pi\varepsilon_0 r_B} + \frac{e^2}{4\pi\varepsilon_0 R})\Psi_{electronic} = E_e \Psi_{electronic}$$

原子核部分的薛丁格方程式可寫成：

$$(-\frac{\hbar^2}{2m_p}\nabla_{p1}^2 - \frac{\hbar^2}{2m_p}\nabla_{p2}^2 + E_e(R))\Psi_{nucl} = E_{nucl}\Psi_{nucl}$$

## 14.6 分子軌域理論簡介

玻恩－奧本海默近似法指出電子的波函數部分可以與原子核的波函數部分分開處理，但是並未說明如何處理電子的波函數，描述分子中的電子如同以軌域描述原子中的電子的情況，在量子力學中以分子軌域理論（molecular orbital theory）最適合描述分子中的電子，在分子中的電子其波函數並不局限於特定一個原子，而是延伸至整個分子。利用原子軌域的線性組合（linear combination of atomic orbital, LCAO）形成分子軌域（簡寫成MO），如圖14.6所示。

然後再利用變分法求其分子軌域的能量。茲以最簡單的分子，即$H_2^+$為例：

$$\psi_{H_2^+} = c_1\phi_{H(1)} + c_2\phi_{H(2)}$$

$$E = \frac{\int \psi^* H\hat{\psi} d\tau}{\int \psi^* \psi d\tau}$$

能量$E$表示式中的分母部分可寫成：

$$\int \psi^*\psi d\tau = 1 = \int (c_1\phi_{H(1)} + c_2\phi_{H(2)})^*(c_1\phi_{H(1)} + c_2\phi_{H(2)})d\tau$$

$$= c_1^2\int(\phi_{H(1)}^*\phi_{H(1)})d\tau + 2c_1c_2\int(\phi_{H(1)}^*\phi_{H(2)})d\tau + c_2^2\int(\phi_{H(2)}^*\phi_{H(2)})d\tau$$

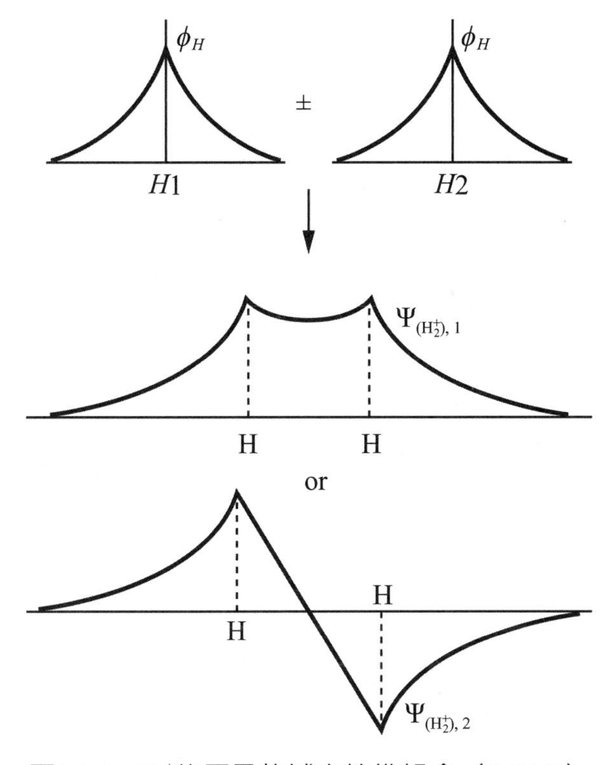


圖14.6　$H_2^+$的原子軌域之線性組合（LCAO）

其中

$$S_{11} = \int \phi^*_{H(1)}\phi_{H(1)}d\tau = \int \phi^*_{H(2)}\phi_{H(2)}d\tau = S_{22} = 1$$

$$S_{12} = \int \phi^*_{H(1)}\phi_{H(2)}d\tau = \int \phi^*_{H(2)}\phi_{H(1)}d\tau = S_{21} = S$$

$S$稱為重疊積分（overlap integrals），不為零

另外，能量$E$表示式中的分子部分可寫成：

$$\int \psi^* H\psi d\tau = \int (c_1\phi_{H(1)} + c_2\phi_{H(2)})^* H(c_1\phi_{H(1)} + c_2\phi_{H(2)})d\tau$$

$$= c_1^2\int (\phi^*_{H(1)}H\phi_{H(1)})d\tau + 2c_1c_2\int (\phi^*_{H(1)}H\phi_{H(2)})d\tau + c_2^2\int (\phi^*_{H(2)}H\phi_{H(2)})d\tau$$

$$H_{11} = \int \phi^*_{H(1)}H\phi^*_{H(1)}d\tau = \int \phi^*_{H(2)}H\phi^*_{H(2)}d\tau = H_{22}$$

$$H_{12} = \int \phi^*_{H(1)}H\phi^*_{H(2)}d\tau = \int \phi^*_{H(2)}H\phi^*_{H(1)}d\tau = H_{21}$$

利用變分法求其分子軌域的能量，將能量E最小化，因為能量$E$係數$c_1$和$c_2$兩者的函數，因此分別對係數$c_1$和$c_2$微分使其為零：

$$\frac{\partial E}{\partial c_1}=\frac{2c_1(H_{11}-E)+2c_2(H_{12}-SE)}{c_1^2+2c_1c_2S+c_2^2}=0$$

$$\frac{\partial E}{\partial c_2}=\frac{2c_1(H_{12}-SE)+2c_2(H_{22}-E)}{c_1^2+2c_1c_2S+c_2^2}=0$$

整理之後可得以下之聯立方程式：

$$c_1(H_{11}-E)+c_2(H_{12}-SE)=0 \qquad \text{(i)}$$

$$c_1(H_{12}-SE)+c_2(H_{22}-E)=0 \qquad \text{(ii)}$$

可得所謂的長期行列式：

$$\begin{vmatrix} H_{11}-E & H_{12}-SE \\ H_{12}-SE & H_{22}-E \end{vmatrix}=0$$

解之可得兩個能量值分別為：

$$E_1=\frac{H_{11}+H_{12}}{1+S}$$

$$E_2=\frac{H_{11}-H_{12}}{1-S}$$

其能階如圖14.7所示。

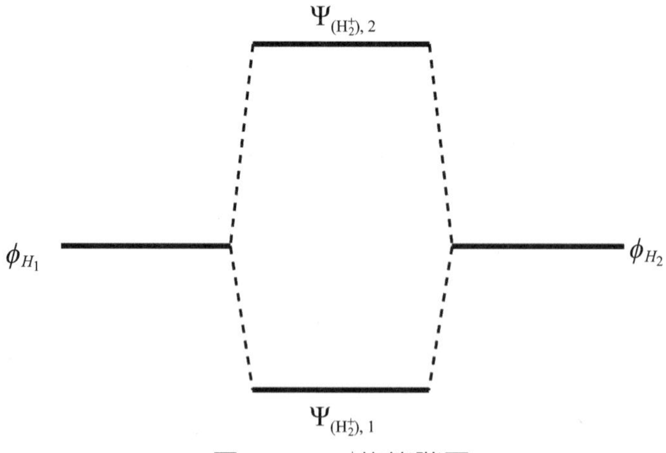


圖14.7 $H_2^+$的能階圖

分別將這兩個能量E值代回(i)和(ii)式便可求得係數$c_1$和$c_2$之關係，結果分別為：

$$c_1 = c_2 \text{或} c_1 = -c_2$$

因此，兩個分子軌域可寫成：

$$\psi_g = \frac{1}{[2(1+S)]^{1/2}}[\phi_{H(1)} + \phi_{H(2)}]$$ 鍵結軌域（bonding orbital）

$$\psi_u = \frac{1}{[2(1-S)]^{1/2}}[\phi_{H(1)} - \phi_{H(2)}]$$ 反鍵結軌域（antibonding orbital）

其電子被發現的機率圖如圖14.8所示。

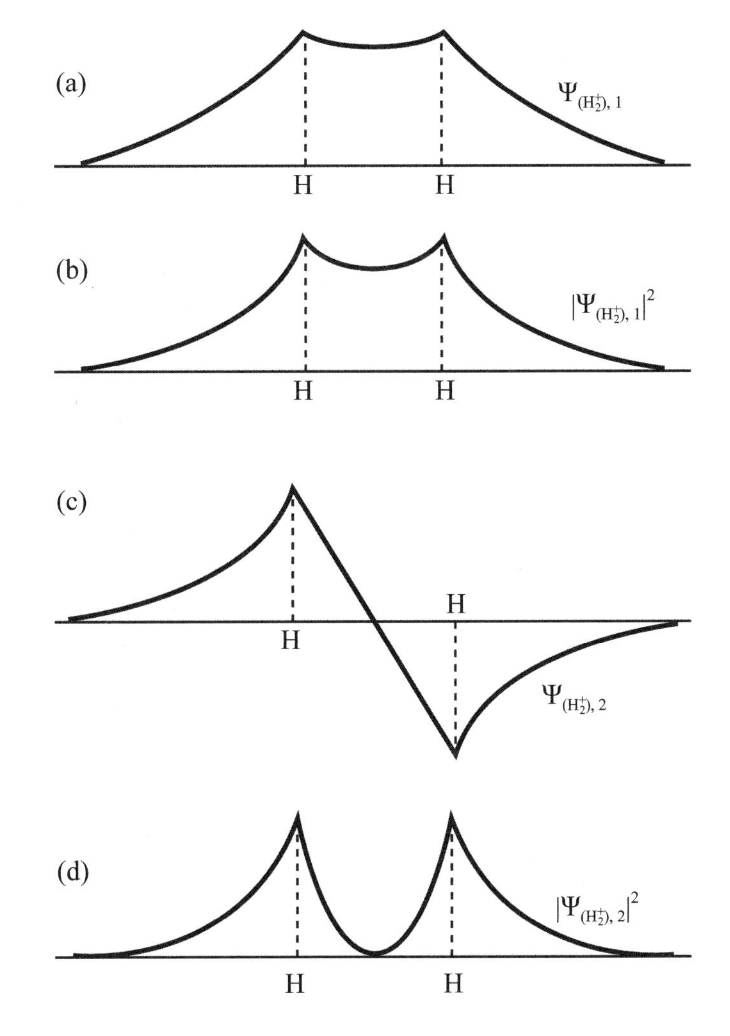


圖14.8　$H_2^+$的分子軌域(a)鍵結軌域及(b)其電子被發現的機率圖；(c) 反鍵結軌域及(d)其機率圖

# 14.7 氫分子的分子軌域

如圖14.9所示，$H_2$因爲有兩個原子核及兩個電子，所以不僅要考慮原子核與電子之間的作用力及原子核彼此之間的作用力，此外，還必須考慮兩個電子之間的排斥力，其漢米敦算符如下：

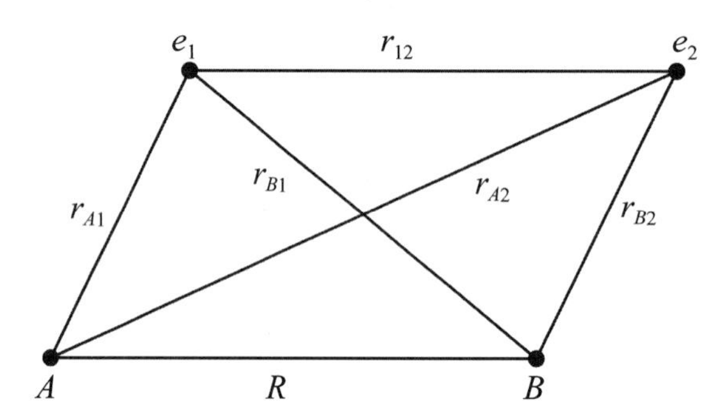


圖14.9 $H_2$的兩個原子核$(A, B)$及兩個電子$(e_1, e_2)$之位置示意圖

$$\hat{H} = \frac{-\hbar^2}{2m_p}(\nabla_A^2 + \nabla_B^2) - \frac{-\hbar^2}{2m_e}(\nabla_{e1}^2 + \nabla_{e2}^2) - \frac{e^2}{4\pi\varepsilon_0}(\frac{1}{r_{A1}} + \frac{1}{r_{A2}} + \frac{1}{r_{B1}} + \frac{1}{r_{B2}} - \frac{1}{r_{12}}) + \frac{e^2}{4\pi\varepsilon_0}\frac{1}{R}$$

其中與電子部分相關的可寫成：

$$\hat{H}_{electronic} = \hat{H}_A(1) + \hat{H}_B(2) - \frac{e^2}{4\pi\varepsilon_0}(\frac{1}{r_{A2}} + \frac{1}{r_{B1}} - \frac{1}{r_{12}})$$

描述分子中電子的波函數可分成價鍵理論（valence bond theory）及分子軌域兩種，價鍵理論是以定域化的描述形容化學鍵，可將氫分子的波函數表爲：

$$\psi_{bonding}^{VB}(1,2) = \frac{1}{\sqrt{2+2S}}[\phi_{H1s_A}(1)\phi_{H1s_B}(2) + \phi_{H1s_B}(1)\phi_{H1s_A}(2)] \times [\frac{1}{\sqrt{2}}(\alpha(1)\beta(2) - \alpha(2)\beta(1))]$$

其能量爲：

$$< E_{electronic} >= \int \psi_{VB}^* H_{electronic} \psi_{VB} d\tau$$

$$= \frac{1}{2+2S^2}\int [\phi_{H1s_A}(1)\phi_{H1s_B}(2) + \phi_{H1s_B}(1)\phi_{H1s_A}(2)]$$

$$\times \hat{H}_A(1) + \hat{H}_B(2) - \frac{e^2}{4\pi\varepsilon_0}(\frac{1}{r_{A2}} + \frac{1}{r_{B1}} - \frac{1}{r_{12}})$$
$$\times [\phi_{H1s_A}(1)\phi_{H1s_B}(2) + \phi_{H1s_B}(1)\phi_{H1s_A}(2)]d\tau$$

可簡化為：

$$< E_{electronic} >= \frac{1}{1+S^2}[2E_{1s}(1+S^2) + J + K]$$

其中 $J = -\frac{e^2}{4\pi\varepsilon_0}\iint [\phi_{H1s_A}(1)\phi_{H1s_B}(2)](\frac{1}{r_{B2}} + \frac{1}{r_{B1}} - \frac{1}{r_{12}})[\phi_{H1s_A}(1)\phi_{H1s_B}(2)]d\tau_1 d\tau_2$

稱為Coulomb integral；

另外 $K = -\frac{e^2}{4\pi\varepsilon_0}\iint [\phi_{H1s_A}(1)\phi_{H1s_B}(2)](\frac{1}{r_{A2}} + \frac{1}{r_{B1}} - \frac{1}{r_{12}})[\phi_{H1s_B}(1)\phi_{H1s_A}(2)]d\tau_1 d\tau_2$

稱為Exchange integral。

另一方面，分子軌域沒有將電子侷限於某一原子上，而是以非定域化的方式描述電子，基本上電子可以在整個分子上游走，其波函數可表為：

$$\psi_{MO} = \psi_i(1)\psi_j(2)$$

$$\sigma_g 1s(1) = \psi_g = \frac{1}{[2(1+S)]^{1/2}}[\phi_{H1s_A}(1) + \phi_{H1s_B}(1)]$$

$$\psi_{MO}^{bonding}(1,2) = \frac{1}{\sqrt{2}}\begin{vmatrix} \sigma_g 1s(1)\alpha(1) & \sigma_g 1s(1)\beta(1) \\ \sigma_g 1s(2)\alpha(2) & \sigma_g 1s(2)\beta(2) \end{vmatrix}$$
$$= \sigma_g 1s(1)\ \sigma_g 1s(2)\frac{1}{\sqrt{2}}[\alpha(1)\beta(2) - \beta(1)\alpha(2)]$$

$$\sigma_g 1s(1)\ \sigma_g 1s(2) = \frac{1}{2+2S}[1s_A(1) + 1s_B(1)][1s_A(2) + 1s_B(2)]$$
$$= \frac{1}{2+2S}[1s_A(1)1s_B(2) + 1s_B(1)1s_A(2) + 1s_A(1)1s_A(2) + 1s_B(1)1s_B(2)]$$
$$= \frac{1}{2+2S}[\{1s_A(1)1s_B(2) + 1s_B(1)1s_A(2)\}_{VB} + \{1s_A(1)1s_A(2) + 1s_B(1)1s_B(2)\}_{ionic}]$$

其中第一項基本上是價鍵理論的結果，第二項則是代表離子的貢獻，也就是說，價鍵理論並沒有考量到當兩個電子完全在同一原子核的可能性，但在分子軌域的理論中，這樣的情況也是有的。

## 14.8 雙原子分子的分子軌域

如果我們利用對稱（symmetry）中的反置算符（inversion operator）$i$對雙原子分子中的兩個1s原子軌域運作可得：

$$i(1s_A) = (1s_B)，i(1s_B) = (1s_A)$$

原本在$A$原子的$1s_A$軌域經運作之後變成$B$原子的$1s_B$，反之亦然。對於雙原子分子中的兩個分子軌域$\sigma_g$和$\sigma_u$而言，其對反置算符$i$的對稱性如下：

$$i(\sigma_g 1s) = +(\sigma_g 1s)；$$
$$i(\sigma_u^* 1s) = -(\sigma_u^* 1s)$$

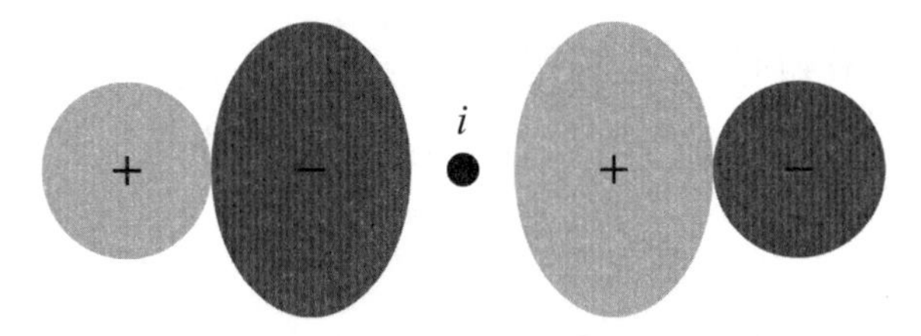

Antisymmetric: ungerade

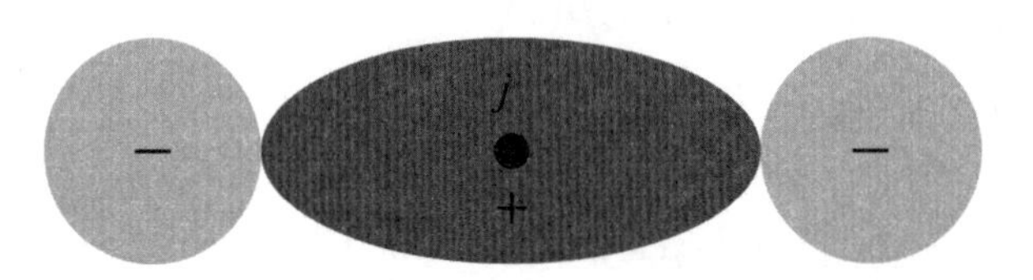

Symmetric: gerade

圖14.10 分子軌域對反置算符$i$的對稱性

因此$\sigma_g 1s$具有gerade的對稱性，下標g即表示此對稱性，且為鍵結軌域；而$\sigma_u^* 1s$具有ungerade的對稱性，下標u即表示此對稱性，且為反鍵結軌域，圖14.9所示。因為原子軌域1$s$的磁量子數$m = 0$，故其組合而成的分子軌域在分子軸的角動量$\lambda = 0$，因此稱為$\sigma$-type orbital。此種方式可以應用至各種不同原子軌域之間的線性組合所形成之分子軌域，以下列舉2$s$、2$p$軌域彼此之間的線性組合方式，如圖14.11所示：

$$(\sigma_g 2s) = c_1[(2s_A) + (2s_B)]；$$
$$(\sigma_u^* 2s) = c_2[(2s_A) - (2s_B)]；$$
$$(\sigma_g 2p) = c_3[(2p_{zA}) + (2p_{zB})]；$$
$$(\sigma_u^* 2p) = c_4[(2p_{zA}) + (2p_{zA})]；$$
$$\pi_x 2p = c_5[(2p_{xA}) + (2p_{xB})]；$$
$$\pi_y 2p = c_6[(2p_{yA}) + (2p_{yB})]$$

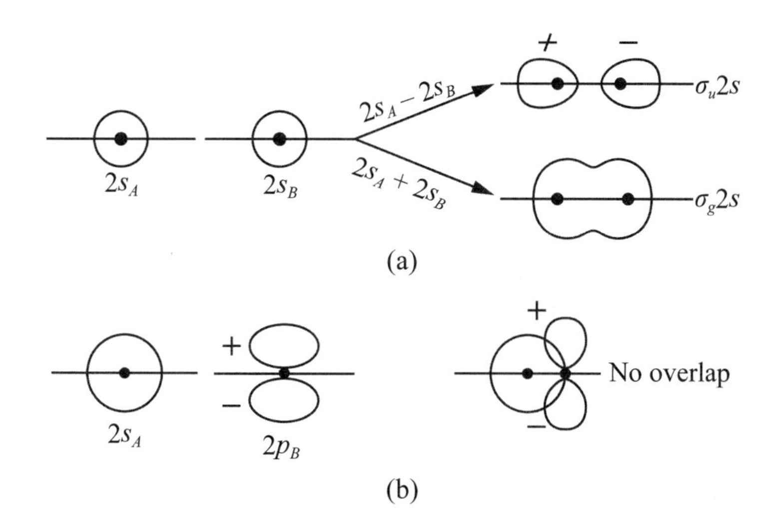


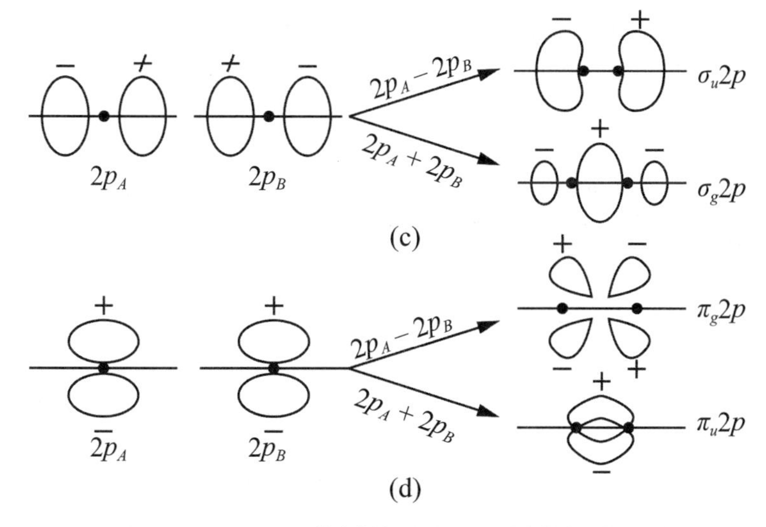


圖14.11　$2s$、$2p$軌域彼此之間的線性組合方式

## 14.9 分子項圖記號

雙原子分子的能階表示方式如同多電子原子的項圖記號，但必須將軌域動量及自旋角動量投影於所謂的分子軸（molecular axis）上，如圖14.12所示：

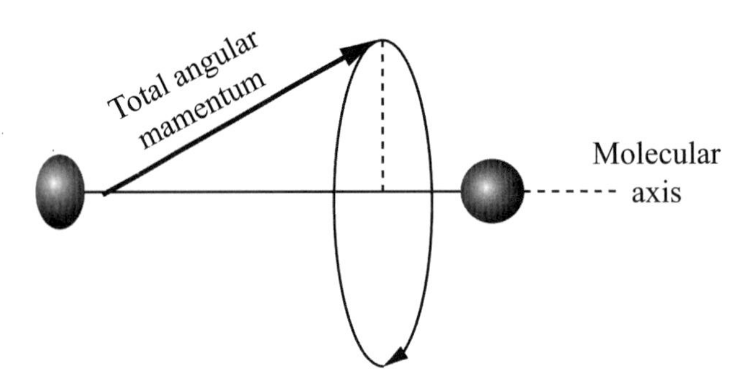


圖14.12　分子軌域的總角動量需投影於分子軸（molecular axis）上

雙原子分子的能階可標示成以下的項圖記號：

$$^{2S+1}\Lambda_{\Omega}$$

其中$S$, $\Lambda$, $\Omega$如圖14.13所示：

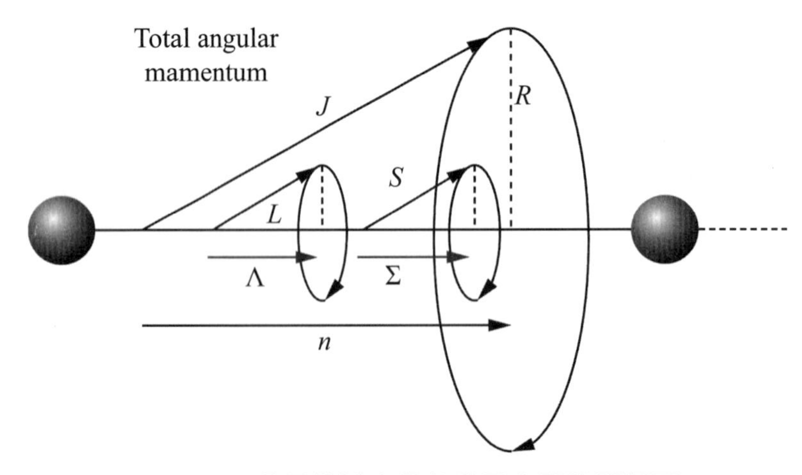


圖14.13　分子軌域中各角動量之間的關係圖

其中，

$\Lambda = |M_L|$爲軌域角動量投影於分子軸的總和

$M_L = \sum_{i=1}^{n} m_{li}$爲各軌域角動量的總和

$M_S = \sum_{i=1}^{n} m_{si}$爲各自旋角動量的總和

總角動量$\Omega = \Lambda + \Sigma \rightarrow \Lambda - \Sigma$（以整數遞減）

分子軌域的項圖記號依下列原則加以歸類：

1. 以在分子軸的軌域角動量：$\Lambda = \sum_i \lambda_i$的值加以標記

$$\text{當}\Lambda = 0,\ \pm 1,\ \pm 2,\ \pm 3$$
$$\text{則symbol} = \Sigma,\ \Pi,\ \Delta,\ \Phi$$

   以氫分子$H_2$的基態$(\sigma_g 1s)^2$爲例，因爲兩個電子的軌域角動量都是$m_1 = 0$，因此$\Lambda = 0$，所以氫分子$H_2$的基態$(\sigma_g 1s)^2$的項圖記號一定是$\Sigma$。

2. 以在分子軸的自旋角動量：$g_s = 2S + 1$，記住依庖立原理，當兩個電子在同一分子軌域時自旋必須要相反的原則，因此$H_2$的基態$(\sigma_g 1s)^2$中的一個電子的$m_s = +1/2$，則另一個電子的$m_s = -1/2$，因此其總和$M_S = 0$，亦即$S = 0$，因此項圖記號爲$^1\Sigma$。

3. 當雙原子分子是同核的話，則其點群（point group）屬於$D_{\infty h}$，此時必須考量分子具有所謂的對稱中心，因此額外要多考慮分子軌域對反置算符$i$的對稱性：如果兩個軌域都是具有gerade的對稱性，則其乘積也一定是gerade，如果都是ungerade的話，同樣的其乘積則負負得正，變爲gerade；反之，如果一軌域爲gerade，另一軌域爲ungerade，則兩者的乘積爲ungerade，亦即

$$\int \psi_g^* \psi_g d\tau = \Psi_g\ ;$$
$$\int \psi_u^* \psi_u d\tau = \Psi_g\ ;$$
$$\int \psi_u^* \psi_g d\tau = \Psi_u\ ;$$
$$\int \psi_g^* \psi_u d\tau = \Psi_u\ 。$$

   $H_2$的基態：$(\sigma_g 1s)^2$，兩個電子所在的分子軌域都是$\sigma_g 1s$，都是具gerade，因此其項圖記號爲$^1\Sigma_g$。

4.對Σ type的分子軌域必須額外考慮其對the vertical mirror plane ($\sigma_v$)的對稱性，其他的分子軌域則不需要。如果對$\sigma_v$是對稱的話，亦即$\sigma_v\psi(\Sigma^+) = +\psi(\Sigma^+)$則在Σ右上方加記「+」；如果是反對稱的話，亦即$\sigma_v\psi(\Sigma^-) = -\psi(\Sigma^-)$，則在Σ右上方加記「−」。

以下是數個規則可以用來推導分子項圖記號：

1.如果殼層全填滿如$\sigma^2$和$\pi^4$，則其項圖記號一定是${}^1\Sigma_g^+$，記得要有「+」。
2.如果所有部分填滿的分子軌域具有$\sigma$ symmetry,則需加以「+」。
3.如果所有部分填滿的分子軌域具有$\pi$ symmetry（如$B_2$和$O_2$），如具有Σ terms，則其triplet state需加以「−」，而singlet state需加以「+」。

## 例題14.6

Write down the term symbols for the following:
(a) $(\sigma_u)^1$, (b) $(\sigma_g)^1$, (c) $(\sigma_u)^2$, (d) $(\pi_u)^3$

**解**：

(a) $(\sigma_u)^1 \rightarrow {}^2\Sigma_u^+$

(b) $(\sigma_g)^1 \rightarrow {}^2\Sigma_g^+$

(c) $(\sigma_u)^2 \rightarrow$ 因為$S = 0$，所以${}^1\Sigma_g^+$

(d) $(\pi_u)^3 \rightarrow$ 可分成兩種組態$(\pi_+)^2(\pi_-)^1$：$\Lambda = 1 + 1 - 1 = +1$

$(\pi_+)^1(\pi_-)^2$：$\Lambda = 1 - 1 - 1 = -1$

因此term symbol為${}^2\Pi_u$

## 例題14.7

Write down the state term symbols of the $\pi^2$ configuration, e.g., $O_2$ has configuration of $(\pi_g^* 2p)^2$.

**解**：

先將所有可能的組合列表如下：

| | $m_{\ell 1}$ | $m_{\ell 2}$ | $M_L = m_{\ell 1} + m_{\ell 2}$ | $m_{s1}$ | $m_{s2}$ | $M_S = m_{s1} + m_{s2}$ | Term |
|---|---|---|---|---|---|---|---|
| (1) | 1 | 1 | 2 | +1/2 | –1/2 | 0 | $^1\Delta$ |
| (2) | –1 | –1 | –2 | +1/2 | –1/2 | 0 | $^1\Delta$ |
| (3) | 1 | –1 | 0 | +1/2 | +1/2 | 1 | $^3\Sigma$ |
| (4) | 1 | –1 | 0 | –1/2 | –1/2 | –1 | $^3\Sigma$ |
| (5) | 1 | –1 | 0 | +1/2 | –1/2 | 0 | $^1\Sigma, ^3\Sigma$ |
| (6) | 1 | –1 | 0 | –1/2 | +1/2 | 0 | $^1\Sigma, ^3\Sigma$ |

(1) +(2) $\Rightarrow$ $^1\Delta$

(3) +(4) $\Rightarrow$ $^3\Sigma$

(5) +(6) $\Rightarrow$ $^1\Sigma$, $^3\Sigma$

1.決定項圖記號的$g$或$u$（對反置算符$i$的對稱性）：

因爲這兩個電子都是在屬於g的分子軌域中，所以這些terms都是屬於g的。

2.決定項圖記號的決定+或–（僅適用於，對the vertical mirror plane ($\sigma_v$)的對稱性）：

有4種$\pi$ orbitals的分布要加以考慮：

$$\pi_{+1}\pi_{+1} \quad \pi_{-1}\pi_{-1} \quad (\pi_{+1}\pi_{-1} + \pi_{-1}\pi_{+1}) \quad (\pi_{+1}\pi_{-1} - \pi_{-1}\pi_{+1})$$

加上最後要符合庖立原理的要求，因此兩個$\pi$ electrons的自旋波函數必須要考慮：

$$\text{(singlet)} \quad \alpha\beta - \beta\alpha$$
$$\text{(triplet)} \quad \alpha\alpha,\ \alpha\beta + \beta\alpha,\ \beta\beta$$

將$\pi$ orbitals與自旋波函數依庖立原理的要求可以組合如下：

$$\psi_1 = \pi_{+1}\pi_{+1}(\alpha(1)\beta(2) - \beta(1)\alpha(2))$$
$$\psi_2 = \pi_{-1}\pi_{-1}(\alpha(1)\beta(2) - \beta(1)\alpha(2))$$

兩者可得 $\Delta_g$；

$$\psi_3 = (\pi_{+1}\pi_{-1} + \pi_{-1}\pi_{+1})(\alpha(1)\beta(2) - \beta(2)\alpha(1))$$

可得$\Sigma_g{}^+$；

$$\psi_{4a} = (\pi_{+1}\pi_{-1} + \pi_{-1}\pi_{+1})(\alpha(1)\alpha(2))$$
$$\psi_{4b} = (\pi_{+1}\pi_{-1} + \pi_{-1}\pi_{+1})(\alpha(1)\beta(2) + \beta(2)\alpha(1))$$
$$\psi_{4c} = (\pi_{+1}\pi_{-1} - \pi_{-1}\pi_{+1})(\beta(1)\beta(2))$$

三者可得$\Sigma_g{}^-$；

其中Σ-type orbitals的+或–需額外考慮$\pi$ orbitals的波函數如下：

$$\pi_{+1} = f(r,\ \theta)\exp(i\Lambda\phi)\text{；}$$
$$\pi_{-1} = f(r,\ \theta)\exp(-i\Lambda\phi)\text{；}$$

兩者線性組合可分別得到$\pi_x$和$\pi_y$，亦即：

$$\pi_x = \frac{(\pi_{+1} + \pi_{-1})}{2} = \frac{1}{2}f(r,\theta)\cos\phi = \frac{1}{2}f(r,\theta)(\frac{x}{r})\text{；}$$
$$\pi_y = \frac{(\pi_{+1} - \pi_{-1})}{2} = \frac{1}{2}if(r,\theta)\sin\phi = \frac{1}{2}f(r,\theta)(\frac{y}{r})\text{；}$$

$\pi_x$和$\pi_y$對$\sigma_v$的對稱性如下：

$$\sigma_v\pi_x = \pi_x\text{；}\sigma_v\pi_y = -\pi_y$$

因為$\pi_{+1} = \pi_x + i\pi_y$，因此可得：

$$\sigma_v\pi_{+1} = \sigma_v(\pi_x + i\pi_y) = \pi_{-1}$$
$$\sigma_v\pi_{-1} = \sigma_v(\pi_x - i\pi_y) = \pi_{+1}$$

因此$\pi_{+1}$與$\pi_{-1}$的線性組合其對稱性為：

$$\sigma_v(\pi_{+1}\pi_{-1} + \pi_{-1}\pi_{+1}) = +(\pi_{+1}\pi_{-1} + \pi_{-1}\pi_{+1}) \Rightarrow \Sigma^+$$
$$\sigma_v(\pi_{+1}\pi_{-1} - \pi_{-1}\pi_{+1}) = (\pi_{-1}\pi_{+1} - \pi_{+1}\pi_{-1}) = -(\pi_{+1}\pi_{-1} - \pi_{-1}\pi_{+1}) \Rightarrow \Sigma^-$$

因此最後$O_2$：$(\pi_g^*2p)^2$的terms為$^1\Sigma_g^+$, $^3\Sigma_g^-$, $^1\Delta_g$，依Hund's first rule可知，$^3\Sigma_g^-$為基態，能量最低。

分子之電子能階躍遷的選擇律（selection rules）如下：

1. $\Delta\Lambda = 0,\ \pm 1$

2. $\Delta S = 0$

3. $\Delta\Omega = 0, \pm 1$

4. $g \leftrightarrow u$（for homonuclear diatomics）

For $\Sigma$ states, $\Sigma^+ \leftrightarrow \Sigma^+$, $\Sigma^- \leftrightarrow \Sigma^-$, but not $\Sigma^+ \leftrightarrow \Sigma^-$

## 14.10　富蘭克－康登原理

在考慮分子之電子能階時，電子能階裡有一些振動能階，這些能階之間的躍遷是否可行（allowed transitions）取決於兩能階之間的躍遷動量：

$$M = \int \Psi^*_{el,upper} \Psi^*_{vib,upper} \hat{\mu} \Psi_{el,lower} \Psi_{vib,lower} d\tau$$

其中$\hat{\mu}$：電子偶極算符（electric dipole operator），下標upper和lower分別代表上方及下方的能階。

富蘭克－康登原理（Franck-Condon principle）：電子能階躍遷發生非常快，通常僅$10^{-15}$s，因此原子核來不及移動，換句話說，當電子能階躍遷發生時，振動及轉動並不會發生，如圖14.14所示，電子躍遷會直直地上去

依富蘭克－康登原理可將電子能階與振動能階分開處理，即

$$M = \int \Psi^*_{el,upper} \hat{\mu} \Psi_{el,lower} d\tau \int \Psi^*_{vib,upper} \Psi_{vib,lower} d\tau$$

後面一項$\int \Psi^*_{vib,upper} \Psi_{vib,lower} d\tau$稱爲Franck-Condon overlap integral，可用來量測兩不同振動波函數彼此重疊的程度。

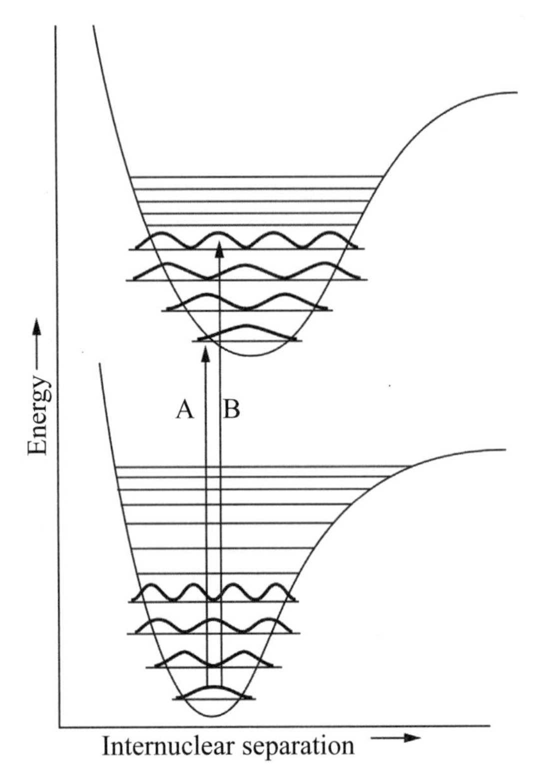


圖14.14 當電子能階躍遷發生時，並不會發生振動及轉動

## 14.11 分子的轉動光譜

依據玻恩－奧本海默近似法的原則可將分子的薛丁格方程式加以簡化，將分子的漢米敦算符寫成移動、振動和轉動的和，即$\hat{H} = \hat{H}_{tr} + \hat{H}_{rot} + \hat{H}_{vib}$，則分子的波函數便可寫成相對於移動、振動和轉動之波函數的乘積，亦即$\Psi = \psi_{tr} \times \psi_{rot} \times \psi_{vib}$。

因爲雙原子分子是線性分子，雙原子分子的轉動僅需兩個軸來描述其轉動即可，如圖14.15所示，雙原子分子的轉動可用3-D剛體轉體（rigid rotor）加以描述：

$$\hat{L}^2 \Psi = J(J+1)\hbar^2 \Psi$$

$$\hat{L}_z\Psi = M_J\hbar\Psi \quad |M_J| \le J$$

$$E_{rot} = \frac{J(J+1)\hbar^2}{2I} \quad J = 0, 1, 2, \cdots\cdots$$

其中$I = \mu r^2$，稱爲轉動動量（moment of inertia），因爲整個轉動能量僅取決於$J$，與$M$無關，因此每個J值的$(2J + 1)$轉動能階的能量都是一樣，也就是簡併度 = $(2J + 1)$。

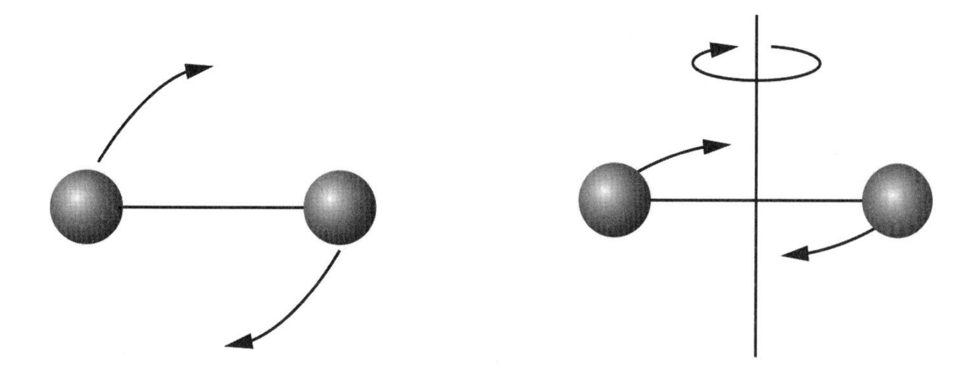

圖14.15　雙原子分子因為是線性分子，所以其轉動僅需兩個軸來描述

轉動光譜的選擇律決定於該分子是否具有永久的偶極距，分子必須具有永久的偶極距，才會產生轉動光譜。雙原子分子或線性分子轉動光譜的選擇律如下：

$$\Delta J = \pm 1，\Delta M = 0, \pm 1$$

對於雙原子分子或線性分子，可定義所謂的「term values」如下：

$$F(J) = \frac{E_{rot}}{hc} = \frac{h}{8\pi^2 Ic}J(J+1) = J(J+1)B$$

其中$B = \frac{h}{8\pi^2 Ic}\text{cm}^{-1}$爲轉動常數。

因此轉動能階的躍遷的能量差爲：

$$\Delta E_{rot} = F(J + 1) - F(J) = [(J + 1)(J + 2) - J(J + 1)]B = 2B(J + 1)$$

$$\Delta E(0 \rightarrow 1) = 2B(0 + 1) = 2B$$

$$\Delta E(1 \rightarrow 2) = 2B(1 + 1) = 4B$$

$$\Delta E(2 \to 3) = 2B(2+1) = 6B$$

依此類推，如圖14.16及圖14.17所示。

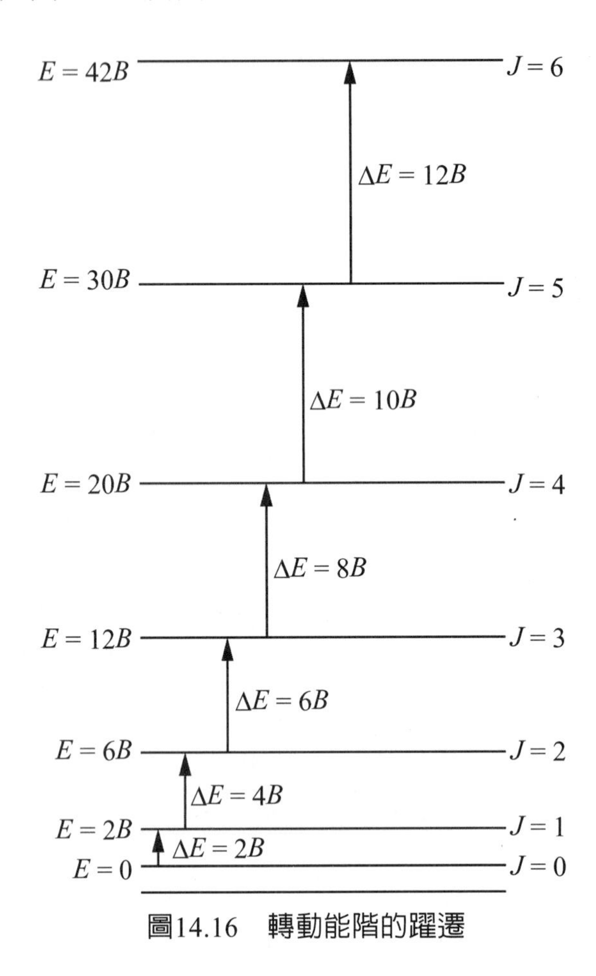


圖14.16　轉動能階的躍遷

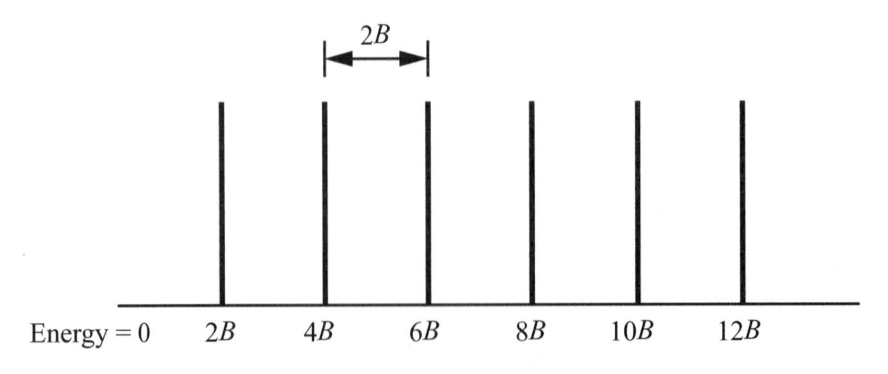


圖14.17　轉動能階的躍遷的能量差

溫度會決定轉動能階的粒子數，因為每個轉動能階的簡併度是$g = 2J + 1$，因此不一定是$J = 0$這個能階的粒子數會最多，將簡併度乘上波茲曼分布的函數可得：

$$\frac{N}{N_0} = (2J + 1)e^{-2B(J+1)}$$

對$J$微分上式並令之為零以取得粒子數會最多的轉動能階之J值為：

$$J_{\max} \approx (\frac{kT}{2B})^{1/2}$$

其中$k = 1.381 \times 10^{23}$ J/K，且J值應取整數值，如圖14.18所示。

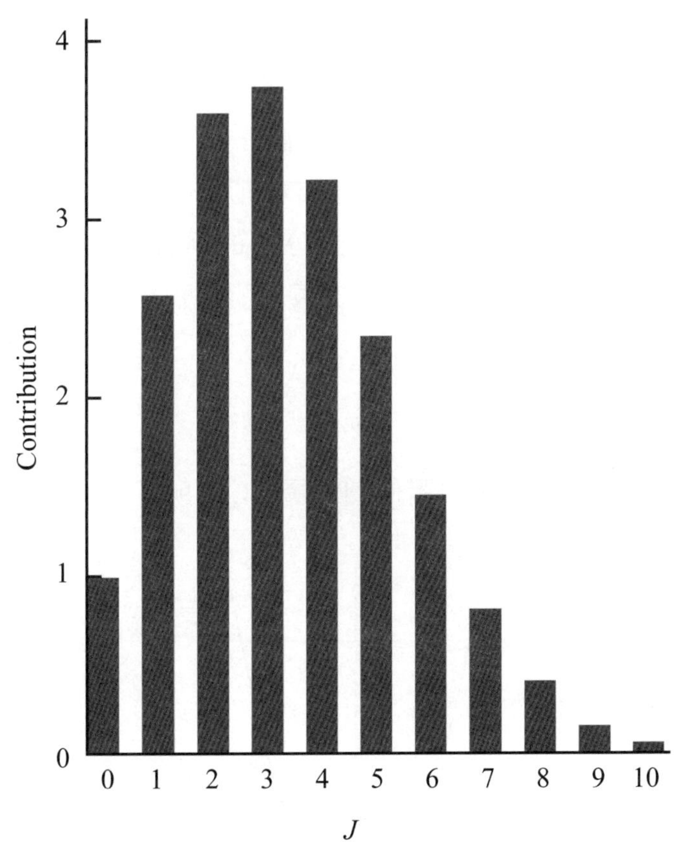


圖14.18　轉動能階之粒子數與量子數$J$之關係圖

當$J$值大時，分子轉動會因為離心力而產生所謂的離心扭曲，此效應對轉動能階之能量的影響正比於$[J(J + 1)]^2$，因此轉動能階之能量可改寫成：

$$E_{rot} = BJ(J+1) - D_J J^2(J+1)^2$$

其中$D_J \approx \dfrac{4B^3}{\tilde{\nu}^2}$，稱爲離心扭曲常數（centrifugal distortion constant），$D_J$ 通常很小，$\tilde{\nu}(\text{cm}^{-1})$爲振動波函數（wavenumber of vibration），相鄰兩個轉動能階之能量差爲：

$$E_{rot}(J+1) - E_{rot}(J) = \Delta E_{rot} = 2B(J+1) - 4D_J(J+1)^3$$

## 14.12 雙原子分子的振動光譜

因此$\hat{H}_{tr}\psi_{tr} = E_{tr}\psi_{tr}$，$\hat{H}_{rot}\psi_{rot} = E_{rot}\psi_{rot}$，$\hat{H}_{vib}\psi_{vib} = E_{vib}\psi_{vib}$

雙原子分子的振動僅與核間距離有關，因爲是線形分子共有$3N-5=3\times2-5=1$個振動模式，如果是非線形分子則其振動模式則共有$3N-6$個。依玻恩－奧本海默近似法，一分子的振動位能其實就是電子能量$E(R)$，因爲在平衡狀態下，位能是最小値，所以位能可寫成：

$$F = -kx$$

$$V = -\int F dx = \frac{1}{2}kx^2$$

其中$k$爲力常數，位能與位移的關係圖如圖14.19所示：

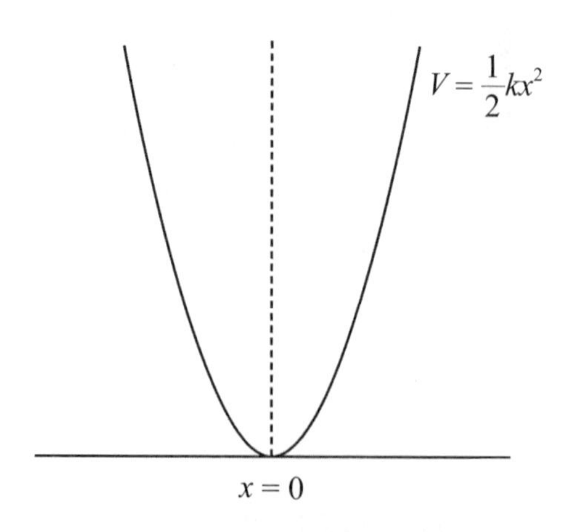


圖14.19 位能與位移的關係圖

雙原子分子的振動可依簡諧振盪子（harmonic oscillator）的模型加以處理，因此振動能量爲：

$$E_{vib} = (v + \frac{1}{2})h\nu \text{振動量子數} v = 0, 1, 2, \cdots\cdots;$$

振動頻率$\nu = \frac{1}{2\pi}\sqrt{\frac{k}{\mu}}$，如圖14.20所示：

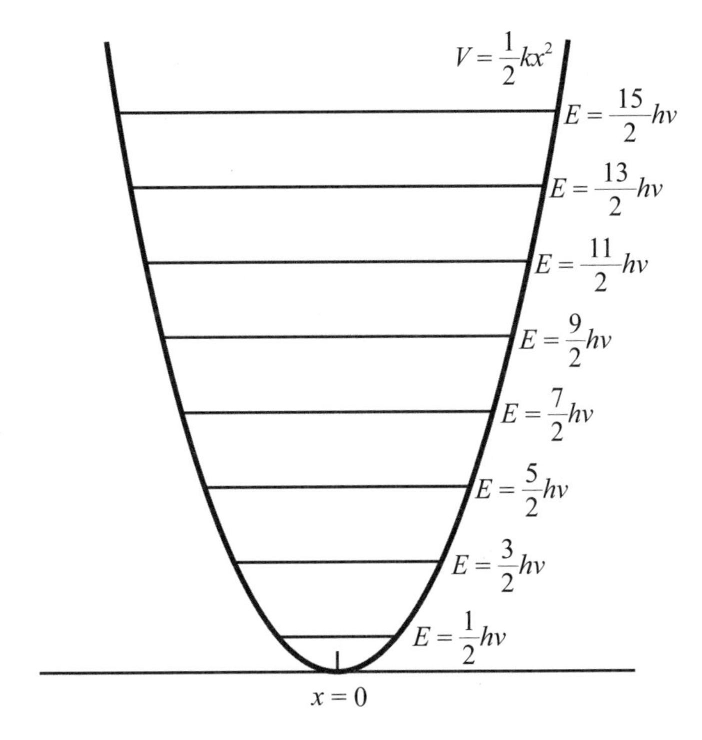


圖14.20　雙原子分子的振動能量

其中$\mu = \frac{m_1 \cdot m_2}{m_1 + m_2}$稱爲對比質量（reduced mass）

或可寫成$\frac{1}{\mu} = \frac{1}{m_1} + \frac{1}{m_2}$，定義振動能量的$G(\omega)$如下：

$$G(\omega) = \frac{E_{vib}}{hc} = \omega(v + 1/2)$$

振動光譜的選擇律$\Delta v = \pm 1$，因此振動能階躍遷之能量差爲：

$$E(v + 1) - E(v) = \Delta E = hv$$

其中$v = 0 \rightarrow v = 1$，稱為基頻（fundamental frequencies）。

而$v = 1 \rightarrow v = 2, 3, \cdots$，稱為熱帶（hot bands），因為在高溫時才比較可能發生。

而$v = 0 \rightarrow v = 2$，稱為倍頻（overtone）。

事實上分子的振動並不會完全遵照簡諧振盪子的模式，真實的分子其振動會有非簡諧的振動產生，其位能圖如圖14.21所示：

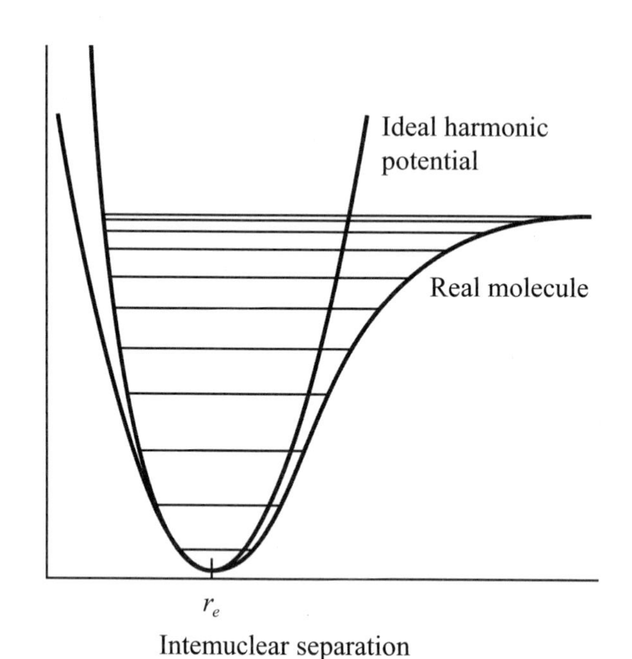


圖14.21　真實分子振動的位能圖

此位能經常可用Morse potential來描述：

$$V = D_e(1 - e^{-a(r-r_e)})^2$$

其中$a = (\frac{k}{2D_e})^{1/2}$

$D_e = D_0 + \frac{1}{2}hv$，$D_e$為位能曲線的最底端所量測的游離能，與一般游離能$D_0$相差$\frac{1}{2}hv$的能量。

如圖14.22所示：

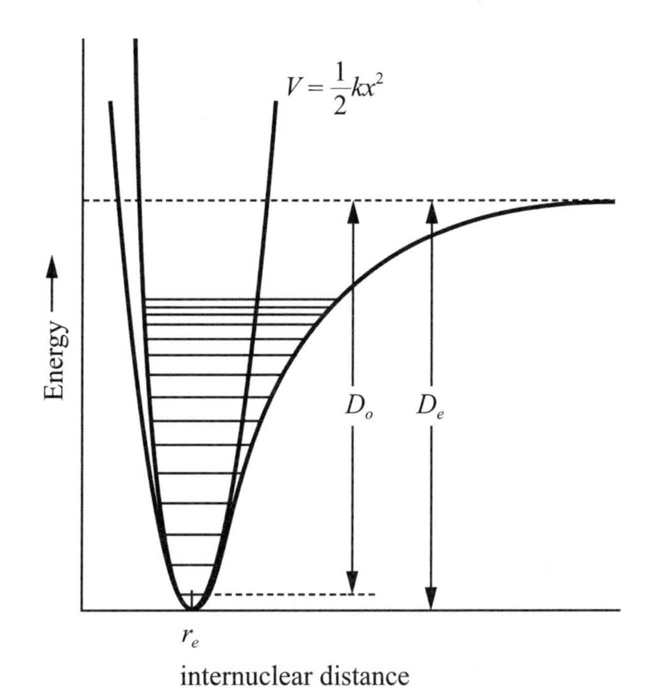


圖14.22　Morse potential對振動能階的影響

此時振動能階的能量需加入一項非簡諧項（anharmonicity term）：

$$E_{vib}=(v+\frac{1}{2})h\nu_e-(v+\frac{1}{2})^2 h\nu_e x_e$$

其中$x_e=\frac{\nu_e}{4D_e}$稱爲非簡諧常數（anharmonicity constant），而$\nu_e$爲簡諧振動頻率（harmonic vibrational frequency）。若爲非簡諧的分子振動，其能量可表爲：

$$G(v) = \omega_e(v + 1/2) - \omega_e x_e(v + 1/2)^2$$

$$\Delta G(v + 1/2) = G(v + 1) - G(v) = \omega_e - \omega_e x_e(v + 1)$$

$$\Delta^2 G(v + 1/2) = \Delta G(v + 3/2) - G(v + 1/2) = -2\omega_e x_e$$

$\Delta^2 G(v + 1)$與振動量子數$v$無關，僅與$\omega_e x_e$有關。

## 14.13　雙原子分子的振動轉動光譜

分子的每一振動能階中都含有許多的轉動能階，所以當進行能階躍遷時其實是振動和轉動同時進行的，因此考慮分子在某一振動能階（量子數 $v$）的某一轉動能階（轉動量子數$J$）的能量可寫成：

$$E(v, J)/hc = G(v) + F_v(J)$$
$$= \omega_e(v + 1/2) - \omega_e x_e(v + 1/2)^2 + B_v J(J + 1)$$

其躍遷情形可依振動及轉動光譜的選擇律加以分類如下，如圖14.23所示：

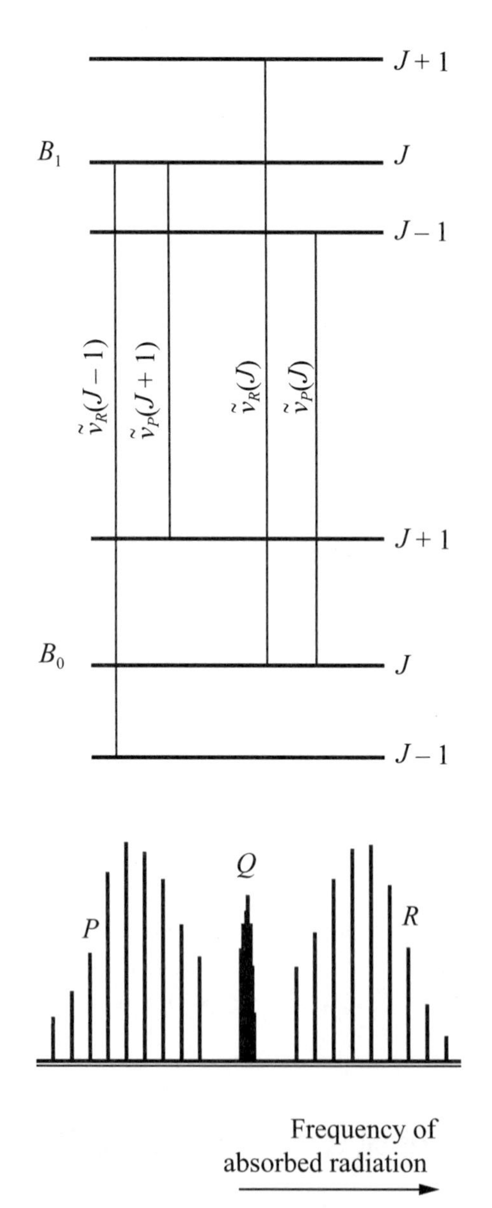


圖14.23 雙原子分子的振動轉動光譜的分類與所涉及的振動及轉動的量子數

1. $R$ branch：$\Delta J = +1$（即$J_{higher} = J_{lower} + 1$）

躍遷的能量差爲

$$\Delta E = hv - 2x_e v_e + (B_1 + B_0)(J_{lower} + 1)(\mathrm{B}_1 - \mathrm{B}_0)(J_{\mathrm{lower}} + 1)^2$$

其中$J_{lower}$是較低能階的轉動量子數，$B_1$和$B_0$分別是較高及較低轉動能階的轉動常數，兩者不見得相同。

2. P branch：$\Delta J = -1$（即$J_{higher} = J_{lower} - 1$）

$$\Delta E = hv - 2x_e v_e + (B_1 + B_0)J_{lower} + (\mathrm{B}_1 - \mathrm{B}_0)J_{\mathrm{lower}}{}^2$$

3. Q branch：$\Delta J = 0$（即$J_{higher} = J_{lower}$）

對雙原子分子而言是禁止躍遷，但對多原子分子則不見得，沒有簡單的選擇律可以套用。

## 例題14.8

For HCℓ molecule, its harmonic vibrational frequency $v$, is 2890 cm$^{-1}$ and rotational constant $B$ is 10.6 cm$^{-1}$. What is the transition energy (in terms of cm$^{-1}$) of DCℓ from $v = 0, J = 0$ to $v = 1, J = 1$ (note: $v$ and $J$ are quantum numbers of vibration and rotation, respectively)

**解**：

振動轉動能階之能量可表為：

$E_{v,J} = (v + 1/2)hv_0 + BJ(J + 1)h$

依題目所給的躍遷$v = 0, J = 0$至$v = 1, J = 1$代入上式可得：

$\Delta E_{v,J} = hv_0 + Bh(1\times 2 - 0\times 1)$

此為$R$ branch的first band：$hv_R(1) = h(v_0 + 2B)$

因此$v_R(1) = v_0 + 2B$

由題目已知HCℓ：$v_0 = 2890\ \mathrm{cm}^{-1}$

依harmonic oscillator模型可知：

$$v_0 = (\frac{1}{2\pi})(\frac{k}{\mu})^{1/2}$$

假設DCℓ的力常數$k$與HCℓ相同，則$v_0$正比於$(\frac{1}{\mu})^{1/2}$

又對比質量$\mu = \frac{m_1 \cdot m_2}{m_1 + m_2}$

因此，$\frac{v_0(DC\ell)}{v_0(DC\ell)} = \sqrt{\frac{(1\times 35.5)/(1+35.5)}{(2\times 35.5)/(2+35.5)}} \approx 0.72$

$v_0$(DCℓ) = 2890×0.72 = 2071 cm$^{-1}$

假設DCℓ與HCℓ有相同的鍵長（即$r$相同），而轉動常數$B$

$B = \frac{h}{8\pi^2 I}$ 且 $I = \frac{1}{\mu r^2}$

因此，$\frac{B_{DC\ell}}{B_{HC\ell}} = \frac{\mu_{HC\ell}}{\mu_{DC\ell}} = \frac{1}{2}$

$B_{DC\ell} = (\frac{1}{2}) \times 10.6\ \text{cm}^{-1} = 5.445\ \text{cm}^{-1}$

因為$v_R(1) = v_0 + 2B$，將DCℓ的$v_0$與$B$值代入可得：

$v_R(1) = 2071 + 5.445 = 2076.445\ \text{cm}^{-1}$

## 14.14 多原子分子的混成軌域

原子之間利用軌域形成鍵結而形成分子，原子可以利用其原子軌域進行線性組合而形成混成軌域（hybrid orbitals），混成軌域則依分子的幾何結構的形狀決定，以下列舉三種常見混成軌域之波函數為例：

1.$sp$混成軌域：

$$\psi_a = \frac{1}{\sqrt{2}}(\phi_{2s} + \phi_{2p_z})$$

$$\psi_b = \frac{1}{\sqrt{2}}(\phi_{2s} - \phi_{2p_z})$$

先假設兩波函數如下：

$$\psi_a = a\phi_{2s} + b\phi_{2p_z}$$
$$\psi_b = a\phi_{2s} - b\phi_{2p_z}$$

利用波函數的正交性質以推導出其常數$a$、$b$。

(a) 正規化：$\int \psi_a^* \psi_a d\tau = 1$

$$a^2 \int \phi_{2s}^* \phi_{2s} d\tau + b^2 \int \phi_{2p_z}^* \phi_{2p_z} d\tau + 2ab \int (\phi_{2s}^*)(\phi_{2p_z}) d\tau = 1$$

$$a^2 + b^2 = 1$$

(b) 正交性：$\int \psi_a^* \psi_b d\tau = 0$

$$= a^2 \int (\phi_{2s})^2 d\tau - b^2 \int (\phi_{2p_z})^2 d\tau = 0$$
$$a^2 = b^2$$

因此可得$a = b = \dfrac{1}{\sqrt{2}}$，換言之

$$\psi_a = \frac{1}{\sqrt{2}}(\phi_{2s} + \phi_{2p_z})$$

$$\psi_b = \frac{1}{\sqrt{2}}(\phi_{2s} - \phi_{2p_z})$$

2.$sp^2$混成軌域（如$BeH_2$）：

先假設三個波函數如下：

$$\psi_a = c_1\phi_{2p_z} + c_2\phi_{2s} + c_3\phi_{2p_x}$$
$$\psi_b = c_4\phi_{2p_z} + c_5\phi_{2s} + c_6\phi_{2p_x}$$
$$\psi_c = c_7\phi_{2p_z} + c_8\phi_{2s} + c_9\phi_{2p_x}$$

如何建構這些係數呢？因為$\phi_{2s}$是球對稱的軌域，因此對三個$sp^2$混成軌域的貢獻應該都一樣，所以可先假設$c_2 = c_5 = c_8$；且這三個係數的平方和要等於1，即$c_2^2 + c_5^2 + c_8^2 = 1$，所以$c_2 = c_5 = c_8 = \dfrac{1}{\sqrt{3}}$。

如圖所示，因為$\psi_a$與$z$軸互相垂直，所以$c_3 = 0$；$\psi_b$與$\psi_c$在$z$軸的投影量一樣，所以$c_4 = c_7 < 0$；同理$c_6 = -c_9 < 0$。

$$\psi_a = c_1\phi_{2p_z} + \frac{1}{\sqrt{3}}\phi_{2s}$$

$$\psi_b = c_4\phi_{2p_z} + \frac{1}{\sqrt{3}}\phi_{2s} + c_6\phi_{2p_x}$$

$$\psi_c = c_4\phi_{2p_z} + \frac{1}{\sqrt{3}}\phi_{2s} - c_6\phi_{2p_x}$$

再利用正規化與正交性的條件決定出其他的係數

$$\int\psi_a^*\psi_a d\tau = (c_1)^2\int\phi_{2p_z}^*\phi_{2p_z}d\tau + (\frac{1}{\sqrt{3}})^2\int\phi_{2s}^*\phi_{2s}d\tau = 1$$

$$= (c_1)^2 + \frac{1}{3} = 1$$

$$c_1 = \sqrt{\frac{2}{3}}$$

$$\int\psi_a^*\psi_b d\tau = c_4\sqrt{\frac{2}{3}}\int\phi_{2p_z}^*\phi_{2p_z}d\tau + (\frac{1}{\sqrt{3}})^2\int\phi_{2s}^*\phi_{2s}d\tau = 0$$

$$= c_4\sqrt{\frac{2}{3}} + \frac{1}{3} = 0$$

$$c_4 = -\sqrt{\frac{1}{6}}$$

$$\int\psi_b^*\psi_b d\tau = (-\sqrt{\frac{1}{6}})^2\int\phi_{2p_z}^*\phi_{2p_z}d\tau + (\frac{1}{\sqrt{3}})^2\int\phi_{2s}^*\phi_{2s}d\tau + (c_6)^2\int\phi_{2p_x}^*\phi_{2p_x}d\tau = 1$$

$$= (c_6)^2 + \frac{1}{3} + \frac{1}{6} = 1$$

$$c_6 = \sqrt{\frac{1}{2}}$$

因此可得：

$$\psi_a = \sqrt{\frac{2}{3}}\phi_{2p_z} + \frac{1}{\sqrt{3}}\phi_{2s}$$

$$\psi_b = \sqrt{\frac{1}{6}}\phi_{2p_z} + \frac{1}{\sqrt{3}}\phi_{2s} + \sqrt{\frac{1}{2}}\phi_{2p_x}$$

$$\psi_c = \sqrt{\frac{1}{6}}\phi_{2p_z} + \frac{1}{\sqrt{3}}\phi_{2s} - \sqrt{\frac{1}{2}}\phi_{2p_x}$$

3. $sp^3$混成軌域（如$CH_4$）：

以類似方式可得$sp^3$混成軌域之波函數如下：

$$\psi_a = \frac{1}{2}[(\phi_{2s}) + (\phi_{2p_x}) + (\phi_{2p_y}) + (\phi_{2p_z})]$$

$$\psi_b = \frac{1}{2}[(\phi_{2s}) - (\phi_{2p_x}) - (\phi_{2p_y}) + (\phi_{2p_z})]$$

$$\psi_c = \frac{1}{2}[(\phi_{2s}) + (\phi_{2p_x}) - (\phi_{2p_y}) - (\phi_{2p_z})]$$

$$\psi_d = \frac{1}{2}[(\phi_{2s}) - (\phi_{2p_x}) + (\phi_{2p_y}) - (\phi_{2p_z})]$$

## 14.15　胡克耳分子軌域理論

胡克耳分子軌域理論（Huckel molecular orbital theory）主要是用來預測p軌域彼此之間形成所謂之$\pi$軌域鍵結之後的軌域能量值，以下舉出常見分子之$\pi$軌域鍵結之能量值如何利用胡克耳分子軌域理論導出：

1.乙烯（ethylene）：假設分子之$\pi$軌域之波函數$\Psi = c_1\phi_1 + c_2\phi_2$

利用變分法可得：

$$\begin{vmatrix} H_{11} - ES_{11} & H_{12} - S_{12}E \\ H_{21} - S_{21}E & H_{22} - ES_{22} \end{vmatrix} = 0$$

其中$H_{ij} = \int \phi_i^* \hat{H} \phi_j d\tau \quad S_{ij} = \int \phi_i^* \phi_j d\tau$

$$S_{ij} = 0 \text{ if } i \neq j，S_{ij} = 1。$$

令$H_{ij} = \alpha$，$H_{ij} = \beta$（$i = j \pm 1$）

$$\begin{vmatrix} \alpha - E & \beta \\ \beta & \alpha - E \end{vmatrix} = 0$$

$$(\alpha - E)^2 - \beta^2 = 0$$

因此$E = \alpha \pm \beta$

帶入而得聯立方程式以解出係數$c_1$、$c_2$

$$c_1(\alpha - E) + c_2\beta = 0$$

$$c_2\beta + c_2(\alpha - E) = 0$$

若$E = \alpha + \beta$則可得$c_1 = c_2$，波函數便爲$\Psi_1 = \frac{1}{\sqrt{2}}(\phi_1 + \phi_2)$，即爲鍵結軌域（bonding orbital），能量較低；

若$E = \alpha - \beta$則可得$c_1 = -c_2$，波函數便爲$\Psi_2 = \frac{1}{\sqrt{2}}(\phi_1 - \phi_2)$，即爲反鍵結軌域（antibonding orbital），能量較低，如圖14.24所示：

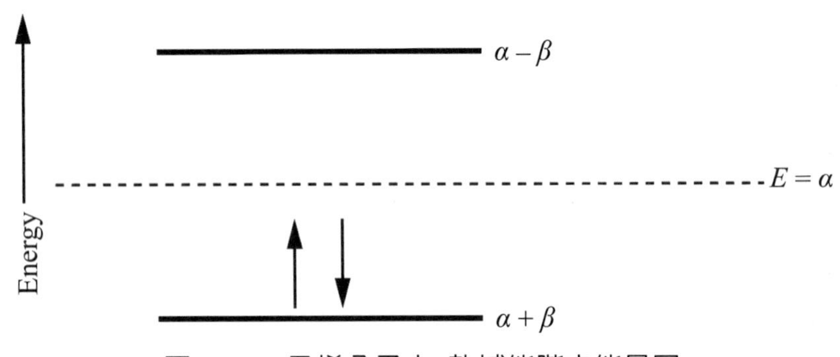


圖14.24　乙烯分子之π軌域能階之能量圖

2.1,3-丁二烯（1,3-butadiene）（$CH_2{=}CHCH{=}CH_2$）

假設四個碳原子各提供一個p軌域，線性組合可得：

$$\Psi = c_1\phi_1 + c_2\phi_2 + c_3\phi_3 + c_4\phi_4$$

如先例可得所謂的Huckel determinant如下：

$$\begin{vmatrix} \alpha - E & \beta & 0 & 0 \\ \beta & \alpha - E & \beta & 0 \\ 0 & \beta & \alpha - E & \beta \\ 0 & 0 & \beta & \alpha - E \end{vmatrix} = 0$$

$$= (\alpha - E)\begin{vmatrix} \alpha - E & \beta & 0 \\ \beta & \alpha - E & 0 \\ 0 & 0 & \alpha - E \end{vmatrix} - \beta\begin{vmatrix} \beta & \beta & 0 \\ 0 & \alpha - E & \beta \\ 0 & \beta & \alpha - E \end{vmatrix}$$

$$= (\alpha - E)^2\begin{vmatrix} \alpha - E & \beta \\ \beta & \alpha - E \end{vmatrix} - \beta(\alpha - E)\begin{vmatrix} \beta & \beta \\ 0 & \alpha - E \end{vmatrix} - \beta^2\begin{vmatrix} \alpha - E & \beta \\ \beta & \alpha - E \end{vmatrix} + \beta^2\begin{vmatrix} 0 \\ 0 \end{vmatrix}$$

$$= (\alpha - E)^4 - 3(\alpha - E)^2\beta^2 + \beta^4 = 0$$

$$\frac{(\alpha-E)^4}{\beta^4}-3\frac{(\alpha-E)^2}{\beta^2}+1=0$$

$$\frac{(\alpha-E)^2}{\beta^2}=\frac{3\pm\sqrt{5}}{2}$$

簡化之後可得：

$$E=\alpha-1.618\beta;\ \alpha-0.618\beta;\ \alpha+0.618\beta;\ \alpha+1.618\beta$$

亦可以利用簡化程序，先提出$\beta$

然後令$x=\dfrac{(\alpha-E)}{\beta}$

$$\begin{vmatrix} x & 1 & 0 & 0 \\ 1 & x & 1 & 0 \\ 0 & 1 & x & 1 \\ 0 & 0 & 1 & x \end{vmatrix}=0$$

$$x\begin{vmatrix} x & 1 & 0 \\ 1 & x & 1 \\ 0 & 1 & x \end{vmatrix}-1\begin{vmatrix} 1 & 0 & 0 \\ 1 & x & 1 \\ 0 & 1 & x \end{vmatrix}+0\begin{vmatrix} 1 & 0 & 0 \\ x & 1 & 0 \\ 0 & 1 & x \end{vmatrix}-0\begin{vmatrix} 1 & 0 & 0 \\ x & 1 & 0 \\ 1 & x & 1 \end{vmatrix}=0$$

$$x(x)\begin{vmatrix} x & 1 \\ 1 & x \end{vmatrix}+x(-1)\begin{vmatrix} 1 & 0 \\ 1 & x \end{vmatrix}-1(1)\begin{vmatrix} x & 1 \\ 1 & x \end{vmatrix}-1(-1)\begin{vmatrix} 0 & 0 \\ 1 & x \end{vmatrix}=0$$

$$x^2(x-1)+x(-1)(x)-1(x^2-1)=0$$

$$\Rightarrow x^4-3x^2+1=0$$

$$x=\pm\sqrt{\frac{3\pm\sqrt{9-4}}{2}}$$

$$x=\pm\sqrt{\frac{3\pm\sqrt{5}}{2}}=\pm\sqrt{\frac{6\pm\sqrt{5}}{4}}=\pm\left(\frac{\sqrt{5}\pm1}{2}\right)$$

$$x=\pm0.618，\pm1.618$$

數學小補貼：$\sqrt{a+b\pm2\sqrt{ab}}=\sqrt{(\sqrt{a}\pm\sqrt{b})^2}=\sqrt{a}\pm\sqrt{b}$

因此波函數及其相對應之能量如圖14.25所示：

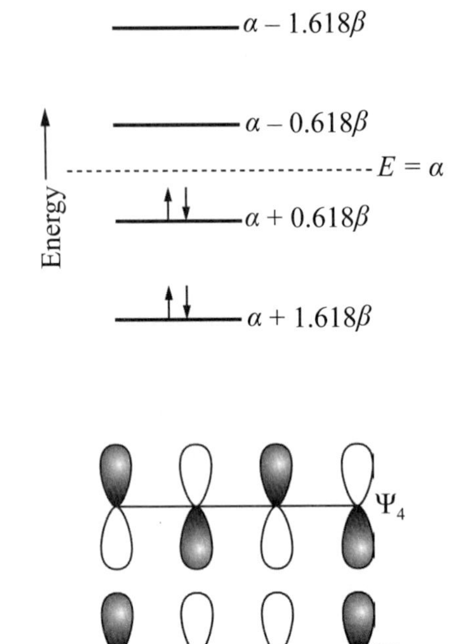


圖14.25　丁二烯分子之π軌域之能量（上圖）及其相對應波函數（下圖）

Frost cycle（The Polygon Method）：利用Frost cycle（The Polygon Method）的幾何關係，提供一個簡單得到共軛烯類 π bonding的能階。先畫一個圓，設半徑爲$2\beta(\beta < 0)$，中間水平線的位置爲$\alpha$，想像是一個披薩，雖然只有4個學生（π電子），記得分給老師一份，將右半圓切成5等分（N = 4 + 1 = 5），如下圖所示。圖中每一虛線與圓交點即代表一個分子軌域的能階，圖中的數字代表角度的關係。利用，可得$\sin 18° = \frac{\sqrt{5}-1}{4}$，可得$x = 2\beta \times \sin 18° = 0.618\beta$；$y = 2\beta \times \sin 36° = 1.618\beta$

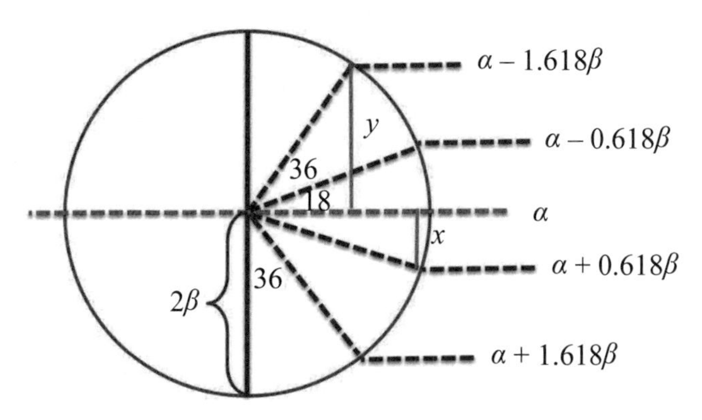


圖14.26　1,3-丁二烯的$\pi$ bonding分子軌域的能階以Frost cycle的幾何關係推導

3.苯（Benzene）與芳香性（aromaticity）

假設六個碳原子各提供一個p軌域，線性組合可得：

$$\Psi = c_1\phi_1 + c_2\phi_2 + c_3\phi_3 + c_4\phi_4 + c_5\phi_5 + c_6\phi_6$$

如先例可得所謂的Huckel determinant如下：

$$\begin{vmatrix} \alpha-E & \beta & 0 & 0 & 0 & \beta \\ \beta & \alpha-E & \beta & 0 & 0 & 0 \\ 0 & \beta & \alpha-E & \beta & 0 & 0 \\ 0 & 0 & \beta & \alpha-E & \beta & 0 \\ 0 & 0 & 0 & \beta & \alpha-E & \beta \\ \beta & 0 & 0 & 0 & \beta & \alpha-E \end{vmatrix} = 0$$

令 $x=\dfrac{\alpha-E}{\beta}$ 可將行列式寫成

$$\begin{vmatrix} x & 1 & 0 & 0 & 0 & 1 \\ 1 & x & 1 & 0 & 0 & 0 \\ 0 & 1 & x & 1 & 0 & 0 \\ 0 & 0 & 1 & x & 1 & 0 \\ 0 & 0 & 0 & 1 & x & 1 \\ 1 & 0 & 0 & 0 & 1 & x \end{vmatrix} = 0$$

將行列式一步一步地降階而化簡（或用數學軟體Mathematica爲你效勞）

$$x\begin{vmatrix} x & 1 & 0 & 0 & 0 \\ 1 & x & 1 & 0 & 0 \\ 0 & 1 & x & 1 & 0 \\ 0 & 0 & 1 & x & 1 \\ 0 & 0 & 0 & 1 & x \end{vmatrix} - \begin{vmatrix} 1 & 1 & 0 & 0 & 0 \\ 0 & x & 1 & 0 & 0 \\ 0 & 1 & x & 1 & 0 \\ 0 & 0 & 1 & x & 1 \\ 1 & 0 & 0 & 1 & x \end{vmatrix} - \begin{vmatrix} 1 & x & 1 & 0 & 0 \\ 0 & 1 & x & 1 & 0 \\ 0 & 0 & 1 & x & 1 \\ 0 & 0 & 0 & 1 & x \\ 1 & 0 & 0 & 0 & 1 \end{vmatrix} = 0$$

$$x^2\begin{vmatrix} x & 1 & 0 & 0 \\ 1 & x & 1 & 0 \\ 0 & 1 & x & 1 \\ 0 & 0 & 1 & x \end{vmatrix} - x\begin{vmatrix} 1 & 1 & 0 & 0 \\ 1 & x & 1 & 0 \\ 0 & 1 & x & 1 \\ 0 & 0 & 1 & x \end{vmatrix} - \begin{vmatrix} x & 1 & 0 & 0 \\ 1 & x & 1 & 0 \\ 0 & 1 & x & 1 \\ 0 & 0 & 1 & x \end{vmatrix} + \begin{vmatrix} 0 & 1 & 0 & 0 \\ 0 & x & 1 & 0 \\ 0 & 1 & x & 1 \\ 1 & 0 & 1 & x \end{vmatrix}$$

$$- \begin{vmatrix} 1 & x & 1 & 0 \\ 0 & 1 & x & 0 \\ 0 & 0 & 1 & x \\ 0 & 0 & 0 & 1 \end{vmatrix} + \begin{vmatrix} x & 1 & 0 & 0 \\ 1 & x & 1 & 0 \\ 0 & 1 & x & 1 \\ 0 & 0 & 1 & x \end{vmatrix} = 0$$

$$\cdots\cdots\cdots\cdots$$

$$x^6 - 6x^4 + 9x^2 - 4 = 0$$

$$(x^3 - 3x)^2 - (2^2) = 0$$

$$(x^3 - 3x + 2)(x^3 - 3x - 2) = 0$$

$$[(x^3 - 4x) + (x + 2)][x^3 - 4x + (x - 2)] = 0$$

$$(x + 2)(x - 1)^2(x - 2)(x + 1)^2 = 0$$

$$x = -2, -1, -1, 1, 1, 2$$

進一步解得：

$$E = \alpha + 2\beta;\ \alpha + \beta;\ \alpha + \beta;\ \alpha - \beta;\ \alpha - \beta;\ \alpha - 2\beta$$

因此波函數及其相對應之能量如圖14.27所示：

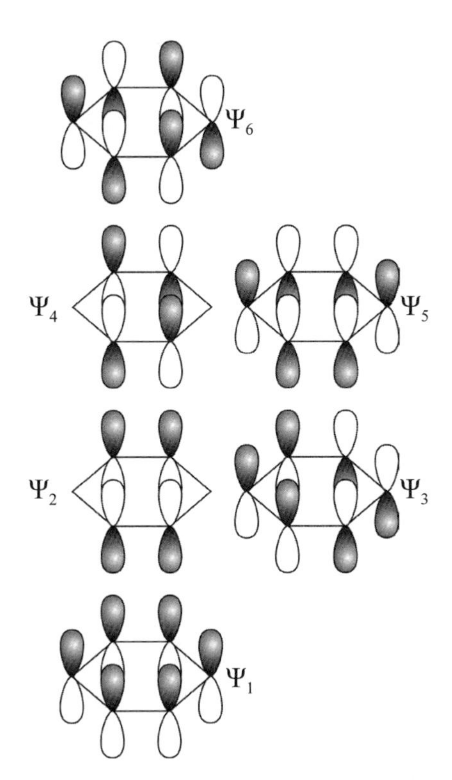


圖14.27　苯分子之$\pi$軌域之能量（上圖）及其相對應波函數（下圖）

將每一個p軌域提供一個電子填入能階，共有6個$\pi$電子，每一$\pi$軌域容納兩個電子，因此可計算得到電子總能量爲：$2(\alpha + 2\beta) + 4(\alpha + \beta) = 6\alpha + 8\beta$，如果原先6個$\pi$電子的能量爲$6\alpha + 6\beta$，因此額外多出$2\beta$，苯分子因爲$\pi$電子的非定域化（delocalization）而造就了苯分子特別穩定。

利用Frost cycle（The Polygon Method）的幾何關係，定虛線圓的半徑是$2\beta(\beta < 0)$，將正六邊形直立於圓中，水平位置爲 $\alpha$，每一頂點即代表一個分子軌域的能階，如下圖所示：

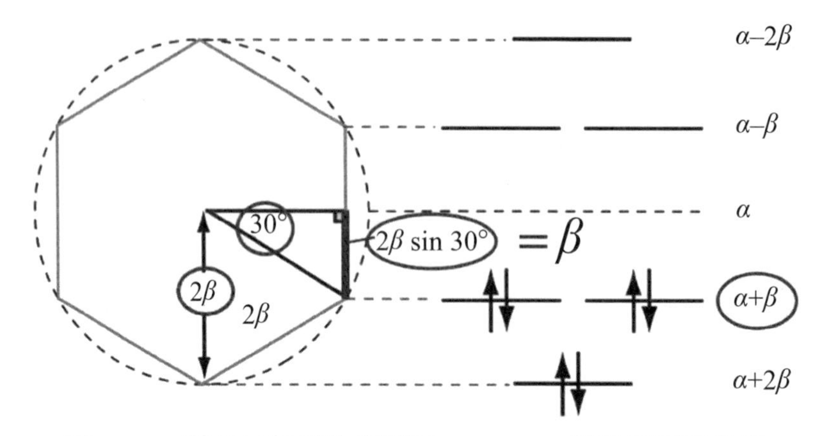


圖14.28 苯分子軌域的能階以Frost cycle的幾何關係推導

Huckel MO理論計算共軛烯類的π bonding分子軌域能量有以下的公式可以直接套用：

(1) 直線型共軛烯類如1,3-丁二烯（$N = 4$）

$$E_k = \alpha + 2\beta\cos\frac{k\pi}{N+1}$$

$$k = 1, 2, \ldots, N$$

(2) 環型共軛烯類如苯（$N = 6$）

$$E_k = \alpha + 2\beta\cos\frac{2\pi k}{N}$$

$$\begin{cases} k = 0, \pm 1, \pm 2, \cdots, +\frac{N}{2} & \text{for even } N \\ k = 0, \pm 1, \pm 2, \cdots, \pm\frac{N-1}{2} & \text{for odd } N \end{cases}$$

## 例題14.9

$H_3^+$, composed of three protons and two electrons, is the simplest polyatomic molecule. $H_3^+$ has a cyclic and planar structure and belongs to a $D_{3h}$ symmetry group.

(a) Write the secular determinant for the cyclic $H_3^+$ within the Hückel approximation.

(b) Solve the Hückel secular equation for the energies of $H_3^+$ in terms of Coulomb integral ($\alpha$) and resonance integral ($\beta$)

**解**：

$H_3^+$的分子幾何結構如下：

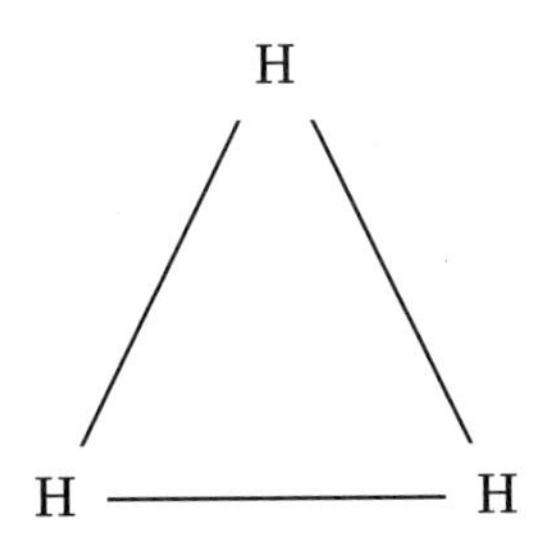


(a) 依Hückel molecular orbital theory可得下列之行列式：

$$\begin{vmatrix} \alpha - E & \beta & \beta \\ \beta & \alpha - E & \beta \\ \beta & \beta & \alpha - E \end{vmatrix} = 0$$

其中 $\alpha = H_{ii} = \int \phi_i^* \hat{H} \phi_i d\tau$

$\beta = H_{ij} = \int \phi_i^* \hat{H} \phi_j d\tau \quad (i = j \pm 1)$

令 $x = \dfrac{(\alpha - E)}{\beta}$

則可簡化成：

$$\begin{vmatrix} x & 1 & 1 \\ 1 & x & 1 \\ 1 & 1 & x \end{vmatrix} = 0$$

$$x \times \begin{vmatrix} x & 1 \\ 1 & x \end{vmatrix} - 1 \times \begin{vmatrix} 1 & 1 \\ 1 & x \end{vmatrix} + 1 \times \begin{vmatrix} 1 & x \\ 1 & 1 \end{vmatrix} = 0$$

$(x^2 - 1) - (x - 1) + (1 - x) = 0$

$x^3 - 3x + 2 = 0$

$x^3 - 4x + x + 2 = 0$

$x(x + 2)(x - 2) + (x + 2) = 0$

$(x + 2)(x - 1)^2 = 0$

$x = 1, 1, -2$

(b) 以上的行列式變成$x$的三次方程式，最後可解得：

$x = 1, 1, -2$

亦即

$x = -2 \Rightarrow E = \alpha + 2\beta$

$x = 1 \Rightarrow E = \alpha - \beta$

## 例題14.10

Which of the following statement for azulene is NOT correct?

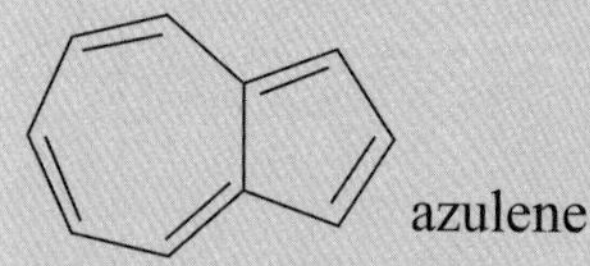


(a) It has $10\pi$ electrons.

(b) Its color is blue.

(c) It has no dipole moment.

(d) It is aromatic.

(e) It has several resonance structures.

**解**：

(c)。

七圓環只要帶一個正電，便可以是aromatic，而五圓環只要帶一個負電可以是aromatic，因此azulene 具有以下的共振結構：

由以上的共振結構可看出七圓環和五圓環之間有電荷分離，因此在結構中產生偶極矩，此偶極矩與可見光作用，造成azulene藍色的原因。

## 例題14.11

The structure of cyclopentadiene is shown below,

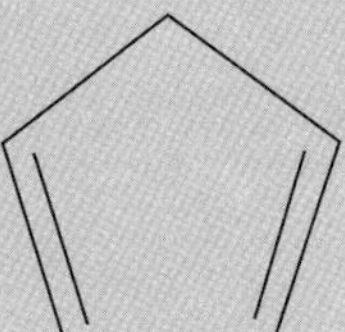

use

(a) Huckel MO theory and

(b) Frost cycle method

To derive MO energies of conjugated $\pi$ bonding.

**解**：

(a) Huckel MO theory:

$$\begin{vmatrix} x & 1 & 0 & 0 & 1 \\ 1 & x & 1 & 0 & 0 \\ 0 & 1 & x & 1 & 0 \\ 0 & 0 & 1 & x & 0 \\ 1 & 0 & 0 & 0 & x \end{vmatrix} = 0$$

$$x^5 - 5x^3 + 5x + 2 = 0$$

$$(x + 2)(x^2 - x - 1)^2$$

$$x = -2, \pm\left(\frac{1 \pm \sqrt{5}}{2}\right)$$

$$E_1 = \alpha + 2\beta$$

$$E_2 = \alpha + 0.618\beta \quad E_3 = \alpha + 0.618\beta$$

$$E_4 = \alpha - 1.618\beta \quad E_5 = \alpha - 1.618\beta$$

(b) Frost cycle as follows:

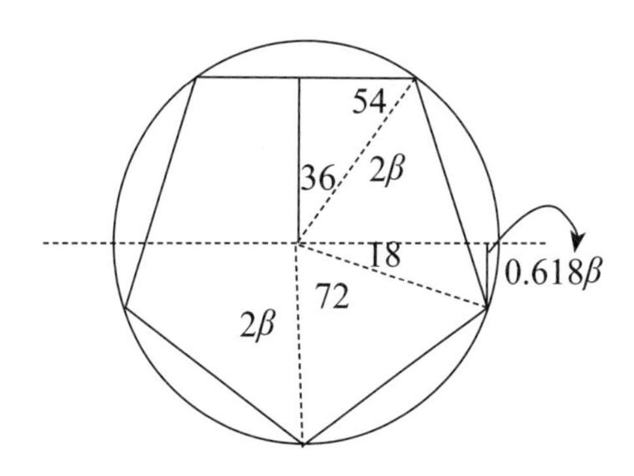

$E_1 = \alpha + 2\beta$，利用 $\sin 18° = \dfrac{\sqrt{5}-1}{4}$ 可得 $E_2 = \alpha + 2\beta \sin 18° = \alpha + 0.618\beta$

$E_3 = \alpha + 0.618\beta$；$E_4 = \alpha + 2\beta \cos 36° = \alpha + 1.618\beta$；$E_5 = \alpha + 1.618\beta$

## 綜合練習

1. (1)The point group for $H_2O_2$ is ________. That for planar trans $C_2H_2C\ell_2$ is ________. (example : $C_{2v}$ for $H_2O$)

   (2)The term symbol ($^{2s+1}L_J$) for nitrogen atom in ground state is ________. That for boron atom is ________. (example: $^2S_{1/2}$ for Li)

   (3)The molecular orbital configuration for the diatomic molecule $C_2$ is ________ and the term symbol is ________. (example: for $Be_2$, there are $(1\sigma_g)^2(1\sigma_u)^2$ and $^1\Sigma_g$ respectively)

2. Which of the following diatomic molecules is paramagnetic?

   (A) HF (B) $C_2$ (C) $O_2$ (D) $F_2$

3. The total angular momentum number for the ground-state Ga atom is

   (A) 0 (B) 1/2 (C) 1 (D) 3/2

4. The ground-state configuration atom is

   (A) $[Kr]4s^2 3d^4$ (B) $[Kr]4s^1 3d^5$ (C) $[Ar]4s^2 3d^4$ (D) $[Ar]4s^1 3d^5$

5. The term symbol for ground state $He^+$

   (A) $^0S$ (B) $^1S$ (C) $^2S$ (D) $^1P$

6. Which of the following statements is NOT true?

   (A) The simplest molecule is $H_2^+$.

   (B) $\psi$ is zero at the nucleus for all H-atom stationary state.

   (C) The most probable value of the electron-nucleus distance in a ground state of $H$-atom is at $r = 0.529$Å.

   (D) The ground state energy of a diatomic molecule is a function of interatomic distance.

7. Which of the following statements is true?
   (A) The degrees of vibrational freedom of a linear polyatomic molecule with $N$ atoms are $3N-5$.
   (B) For $CO_2$, the symmetric stretch is IR active.
   (C) The molecular electronic energy level has isotope effect.
   (D) The overtone band is a transition from $v=0$ to $v=1$, where $v$ is the vibrational quantum number.

8. Which of the following term symbols is the ground state of $Mn^{2+}$($_{25}Mn$)?
   (A) $^1H$ (B) $^2F$ (C) $^4P$ (D) $^6S$.

9. The Hamiltonian operator of an atom with $N$ electrons is
   (A) $\sum_{i=1}^{N}-\frac{\hbar^2}{2m_i}\nabla_i^2-\sum_{i=1}^{N}\frac{Ze^2}{r_1}+\sum_{i<}^{N}\sum_{j}^{N}\frac{e^2}{r_{ij}}$
   (B) $\sum_{i=1}^{N}-\frac{\hbar^2}{2m_i}\nabla_i^2-\sum_{i=1}^{N}\frac{Ze^2}{r_i}+\sum_{i}^{N}\sum_{j}^{N}\frac{e^2}{r_{ij}}$
   (C) $\sum_{1}^{N}-\frac{\hbar^2}{2m_i}\nabla_i^2-\sum_{i=1}^{N}\frac{e^2}{r_i}+\sum_{i<}^{N}\sum_{j}^{N}\frac{e^2}{r_{ij}}$
   (D) $\sum_{i=1}^{N}-\frac{\hbar^2}{2m_i}\nabla_i^2-\sum_{i=1}^{N}\frac{e^2}{r_i}+\sum_{i}^{N}\sum_{j}^{N}\frac{e^2}{r_{ij}}$

10. Give the Hamiltonian operator of (1) $H_2^+$ and (2) $H_2$.

11. The origin of the $D$ lines in the spectrum of sodium atom is the transitions between upper states with configuration [1] (A) $1s^22s^22p^63s^1$; (B) $1s^22s^22p^53s^2$; (C) $1s^22s^22p^63p^1$; (D) $1s^22s^22p^63s^2$ and the ground state. the orbital angular momentum and spin multiplicity for the excited states are [2] (A) 0 and 1/2; (B) 1 and 1/2; (C) 2 and 1; (D) 3 and 1, respectively. The term symbols for the excited states are [3] (A) $^2S_{1,\,0}$; (B) $^1P_{1,\,0}$; (C) $^2P_{3/2,\,1/2}$; (D) $^2D_{5/2,\,3/2}$. The observed splitting is due to [4] (A) $j$-$j$ coupling; (B) L-S coupling; (C) Franck-Condon factor; (D) A-type doubling; (E) nuclear spin, and the energy is about [5] (A) 17nm; (B) 17 $cm^{-1}$; (C) 17 $kJmol^{-1}$; (D) 17 kcal $mol^{-1}$.

12. The $\psi_1$ and $\psi_2$ are eigenfunctions of a molecule, with $\psi_1=\frac{1}{\sqrt{3}}(\phi_1+\phi_2+\phi_3)$ and $\psi_1=$

$a\phi_1 + b\phi_2 + c\phi_3$, in which $\phi_1$, $\phi_2$ and $\phi_3$ are orthogonal atomic orbitals. Which of the following set mat be the possible values of $a$, $b$ and $c$?

(A) $1/\sqrt{3}$, $1/\sqrt{3}$, $2/\sqrt{3}$ (B) $2/\sqrt{6}$, $-1/\sqrt{6}$, $-1/\sqrt{6}$ (C) $1/\sqrt{6}$, $-1/\sqrt{6}$, $-2/\sqrt{6}$

(D) $1/\sqrt{2}$, 0, $1/\sqrt{2}$ (E) None is correct

13. A diatomic molecular ion with a ground state electron configuration, $(1\sigma_g)^2(1\sigma_u)^2(2\sigma_g)^1$, which of the following is correct?

(A) The molecular ion has double hond

(B) The configuration corresponds to $\Sigma$ term

(C) The wave function of this molecular ion must be symmetric

(D) There is no effect when the ion was placed in a magnetic field

(E) None is correct

14 Express the normalization factor N for antibonding $\pi$ orbital $\pi_g 2p_x = N(2p_x(A) - 2p_x(B))$ in terms of $S = <2p_x(A)|2p_x(B)>$ $N =$ ________.

15. The fundamental frequency and rotation constant of CO are 2157cm$^{-1}$ and 1.925cm$^{-1}$ respectively. Estimate the transition frequency (in Hertz) from $v = 0, J = 0$ to $v = 1, J = 1$ state. ($v$, $J$ are vibration and rotation quantum numbers)

(A) $6482.55 \times 10^{10}$ (B) $6476.78 \times 10^{10}$ (C) $6465.23 \times 10^{10}$ (D) $6459.45 \times 10^{10}$

(E) None of above is correct.

16. For Morse potential $V(x) = D(1 - e^{-\beta x})^2$, the force constant $k$ can be expressed $k =$ ________ (in term of $D$ and $\beta$). Note that $x = 0$ is the minimum of $V(x)$

17. The term symbol ($^{2s+1}L_J$) for nitrogen atom in ground state is ________. That for boron atom is ________. (example: $^2S_{1/2}$ for Li)

18. The molecular orbital configuration for the diatomic molecule $C_2$ is ________ and the term symbol is ________. (example: for $Be_2$, there are $(1\sigma_g)^2(1\sigma_u)^2$ and $^1\Sigma_g$ respectively)

19. Which of the following statement may be true?

(A) Harmonic oscillator model is useful to estimate the dissociation energy of a diatomic molecule

(B) Within Bom-Oppenheimer approximation, isotopic molecules have different electrostatic interaction energies

(C) The quantum mechanical result of harmonic oscillator indicates that the wavefunction may appear in classical forbidden region

(D) The absorption frequencies of overtones in the infrared spectrum are exactly the multiples of fundamental

(E) None is correct

20. For degenerate states which of the following may be different?

(A) energies (B) number of nodes (C) symmetry properties (D) wavefunctions

(E) all the same

21. The ion $Ti^{2+}$ has an electronic structure of [Ar]$3d^2$, express the term symbols. Of this ion, and indicate which is the ground state term.

22. True or false?

(1) $n, \ell, m_\ell$ are good quantum numbers for $H$ atom.

(2) $n, \ell, m_\ell$ are good quantum numbers for $C$ atom.

(3) The temperature of zero K is attainable.

(4) In thermodynamics, a process which can be reversed is a reversible process.

# 第 15 章

# 化學動力學

## 15.1　反應速率的定義與反應速率式

研究在不同條件下化學反應速率如何變化的學門稱之爲化學動力學（chemical kinetics）。很多因素都有可能影響反應速率，如反應物的濃度、催化劑的濃度、反應溫度及固體反應物或催化劑的表面積等。

反應速率可定義爲每單位時間內產物莫耳濃度增加或是反應物莫耳濃度減少的量，反應速率的單位通常是mol/(L·s)。茲舉哈柏法製氨的反應爲例，其反應式如下：

$$3H_2(g) + N_2(g) \rightarrow 2NH_3(g)$$

因爲化學計量可算出反應物和產物之間的相對量，因此反應中的任何物質皆可用來表示反應速率，因此速率可表爲：

$$N_2\text{的消耗速率} = -\frac{\Delta[N_2]}{\Delta t} \quad \text{或氨的生成速率} = \frac{\Delta[NH_3]}{\Delta t}$$

其中符號Δ表示濃度的變化。此方程式表示在時間間隔$\Delta t$的平均速率，若時間間隔過短的話，即得瞬間速率，將濃度對時間作圖所得直線之某點斜率便可得該時間點的瞬間速率。因爲反應物的濃度（即$[N_2]$）一直在減少，故

$\Delta[N_2]$是負的，為了使反應速率成為正值，因此其前面需要加一個負號；換言之，$-\frac{\Delta[N_2]}{\Delta t}$是正的。

$N_2$的消耗速率和氨的生成速率是相關的，其關係可由平衡方程式得知，因為每兩莫耳的氨生成需要一莫耳$N_2$的消耗，所以$N_2$的消耗速率是氨生成速率的一半，換言之：

$$\frac{\Delta[NH_3]}{\Delta t} = -2\frac{\Delta[N_2]}{\Delta t}$$

對於一般反應：$aA + bB \rightleftarrows cC + dD$，各物種之間的反應速率（$v$）的關係式為：

$$v = -\frac{1}{a}\frac{d[A]}{dt} = -\frac{1}{b}\frac{d[B]}{dt} = \frac{1}{c}\frac{d[C]}{dt} = \frac{1}{d}\frac{d[D]}{dt}$$

其中$-\frac{1}{a}\frac{d[A]}{dt}$和$-\frac{1}{b}\frac{d[B]}{dt}$分別表示反應物種A和B的消耗速率，而$\frac{1}{c}\frac{d[C]}{dt}$和$-\frac{1}{d}\frac{d[D]}{dt}$則分別表示產物$C$和$D$的生成速率。換言之，將物種的濃度變化除以本身在平衡化學方程式的係數，便可將各物種的反應速率連結起來。

將反應速率隨著反應物濃度的不同變化的關係以方程式連結，稱之為反應速率式（rate law）。一般而言，反應速率式可寫成如下式：

$$v = k[A]^m[B]^n$$

其中$k$稱為反應速率常數（rate constant），是速率和濃度之間的正比常數，其單位取決於反應速率式，$m$和$n$分別是物種$A$和$B$在此反應的反應級數，$m + n$則稱為反應的總級數（order）。如果反應僅由一步驟即完成的話，則該反應稱為基本反應步驟（elementary reactions）；基本反應是單一的分子事件，如分子的碰撞造成反應的發生，這些基本反應步驟所得的總體效應相當於淨化學方程式，這樣的一組基本反應稱之為反應機構（reaction mechanism）。平衡化學方程式是對化學反應整體結果的描述，所以通常$m$和$n$不見得等於係數$a$和$b$，除非是基本反應步驟。另外雖然這些指數常常是整數，但有些時候可能是負數，甚至是分數。不能簡單地由平衡式中的係數直接猜測反應級數，它們的值必須由實驗決定。

基本反應可依它們的分子數加以分類，單分子反應是涉及一個反應分子的基本反應，雙分子反應則是涉及兩個反應分子的基本反應，一些分子的分解反應（decomposition）或者是異構化（isomerization）就是單分子反應的最佳實例。有些氣相反應則是涉及三個反應分子的參分子反應，但是一次四個分子以上的分子要同時碰撞在一起的機會是非常渺茫的。

總反應與速率式之間並不全然有簡單的關係式，速率式需由實驗決定，然而對一基本反應而言，其速率正比於每一反應分子濃度的乘積。考慮如下的單分子基本反應

$$A \rightarrow B + C$$

速率正比於$A$的濃度

即

$$\text{速率} = k[A]$$

對於雙分子的基本反應

$$A + B \rightarrow C$$

反應物分子$A$和$B$必須碰撞才能產生反應，但每一次的碰撞不見得都能產生反應。因為一定比例的分子碰撞才能產生反應，所以產物的生成速率正比於分子的碰撞頻率，在一定體積內，碰撞頻率正比於$A$分子的數目與$B$分子的數目的乘積，即分別正比於$A$和$B$分子的濃度，因此速率 $= k[A][B]$。速率式是完全由較慢的步驟或稱速率決定步驟（rate-determining step）所決定。速率決定步驟是反應機制中最慢的步驟。

## 15.2 速率積分式

利用微積分將反應速率式寫成濃度與時間的數學關係式，稱之爲速率積分式（integrated rate law）；以下列舉一級及二級反應。

1.一級反應（first-order reaction）：反應式如下

$$A \xrightarrow{k} P$$

因爲是一級反應，因此：

$$v = -\frac{d[A]}{dt} = k[A]$$

此爲簡單的一次微分方程式，首先將$[A]$和$t$兩個變數分別集中在式子的兩邊，左邊是與反應物A濃度相關的參數，右邊則是時間$t$相關的參數，然後兩邊同時作定積分，記住剛開始時（$t = 0$），反應物$A$的起始濃度是$[A]_0$，並利用$\frac{d[A]}{[A]} = d\ln[A]$，則可得：

$$-\int_{[A]_0}^{[A]} d\ln[A] = \int_0^t kdt$$

因此，

$$\ln(\frac{[A]_0}{[A]}) = kt$$

或寫成：

$$[A] = [A]_0 e^{-kt}$$

(1)由此關係式可將$\ln[A]$對$t$作圖而得到一直線，如圖15.1(a)所示，則此反應必爲一級反應，且其斜率 $= -k$，截距 $= \ln[A]_0$。

(2)反應的半衰期：

反應物的濃度減少至其起始濃度的一半所需要的反應時間稱爲反應的半衰期（half-time，以$t_{1/2}$表之）。一級反應之半衰期$t_{1/2}$可計算如下：

$$\ln(\frac{[A]_0}{\frac{1}{2}[A]_0}) = kt_{1/2}$$

$$因此 \quad t_{1/2} = \frac{\ln 2}{k} = \frac{0.693}{k}$$

由此可知一級反應的半衰期$t_{1/2}$與反應物的起始濃度$[A]_0$無關。

(3)產物的濃度$[P]$計算：

可以利用物質不滅定律，產物是由反應物$A$所生成的，所以任何時刻產物$P$（即$[P]$）和反應物$A$濃度（即$[A]$）的總和應該等於反應物$A$的起始濃度$[A]_0$，換言之，

$$[P] = [A]_0 - [A] = [A]_0[1 - \exp(-kt)]$$

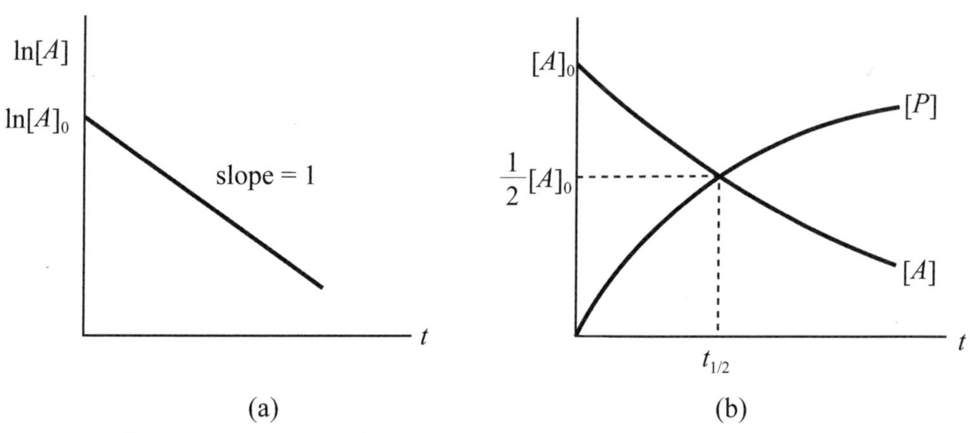


圖15.1　(a)一級反應的$\ln[A]$對$t$作圖及(b)$[A]$和$[P]$對$t$作圖

(4)常見的應用：

因爲核種的輻射衰變是一定的，此衰變速率可作爲追溯非常老的岩石和人類器具的時鐘，數千至五萬年以上的木材及類似含碳物質可利用碳-14測定其年代，碳-14的半衰期是5730年。

宇宙射線撞擊地球上層大氣時會產生碳-14原子核，含碳-14的二氧化碳與較低的大氣混合，因爲$^{14}C$維持一定的製造及其輻射衰變，所以大氣含有小量但一定比例的碳-14。

活的植物會一直使用大氣的二氧化碳，也會維持一定量的碳-14，同樣地，活的動物因爲食用植物也會有一定比例的碳-14，但是一旦生物體死掉

之後，它就不再與大氣中的二氧化碳保持化學平衡，因為碳-14的衰變，所以碳-14與碳-12的比例會開始減少，以此方式，此碳同位素的比例可作為測定自生物體死亡迄今的時間。

對於岩石及隕石的年齡，可使用類似的方法，其中一種方法是取決於天然存在的鉀-40，許多的岩石都含有鉀，一旦以熔融材料固化所形成的岩石，可以補捉由鉀-40衰變所放出的氬而得到岩石的年齡。

## 例題15.1

碳-14（$^{14}C$）是一放射性的原子核，它的半衰期是5760年，因為活的生物體會與周遭環境利用二氧化碳的方式交換碳，所以$^{14}C$的濃度可以維持一定，如果生物體死掉之後，它身體內的碳就不會再跟周遭環境交換碳，所以$^{14}C$會慢慢衰減，假設此過程是一級反應，且生物體的$^{14}C$的起始濃度是15.3 $min^{-1}$，如果有一化石木材的$^{14}C$衰減濃度變成2.40 $min^{-1}$，則此木材的年齡為何？

**解**：

$$k = \frac{\ln 2}{t_{1/2}} = \frac{0.693}{5760(\text{years})} = \frac{0.693}{1.82 \times 10^{11}\,\text{s}} = 3.81 \times 10^{-12}\ \text{s}^{-1}$$

$$\ln(\frac{[^{14}C]}{[^{14}C]_0}) = -kt$$

$$\ln(\frac{2.4}{15.3}) = -3.81 \times 10^{-12} t$$

$t$ = 4.86×$10^{11}$ s ≈ 15,400年。

## 例題15.2

The gaseous isomerization reaction, $CH_3NC \rightarrow CH_3CN$, displays first-order kinetics in the presence of excess argon：rate = $k[CH_3NC]$. Measurements at 500K show that the concentration of the reactant has declined to 75% of its initial value after 440 s. How much additional time will be required for the concentration of $CH_3NC$ to drop to 25% of its initial value?

(a) 440 s　(b) 880 s　(c) 1320 s　(d) 1680 s　(e) 2120 s

**解**：

$[A] = [A]_0 \exp(-kx)$

$75\% = \exp(-k \times 440) \Rightarrow k = 6.538 \times 10^{-4}$

再代入原方程式可得

$25\% = \exp(-6.535 \times 10^{-4} \times x) \Rightarrow x = 2120\text{s}$

多需要的時間 $= 2120 - 440 = 1680\text{s}$

選(d)

2. 二級反應：可依反應物的種類分成以下兩種情況

(1) $2A \rightarrow P$

$$-\frac{d[A]}{dt} = k[A]^2$$

$$\int_{[A]_0}^{[A]} \frac{-d[A]}{[A]^2} = \int_0^t kdt$$

$$\Rightarrow \quad \frac{1}{[A]} - \frac{1}{[A]_0} = kt$$

因此將$\frac{1}{[A]}$對$t$作圖可得一直線的話，則爲二級反應。其半衰期可計算如下：

$$\frac{1}{\frac{1}{2}[A]_0} - \frac{1}{[A]_0} = kt_{1/2}$$

因此$t_{1/2} = \frac{1}{k[A]_0}$。

二級反應的半衰期與反應物的初始濃度成反比，此與一級反應不同。

(2) 第二類是有兩個不同的反應物$A$和$B$：

| | $A$ | $+$ | $B$ | $\rightarrow$ | $P$ |
|---|---|---|---|---|---|
| 起始狀態 | $a$ | | $b$ | | $0$ |
| 反應程度 | $-x$ | | $-x$ | | $x$ |
| 平衡濃度 | $a-x$ | | $b-x$ | | $x$ |

因爲是二級反應，因此

$$\frac{dx}{dt} = k(a-x)(b-x)$$

移項之後變成：

$$\frac{dx}{(a-x)(b-x)} = kdt$$

## 數學補給站

將分母的乘積化簡成一次式

令$\frac{1}{(a-x)(b-x)} = \frac{m}{(a-x)} + \frac{n}{(b-x)}$，然後以$a$和$b$解出$m$和$n$。

將右式通分之後整理而得：

$$\frac{1}{(a-x)(b-x)} = \frac{[-(m+n)x+(na+mb)]}{(a-x)(b-x)}$$

兩邊的互相比較係數：

$m + n = 0$且

$na + mb = 0$

所以，$m = \frac{-1}{(a-b)}$；$n = \frac{1}{(a-b)}$

因此，$\int \frac{dx}{(a-x)(b-x)} = \int kdt$可寫成定積分如下：

$$\int_0^x \frac{m}{(a-x)}dx + \int_0^x \frac{n}{(b-x)} = \int_0^t kdt$$

積分可得：

$$m\ln\frac{a}{(a-x)} + n\ln\frac{b}{(b-x)} = kt$$

亦即，

$$\frac{1}{(a-b)}\ln\frac{b(a-x)}{a(b-x)} = kt$$

若將反應物$A$和$B$的起始濃度$a$和$b$分別寫成$[A]_0$和$[B]_0$，則上式可改寫成：

$$\frac{1}{[B]_0-[A]_0}\ln(\frac{[B]/[B]_0}{[A]/[A]_0})=kt$$

# 15.3　可逆的一級反應

可逆的一級反應（reversible first-order reactions）可表示如下：

$$A \underset{k_B}{\overset{k_A}{\rightleftarrows}} B$$

其中$k_A$和$k_B$分別是正向反應和逆向反應的速率常數，而且正逆反應都是一級反應，因此：

$$\frac{d[A]}{dt}=-k_A[A]+k_B[B]$$

$$\frac{d[B]}{dt}=k_A[A]-k_B[B]$$

如果剛開始只有$A$存在時，則任何時刻的反應物$A$和產物$B$的濃度的總和等於反應物$A$的起始濃度，亦即，

$$[A]_0 = [A] + [B]$$

因此，

$$\frac{d[A]}{dt}=-k_A[A]+k_B([A]_0-[A])=k_B[A]_0-(k_A+k_B)[A]$$

$$\int_{[A]_0}^{[A]}\frac{d[A]}{k_B[A]_0-(k_A+k_B)[A]}=\int_0^t dt$$

數學補給站：$\int \frac{dx}{(a+bx)} = \frac{1}{b}\ln(a+bx)$

以$a = kB[A]_0$, $b = -(k_A + k_B)$, $x = [A]$代入可得：

$$[A] = [A]_0 \frac{k_B + k_A e^{-(k_A+k_B)t}}{k_A + k_B}$$

而$[A]_0 = [A] + [B]$，所以$[B] = [A]_0 - [A]$

$$[B] = [A]_0 (1 - \frac{k_B + k_A e^{-(k_A+k_B)t}}{k_A + k_B})$$

當時間$t$趨近於無窮時，則$A$和$B$的濃度分別等於它們的平衡濃度，即

$$[A]_{eq} = \lim_{t\to\infty}[A] = [A]_0 \frac{k_B}{k_A + k_B}$$

$$[B]_{eq} = \lim_{t\to\infty}[B] = [A]_0 (1 - \frac{k_B}{k_A + k_B})$$

達到平衡時，$A$和$B$的平衡濃度不再隨時間改變，即

$$\frac{d[A]_{eq}}{dt} = \frac{d[B]_{eq}}{dt} = 0 = -k_A[A]_{eq} + k_B[B]_{eq}$$

$$\frac{k_A}{k_B} = \frac{[B]_{eq}}{[A]_{eq}} = K_C \text{（平衡常數）}$$

# 15.4 平行一級反應

反應物種$A$同時經由兩個反應途徑變成$B$和$C$，即

$$A \xrightarrow{k_1} B$$

$$A \xrightarrow{k_2} C$$

$$-\frac{d[A]}{dt} = k_1[A] + k_2[A] = (k_1 + k_2)[A]$$

$$-\frac{d[A]}{[A]} = (k_1 + k_2)dt$$

$$\Rightarrow \quad [A] = [A]_0 \exp(-(k_1 + k_2)t)$$

$$\frac{d[B]}{dt} = k_1[A] = k_1[A]_0 \exp(-(k_1 + k_2)t)$$

$$\int_0^{[B]} d[B] = \int_0^t k_1[A]_0 \exp(-(k_1 + k_2)t)dt$$

$$\Rightarrow \quad [B] = \frac{k_1[A]_0}{(k_1 + k_2)}[1 - \exp(-(k_1 + k_2)t)]$$

$$[C] = [A]_0 - [A] - [B] = \frac{k_2[A]_0}{(k_1 + k_2)}[1 - \exp(-(k_1 + k_2)t)]$$

# 15.5　連續一級反應

反應物種$A$先經由反應變成$B$，然後物種$B$再接續轉變成物種$C$。即

$$A \xrightarrow{k_1} B \xrightarrow{k_2} C$$

$$\frac{d[A]}{dt} = -k_1[A]$$

$$\frac{d[B]}{dt} = k_1[A] - k_2[B]$$

$$\frac{d[C]}{dt} = k_2[B]$$

當起始條件爲$t = 0$，只有$A$存在，即$[A] = [A]_0$， $[B] = 0$，$[C] = 0$

$$\frac{d[A]}{[A]} = -k_1 dt$$

$$\Rightarrow [A] = [A]_0 \exp[-k_1 t]$$

代入$\frac{d[B]}{dt} = k_1[A] - k_2[B]$而得：

$$\frac{d[B]}{dt} = k_1[A]_0 \exp(-k_1 t) - k_2[B]$$

整理可得 $\frac{d[B]}{dt}+k_2[B]=k_1[A]_0\exp(-k_1t)$

## 數學補給站

微分方程式$\frac{dy}{dx}+P(x)y=Q(x)$，其解爲

$$y=\frac{1}{\rho}\int\rho Qdx$$

其中$\rho=\exp(\int Pdx)$

若$Q(x)=0$，則$\frac{dy}{dt}+P(x)y=0$

$$\frac{dy}{y}=-P(x)dx$$

$$y=ae^{-\int P(x)dx}$$

令$\rho=\exp(\int Pdx)$

$$\frac{d}{dx}[\int P(x)dx]=P(x)$$

$$\frac{d\rho}{dx}=\rho P(x)$$

將$\frac{dy}{dx}+P(x)y=Q(x)$兩邊各乘以$\rho$

$$\rho\frac{dy}{dx}+\rho P(x)y=\rho Q(x)$$

左邊爲$\rho\frac{dy}{dx}+\rho P(x)y=\rho\frac{dy}{dx}+\frac{d\rho}{dx}y=\frac{d}{dx}(\rho y)$

因此，$\frac{d}{dx}(\rho y)=\rho Q(x)$

$$\rho y=\int\rho Q(x)+c$$（$c$爲常數）

$$y=\frac{1}{\rho}\int\rho Q(x)+c$$

相較之下可知，$y = [B]$，$P(x) = k_2$，$x = t$

$$Q(x) = k_1[A]_0\exp(-k_1 t)$$

$$\Rightarrow \rho = \exp(\int P dx) = \int_0^t k_2 dt = \exp(k_2 t)$$

因此， $$[B] = \frac{1}{\exp(k_2 t)}\int_0^t \exp(k_2 t)(k_1[A]_0 \exp(-k_1 t)dt$$

$$= \frac{k_1[A]_0}{k_2 - k_1}[\exp(-k_1 t) - \exp(-k_2 t)]$$

$$[C] = [A]_0 - [A] - [B]$$

$$= \frac{[A]_0}{k_2 - k_1}[k_2(1 - \exp(-k_1 t))] - k_1(1 - \exp(-k_2 t))]$$

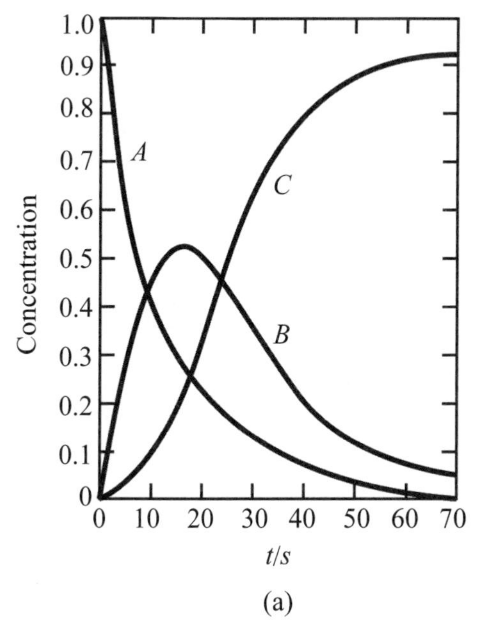


(a)

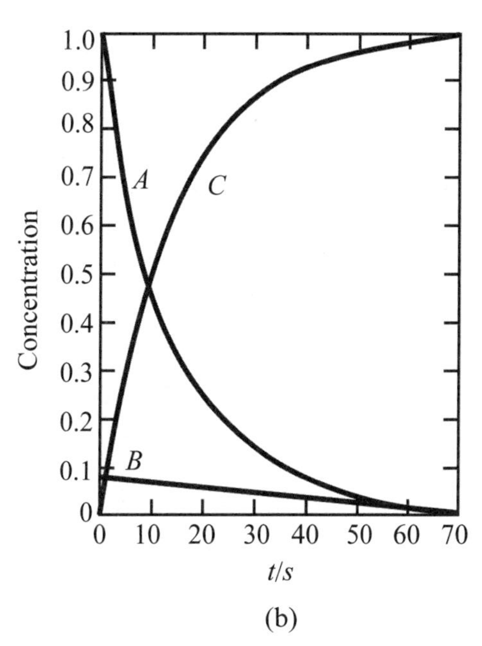


(b)

圖15.2　連續一級反應 $A \xrightarrow{k_1} B \xrightarrow{k_2} C$; (a) $k_1 = 0.10\ s^{-1}$, $k_2 = 0.05\ s^{-1}$; (b) $k_1 = 0.10\ s^{-1}$, $k_2 = 1\ s^{-1}$.

## 例題15.3

In consecutive first-order reactions with $k_1 = 0.25\ s^{-1}$ and $k_2 = 0.15\ s^{-1}$ at what time will the intermediate reach its maximum concentration and what percent of the total material will be present as the intermediate at that time?

**解**：

由上圖可看出$[B]$會有一個最大值，當$[B]$達到最大所需的時間為

$$\frac{d[B]}{dt} = 0 = -k_1 e^{-k1t} + k_2 e^{-k2t}$$

$$\Rightarrow t_{\max} = \frac{1}{k_1 - k_2} \ln \frac{k_1}{k_2} = \ln(0.25/0.15)(1/0.10) = 5.11\ \text{sec}$$

此時$[B]$的最大值為

$$\frac{d[B]}{dt} = 0 = k_1[A] - k_2[B]$$

$$\Rightarrow [B]_{\max} = \frac{k_1[A]}{k_2} = [A]_0 (\frac{k_2}{k_1})^{k2/(k2-k1)} = 0.466$$

## 15.6 穩定狀態近似法

考慮一反應如下所示：

$$A + B \underset{k_2}{\overset{k_1}{\rightleftarrows}} C \xrightarrow{k_3} P$$

其中$C$爲中間產物，如果中間產物$C$不穩定而且存在時間很短的話，可以合理假設中間產物C的濃度爲$\frac{d[C]}{dt} = 0$，此稱爲穩定狀態近似法（steady-state approximation）。因此，

$$\frac{d[C]}{dt} = 0 = k_1[A][B] - (k_2 + k_3)[C]$$

$$\Rightarrow [C]_{ss} = \frac{k_1[A][B]}{(k_2 + k_3)} \tag{A}$$

另外一種是快速平衡近似法（fast-equilibrium approximation）：

假設第一步的反應立即達成平衡，因此

$$[C]_{eq} = K[A][B] \qquad \text{where } K = k_1/k_2$$

$C$的濃度需小，因此$K << 1$

反應速率$\frac{dP}{dt} = k_3[C] = k_3K[A][B]$ (B)

比較(A), (B)兩式，可知當$k_2 >> k_3$時，快速平衡近似法的結果與穩定狀態近似法一致。

## 例題15.4

In the following reaction scheme:

$$O_3 \underset{k_{-1}}{\overset{k_1}{\rightleftharpoons}} O_2 + O$$

$$O_3 + O \xrightarrow{k_3} 2O_2$$

(a) write the rate equation for disappearance of $O_3$ at time t.

(b) If the steady-state approximation is applied to the concentration of O atom, simplify the rate equation of $O_3$.

(c) If the equilibrium approximation is initially assumed, simply the rate equation of $O_3$.

**解**：

(a) $-\frac{d[O_3]}{dt} = k_1[O_3] + k_2[O_3][O] - k_{-1}[O][O_2]$

(b) $\frac{d[O]}{dt} = k_1[O_3] - k_2[O_3][O] - k_{-1}[O][O_2] = 0$

(a) − (b)可得

$$-\frac{d[O_3]}{dt} = 2k_2[O_3][O]$$

而由(b)可得

$$[O]=\frac{k_1[O_3]}{k_{-1}[O_2]+k_2[O_3]}$$ 代入上式

因此，

$$-\frac{d[O_3]}{dt}=\frac{2k_1k_2[O_3]^2}{k_{-1}[O_2]+k_2[O_3]}$$

(c) equilibrium approximation:

$$\frac{k_1}{k_{-1}}=\frac{[O][O_2]}{[O_3]}$$

$$[O]=\frac{k_1[O_3]}{k_{-1}[O_2]}$$

$$-\frac{d[O_3]}{dt}=2k_2[O_3][O]=\frac{2k_1k_2[O_3]^2}{k_{-1}[O_2]}$$

如果$k_{-1}[O_2] >> k_2[O_3]$，則equilibrium approximation會與steady-state approximation一致。

## 15.7 單一分子反應

在氣相中分子進行分解或異構化的反應，如圖15.3環丙烷異構化變成丙烯。表面上好像應該是一級反應，實際上可能涉及複雜的反應機構，而且這些反應常因反應物的壓力大小不同而表現出不同的反應級數。

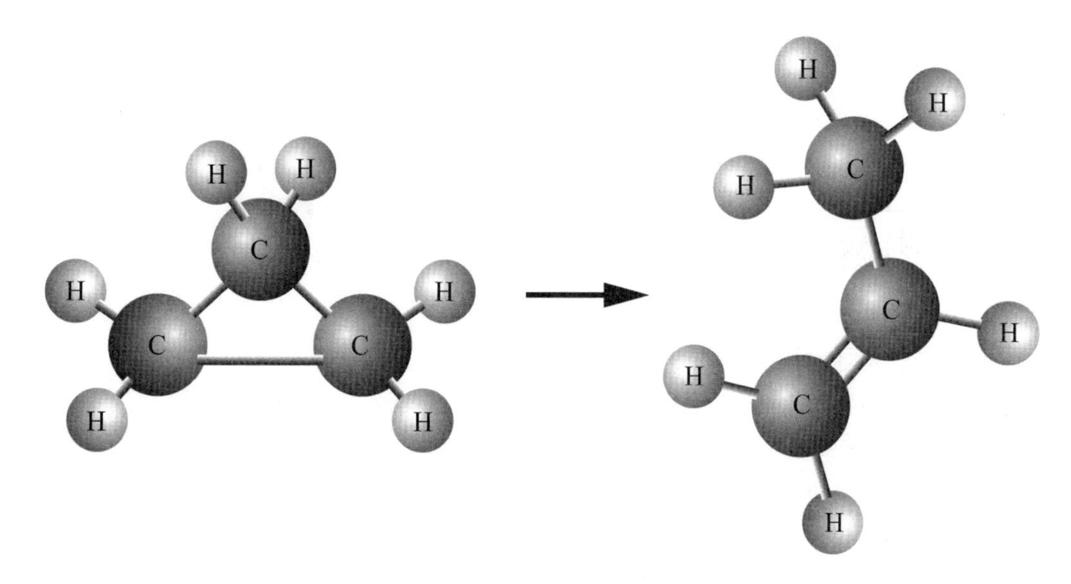


圖15.3　環丙烷異構化變成丙烯

Lindemann在1922年對單一分子反應（unimolecular reactions）提出的機構涉及兩個步驟：第一步是物種A必須先被活化變成$A^*$，之後此活化物種$A^*$可能變成產物或者回到原來物種A的狀態，如以下反應機構所示：

$$A + M \xrightarrow{k_1} A^* + M$$

$$A^* + M \xrightarrow{k_{-1}} A + M$$

$$A^* \xrightarrow{k_2} P$$

反應速率$v = \dfrac{d[P]}{dt} = k_2[A^*]$　　(1)

活化物種$A^*$會遵守穩定狀態近似法，則

$$\frac{d[A^*]}{dt} = 0 = k_1[A][M] - k_{-1}[A^*][M] - k_2[A^*]$$

$[A^*]_{ss} = \dfrac{k_1[A][M]}{(k_{-1}[M] + k_2)}$代入(1)

$$v = \frac{k_1 k_2 [A][M]}{(k_{-1}[M] + k_2)} = k_{obs}[A]$$

其中$k_{obs} = \dfrac{k_1 k_2 [M]}{(k_{-1}[M] + k_2)}$

兩邊同時取倒數則

$$\frac{1}{k_{obs}}=\frac{k_{-1}}{k_1k_2}+(\frac{1}{k_1})\frac{1}{[M]}$$

將$\frac{1}{k_{obs}}$對$\frac{1}{[M]}$作圖可得一直線，斜率是$\frac{1}{k_1}$，截距是$\frac{k_{-1}}{k_1k_2}$

1.在高壓時，$k_{-1}[M] >> k_2$

$$\Rightarrow \frac{-d[A]}{dt}=\frac{k_1k_2[A]}{k_{-1}}$$

因此在高壓下，反應是一級反應，$k_{obs}$與壓力無關。

2.在低壓時，$k_{-1}[M] << k_2$

$$\Rightarrow \frac{-d[A]}{dt}=k_1[A][M]$$

## 15.8 阿瑞尼斯定律

反應速率取決於溫度。在大多數反應中，反應速率隨溫度的上升而增加。阿瑞尼斯（Arrhenius）發現反應速率常數$k$隨著溫度變化及活化能的關係，可利用以下的經驗式加以描述：

$$k = Ae^{-E_a/RT}$$

其中$e$是自然對數的基底（2.718），$E_a$是活化能，$R$是氣體常數（= 8.314 J/(K·mol)），$T$是絕對溫度（K），符號$A$稱爲頻率因子（frequency factor）或前置因子（pre-exponential factor），通常假設$A$是與溫度無關的常數。此數學式表示溫度對速率常數的效應，稱之爲阿瑞尼斯方程式（Arrhenius equation）。可將此方程式改寫成對數的型式，將方程式的兩邊取對數可得：

$$\ln k = \ln A - E_a/RT$$

因此以$\ln k$對$1/T$作圖可得一直線，其斜率爲$-E_a/R$，因此可由實驗中測定不同溫度的反應速率，再將它與絕對溫度的倒數作圖，應可得一條直線，然後由其斜率算出活化能$E_a$。

亦可將阿瑞尼斯方程式的兩邊同時對溫度作微分可得：

$$\frac{d(\ln k)}{dT}=\frac{E_a}{RT}$$

然後兩邊再同時作定積分，設定溫度$T_1$時的反應速率是$k_1$，而溫度$T_2$時的反應速率是$k_2$，則可得

$$\int_{k_1}^{k_2} d\ln k=\frac{E_a}{R}\int_{T_1}^{T_2}\frac{1}{T^2}dT$$

因此，$\ln\frac{k_2}{k_1}=-\frac{E_a}{R}(\frac{1}{T_2}-\frac{1}{T_1})$

如果已知一溫度下的反應速率及其活化能，便可利用此公式求得不同溫度下的反應速率。

## 例題15.5

It is often said that near room temperature, a chemical reaction rate doubles with every 10° rise in temperature. Calculate the activation energy of a reaction at 300 K that obeys this rule exactly.

**解**：

依阿瑞尼斯定律：

$$k=A\cdot e^{-E_a/RT}$$

$A$：常數，稱作前置因子

$E_a$：activation energy，活化能

對$T$微分

$$\Rightarrow\ \frac{d\ln k}{dT}=\frac{E_a}{RT^2}$$

$$\int_{k_1}^{k_2} d\ln k=\frac{E_a}{R}\int_{T_1}^{T_2}\frac{1}{T^2}dT$$

$$\Rightarrow \ln\frac{k_2}{k_1}=\frac{E_a}{R}\frac{(T_2-T_1)}{T_1T_2}$$

$$\ln\frac{2}{1}=\frac{E_a}{8.314}\times\frac{10}{(300)^2}$$

$$\therefore E_a = 51865.4\ \text{J}$$

也就是說當反應的活化能接近50kJ時，溫度每上升10℃，反應速率則變爲兩倍，因爲大部分的反應其活化能接近此數值，因此溫度上升十度，速率加倍還算不錯的準則。

## 15.9 催化

催化劑（catalyst）是具有加速反應速率神奇能力的物質，而自身卻不會被消耗，因爲加入催化劑之後而導致反應加速，稱之爲催化（catalysis）。理論上加入催化劑於反應混合物之後，當反應完成之後，可以將催化劑分離出來，然後繼續重複使用。實務上，卻是因爲同時可能有其他反應的發生，而造成一些催化劑的損失。

催化劑在化學工業上扮演著非常重要的角色，因爲它們能使反應在較低的溫度反應速率變得合理可行，較低的溫度意謂著較少的能量成本。況且催化劑具有相當的專一性，它們僅會加速特定的反應。最值得注意的催化劑是酵素，在生物體中的生物細胞中含有數千種不同的酵素，它們可以直接且具選擇性地完成細胞內所需要發生的化學過程。

比起未加催化劑的反應，爲何催化劑參與反應能加速反應的速率，此可由阿瑞尼斯方程式得到答案。催化的反應機制是提供一個整體速率更快的反應途徑，催化劑增加反應速率可由增加頻率因子$A$，或者常常是降低反應的活化能$E_a$加以解釋（如圖15.4所示），因爲活化能是在阿瑞尼斯方程式中的指數位置，因此降低反應的活化能$E_a$的效應最爲顯著。

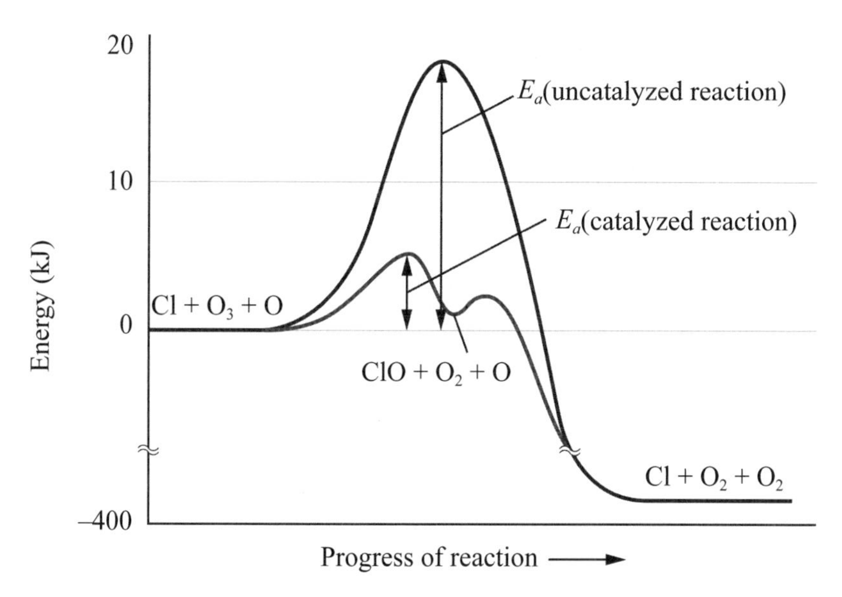


圖15.4 未催化與催化反應的位能曲線圖之活化能比較

表面化學上的催化反應大致可分成兩大類：

1.均相催化

當使用催化劑的反應其反應物種都在同一相中時，稱爲均相催化（homogeneous catalysis）。一實例是過氧化氫水溶液分解變成水和氧的反應：

$$2H_2O_2 \rightleftharpoons 2H_2O + O_2$$

在未使用催化劑的標準狀況下，反應非常慢，但是當加入碘化鉀之後，反應速率顯著增加，此反應中水溶液的碘離子是均相的催化劑。

2.異相催化

一些最重要的工業反應都涉及異相催化（heterogeneous catalysis），異相催化是使用與反應物種不同相的催化劑，經常是固體催化劑與氣相或液體溶液的接觸。催化是透過催化劑表面的化學吸附，吸附是表面對分子的吸引，可分爲物理吸附和化學吸附，物理吸附是透過比較弱的分子間吸引力，而化學吸附（chemisorption）則是利用化學鍵結的作用力，涉及化學吸附的異相催化之實例是氫化反應。加入$H_2$於含有碳碳雙鍵的化合物，使用的催化劑是鉑或鎳金屬，含有碳碳雙鍵的蔬菜油，在雙鍵被催化氫化之後會轉變成固體脂肪。

在早期的過程中$SO_2$是使用NO當催化劑，經催化氧化成$SO_3$，$SO_3$是硫酸的無水化合物，如今在所謂的接觸過程中使用的異相催化劑是Pt或是$V_2O_5$。在汽車的觸媒轉換器所使用的表面催化劑，將大氣的汙染物如CO和$NO_2$轉變成無害的物質如$CO_2$和$N_2$。汽車引擎的廢氣進入排氣管，然後進入觸媒轉換器，將汙染物CO和$NO_2$轉變成$CO_2$和$N_2$

表面上的反應可用Langmuir的吸附理論加以解釋：

Langmuir假設固體表面有很多活性位置，而且這些活性位置皆相同而且互不相干，

定義：$\theta$ = 活性位置被占據的比例

因此吸附速率 = $k_a P(1-\theta)$ $P$：pressure

脫附速率 = $k_d\theta$

平衡時，$k_d\theta = k_a P(1-\theta)$

使$b=\frac{k_a}{k_d} \Rightarrow \theta=\frac{bP}{1+bP}$

假設$\theta=\frac{V_{ads}}{V_{max}}$

$$\Rightarrow \frac{1}{V_{ads}}=\frac{1}{V_{max}}+\left(\frac{1}{bV_{max}}\right)\frac{1}{P}$$

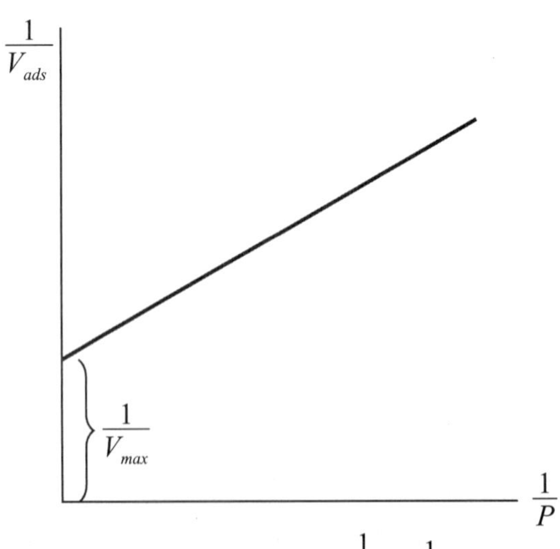


圖15.5 Langmuir的吸附理論$\frac{1}{V_{ads}}$對$\frac{1}{P}$作圖得一直線

## 例題15.6

The adsorption of $H_2$ on some surfaces has an adsorption isotherm of the form:

$$\theta = \frac{bP^{1/2}}{1+bP^{1/2}}$$

Propose a mechanism and derive this isotherm.

**解**：

假設吸附之後還會解離

$$H_2 + 2S \xrightarrow{k_a} 2H \cdot S$$

$$2H \cdot S \xrightarrow{k_d} H_2 + 2S$$

Rate adsorption $= k_a P_{H_2}(1-\theta^2)$

Rate desorption $= k_d\,\theta^2$

平衡時兩者速率相等

$$k_a P_{H_2}(1-\theta^2) = k_d\,\theta^2$$

$$\theta = \frac{(\frac{k_a}{k_d})^{1/2} P_{H_2}^{1/2}}{1+(\frac{k_a}{k_d})^{1/2} P_{H_2}^{1/2}} = \frac{bP_{H_2}^{1/2}}{1+bP_{H_2}^{1/2}}$$

其中 $b = (\frac{k_a}{k_d})^{1/2}$

# 15.10 酵素（或酶）的催化

在生物體的催化劑稱為酵素，或者稱為酶。酵素分子的分子量通常是很大的蛋白質，其催化活性很大，而且是高度專一性的。一特定的酵素僅作用於特定的物質，而且僅會催化特定的反應。例如在小腸中的蔗糖酶可以催化蔗糖和水的反應，而形成較簡單的葡萄糖和果糖。在反應中被酵素催化

（enzyme catalysis）的物種稱爲基質（substrate）。

圖15.6顯示酵素的運作情形之示意圖，酵素分子具有一活性中心，基質分子可在此活性中心與酵素形成鍵結並發生催化反應。基質分子$S$進入酵素分子$E$的活性中心，而形成酵素－基質錯合物$ES$，這可想像成鑰匙與鎖的契合關係，基質如同一把鑰匙插入酵素的活性中心（如同鎖），當基質與酵素鍵結時，基質的某些鍵可能變弱或形成新的鍵而生成產物，最後產物離開酵素。

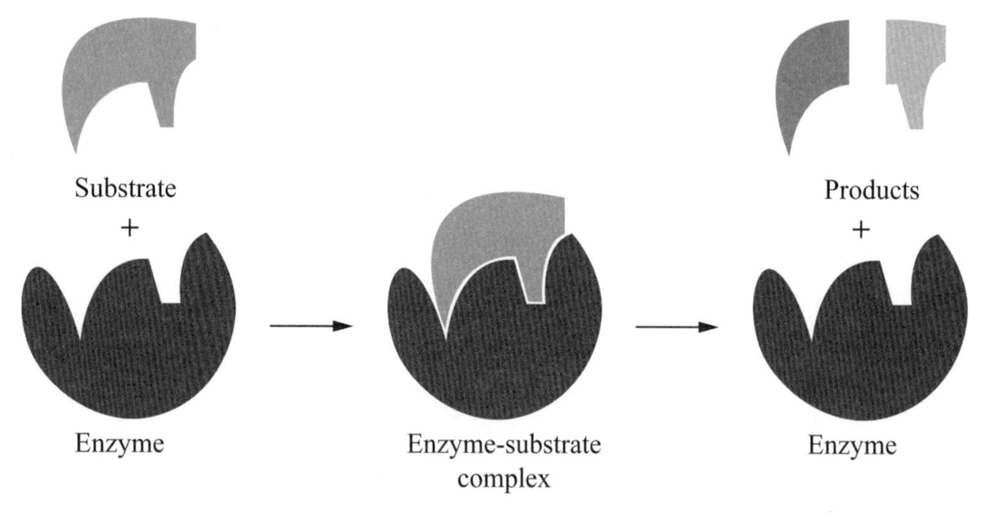


圖15.6　酵素運作情形之示意圖

基質與酵素的反應而生成產物$P$，最常見的反應機制爲米夏埃利斯和門藤的機制（the Michaelis-Menten mechanism），可用以下的反應機構表之：

$$E + S \underset{k_{-1}}{\overset{k_1}{\rightleftarrows}} ES \xrightarrow{k_2} \text{products} + E$$

在此機制中，$E$是酵素，$S$是基質，$ES$是酵素和基質所結合而成的錯合物，$P$是產物。產物P的生成速率爲：

$$v = \frac{d[P]}{dt} = k_2[ES]$$

因爲$ES$是中間產物，所以對此物種可利用$[ES]$的穩定狀態近似法（steady-state approximation），即得

$$\frac{d[ES]}{dt}=0=k_1[E][S]-k_{-1}[ES]-k_2[ES]$$

因此，

$$[ES]=\frac{k_1[E][S]}{k_2+k_{-1}}=\frac{[E][S]}{K_m}$$

其中$K_m$稱爲米夏埃利斯常數（Michaelis constant），其定義如下：

$$K_m=\frac{(k_2+k_{-1})}{k_1}$$

所以產物$P$的生成速率變成：

$$v=\frac{d[P]}{dt}=k_2[ES]=\frac{k_2[E][S]}{K_m}$$

但是在整個反應過程中不容易去測定基質和酵素的濃度，比較方便可行的方式是測定在剛開始反應之前的基質和酵素的濃度，假設酵素的起始總濃度爲：

$$[E]_0=[E]+[ES]=[E]+\frac{[E][S]}{K_m}$$

因此，

$$[E]=\frac{[E]_0}{(1+\frac{[S]}{K_m})}=\frac{K_m[E]_0}{(K_m+[S])}$$

則產物$P$的生成速率可寫成：

$$v=k_2[ES]=\frac{k_2[E][S]}{K_m}=\frac{k_2[E]_0[S]}{(K_m+[S])}$$

如果是$[S] >> K_m$，則$v=k_2[E]_0=v_{\max}$，此時反應速率達到最大，因此速率值會趨近於一平坦的區域，如下圖所示。

如果起始速率是最大速率的一半時，

$$v_0 = \frac{v_{max}}{2} = \frac{v_{max}[S]_0}{[S]_0 + K_m}$$

可推導求得$K_m = [S]_0$，亦即當起始速率是最大濃度一半時，則$K_m$等於基質的起始濃度。

圖15.7為反應速率對$[S]$的變化情形：

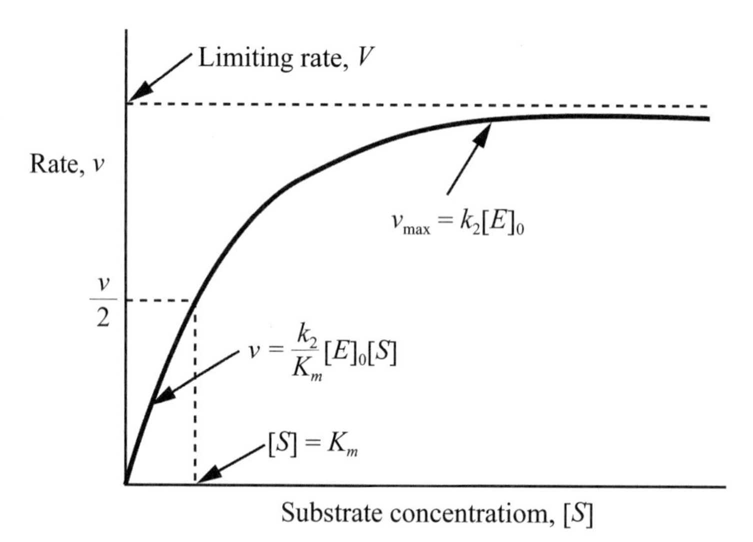


圖15.7　反應速率與基質濃度的關係圖

若是將$v = \dfrac{k_2[E]_0[S]}{(K_m + [S])}$兩邊加以倒數，則可得：

$$\frac{1}{v} = \frac{1}{v_{max}} + \frac{K_m}{v_{max}}\frac{1}{[S]}$$

其中$v_{max} = k_2[E]_0$，因此將$\frac{1}{v}$對$\frac{1}{[S]}$作圖可得一直線，其截距為$\frac{1}{v_{max}}$，斜率為$\frac{K_m}{v_{max}}$，此圖形稱為Lineweaver-Burk plot。當$[S]$趨近於無窮大時，反應速率$v$趨近於最大速率，即$v_{max} = k_2[E]_0$。

因為酵素的起始濃度（$[E]_0$）可以容易地從實驗上加以測定，因此可由最大速率而求得$k_2$，此稱為酵素的轉換數（turnover number），轉換數是每單位時間基質分子能轉變成產物的最大數目。

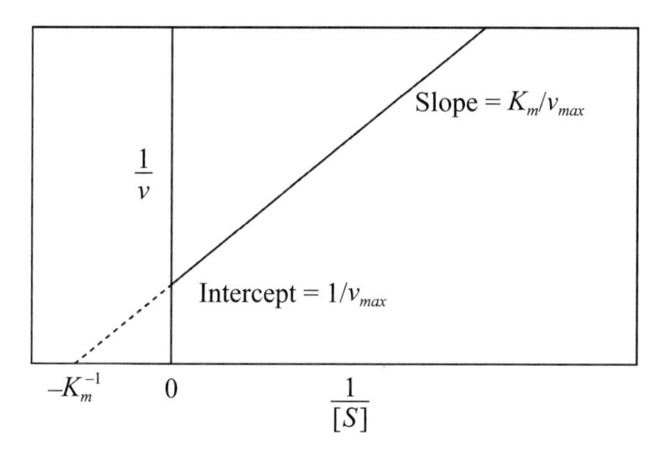


圖15.8　Lineweaver-Burk plot: $\frac{1}{v}$對$\frac{1}{[S]}$的直線圖

通常如果有結構類似於基質的其他物種存在時，這些物種會與酵素的活性中心結合，而使得酵素失去活性，這類的物種稱為抑制劑（inhibitor），可將之視為酵素催化反應中殺出一個程咬金，如此使得反應機制變得更複雜，如果將抑制劑I可能與酵素（$E$）和錯合物（$ES$）的作用並陳如下：

$$E + S \rightleftarrows \text{products} + E$$

$$I + E \rightleftarrows EI \qquad K_I = \frac{[E][I]}{[EI]}$$

$$I + ES \rightleftarrows ESI \qquad K_{I'} = \frac{[ES][I]}{[ESI]}$$

注意這些平衡常數的定義剛好與平常的平衡常數的倒數，根據$K_I$和$K_{I'}$之間的關係可概分成以下三種情況：

1.競爭抑制：$K_{I'} >> K_I$

2.非競爭抑制：$K_{I'} = K_I$

3.不競爭抑制：$K_{I'} << K_I$

今舉競爭抑制為例，其他推導類似：

$K_{I'} >> K_I$，亦即抑制劑$I$會與基質$S$競爭酵素。所以考慮以下兩個反應式：

$$E + S \rightleftarrows \text{products} + E$$

$$I + E \rightleftarrows EI \qquad K_I = \frac{[E][I]}{[EI]}$$

將所有含有酵素的物種加總起來應等於酵素的起始濃度，再套用$K_m$和$K_I$的定義：

$$\begin{aligned}[E]_0 &= [E]+[ES]+[EI] \\ &= [E]+\frac{[E][S]}{K_m}+\frac{[E][I]}{K_I} \\ &= [E](1+\frac{[S]}{K_m}+\frac{[I]}{K_I})\end{aligned}$$

因此，$v = k_2[E]_0 = \dfrac{v_{\max}[S]}{K_m + [S] + \dfrac{K_m}{K_I}[I]}$

兩邊取倒數可得：

$$\frac{1}{v} = \frac{1}{v_{\max}} + \frac{K_m}{v_{\max}}(1+\frac{[I]}{K_I})\frac{1}{[S]}$$

將$\frac{1}{v}$對$\frac{1}{[S]}$作圖可得一直線，其截距爲$\frac{1}{v_{\max}}$，斜率爲$\frac{K_m}{v_{\max}}(1+\frac{[I]}{K_I})$；如果與沒有抑制劑存在的情況加以比較的話，可看出兩者會有共同的截距點，但是其斜率卻是不同，會隨著抑制劑濃度（[I]）的增加而變大，如圖15.9所示：

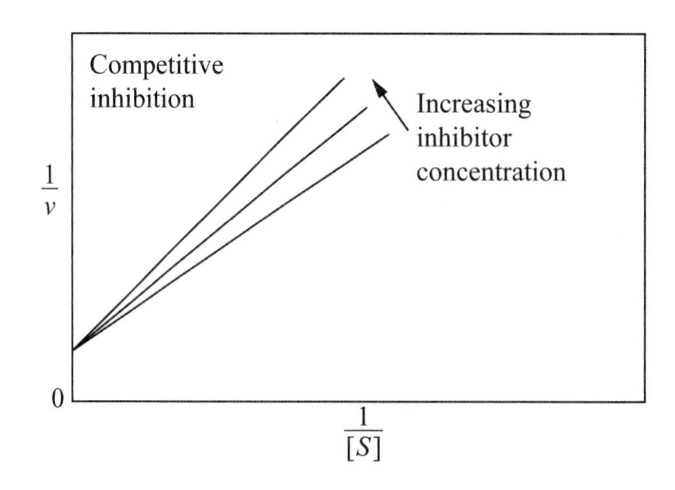


圖15.9　競爭抑制機制中$\frac{1}{v}$對$\frac{1}{[S]}$作圖可得一直線，斜率隨抑制劑濃度的增加而變大

# 15.11 臭氧層的化學

在古希臘時代，人們就已經發現閃電雷雨之後，空氣中會伴隨一種奇特的味道，這其實是因爲空氣中的臭氧含量提高的緣故。臭氧（ozone, $O_3$）是一種藍色刺激性的氣體，它是由三個氧原子所構成的分子，臭氧是很強的氧化劑，可以用來殺菌。

臭氧可以算是一把刀的兩面刃，在地表的天空時，臭氧是其中一種有害的汙染物而造成空氣煙霧瀰漫，這是因爲汽車引擎所排出的廢氣中會含有氧原子，氧原子再與空氣中的氧氣反應便生成臭氧，吸入臭氧會造成頭痛、呼吸困難、導致肺炎等問題。雖然臭氧在地表是光化學煙霧的成分，但是它卻是平流層的基本成分，平流層是離水平面高10至15公里的大氣層，在平流層的$N_2$、$O_2$和O所吸收的光波長皆短於240 nm，臭氧會吸收介於200至300 nm的紫外線，這對地球的生命是非常重要的。臭氧會因與一些物質如H、OH、NO或Cℓ產生反應而遭到破壞。

在1974年，莫利納（Mario J. Molina）和羅蘭（F. Sherwood Rowland）對氯氟碳化物（chlorofluorocarbons, CFCs）如$CC\ell_3F$及$CC\ell_2F_2$表示關心，氟氯碳化物是含氟和氯的化合物的統稱，可用作冷凍劑、噴霧罐的推進劑及起泡劑，它們被大量使用於噴霧劑和冷媒。因爲氯氟碳化物是相對惰性的化合物，使得它們可以在大氣中濃縮，然後穩定上升至平流層，一旦它們到達平流層，紫外線會將它們分解成氯原子，而氯原子會與臭氧反應生成CℓO和$O_2$，CℓO分子與平流層的氧原子反應再生成氯原子。例如Freon-12（$CF_2C\ell_2$）照光先形成Cℓ(g)：

$$CF_2C\ell_2(g) + h\nu \rightarrow CF_2C\ell(g) + C\ell(g)$$

然後Cℓ·再與臭氧進行以下的反應：

$$\begin{array}{ll} C\ell + O_3 \rightarrow C\ell O + O_2 & k_1 \\ O + C\ell O \rightarrow C\ell + O_2 & k_2 \\ \hline O_3 + O \rightarrow 2O_2 & \end{array}$$

其淨結果是臭氧分解變成氧，氯原子在第一步消耗掉，但在第二步又產生回來，因此氯原子並沒有反應完，所以它當作催化劑。研究人員發現每當臭氧在平流層被耗盡時，一氧化氯（CℓO）便會出現，所以與上述的反應機制不謀而合。因爲氯氟碳化物被懷疑是產生氯原子的罪魁禍首，因此國際公約已禁止它的製造，現在的冷凍劑和冷媒則是使用氫氟碳化物（HFCs）如R410A，R410A是$CH_2F_2$和$CF_3CHF_2$的混合物。在1995年的10月，羅蘭、莫利納和克魯岑（Paul Crutzen）因爲他們在研究平流層之臭氧層的破壞所作的貢獻而獲得諾貝爾化學獎，克魯岑主要是研究氧化氮對臭氧分解催化的效應。

假設$X$是所有的中間產物濃度的總和，在此僅考慮Cℓ和CℓO，則

$$[X] = [C\ell] + [C\ell O]$$

然後對Cℓ進行穩態近似，即得

$$\frac{d[C\ell]}{dt} = 0 = -k_1[O_3][C\ell] + k_2[C\ell O][O]$$

$$k_1[O_3][C\ell] = k_2[C\ell O][O]$$

因此，

$$-\frac{k_1[O_3][C\ell]}{k_2[O]} = [C\ell O]$$

可得，

$$[C\ell] = \frac{k_2[X][O]}{k_1[O_3] + k_2[O]}$$

所以在氯原子的催化下，$O_3$的分解速率爲：

$$v_{cat} = -\frac{d[O_3]}{dt} = k_1[C\ell][O_3] = \frac{k_1k_2[X][O][O_3]}{k_1[O_3] + k_2[O]}$$

在平流層的組成中$[O_3] >> [O]$，因此可簡化成：

$$v_{cat} = k_2[X][O]$$

若是沒有Cℓ·的催化的話，則臭氧直接與O反應，所以其反應速率（$v_{un}$）

爲：

$$v_{un} = k_{un}[O][O_3]$$

其中$k_{un}$是反應速率常數。所以在有無Cℓ·的催化之速率可比較如下：

$$\frac{v_{cat}}{v_{un}} = \frac{k_2[X]}{k_{un}[O_3]}$$

在平流層中，$[O_3] \approx [O] \times 10^3$，而且$k_2 = 2.44 \times 10^{10}\ M^{-1} \cdot s^{-1}$，$k_1 = 3.30 \times 10^5\ M^{-1} \cdot s^{-1}$，將這些值代入上式可得：

$$\frac{v_{cat}}{v_{un}} = \frac{k_2[X]}{k_{un}[O_3]} = 74$$

換言之，透過Cℓ·的催化，臭氧的分解速率比直接反應的速率快了74倍。

## 例題15.7

Derive the rate law for the decomposition of ozone in the reaction $2O_3(g) \rightarrow 3O_2(g)$ on the basis of the mechanism：

(a) $O_3 + M \underset{k_{-1}}{\overset{k}{\rightleftharpoons}} O_2 + O + M$

(b) $O_3 + O \xrightarrow{k_2} 2O_2$

where M is a chemically inert gas.

**解**：

Steady-state approximation for O：

$$\frac{d[O]}{dt} = 0 = k_1[O_3][M] - k_{-1}[O_2][O][M] - k_2[O][O_3] \quad \text{(I)}$$

$$\frac{-d[O_3]}{dt} = k_1[O_3][M] - k_{-1}[O_2][O][M] + k_2[O_3][O] \quad \text{(II)}$$

$$\text{(II)} - \text{(I)} \Rightarrow \frac{-d[O_3]}{dt} = 2k_2[O_3][O] \quad \text{(III)}$$

由(I)可得$[O] = \dfrac{k_1[O_3][M]}{k_{-1}[O_2][M] + k_2[O_3]}$

將之代入(III)即得

$$\frac{-d[O_3]}{dt}=\frac{2k_1k_2[O_3]^2[M]}{k_{-1}[O_2][M]+k_2[O_3]}$$

## 15.12 自由基連鎖聚合

我們日常生活中的很多用品都是塑膠做成的，塑膠是一種高分子（polymers）或稱聚合物，因爲它是由所謂的單體（monomer）所聚合而成的巨大分子，在高分子的聚合反應中，有一種非常重要的反應機制稱爲自由基連鎖聚合（radical-chain polymerization），其反應過程涉及先由一起始物經活化產生一自由基，然後此自由基再與單體反應生成另一自由基，之後再與其他單體繼續反應而產生聚合。今舉$-CH_2CHX\cdot + CH_2{=}CHX \rightarrow -CH_2CHXCH_2CHX\cdot$爲例，其聚合速率$v = k[I]^{1/2}[M]$，其中[I]爲起始物的濃度。自由基連鎖聚合反應通常包含三種反應步驟：

1.起始步驟（initiation）：

$$I \rightarrow R\cdot + R\cdot \quad v_i = k_i[I]$$
$$M + R\cdot \rightarrow \cdot M_1 \quad (\text{fast})$$

其中I是起始物（initiator），R・是I所生成的自由基，$M_1$是單體的自由基，速率決定步驟取決於自由基R・的生成。

2.演化步驟（propagation）：

$$M + \cdot M_1 \rightarrow \cdot M_2$$
$$M + \cdot M_2 \rightarrow \cdot M_3$$
$$\cdots\cdots\cdots\cdots$$
$$M + \cdot M_{n-1} \rightarrow \cdot M_n \qquad v_p = k_p[M][\cdot M]$$
$$\left(\frac{d[\cdot M]}{dt}\right)_{production} = 2fk_i[I]$$

其中$f$是自由基R・的比例。

3.終結步驟（termination）

$$\cdot M_n + \cdot M_m \rightarrow M_{n+m}$$

終結速率爲$v_t = k_t[\cdot M]^2$

$$\left(\frac{d[\cdot M]}{dt}\right)_{depletion} = -2k_t[\cdot M]^2$$

利用$M$的穩態近似可得：

$$\frac{d[\cdot M]}{dt} = 2fk_i[I] - 2k_t[\cdot M]^2 = 0$$

$$[\cdot M] = \left(\frac{fk_i}{k_t}\right)^{1/2}[I]^{1/2}$$

$$v_p = -\frac{d[M]}{dt} = k_p[\cdot M][M] = k_p\left(\frac{fk_i}{k_t}\right)[I]^{1/2}[M]$$

聚合效率的量測是以動力鏈長（kinetic chain length, $v$）作爲基準，其定義如下：

$v$ =（單體所消耗的數目）/（所產生活性中心的數目）

=（鏈長演化的速率 / 自由基產生的速率）

$$= \frac{k_p[\cdot M][M]}{2k_t[\cdot M]^2} = \frac{k_p[M]}{2k_t[\cdot M]}$$

$$= k[M][I]^{-1/2}$$

$$k = 1/2k_p(fk_ik_t)^{-1/2}$$

## 例題15.8

In the kinetics of combination of hydrogen and bromine to form hydrogen bromide, the following chain reactions are postulated：

| | | | | | | | |
|---|---|---|---|---|---|---|---|
| $Br_2$ | | | $\rightarrow$ | $2Br$ | | | $(k_1)$ |
| $Br$ | + | $H_2$ | $\rightarrow$ | $HBr$ | + | $H$ | $(k_2)$ |
| $H_2$ | + | $Br_2$ | $\rightarrow$ | $HBr$ | + | $Br$ | $(k_3)$ |
| $H$ | + | $HBr$ | $\rightarrow$ | $H_2$ | + | $Br$ | $(k_4)$ |
| $Br$ | + | $Br$ | $\rightarrow$ | $Br_2$ | | | $(k_5)$ |

According to this mechanism and the steady-state approximation for short-lived intermediates, derive the rate equation for HBr.

**解**：

Rate of HBr = $k_2[Br][H_2] + k_3[H][Br_2] - k_4[H][HBr]$ (1)

Apply steady state approximations to H and Br

$$d[H]/dt = k_2[Br][H_2] - k_3[H][Br_2] - k_4[H][HBr] = 0 \quad (2)$$

$$d[Br]/dt = k_1[Br_2] - k_2[H_2][Br] + k_3[H][HBr] + k_4[H][HBr] - k_5[Br]^2 = 0 \quad (3)$$

Add (2) and (3)：

$$k_1[Br_2] - k_5[Br]^2 = 0$$

$$[Br] = (k_1/k_5)^{1/2}[Br_2]^{1/2}$$

代入(1)

$$k_2(k_1/k_5)^{1/2}[Br_2]^{1/2}[H_2] - k_3[H][Br_2] - k_4[H][HBr] = 0$$

$$[H] = \frac{k_2(\frac{k_1}{k_5})^{1/2}[H_2][Br_2]^{1/2}}{k_3[Br_2]+k_4[HBr]}$$

(1) − (2)

$\Rightarrow$ rate of HBr = $2k_3[H][Br_2]$

將[H]代入上式

$$\Rightarrow \text{rate of HBr} = \frac{2k_2k_3(\frac{k_1}{k_5})^{1/2}[H_2][Br_2]^{3/2}}{k_3[Br_2]+k_4[HBr]}$$

$$= \frac{2k_2(\frac{k_1}{k_5})^{1/2}[H_2][Br_2]^{3/2}}{1+(\frac{k_4[HBr]}{k_3[Br_2]})}$$

# 15.13　碰撞理論與過渡狀態理論

如前所述，反應速率取決於溫度。在大多數反應中，反應速率隨溫度的上升而增加。一般近似的法則是：溫度升高10℃，許多反應的速率大約會變成兩倍。該如何解釋溫度對該反應的影響如此之大呢？首先需了解一下反應速率的簡單理論。

## 碰撞理論

假設反應的分子必須以大於最低門檻的能量加以碰撞，並加上方位要適當，方能使反應發生的理論，稱之爲反應的碰撞理論（collision theory）。使兩分子能產生反應的最低碰撞能量稱爲活化能（activation energy, $E_a$），其值與反應有關。

在碰撞理論中，反應速率常數是以下三個參數的乘積：

$$k = Zfp$$

其中$Z$表碰撞頻率，$f$是碰撞能量超過活化能的比例，$p$是分子具有適當方位的比例。碰撞頻率$Z$取決於溫度，因爲溫度上升時，分子碰撞會更加頻繁，碰撞頻率正比於分子的均方根速率，依氣體的動力學理論，均方根速率正比於溫度的平方根。但由動力學理論只能說明溫度若上升10℃，在25℃時碰撞頻率只會增加2%左右，顯然這無法解釋爲何在不同溫度反應速率會增倍。

我們已看到碰撞頻率僅與溫度上升有緩慢的變化關係，但是在大多數的反應中，即使是微小的溫度變化，超過活化能的分子碰撞的比例卻會快速改變。$f$與$E_a$之間的關係式已經證實如下：

$$f = e^{-E_a/RT}$$

其中$e = 2.718$，R是氣體常數等於8.31 J/(mol·K)。NO與$C\ell_2$反應（圖15.10）的活化能是$8.5 \times 10^4$ J/mol，在25℃時超過活化能的分子比例是$1.2 \times 10^{-15}$，因此分子碰撞能使反應眞正發生的比例是非常少的，幸好碰撞頻率非常大，因爲反應速率是取決於它們的乘積，因此不會太小。所以反應溫度增倍可以用溫度與$f$的關係加以說明。由上式可知，$E_a$增加時$f$會減少，此意謂著大活化能的反應的速率常數小，而小活化能的反應的速率常數大。

反應速率亦取決於$p$，$p$是當反應物分子碰撞時的適當方位，此因素與溫度無關。如圖15.10所示

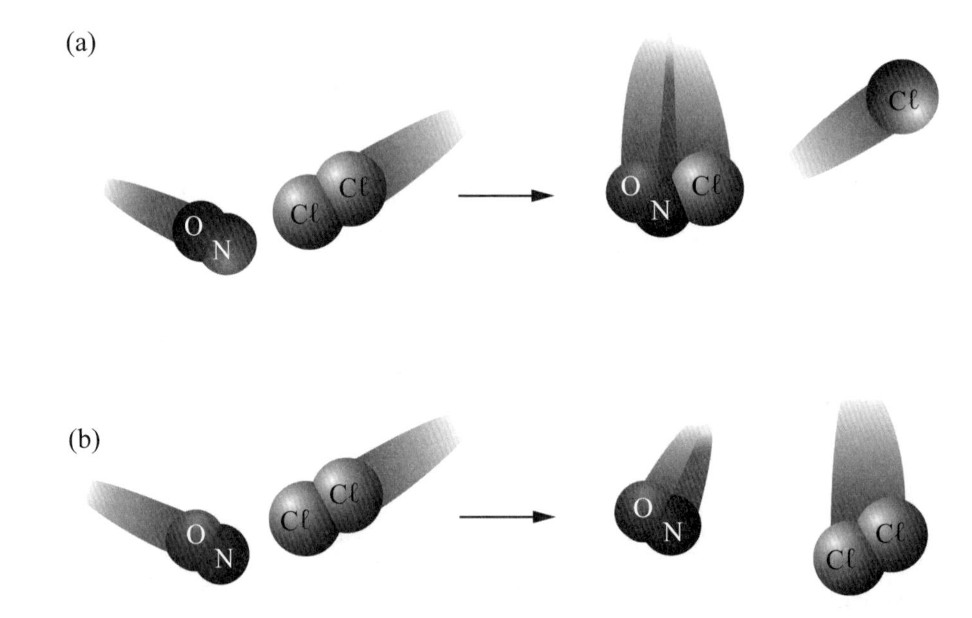


圖15.10 (a) NO與$C\ell_2$反應時碰撞方位正確可生成產物；(b) NO與$C\ell_2$反應時碰撞方位不正確時不會發生反應

## 過渡狀態理論

雖然碰撞理論能解釋反應的某些重要特性，但它仍是受限的，因爲它無法解釋活化能在反應所扮演的角色。過渡狀態理論（transition-state theory）認爲反應是經兩個分子碰撞而形成所謂的活化複體（activated complex），此活化複體（過渡狀態）是不穩定的原子基團，它可以裂解而形成產物。當分子以正確方位靠近時，活化複體開始生成，同時碰撞的動能被活化複體吸收而作爲振動能量，如果在某一時刻有足夠的能量集中於活化複體

的某一鍵時，該鍵便會裂解（如圖15.11所示）。取決於活化複體中某鍵的斷裂，活化複體可能返回變成反應物或形成產物。

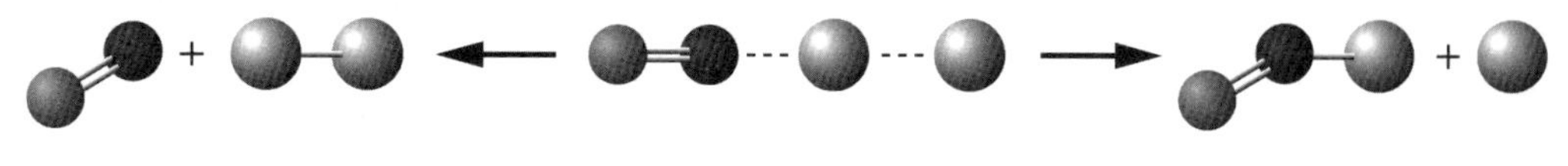


圖15.11　過渡狀態理論：反應是經兩個分子碰撞而形成所謂的活化複體

## 綜合練習

1. The rate law for the reaction of para-hydrogen to ortho-hydrogen is $d[o\text{-}H_2]/dt = k_{obs}[p\text{-}H_2]^{3/2}$
   (A) It is a unimolecular reaction
   (B) It is a complex reaction
   (C) The units for $k_{obs}$ is $L^{3/2}mol^{-3/2}s^{-1}$
   (D) The molecularity of this reaction is 1.5

2. Which of the following is not in the assumption of Langmuir isotherm:
   (A) monolayer coverage only
   (B) all sites are equivalent
   (C) heat of adsorption is function of $\theta$
   (D) no interaction between adsorbed molecules

3. The half-life of the first-order reaction $2N_2O_5 \rightarrow 4NO_2 + O_2$ is 5.7 h at 300K. The rate coefficient for this reaction is
   (A) $3.4\times10^{-5}\,s^{-1}$　(B) $3.4\times10^{-5}\,Lmol^{-1}s^{-1}$　(C) $3.4\times10^{-3}\,cm^3mol^{-1}s^{-1}$
   (D) $3.4\times10^{-5}\,cm^6mol^{-2}s^{-1}$

4. In a continuous flow experiment designed to measure the rate constant of a reaction $A + B \rightarrow P$, the concentration of $B$ is made much greater than that of $A$, such that a pseudo-second-order kinetic is observed for $A$. The concentration of $A$ at the mixing

chamber after complete mixing is $10^{-3}$ mol/L and the concentration of $A$ at 10 cm from the mixing chamber is $0.5 \times 10^{-3}$ mol/L.

Given that the solution flow speed is 500 cm/s, find the apparent rate constant of this reaction.

5. The half-life of a first-order reaction is 10 min. How much time is required for this reaction to be 75% complete? (10%)

   (1) 20 (2) 30 (3) 40 (4) 60 (5) 80 min

6. The rate constants of most reactions vary with the temperature. this behavior is normally expressed mathematically by [1] (A) Arrhenius; (B) Ahrrenius; (C) Arehnius; (D) von't Haff; (E) van't Hoff equation, as $k = X\exp(YT^{Z})$. Where $X$ is [2] (A) Boltzmann constant; (B) activation energy; (C) impact parameter; (D) van der Waals constant; (E) frequency factor, and $Z$ equals [3] (A) –2; (B) –1; (C) 0; (D) +1; (E) +2. If bimolecular reaction is known to be exothermic by 20.0kJmol$^{-1}$, then the value of $Y$ is [4] (A) > 0; (B) < 0; (C) = 0; (D) > 200/R kJmol$^{-1}$; (E) all the above are possible. the order of this reaction is [5] (A)0; (B)1/2; (C)1; (D)2; (E)3.

7. Certain polymerizations involve esterification reactions between –COOH groups on one molecule and –OH groups on another. Suppose that the concentration of such functional groups is c and that the rate of their removal by esterification obeys the equation

   $-dc/dt = kc^2$

   Obtain an equation relating the time t to the fraction f of functional groups remaining and to the initial concentration $c_0$ of functional group.

8. For a reversible first-order reaction $A \underset{k_2}{\overset{k_1}{\rightleftharpoons}} B$ derive the integrated rate equation for $[A]$ $(t)$ for the initial condition of $[A](t=0) = A_0$ and $[B](t=0) = 0$.

   Plot the concentration of $[A]$ and $[B]$ versus time and indicate the respective decay time constants for $[A]$ and $[B]$ in this plot.

9. For the reaction $H_2O_2 + 2H^+ + 2I^- \rightarrow I_2 + 2H_2O$ in acidc aqueous solution. Suppose the mechanism is

$H^+ + I^- \rightleftharpoons H(k_1, k_{-1})$　　rapid equilibrium

$HI + H_2O_2 \xrightarrow{k_2} H_2O + HOI$　　slow

$HOI + I^- \xrightarrow{k_3} I_2 + OH^-$　　fast

$OH^- + H^- \xrightarrow{k_4} H_2O$　　fast

Find the rate law(rate equation) in terms of $[H_2O_2]$, $[H^+]$, $[H^-]$ by this mechanism.

10. For a simple reaction:

$A + B \rightleftharpoons I \rightarrow P$; The rate constants are $k_a$ and $k'_a$ for the forward and reverse reactions of the equilibrium and $k_b$ for the final step; and K is the equilibrium constant of the first reaction. Which of the following statements are incorrect?（複選）

(A) $K = k_a/k'_a$

(B) $K = [A][B]/[I]$

(C) $d[P]/dt = k'_a[I]$

(D) $d[I]/dt \doteqdot 0$

(E) $d[I]/dt = k_a[A][B] - k_b[I]$

(F) $[I] = k_a[A][B]/(k'_a + k_b)$

(G) $d[P]/dt = [k_ak_b/(k'_a + k_b)][A][B]$

(H) $k_a[A][B] - k_a[I] - k_b[I] \doteqdot 0$

11. Which of the following statements about "catalyst" are incorrect?（複選）

(A) A catalyst can accelerate a reaction with no net chemical change

(B) A homogeneous catalyst is a catalyst in a different phase from reaction mixture

(C) A heterogeneous catalyst is a catalyst in the same phase as the reaction mixture

(D) The hydrogenation of ethane to ethane usually can be accelerated in the presence of palladium, platinum or nickel

(E) The presence of a catalyst can provide a different reaction path with higher activation energy than the absence of a catalyst in the same reaction

(F) The presence of a catalyst can result in the increase of the formation rate of products

(G) A homogeneous biological catalyst can also call as an enzyme

12. For the simple enzyme catalytic reaction:

$$E + S \underset{k_{-1}}{\overset{k_1}{\rightleftarrows}} ES \underset{k_{-2}}{\overset{k_2}{\rightleftarrows}} E + P$$

Where $E$ is the free enzyme, $S$ is the substrate, $ES$ is the enzyme-substrate complex and $P$ is the product. The reaction rate $r = -d[S]/dt$ can be derived as $r_0 = \dfrac{k_1[E]_0[S]_0}{k_M + [S]_0}$, where the subscript 0 refers to the initial condition and $k_M$ is the so-called Michaelis constant. Which of the following is not correct?

(A) To each the derived formula, one must use steady state approximation for $ES$

(B) $k_M = (k_{-1} + k_2)/k_1$

(C) In the limit of high concentration of substrate, the reaction rate becomes maximum that independent of substrate concentration

(D) $k_M$ can be determined by measuring $r_0$ as function of $[S]_0$

(E) All answers are correct

13. One possible mechanism for the reaction $2NO + O_2 \rightarrow 2NO_2$ is:

$$\begin{array}{ll} (1)\ NO + NO \rightarrow N_2O_2 & k_1 \\ (2)\ N_2O_2 \rightarrow 2NO & k_2 \\ (3)\ N_2O_2 + O_2 \rightarrow 2NO_2 & k_3 \end{array}$$

(1) Apply steady-state approximation to obtain the rate law.

(2) If only a small fraction of $N_2O_2$ formed in reaction (1) proceeds to form products in reaction (1), whereas most $N_2O_2$ decomposes to NO via reaction (2), what is the activation energy of the overall reaction? The activation energies for reactions (1) – (3) are $E_1 = 80\ kJmol^{-1}$, $E_2 = 210\ kJmol^{-1}$, and $E_3 = 90\ kJmol^{-1}$, respectively.

14. Derive the rate law for the decomposition of ozone in the reaction $2O_{3(g)} \rightarrow 3O_{2(g)}$ on the basis of the following mechanism:

$$(1)\ O_3 \rightarrow O_2 + O \qquad k_1$$

$$(2)\ O_2 + O \rightarrow O_3 \qquad k_1'$$

$$(3)\ O + O_3 \rightarrow 2O_2$$

$$k_2O_3 \xrightarrow{k_1} O_2 + O$$

$$O_2 + O \xrightarrow{k'_1} O_3$$

$$O + O_3 \xrightarrow{k_2} 2O_2$$

15. Compound $A$ simultaneously undergoes a pseudo first-order reaction and a second-order reaction, so that the mechanism is

$$A \rightarrow P_1 \text{ and } A + A \rightarrow P_2$$

The rate constants for the formation of $P_1$ and $P_2$ are $k_1$ and $k_2$, respectively. Obtain the integrated rate expression of [$A$] as a function of time. $A \xrightarrow{k_1} P_1'$

16. Which one of the following statements about the Arrhenius equation is incorrect?
    (A) The activation energy is positive and the rate increases with temperature increases.
    (B) A plot of ln $k$ against $1/T$ is usually a straight line.
    (C) The activation energy can be given by the slope of the plot ln $k$ against $1/T$.
    (D) The rate of an elementary reaction is always increased with temperature increases.
    (E) The over reaction rate for a composite reaction involving multiple elementary reactions might be decreased with temperature increases.
    (F) The activation energy for a composite reaction involving multiple elementary reactions is always positive in the Arrhenius equation.
    (G) Some reactions might show non-Arrhenius behavior, which mean ln $k$ against $1/T$ is not a straight line.
    (H) Non-Arrhenius behavior is sometimes a sign that quantum mechanical tunneling is playing a role in the reaction.

17. Which of the following statements is NOT true?
    (A) A catalyst can alter the equilibrium constant of a reaction.
    (B) Most of the reactions that occur in living organisms are catalyzed by molecules

called enzymes.

(C) A catalyst is a substance that increases both the rate of a forward reaction and the reversed reaction.

(D) A heterogeneous catalysis, the reaction occurs at the interface between two phases.

18. A certain reaction is first order; after 540 seconds, 30.5% of the reactant remains.

(1) Calculate the rate constant for the reaction.

(2) What length of time would be required for 25% of the reactant to be decomposed?

19. (1) Derive a relationship between the rate and concentrations of monomer and initiator for a thermal polymerization. Assume bimolecular termination.

(2) Assume efficiency of initiator. $f = 1$, and calculate the rate of polymerization when $[I] = 0.001$, $[M] = 1$mol/liter. Calculate the activation energy for the rate of polymerization.

$$k_p = 2.3 \times 10^3 \text{liter mol}^{-1}\text{s}^{-1} \qquad (E_a = 26 \text{ kJ/mol})$$

$$k_t = 2.9 \times 10^2 \text{liter mol}^{-1}\text{s}^{-1} \qquad (E_a = 13 \text{ kJ/mol})$$

$$k_i = 1.07 \times 10^{-5}\text{s}^{-1} \qquad (E_a = 130 \text{ kJ/mol})$$

(3) Will the rate and the average chain length increase or decrease with temperature.

20. For an enzyme catalysis reaction $E + S \rightleftarrows ES \longrightarrow E + P$, where $E$ is the enzyme with initial concentration $[E]_0$, $S$ is the substrate with initial concentration $[S]_0$, $ES$ is the enzyme-substrate complex, and $P$ is the product, $k_1$, $k_2$, $k_{-1}$ and $k_{-2}$ are the rate constants. Assume $K_i$ is the equilibrium constant of the first reaction and $k_2$ is evaluated as $k_i$ at temperature $T_i$, and $K_j$ is the equilibrium constant of the first reaction and $k_2$ is evaluated as $k_j$ at temperature $T_j$.

(1) Using steady-state approximation, find the initial rate of the reaction in terms of rate constants $k_1$, $k_2$, $k_{-1}$, $[S]_0$ and $[E]_0$.

(2) Express the standard thermodynamic enthalpy ($\Delta H°$) for the formation of $ES$ and the activation energy $E_a$ for $k_2$ in terms of $k_i$, $T_i$, $K_i$, $k_j$, $T_j$, and $K_j$.

21. The reaction between carbon disulfide and ozone is

$$CS_2(g) + 2O_3(g) \rightarrow CO_2(g) + 2SO_2$$

was studied with a large excess of $CS_2$. The pressure of ozone as a function of time is given by the following table

(1)Is the reaction first order or 2nd order with respect to ozone?

(2)Derive the half-life expression for this reaction.

22. Experimentally, the rate law of many enzyme-catalyzed reactions has the form

$$-\frac{d[S]}{dt} = \frac{k[S]}{K + [S]} \qquad \text{(II)}$$

where $[S]$ is the substrate concentration and k & K are constants.

The mechanism is a two-step process and involves the formation of intermediate complex between the enzyme and the substrate, denoted by $ES$

$$E + S \underset{k_{-1}}{\overset{k_1}{\rightleftharpoons}} ES \underset{k_{-2}}{\overset{k_2}{\rightleftharpoons}} E + P$$

where $E$: enzyme, $S$: substrate, $P$: product

Derive equation (II) from the above mechanisms at low conversions (1~3%), and find $k$ and $K$ constants.

23. Consider the oxidation of nitrogen monoxide to nitrogen dioxide according to

$$2NO + O_{2(g)} \xrightarrow{k} 2NO_{2(g)}$$

Measurements of rate of appearance of $NO_2$ product reveal a rate law of the form

$$\frac{1}{2}\frac{d[NO_2]}{dt} = k[NO]^2[O_2] \qquad \text{(I)}$$

There are two mechanisms suggested for this reaction,

Mechanism (A)

$$NO_{(g)} + O_{2(g)} \underset{k_{-1}}{\overset{k_1}{\rightleftharpoons}} NO_{3(g)} \qquad \text{(fast equilibrium)}$$

$$NO_{3(g)} + NO_{(g)} \xrightarrow{k_2} 2NO_{2(g)} \qquad \text{(rate determining)}$$

Mechanism (B)

$$NO_{(g)} + NO_{(g)} \underset{k'_{-1}}{\overset{k'_1}{\rightleftharpoons}} N_2O_{2(g)} \qquad \text{(fast equilibrium)}$$

$$N_2O_{2(g)} + O_2 \xrightarrow{k_2} 2NO_{2(g)} \qquad \text{(rate determining)}$$

Which (or what) mechanism (or mechanisms) is (or are) suitable to express the rate-equation (I)? Write down details of derivation.

24. If a molecule dissociates on being adsorbed, the process is referred to as dissociative adsorption. For hydrogen molecules adsorbs on the palladium catalyst surface, derive the Langmuir adsorption isotherm for the dissociative adsorption.

25. For the first-order parallel reactions

Reaction 1: $A \xrightarrow{k_1} B$

$$\Delta G = -100 + 0.01T \text{ kJmol}^{-1},\ k_1 = 10^{13}\exp(-500/T)\text{ s}^{-1}$$

Reaction 2: $A \xrightarrow{k_2} C$

$$\Delta G = -1000 + 0.01T \text{ kJmol}^{-1},\ k_2 = 10^{15}\exp(-1000/T)\text{ s}^{-1}$$

(1) At 500 K, the rate of reaction 2 is faster than that of reaction 1.

(2) At 1000 K, the species $B$ is thermodynamically stable than $C$.

(3) At room temperature, the species $B$ is thermodynamically stable than $C$.

(4) The enthalpy of reaction for reaction 1 is greater than that of reaction 2.

(5) The entropy of reaction for reaction 1 is greater than that of reaction 2.

Which one is correct?

(A) 1, 4 (B) 2, 4 (C) 1, 2, 4 (D) 1, 4, 5 (E) 1, 3, 4

# 第16章

# 氣體的分子動力學

## 16.1 氣體動力論的假設

根據氣體的分子動力論（kinetic-molecular theory，或簡稱爲kinetic theory），氣體是由一直進行不規則運動的粒子所組成，氣體的壓力是來自於氣體粒子持續運動撞擊容器的器壁而造成的，氣體粒子的濃度和平均速度都是決定此壓力的因素，而氣體粒子的濃度和平均速度決定碰撞的頻率。利用氣體的分子動力論可以推導出理想氣體定律。理想氣體的動力論基於以下假設：

假設1：組成氣體粒子的大小遠小於粒子間的平均距離，因此可忽略氣體本身占據的體積。

假設2：氣體粒子在所有方向以不同的速度進行不規則的直線運動。

假設3：除非碰撞，否則氣體粒子之間的作用力可忽略，氣體粒子持續地以直線不停速度運動，直到它碰撞到另一分子或者是器壁。

假設4：氣體粒子之間的碰撞是彈性碰撞，換言之，在彈性碰撞中動能不會損失，總動能是維持一定的。

茲以氣體的分子動力論推導出理想氣體定律如下：

一氣體分子的動能（kinetic energy）＝ $\frac{1}{2}mv^2 = \frac{1}{2}m(v_x^2 + v_y^2 + v_z^2)$，依牛頓運動定律：

$$F = m \cdot \frac{dv}{dt}$$

單一氣體粒子的平均作用力為：

$$F_{avg} = \frac{\sum_{no.\_of\_time\_intervals} F(t)}{total\_time} = \frac{\int F(t)}{total\_time} = \frac{1}{time}\int F(t)dt$$

$$F_{avg} = \frac{1}{time}\int m \cdot \frac{dv}{dt}dt = \frac{1}{time}\int mdv$$

$$F_{avg} = \frac{1}{time} \cdot m \cdot \Delta v_{avg}$$

全部氣體粒子的平均作用力為：

$$F_{avg,total} = N \cdot \frac{1}{time} \cdot m \cdot \Delta v_{avg}$$ （$N$為氣體分子的總數目）

考慮$x$軸方向的平均作用力為：

$$F_{avg,total,x} = N \cdot \frac{1}{time} \cdot m \cdot \Delta v_{avg,x}$$

碰撞器壁之前與之後的速度方向相反，如圖16.1所示：

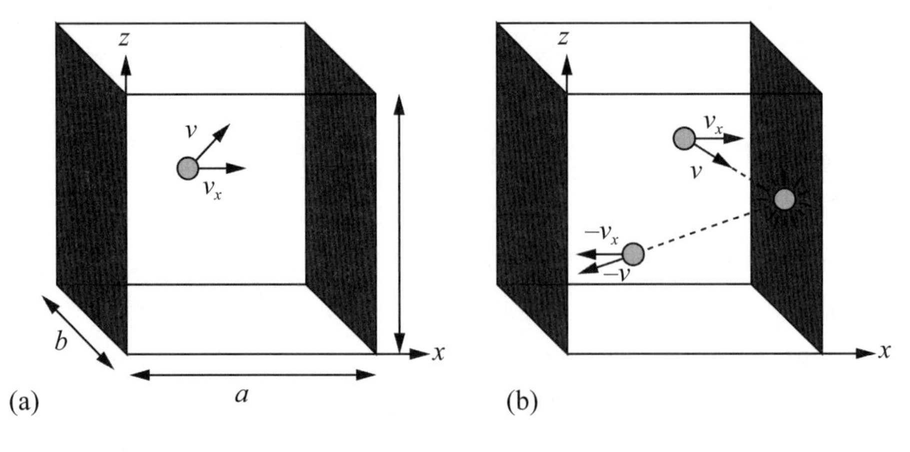


圖16.1　氣體粒子碰撞器壁之前與之後的速度方向變化

因此，$\Delta v_{avg,\,x} = v_{avg,\,x} - (-v_{avg,\,x}) = 2v_{avg,\,x}$

$$F_{avg,total,x} = 2 \cdot N \cdot \frac{1}{time} \cdot m \cdot v_{avg,x}$$

$$v_{avg,x} = \frac{2a}{time}$$（$a$為盒子邊長）

$$time = \frac{2a}{v_{avg,x}}$$

$$F_{avg,total,x} = 2 \cdot N \cdot \frac{1}{\frac{2a}{v_{avg,x}}} \cdot m \cdot v_{avg,x}$$

$$F_{avg,total,x} = N \cdot \frac{1}{a} \cdot m \cdot v_{avg,x}^2$$

氣體分子在$x$軸方向碰撞器壁所施加的壓力為：

$$P_x \equiv \frac{force}{area} = \frac{F_{avg,total,x}}{b \times c} = \frac{N \cdot m \cdot v_{avg,x}^2}{a \times b \times c}$$（受力面積$A = b \times c$）

氣體分子在空間運動並不會特別偏好某一特定方向，因此$v^2_{avg,\,x} = v^2_{avg,\,y}$，$v^2_{avg} = v^2_{avg,\,x} + v^2_{avg,\,y} + v^2_{avg,\,z}$，亦即$v_{avg,x}^2 = \frac{1}{3}v_{avg}^2$。

因此，氣體壓力可表為：$P = \frac{N \cdot m \cdot v_{avg}^2}{3V}$。

結合平均動能（average kinetic energy）$E_{avg} = \frac{1}{2}mv_{avg}^2$可得：

$$P = \frac{2NE_{avg}}{3V}$$

$$PV = \frac{2NE_{avg}}{3}$$

因為理想氣體定律$PV = nRT$，因此

$$NE_{avg} = \frac{3}{2}nRT$$

$$\bar{E} = \frac{3}{2}RT$$

$$E = \frac{3}{2}NkT$$

$R = N_A k$（$N_A$：亞佛加厥數，$k$：波茲曼常數）

$$\bar{E} = \frac{3}{2}RT$$

氣體分子的平均動能正比於絕對溫度，溫度愈高，氣體分子動能愈大。

$$N_A E_{avg} = N_A \cdot \frac{1}{2} m \cdot v_{avg}^2$$

$$\frac{3}{2}RT = N_A \cdot \frac{1}{2} m \cdot v_{avg}^2 = \frac{1}{2}(N_A \cdot m) \cdot v_{avg}^2 = \frac{1}{2} M \cdot v_{avg}^2$$

因此氣體分子的均方根速度（root-mean-square speed, $v_{rms}$）可表爲：

$$v_{rms} = < v_{avg}^2 >^{1/2} = \sqrt{\frac{3RT}{M}}$$

## 例題16.1

Calculate the root-mean-square speed for $CO_2$ at 300 K.

**解**：

$$v_{rms} = \sqrt{\frac{3RT}{M}} = \sqrt{\frac{3 \times 8.314 \times 300}{44 \times 10^{-3}}} = 412 \text{ m/s}$$

注意分子量$M$ = 44 g/mol = 44×$10^{-3}$ kg/mol，要換算成kg。

爲什麼地球大氣主要的成分是氮氣（$N_2$）和氧氣（$O_2$）呢？相反的，氫氣（$H_2$）和氦氣（He）則含量相當低，可以用各氣體的平均速度略窺其道理。地球上的物質要脫離地表需要有足夠的能量才能克服地球的束縛，此時所需的最小能量稱爲脫離能 ，相對應的速度則稱爲脫離速度$v_e$。

假設離地表無窮遠處的位能定爲零，則物體在地表的位能可表爲$-\frac{GMm}{R}$，依力學能守恆的原理可以得知

$$E_e + \left(-\frac{GMm}{R}\right) = 0$$

$$E_e = \frac{GMm}{R} = mgR$$

其中$M$爲地球質量，$m$爲物體的質量，$G$是地球重力場強度，$g$是重力加速度。因此當物體有較大的速度時，其動能比較大，更有機會脫離地表，由下

圖各氣體的平均速率的曲線可看出氫氣和氦氣的平均速度比其他氣體大，因此氫氣和氦氣具有較大的機會可以脫離地球的束縛，所以大氣中氫氣和氦氣的含量相當低，而氮氣和氧氣的平均速率在400～500 m/s，脫離地球束縛的能量略顯不足，因此地球大氣主要的成分是氮氣和氧氣。

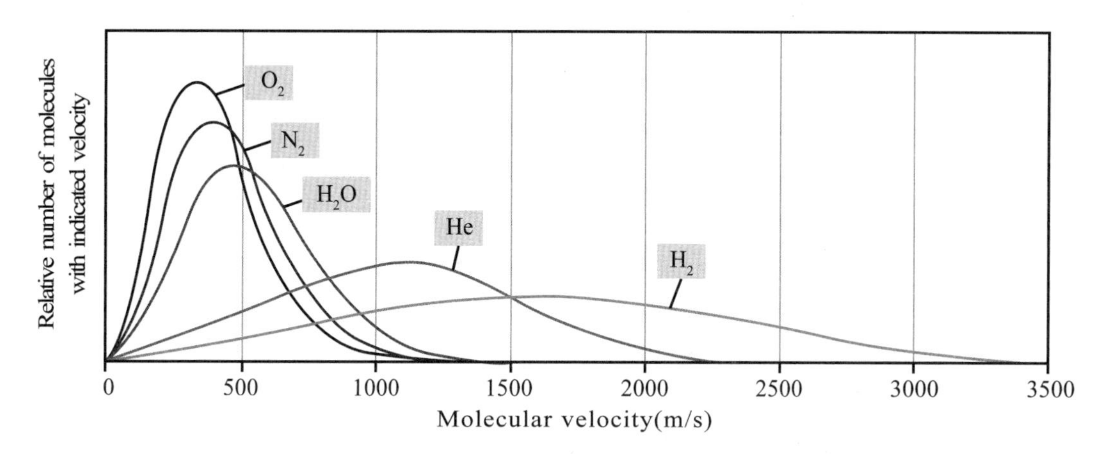


圖16.2　各氣體速度隨著其分子量變化的分布圖

## 16.2　氣體的速率分布

在某一特定溫度下，並非所有氣體分子的速度都是一樣的，而是會呈現一種機率分布的情形，因此必須推導氣體的速率分布函數：

$$\text{機率} = g_x(v_x)dv_x \cdot g_y(v_y)dv_y \cdot g_z(v_z)dv_z$$

$g_x(v_x)$、$g_y(v_y)$和$g_z(v_z)$分別是在$x$、$y$和$z$軸三個方向的機率函數，且符合：

$$\int_{v_x=-\infty}^{+\infty} g_x(v_x)dv_x = 1 = \int_{v_y=-\infty}^{+\infty} g_y(v_y)dv_y = \int_{v_z=-\infty}^{+\infty} g_z(v_z)dv_z$$

整體的機率函數為此三函數的乘積：

$$G(v) = g_x(v_x) \cdot g_y(v_y) \cdot g_z(v_z)$$

利用速度的平方為其在三軸分量的平方和，即

$$v^2 = v_x^2 + v_y^2 + v_z^2$$

因此，

$$(\frac{\partial G(v)}{\partial v_x})_{v_y,v_z} = (\frac{\partial g_x(v_x)}{\partial v_x})_{v_y,v_z} \cdot g_y(v_y) \cdot g_z(v_z)$$

由微積分的chain rule可知：$(\frac{\partial G(v)}{\partial v_x})_{v_y,v_z} = (\frac{\partial G(v)}{\partial v}) \cdot \frac{\partial v}{\partial v_x}$

由$v^2 = v_x^2 + v_y^2 + v_z^2$，可得

$$d(v^2) = d(v_x^2 + v_y^2 + v_z^2)$$
$$2vdv = 2v_x dv_x + 2v_y dv_y + 2v_z dv_z$$
$$dv_y = dv_z = 0$$
$$2vdv = 2v_x dv_x$$

因此，$(\frac{\partial v}{\partial v_x})_{v_y,v_z} = \frac{v_x}{v}$。

代入$(\frac{\partial G(v)}{\partial v}) \cdot \frac{v_x}{v} = (\frac{\partial g_x(v_x)}{\partial v_x})_{v_y,v_z} \cdot g_y(v_y) \cdot g_z(v_z)$

$$g_x'(v_x) \cdot g_y(v_y) \cdot g_z(v_z) = G'(v) \cdot \frac{v_x}{v} \quad (\frac{\partial g_x(v_x)}{\partial x} = g_x'(v_x)\text{；}\frac{\partial G(v)}{\partial x} = G'(v))$$

$$\frac{1}{v_x}\frac{g_x'(v_x)}{g_x(v_x)} = \frac{1}{v}\frac{G'(v)}{G(v)} \quad (g_y(v_y) \cdot g_z(v_z) = \frac{G(v)}{g_x(v_x)})$$

上式的左邊僅與$v_x$有關，而右邊僅與$v$有關，兩邊如果要相等的話，則表示其值為一常數，否則不會相等，因此

$$\frac{1}{v_x}\frac{g_x'(v_x)}{g_x(v_x)} = \frac{1}{v}\frac{G'(v)}{G(v)} = \lambda \quad (\lambda\text{為常數})$$

其他方向的機率亦同理可得以下之關係式：

$$\frac{1}{v_y}\frac{g_y'(v_y)}{g_y(v_y)} = \frac{1}{v}\frac{G'(v)}{G(v)} = \lambda$$
$$\frac{1}{v_z}\frac{g_z'(v_z)}{g_z(v_z)} = \frac{1}{v}\frac{G'(v)}{G(v)} = \lambda$$

由$\frac{1}{v_x}\frac{g_x'(v_x)}{g_x(v_x)}=\lambda$推導可得：

$$\frac{dg_x(v_x)}{g_x(v_x)}=\lambda\cdot v_x\cdot dv_x$$

$$\ln g_x=\frac{1}{2}\lambda v_x^2+C$$

$$g_x=e^{(1/2)\lambda v_x^2+C}=e^{(1/2)\lambda v_x^2}\cdot e^C$$

$$g_x=Ae^{(1/2)\lambda v_x^2}$$

同理可得$g_y=Ae^{(1/2)\lambda v_y^2}$及$g_z=Ae^{(1/2)\lambda v_z^2}$

因爲$g_x=Ae^{(1/2)\lambda v_x^2}$是一機率函數，其整體空間的積分值必須等於1，即

$$\int_{v_x=-\infty}^{+\infty}Ae^{(1/2)\lambda v_x^2}dv_x=1$$

由數學的積分表可查出亦即$\int_{-\infty}^{+\infty}e^{-\alpha x^2}dx=\sqrt{\frac{\pi}{\alpha}}$，套用之後可得：

$$A=(\frac{-\lambda}{2\pi})^{1/2}$$

因爲$v_{avx,\ x}^2=v_{avx,\ y}^2=v_{avx,\ z}^2$，

所以，

$$E_{avg}=\frac{1}{2}m\cdot v_{avg}^2=\frac{1}{2}m(v_{avg,x}^2+v_{avg,y}^2+v_{avg,z}^2)$$

$$E_{avg}=\frac{3}{2}m\cdot v_{avg,x}^2=\frac{1}{N}\cdot\frac{3}{2}RT$$

$$\frac{3}{2}m\cdot v_{avg,x}^2=\frac{3}{2}kT$$

因此$x$軸方向的平均速度平方爲：

$$v_{avg,x}^2=\frac{kT}{m}$$

利用平均值與機率之間的關係式：

$$\bar{u}=\frac{\sum_{j=1}^{possible\_values}u_j\cdot P_j}{\sum_j P_j}\quad(P_j：機率)$$

$$\bar{u} = \sum_{j=1}^{possible\_values} u_j \cdot P_j$$

當間距很小時，可以將加成（Σ）改成積分（∫），因此

$$\bar{u} = \int_{min}^{max} u_j \cdot P_j$$

所以$x$軸方向的平均速度可利用其機率函數加以計算求出：

$$v_{avg,x}^2 = \int_{-\infty}^{+\infty} v_x^2 \cdot (\frac{-\lambda}{2\pi})^{1/2} \cdot e^{(1/2)\lambda v_x^2} dv_x$$

$$v_{avg,x}^2 = 2(\frac{-\lambda}{2\pi})^{1/2} \int_0^{+\infty} v_x^2 \cdot e^{(1/2)\lambda v_x^2} dv_x$$

上式的積分可查積分表：$\int_{-\infty}^{+\infty} x^2 \exp(-\alpha x^2) dx = \frac{\sqrt{\pi}}{2\alpha^{3/2}}$，因此

$$v_{avg,x}^2 = 2(\frac{-\lambda}{2\pi})^{1/2} \frac{\sqrt{\pi}}{\sqrt{2}(-\lambda)^{3/2}}$$

又$v_{avg,x}^2 = \frac{kT}{m}$

因此，$\frac{1}{-\lambda} = \frac{kT}{m}$，亦即$\lambda = -\frac{m}{kT}$

因此，$g_x = (\frac{m}{2\pi kT})^{1/2} e^{-\frac{mv_x^2}{2kT}}$

同理$g_y = (\frac{m}{2\pi kT})^{1/2} e^{-\frac{mv_y^2}{2kT}}$；$g_z = (\frac{m}{2\pi kT})^{1/2} e^{-\frac{mv_z^2}{2kT}}$

$\int_0^{\infty} G(v) dv = 1$且$dv_x \cdot dv_y \cdot dv_z = 4\pi v^2 dv$，因此

$$G(v)dv = (\frac{m}{2\pi kT})^{1/2} e^{--\frac{mv_x^2}{2kT}} (\frac{m}{2\pi kT})^{1/2} e^{--\frac{mv_y^2}{2kT}} (\frac{m}{2\pi kT})^{1/2} e^{--\frac{mv_z^2}{2kT}} 4\pi v dv$$

$$G(v)dv = \frac{dN}{N} = (\frac{m}{2\pi kT})^{3/2} e^{-\frac{mv^2}{2kT}} 4\pi v^2 dv$$

上式稱爲氣體分子的Maxwell-Boltzmann distribution of molecular velocity，是英國物理學家馬克斯威爾（James Clerk Maxwell）以理論證明，並得到實驗上的證實。根據動力論，氣體分子的速度其值範圍很大，分子速度

的分布如圖16.3所示，$N_2$氣體分子在不同溫度下的速度機率函數分布圖。

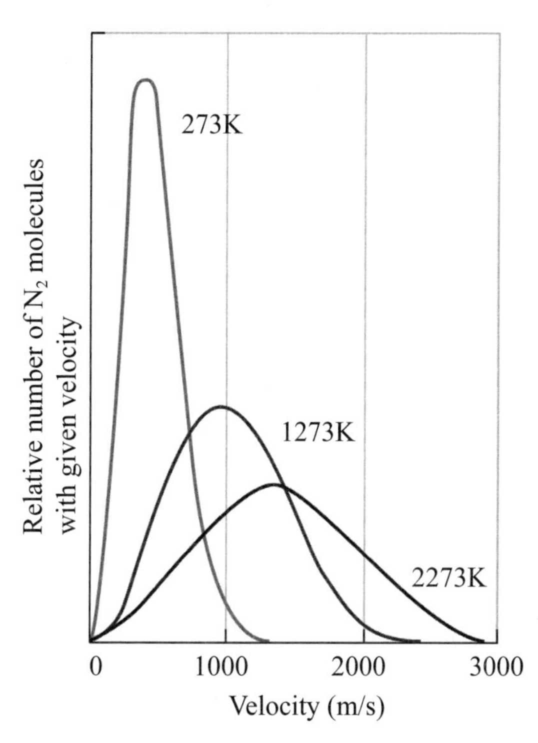


圖16.3　$N_2$氣體分子在不同溫度下的函數圖

氣體分子不同種類的速度都可以利用機率分布函數推導而求得：

1. 平均速率（mean speed）$\bar{v}$：

$$\bar{v}=\int_0^\infty v\cdot G(v)dv=\left(\frac{m}{2\pi kT}\right)^{3/2}\int_0^\infty v\cdot e^{-\frac{mv^2}{2kT}}4\pi v^2dv$$

$$=\sqrt{\frac{8kT}{\pi m}}$$

利用積分表可知：$\int_0^\infty x^3\cdot e^{-ax^2}dx=\frac{1}{2a^2}$

$$\bar{v}=\sqrt{\frac{8kT}{\pi m}}=\sqrt{\frac{8RT}{\pi M}}\quad（M：分子量）$$

在使用此方程式時，必須使用一致的單位如果$R$（$=8.314\ kg\cdot m^2/s^2\cdot K\cdot mol$）、T（K）和M（kg/mol）皆使用SI單位時，所得的速度單位將是m/s。

2.方均根速度（root-mean-square (rms) molecular speed）$v_{rms}^2$

方均根速度等於分子具有平均動能的速度，是平均速度的一種，

$$\begin{aligned} v_{rms}^2 &= \int_0^{\infty} v^2 G(v) dv \\ &= \int_0^{\infty} v^2 \cdot G(v) dv = (\frac{m}{2\pi kT})^{3/2} \int_0^{\infty} v^2 \cdot e^{-\frac{mv^2}{2kT}} 4\pi v^2 dv \\ &= \frac{3kT}{m} \end{aligned}$$

利用積分表可知：$\int_0^{\infty} x^{2n} \cdot e^{-ax^2} dx = \frac{1 \cdot 3 \cdots (2n-1)}{2^{n+1} a^n} \sqrt{\frac{\pi}{a}}$，

代入$n = 1$可知$\int_0^{\infty} x^2 \cdot e^{-ax^2} dx = \frac{1}{4a} \sqrt{\frac{\pi}{a}}$

因此$v_{rms} = \sqrt{\frac{3kT}{m}} = \sqrt{\frac{3RT}{M}}$

3.最大可能速度（the most probable speed）$v_p$

分子速度的分布取決於溫度，最大可能速度相當於是速度分布曲線的最大值加。求最大可能的速度必須利用$\frac{dG(v)}{dv} = 0$

$$\frac{dG(v)}{dv} = \frac{d(e^{-\frac{mv^2}{2kT}} \cdot 4\pi v^2)}{dv} = 0$$

$$4\pi v e^{-\frac{mv^2}{2kT}} (2 - \frac{mv^2}{kT}) = 0$$

$$2 - \frac{mv_p^2}{kT} = 0$$

$$v_p = \sqrt{\frac{2kT}{m}} = \sqrt{\frac{2RT}{M}}$$

由上可知：$v_{rms} > \overline{v} > v_p$

## 例題16.2

The Maxwell-Boltzmann distribution of molecular velocity in x direction is

$$f(v_x) = A\exp\left(\frac{-mv_x^2}{2k_BT}\right)$$

where m and $k_B$ are the mass of the molecule and Boltzmann constant, respectively. Which of the following is the appropriate value of constant A?

$\left(\text{Note}: \int_0^{\infty} e^{-ax^2}dx = \frac{1}{2}\sqrt{\frac{\pi}{a}}\right)$

(a) $\left(\frac{m}{\pi k_BT}\right)^{1/2}$　(b) $\left(\frac{m}{2\pi k_BT}\right)^{1/2}$

(c) $\left(\frac{m}{2\pi k_BT}\right)^{3/2}$　(d) $\left(\frac{m}{\pi k_BT}\right)^{3/2}$

(e) None of above is correct.

**解**：

利用機率分布函數積分值要等於1，亦即

$$\int_{-\infty}^{+\infty} f(v_x)dv_x = 1$$

$$A\int_{-\infty}^{+\infty} e^{-\frac{mv_x^2}{2k_BT}}dx = 1$$

$$A\cdot\sqrt{\frac{\pi}{\frac{m}{2k_BT}}} = 1$$

因此，$A = \sqrt{\frac{m}{2\pi k_BT}}$，答案為(b)。

## 例題16.3

The Maxwell distribution function is $G(v)dv = \left(\frac{m}{2\pi kT}\right)^{3/2}\exp\left(-\frac{mv^2}{2kT}\right)4\pi v^2dv$, where v is the velocity and m is the mass of the molecule. If the kinetic energy for a molecule is $(mv^2)/2 - fv$, where $f$ is a constant and assume to be equal for all molecules. Which of the following shows the correct order of averaged kinetic energy for the given molecules?

(a) $H_2 > HD > D_2 > HT$

(b) $H_2 > HD > HT > D_2$

(c) $H_2 < HD < D_2 < HT$

(d) $H_2 < HD < HT < D_2$

**解**：

$$< v^2 >= \int_0^\infty v^2 G(v) dv = \frac{3kT}{m}$$

$$< v^2 >= \int_0^\infty v^2 \cdot G(v) dv = \int_0^\infty v^2 \cdot (\frac{m}{2\pi kT})^{3/2} \exp(-\frac{mv^2}{2kT}) 4\pi v^2 dv = \frac{3kT}{m}$$

動能 $E_k = \frac{mv^2}{2} - fv = \frac{3}{2}kT - fv$

但是平均速度 $< v >= \int_0^\infty v \cdot G(v) dv = \sqrt{\frac{8kT}{\pi m}}$

因此，動能$E_k$的大小取決於平均速度$<v>$，換言之亦取決於氣體分子的質量$m$，平均速度$<v>$正比於$\frac{1}{\sqrt{m}}$，因此氣體分子的質量$m$增加的話，平均速度$<v>$會下降，因此動能$E_k$會增加。因此$H_2 < HD < HT < D_2$，答案為(d)。

## 16.3 平均自由徑

當相同氣體粒子A進行碰撞時，當撞擊參數$d > d_A$時，氣體粒子$A$彼此之間並沒有產生碰撞，只有當$d \leq d_A$時，氣體粒子$A$彼此之間才會發生碰撞，如圖16.4所示：

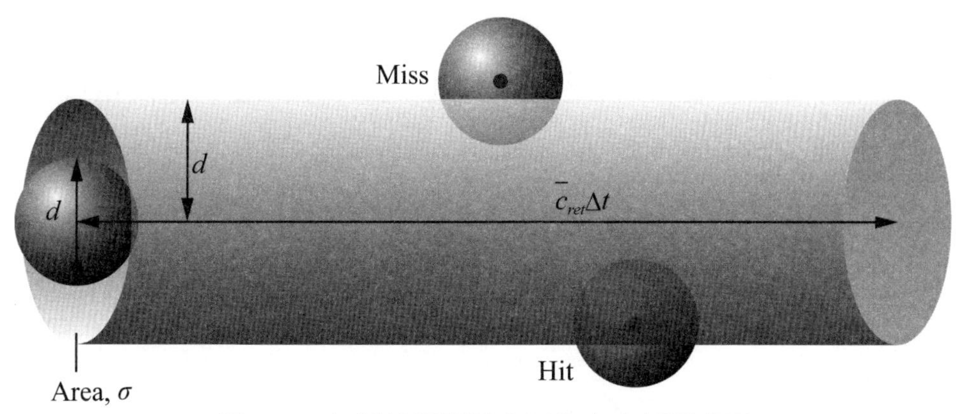


圖16.4　氣體粒子碰撞之平均自由徑示意圖

平均自由徑（mean free path）的定義是當氣體粒子碰撞之後，下一次再碰到另一氣體粒子所走的平均距離，因此當碰撞頻率愈大，則兩次碰撞之間所走的距離稱爲平均自由徑（以符號$\lambda$表示）。碰撞之間分子所經過的平均體積爲

$$\text{Average volume between collision} = \lambda \cdot \pi d^2$$

$\pi d^2$稱爲collision cross section（以符號$\lambda$表示），在特定體積$V$下有$N$個氣體分子，則每個分子的平均體積爲

$$\frac{V}{N} = \lambda \cdot \pi d^2$$

$$\lambda = \frac{V}{N\pi d^2}$$

又$V = \dfrac{NkT}{P}$，因此

$$\lambda = \frac{kT}{\pi d^2 P}$$

## 例題16.4

Estimate the mean free path of krypton atoms at 16.0 ℃ and 1.00 bar pressure if the hard-sphere radius of a krypton atom is 1.85 Å.

解：

$$\lambda = \frac{kT}{\pi d^2 P} = \frac{(1.38\times10^{-23}\,\mathrm{J/K})\times 293\mathrm{K}}{\pi(2\times1.85\times10^{-10}\,\mathrm{m})^2\times(1.00\,\mathrm{bar})}\times\frac{1\mathrm{L}\cdot\mathrm{bar}}{100\,\mathrm{J}}\times\frac{(0.1\,\mathrm{m})^3}{1\,\mathrm{L}} = 9.41\times10^{-8}\,\mathrm{m}$$

$= 941\,\text{Å}$

注意單位轉換1 L・bar = 100 J

## 例題16.5

A certain molecule *A* has twice as large as a collision diameter as another type of molecule *B*. What is the mean free path of *A* compared to *B* under the same conditions of temperature and pressure?

(a) 4 times as large (b) 2 times as large (c) 1/2 as large (d) 1/4 as large.

解：(d)

# 16.4 氣體分子的碰撞頻率

碰撞的平均力取決於分子的質量和平均速度，換言之，分子的質量愈大及其速度愈快，則在碰撞過程所施加的力愈大。碰撞頻率亦正比於平均速度$v$，因爲分子運動愈快，其撞擊器壁就愈頻繁。碰撞頻率反比於氣體體積$V$，因爲體積愈大，分子碰撞器壁就愈不頻繁，最後碰撞頻率正比於分子的數目$N$。

$$\text{平均速度} = \text{距離} / \text{時間}$$

將平均自由徑當作距離，則平均碰撞頻率（單位$s^{-1}$，1/時間）爲

$$z = \frac{\bar{v}}{\lambda} = \frac{\left(\frac{8kT}{\pi m}\right)^{1/2}}{\frac{V}{\pi d^2 N}} = \frac{\pi d^2 N\sqrt{8kT}}{V\sqrt{\pi m}}$$

記住$\rho=\frac{N}{V}$爲氣體的密度，因此

$$z=\frac{\pi\rho d^2\sqrt{8kT}}{\sqrt{\pi m}}$$

因爲碰撞涉及兩個氣體分子，如果是相同的兩個氣體分子的話，則其對比質量 = $\frac{m}{2}$，因此

$$z=\frac{\pi\rho d^2\sqrt{16kT}}{\sqrt{\pi m}}$$

因此單位體積下每秒的碰撞總數目應爲：

$$Z=\frac{1}{2}\cdot z\cdot\rho=\frac{2\pi\rho^2 d^2\cdot\sqrt{kT}}{\sqrt{\pi m}}$$（因爲碰撞涉及兩個氣體粒子，所以要除以2）

如果有兩種不同的氣體分子（$P_1$ & $P_2$，直徑分別爲d$1$ & $d_2$）的話，則$P_1$粒子碰撞到$P_2$粒子的平均自由徑可寫成

$$\lambda_{1\to 2}=\sqrt{\frac{m_2}{m_1+m_2}}\frac{V}{\pi(\frac{d_1+d_2}{2})^2 N_2}$$

其中$N_2$是$P_2$粒子的數目，其密度$\rho_2=\frac{V}{N_2}$，代入可得

$$\lambda_{1\to 2}=\sqrt{\frac{m_2}{m_1+m_2}}\frac{1}{\pi(\frac{d_1+d_2}{2})^2\rho_2}$$

因此碰撞頻率爲

$$z_{1\to 2}=\frac{\pi\rho_2(\frac{d_1+d_2}{2})^2\sqrt{8kT}}{\sqrt{\pi\mu_{12}}}$$

其中對比質量 $\mu_{12}=\frac{m_1\cdot m_2}{m_1+m_2}$，因此單位體積下每秒的碰撞總數目應爲：

$$Z_{1\to 2}=\frac{\pi\rho_1\rho_2(\frac{d_1+d_2}{2})^2\sqrt{8kT}}{\sqrt{\pi\mu_{12}}}$$

## 例題16.6

The hard-sphere diameter of xenon is 4.0 Å and its molar volume is 0.02271 $m^3$ at 1.00 bar and 273 K.

(a) What is the average collision rate?

(b) What is the total collision rate per unit volume?

(c) What is the total collision rate?

**解**：(a)

Density $\rho = \frac{6.02\times10^{23}}{0.02271} = 2.65\times10^{25}$

The mass of a xenon atom $\frac{0.1313}{6.02\times10^{23}} = 2.181\times10^{-25}$ kg

$$z = \frac{\pi(2.65\times10^{25})(4.0\times10^{-10})^2\sqrt{16\times(1.38\times10^{-23})\times273}}{\sqrt{\pi\times2.181\times10^{-25}}} = 3.95\times10^{9}\ \mathrm{s^{-1}}$$

(b) $Z = \frac{1}{2}\cdot z\cdot\rho = \frac{1}{2}(3.95\times10^{9})(2.65\times10^{25}) = 5.23\times10^{34}\ \mathrm{m^{-3}}\cdot\mathrm{s^{-1}}$

(c) 體積只有0.02271 $m^3$

因此$5.23\times10^{34}\times0.02271 = 1.19\times1033\ \mathrm{s^{-1}}$

# 16.5　逸散和擴散

在放置一氣體的容器中挖一個小孔，氣體粒子會以在容器中的相同速度通過此孔（圖16.5(a)），氣體流過容器中一小孔的過程稱爲逸散（effusion），這是最先於1846年葛拉曼（Graham）所發現的，氣體粒子逸散的速度取決於三個因素：(1)孔的截面積：愈大的孔，粒子愈容易逃離；(2)單位體積下粒子的數目：粒子愈擁擠，粒子愈可能碰到孔；(3)平均速度：粒子移動愈快，它們愈快找到該孔而逃離。在定溫定壓下，前兩個因素將會一樣，因此不同氣體在相同容器下的逸散速率將取決於它們的平均速度。

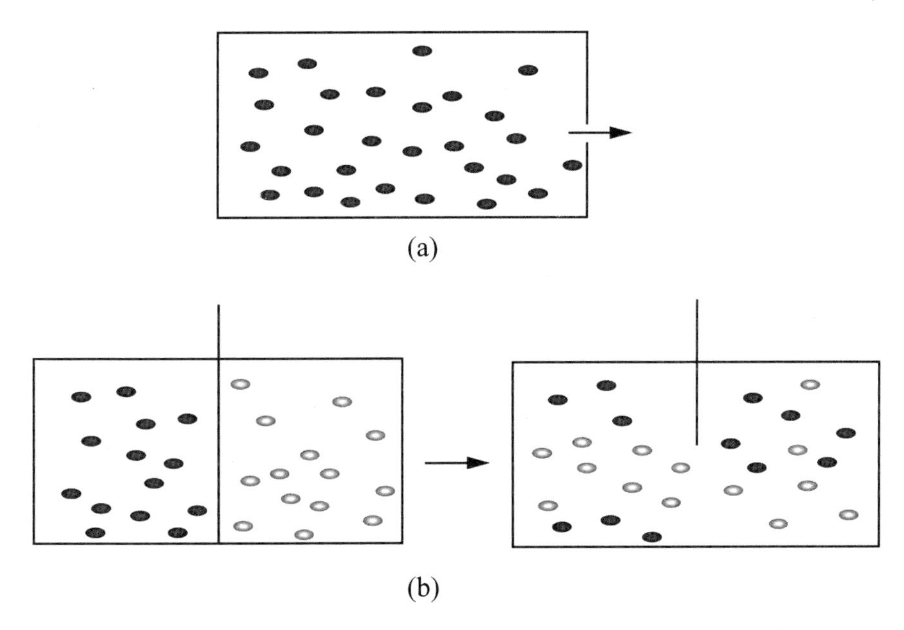


圖16.5　氣體粒子逸散(a)及擴散(b)的示意圖

因爲平均速度基本上等於$\sqrt{\frac{3RT}{M}}$，其中$M$是分子量，因此逸散的速率正比於$\frac{1}{\sqrt{M}}$，換言之，逸散的速率是與均方根速度（或分子量成反比的）。葛拉曼的逸散定律（Graham's law of effusion）爲：在定溫定壓下，氣體粒子從一特定小孔的逸散速率是與氣體的分子量成反比。亦即

逸散速率 $\propto v_{avg}$

利用在$x$軸的機率函數$g_x = (\frac{m}{2\pi kT})^{1/2} e^{-\frac{mv_x^2}{2kT}}$可得平均速度爲：

平均速度$v_{avg} = \int_{v_x=0}^{\infty} v_x (\frac{m}{2\pi kT})^{1/2} e^{-\frac{mv_x^2}{2kT}} dv_x = (\frac{kT}{2\pi m})^{1/2}$（注意速度由0開始）

逸散速率$= \frac{dN}{dt} \propto (\frac{kT}{2\pi m})^{1/2}$

加上考量小孔的截面積（$A$）及氣體粒子的密度（$\rho$）可得：

$$\frac{dN}{dt} = A\rho(\frac{kT}{2\pi m})^{1/2}$$

$$\frac{dN}{dt} = A\frac{P}{kT}(\frac{kT}{2\pi m})^{1/2} = AP(\frac{1}{2\pi mkT})^{1/2}$$

記住$PV = NkT$，$P = (\frac{N}{V})kT$，$\rho = (\frac{N}{V}) = \frac{P}{kT}$。

葛拉曼定律在核化學中有一個實際的應用，原子核反應器中製備原子核分裂反應所需的燃料棒，取決於鈾-235（$^{235}U$）與中子撞擊所進行的分裂，當原子核分裂時，會放射出數個中子及釋出大量的能量，這些中子會撞擊更多的鈾-235原子核而持續放出更多的能量。但是大自然中的鈾含有99.27%的鈾-238（$^{238}U$），但是鈾-238不會進行核分裂，僅有0.72%的鈾-235才會進行核分裂，問題是燃料棒必須含有至少3%的鈾-235才能維持核反應。爲了增加樣品中鈾-235的含量，首先必須製備$UF_6$，$UF_6$是容易揮發的白色結晶固體，$UF_6$蒸氣因逸散而通過一連串具有孔洞性的薄膜，因爲具有較輕的鈾同位素的逸散速率比具有較重的鈾同位素來得快，因此最先通過的氣體會比較富含鈾-235，經過許多逸散的步驟而達到鈾-235進一步的濃縮。

另一方面，當氣體完全且均勻地擴散至另一氣體所占據之空間的過程，稱爲氣體的擴散（diffusion）。蘋果派烘烤的悅人香味馬上吸引人進廚房，此香味的散布可以動力論解釋，所有氣體粒子都是不規則運動的，經過足夠的時間之後，氣體粒子的持續運動造成兩氣體的完全混合（圖16.4b）。擴散的運動方程式可寫成：

$$\frac{dN_1}{dt} = -D \cdot A \cdot \frac{dc_1}{dx}$$

其中$\frac{dN_1}{dt}$爲氣體粒子通過一平面（面積爲$A$）的速率，$\frac{dc_1}{dx}$爲氣體粒子的濃度梯度，$D$爲氣體粒子的自我擴散係數（self-diffusion coefficient）。理論證實自我擴散係數$D$：

$$D = \frac{3\pi}{16} \cdot \lambda \cdot \bar{v} = \frac{3}{8d^2\rho} \cdot \sqrt{\frac{RT}{\pi M}}$$

利用實驗所測得的擴散係數可以用來估算多原子氣體粒子的硬球直徑。Einstein證實粒子在一維移動的平均距離的平方可表爲

$$(\Delta x)^2_{avg} = 2 \cdot D \cdot t,$$

如果是三維移動則為

$$(3 - D\_\text{displacement}\Delta x)^2_{avg} = 6 \cdot D \cdot t$$

由以上可知，氣體粒子的逸散或擴散速率均與其質量平方根成反比，亦即

$$\text{Rate of gas effusion or diffusion} = \frac{1}{\sqrt{mass}}$$

## 16.6　碰撞理論

阿瑞尼斯（Arrhenius）假設前置指數參數（preexponential factor）與溫度無關，但由碰撞理論（collision theory）所得的前置指數參數和$T^{1/2}$成正比，

阿瑞尼斯方程式：

$$\ln\frac{k_1}{k_2} = (-\frac{E_A}{R})(\frac{1}{T_1} - \frac{1}{T_2})$$

$$(\frac{\partial(\ln k)}{\partial(\frac{1}{T})} = -\frac{E_A}{R}$$

假設加入與溫度相關的一項

$$(\frac{\partial(\ln k)}{\partial(\frac{1}{T})} = -\frac{E_A}{R} - m \cdot T$$

因此

$$k = A \cdot T^m \cdot e^{-\frac{E_A}{RT}}$$

因為碰撞頻率是前置指數參數的主要貢獻者且

$$Z = \frac{\pi\rho_1\rho_2(\frac{d_1 + d_2}{2})^2\sqrt{8kT}}{\sqrt{\pi\mu_{12}}}$$

$$Z = \frac{\pi(\frac{d_1 + d_2}{2})^2 \sqrt{8kT}}{\sqrt{\pi\mu_{12}}} \times \rho_1\rho_2$$

因此由碰撞理論所得的前置指數參數和$T^{1/2}$成正比。

## 綜合練習

1. The mean speed of a gaseous molecule is

   (A) $\int_0^\infty vf(v)\,dv$ (B) $\int_{-\infty}^\infty vf(v)\,dv$ (C) $[\int_0^\infty v^2 f(v)\,dv]^{1/2}$ (D) $[\int_{-\infty}^\infty v^2 f(v)\,dv]^{1/2}$

2. Oxygen is contained in a vessel at 2 Torr pressure and 25℃. Calculate

   (1)the arithmetic mean, root-mean-square, and most probable speeds of $O_2$.

   (2)the number of collision between molecules per second per cubic meter.

   (3)the mean free path. (diameter of $O_2$: 3.61 Å; atomic weight of O: 16.0)

3. For CO and $N_2$ gases at same temperature and volume, which of the following properties of two gases are about the same?

   (A) Van der waals radius (B) root mean square speed (C) collision frequency (E) rotation constant (F) all properties are about the same

4. The speed distribution functions of molecules $A$ and $B$ are $f_A(v_A) = CV_4^2 e^{-bv_0^2}$, $f_B(v) = DV_B^2 e^{-2bv_0^2}$, where $C$, $D$ and $b$ are constants. Find the ratio of averaged speed

   $$< v_A >:< v_B > \left( \int_1^0 x^3 e^{-ax^2} dx = \frac{1}{2a^2}, \int_1^0 x^2 e^{-ax^2} dx = \frac{1}{4}\left(\frac{\pi}{a^3}\right)^{1/2} \right)$$

   (A) $1/\sqrt{2}$ (B) 1/2 (C) 4 (D) $\sqrt{2}$ (E) none is correct

5. For the given gaseous molecules, oxygen, benzene and butane, at same pressure and temperature, which of the following statement is correct?

   (A) butane has the largest collision frequency

   (B) oxygen has the smallest mean free path

(C) benzene has the largest diffusion coefficient

(D) nitrogen has the largest intermolecular force

(E) none is correct

6. In the gaseous mixture, which of the following pair of molecules may have the largest averaged relative velocity?

(A) $N_2$ and $O_2$　(B) $H_2$ and $O_2$　(C) $O_2$ and $NH_3$　(D) CO and $O_2$

(E) all equal to each other

# 第17章

# 統計熱力學

## 17.1 前言

將一個球放入3個盒子中，總共有三種排列方式；再考慮將兩種球放入3個盒子中，則總共有六種排列方式，如果是同一種球的話，則因重複計算，僅剩下三種可能排列方式。假設現在有$N$個球（objects），$m$個盒子（subsystem），第$i$個盒子有$n_i$個球，則其排列方式共有

$$W = \frac{N!}{\prod_{i=1}^{m} n_i!}$$

當我們考慮原子或分子系統時，粒子的數目很大，$N$相當於是亞佛加厥數，可以利用所謂的斯特林近似公式（Stirling approximation）計算$\ln N!$

$$\begin{aligned}\ln N! &= \ln(1\times 2\times \cdots \times N) = \ln 1 + \ln 2 + \cdots + \ln N \\ &= \sum_{j=1}^{N} \ln j \\ &\approx \int_1^N (\ln j)dj \text{（當數目很大時，把加成視為積分）}\end{aligned}$$

$$= (j\ln j - j)|_1^N$$
$$= N\ln N - N + 1$$
$$= N\ln N - N$$（因為數目很大，所以$N >> 1$）

因此$\ln N! = N\ln N - N$

此稱為斯特林近似公式。

巨觀的系統（macroscopic system）可以將之細分成許多微觀的系統（microscopic system），每一微觀系統的狀態稱為microstate，這些微觀的系統有其自己的溫度、粒子數和體積等，它們組合而成巨觀的系統，這些微觀的系統的組合稱為系綜（ensemble），正則系宗（canonical ensemble）所指的是在每一微觀系統的粒子數、體積和溫度都要一樣。

## 17.2 波茲曼分布定律

假設一系統的能階分布如圖17.1所示：

圖17.1 一系統的能階分布圖

因為系統的粒子數和總能量是一定的，因此

$$E = \sum_i N_i \cdot \varepsilon_i$$

$$N = \sum_i N_i$$

排列方式共有$W = \frac{N!}{\prod N_i!} = \frac{N!}{N_1! \cdot N_2! \cdot N_3! \cdots}$

如果再考慮每一能階的簡併度（degeneracy），則

$$W_{\deg} = (g_0)^{N_0} \cdot (g_1)^{N_1} \cdot (g_2)^{N_2} \cdot (g_3)^{N_3} \cdots = \prod_j (g_j^{N_j})$$

此時排列方式共有$\Omega = W \cdot W_{\deg} = \frac{N!}{\prod_j N_j!} \cdot \prod_j g_j^{N_j}$

試圖將排列方式最大化，以lnΩ最大化比較方便

$$\ln\Omega = \ln(\frac{N!}{\prod_j N_j!} \cdot \prod_j g_j^{N_j})$$

$$\ln\Omega = \ln N! + \sum_j (\ln g_j^{N_j} - \ln N_j!) = N\ln N - N - \sum_j N_j \ln g_j - N_j \ln N_j + \sum_j N_j$$

（因為$N = \sum_j N_j$）

$$\ln\Omega = N\ln N + \sum_j N_j \ln\frac{g_j}{N_j}$$

在總能量及總粒子數目的限制下，需要將lnΩ最大化，因此可以將lnΩ、$N$和E結合變成單一方程式lnΩ + α · N − β · $E$，因為不知道每一項的權重，因此在$N$和$E$這兩項的前面分別乘上一個未知的係數$\alpha$和$\beta$，此技巧稱為Langrange's method of undetermined multipliers，分別將lnΩ、$N$和$E$的表示式帶入即得：

$$(N\ln N + \sum_j N_j \ln\frac{g_j}{N_j}) + \alpha \cdot \sum_i N_i - \beta \cdot \sum_i N_i \cdot \varepsilon_i$$

要最大化則需對$N_j$作偏微分：

$$\frac{\partial}{\partial N_j}[(N\ln N + \sum_j N_j \ln\frac{g_j}{N_j}) + \alpha \cdot \sum_i N_i - \beta \cdot \sum_i N_i \cdot \varepsilon_i] = 0$$

第一項$\frac{\partial}{\partial N_j}[N\ln N]=0$，因爲$N\ln N$是一常數，而$\frac{\partial}{\partial N_j}[\sum_j N_j\ln\frac{g_j}{N_j}]$總有這麼一項當$i = j$時才不會等於零，其他項則皆等於零，因此可簡化成：

$$\ln\frac{g_i}{N_i}-1+\alpha-\beta\varepsilon_i=0$$

可令$\alpha = \alpha - 1$，因此

$$\ln\frac{g_i}{N_i}=-\alpha+\beta\varepsilon_i$$

亦即$\ln\frac{N_i}{g_i}=\alpha-\beta\varepsilon_i$

$$\frac{N_i}{g_i}=e^{\alpha-\beta\varepsilon_i}$$

換言之，

$$N_i=g_ie^{\alpha}e^{-\beta\varepsilon_i}$$

$$\sum_i N_i=N=\sum_i g_ie^{\alpha}e^{-\beta\varepsilon_i}$$

$$N=e^{\alpha}\sum_i g_ie^{-\beta\varepsilon_i}$$

$\sum_i g_ie^{-\beta\varepsilon_i}$這一項在統計熱力學（statistical thermodynamics）上經常使用，因此定義

$q=\sum_i g_ie^{-\beta\varepsilon_i}$爲所謂的分配函數，因此

$$\frac{N_i}{N}=\frac{g_ie^{\alpha}e^{-\beta\varepsilon_i}}{e^{\alpha}\sum_i g_ie^{-\beta\varepsilon_i}}=\frac{g_ie^{\alpha}e^{-\beta\varepsilon_i}}{e^{\alpha}\cdot q}$$

$$\frac{N_i}{N}=\frac{1}{q}\cdot g_ie^{-\beta\varepsilon_i}$$

$$\frac{\frac{N_i}{N}}{\frac{N_k}{N}}=\frac{\frac{1}{q}\cdot g_ie^{-\beta\varepsilon_i}}{\frac{1}{q}\cdot g_ke^{-\beta\varepsilon_k}}$$

$$\frac{N_i}{N_k}=\frac{g_ie^{-\beta\varepsilon_i}}{g_ke^{-\beta\varepsilon_k}}$$

$$\frac{N_i}{N_k}=\frac{g_i}{g_k}\cdot e^{\beta\cdot\Delta\varepsilon}$$

任何一粒子的機率爲：

$$P_i = \frac{1}{q} \cdot g_i e^{-\beta \cdot \varepsilon_i}$$

每一microstate的平均能量爲：

$$\bar{E} = \frac{\sum_i \varepsilon_i \cdot \frac{1}{q} \cdot g_i e^{-\beta \cdot \varepsilon_i}}{\sum_i \frac{1}{q} \cdot g_i e^{-\beta \cdot \varepsilon_i}}$$

亦即，

$$\bar{E} = \frac{\sum_i \varepsilon_i \cdot g_i e^{-\beta \cdot \varepsilon_i}}{\sum_i g_i e^{-\beta \cdot \varepsilon_i}}$$

$\beta$與溫度的關係推導如下：

由能階圖知：$dU = \sum_i \varepsilon_i dn_i + \sum_i n_i d\varepsilon_i$，合併考量熱力學關係式：$dU = dQ_{rev} - PdV = TdS - PdV$，因爲系統得到熱量後會改變其能階的粒子數，所以第一項等於$dQ_{rev} = TdS = \sum_i \varepsilon_i dn_i$，換言之$TdS = \sum_i \varepsilon_i dn_i$；第二項則與可逆功有關，因爲系統體積因功而改變，造成系統能階能量的變化，因此$-PdV = \sum_i n_i d\varepsilon_i$。利用熵與$dQ_{rev}$之關係可得：

$$dS = \frac{dQ_{rev}}{T} = k \ln \Omega$$

而$\ln\Omega = f(n_1, n_2, \cdots, n_i, \cdots)$

$$dS = kd(\ln\Omega) = k\sum_i \frac{\partial \ln\Omega}{\partial n_i} dn_i$$

$$dS = k\sum_i (\ln\frac{g_i}{n_i}) dn_i \quad g_i\text{：簡併度}$$

$$= k\sum_i (\ln\frac{q}{N} + \beta\varepsilon_i) dn_i$$

$$= k\beta \sum_i \varepsilon_i dn_i$$

其中分配函數：$q = \sum_i g_i \exp(-\beta\varepsilon_i)$

因爲$\sum_i dn_i = 0$，$\sum_i \varepsilon_i dn_i = dQ_{rev} = TdS$，

$dS = \frac{1}{T}\sum_i \varepsilon_i dn_i$，因此$\beta = \frac{1}{kT}$，分配函數可寫成$q = \sum_i g_i \exp(-\frac{\varepsilon_i}{kT})$

## 例題17.1

A gaseous molecule has two state denoted as $A$ and $B$. The energy difference between these two states is $\Delta E = E_B - E_A = 1$ kJmol$^{-1}$. Estimate the temperature ($T$) for a sample of this gas when the population ratio of gases in these two states is $\frac{N_A}{N_B} = 10$ at a pressure of 1 bar.

**解**：

$$\frac{N_B}{N_A} = \frac{1}{10} e^{-\frac{\Delta\varepsilon}{kT}} = \frac{1}{10} e^{-\frac{\Delta E}{RT}} = e^{-\frac{1000}{8.314\times T}}$$

$$\ln\left(\frac{1}{10}\right) = -\frac{1000}{8.314} \times \frac{1}{T}$$

$T$ = 52K

# 17.3 統計熱力學的熱力學性質

$$E = \sum_i N_i \cdot \varepsilon_i$$

利用$\frac{N_i}{N} = \frac{1}{q} \cdot g_i \cdot e^{-\varepsilon_i/kT}$代入可得

$$E = \sum_i \frac{N}{q} \cdot g_i e^{-\varepsilon_i/kT} \cdot \varepsilon_i$$

$$E = \frac{N}{q} \cdot \sum_i g_i e^{-\varepsilon_i/kT} \cdot \varepsilon_i$$

考慮分配函數對溫度的微分

$$\frac{\partial q}{\partial T} = \frac{\partial}{\partial T}\sum_i g_i e^{-\varepsilon_i/kT} = \sum_i g_i \cdot \frac{\partial}{\partial T}(e^{-\varepsilon_i/kT}) = \sum_i g_i \cdot e^{-\varepsilon_i/kT} \cdot \frac{\varepsilon_i}{kT^2}$$

$$\frac{\partial q}{\partial T}=\frac{1}{kT^2}\sum_i g_i\cdot e^{-\varepsilon_i/kT}\cdot\varepsilon_i$$

$$\frac{1}{q}\cdot\frac{\partial q}{\partial T}=\frac{1}{q}\cdot\frac{1}{kT^2}\sum_i g_i\cdot e^{-\varepsilon_i/kT}\cdot\varepsilon_i$$

$$kT^2\frac{\partial\ln q}{\partial T}=\frac{1}{q}\cdot\sum_i g_i\cdot e^{-\varepsilon_i/kT}\cdot\varepsilon_i$$

因此可得：

$$E=NkT^2(\frac{\partial\ln q}{\partial T})_V$$

同理可得其他的熱力學函數如下：

$$P=NkT(\frac{\partial\ln q}{\partial V})_T$$

$$H=E+PV=E+NKT$$

$$H=NkT^2(\frac{\partial\ln q}{\partial T})_V+NkT=NkT(T(\frac{\partial\ln q}{\partial T})_V+1)$$

$$S\propto\ln\Omega$$

$$S=k\ln(\frac{N!}{\prod_j N_j!}\cdot\prod_j g_j^{N_j})=k\ln(N!\cdot\prod_j\frac{g_j^{N_j}}{N_j!})$$

$$S=k\ln(\frac{N!}{\prod_j N_j!}\cdot\prod_j g_j^{N_j})=k\ln(N!\cdot\prod_j\frac{g_j^{N_j}}{N_j!})$$

$$S=k\ln(N!+\sum_j\ln g_j^{N_j}-\sum_j\ln N_j!)$$

$$S=k(N\ln N-N+\sum_j\ln g_j^{N_j}-\sum_j(N_j\ln N_j-N_j))$$

$$S=k(N\ln N-N+\sum_j\ln g_j^{N_j}-\sum_j N_j\ln N_j+\sum_j N_j))$$

$$S=k(N\ln N+\sum_j\ln g_j^{N_j}-\sum_j N_j\ln N_j)$$

$$S=k(N\ln N+\sum_j N_j\ln\frac{g_j}{N_j})$$

$$S=Nk(T(\frac{\partial\ln q}{\partial T})_V+\ln q)$$

系統是由相同且不可分辨（indistinguishable）的粒子所組成的，因此

$$\Omega_{indist}=\frac{1}{N!}\cdot\frac{N!}{\prod_j N_j!}\cdot\prod_j g_j^{N_j}$$

$$S=Nk(T(\frac{\partial\ln q}{\partial T})_V+\ln\frac{q}{N}+1)$$

兩狀態之間熵的差異可表示如下：

$$\Delta S = k\ln[\Omega(\text{state\_2})] - k\ln[\Omega(\text{state\_1})]$$

$$\Delta S=k\ln\frac{\Omega(state\_2)}{\Omega(state\_1)}$$

$$S=k\ln(\sum g_i\cdot e^{-\varepsilon_i/kT})+\frac{1}{T}\frac{\sum\varepsilon_i\cdot g_i\cdot e^{-\varepsilon_i/kT}}{\sum g_i\cdot e^{-\varepsilon_i/kT}}$$

當$T\rightarrow 0$時，$\lim_{T\to 0}S=k\ln g_0$，$g_0$爲基態的簡併度。

$$A=-NkT\ln\frac{q}{N}$$

$$G=-NkT(\ln\frac{q}{N}-1)$$

化學勢$\mu_i=(\frac{\partial G}{\partial N_i})$，亦即$\mu_i=-kT\ln\frac{q}{N_i}$

## 17.4 移動分配函數

單原子氣體移動所造成的移動分配函數（translational partition function）可利用三維的盒中質點模型推導而得，三維的盒中質點模型的能量爲：

$$\varepsilon=\frac{h^2}{8m}(\frac{n_x^2}{a^2}+\frac{n_y^2}{b^2}+\frac{n_z^2}{c^2})$$

如果是一立方體的話，$a = b = c$，則可改寫成：

$$\varepsilon=\frac{h^2}{8ma^2}(n_x^2+n_y^2+n_z^2)=\frac{h^2}{8mV^{2/3}}(n_x^2+n_y^2+n_z^2)$$

$$q_{trans}=\sum_{n_x}\sum_{n_y}\sum_{n_z}\exp[-\frac{h^2(n_x^2+n_y^2+n_z^2)}{8mV^{2/3}kT}]$$
$$=\sum_{n_x}\exp(-\frac{h^2n_x^2}{8mV^{2/3}kT})\sum_{n_y}\exp(-\frac{h^2n_y^2}{8mV^{2/3}kT})\sum_{n_z}\exp(-\frac{h^2n_z^2}{8mV^{2/3}kT})$$
$$=[\sum_{n=1}\exp(-\frac{h^2n^2}{8mV^{2/3}kT})]^3$$

假設每一項接連的能階間距很小的話，則可把加總改寫成以下積分的形式：

$$q_{trans}\approx[\int_0^{\infty}\exp(-\frac{h^2n^2}{8mV^{2/3}kT})dn]^3=\frac{(2\pi mkT)^{2/3}\cdot V}{h^3}$$

因此移動分配函數$q_{trans}=\dfrac{(2\pi mkT)^{2/3}\cdot V}{h^3}$

其中$(\dfrac{h^2}{2\pi mkT})^{1/2}$稱為thermal de Broglie wavelength $\Lambda$，

$$q_{trans}=\frac{V}{\Lambda^3}$$

單原子氣體移動對系統內能的貢獻可推導如下：

$$E=NkT^2(\frac{\partial\ln q_{trans}}{\partial T})_V=NkT^2(\frac{1}{q_{trans}}\frac{\partial q_{trans}}{\partial T})_V$$
$$\frac{\partial q_{trans}}{\partial T}=\frac{\partial}{\partial T}[(\frac{2\pi mkT}{h^2})^{3/2}\cdot V]$$
$$=(\frac{2\pi mkT}{h^2})^{3/2}V\cdot\frac{\partial}{\partial T}T^{3/2}$$
$$=(\frac{2\pi mkT}{h^2})^{3/2}V\cdot\frac{3}{2}\cdot T^{1/2}$$

因此$E=NkT^2\cdot\dfrac{3}{2}\cdot\dfrac{1}{T}=\dfrac{3}{2}NkT=\dfrac{3}{2}RT$

$$P=NkT(\frac{\partial\ln q_{trans}}{\partial V})_T=NkT(\frac{1}{q_{trans}}\frac{\partial q_{trans}}{\partial V})_T$$

$$P=NkT(\frac{(\frac{2\pi mkT}{h^2})^{3/2}}{(\frac{2\pi mkT}{h^2})^{3/2}\cdot V})$$

$P=\dfrac{NkT}{V}=\dfrac{RT}{V}$此即為理想氣體方程式。

$$H_{trans} = NkT[T(\frac{\partial \ln q}{\partial T})_V + 1] = \frac{5}{2}NkT = \frac{5}{2}RT$$

$$S_{trans} = Nk[T(\frac{\partial \ln q}{\partial T})_V + \ln\frac{q}{N} + 1]$$

$$= Nk[\ln(\frac{2\pi mkT}{h^2})^{3/2} \cdot \frac{kT}{P} + \frac{5}{2}]$$

$$A = -NkT[\ln(\frac{2\pi mkT}{h^2})^{3/2} \cdot \frac{V}{N}]$$

$$G = -NkT\{[\ln(\frac{2\pi mkT}{h^2})^{3/2} \cdot \frac{V}{N}] - 1\}$$

## 例題17.2

The translation partition function for a monoatomic ideal gas molecule is given as

$$Z = V[\frac{(2\pi mkT)^{3/2}}{h^3}]$$

Based on this equation, calculate the heat capacities $C_V$.

**解**：

$$Z = V[\frac{(2\pi mkT)^{3/2}}{h^3}]$$

$$\ln Z = \ln(\frac{V}{h^3}) + \ln(2\pi mk)^{3/2} + \frac{3}{2}\ln T$$

$$(\frac{\partial \ln Z}{\partial T})_V = \frac{3}{2}\frac{1}{T} \text{；} (\frac{\partial^2 \ln Z}{\partial T^2})_V = -\frac{3}{2}\frac{1}{T^2}$$

$$C_V = N(\frac{d\varepsilon}{dT})_V = N\frac{d}{dT}[kT^2(\frac{\partial \ln Z}{\partial T})_V]$$

$$= N[2kT(\frac{\partial \ln Z}{\partial T})_V + kT^2(\frac{\partial^2 \ln Z}{\partial T^2})_V]$$

利用$(\frac{\partial \ln Z}{\partial T})_V = \frac{3}{2}\frac{1}{T}$；$(\frac{\partial^2 \ln Z}{\partial T^2})_V = -\frac{3}{2}\frac{1}{T^2}$代入上式可得：

$$C_V = N_0[2kT(\frac{\partial \ln Z}{\partial T})_V + kT^2(\frac{\partial^2 \ln Z}{\partial T^2})_V]$$

$$= N_0[2kT \times \frac{3}{2}\frac{1}{T} + kT^2 \times (-\frac{3}{2}\frac{1}{T^2})]$$

$$= N_0[3k - \frac{3}{2}k] = \frac{3}{2}kN_0 = \frac{3}{2}R$$

## 17.5　雙原子分子：振動分配函數

簡諧振盪子的能量爲，$\varepsilon_i=(i+\frac{1}{2})h\nu$，i = 0, 1, 2, …

$$q_{vib}=\sum_{i=0}^{\infty}g_i\cdot\exp(-\frac{h\nu(i+\frac{1}{2})}{kT})=\sum_{i=0}^{\infty}g_i\cdot\exp(-\frac{ih\nu}{kT})\cdot\exp(-\frac{\frac{1}{2}h\nu}{kT})$$

$$q_{vib}=\exp(-\frac{h\nu}{2kT})\cdot\sum_{i=0}^{\infty}\exp(-\frac{ih\nu}{kT})$$（每一振動能階的$g_i$ = 1）

令$x=\exp(\frac{-h\nu}{kT})$，當$x<1$，$\sum_{i=0}^{\infty}x^i=\frac{1}{1-x}$

因此$\sum_{i=0}^{\infty}\exp(-\frac{ih\nu}{kT})=\frac{1}{1-\exp(\frac{-h\nu}{kT})}=\frac{1}{1-\exp(-\frac{\theta_v}{T})}$

其中$\theta_v=\frac{h\nu}{k}$稱爲特徵振動溫度（characteristic vibrational temperature）

利用$e^x$ = 1 + $x$ + ……

$$q_{vib}=\frac{e^{-\theta_v/2T}}{1-e^{-\theta_v/T}}\approx\frac{1-\frac{\theta_v}{2T}}{1-(1-\frac{\theta_v}{T})}$$

在高溫時，分式中的分子$\frac{\theta_v}{2T}<<1$

$$q_{vib}=\frac{1}{\theta_v/T}=\frac{T}{\theta_v}=\frac{kT}{h\nu}$$　（高溫時）

振動能量對定容熱容量的貢獻可以推導如下：

利用$C_v=(\frac{\partial U}{\partial T})_V$；而$U=RT^2(\frac{\partial\ln q_v}{\partial T})_V$

其中$(\frac{\partial\ln q_v}{\partial T})_V=\frac{1}{q_v}\frac{\partial q_v}{\partial T}=\frac{1}{q_v}(\frac{\partial q_v}{\partial u}\frac{\partial u}{\partial T})$（此爲chain rule）

令$u=\frac{h\nu}{kT}$，則$q_v=\frac{1}{1-\exp(-u)}$

$$\frac{\partial q_v}{\partial T} = \frac{\theta_v \exp(-u)}{T^2(1-\exp(-u))^2}$$

$$U = RT^2(\frac{\partial \ln q_v}{\partial T})_V = \frac{R\theta_v \exp(-u)}{1-\exp(-u)}$$

$$C_v = (\frac{\partial U}{\partial T})_V = \frac{Ru^2 \exp(u)}{[\exp(u)-1]^2} = R(\frac{\theta_v}{T})^2 \frac{\exp(\frac{\theta_v}{T})}{[\exp(\frac{\theta_v}{T})-1]^2}$$

$$= R(\frac{h\nu}{kT})^2 \frac{\exp(\frac{h\nu}{kT})}{[\exp(\frac{h\nu}{kT})-1]^2}$$

## 例題17.3

A diatomic molecule has a vibrational energy $E_n = nhv$. Here $n$ is vibrational quantum number, $v$, vibrational frequency, and $h$, Planck constant.

(a) Define the vibration partition function.

(b) Prove that the vibrational partition function may be expressed as $1/(1 - \exp(-hv/kT))$, where k is Boltzmann constant and $T$, temperature.

**解**：

令 $x = \exp(\frac{-hv}{kT})$，則

$$q_v = \sum_{i=0}^{\infty} \exp(-\frac{ihv}{kT}) = 1 + x + x^2 + x^3 + ....$$

利用 $\sum_{i=0}^{\infty} x^i = \frac{1}{1-x}$ 可得

$$q_v = \sum_{i=0}^{\infty} \exp(-\frac{ihv}{kT}) = \frac{1}{1-\exp(\frac{-hv}{kT})} = \frac{1}{1-\exp(-\frac{\theta_v}{T})}$$

# 17.6　雙原子分子：轉動分配函數

剛體轉子的能量為$E_r = \frac{J(J+1)\hbar^2}{2I}$，記住每一$J$值的轉動能階，其簡併度為$g = 2J + 1$，因此

$$q_{rot} = \sum_i g_i \exp(-\frac{\varepsilon_i}{kT})$$
$$= \sum_J (2J+1)\exp[-\frac{J(J+1)\hbar^2}{2IkT}]$$

令$\theta_r \equiv \frac{\hbar^2}{2Ik}$

$$q_{rot} = \sum_J (2J+1) \cdot e^{-J(J+1)\theta_r/T}$$

對於雙原子分子而言，在高溫下$\frac{\theta_r}{T}$很小，因此在加總的每一項之間的間隔很小，可將加總轉換成積分如下：

$$q_{rot} = \int_0^\infty (2J+1) \cdot e^{-J(J+1)\theta_r/T} dJ$$

令$x = J^2 + J$；$dx = (2J + 1)dJ$

$$q_{rot} = \int_0^\infty e^{-J(J+1)\theta_r/T}[(2J+1)dJ]$$
$$= \int_0^\infty e^{-x\theta_r/T} dx \text{（利用}\int_0^\infty e^{-ax}dx = \frac{1}{a}\text{）}$$
$$= \frac{T}{\theta_r} = \frac{8\pi^2 IkT}{h^2}$$

1.對於非對稱的直線分子（unsymmetrical linear molecule）如HCℓ而言：

$$q_{rot} = \frac{8\pi^2 IkT}{h^2}$$

2.對於對稱的直線分子（symmetrical linear molecule）如$CO_2$而言：

$$q_r = \frac{8\pi^2 IkT}{\sigma h^2}$$

其中$\sigma$：symmetry number

以$CO_2$爲例：$\sigma = 2$，因爲兩者$\overset{1}{O}=C=\overset{2}{O}$ and $\overset{2}{O}=C=\overset{1}{O}$相同

至於轉動能階對系統內能的貢獻可計算如下：

1.直線分子：

$$q_{rot} = \frac{8\pi^2 IkT}{\sigma h^2} = \frac{T}{\sigma\theta_r}$$

$$U = NkT^2(\frac{\partial \ln q_r}{\partial T})_V$$

$$\frac{d\ln q_{rot}}{dT} = \frac{1}{q_{rot}}\frac{dq_{rot}}{dT}$$

$$U = NkT^2\frac{1}{q_{rot}}\frac{dq_{rot}}{dT} = NkT^2\frac{\sigma\theta_r}{T}\frac{1}{\sigma\theta_r} = NkT = RT$$

$$C_v = (\frac{\partial U}{\partial T})_V = R$$

2.非直線分子：

$$C_v = (\frac{\partial U}{\partial T})_V = \frac{3}{2}R \text{（單獨由轉動所貢獻的）}$$

## 例題17.4

Given that the moment of inertia of HI is $4.269\times10^{-47}$ kg · m$^2$, calculate $\theta_r$ and $q_{rot}$ at 310 K, respectively.

**解**：

$$\theta_r \equiv \frac{\hbar^2}{2Ik} = \frac{h^2}{8\pi^2 Ik} = \frac{(6.626\times10^{-34})^2}{(2\pi^2)\cdot 2\cdot(4.269\times10^{-47})\cdot(1.381\times10^{-23})} = 9.431\text{ K}$$

$$q_{rot} = \frac{\theta_r}{T} = \frac{9.431}{310} = 32.9$$

## 17.7 電子分配函數

原子的電子能階電子分配函數（electronic partition function）可表示如下：

$$q_{elect} = \sum_{i=first}^{\infty} g_i \cdot e^{-\varepsilon_i / kT}$$

如果將基態的能量視爲零點（zero point），則可改寫成：

$$q_{elect} = g_1 + \sum_{i=second}^{\infty} g_i \cdot e^{-\varepsilon_i / kT}$$

在大部分的情況下，激發態的電子能階能量較kT高出許多，因此加總的這些項均可忽略不計，僅需考慮基態的貢獻即可，亦即此時電子的電子分配函數等於基態的簡併度$q_{elect} = g_1$。

分子的電子能階則考慮解離能（$D_e$）與振動基態（$D_0$）的能量差異爲：

$$D_e = D_0 + \frac{1}{2}hv$$

分子的電子能階則爲解離能的負號，亦即$-D_e$，分子的電子分配函數可表示如下：

$$q_{elect} = g_1 e^{D_e / kT} + g_2 e^{-\varepsilon_2 / kT} + g_3 e^{-\varepsilon_3 / kT} + .....$$

第一項的貢獻會比其他項的貢獻大出許多，因此通常僅需考慮第一項即可。

### 例題17.5

The value of electronic partition function of the Na atom near room temperature is about,

(a) 0 (b) 1 (c) 2 (d) none of above.

**解**：(c)

Na atom的電子組態為 Na：$3s^1$，因此term symbol為$^2S$，

其簡併度$(g_1) = (2S + 1)(2L + 1) = 2$

$q_{elect} = g_1 \exp(-0/kT) = g_1 = 2$

## 17.8 分子的電子分配函數

一雙原子分子的電子能量可寫成：

$$E = E_{trans} + E_{vib} + E_{rot} + E_{elect}$$

其中下標trans代表移動，vib代表振動，rot代表轉動，elect代表電子的能量，此時分子的電子分配函數可寫成

$$Q = \sum_{ijkl}[g_{i,trans} \cdot g_{j,vib} \cdot g_{k,rot} \cdot g_{l,elect} \cdot \exp(-\frac{\varepsilon_{i,trans} + \varepsilon_{j,vib} + \varepsilon_{k,rot} + \varepsilon_{l,elect}}{kT})]$$

$$= \sum_{ijkl}[g_{i,trans} \exp(-\frac{\varepsilon_{i,trans}}{kT})][g_{j,vib} \exp(-\frac{\varepsilon_{j,vib}}{kT})]$$

$$[g_{k,rot} \exp(-\frac{\varepsilon_{k,rot}}{kT})][g_{l,elect} \exp(-\frac{\varepsilon_{l,elect}}{kT})]$$

$$= \sum_{i}[g_{i,trans} \exp(-\frac{\varepsilon_{i,trans}}{kT})]\sum_{j}[g_{j,vib} \exp(-\frac{\varepsilon_{j,vib}}{kT})]$$

$$\sum_{k}[g_{k,rot} \exp(-\frac{\varepsilon_{k,rot}}{kT})]\sum_{l}[g_{l,elect} \exp(-\frac{\varepsilon_{l,elect}}{kT})]$$

$$Q = q_{trans} \cdot q_{vib} \cdot q_{rot} \cdot q_{elect}$$

$$\ln Q = \ln q_{trans} + \ln q_{vib} + \ln q_{rot} + \ln q_{elect}$$

$$U = NkT^2(\frac{\partial \ln q_{trans}}{\partial T})_V + NkT^2(\frac{\partial \ln q_{vib}}{\partial T})_V$$

$$\times NkT^2(\frac{\partial \ln q_{rot}}{\partial T})_V + NkT^2(\frac{\partial \ln q_{elect}}{\partial T})_V$$

$$= U_{trans} + U_{vib} + U_{rot} + U_{elect}$$

$$U_{trans} = NkT^2(\frac{\partial \ln q_{trans}}{\partial T})_V$$

$$S = Nk \ln \frac{q_{trans} q_{vib} q_{rot} q_{elect}}{N} + \frac{U_{trans} + U_{vib} + U_{rot} + U_{elect}}{T} + kN$$

## 綜合練習

1. A certain molecule has a non-degenerate excited state lying at 540 $cm^{-1}$ above a doubly degenerate ground state. Calculate the partition function of these states at 600 K.

2. The entropy of a thermodynamic system is
   (A) $k \log W$ (B) $k \log W$ (C) $k \ln W$ (D) $R \ln W$
   where $W$, $k$ and $R$ are the total number of system quantum states that have a significant probability of being occupied, Boltzmann constant and gas contant, respectively.

3. Calculate the fraction of $X_2$ molecules in their first excited state at 25℃. The vibratiobal wavenumber is 214.6 $cm^{-1}$.
   (A) 0.65 (B) 0.42 (C) 0.23 (D) 0.15 (E) 0.02

4. Consider an ideal gas in a container of volume $V$. Because there are no interactions among the gas particles, the number of states, all having the same potential energy, available to each particle is proportional to $V$. Through the Boltzmann equation, derive the ideal gas law.

5. The separation of the ground ($^2\Pi_{1/2}$) and the first excited ($^2\Pi_{3/2}$) energy level of NO molecule is 121 $cm^{-1}$. Calculate the electronic partition function $q^E$ at $T = 0$ and 300K.

6. Given the following three energy states, $E_1 = 0$, $E_2 = C$, $E_3 = 2C$, where $C = k_BT$. Let $n_1$, $n_2$ and $n_3$ denote the numbers of molecules populated in these states, which of the following is correct?
   (A) $n_2^2 = n_1 \cdot n_3$ (B) $2n_1 = n_2 + n_3$ (C) $n_1 = 2n_3$ (D) $n_3 = n_1 - n_2$
   (E) none is correct

7. The partition function is the fundamental concept of statistical thermodynamics.
   (1) How to obtain average energy using the energy partition function?
   (2) What is the definition of vibration partition function?
   (3) What is the electronic partition function of $H_2$ at room temperature?

8. If a heteronuclear diatomic molecule can be considered as a linear rigid rotor whose

Hamiltonian is expressed as

$$H_{rot} = \frac{\vec{J}^{2}}{2I},$$

where $\vec{J}$ and $I$ are the angular momentum and the moment of inertia of the rotor, respectively.

(1) What is the rotational partition function in quantum mechanism?

(2) What is the expression for the average rotational energy of the diatomic molecule at temperature $T$?

(3) What is the average rotational energy at the high-temperature limit?

(4) What is the rotational entropy at sufficiently high temperatures?

# 綜合練習解答

## 第1章

1. (B)

   $b$常數代表修正氣體分子的體積；$\frac{a}{V_m^{\ 2}}$則與修正氣體分子之間的吸引力相關。

2. (C)

3. (B)

4. (C)

5. (E)

   將所有已知值代入凡得瓦方程式$\left(P+\frac{a}{V_m^2}\right)(V_m-b)=RT$

   $$\left(100+\frac{3.610}{0.366^2}\right)(0.366-0.043)=0.082\times T$$

   $T=500.06\text{ K}$

6. (D)

   利用cyclic rule：$\left(\frac{\partial V_m}{\partial T}\right)_P=-\frac{\left(\frac{\partial P}{\partial T}\right)_V}{\left(\frac{\partial P}{\partial V}\right)_T}$ (I)

   由$P=\frac{RT}{V_m}+\frac{(a+bT)}{V_m^2}$分別計算分子及分母

   $$\left(\frac{\partial P}{\partial T}\right)_V=\frac{R}{V_m}+\frac{b}{V_m^2}=\frac{RV_m\quad b}{V_m^2}$$

   $$\left(\frac{\partial P}{\partial V}\right)_T=\frac{-RT}{V_m^2}+\frac{(-2)(a+bT)}{V_m^3}=\frac{-RTV_m-2(a+bT)}{V_m^3}$$

   將兩者代入(I)

$$\left(\frac{\partial V_m}{\partial T}\right)_P = -\frac{\dfrac{RV_m + b}{V_m^2}}{\dfrac{-RTV_m - 2(a+bT)}{V_m^3}}$$

$$= \frac{V_m(RV_m + b)}{RTV_m + 2(a+bT)}$$

$$= \frac{R + \dfrac{b}{V_m}}{\dfrac{RT}{V_m} + \dfrac{2(a+bT)}{V_m^2}}$$

（以上已經將分子分母各除以$V_m^2$）

$$= \frac{R + \dfrac{b}{V_m}}{P + \dfrac{a+bT}{V_m^2}}$$

$$= \frac{R + \dfrac{b}{V_m}}{P + P - \dfrac{RT}{V_m}} = \frac{RV_m + b}{2PV_m - RT}$$

（因爲$P = \dfrac{RT}{V_m} + \dfrac{(a+bT)}{V_m^2}$，因此$\dfrac{(a+bT)}{V_m^2} = P - \dfrac{RT}{V_m}$）

7. (1) 依臨界點之定義：

$$\left(\frac{\partial P}{\partial V}\right)_T = 0 \quad 且 \quad \left(\frac{\partial^2 P}{\partial V^2}\right)_T = 0$$

因爲$P = \dfrac{RT}{V-b} - \dfrac{a}{V^2}$

$\left(\dfrac{\partial P}{\partial V}\right)_T = 0$ 可得 $\dfrac{-RT}{(V-b)^2} + \dfrac{2a}{V^3} = 0$

$\left(\dfrac{\partial^2 P}{\partial V^2}\right)_T = 0$ 可得 $\dfrac{2RT}{(V-b)^3} - \dfrac{6a}{V^4} = 0$

以上兩式需要聯立，先將每一式左右移項後，再彼此相除以約掉$RT$、$(V-b)^2$和$V^3$，最後可得

$$V_{cr} = 3b, T_{cr} = \frac{8a}{27bR}; P_{cr} = \frac{a}{27b^2}$$

(2) ①

(a) Ideal gas law: $P = \dfrac{nRT}{V} = \dfrac{\dfrac{500}{17} \times 0.082 \times (273+65)}{30000 \times 10^{-6} \times 10^3} = 27.17$ atm

(b) 將題目所給的值代入$T_{cr}$和$P_{cr}$以求出$a$和$b$

$$T_{cr}=\frac{8a}{27bR}=405.6$$

$$P_{cr}=\frac{a}{27b^2}=112.8$$

由以上兩式相除可得

$b=0.037$

$a=4.17$

$$P=\frac{nRT}{V-nb}-\frac{n^2a}{V^2}=\frac{\left(\frac{500}{17}\right)\times 0.082\times(273+65)}{30-\left(\frac{500}{17}\times 0.037\right)}-\frac{\left(\frac{500}{17}\right)^2\times 4.17}{30^2}$$

$=24.21$ bar

8. 利用$e^x=1+x+\frac{x^2}{2!}+\frac{x^3}{3!}+\cdots\cdots$

將$P=\frac{RTe^{-a/RTV_m}}{V_m-b}$的分子加以展開而得：

$$P=\frac{\frac{RT}{V_m}\left(1-\frac{a}{RT}\frac{1}{V_m}+\frac{a^2}{2R^2T^2}\frac{1}{V_m^2}-\frac{a^3}{3!R^3T^3}\frac{1}{V_m^3}+\cdots\right)}{1-\frac{b}{V_m}}$$

$$=RT\left(\frac{1}{V_m}-\frac{a}{RT}\frac{1}{V_m^2}+\frac{a^2}{2R^2T^2}\frac{1}{V_m^3}-\cdots\right)\left(1+\frac{b}{V_m}+\frac{b^2}{V_m^2}+\cdots\right)$$

利用$\frac{1}{1-x}=1+x+x^2+\cdots$將分母$\frac{1}{1-\frac{b}{V}}$的展開，其中$x=\frac{b}{V}$

$$P=RT\left(\frac{1}{V_m}-\left(\frac{a}{RT}-bRT\right)\frac{1}{V_m^2}+\cdots\right)$$

因此second virial coefficient $=RT$

third virial coefficient $=RT(-\frac{a}{RT}+bRT)=-a+bR^2T^2$

9. 依臨界點之定義：

$$\left(\frac{\partial P}{\partial V}\right)_T=0 \quad 且 \quad \left(\frac{\partial^2 P}{\partial V^2}\right)_T=0$$

(1) $PV_m=RT(1+\frac{b}{V_m})$

$$P = RT(\frac{1}{V_m} + \frac{b}{V_m^2})$$

$$\left(\frac{\partial P}{\partial V}\right)_T = 0 \Rightarrow \frac{-RT}{V_m^2} - \frac{2RTb}{V_m^3} = 0$$

因此，$b = -\frac{V}{2}$

$$\left(\frac{\partial^2 P}{\partial V^2}\right)_T = 0 \Rightarrow \frac{2RT}{V_m^3} + \frac{6RTb}{V_m^4} = 0$$

因此，$b = -\frac{V}{3}$

顯然互相矛盾，因此該氣體不會有臨界行為，亦不會被液化。

(2) $P(V_m - b) = RT$

$$P = \frac{RT}{V_m - b}$$

同理，$\left(\frac{\partial P}{\partial V}\right)_T = 0 \Rightarrow \frac{RT}{(V_m - b)^2} = 0$

$$\left(\frac{\partial^2 P}{\partial V^2}\right)_T = 0 \Rightarrow \frac{-2RT}{(V_m - b)^3} = 0$$

兩式相除可得$V_m = b$，此為不合理，因為會使$P = \frac{RT}{V_m - b}$的分母為零，因此該氣體不會有臨界行為，亦不會被液化。

10. (1) $P = \frac{RT}{V_m} - \frac{B}{V_m^2} + \frac{C}{V_m^3}$

$$\left(\frac{\partial P}{\partial V_m}\right)_T = 0 \quad \Rightarrow \frac{-RT}{V_m^{\ 2}} + \frac{2B}{V_m^{\ 3}} - \frac{3C}{V_m^{\ 4}} = 0$$

$$\left(\frac{\partial^2 P}{\partial V_m^{\ 2}}\right)_T = 0 \Rightarrow \frac{2RT}{V_m^{\ 3}} - \frac{6B}{V_m^{\ 4}} + \frac{12C}{V_m^{\ 5}} = 0$$

簡化之後可得：

$$-RT_C V_C^2 + 2BV_C - 3C = 0$$

$$RT_C V_C^2 - 3BV_C + 6C = 0$$

因此，$V_C = \frac{3C}{B}$；$T_C = \frac{B^2}{3RC}$

所以有臨界行為。

(2) $P_C = \frac{RT_C}{V_C} - \frac{B}{V_C^2} + \frac{C}{V_C^3} = (\frac{RB^2}{3RC}) \times (\frac{B}{3C}) - B(\frac{B}{3C})^2 + C(\frac{B}{3C})^3 = \frac{B^3}{27C^2}$

$V_C = \frac{3C}{B}$；$T_C = \frac{B^2}{3RC}$

(3) $Z_C = \frac{P_C V_C}{RT_C} = (\frac{B^3}{27C^2}) \times (\frac{3C}{B}) \times (\frac{1}{R}) \times (\frac{3RC}{B^2}) = \frac{1}{3}$

## 第2章

1. (D)

2. (C)

3. (C)

4. (C)

5. (E)

6. (A)

   (i) at constant $V$, $dV = 0$，因此$W = 0$

   (ii) $W = -1.2 \times (18 - 6) = -14.4$ atm · L $= -14.4 \times 101.325 \times 10^{-3}$ kJ $= -1.46$ kJ

7. (B)

   理想氣體恆溫膨脹，因此$\Delta U = 0$

8. (D)

   $\frac{5R}{2} = \frac{5 \times 8.314}{2} \approx 20$

9. (A)

   $C_P = C_V + R$

   $= 13.1142 + 1.987 = 15.102$

10. (E)

   $W = P_{ex}\Delta V$

   $= 1.33 \times (2.25 - 0.8) \times \frac{8.314}{0.082}$

   $= 195.53$ J

11. (B)

$$C_P - C_V = T\left(\frac{\partial P}{\partial T}\right)_V \left(\frac{\partial V}{\partial T}\right)_P$$

$$= T \times \frac{R}{V-b} \times \frac{R}{P}$$

$$= \frac{R}{V-b} \times (V-b) = R$$

12. (B)

$$\mu_{J-T} = (\frac{\partial T}{\partial P})_H \approx \frac{\Delta T}{\Delta P}$$

$$0.15 = \frac{\Delta T}{-200}$$

$\Delta T = 0.15 \times (-200) = -30$ K

13. (D)

應爲$\mu_{J-T} = (\frac{\partial T}{\partial P})_H$

14. (D)

$$\mu_{J-T} = (\frac{\partial T}{\partial P})_H = -\frac{(\frac{\partial H}{\partial P})_T}{(\frac{\partial H}{\partial T})_P} = -\frac{1}{C_P}(\frac{\partial H}{\partial P})_T$$

$$0.25 = -\frac{2}{7 \times 8.315 \times 15}(\frac{\Delta H}{-75})$$

15. (A)

16. (B)

當$\mu > 0$時，則表示該氣體在進行膨脹時，它的溫度會下降，因此會冷凝；反之當$\mu < 0$時，則有相反之現象。

17. (B)

18. (E)

adibatic reversible process

$$\frac{T_2}{T_1} = \left(\frac{V_1}{V_2}\right)^{r-1} = \left(\frac{V_1}{V_2}\right)^{2/3}$$

因此 $T_2 = T_1\left(\frac{V_1}{V_2}\right)^{\frac{2}{3}}$

$$\Delta H = C_P \Delta T = \frac{5}{2}RT\left[\left(\frac{V_1}{V_2}\right)^{2/3} - 1\right]$$

19. (C)

$$P_1 V_1^{\gamma} = P_2 V_2^{\gamma}$$

其中$\gamma = \dfrac{C_P}{C_V} = \dfrac{\frac{5}{2}}{\frac{3}{2}} = \dfrac{5}{3}$

因此$\dfrac{P_1}{P_2} = \left(\dfrac{V_2}{V_1}\right)^{\frac{5}{3}}$

兩邊取ln

$$\ln\left(\frac{P_1}{P_2}\right) = \frac{5}{3}\ln\left(\frac{V_2}{V_1}\right)$$

$$3\ln\left(\frac{P_1}{P_2}\right) = 5\ln\left(\frac{V_2}{V_1}\right)$$

又$T_1 V_1^{\gamma-1} = T_2 V_2^{\gamma-1}$

$$\ln\left(\frac{T_1}{T_2}\right) = \ln\left(\frac{V_2}{V_1}\right)^{\frac{2}{3}}$$

$$\frac{T_2}{T_1} = \left(\frac{P_2}{P_1}\right)^{\frac{\gamma-1}{\gamma}} = \left(\frac{P_2}{P_1}\right)^{\frac{\frac{5}{3}-1}{\frac{5}{3}}} = \left(\frac{P_2}{P_1}\right)^{\frac{2}{5}}$$

$$3\ln\left(\frac{T_1}{T_2}\right) = 2n\left(\frac{V_2}{V_1}\right)$$

$$5\ln\left(\frac{T_2}{T_1}\right) = 2\ln\left(\frac{P_2}{P_1}\right)$$

20. $W = -\int P_{ex} dV$

$$= nRT\ln\left(\frac{V_1}{V_2}\right)$$

$$= 2 \times 8.314 \times 300 \times \ln\left(\frac{4.0}{8.0}\right)$$

$$= -3457.7 \text{ J}$$

21. $P = \dfrac{RT}{V-b} - \dfrac{a}{V^2} = \dfrac{0.082 \times 300}{0.75 - 0.042816} - \dfrac{3.6551}{0.75^2} = 28.29 \text{ bar}$

$$W=-\int P_{ex}dV=-\int_{V_2}^{V_2}\left(\frac{RT}{V-b}-\frac{a}{V^2}\right)dV=-RT\ln\frac{V_2-b}{V_1-b}-a\left(\frac{1}{V_2}-\frac{1}{V_1}\right)$$

$$=-8.314\times300\times\ln\frac{0.75\times0.042816}{2.00-0.042816}-3.6551\times\left(\frac{1}{0.75}-\frac{1}{2.0}\right)$$

$$=2365\text{ J}$$

22. (a) 因為絕熱（adiabatic），故$q=0$

因為膨脹，$V_2>V_1$，因此$W=-P_{ex}(V_2-V_1)<0$

由熱力學第一定律知$\Delta U=q+W<0$

又$\Delta H=\Delta U+\Delta(PV)=\Delta U+\mathrm{P}\Delta V+(\Delta P)V=0$

（因為定壓下，$\Delta H=q=0$）

(b) 因為恒溫（isothermal），$dT=0$，$\Delta U=\Delta H=0$

因為體積膨脹，所以

$q=\Delta U-W>0$

(c) 因為眞空，$P_{ex}=0$，所以$W=-P_{ex}dV=0$

因為絕熱，$q=0$

$\Delta U=q+W=0$

$\Delta H=0$

(d) 因為恒溫，$\Delta U=0$

$q>0$（等於汽化熱）

$\Delta U=q+W$，$W<0$

$\Delta H=q>0$

(e) $\Delta U=0$

$q<0$

$W>0$

$\Delta H<0$

23. (1) He：只有3個translation的自由度，依能量等分原則，每一自由度貢獻$\frac{1}{2}R$，因此

$C_V=\frac{3}{2}R$。

(2) $Br_2$：3個translation自由度，貢獻$\frac{3}{2}R$

2個rotation自由度，貢獻$R$

1個vibration自由度（除非高溫，否則貢獻不明顯）

因此$C_V = \frac{5}{2}R$

24. (A) $O_3$總共有$3N = 3 \times 3 = 8$個自由度

因此$C_V = \frac{3}{2}R + \frac{3}{2}R + 3R = 6R$

另$C_P = C_V + R = 7R$

因此$\frac{C_P}{C_V} = \frac{7}{6} = 1.166$

(B) 設Pb之莫耳分率為$x_1$，且固體的$C_V = 3R$

$[x_1 \times 207 + (1 - x_1) \times 107] \times 0.0383 \times \frac{8.314}{1.987} = 3 \times 1 \times 8.314$

$x_1 = 0.49$ (for Pb)

$x_2 = 1 - x_1 = 0.51$ (for Ag)

25. 絕熱，因此熱量$Q = 0$

依熱力學第一定律可知：

$\Delta U = Q + W = W$

亦即$W = \Delta U = nC_V\Delta T$

因此必須先算出溫度的變化（即$\Delta T$）

記住絕熱過程中，

$T_1V_1^{r-1} = T_2V_2^{r-1}$

$r = \frac{C_p}{C_v} = \frac{3.5R}{2.5R} = 1.4$

$\frac{T_2}{T_1} = \left(\frac{V_1}{V_2}\right)^{r-1} = \left(\frac{10}{20}\right)^{0.4}$

因此$T_2 = 298 \times 0.758 = 225.84$ K

$W = 2 \times 2.5 \times 8.314 \times 225.84 = 9388.2$ J

26. (E)

絕熱，因此熱量$Q = 0$

依熱力學第一定律可知：

$\Delta U = Q + W = W$

系統對外界作功，所以$W < 0, \Delta U < 0$

27. (D)

$C_4H_{10} + \frac{13}{2}O_2 \rightarrow 4CO_2 + 5H_2O$ $\Delta H_1$

$H_2 + \frac{1}{2}O_2 \rightarrow H_2O$ $\Delta H_2$

$C + O_2 \rightarrow CO_2$ $\Delta H_3$

$4C + 5H_2 \rightarrow C_4H_{10}$ $\Delta H$

$\Delta H = 4\Delta H_3 + 5\Delta H_2 - \Delta H_1$

## 第3章

1. (B)

2. (C)

3. (B)

4. (E)

此圖應爲temperature vs. entropy才對

5. (A)

6. (B)(D)(E)

7. (C)

$$\Delta S_{mix} = -(n_A R \ln x_A + n_B R \ln x_B)$$
$$= -\left(2 \times 8.314 \times \ln\frac{2}{3} + 1 \times 8.314 \times \ln\frac{1}{3}\right)$$
$$= 15.87\ \text{JK}^{-1}$$

8. (B)

$$\Delta S = nC_v \ln\left(\frac{T_2}{T_1}\right) + nR\ln\left(\frac{V_2}{V_1}\right)$$

$$\Delta S_I = 1 \times C_v \times \ln\frac{546}{273} + 1 \times 8.314 \times \ln\frac{44.8}{22.4} > 0$$

$$\Delta S_{II} = 2 \times C_v \times \ln\frac{546}{273} + 2 \times 8.314 \times \ln\frac{89.6}{44.8} > 0$$

$$\Delta S_{II} = 2\Delta S_I$$

9. (E)

計算所圍之面積：

$$\frac{1}{2} \times 75 \times 145 + \frac{1}{2}(112.5 + 144) \times (240 - 145) + \frac{1}{2}(189 + 350) \times (1000 - 240)$$

$= 222441.25$ J

10. (D)

$$dU = TdS - PdV$$

$$dS = \frac{dU}{T} + \frac{PdV}{T}$$

又$dU = \left(\frac{\partial U}{\partial T}\right)_v dT + \left(\frac{\partial U}{\partial V}\right)_T dV$

因為恒溫，所以$dT = 0$

對於van der Waals gas $\Rightarrow \left(\frac{\partial \text{U}}{\partial \text{V}}\right)_T = \frac{a}{V^2}$

且$P = \frac{RT}{V - b} - \frac{a}{V^2}$

$$dS = \left(\frac{\text{RT}}{\text{V} - \text{b}}\right)\frac{dV}{T} = \left(\frac{R}{V - b}\right)dV$$

$$\Delta S = \int_{V_1}^{V_2}\left(\frac{R}{V - b}\right) dV = R\ln\frac{V_2 - b}{V_1 - b}$$

11. (B)

12. (C)

13. (A)

$$\Delta S = C_V \ln\frac{T_2}{T_1} + R\ln\frac{V_2}{V_1}$$

而$\frac{V_2}{V_1}$與pressure data有關

14. (A)

對於isolated system的自發過程（spontaneous process），$\Delta S > 0$

15. $dU=\left(\frac{\partial U}{\partial T}\right)_V dT+\left(\frac{\partial U}{\partial V}\right)_T dV$

$dU=C_V dT+\left(T\left(\frac{\partial P}{\partial T}\right)_V-P\right)dV$

其中第二項$T\left(\frac{\partial P}{\partial T}\right)_V-P=T\cdot\frac{R}{V_m-b}-P=0$

因此$dU=C_V dT$

亦即$C_V=\left(\frac{\partial U}{\partial T}\right)_V$與理想氣體相同

16. 恒溫，$\Delta\overline{U}=0$ (f)

$W=nRT\ln\frac{V_1}{V_2}=nRT\ln\frac{P_2}{P_1}=1\times 8.31451\times\ln\frac{10}{2}=13.378\text{ J}$ (b)

$Q=\Delta U-W=-13.378\text{ J}$ (a)

$\Delta\overline{H}=0$ (e)

$\Delta\overline{S}=nR\ln\left(\frac{V_2}{V_1}\right)=nR\ln\frac{P_1}{P_2}=1\times 8.31451\times\ln\frac{2}{10}=-13.382\text{ J/K}$ (g)

$\Delta\overline{G}=\Delta\overline{H}-T\Delta\overline{S}=-373\times(-13.382)=-4991.37\text{ J}$ (c)

$d\overline{A}=-SdT-PdV=-PdV$（$\because dT=0$）

$\Delta\overline{A}=W=13.378\text{ J}$ (d)

17. Step 1：恒溫，$T_1=T_2=600\text{ K}$

$\therefore\Delta H=nC_p\Delta T=0$

$\Delta S=nC_v\ln\frac{T_2}{T_1}+nR\ln\frac{V_2}{V_1}$

$=0+1\times 8.314\times\ln\frac{10}{2}$

$=13.38\text{J/K}$

$\Delta G=\Delta H-T\Delta S-S\Delta T$

$=0-600\times 13.38-0$

$=-8028.5\text{J}$

Step 2：絕熱

$\Delta H=nC_p\Delta T=0$

$=1\times\frac{5}{2}\times 8.314\times(300-600)$

$= -6235.5 \text{ J}$

$\Delta S = 0$（因爲絕熱）

$\Delta G = \Delta H - T\Delta S - S\Delta T$

$= -6235.5 - 0 - 13.38 \times (300 - 600)$

$= -2221.5 \text{ J}$

18. (E)

$$n = \frac{PV}{RT} = \frac{1 \times 0.5}{0.082 \times 300} = 0.02$$

$$\Delta S = nC_v \ln\left(\frac{T_2}{T_1}\right) + nR\ln\left(\frac{V_2}{V_1}\right)$$

$$= 0.02 \times \frac{3}{2} \times 8.314 \times \ln\left(\frac{375}{300}\right) + 0.02 \times 8.314 \times \ln\left(\frac{1.0}{0.5}\right)$$

$$= 0.175$$

19.

$$\begin{array}{ccc} -10^\circ\text{C } H_2O_{(l)}\text{水} & \xrightarrow{\Delta S_{tot}} & -10^\circ\text{C } H_2O_{(S)}\text{冰} \\ \downarrow \Delta S_1 & & \downarrow \Delta S_3 \\ 0^\circ\text{C } H_2O_{(l)}\text{水} & \xrightarrow{\Delta S_2} & 0^\circ\text{C } H_2O_{(S)}\text{冰} \end{array}$$

$$\Delta S_1 = \int \frac{C_P}{T} dT = \int_{263.15}^{273.15} \frac{75.3}{T} dT = 75.3 \ln \frac{273.15}{263.15} = 2.81 \text{ J/K}$$

$$\Delta S_2 = +\Delta H_{fus} / T = \frac{-6004}{273.15} = -21.98 \text{ J/K}$$

$$\Delta S_3 = \int_{273.15}^{263.15} \frac{36.8}{T} dt = 36.8 \ln \frac{263.15}{273.15} = -1.37 \text{ J/K}$$

$\Delta S_{tot} = \Delta S_1 + \Delta S_2 + \Delta S_3 = 2.81 - 21.98 - 1.37 = -20.54 \text{ J/K}$

$\Delta H_1 = C_p \Delta T = 75.3 \times (263.15 - 273.15) = -75.3 \times 10 = -753 \text{ J/mol}$

$\Delta H_2 = -6004 \text{ J/mol}$

$\Delta H_3 = 36.8 \times (273.15 - 263.15) = +36.8 \times 10 = +368 \text{ J/mol}$

$\Delta H_{tot} = \Delta H_1 + \Delta H_2 + \Delta H_3 = -6389 \text{ J/mol}$

$\Delta G = \Delta H - T\Delta S = -6389 - 263.15 \times (-20.54) < 0$

因此irreversible！

20. (1) isothermally and reversibly

$$\Delta S = nC_p \ln\left(\frac{T_2}{T_1}\right) - nR\ln\frac{P_2}{P_1}$$

$$= 0 - 1\times 8.314\times \ell n\frac{1}{5}$$（$T_2 = T_1$，假設1莫耳氣體）

$$= 13.38 \text{ J/K}$$

$$dA = -SdT - PdV = -PdV$$（$\because dT = 0$）

$$\Delta A = -\int PdV = -\int \frac{nRT}{V}dV = nRT\ln\frac{V_1}{V_2} = nRT\ln\frac{P_2}{P_1}$$

$$= 1\times 8.314\times 298\times \ln\frac{1}{5} = -3987.5 \text{ J}$$

$$dG = -SdT + VdP = VdP$$（$\because dT = 0$）

$$\Delta G = \int VdP = \int \frac{nRT}{P}dP = nRT\ln\frac{P_2}{P_1}$$

$$= 1\times 8.314\times 298\times \ln\frac{1}{5} = -3987.5 \text{ J}$$

(2) $\Delta S = -nR\ln\frac{P_2}{P_1} = 0$

$\Delta A = 0$

$\Delta G = 0$

21. $$\Delta S = nC_V \ln\left(\frac{T_2}{T_1}\right) + nR\ln\left(\frac{V_2}{V_1}\right)$$

$$= 1\times\frac{3}{2}\times 8.314\times\ln\left(\frac{298}{298}\right) + 1\times 8.314\times\ln\left(\frac{20}{10}\right)$$

$$= 5.76 \ \text{J/K}$$

因為恆溫，所以$\Delta U = 0$且$\Delta H = 0$

$$\Delta A = S\Delta T - P\Delta V = -P\Delta V$$（$\because -\Delta T = 0$）

$$\Delta A = W = -\int PdV = nRT\ln\frac{V_1}{V_2}$$

$$= -1\times 8.314\times 298\ln\frac{20}{10}$$

$$= -1717 \text{ J}$$

$$\Delta G = -S\Delta T + V\Delta P = V\Delta P$$

$$\Delta G = \int_{P_1}^{P_2} VdP = nRT\int_{P_1}^{P_2}\frac{dP}{P}$$

$= nRT\ln\frac{P_2}{P_1}$

$= nRT\ln\frac{V_1}{V_2}$

$= 1\times 8.314\times 298\times\ln\frac{10}{20}$

$= -1717$ J

22. 相變化，所以$\Delta S = \frac{\Delta H}{T} = \frac{7070}{505} = 14\ \mathrm{J/K}$

23. $\Delta H = -2258$ J/g

$\Delta S = \frac{\Delta H}{T} = \frac{-2258}{273+100} = -6.05\ \mathrm{J/g\cdot K}$

$q = \Delta H$

$\Delta G = \Delta H - T\Delta S = 0$

$\Delta A = 0$

$W = -\int PdV$

$= -PV$

$= -nRT$

$= -1\times 8.314\times 373$

$= -3101.1$

$\Delta U = q + W$

24. (B)

$\Delta G < 0$，$\Delta G(\text{冰}) - \Delta G(\text{水}) < 0 \Rightarrow \Delta G(\text{冰}) < \Delta G(\text{水})$

25. (D)

因為熵是state function

26. $\Delta V = V(\text{diamond}) - V(\text{graphite})$

$= \frac{12}{3.51} - \frac{12}{2.26} = 1.9\ \mathrm{cm^3/mol}$

$\left(\frac{\partial \Delta G}{\partial P}\right)_T = \Delta V$

$\int_1^2 \Delta G = \int_{P_1}^{P_2} \Delta V dP$

$\Delta G_2 - \Delta G_1 = \Delta V(P_2 - P_1)$

平衡時$\Delta G_2 = 0$

$0 - (2.90 \times 10^3) = 1.9 \times (P_2 - 101325)$

$\Rightarrow P_2 = 9.98 \times 10^4$ Pa

27. (1) $z = 1 + BP$

$$\frac{PV}{RT} = 1 + BP$$

$$V = \frac{RT}{P} + BRT$$

$$dG = -SdT + VdP$$

$dG = VdP$（∵恆溫，$dT = 0$）

$$\Delta G = \int_{P_1}^{P_2}\left(\frac{RT}{P} + BRT\right)dP = RT\ln\frac{P_2}{P_1} + BRT(P_2 - P_1)$$

$$= 8.314 \times 300 \times \ln\frac{10}{5} + (-0.05) \times 8.314 \times 300 \times (10 - 5)$$

$$= 1105.3 \text{ J} = 1.1053 \text{ kJ}$$

(2) $\ln\phi = \ln P + \int_0^P \frac{(z-1)}{P} dP$

$$\ln 0.8 = \ln 5 + \int_0^5 \frac{BP}{P} dP \quad ①$$

$$\ln\phi_2 = \ln 10 + \int_0^{10} \frac{BP}{P} dP \quad ②$$

兩式相減② − ① $\Rightarrow \ln\frac{\phi_2}{0.8} = \ln 2 + (10B - 5B)$

$$= 0.693 + 5 \times (-0.05) = 0.443$$

$\phi_2 = 1.25$

## 第4章

1. (B)

2. (G)

3. $\Delta G^0 = \Delta H^0 - T\Delta S^0$

$0 = 9.41 \times 10^3 - T \times 20.6$

$\Rightarrow T = 456.8\text{K} = 183.8$℃

4. $\ln K_P = \ln K_P{}^0 - \frac{\Delta H^0}{R}\left(\frac{1}{T} - \frac{1}{T_0}\right)$

$\ln\frac{0.11}{0.44} = -\frac{\Delta H^0}{8.314}\left(\frac{1}{373} - \frac{1}{300}\right)$

$\Delta H^0 = -17667.4$ J

5. $\ln\frac{K_{P_2}}{K_{P_1}} = -\frac{\Delta H}{R}\left(\frac{1}{T_2} - \frac{1}{T_1}\right)$

$\ln\frac{4.1}{0.35} = -\frac{\Delta H}{8.314}\left(\frac{1}{90} - \frac{1}{70}\right)$

$\Rightarrow \Delta H = 6444.6$ J

6. $\because \Delta G^0 = -RT\ln K$

Gibbs-Helmholtz equation: $\left(\frac{\left(\partial\left(\frac{\Delta G^0}{T}\right)\right)}{\partial T}\right)_P = -\frac{\Delta H^0}{T^2}$

$\frac{1800}{T^2} - \frac{10}{T} = \frac{\Delta H^0}{RT^2}$

$\Delta H^0 = 1800R - \frac{10R}{T}$

for 27°C $\Rightarrow \Delta H^0 = 1800 \times 8.314 - \frac{10 \times 8.314}{273 + 27} = 14965$

$\Delta G^0 = -RT\ell nK = \Delta H^0 - T\Delta S^0$

$-8.314 \times 300 \times (50.0 - \frac{1800}{300} - 10\ell n300)$

$= 14965 - 300 \times \Delta S^0$

$\Rightarrow \Delta S^0 = -58.2$ J/K

7. $CO_{(g)} + 3H_{2(g)} \rightleftarrows CH_{4(g)} + H_2O$

加入Ar，不會有影響

8. $\ln K_P = \ln K_P{}^0 - \frac{\Delta H^0}{R}\left(\frac{1}{T} - \frac{1}{T_0}\right)$

$\ln\frac{0.11}{0.44} = -\frac{\Delta H^0}{8.314}\left(\frac{1}{373} - \frac{1}{300}\right)$

$\Delta H^0 = -17667.4$ J/K

9. (1) $\Delta S > 0$，$\Delta G < 0$

(2) $\Delta S < 0$，$\Delta G > 0$

(3) $\Delta S$ 不一定，$\Delta G = 0$

(4) $\Delta S > 0$，$\Delta G < 0$

10. (D)

$$\ln K_P^0 = -\frac{\Delta H^0}{RT} + \frac{\Delta S^0}{R}$$

$$= \frac{a}{T} - b$$

$$\therefore a = -\frac{\Delta H^0}{R} \Rightarrow \Delta H^0 = -aR$$

$$b = -\frac{\Delta S^0}{R} \Rightarrow \Delta S^0 = -bR$$

11. (E)

$\Delta G < 0$, spontaneous!

$2\mu_B - \mu_A < 0 \Rightarrow \mu_A > 2\mu_B$

## 第5章

1. (B)

1, 2, 5為眞，其餘不對

2. (D)

dissolution rate與溫度關係取決於heat of dissolution

3. (E)

4. 依Raoult's law：$P_i = x_i P_i^*$

設hexane爲component 1

heptane爲component 2

$0.305P_1^* + (1 - 0.305)P_2^* = 95.0$ ①

依道耳呑分壓定律，$P_i = y_i P_{tot}$

$0.555 \times 9 = 0.305P_1^*$

$\Rightarrow P_1^* = 172.87$torr代入①

$\Rightarrow P_2^* = 60.83\text{torr}$

5. $PV = RT + bP \Rightarrow V - \dfrac{RT}{P} = b$

$\int_{P_1}^{P_2} V\left(-\dfrac{RT}{P}\right) dP = \int_{P_1}^{P_2} b dP = b(P_2 - P_1)$

$P_1 = 0$，$P_2 = 108$ Pa，$b = 39 \times 10^{-3}\ \text{cm}^3\text{mol}^{-1}$

$\Rightarrow RT \ln f = 39 \times 10^{-3} \times 10^8 \times 10^{-3}$

$8.314 \times 1000 \times \ln f = 3900$

$\therefore f = 1.5985$ atm

6. (C)

7. (D)

8. (1) $\pi = CRT$

$\rho g h = CRT$

$$1\ \text{g}/\text{cm}^3 \times \frac{10^{-3}\ \text{kg}}{10^{-6}\ \text{m}^2} \times 9.81\ \text{m}/\text{s}^2 \times 4.0 \times 10^{-2}\ \text{m} = \frac{\frac{1}{M}}{0.1 \times 10^{-3}\ \text{m}^3} \times 8.314 \times 276.15$$

$M = 58509$

(2) $\pi = CRT$

$$\pi = \frac{\frac{1}{58509}}{0.4 \times 10^{-3}} \times 8.314 \times 276.15$$

$$= 98.1\ \text{kg}/\text{ms}^2$$

$$= 98.1\ \text{Pa}$$

9. (A)

表示$A$和$B$的chemical potential一樣

10. (D)

因為壓力遵守Raoult's law，所以兩溶液均為理想溶液

$\Delta S_{minx} = -NR(x_A \ln x_A + x_A \ln x_B)$

Solution 1：$\Delta S_{mix} = -3 \times 8.314 \times \left(\dfrac{2}{3}\ln\dfrac{2}{3} + \dfrac{1}{3}\ln\dfrac{1}{3}\right)$

$= 15.87$

Solution 2：$\Delta S_{minx} = -3 \times 8.314 \times (0.5 \ln 0.5 + 0.5 \ln 0.5)$

$>15.87$

$\Rightarrow \Delta S_2 > \Delta S_1$

11. (D)

$\gamma$愈接近於1，其component愈是ideal

12. (A)

Clausius-Clapeyron equation: $\dfrac{d\ln P}{d\left(\dfrac{1}{T}\right)} = -\dfrac{\Delta H}{R}$

13.

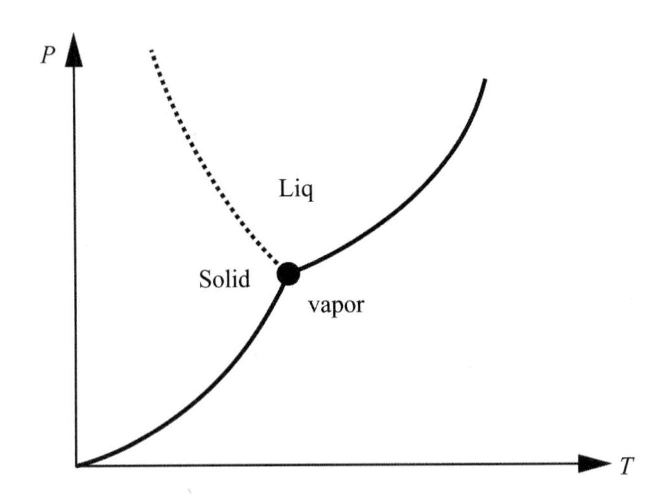


當$\ln P^s = \ln P^\ell$時爲triple point

$\therefore 30.2 - \dfrac{6250}{T} = 27.6 - \dfrac{5450}{T}$

$\Rightarrow$ T = 307.7 J

$\therefore \ln P^s = 30.2 - \dfrac{6250}{307.7} = 9.9$

$\Rightarrow P^s = 19930$ Pa = 0.1993 bar

14. (E)

(A) 應改爲$P_{tot} = P_1^* + x_2(P_1^* - P_2^*)$

(B) 應改爲$P_{tot} = \dfrac{P_1^* P_2^*}{P_1^* + y_1(P_2^* - P_1^*)} = \dfrac{P_1^* P_2^*}{P_1^* + (1-y_2)(P_2^* - P_1^*)} = \dfrac{P_1^* P_2^*}{P_2^* + y_2(P_1^* - P_2^*)}$

(C) 應改爲$\Delta G_{min} = 8.25 \times 8.314 \times 298 \times (0.606 \ln 0.606 + 0.394 \ln 0.394)$

(D) 應改爲$P_{tot} = 28.9 + (96.4 - 28.9) \times 0.606 = 69.8$ Torr

## 第6章

1. $N_2O_4 \rightleftharpoons 2NO_2$

   $C = 2$

   $P = 1$

   但有一平衡式在，所以$C = 2 - 1 = 1$

   $F = C - P + 2 = 1 - 1 + 2 = 2$

   即爲溫度和壓力

2. (D)

3. (B)

4. (A)

5. (1) True (2) True (3) False (4) True (5) False

6. (1) 無法判知哪個phase是solid, liquid, or gas

   (2) (a) $F = C - P + 2 = 1 - 1 + 2 = 2$

   (b) $F = C - P + 2 = 1 - 2 + 2 = 1$

   (c) $F = C - P + 2 = 1 - 3 + 2 = 0$

   (d) $F = C - P + 3 = 1 - 4 + 2 = -1$

   (3) 因此point (d)不可能存在

   (4) phase $\alpha$和$\beta$如同冰和水的相圖$\left(\frac{dP}{dT} = \frac{\Delta H}{T\Delta V}\right)$

   因此phase $\alpha$：higher density

## 第7章

1. (B)

   ionic strength $I = \frac{1}{2}\sum_i C_i Z_i^2$

   $$= \frac{1}{2}\times 0.1\times 1^2 + \frac{1}{2}\times 0.1\times 1^2 + \frac{1}{2}\times 0.1\times 1^2 + \frac{1}{2}\times 0.05\times 2^2$$

   $$= 0.25$$

2. (B)

3. $I=\frac{1}{2}\sum_i C_i Z_i^2$

$=\frac{1}{2}\times(0.03\times1^2+0.01\times2^2+0.01\times1^2)$

$=0.04$

4. (A) $AgC\ell \rightleftharpoons Ag^+ + C\ell^-$

$K_{sp}=[Ag^+][C\ell^-]\gamma_+\gamma_-$

$=[Ag^+][C\ell^-]\gamma_\pm^2$

Debye-Hückel Limiting Law:

$\log\gamma_\pm=-Z_+|Z_-|B\sqrt{I}$

在水溶液中$B=0.51$

離子強度$I=\frac{1}{2}\sum_i C_i Z_i^2$

$=\frac{1}{2}\times(1.274\times10^{-5}\times1+1.274\times10^{-5})$

$=1.274\times10^{-5}$

$\log\gamma_\pm=-0.51\times(1.274\times10^{-5})^{\frac{1}{2}}$

$\gamma_\pm\approx1$

$\Delta G_0=-RT\ln K_{sp}=-8.314\times298\times\ln(1.274\times10^{-5}\times1)^2$

$=55.8$ kJ/mol

(B)$I=\frac{1}{2}(0.002\times2^2+0.002\times1^2+0.004\times1^2+0.002\times1^2)$

$=0.008$

$\log\gamma_\pm=-0.51\times(0.008)^{\frac{1}{2}}$

$\gamma_\pm=0.9$

$K_{sp}=[Ag^+][Cl^-]\gamma_\pm^2$

$(1.274\times10^{-5})^2=s^2\times0.9^2$

Solubility $s=1.416\times10^{-5}$

## 第8章

1. (B)

燃料電池基本上是$H_2$和$O_2$的反應

2. (A)

3. (1) $E = E^0 - \frac{RT}{nF}\ln\left(a_{C\ell^-}^2 + a_{Zn^{2+}}\right)$

$E^0 = 0.2676 - (-0.7628) = 1.03\ \text{V}$

$a_{C\ell^-}^2 - a_{Zn^{2+}} = [C\ell^-]^2 r_-^2 [Zn^{2+}] r_+ = [Zn^{2+}][C\ell^-]^2 r_+ r_-^2$

$r_\pm^3 = r_+ r_-^2$

$\Rightarrow 1.2272 = 1.03 - \frac{25.693}{2} \times 10^{-3} \times [\ln(0.005 \times 0.01^2) + 3\ln r_\pm]$

$r_\pm = 0.75$

(2) Debye-Hückel Limiting Law:

$logr_\pm = -0.509 Z_+ \mid Z_- \mid \sqrt{I}$

$= -0.509 \times 2 \times 1 \times \sqrt{\frac{1}{2} \times 0.005 \times 2^2 + \frac{1}{2} \times 0.01 \times 1^2}$

$= -0.125$

$\Rightarrow r_\pm = 0.75$

4. (1) $AgC\ell_{(s)} + 0.5H_{2(g)} \rightarrow Ag_{(s)} + H^+_{(aq)} + C\ell^-_{(aq)}$

$0.4658 = E^0 - \frac{8.314 \times 298}{96500} \ln(0.01 \times 0.01)$

(2) $0.32 = 0.2293 - 0.0591 \log [H^+]^2$

$[H^+] = 0.17086$

$\Rightarrow \text{pH} = -\log[H^+] = 0.767$

## 第9章

1. (D)

$E = h\nu = \frac{hc}{\lambda}$

$= \frac{6.626 \times 10^{-34} \times 3 \times 10^8}{400 \times 10^{-9}}$

$= 4.96 \times 10^{-19}\ \text{J}$

2. (D)

3. (1) $E=-\frac{m_e e^4 z^2}{8\varepsilon_0^2 h^2}(\frac{1}{n^2})$

for normal hydrogen atom $E=-13.6\text{eV}$(ground state)

當$m_e \to 2m_e$

$e \to \frac{1}{2}e$

$z \to \frac{1}{2}z$

$\Rightarrow -13.6\times 2\times(\frac{1}{2})^4\times(\frac{1}{2})^2=-0.425\,\text{eV}$

(2) $<r>=\frac{3}{2}\frac{a_o}{z}=\frac{3}{2}\times a_o\times 2=3a_o=3\times 52.9\text{ pm}=158.7\text{ pm}$

(3) $\Delta E=E_1-E_2=h\nu=\frac{m_e e^4 z^2}{8\varepsilon_0^2 h^2}\left(\frac{1}{n_1^2}-\frac{1}{n_2^2}\right)$

$6.626\times 10^{-34}\times\frac{3\times 10^8}{\lambda}=1.602\times 10^{-19}\times 13.6\times\left(1-\frac{1}{4}\right)$

$\Rightarrow \lambda=1.216\times 10^{-7}\text{m}$

4. $\lambda=\frac{h}{P}=\frac{h}{\sqrt{2mE}}$

$=\frac{6.626\times 10^{-34}}{\sqrt{2\times 9.1\times 10^{-31}\times 10\times 10^3\times 1.6\times 10^{-19}}}$

$=1.5\text{ nm}$

## 第10章

1. (D)

2. (B)

3.

| | (1) | (2) |
|---|---|---|
| (a) | $\frac{d\exp(ikx)}{dx}=ik\exp(ikx)$<br>eigenvalue $=ikx$ | , yes |
| (b) | $\frac{d\cos kx}{dx}=-k\sin kx$ | , No |

(c) $\frac{dk}{dx}=0$ , No

(d) $\frac{dkx}{dx}=k$ , No

(e) $\frac{d\exp(-\alpha x^2)}{dx}=-2\alpha x\exp(-\alpha x^2)$ , No

4. $\varphi(x)=(\cos\theta)e^{ikx}+(\sin\theta)e^{-ikx}$

(1) linear momentum：$\hbar k$相對應於$e^{ikx}$

$\therefore$probability = $\cos^2\theta$

(2) 同理$\sin^2\theta$

(3) $\sin^2\theta=\cos^2\theta=0.5\Rightarrow\theta=45°$

5. [1] (C) [2] (D) [3] (A) [4] (A) [5] (B)

6. (D)

$[\hat{A},\hat{B}]=[\hat{B},\hat{A}]$

則$\hat{A},\hat{B}$換位

因此會有共同的本徵值

7. (B)

依海森堡測不準原理

8. (C)

$\psi=\frac{1}{2}(\phi_1-\phi_2-\phi_3+\phi_4)$

$$<A>=\int\psi^*A\psi\,d\tau$$

$$=\frac{1}{4}\int(\phi_1-\phi_2-\phi_3+\phi_4)^*A(\phi_1-\phi_2-\phi_3+\phi_4)\,d\tau$$

$$=\frac{1}{4}[\int\phi_1^*A\phi_1d\tau+\int\phi_2^*A\phi_2^{d\tau}+\int\phi_3^*A\phi_3^{d\tau}+\int\phi_4^*A\phi_4d\tau-\int\phi_1^*A\phi_2d\tau$$

$$-\int\phi_2^*A\phi_1d\tau+\int\phi_2^*A\phi_3d\tau+\int\phi_3^*A\phi_2d\tau-\int\phi_3^*A\phi_3d\tau-\int\phi_4^*A\phi_3d\tau]$$

$$=\frac{1}{4}(4a-2b)=a-\frac{b}{2}$$

9. (C)

$$\Delta x\, \Delta p \geq \frac{\hbar}{2}$$

$$\Delta x(1\times10^{-27})(1\times10^{-6}) \geq \frac{6.626\times10^{-34}}{2\cdot(2\pi)}$$

$\Delta x \sim 0.053$ m

10. (A)

11. (C)

## 第11章

1. (B)

   $1^2 + 2^2 = 5$

2. (A)

   $\psi(0) = 0,\ \psi(L) = 0$

3. $E_0 = \left(\frac{h^2}{8mL^2}\right)(n_x{}^2 + n_y{}^2 + n_z{}^2)$

   $L \to 0.8L$

   $$\Rightarrow E_0' = \left(\frac{h^2}{8m(0.8L)^2}\right)(n_x{}^2 + n_y{}^2 + n_z{}^2)$$

   $$\frac{E_0'}{E_0} = \frac{\frac{1}{0.8^2}}{1} = 1.56$$

   increased by 56%

4. (1) $E_{nlm} = (n^2 + m^2 + l^2)\left(\frac{h^2}{8md^2}\right)$

   ground state, $n = m = l = 1$

   $$\Rightarrow E = \frac{3h^2}{8md^2}$$

   (2) first-excited state

   (1, 2, 1), (1, 1, 2), (2, 1, 1)

   $$\Rightarrow E = (1^2 + 2^2 + 1^2)\left(\frac{h^2}{8md^2}\right)$$

   $$= \frac{6h^2}{8md^2} = \frac{3h^2}{4md^2}$$

5. $E_0 = \left(\frac{h^2}{8mL^2}\right)(n_x^{\ 2} + n_y^{\ 2} + n_z^{\ 2})$

$L \to 0.8L$

$\Rightarrow E_0' = \left(\frac{h^2}{8m(0.8L)^2}\right)(n_x^{\ 2} + n_y^{\ 2} + n_z^{\ 2})$

$\frac{E_0'}{E_0} = \frac{\frac{1}{0.8^2}}{1} = 1.56$

increased by 56%

6. $E_n = n^2/h^2/8ma^2$ for box size $a$.

$(\Delta p_x)^2 = \langle p_x^{\ 2} \rangle - \langle p_x \rangle^2$

$= 2m\langle E \rangle - 0$

$= 2m \cdot \frac{n^2h^2}{8ma^2} = \frac{n^2h^2}{4a^2} \Rightarrow \Delta p_x = \frac{nh}{2a}$

$(\Delta x)(\Delta p_x) = a \cdot \frac{nh}{2a} = \frac{nh}{2}$

7. (B)

(A) 應該在Box兩端

(B) 正確

(C) $n = 1$

(D) Smaller

8. (C)

$E = \frac{h^2}{8ma^2}(n_x^{\ 2} + n_y^{\ 2} + n_z^{\ 2})$

$= (0.8165)^2 \times \frac{h^2}{8ma^2} \times (1^2 + 1^2 + 2^2) + (0.4082)^2 \times \frac{h^2}{8ma^2}(1^2 + 2^2 + 1^2)$

$+ (0.4082)^2 \times \frac{h^2}{8ma^2}(2^2 + 1^2 + 1^2)$

$= \frac{3}{4}\frac{h^2}{ma^2}$

## 第12章

1. (D)

需有dipole moment

2. (C)

rigid rotor假設bond是rigid的，事實上不然

3. (1) 1 (2) 0 (3) 0 (4) 0

4. $E_v = h\upsilon = hc\bar{\upsilon}$

$= 6.626 \times 10^{-34} \times 3 \times 10^8 \times 2170 \times 10^{-2}$

$= 4.3 \times 10^{-23}$ J

5. (D)

6. $B = 1.9314\ \text{cm}^{-1} = \dfrac{h}{8\pi^2 cI} \Rightarrow 8\pi^2 I = \dfrac{h}{1.9314 \times c}$

$$E = \frac{J(J+1)\hbar^2}{2I}$$

$$= \frac{3 \times (3+1) \times h^2}{8\pi^2 I}$$

$$= \frac{12h^2}{\dfrac{h}{1.9314 \times c}}$$

$= 12 \times 6.626 \times 10^{-34} \times 1.9314 \times 10^8$

$= 4.6 \times 10^{-24}$ J

7. $B = 1.9314\ \text{cm}^{-1} = \dfrac{h}{8\pi^2 cI} \Rightarrow 8\pi^2 I = \dfrac{h}{1.9314 \times c}$

$$E = \frac{J(J+1)\hbar^2}{2I}$$

$$= \frac{3 \times (3+1) \times h^2}{8\pi^2 I}$$

$$= \frac{12h^2}{\dfrac{h}{1.9314 \times c}}$$

$= 12 \times 6.626 \times 10^{-34} \times 1.9314 \times 10^8$

$= 4.6 \times 10^{-24}$ J

8. $E_v = h\upsilon = hc\bar{\upsilon}$

$= 6.626 \times 10^{-34} \times 3 \times 10^8 \times 2170 \times 10^{-2}$

$= 4.3 \times 10^{-23}$ J

9. (1) $J = 2 \leftarrow 3$

$E = BJ(J+1)$

$\Delta E = E_3 - E_2 = \mathrm{B}[3 \times 4 - 2 \times 3] = 6B$

$6B = 63.53\text{cm}^{-1}$

$B = 10.59\text{cm}^{-1}$

$B = \dfrac{h}{8\pi^2 cI}$

$I = \dfrac{h}{8\pi^2 cB} = \dfrac{6.626\times10^{-27}}{8\times3.14^2\times3\times10^{10}\times10.59} = 2.64\times10^{-40}\,\text{g cm}^2$

(2) $I = \mu r^2$

$\mu = \dfrac{m_1 m_2}{m_1 + m_2} = \dfrac{1\times35}{1+35}\times1.66\times10^{-24} = 1.61\times10^{-24}$

$2.64\times10^{-40} = 1.61\times10^{-24}\times r^2$

$\Rightarrow r = 1.28\times10^{-8}\text{cm}$

$= 1.28\text{Å}$

10. (B)

$B \propto \dfrac{1}{I} \propto \dfrac{1}{\mu r^2}$

$\dfrac{B_{X_2}}{B_{Y_2}} = \dfrac{\frac{1}{0.8\times1.5^2}}{1} = 0.55$

11. (D)

$E = K + V$，$K$為動能

$\therefore E \geq V$，$V$為位能

12. (E)

$\langle E \rangle = \dfrac{\langle P^2 \rangle}{2m}$

$(n+\frac{1}{2})h\nu = \dfrac{\langle P^2 \rangle}{2m}$

$\Rightarrow \langle P^2 \rangle = 2m(n+\frac{1}{2})h\nu$

13. (B)

$B \propto \dfrac{1}{I} \propto \dfrac{1}{\mu r^2}$

$N \propto e^{-\frac{E}{kT}} \propto e^{-B} \propto e^{-\frac{1}{\mu}}$

故$\frac{1}{\mu}$愈小，$N$愈大（population愈大）

HCl：$\frac{1}{\mu}=\frac{1}{1}+\frac{1}{35}=\frac{36}{35}=1.028$

$Cl_2$：$\frac{1}{\mu}=\frac{1}{35}+\frac{1}{35}=\frac{2}{35}=0.057$

$N_2$：$\frac{1}{\mu}=\frac{2}{14}=0.143$

CO：$\frac{1}{\mu}=\frac{1}{12}+\frac{1}{16}=0.146$

14. (a) $\Psi(x)=Nye^{-y^2/2}=N\frac{x}{d}e^{-\frac{x^2}{2d^2}}$

其中$d=\left(\frac{\hbar^2}{mk}\right)^{1/4}$

$$\int_0^\infty \Psi(x)^*\Psi(x)dx=1\Rightarrow\frac{N^2}{d^2}\int_0^\infty x^2e^{-\frac{x^2}{d^2}}dx=1$$

$$\frac{N^2}{d^2}\frac{1}{2^{1+1}}\left(\frac{\pi}{\left(\frac{1}{d^2}\right)^{2+1}}\right)^{\frac{1}{2}}=1\quad\Rightarrow N=2\cdot\pi^{\frac{1}{-4}}\cdot d=2\cdot\pi^{\frac{1}{-4}}\cdot\left(\frac{h^2}{mk}\right)^{\frac{1}{4}}$$

(b) $n=1\Rightarrow E_n=(n+\frac{1}{2})kv=\frac{3}{2}kv$

15. (A)

$$\nu=\frac{1}{2\pi}\sqrt{\frac{k}{\mu}}$$

$$h\nu=\frac{1}{2\pi}\sqrt{\frac{340}{1.7\times10^{-27}}}\times6.626\times10^{-34}=4.72\times10^{-20}\text{ J}$$

16. [1] (E) [2] (C) [3] (C) [4] (B) [5] (D)

17. (E)

$$\int_0^{2\pi}\varphi_m^*(\phi)\varphi_m(\phi)\,d\phi=1$$

$$N^2\int_0^{2\pi}d\phi=1$$

$$N^2\cdot2\pi=1$$

$$\Rightarrow N=\frac{1}{\sqrt{2\pi}}$$

18. (B)

$$\int_0^{2\pi} N^2 \cos^2\theta d\theta = 1$$

$$N = \left(\frac{3}{4\pi}\right)^{\frac{1}{2}}$$

## 第13章

1. (B)

此爲2$s$軌域的波函數

2. $\sqrt{\ell(\ell+1)}\,\hbar = \sqrt{6}\,\hbar$

$\Rightarrow \ell = 2$其分量$m_\ell = -2, -1, 0, +1, +2$

$L_x = -2\hbar - \hbar, 0, +\hbar, +2\hbar$

3. (A)

$3p$ orbital $\Rightarrow \ell = 1$

$\sqrt{\ell(\ell+1)}\hbar = \sqrt{2}\hbar$

4. (B)

$h = 6.62 \times 10^{-14}$ J · s；$C = 3 \times 10^5$ m/s；$k = 1.38 \times 10^{-23}$ JK$^{-1}$ · $\int_0^\infty x^n e^{-ax} dx = \frac{n!}{a^{n+1}}$

Hydrogenic radial wavefunctions $R(r)$, ($\rho = \frac{2zr}{a_0}$) The spherical harmonics $y_{\ell,m_\ell}(\theta,\phi)$

| $n$ | $\ell$ | $R_{n,\ell}$ | $\ell$ | $m_\ell$ | $y_{\ell,m_\ell}$ |
|---|---|---|---|---|---|
| 1 | 0 | $2\left(\frac{Z}{a_0}\right)^{3/2} e^{-\rho/2}$ | 0 | 0 | $\left(\frac{1}{4\pi}\right)^{1/2}$ |
| 2 | 0 | $\frac{1}{2\sqrt{2}}\left(\frac{Z}{a_0}\right)^{3/2}\left(2-\frac{1}{2}\rho\right)e^{-\rho/4}$ | 1 | 0 | $\left(\frac{3}{4\pi}\right)^{1/2}\cos\theta$ |
| 2 | 1 | $\frac{1}{4\sqrt{6}}\left(\frac{Z}{a_0}\right)^{3/2}\rho e^{-\rho/4}$ | 1 | $\pm1$ | $\left(\frac{3}{8\pi}\right)^{1/2}\sin\theta e^{\pm i\phi}$ |
| 3 | 0 | $\frac{1}{9\sqrt{3}}\left(\frac{Z}{a_0}\right)^{3/2}(6-2\rho+\frac{1}{9}\rho^2)e^{-\rho/6}$ | 2 | 0 | $3(\cos^2\theta - 1)$ |
| 3 | 1 | $\frac{1}{27\sqrt{6}}\left(\frac{Z}{a_0}\right)^{3/2}(4-\frac{1}{9}\rho)\rho e^{-\rho/6}$ | 2 | $\pm1$ | $\left(\frac{15}{8x}\right)^{1/2}\cos\theta\sin\theta e^{\pm i\theta}$ |

| 3 | 2 | $\frac{1}{81\sqrt{30}}\left(\frac{Z}{a_0}\right)^{3/2}\rho^2 e^{-\rho/6}$ | 2 | $\pm 2$ | $\left(\frac{15}{32\pi}\right)^{1/2}\sin^2\theta e^{\pm 2i\phi}$ |
|---|---|---|---|---|---|

5. (1) $3d_{\pm 1} \Rightarrow 3, \ell = 2, m_\ell = \pm 1$

$$\therefore N\left(4-\frac{1}{3}\rho\right)\rho e^{-\rho/6}\cdot\cos\theta\sin\theta\, e^{\pm i\phi}$$

(2) $2p_{\pm} \Rightarrow n = 2, \ell = 1, m_\ell = \pm 1$

$$\frac{1}{4\sqrt{6}}\left(\frac{z}{a_0}\right)^{\frac{3}{2}}\rho e^{-\rho/4}\cdot\left(\frac{3}{8\pi}\right)^{\frac{1}{2}}\sin\theta\, e^{\pm i\phi}$$

$$e^{i\phi} = \cos\phi + i\sin\phi$$

$$e^{-i\phi} = \cos\phi - i\sin\phi$$

$$\Rightarrow \cos\phi = \frac{e^{i\phi}+e^{-i\phi}}{2}$$

$$\therefore 2p_{+1} + 2p_{-1} = N\rho e^{-\rho}\sin\theta\cos\phi$$

6. (1)

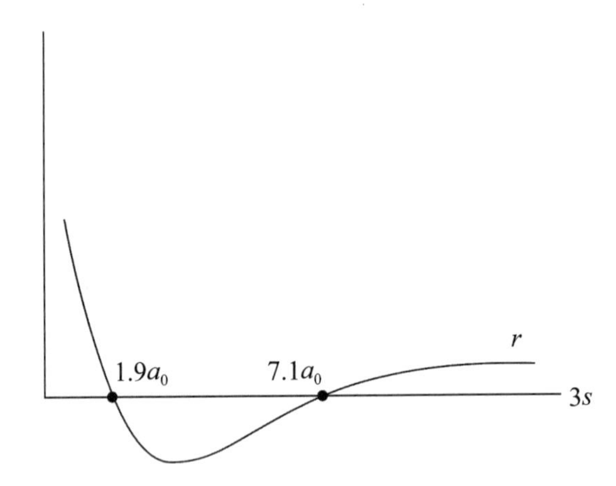


$$6-2\rho+\frac{1}{9}\rho^2=0$$

$$\rho^2 - 18\rho + 54 = 0$$

$$(\rho - 9)^2 = 27$$

$$\rho = 9\pm\sqrt{27} = 9\pm 3\sqrt{3} = 14.2\ ;\ 3.80$$

$$\rho = \frac{2Zr}{a_0} = 14.2$$

$\Rightarrow r = 7.1a_0(Z = 1)$

$\rho = \dfrac{2Zr}{a_0} = 3.80 \Rightarrow r = 1.9a_0$

(2)

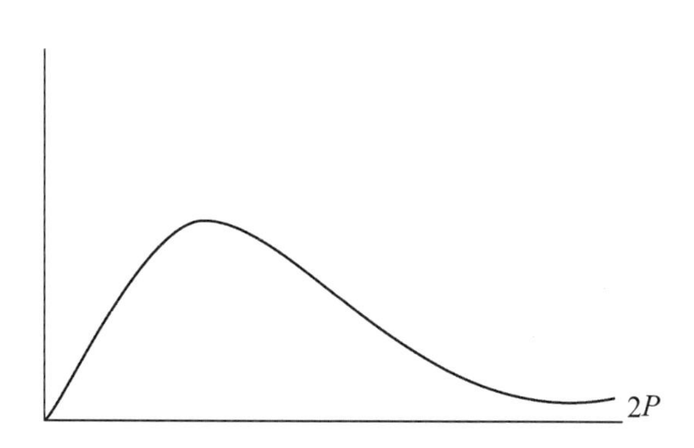


$$\frac{d(4\pi r^2 R_{n\ell}^* R_{n\ell})}{dr} = 0$$

$$\Rightarrow \frac{d(r^2 \cdot \rho^2 e^{-\rho/2})}{dr} = 0 \quad \left(\rho = \frac{2Zr}{a_0}\right)$$

微分之後所得的$r$即是most probable radius

7. (1) $\ell = 1$

   (2) $L^2 = \ell(\ell + 1)\hbar^2$

   $L = \sqrt{\ell(\ell+1)}\hbar = \sqrt{2}\hbar$

   (3) $4 - \frac{1}{3}\rho = 0$

   $\rho = 12 = \dfrac{2Zr}{a_0} \Rightarrow r = 6a_0$

   1個node

   (4) 1個node

8. Triplet state

   $\Psi = [(1s)(2s) - (2s)(1s)](\alpha\beta + \beta\alpha)$

9. (E)

10. (E)

11. (E)

   excited state:

Singlet state ($^1s$)：$\Psi = [1s(2)2s(2) + 2s(1)1s(2)](\alpha\beta - \beta\alpha)$

Triplet state ($^3s$)：$\Psi = [(1s)(2s) - (2s)(1s)] \times \begin{cases} (\alpha\beta + \beta\alpha) \\ \alpha\alpha \\ \beta\beta \end{cases}$

12. (1)

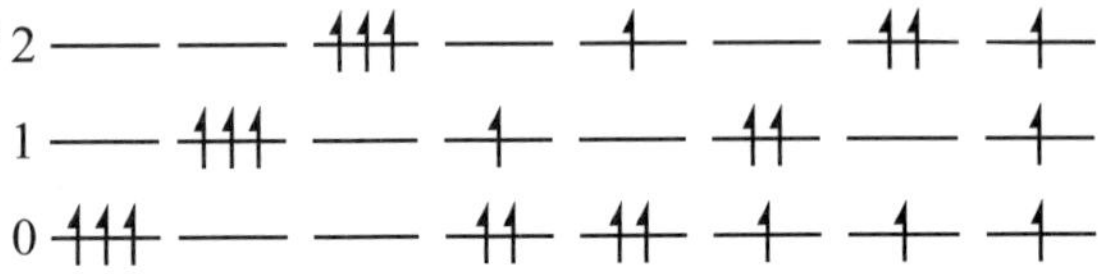

| | | | | | | | | |
|---|---|---|---|---|---|---|---|---|
| 2 | — | — | ↑↑↑ | — | ↑ | — | ↑↑ | ↑ |
| 1 | — | ↑↑↑ | — | ↑ | — | ↑↑ | — | ↑ |
| 0 | ↑↑↑ | — | — | ↑↑ | ↑↑ | ↑ | ↑ | ↑ |

共八種

(2)

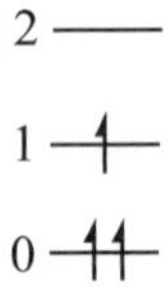

| | |
|---|---|
| 2 | — |
| 1 | ↑ |
| 0 | ↑↑ |

僅有一種

(3)

| | | |
|---|---|---|
| 2 | ↑ | — |
| 1 | — | ↑↑ |
| 0 | ↑↑ | ↑ |

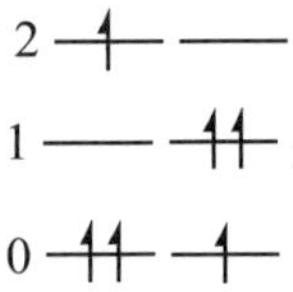

共二種

$\Delta S = k \ln \frac{W'}{W} = k \ln 2$

13. 依據Zeeman effect

$(\hat{H} + \hat{H}_B + \hat{H}_{spin})\psi = \left(-\frac{z^2 e^2}{n^2 \cdot 2a} + \beta_e B_m - \gamma m_s \cdot B\right)\psi$

其中$m$：magnetic quantum number

$m_s$：spin quantum number, z component

for spin down, $\alpha$-state $\Rightarrow m_s = +\frac{1}{2}$

spin up, $\beta$-state $\Rightarrow m_s = -\frac{1}{2}$

1s orbital $\Rightarrow m = 0$

2p orbital $\Rightarrow \ell = 1, m = -1, 0, +1$

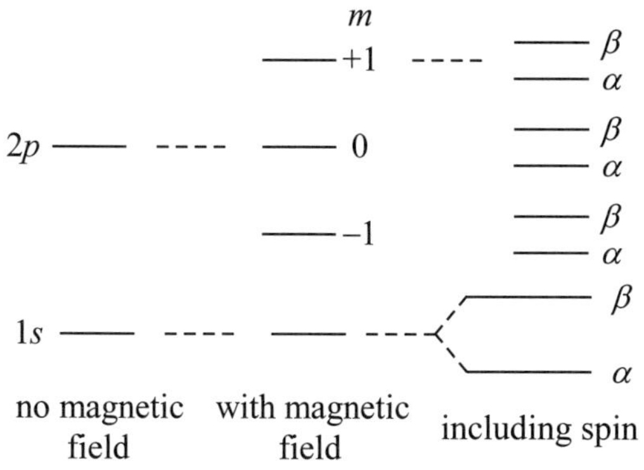

$m$

$+1$ —— $\beta$, $\alpha$

$2p$ —— 0 —— $\beta$, $\alpha$

$-1$ —— $\beta$, $\alpha$

$1s$ —— —— $\beta$, $\alpha$

no magnetic field　with magnetic field　including spin

14. 考慮庖立互不相容原理，可將$1s$與$2s$的函數加以線性組合成對稱與反對稱的函數

$\psi_s = (1s)(2s) + (2s)(1s)$

$\psi_a = (1s)(2s) - (2s)(1s)$

但spin functions可組合成三個對稱和一個反對稱函數：

$\chi_s = \alpha\alpha$

$\chi_s = \alpha\beta + \beta\alpha$

$\chi_s = \beta\beta$

$\chi_a = \alpha\beta - \beta\alpha$

依據庖立互不相容原理，the total wavefunction：$\psi_s x_a$或$\psi_a x_s$

(1) Singlet State ($^1s$)：$\psi(^1s) = [(1s)(2s) + (2s)(1s)](\alpha\beta - \beta\alpha)$

(2) Triplet state ($^3s$)：$\psi(^3s) = [(1s)(2s) - (2s)(1s)](\alpha\alpha)$

$\psi(^3s) = [(1s)(2s) - (2s)(1s)](\alpha\beta + \beta\alpha)$

$\psi(^3s) = [(1s)(2s) - (2s)(1s)](\beta\beta)$

zero-order energy：$E^{(0)} = -4R_y\left(\frac{1}{1}+\frac{1}{4}\right) = -5R_y (n_1 = 1, n_2 = 2)$

first-order energy：

$^1s : \left\langle \frac{e^2}{r_{12}} \right\rangle = E^{(0)} + J + K = -4.073R_y$

$^3s: \qquad = E^{(0)} + J - K = -4.249R_y$

15. $E=\dfrac{\int\psi^* H\psi\,dx}{\int\psi^*\psi\,dx}$

$=\dfrac{\int_0^a \sin\left(\frac{\pi x}{a}\right)\left(-\frac{\hbar^2}{2m}\frac{d^2}{dx^2}\right)\sin\left(\frac{\pi x}{a}\right)dx}{\int_0^a \sin^2\left(\frac{\pi x}{a}\right)dx}$

$=\dfrac{\frac{+\hbar^2}{2m}\left(\frac{\pi}{2}\right)^2\int_0^a \sin^2\left(\frac{\pi x}{a}\right)dx}{\int_0^a \sin^2\left(\frac{\pi x}{a}\right)dx}$

$=\dfrac{\pi^2\hbar^2}{2ma^2}$

16. $\psi_{1s}=C\left(\frac{1}{a_0}\right)^{3/2}e^{-r/a_0}$

(1) $\int_0^\infty \psi_{1s}^*\psi_{1s}4\pi r^2 dr=1$

$4\pi C^2\left(\frac{1}{a_0}\right)^3\int_0^\infty e^{-2r/a_0}\cdot r^2 dr=1$ ①

$\because\int_0^\infty x^2 e^{-x}dx=2!$

令$x=\frac{2r}{a_0}\Rightarrow dx=\left(\frac{2}{a_0}\right)dr$

$\int_0^\infty \frac{4r^2}{a_0^2}\cdot e^{-2r/a_0}\left(\frac{2}{a_0}\right)dr=2!$

$\Rightarrow\int_0^\infty e^{-2r/a_0}\cdot r^2=\frac{2\times a_0^3}{8}=\frac{a_0^3}{4}$

$\therefore$①變成$4\pi C^2\left(\frac{1}{a_0}\right)^3\cdot\frac{a_0^3}{4}=1$

$C^2=\frac{1}{\pi}$

$C=\frac{1}{\sqrt{\pi}}$

(2) $<r>=\int_0^\infty \psi_{1s}^*\psi_{1s}d\tau$

$=\left(\frac{1}{\pi}\right)\left(\frac{1}{a_0}\right)^3\int_0^\infty re^{-2r/a_0}\cdot 4\pi r^2 dr$

$$=\left(\frac{1}{\pi}\right)\left(\frac{1}{a_0}\right)^3 4\pi\left(\frac{a_0}{2}\right)^4 \int_0^\infty \left(\frac{2r}{a_0}\right)^3 e^{-2r/a_0} d\left(\frac{2r}{a_0}\right)$$

$$=\left(\frac{1}{\pi}\right)\left(\frac{1}{a_0}\right)^3 4\pi\left(\frac{a_0}{2}\right)^4 (3!) = \frac{3}{2}a_0$$

(3) 機率函數$f(r)=\psi_{1s}^*\psi_{1s}=4\pi r^2\dfrac{1}{a_0^3\pi}e^{-2r/a_0}$

$$\frac{df(r)}{dr}=0$$

$$\Rightarrow 2re^{-2r/a_0}+r^2\left(\frac{-2}{a_0}\right)e^{-2r/a_0}=0$$

$$r=a_0$$

17. $(2p_x)=\frac{1}{2}[(2p_1)+(2p_{-1})]$

probability $=\left(\frac{1}{2}\right)^2=\frac{1}{4}$

$$\frac{1}{4}\cdot h+\frac{1}{4}(-h)=0$$

## 第14章

1. (1) $C_{2h}$, $C_{2h}$

   (2) $N：2p^3$

   $m_\ell=-1 \quad 0 \quad +1$

   $\uparrow \quad \uparrow \quad \uparrow$

   $S=\frac{3}{2}, L=0$

   ${}^{2S+1}L_J={}^4S_{\frac{3}{2}}$

   $B：2p^1$

   $S=\frac{1}{2}, L=1$

   ${}^{2S+1}L_J={}^2P_{\frac{1}{2}}$

   (3) $(2\sigma_g)(2\sigma_u)2(\pi_u)^4$

   ${}^1\Sigma_g^+$

2. (C)

   $O_2$是paramagnetic

3. (C)

4. (B)

   $d^5$半填滿較穩定

5. (C)

   $He^+$：$1s^1 \Rightarrow {}^2S$

6. (B)

7. (A)

8. (D)

9. (A)

10. (1) $H_2^+$

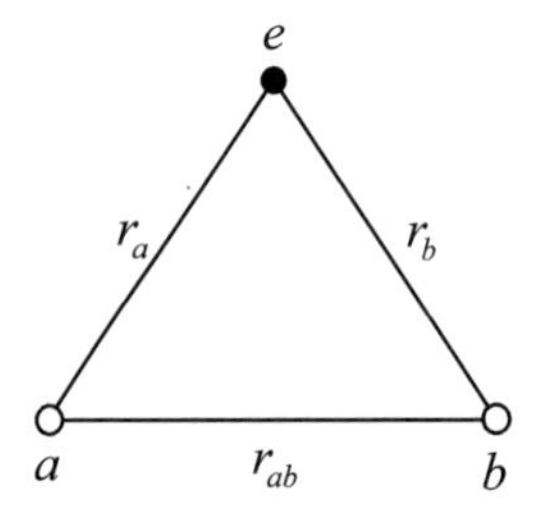


$$\hat{H} = -\frac{\hbar^2}{2M}(\nabla_a^2 + \nabla_b^2) \qquad \text{原子動能}$$

$$-\frac{\hbar^2}{2m}\nabla_e^2 - \left(\frac{e^2}{r_a} + \frac{e^2}{r_b} - \frac{e^2}{r_{ab}}\right) \qquad \text{電子動能}$$

(2) $H_2$

$$\hat{H} = \underbrace{-\frac{\hbar^2}{2M}(\nabla_1^2 + \nabla_2^2)}_{\text{電子動能}} \underbrace{-\frac{\hbar^2}{2M}(\nabla_a^2 + \nabla_b^2)}_{\text{質子動能}}$$

$$-\left(\frac{e^2}{r_{a1}} + \frac{e^2}{r_{b1}} + \frac{e^2}{r_{a2}} + \frac{e^2}{r_{b2}}\right) + \frac{e^2}{r_{12}} + \frac{e^2}{r_{ab}}$$

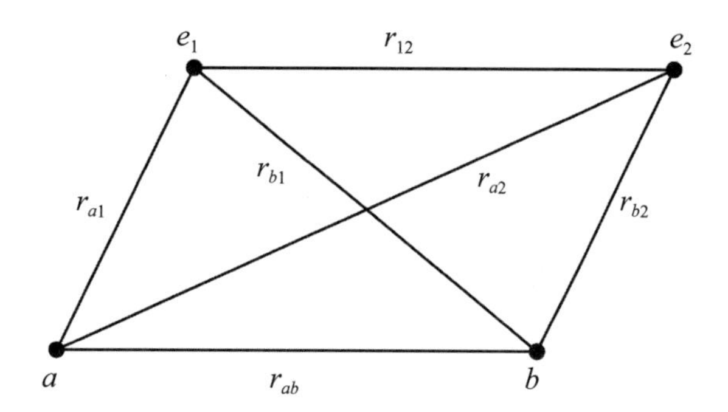


11. [1] (C) [2] (B) [3] (C) [4] (B) [5] (B)

12. (B)

需符合$\frac{1}{\sqrt{3}}\times a+\frac{1}{\sqrt{3}}\times b+\frac{1}{\sqrt{3}}\times c=0$

13. (B)

$\sigma_g^1 \to \Sigma_g^+$

14. $\pi_g 2p_x = N(2p_x(A) - 2p_x(B))$

$\int \pi_g^* 2p_x \pi_{g2p_x} d\tau = 1$

$N^2\int[2p_x(A)-2p_x(B)]^*[2p_x(A)-2p_x(B)]\,d\tau=1$

$N^2[\int 2p_x^*(A)2p_x(A)\,d\tau+\int 2p_x^*(B)2p_x(B)\,d\tau-2\int 2p_x^*(A)2p_x(B)\,d\tau]=1$

$N^2[1+1-2S]=1$

$\therefore N=\frac{1}{[2(1-S)]^{\frac{1}{2}}}$

15. (A)

$\frac{E}{hc}=\omega_e\left(v+\frac{1}{2}\right)+B_vJ(J+1)$

$\frac{\Delta E}{hc}=2157+2\times1.925=2160.85\text{cm}^{-1}$

$\Rightarrow v=2160.85\times3\times10^{10}$

$=6482.55\text{ Hz}$

16. $V(x)=D(1-e^{-\beta x})^2$

$=\text{D}[1-2e^{-\beta x}+e^{-2\beta x}]$

$$\frac{dV}{dx} = +2\beta De^{-\beta x} - 2\beta De^{-2\beta x}$$

$$\frac{d^2V}{dx^2} = -2D\beta^2 e^{-\beta x} + 4\beta^2 De^{-2\beta}$$

$$k = \left.\frac{d^2V}{dx^2}\right|_{x=0} = -2D\beta^2 + 4\beta^2 D = 2\beta^2 D$$

17. $N$：$2p^3$

$m_\ell = -1 \quad 0 \quad +1$

$\underline{\uparrow} \quad \underline{\uparrow} \quad \underline{\uparrow}$

$S = \frac{3}{2}, L = 0$

${}^{2S+1}L_J = {}^4 S_{\frac{3}{2}}$

$B$：$2p^1$

$S = \frac{1}{2}, L = 1$

${}^{2S+1}L_J = {}^2 P_{\frac{1}{2}}$

18. $(2\sigma_g)^2(2\sigma_u)^2(\pi_u)^4$

${}^1\Sigma_g^+$

19. (C)

因爲位能並不是無窮大

20. (D)

21. $Ti^{2+}$：$d^2$

$$d_\alpha^2 d_\beta^0 \quad (P+F)\times S \rightarrow \begin{cases} P & L=1 \\ F & L=3 \end{cases} \quad M_S = +1$$

$$d_\alpha^0 d_\beta^0 \quad S\times(P+F) \rightarrow \begin{cases} P & L=1 \\ F & L=3 \end{cases} \quad M_S = -1$$

$$d_\alpha^1 d_\beta^1 \quad D\times D \rightarrow \begin{cases} G & L=4 \\ F & L=3 \\ D & L=2 \\ P & L=1 \\ S & L=0 \end{cases} \quad M_S = 0$$

$\Rightarrow {}^1G, {}^1D, {}^1S, {}^3P, {}^3F$ ground state：${}^3F$

22. (1) True (2) False (3) False (4) False

## 第15章

1. (B)

2. (C)

3. (A)

$$t_{\frac{1}{2}} = \frac{\ln 2}{k}$$

$$\Rightarrow k = \frac{0.693}{5.7 \times 3600} = 3.4 \times 10^{-5}\,\text{s}^{-1}$$

4. 看成first-order

$$[A] = [A]_0 e^{-k \cdot t}$$

$$0.5 \times 10^{-3} = 10^{-3} \cdot e^{-k \cdot \frac{10}{500}}$$

$$\Rightarrow k = 34.66$$

5. (A)

$$k = \frac{\ln 2}{t_{\frac{1}{2}}} = \frac{0.693}{10} = 0.0693$$

$$\ln \frac{0.25}{1} = -0.0693 \times t$$

$$\Rightarrow t = 20 \text{ min}$$

6. [1] (A) [2] $X$應爲preexponential factor [3] (B) [4] (A) [5] (D)

7. $$-\frac{dc}{dt} = kc^2$$

$$-\frac{dc}{c^2} = kdt$$

$$\int_{c_0}^{c} -\frac{dc}{c^2} = \int_0^t kdt$$

$$\frac{1}{c} - \frac{1}{c_0} = kt$$

$$c = \frac{c_0}{1 + ktc_0}$$

$$f = \frac{c_0 - c}{c_0} = \frac{ktc_0}{1 + ktc_0}$$

8. $A \underset{k_2}{\overset{k_1}{\rightleftarrows}} B$

$$\frac{d[A]}{dt} = -k[A] + k_2[B]$$

$t = 0, [A] = [A]_0, [B] = 0$

$$\therefore \frac{d[A]}{dt} = -k_1[A] + k_2([A]_0 - [A])$$

$$= k_2[A]_0 - (k_1 + k_2)[A]$$

$$= -(k_1 + k_2)\left([A] - \frac{k_2}{(k_1 + k_2)}[A]_0\right)$$

$$= -(k_1 + k_2)([A] - [A]_{eq})$$

其中$[A]_{eq} = \frac{k_2}{(k_1 + k_2)}[A]_0$

$$\because \frac{[B]_{eq}}{[A]_{eq}} = \frac{([A]_0 - [A]_{eq})}{[A]_{eq}} = \frac{k_1}{k_2} = K$$

$$\therefore [A]_{eq} = \frac{k_2}{(k_1 + k_2)}[A]_0$$

$$\frac{d[A]}{dt} = -(k_1 + k_2)([A] - [A]_{eq})$$

$$-\int_{[A]_0}^{[A]} \frac{d[A]}{([A] - [A]_{eq})} = (k_1 + k_2)\int_0^t dt$$

$$\Rightarrow \ln \frac{[A]_0 - [A]_{eq}}{[A] - [A]_{eq}} = (k_1 + k_2)t$$

$$[A] = \frac{k_2[A]_0}{k_1 + k_2}\left[1 + \frac{k_1}{k_2}\exp(-(k_1 + k_2)t)\right]$$

$$[B] = [A]_0 - [A]$$

$$\Rightarrow [B] = \frac{k_1[A]_0}{k_1 + k_2}[1 - \exp(-k_1 + k_2)t)]$$

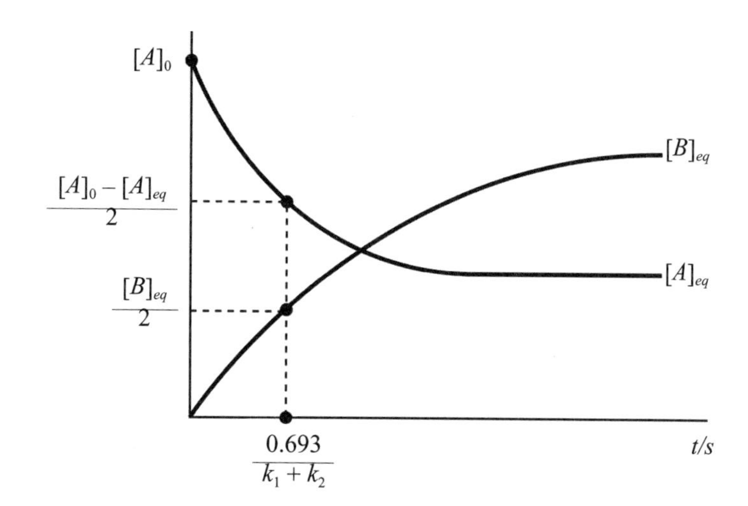


9. $\because HI + H_2O_2 \xrightarrow{k_2} H_2O + HOI$ slow

$$\therefore -\frac{d[H_2O_2]}{dt} = k_2[HI][H_2O_2]$$

而$H^+ + I^- \underset{k_{-1}}{\overset{k_1}{\rightleftharpoons}} HI$ rapid equlibrium

$$\therefore k_1[H^+][I^-] = k_{-1}[HI]$$

$$[HI] = \frac{k_1[H^+][I^-]}{k_{-1}}$$

$$\Rightarrow -\frac{d[H_2O_2]}{dt} = \frac{k_1k_2[HI][H^+][I^-]}{k_{-1}}$$

10. $A + B \Leftrightarrow I \rightarrow P$

$$k_a[A][B] - k'_a[I] = 0$$

$$K = \frac{[I]}{[A][B]} = \frac{k_a}{k'_a}$$

(A) correct

(B) incorrect

(C) $\frac{d[P]}{dt} = k_b[I] \Rightarrow$ incorrect

(D) Steady-state approximation $\Rightarrow \frac{d[I]}{dt} = 0$

(E) $\frac{d[I]}{dt} = k_a[A][B] - k'_a[I] - k_b[I] \Rightarrow$ incorrect

(F) $\frac{d[I]}{dt}=0 \Rightarrow [I]=\frac{k_a[A][B]}{k_a'+k_b} \Rightarrow$ correct

(G) $\frac{d[P]}{dt}=k_b[I]=\frac{k_a k_b[A][B]}{k_a'+k_b} \Rightarrow$ correct

(H) $\frac{d[I]}{dt}=0=k_a[A][B]-k_a'[I]-k_b[I] \Rightarrow$ incorrect

11. (B) (C) (E)

(B) homogeneous指的是single phase

(C) heterogeneons指的是different phase

(E) lower activation energy

12. (E)

13. (1) $NO + NO \rightarrow N_2O_2\,k_1$

$N_2O_2 \rightarrow 2NO \qquad k_2$

$N_2O_2 + O_2 \rightarrow 2NO_2 \qquad k_3$

steady-state approximation for $N_2O_2$

$$\frac{d[N_2O_2]}{dt}=k_1[NO]^2-k_2[N_2O_2]-k_3[N_2O_2][O_2]=0$$

$$\Rightarrow [N_2O_2]=\frac{k_1[NO]^2}{k_2+k_3[O_2]}$$

$$\text{rate } v=\frac{d[NO]^2}{dt}=2[N_2O_2][O_2]=\frac{2k_1[NO]^2[O_2]}{k_2+k_3[O_2]}$$

(2) $k_2 >> k_3[O_2]$

$$\Rightarrow v=\frac{2k_1[NO]^2[O_2]}{k_2}=2k[NO]^2[O_2]$$

$$k=\frac{k_1}{k_2}，\frac{k_1}{k_2}=A\cdot e^{-E_a/RT}$$

$$\left(\ln A_1-\frac{E_{a_1}}{RT}\right)-\ln A_2+\frac{E_{a_2}}{RT}=\ln A-\frac{E_a}{RT}$$

$$\Rightarrow E_a=E_{a_1}-E_{a_2}=80-210=-130\text{ kJ/mol}$$

14. Apply steady-state approximation for O

$$\frac{d[O]}{dt}=k_1[O_3]-k_1'[O_2][O]-k_2[O][O_3]=0 \qquad ①$$

$$-\frac{d[O_3]}{dt}=k_1[O_3]-k_1'[O_2][O]+k_2[O][O_3] \quad ②$$

由①可得$[O]=\dfrac{k_1[O_3]}{k_1'[O_2]+k_2[O_3]}$

$$② - ① \Rightarrow -\frac{d[O_3]}{dt}=2k_2[O][O_3]=\frac{2k_1k_2[O_3]^2}{k_1'[O_2]+k_2[O_3]}$$

15. $A+A\xrightarrow{k_2}P_2$

$$\frac{d[A]}{dt}=-k_1[A]-k_2[A]^2$$

$$\int_{[A]_o}^{[A]}\frac{d[A]}{[A](k_1+k_2[A])}=-\int_0^t dt$$

先將$\dfrac{1}{[A](k_1+k_2[A])}=\dfrac{m}{[A]}+\dfrac{n}{k_1+k_2[A]}$

$$=\frac{m(k_1+k_2[A])+n[A]}{[A](k_1+k_2[A])}$$

$$=\frac{mk_1+[A](mk_2+n)}{[A](k_1+k_2[A])}$$

比較係數 $\Rightarrow mk_1=1\Rightarrow m=\dfrac{1}{k_1}$

$$mk_1+n=0$$

$$\Rightarrow n=-mk_2=-\frac{k_2}{k_1}$$

$$\int_{[A]_o}^{[A]}\left(\frac{m}{[A]}+\frac{n}{k_1+k_2[A]}\right)d[A]=-t$$

$$m\ln\frac{[A]}{[A]_o}+\frac{n}{k_2}\ln\frac{k_1+k_2[A]}{k_1+k_2[A]_o}=-t$$

$$\frac{1}{k_1}\ln\frac{[A]}{[A]_o}-\frac{1}{k_1}\ln\frac{k_1+k_2[A]}{k_1+k_2[A]_o}=-t$$

$$\ln\frac{[A](k_1+k_2[A]_o)}{[A]_o(k_1+k_2[A])}=-kt$$

16. (A)(F)

17. (A)

18. (1) first-order

$$\Rightarrow \ln\frac{[A]}{[A]_0} = -kt$$

$$\ln 0.305 = -k \times 540 \Rightarrow k = 2.199 \times 10^{-3}$$

(2) $\ln\frac{1-0.25}{1} = -2.199\times10^{-3} \Rightarrow t = 130.82\text{s}$

19. (1) Initiation：

$I \rightarrow R\cdot + R\cdot \quad v_i = k_i[I]$

$M + R\cdot \rightarrow \cdot M_1$ (fast)

Propagation：

$M + \cdot M_1 \rightarrow \cdot M_2$

$M + \cdot M_2 \rightarrow \cdot M_3$

$\vdots$

$M + \cdot M_{n-1} \rightarrow \cdot M_n \quad v_p = k_p[M][\cdot M]$

$$\left(\frac{d[\cdot M]}{dt}\right)_{\text{production}} = 2fk_i[I]$$

where f is the fraction of radicals $R\cdot$ that successfully initiate a chain

Termination：

$\cdot M_n + \cdot M_m \rightarrow M_{n+m}$

$v_t = k_t[\cdot M]^2$

$$\left(\frac{d[\cdot M]}{dt}\right)_{\text{depletion}} = -2k_t[\cdot M]^2$$

The steady-state approximation：

$$\frac{d[\cdot M]}{dt} = 2fk_i[I] - 2k_t[\cdot M]^2 = 0$$

$$[\cdot M] = \left(\frac{fk_i}{k_t}\right)^{\frac{1}{2}}[I]^{\frac{1}{2}}$$

$$v_p = k_p[\cdot M][M] = k_p\left(\frac{fk_i}{k_t}\right)^{\frac{1}{2}}[I]^{\frac{1}{2}}[M]$$

(2) $v_p = k_p\left(\dfrac{fk_i}{k_t}\right)^{\frac{1}{2}}[I]^{\frac{1}{2}}[M]$

$$= 2.3\times10^3\times\left(\frac{1\times1.07\times10^{-5}}{2.9\times10^2}\right)^{\frac{1}{2}}(0.001)^{\frac{1}{2}}\times1 = 0.014$$

$$k = k_p\left(\frac{fk_i}{k_t}\right)^{\frac{1}{2}}$$

$$\ln k = \ln k_P + \frac{1}{2}(\ln k_i - \ln k_t)$$

$$-\frac{E_a}{RT} = -\frac{26}{RT} + \frac{1}{2}\left(-\frac{130}{RT} + \frac{13}{RT}\right)$$

$$-E_a = RT\left[-\frac{26}{RT} + \frac{1}{2}\left(-\frac{130}{RT} + \frac{13}{RT}\right)\right]$$

$$-E_a = -26 + \frac{1}{2}(-130+13)$$

$$\Rightarrow E_a = 84.5 \text{ kJ/mol}$$

20. $E + S = ES \rightarrow E + P$

利用$[ES]$的steady-state approximation

$$\frac{d[ES]}{dt} = 0 = k_1[E][S] - k_{-1}[ES] - k_2[ES] + k_{-2}[E][P] \quad ①$$

$$[ES] = \frac{k_1[E][S] + k_2[E][P]}{(k_2 + k_{-1})}$$

$$v = k_2[ES] - k_{-2}[E][P]$$

$$① + ② \Rightarrow v = k_1[E][S] - k_{-1}[ES]$$

$$= k_1[E][S] - \frac{k_1k_{-1}[E][S] + k_2k_{-1}[E][P]}{k_2 + k_{-1}}$$

$$[E]_0 = [E] + [ES]$$

$$\Rightarrow [E] = [E]_0 - [ES]\text{代入①}' \Rightarrow [ES] = \frac{[E]_0(k_1[S] + k_{-2}[P])}{k_{-1} + k_2 + k_1[S] + k_{-2}[P]}$$

代入③

$$\upsilon = k_1([E]_0 - [ES])[S] - \frac{k_1k_{-1}([E]_0 - [ES])[S] + k_2k_{-1}([E]_0 - [ES])[P]}{k_2 + k_{-1}}$$

再將$[ES]$代入上式即可得

$$[S]_0 = [S] + [ES] + [P]$$

$$\Rightarrow [P] = [S]_0 - [S] - [ES]$$

21.

| Time/second | Ozone Pressure(torr) |
|---|---|
| 0 | 1.76 |
| 30 | 1.04 |
| 60 | 0.79 |
| 120 | 0.52 |
| 180 | 0.37 |
| 240 | 0.29 |

(1) 如果是first-order

$$\ln\frac{[O_3]_0}{[O_3]}=kt$$

$t=30s$, $\ln\frac{1.76}{1.04}=0.526$ ┐

$t=60s$, $\ln\frac{1.76}{0.79}=0.801$ ┘ 不是2倍

$t=240s$, $\ln\frac{1.76}{0.29}=1.80$ （與 $t=30s$ 相比）不是8倍

故不是first-order

如果是second-order

$$\frac{1}{[O_3]}-\frac{1}{[O_3]_0}=kt$$

$t=30s \Rightarrow \frac{1}{1.04}-\frac{1}{1.76}=0.393$ ┐

$t=60s \Rightarrow \frac{1}{0.79}-\frac{1}{1.76}=0.698$ ┘ 約爲2倍

$t=240s \Rightarrow \frac{1}{0.29}-\frac{1}{1.76}=2.88$ （與 $t=30s$ 相比）約爲8倍

故爲second-order

(2) $\frac{1}{1.04}-\frac{1}{1.76}=k\times 30 \Rightarrow k=0.01311$

$$t_{\frac{1}{2}}=\frac{1}{k[O_3]_0}=\frac{1}{0.01311\times 1.76}=43.34\text{s}$$

22. $E+S \underset{k_{-1}}{\overset{k_1}{\rightleftarrows}} ES \underset{k_{-2}}{\overset{k_2}{\rightleftarrows}} E+P$

$$\frac{d[ES]}{dt}=k_1[E][S]-k_{-1}[ES]-k_2[ES]+k_2[E][P]=0$$

$$\Rightarrow [ES] = \frac{k_1[E][S] + k_2[E][P]}{k_{-1} + k_2}$$

$$= \frac{[E](k_1[S] + k_{-2}[P])}{k_{-1} + k_2}$$

因爲low conversion ⇒ $[P]$濃度很低

因此$k_{-2}[P]$可忽略

$$\therefore [ES] = \frac{k_1[E][S]}{k_{-1} + k_2} = \frac{[E][S]}{K}$$

其中$K = \dfrac{k_2 + k_{-1}}{k_1}$

$$[E]_0 = [E] + [ES] = [E] + \frac{[E][S]}{K}$$

$$\Rightarrow [E] = \frac{[E]_0}{1 + \dfrac{[S]}{K}}$$

$$v = k_2[ES] = \frac{k_2[E][S]}{K} = \frac{k_2[E]_0[S]}{K + [S]} = \frac{k[S]}{K + [S]} = -\frac{d[S]}{dt}$$

$$\therefore k = k_2[E]_0$$

$$K = \frac{k_2 + k_{-1}}{k_1}$$

23. Mechanism (A)：

$$NO + O_2 \underset{k_{-1}}{\overset{k_1}{\rightleftharpoons}} NO_3 \text{ (fast)}$$

$$NO_3 + NO \xrightarrow{k_2} 2NO_2 \qquad \text{(rate determining)}$$

$$k_1[NO][O_2] = k_{-1}[NO_3]$$

$$\Rightarrow [NO_3] = \frac{k_1[NO][O_2]}{k_{-1}}$$

$$v = k_2[NO_3][NO] = \frac{k_1 k_2 [NO]^2[O_2]}{k_{-1}}$$

Mechanism (B)：

$$NO + NO \underset{k'_{-1}}{\overset{k'_1}{\rightleftharpoons}} N_2O_2$$

$$N_2O_2 + O_2 \xrightarrow{k_2} 2NO_2$$

$$\frac{d[N_2O_2]}{dt}=0=k_1'[NO]^2-k_{-1}'[N_2O_2]-k_2[N_2O_2][O_2]$$

$$\Rightarrow\ [N_2O_2]=\frac{k_1'[NO]^2}{k_{-1}'+k_2[O_2]}$$

$$v=k_2[N_2O_2][O_2]$$

$$=\frac{k_1'k_2[NO]^2[O_2]}{k_{-1}'+k_2[O_2]}$$

∴Mechanism (A)較適合

24. $\theta=\dfrac{\text{number of adsorption sites occupied}}{\text{number of adsorption sites available}}$

For adsorption with dissociation,

$$\frac{d\theta}{dt}=k_aP\{N(1-\theta)\}^2$$

其中：$P$：壓力

$k_a$： rate constant for adsorption

$$\frac{d\theta}{dt}=-k_d(N\theta)^2$$

$$\Rightarrow\theta=\frac{(K_P)^{\frac{1}{2}}}{1+(K_P)^{\frac{1}{2}}}$$

其中$K_P=\dfrac{\theta}{1-\theta}$

25. (C)

## 第16章

1. (A)

2. (1) root-mean-square $\langle v^2\rangle^{\frac{1}{2}}=\sqrt{\dfrac{3kT}{m}}=\sqrt{\dfrac{3RT}{M}}=\sqrt{\dfrac{3\times8.314\times298}{32\times10^{-3}}}=481.9\ \mathrm{m/s}$

mean speed $\langle v\rangle=\sqrt{\dfrac{8RT}{\pi M}}=\sqrt{\dfrac{8\times8.314\times298}{3.14\times32\times10^{-3}}}=444.1\ \mathrm{m/s}$

most probable speed $v_P=\sqrt{\dfrac{2RT}{M}}=\sqrt{\dfrac{2\times8.314\times298}{32\times10^{-3}}}=393.5\ \mathrm{m/s}$

(2) ① $Z_A=\sqrt{2}\pi d_{AA}^2\cdot N_A\cdot\langle v\rangle$

$$N_A = \frac{P}{RT} \times 6 \times 10^{23} = \frac{\frac{2}{760} \times 6 \times 10^{23} \times 101325}{0.082 \times 298} = 6.55 \times 10^{23} \text{ 代入①}$$

$$Z_A = \sqrt{2}\pi(3.61 \times 10^{-10})^2 \cdot 6.55 \times 10^{23} \times 444.1$$
$$= 1.68 \times 10^8$$

(3) $$\lambda = \frac{RT}{\sqrt{2}\pi d^2 LP} = \frac{8.314 \times 298}{\sqrt{2}\pi(3.61 \times 10^{-10})^2 \times 6.02 \times 10^{23} \times \frac{2}{760} \times 101325}$$

$$= 2.67 \times 10^{-5}\,\text{m}$$

3. (E)

這兩種氣體的分子量一樣，而(A)～(D)的性質均與質量相關，因此皆有關係

4. (D)

因爲distribution function都遵守正規化的條件

即$\int_0^\infty f_A(v_A)dv_A = \int_0^\infty f_B(v_B)dv_B = 1$

$$\int_0^\infty f_A(v_A)dv_A = C\int_0^\infty f_B(v_B)dv_B = 1$$

$$\Rightarrow C = 4\left(\frac{b^3}{\pi}\right)^{\frac{1}{2}}$$

$$\int_0^\infty f_B(v_B)dv_B = D\int_0^\infty {v_B}^2 e^{-2b{v_B}^2} dv_B = 1$$

$$\Rightarrow D = 4\left(\frac{8b^3}{\pi}\right)^{\frac{1}{2}}$$

$$\therefore \frac{1}{4}\left(\frac{\pi}{(2b)^3}\right)^{\frac{1}{2}} = 1$$

$$\therefore D = 2\sqrt{2}C$$

$\langle v_A \rangle$：$\langle v_N \rangle$

$$= C\int_0^\infty {v_A}^3 e^{-b{v_A}^2} dv_A \;:\; D\int_0^\infty {v_B}^3 e^{-2b{v_B}^2} dv_B$$

$$= C \cdot \frac{1}{2^2} \;:\; 2\sqrt{2}C\left(\frac{1}{2(2b)^2}\right)$$

$$= 1 : \frac{\sqrt{2}}{2} = 1 : \frac{1}{\sqrt{2}} = \sqrt{2} : 1$$

5. (E)

(A) Oxygen才對

(B) Benzene

(C) Oxygen

(D) Benzene

6. (B)

$$< v >= \left(\frac{8kT}{\pi\mu}\right)^{\frac{1}{2}} \propto \left(\frac{1}{\mu}\right)^{\frac{1}{2}}$$

(1) $\frac{1}{\mu} = \frac{1}{28} + \frac{1}{32} = 0.067$

(2) $\frac{1}{\mu} = \frac{1}{2} + \frac{1}{4} = 0.75$

(3) $\frac{1}{\mu} = \frac{1}{32} + \frac{1}{17}$

(4) $\frac{1}{\mu} = \frac{1}{28} + \frac{1}{32}$

## 第17章

1. $q = 2 + 1 \times e^{-h\upsilon/kT}$ $\qquad \upsilon = \frac{c}{\lambda} = c\bar{\upsilon}$

$$= 2 + 1 \times e^{\frac{-6.626\times10^{-34}\times3.0\times10^{8}\times10^{2}\times540}{1.381\times10^{-23}\times600}}$$

$$= 2.27$$

2. (C)

3. (C)

$$\bar{\nu} = \frac{1}{\lambda} = \frac{\nu}{c} \Rightarrow \nu = c\bar{\nu}$$

$$x = e^{-h\nu/kT} = e^{-(6.626\times10^{-34}\times3\times10^{10}\times214.6)/1.38\times10^{-23}\times298} = 0.35$$

$$\text{fraction} = \frac{2}{\frac{1}{1-x}} = \frac{0.35}{\frac{1}{0.65}} = 0.23$$

4. $S = k\ln W$

$$dS = k(d\ln W) = k\sum_i \left(\frac{\partial \ln W}{\partial n_i}\right) dn_i = k\sum_i \left(\frac{\partial \ln W}{\partial n_i}\right) dn_i + k\alpha \sum_i dn_i$$

又$dS = \frac{dU}{T} = k\beta \sum_i \varepsilon_i dn_i \quad (\beta = \frac{1}{kT})$

$$\Rightarrow dU = \sum_i \varepsilon_i dn_i$$

$$U = U(0) + \sum_i n_i \varepsilon_i$$

transnational partition function知

$$q = \frac{V}{\wedge^3}，\wedge = k\left(\frac{\beta}{2\pi m}\right)^{\frac{1}{2}} = \frac{k}{(2\pi mkT)^{\frac{1}{2}}}$$

$$\left(\frac{\partial q}{\partial \beta}\right)_V = \left(\frac{\partial}{\partial \beta}\frac{V}{\wedge^3}\right)_V = V\frac{d}{d\beta}\frac{1}{\wedge^3} = -3\frac{V}{\wedge^4}\frac{d\wedge}{d\beta}$$

$$\frac{d\wedge}{d\beta} = \frac{d}{d\beta}\left\{\frac{h\beta^{\frac{1}{2}}}{(2\pi m)^{\frac{1}{2}}}\right\} = \frac{1}{2\beta^{\frac{1}{2}}} \times \frac{h}{(2\pi m)^{\frac{1}{2}}} = \frac{\wedge}{2\beta}$$

$$\left(\frac{\partial q}{\partial \beta}\right)_V = -\frac{3V}{2\beta\wedge^3}$$

$$\Rightarrow U = U(0) - N\left(\frac{\wedge^3}{V}\right)\left(-\frac{3V}{2\beta\wedge^3}\right) = U(0) + \frac{3N}{2\beta}$$

由ideal gas.

$$P = \frac{\frac{1}{3}Nmv^2}{V} = \frac{2N\varepsilon}{3V} \quad \Rightarrow \varepsilon = \frac{3PV}{2N}$$

$\therefore PV = nRT$（$R = Nk$）

5. $T = 0$

簡併度：${}^2\prod_{\frac{1}{2}} = 2 \times \left(2 \times \frac{1}{2} + 1\right) = 4$

${}^2\prod_{\frac{3}{2}} = 2 \times \left(2 \times \frac{3}{2} + 1\right) = 8$

$q^E = 4 + 8e^{-E/kT}$

其中$E = hv = hc\bar{v}$

$$q^E = 4 + 8e^{\frac{-121\times 1.987\times 10^{-23}}{1.38\times 10^{-23}\times 273}} = 4$$

$T = 300\text{K}$

$$q^E = 4 + 8e^{\frac{-121\times1.98\times10^{-23}}{1.38\times10^{-23}\times300}} = 8.5$$

6. (E)

需遵守Boltzmann distribution

7. (1) $U = \sum_i n_i \varepsilon_i = NkT^2\left(\frac{\partial \ln q}{\partial T}\right)_V$

$q$: partition function

(2) $E_n = \left(n + \frac{1}{2}\right)h\nu$，$n = 0, 1, 2, \cdots$

將能量視爲$E_n = nh\nu$

$$q_v = \sum_{n=0}^{\infty}\exp\left(-\frac{nh\nu}{kT}\right) = 1 + x + x^2 + x^3 + \cdots$$

$$\text{let } x = \exp\left(-\frac{h\nu}{kT}\right) \Rightarrow q_v = \frac{1}{1-x} = \frac{1}{1-\exp\left(\frac{-h\nu}{kT}\right)}$$

(3) $H_2$含有$\frac{1}{4}$的para-$H_2$及$\frac{3}{4}$的ortho-$H_2$

$\Rightarrow q_e = 1$

8. $E = \frac{J(J+1)\hbar^2}{2I} = BJ(J+1)$

where $B \equiv \frac{h}{8\pi^2 I}(\text{Hz}) = \frac{h}{8\pi^2 CI}(\text{cm}^{-1})$

(1) $q_r = \sum_i q_i \exp\left(-\frac{\varepsilon_i}{kT}\right)$

$$= \sum_J (2J+1)\exp\left(-\frac{J(J+1)h^2}{8\pi^2 IkT}\right)$$

$$\approx \int_0^\infty (2J+1)\exp\left(-\frac{J(J+1)h^2}{8\pi^2 IkT}\right)dJ$$

$$= \int_0^\infty \exp\left(-\frac{J(J+1)h^2}{8\pi^2 IkT}\right)d[J(J+1)]$$

$$= \frac{8\pi^2 IkT}{h^2}$$

(2) $U = NkT^2 \dfrac{1}{q_r}\dfrac{dq_r}{dT}$

(3) $U = NkT^2 \dfrac{1}{q_r}\dfrac{dq_r}{dT} = NkT = RT$

(4) $S = Nk\ln\dfrac{q_r}{n}$

# 索引

## 英文索引

I



J



K



L



M



N



O



P



R



S



T



U



V



W



Z

# 中文索引

## 一畫



## 二畫



## 三畫



## 四畫



## 五畫

## 六畫



## 七畫



## 八畫

## 九畫



## 十畫

## 十一畫

## 十二畫



## 十三畫



## 十四畫

## 十五畫



## 十六畫



## 十七畫

## 十八畫



## 十九畫



## 二十四畫

國家圖書館出版品預行編目資料

物理化學／高憲明著. -- 三版. -- 臺北市：
五南圖書出版股份有限公司, 2024.02
面； 公分
ISBN 978-926-366-605-4 (平裝)

1.CST: 物理化學

348 112015172

5BF1

# 物理化學

作　　者 — 高憲明(189.3)
發 行 人 — 楊榮川
總 經 理 — 楊士清
總 編 輯 — 楊秀麗
副總編輯 — 王正華
責任編輯 — 金明芬、張維文
封面設計 — 封怡彤
出 版 者 — 五南圖書出版股份有限公司
地　　址：106台北市大安區和平東路二段339號4樓
電　　話：(02)2705-5066　　傳　　真：(02)2706-6100
網　　址：https://www.wunan.com.tw
電子郵件：wunan@wunan.com.tw
劃撥帳號：01068953
戶　　名：五南圖書出版股份有限公司
法律顧問　林勝安律師
出版日期　2016年8月初版一刷
　　　　　2020年1月二版一刷
　　　　　2024年2月三版一刷
定　　價　新臺幣720元